百例成才系列丛书

电子设计与制作100例

（第3版）

张　金　编著

電子工業出版社
Publishing House of Electronics Industry
北京·BEIJING

内 容 简 介

本书以电子设计制作流程为主线，从基础理论和基本器件、电源电路制作、开关电路制作、声光控制电路制作、高频电路制作、探测电路制作、基于单片机的电子制作等方面，通过100个实际电路制作实例，从实践的角度详细介绍电子设计制作的流程、原理、器件选型、样机制作、电路调试等内容。

本书在实例选择上，难易结合，有较容易的初级入门制作给读者以信心，又有体现实际应用价值的较为复杂的进阶级制作，便于读者将掌握的电子制作技能应用于工程实际。

本书特别适合广大电子制作爱好者作为入门实践参考书，也可作为高等院校（高职高专院校）机械电子、无线电、应用电子、自动化等专业相关课程教材，以及大学生电子设计竞赛基础培训教学用书和参考书。

图书在版编目（CIP）数据

电子设计与制作100例/张金编著．—3版．—北京：电子工业出版社，2017.7
（百例成才系列丛书）
ISBN 978-7-121-31727-9

Ⅰ．①电…　Ⅱ．①张…　Ⅲ．①电子电路－电路设计　Ⅳ．①TN702
中国版本图书馆CIP数据核字（2017）第121000号

策划编辑：王敬栋（wangjd@ phei. com. cn）
责任编辑：徐　萍
印　　刷：北京盛通商印快线网络科技有限公司
装　　订：北京盛通商印快线网络科技有限公司
出版发行：电子工业出版社
　　　　　北京市海淀区万寿路173信箱　邮编 100036
开　　本：787×1092　1/16　印张：27.5　字数：704千字
版　　次：2009年10月第1版
　　　　　2017年7月第3版
印　　次：2023年9月第21次印刷
定　　价：79.00元

凡所购买电子工业出版社图书有缺损问题，请向购买书店调换。若书店售缺，请与本社发行部联系，联系及邮购电话：(010)88254888，88258888。

质量投诉请发邮件至 zlts@ phei. com. cn，盗版侵权举报请发邮件至 dbqq@ phei. com. cn。

本书咨询联系方式：(010) 88254590；wangjd@ phei. com. cn。

前　言

电子工艺及集成电路技术的发展，简化了电子产品设计制作流程、丰富了电子产品设计制作内容，吸引着一批批电子设计爱好者自己动手制作电子产品。本书经第2版修订，在内容选择上弱化理论介绍和推演，强化应用和实践，在实例介绍演示时注意规范性和程序性，避免制作“脏、乱、差”的低级重复，体系架构进一步完善，实践指导性得到加强，受到众多高校师生和广大电子设计爱好者的欢迎。

为满足高校同行及广大读者的需求，同时考虑到技术的进步和制作的可操作性，进行第3次改版。全书由陆军炮兵防空兵学院张金教授在第2版基础上根据同行及读者建议和意见完善、充实，并修正书中出现的一些错误之处。统稿时延续了第2版的体系架构，但在内容选取上做了进一步的梳理和更新，第1章重新界定了电子系统及电子设计制作的内涵、外延；第2章增加了大量基本电子元器件实物照片，并优化了内容表述方法，直观易读；第3章为适应技术的进步新增了电子设计自动化EDA有关绘图、制板的内容，并配有详细的实例；第4章删除了部分不易于制作的实例，新增了无线输电的实例；第5、6、7三章根据受众读者多为90后的特点，增添了观赏性更强、生活气息更浓的实例，并对已有实例内容做了完善，补充了制作实物图片和印制电路板图；考虑到对制作条件及调试环境的要求较高，弱化了第8章；在第9章新增了目前比较热的无人飞行器制作实例。

第3版不但根据技术进步新增了无人飞行器、电子设计自动化以及无线输电的实例，还通过补充实物图片、印制电路板图，引入更具时尚和生活气息的实例内容，增强了该书的时代特色、针对性和实践制作指导性。希望该书能够引导和培养读者成为新一代创客，步入电子设计工程师的殿堂。

成书过程中，参考了许多专家同行们的著作，无法一一列出，在此表示衷心的感谢。由于水平有限，纰漏、不妥之处在所难免，恳切希望读者批评指正，E-mail:JGXYZhangJin@163.com。

编著者
2017年春于合肥

目　录

第 1 章　电子设计与制作基础 …… 1
1.1　电子系统概述 …… 1
1.1.1　电子系统基本类型 …… 1
1.1.2　电子系统设计的基本内容与方法 …… 3
1.2　电子制作概述 …… 5
1.2.1　电子制作基本概念 …… 5
1.2.2　电子制作基本流程 …… 5
1.3　电子制作常用工具 …… 8
1.3.1　板件加工工具 …… 9
1.3.2　焊接工具 …… 9
1.3.3　测量工具 …… 11
1.3.4　其他工具与材料 …… 14
1.4　手工焊接技术 …… 16
1.4.1　焊接基础 …… 16
1.4.2　锡焊机理 …… 16
1.4.3　焊接质量分析 …… 18
1.4.4　手工焊接 …… 19
1.5　电子制作装配技术 …… 26
1.5.1　电子元器件的安装 …… 26
1.5.2　电子制作的装配技术 …… 30
1.6　电子制作调试与故障排查 …… 32
1.6.1　电子制作测量 …… 32
1.6.2　电子制作调试 …… 33
1.6.3　调试过程中的常见故障 …… 37
1.6.4　调试过程中的故障排查法 …… 37
第 2 章　基本电子元器件 …… 39
2.1　电阻器的简单识别与型号命名法 …… 39
2.1.1　电阻器的分类 …… 39
2.1.2　电阻器的型号命名 …… 41
2.1.3　电阻器的主要性能指标 …… 41
2.1.4　电阻器的简单测试 …… 43
2.1.5　选用电阻器常识 …… 44
2.1.6　电阻器和电位器选用原则 …… 44
2.2　电容器的简单识别与型号命名法 …… 45
2.2.1　电容器的分类 …… 45
2.2.2　电容器型号命名法 …… 47
2.2.3　电容器的主要性能指标 …… 48
2.2.4　电容器质量优劣的简单测试 …… 49
2.2.5　选用电容器常识 …… 49
2.3　电感器的简单识别与型号命名法 …… 50
2.3.1　电感器的分类 …… 50
2.3.2　电感器的主要性能指标 …… 51
2.3.3　电感器的简单测试 …… 51
2.3.4　选用电感器常识 …… 51
2.4　半导体器件的简单识别与型号命名法 …… 51
2.4.1　半导体器件型号命名法 …… 51
2.4.2　二极管的识别与简单测试 …… 54
2.4.3　三极管的识别与简单测试 …… 56
2.5　半导体集成电路型号命名法 …… 58
2.5.1　集成电路的型号命名法 …… 58
2.5.2　集成电路的分类 …… 59
2.5.3　集成电路的封装形式 …… 60
第 3 章　电子设计与制作实践 …… 62
3.1　实例 1：数显式大电容测量电路设计 …… 62
3.1.1　设计要求 …… 62
3.1.2　选择整体方案 …… 64
3.1.3　设计单元电路 …… 69
3.1.4　绘制整体电路原理图 …… 77
3.2　电子设计自动化技术 …… 79
3.2.1　EDA 技术基本概念 …… 79
3.2.2　EDA 技术的新发展及特点 …… 79
3.2.3　常用 EDA 工具软件 …… 80
3.3　电路原理图及印制电路板图绘制 …… 84
3.3.1　电路原理图绘制 …… 84
3.3.2　印制电路板图绘制 …… 85
3.3.3　实例 2：STC89C51 单片机最小系统制图 …… 89

3.4 印制电路板的简易制作 …………… 117
3.4.1 简易方法制作印制电路板的一般过程 …………………… 118
3.4.2 采用机械雕刻制作单层板 …………………………… 118
3.4.3 采用化学蚀刻批量制板 …… 119
3.4.4 实例3：利用过塑机制作印制电路板 …………………… 119
3.4.5 实例4：利用热转印机制作印制电路板 …………………… 120
3.5 点阵板及表面贴装元件手工焊接实践 ………………………………… 123
3.5.1 实例5：点阵板手工焊接实践 …………………………… 123
3.5.2 实例6：表面贴装元件手工焊接实践 …………………… 125

第4章 电源电路制作实例 ……………… 129

4.1 实例7：串联型直流稳压电源制作 ………………………………… 129
4.1.1 工作原理 …………………… 129
4.1.2 元器件选择 ………………… 129
4.1.3 制作与调试 ………………… 130
4.2 实例8：具有扩流过压保护的5V稳压电源 ………………………… 130
4.2.1 工作原理 …………………… 130
4.2.2 元器件选择 ………………… 131
4.2.3 制作与调试 ………………… 131
4.3 实例9：+5V、±12V稳压电源 …… 132
4.3.1 工作原理 …………………… 132
4.3.2 元器件选择 ………………… 134
4.3.3 制作与调试 ………………… 134
4.4 实例10：新颖的5～16V可调电源 ………………………………… 135
4.4.1 电路原理 …………………… 135
4.4.2 元器件选择与制作 ………… 135
4.5 实例11：1.2～20V、1A实验电源 ………………………………… 136
4.5.1 电压可调的三端稳压IC LM317简介 ………… 137
4.5.2 输出电压采用1.2～20V时的问题与对策 ……………… 138
4.5.3 1.2～20V、1A实验用直流电源电路 ……………………… 140
4.5.4 制作与调试 ………………… 140
4.6 实例12：精密串联型稳压电源 …… 141
4.6.1 工作原理 …………………… 142
4.6.2 元器件选择 ………………… 142
4.6.3 制作与调试 ………………… 143
4.7 实例13：智能型应急电源 ……… 143
4.7.1 功能及指标 ………………… 143
4.7.2 电路原理 …………………… 144
4.7.3 元器件选择 ………………… 145
4.7.4 制作与调试 ………………… 146
4.8 实例14：直流升压电源 ………… 146
4.8.1 工作原理 …………………… 146
4.8.2 元器件选择与制作 ………… 147
4.9 实例15：锂离子电池充电器 ……… 147
4.9.1 工作原理 …………………… 148
4.9.2 元器件选择与制作 ………… 148
4.10 实例16：直流交流变换器（逆变电源） …………………… 149
4.10.1 工作原理 ………………… 149
4.10.2 元器件选择 ……………… 151
4.10.3 制作与调试 ……………… 151
4.11 实例17：太阳能照明电路 ……… 152
4.11.1 使用太阳能面板 ………… 152
4.11.2 使用更大容量的电池 …… 153
4.11.3 灯具 ……………………… 153
4.11.4 电路 ……………………… 153
4.11.5 结构 ……………………… 154
4.11.6 设置和调试 ……………… 155
4.12 实例18：自动追踪阳光的太阳能充电器 ………………………………… 156
4.12.1 太阳能电池 ……………… 156
4.12.2 镍镉电池 ………………… 157
4.12.3 电动机 …………………… 157
4.12.4 工作原理 ………………… 157
4.12.5 光传感器 ………………… 159
4.12.6 滑环的使用 ……………… 159
4.13 实例19：简易步进数字电源 …… 161
4.13.1 整流滤波电路 …………… 161
4.13.2 可调电压控制 …………… 162
4.13.3 电压输出指示 …………… 165
4.14 实例20：基于UC3844的多输出电源 ………………………………… 165
4.14.1 电流型PWM控制原理 … 166

4.14.2 电流型 PWM 控制芯片 UC3844 …… 166
4.14.3 主电路拓扑 …… 167
4.14.4 高频变压器设计 …… 167
4.14.5 漏感消除电路 …… 169
4.14.6 控制电路设计 …… 169
4.14.7 实验结果 …… 170
4.15 实例 21：小型太阳能供电板的制作 …… 170
4.15.1 太阳能供电板的原理及设计 …… 171
4.15.2 元器件选择 …… 171
4.15.3 制作过程 …… 172
4.16 实例 22：车载笔记本电源适配器 …… 173
4.16.1 升压转换器的工作原理 …… 173
4.16.2 PWM 控制 …… 174
4.16.3 调试与测试 …… 176
4.17 实例 23：无线输电 …… 176
4.17.1 无线输电的 4 种方式 …… 177
4.17.2 基于电磁感应原理的简易无线输电 …… 178
第 5 章 开关电路制作实例 …… 180
5.1 实例 24：三极管开关电路 …… 180
5.1.1 三极管开关电路设计 …… 180
5.1.2 基本三极管开关的改进 …… 181
5.1.3 三极管开关的应用 …… 183
5.2 实例 25：多通道家用电器遥控开关 …… 184
5.2.1 工作原理 …… 184
5.2.2 元器件选择 …… 185
5.2.3 制作与调试 …… 185
5.3 实例 26：声控开关 …… 186
5.3.1 简介 …… 186
5.3.2 工作原理 …… 186
5.3.3 电路调整 …… 187
5.3.4 元器件选择与制作 …… 188
5.4 实例 27：电子定时器 …… 188
5.4.1 电路原理 …… 188
5.4.2 元器件选择与制作 …… 189
5.5 实例 28：人体红外线接近感应延时开关 …… 189
5.5.1 电路原理 …… 190
5.5.2 元器件选择与制作 …… 190
5.6 实例 29：微波自动开关 …… 192
5.6.1 电路原理 …… 192
5.6.2 元器件选择与制作 …… 193
5.7 实例 30：液面控制自动开关 …… 194
5.7.1 电路原理 …… 194
5.7.2 元器件选择与制作 …… 195
5.8 实例 31：声光控制延时开关电路的设计与制作 …… 195
5.8.1 工作原理 …… 195
5.8.2 元器件选择 …… 196
5.8.3 制作与调试 …… 197
5.9 实例 32：八段触摸电子开关 …… 197
5.9.1 工作原理 …… 197
5.9.2 元器件选择 …… 198
5.9.3 安装调试 …… 198
5.10 实例 33：音阶声控开关 …… 199
5.10.1 工作原理 …… 199
5.10.2 制作 …… 202
5.11 实例 34：555 定时器触摸延时开关 …… 203
5.11.1 双键触摸开关 …… 203
5.11.2 单键触摸延时开关 …… 204
5.12 实例 35：双 D 触发器触摸开关 …… 204
5.12.1 工作原理 …… 204
5.12.2 元器件选择与制作 …… 205
5.13 实例 36：专用集成电路新颖定时器 …… 206
5.13.1 电路原理 …… 206
5.13.2 元器件选择 …… 207
5.13.3 制作和使用 …… 208
5.14 实例 37：口哨开关 …… 208
5.14.1 电路原理 …… 208
5.14.2 制作 …… 209
5.14.3 测试 …… 209
5.14.4 应用 …… 209
5.15 实例 38：触摸延时开关 …… 210
5.15.1 元器件准备 …… 210
5.15.2 电路的制作与调试 …… 211
5.15.3 电路工作原理 …… 212
5.16 实例 39：书柜自动开关 …… 212
5.16.1 工作原理 …… 212

5.16.2 元器件选择 …… 213
5.16.3 制作与使用 …… 213
5.17 实例40：温控开关 …… 214
5.17.1 电路原理 …… 214
5.17.2 元器件选择 …… 215
5.17.3 制作与调试 …… 215
5.18 实例41：自动照明开关 …… 215
5.18.1 工作原理 …… 216
5.18.2 元器件选择与制作 …… 216
5.19 实例42：热释电红外感应开关 …… 217
5.19.1 电路原理 …… 217
5.19.2 元器件选择与制作 …… 218
5.20 实例43：睡眠开关 …… 219
5.20.1 定时原理 …… 219
5.20.2 元件准备 …… 220
5.20.3 制作注意事项 …… 220
5.21 实例44：单路无线遥控开关 …… 220
5.21.1 工作原理 …… 221
5.21.2 制作与调试 …… 222
5.21.3 遥控开关密码设置 …… 222
第6章 声光控制电路制作实例 …… 224
6.1 实例45：基于555的简易电子琴 …… 224
6.1.1 工作原理 …… 224
6.1.2 元器件选择与制作 …… 225
6.2 实例46：电子转盘游戏器 …… 226
6.2.1 工作原理 …… 226
6.2.2 元器件选择 …… 227
6.2.3 制作和使用 …… 227
6.3 实例47：声光音乐门铃 …… 228
6.3.1 工作原理 …… 228
6.3.2 元器件选择 …… 229
6.3.3 制作与使用 …… 231
6.4 实例48：音乐盒 …… 232
6.4.1 工作原理 …… 232
6.4.2 元件准备和制作 …… 233
6.5 实例49：矩阵循环显示器 …… 233
6.5.1 工作原理 …… 233
6.5.2 元器件选择 …… 235
6.5.3 制作与调试 …… 235
6.6 实例50：电子光线枪 …… 236
6.6.1 电路原理 …… 236
6.6.2 元件准备 …… 236
6.6.3 制作 …… 237
6.7 实例51：天亮报晓电子鸟 …… 237
6.7.1 工作原理 …… 237
6.7.2 元器件选择 …… 238
6.7.3 制作与调试 …… 238
6.8 实例52：电子硬币 …… 239
6.8.1 电路原理 …… 239
6.8.2 制作与调试 …… 240
6.9 实例53：电子灭蚊灯 …… 242
6.9.1 电路原理 …… 242
6.9.2 元器件选择 …… 242
6.9.3 制作与调试 …… 243
6.10 实例54：心形彩灯控制电路 …… 243
6.10.1 电路原理 …… 243
6.10.2 元器件选择与制作 …… 246
6.11 实例55：红外遥控密码锁 …… 246
6.11.1 工作原理 …… 247
6.11.2 元器件选择 …… 248
6.11.3 制作与使用 …… 248
6.12 实例56：声光电子鞭炮 …… 250
6.12.1 电路组成及工作原理 …… 250
6.12.2 元器件选择 …… 251
6.12.3 制作与调试 …… 251
6.13 实例57：红外线捕鼠器 …… 252
6.13.1 工作原理 …… 252
6.13.2 元件选择与制作 …… 253
6.14 实例58：声光警笛电路 …… 254
6.15 实例59：多功能声光电子靶 …… 254
6.15.1 工作原理 …… 255
6.15.2 元器件选择 …… 255
6.15.3 制作与调试 …… 256
6.16 实例60：声光显示靶 …… 257
6.16.1 工作原理 …… 257
6.16.2 元件选择与制作 …… 258
6.17 实例61：振动开关控制的夜钓上饵灯 …… 258
6.17.1 工作原理 …… 258
6.17.2 元器件选择 …… 259
6.17.3 制作与使用 …… 259
第7章 感知电路制作实例 …… 262
7.1 实例62：湿度检测仪 …… 262
7.1.1 电路组成 …… 262
7.1.2 工作原理 …… 262

7.1.3 湿敏电阻 R_P 的制作 ……… 262
7.2 实例63：模拟电子蜡烛电路设计与制作 ……… 263
7.2.1 电路工作原理 ……… 263
7.2.2 元器件选择 ……… 264
7.2.3 制作与调试 ……… 266
7.3 实例64：桥式亮度计 ……… 267
7.4 实例65：双限值温度自动控制器 ……… 267
7.4.1 电路原理 ……… 268
7.4.2 元件选择与制作 ……… 268
7.5 实例66：电子浇水器 ……… 269
7.5.1 电路原理 ……… 269
7.5.2 元器件选择 ……… 270
7.5.3 制作方法 ……… 270
7.6 实例67：温度报警器 ……… 270
7.6.1 电路原理 ……… 271
7.6.2 元件选择 ……… 271
7.6.3 制作与调试 ……… 272
7.7 实例68：光控自动窗帘 ……… 273
7.7.1 电路原理 ……… 273
7.7.2 元件选择与制作 ……… 274
7.8 实例69：有害气体泄漏报警器 ……… 275
7.8.1 电路结构与特点 ……… 275
7.8.2 元器件选择 ……… 276
7.8.3 制作与调试 ……… 276
7.9 实例70：酒精探测仪 ……… 277
7.9.1 工作原理 ……… 277
7.9.2 元器件选择 ……… 279
7.9.3 制作与调试 ……… 279
7.10 实例71：晶体管超声喷泉雾化盆景 ……… 280
7.10.1 工作原理 ……… 281
7.10.2 元件选择与制作 ……… 281
7.11 实例72：光电接近开关 ……… 281
7.11.1 工作原理 ……… 282
7.11.2 制作与调试 ……… 282
7.12 实例73：近程探测电路 ……… 283
7.13 实例74：远程拾音器 ……… 284
7.13.1 方框图 ……… 284
7.13.2 高增益放大器 ……… 285
7.13.3 电路原理 ……… 285
7.13.4 截止频率 ……… 286
7.13.5 制作 ……… 286
7.14 实例75：对射式红外线电子栅栏报警器 ……… 286
7.14.1 工作原理 ……… 287
7.14.2 元器件选择与制作 ……… 288
7.14.3 调试与注意事项 ……… 289
7.15 实例76：电话远程听音器 ……… 289
7.15.1 工作原理 ……… 290
7.15.2 元器件选择与制作 ……… 291
7.16 实例77：输液控制声光电路 ……… 291
7.16.1 工作原理 ……… 291
7.16.2 元器件选择 ……… 292
7.16.3 制作与调试 ……… 292
7.17 实例78：地震声光报警器 ……… 293
7.17.1 工作原理 ……… 293
7.17.2 元器件选择 ……… 293
7.17.3 制作与使用 ……… 294
7.18 实例79：非接触式液位报警器 ……… 294
7.18.1 工作原理 ……… 295
7.18.2 主要元件规格及参数 ……… 295
7.19 实例80：简易逻辑笔 ……… 296
7.19.1 元器件选择 ……… 296
7.19.2 工作原理 ……… 296
7.20 实例81：超声测距仪 ……… 296
7.20.1 工作原理 ……… 298
7.20.2 元器件选择 ……… 301
7.20.3 制作与调试 ……… 301
第8章 信号源及高频电路制作实例 ……… 304
8.1 实例82：微型调频发射机 ……… 304
8.1.1 组装结构 ……… 304
8.1.2 电路说明 ……… 304
8.1.3 频率校准 ……… 305
8.2 实例83：小型太阳能收音机 ……… 306
8.2.1 工作原理 ……… 306
8.2.2 元器件选择 ……… 307
8.2.3 制作与使用 ……… 308
8.3 实例84：无线话筒 ……… 309
8.3.1 电路工作原理 ……… 310
8.3.2 元器件选择 ……… 310
8.3.3 制作与调试 ……… 311

8.4 实例85：60s多段语音录放芯片APR9600 …… 312
8.4.1 APR9600芯片介绍 …… 313
8.4.2 电路原理及制作 …… 315
8.5 实例86：电话自动录音、应答、留言装置 …… 317
8.5.1 工作原理 …… 317
8.5.2 元件选择与制作 …… 318
8.6 实例87：电源线载波呼叫装置 …… 319
8.6.1 电路结构与特点 …… 319
8.6.2 元器件选择 …… 320
8.6.3 制作与调试 …… 320
8.7 实例88：电子音乐门铃对讲双用机 …… 320
8.7.1 工作原理 …… 320
8.7.2 元器件选择 …… 321
8.7.3 制作与使用 …… 321
8.8 实例89：电视伴音无线转发器 …… 322
8.8.1 电路原理 …… 322
8.8.2 元器件选择 …… 323
8.8.3 制作与调试 …… 323
8.9 实例90：微型调幅收音机 …… 323
8.9.1 技术参数 …… 323
8.9.2 电路工作原理 …… 323
8.9.3 元件功能 …… 325
8.10 实例91：音频信号发生器 …… 325
8.10.1 电路基本组成 …… 325
8.10.2 振荡电路的起振过程 …… 326
8.10.3 信号发生器电路 …… 327
8.10.4 制作 …… 327
8.10.5 调整、性能及使用方法 …… 330
8.11 实例92：电视信号发生器 …… 332
8.11.1 工作原理 …… 332
8.11.2 元件选择与制作 …… 332
8.11.3 调试 …… 333
8.12 实例93：多波形信号发生器 …… 333
8.12.1 ICL8038介绍 …… 333
8.12.2 多波形发生器原理 …… 334
8.12.3 电路调试 …… 334
第9章 单片机应用电路制作实例 …… 336
9.1 单片机应用电子系统设计 …… 336
9.1.1 单片机应用电子系统的组成 …… 336
9.1.2 单片机应用系统基本设计思想 …… 336
9.1.3 单片机应用系统的开发过程 …… 337
9.2 实例94：Atmel 89系列Flash单片机编程器 …… 340
9.2.1 支持器件 …… 341
9.2.2 硬件组成与调试 …… 341
9.2.3 印制电路板制作 …… 343
9.2.4 元器件选择 …… 343
9.2.5 编程软件 …… 344
9.3 实例95：利用51单片机实现彩灯控制 …… 345
9.3.1 硬件分析 …… 345
9.3.2 程序清单 …… 348
9.4 实例96：遥控定时开关 …… 355
9.4.1 设计要求 …… 355
9.4.2 系统硬件设计 …… 356
9.4.3 红外线遥控发射器 …… 357
9.4.4 红外线遥控接收器 …… 358
9.4.5 软件设计 …… 358
9.5 实例97：摇摆LED时钟 …… 363
9.5.1 整体方案 …… 363
9.5.2 制作要点 …… 364
9.5.3 软件设计 …… 366
9.5.4 调试方法 …… 372
9.6 实例98：激光竖琴 …… 372
9.6.1 概述 …… 372
9.6.2 元器件选择 …… 372
9.6.3 电路原理 …… 372
9.6.4 制作与软件设计 …… 374
9.7 实例99：数控直流电流源 …… 377
9.7.1 任务要求 …… 377
9.7.2 恒流源的工作原理 …… 378
9.7.3 方案比较和论证 …… 379
9.7.4 系统硬件设计 …… 382
9.7.5 软件设计 …… 385
9.7.6 系统组装 …… 385

9.7.7 测试调试与误差分析 ········· 386
9.8 实例100：四旋翼无人飞行器设计与制作 ········· 400
9.8.1 概述 ········· 400
9.8.2 总体设计 ········· 400
9.8.3 硬件设计 ········· 402
9.8.4 软件设计 ········· 408
9.8.5 飞行姿态解算算法及程序 ········· 410
9.8.6 PID控制算法 ········· 412
9.8.7 四旋翼无人飞行器系统制作与调试 ········· 413
参考文献 ········· 427

第 1 章　电子设计与制作基础

本章介绍电子系统的概念和分类，电子系统设计的一般方法、一般步骤，并从各种类型电子系统特点、设计方法、设计原则与步骤的角度阐述模拟电子系统、数字电子系统、基于单片机的电子系统与现代电子系统设计的基本知识，使读者对电子系统的设计有个总体认识。

1.1　电子系统概述

1.1.1　电子系统基本类型

1）电子系统

通常将由电子元器件或部件组成的能够产生、传输、采集或处理电信号及信息的客观实体称为电子系统，如电源系统、通信系统、雷达系统、计算机系统、电子测量系统、自动控制系统等。其两个过程链分别为：传感检测信息输入——信号调理——信号处理决策——放大变换——控制驱动执行输出——对象——反馈——信号处理决策；人为控制——信号处理决策——放大变换——控制驱动执行输出——对象——反馈——信号处理决策。这些应用系统在功能与结构上具有高度的综合性、层次性和复杂性。当前 VCD 与 DVD 播放机已成为大众化的家电产品，这些产品看似普通，但它们也属于集多种高新技术于一体的复杂系统，必须在 VLSI 微电子技术的基础上才能实现。DVD 播放机系统框图如图 1.1.1 所示。

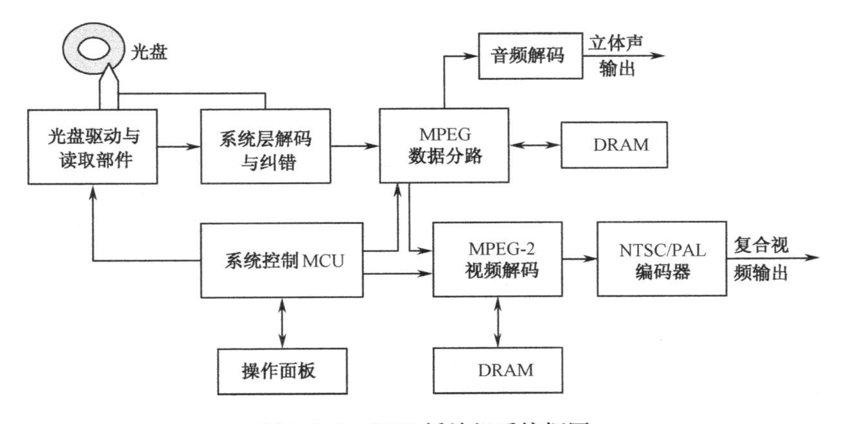

图 1.1.1　DVD 播放机系统框图

2）电子系统的基本类型

电子信息系统的基本类型包括以下几类。

（1）模拟电子系统

在电子电路中，电源、放大、振荡和调制电路等均被称为模拟电子电路，因为它们加工和处理的是连续变化的模拟信号，模拟电子电路是构成各种电子系统的基础。模拟电子系统将各类待处理物理量通过各种传感器转换为电信号，使电信号的电压、电流、相位、频率等参数与某物理量具有直接的对应关系。经过处理的电信号有的需要还原成模拟量，如电视系统将光信号转换成电信号，再将电信号转换成光信号；有的则转换成其他物理量，如测量温度的仪表将温度转换成电信号后经处理再转换成磁信号，通过指针表示温度值。模拟系统的主要优点是：在整个处理过程中电信号的有关参数始终与原始的物理量有着直接的对应关系——模拟关系。目前，模拟电路的设计有两种方法：人工设计与计算机辅助设计（CAD）。

（2）数字电子系统

数字电子系统简称数字系统，含有控制电路（又称控制器）和受控电路（又称数据处理器）的数字电路称为数字系统。已集成化为一片集成块的电路，尽管器件内部含有控制量和受控量部分，一般将其看成器件而不是数字系统。数字系统的规模大小不一，有的内部逻辑关系复杂，若直接对这样大的系统进行逻辑电路一级的设计是十分困难的，往往需要把较大规模的系统划分为若干较小规模的小型数字系统（又称子系统），再逐一对各个小型数字系统进行逻辑电路级的设计（逻辑电路级设计是指选用具体的集成器件并设计出正确的连接关系，以实现逻辑要求）。数字系统和模拟系统的主要区别是其传输、处理信号为离散的脉冲信号。数字系统可分为两大类——同步数字系统和异步数字系统。目前异步数字系统还没有统一规范的设计方法，主要采用模块设计法——依靠经验，采用试凑的方法。另外，还包括寄存器传输语言 RTL（Register Transfer Language）设计法、ASM（Algorithmic State Machine）图设计法、MDS（Menmonic Documented Stale）图设计法、MCU 图设计法等。

（3）模拟、数字混合系统

大多数复杂的电子系统既包含数字部分又包含模拟部分，两者相互配合、互为依托，称为模数混合系统。其中模拟电子系统往往对整个电子系统的性能指标起到关键作用，因此，模拟电子系统设计在整个电子系统设计中是不可缺少的。

应该注意不管是模拟系统还是数字系统都要用到模拟电子电路，虽然 21 世纪以来，由于数字电子技术的发展，许多传统上隶属于模拟电子学领域的应用，现在均可以用数字的形式实现，但模拟电路的重要性并没有降低。切不可认为在某个领域中模拟系统将被取代，或是模拟电路将被数字电路取代。

从事模拟电子系统设计的技术人员都有一些体会：模拟电子系统的设计要比数字电子系统的设计困难，并缺少规范化的设计方法与步骤；在进行模拟电子系统设计时，很少使用分立元件，而大量地使用各种功能的模拟集成电路。

（4）微处理器（单片机、嵌入式）系统

微处理器系统以应用为中心，以微处理器（单片机、专用智能 IC、数字信号处理 DSP 芯片）技术为基础，由软件和硬件两部分组成，并且软硬件可裁剪，适用于应用系统对功能、可靠性、成本、体积、功耗有严格要求的专用计算机系统。硬件实现具体操作过程，软件实现处理过程及操作流程。

现代大型、复杂的电子系统一般总是上述 4 种类型电子系统的集成，而一些简单的系统，可能就是其中的某一种。以硬件实现的 DSP 系统的设计可在掌握 DSP 的理论和算法的前提下，借助数字系统的设计方法完成设计；以软件实现的 DSP 系统的设计可在掌握 DSP 的理论和算法的前提下，借助微型计算机系统的程序设计方法和硬件配置方法完成；混合系统的设计可将模拟电子系统与数字电子系统的设计方法结合起来完成。从设计的角度来说，掌握了模拟电子系统、数字电子系统、微处理器系统的基本设计方法，就能够设计出现代复杂的电子系统。

1.1.2 电子系统设计的基本内容与方法

设计是构思和创造以最佳方式将设想向现实转化的活动过程，一般是根据已经提出的技术设想，制定出具体明确并付诸实施的方案。在一定条件下，以当代先进技术满足社会需求为目标，寻求高效率、高质量完成设计的方法。

1. 电子系统设计的基本内容

通常所说的电子系统设计，一般包括拟定性能指标、电子系统的预设计、试验和修改设计等环节。分为方案论证、初步设计、技术设计、试制与实验、设计定型五个阶段。衡量设计的标准是：工作稳定可靠，能达到所要求的性能目标，并留有适当的余量；电路简单，成本低；所采用的元器件品种少，体积小，且货源充足，便于生产、测试和维修。电子系统设计的基本内容包括：

- 明确电子信息系统设计的技术条件（任务书）；
- 选择电源的种类；
- 确定负荷容量（功耗）；
- 设计电路原理图、接线图、安装图、装配图；
- 选择电子、电器元件及执行元件，制定电子、电器元器件明细表；
- 画出电动机、执行元件、控制部件及检测元件总布局图；
- 设计机箱、面板、印制电路板、接线板及非标准电器和专用安装零件；
- 编写设计文档。

2. 电子系统设计的一般方法

基于系统功能与结构上的层次性，电子系统设计的一般方法有以下几种。

1） 自底向上法（Bottom-Up）

自底向上法是根据要实现的系统功能要求，首先从现有的可用元件中选出合适的元件，设计成一个个部件。当一个部件不能直接实现系统的某个功能时，就需要设计由多个部件组成的子系统去实现该功能。上述过程一直进行到系统要求的全部功能都实现为止。该方法的优点是可以继承使用经过验证、成熟的部件与子系统，从而可以实现设计重用，减少设计的重复劳动，提高设计效率。其缺点是设计过程中设计人员的思想受限于现成可用的元件，故不容易实现系统化的、清晰易懂及可靠性高和维护性好的设计。自底向上法一般应用于小规模电子系统设计及组装与测试。

2） 自顶向下法（Top-Down）

自顶向下法首先从系统级设计开始。系统级的设计任务是：根据原始设计指标或用户的需求，将系统的功能全面、准确地描述出来，即将系统的输入/输出（I/O）关系全面准确地描述出来，然后进行子系统级设计。具体地讲，就是根据系统级设计所描述的功能，将系统划分和定义为一个个适当的、能够实现某一功能的相对独立的子系统。每个子系统的功能（即输入/输出关系）必须全面、准确地描述出来，子系统之间的联系也必须全面、准确地描述出来。例如，移动电话应有收信和发信的功能，就必须分别安排一个接收机子系统和一个发射机子系统，还必须安排一个微处理器作为内务管理和用户操作界面管理子系统，此外天线和电源等子系统也必不可少。子系统的划分定义和互连完成后从下级部件向上级进行设计，即设计或选用一些部件去组成实现既定功能的子系统。部件级的设计完成后再进行最后的元件级设计，选用适当的元件实现该部件的功能。

自顶向下法是一种概念驱动的设计方法。该方法要求在整个设计过程中尽量运用概念（即抽象）去描述和分析设计对象，而不要过早地考虑实现该设计的具体电路、元器件和工艺，以便抓住主要矛盾，避开具体细节，这样才能控制住设计的复杂性。整个设计在概念上的演化从顶层到底层应当由概括到展开，由粗略到精细。只有当整个设计在概念上得到验证与优化后，才能考虑"采用什么电路、元器件和工艺去实现该设计"这类具体问题。此外，设计人员在运用该方法时还必须遵循下列原则：

（1）正确性和完备性原则；

（2）模块化、结构化原则；

（3）问题不下放原则；

（4）高层主导原则；

（5）直观性、清晰性原则。

3）以自顶向下法为主导，并结合使用自底向上法（TD&BU Combined）

近代的电子信息系统设计中，为实现设计可重复使用及对系统进行模块化测试，通常采用以自顶向下法为主导，并结合使用自底向上的方法。这种方法既能保证实现系统化的、清晰易懂的及可靠性高、可维护性好的设计，又能减少设计的重复劳动，提高设计效率。这对于以 IP 核为基础的 VLSI 片上系统的设计特别重要，因而得到普遍采用。

进行一项大型的、复杂的系统设计，实际上是一个自顶向下的过程，是一个上下多次反复进行修改的过程。

传统的电子系统设计一般是采用搭积木式的方法进行，即由器件搭成电路板，由电路板搭成电子系统。系统常用的"积木块"是固定功能的标准集成电路，如运算放大器、74/54 系列（TTL）、4000/4500 系列（CMOS）芯片和一些具有固定功能的大规模集成电路。设计者根据需要选择合适的器件，由器件组成电路板，最后完成系统设计。传统的电子系统设计只能对电路板进行设计，通过设计电路板来实现系统功能。

进入到 20 世纪 90 年代以后，EDA（电子设计自动化）技术的发展和普及给电子系统的设计带来了革命性的变化。在器件方面，微控制器、可编程逻辑器件等飞速发展。利用 EDA 工具，采用微控制器、可编程逻辑器件，正在成为电子系统设计的主流。

采用微控制器、可编程逻辑器件通过对器件内部的设计来实现系统功能，是一种基于芯片的设计方法。设计者可以根据需要定义器件的内部逻辑和引脚，将电路板设计的大部分工作放在芯片的设计中进行，通过对芯片设计实现电子系统的功能。灵活的内部功能块组合、引脚定义等，可大大减轻电路设计和电路板设计的工作量和难度，有效地增强设计的灵活性，提高工作效率。同时采用微控制器、可编程逻辑器件，设计人员在实验室可反复编程，修改错误，以期尽快开发产品，迅速占领市场。基于芯片的设计可以减少芯片的数量，缩小系统体积，降低能源消耗，提高系统的性能和可靠性。

1.2 电子制作概述

1.2.1 电子制作基本概念

电子制作是一个电子系统设计理论物化的过程，主要体现在用中小规模集成电路、分立元件等组装成一种或多种功能的装置。电子制作是一种创新思维，除了一般学习之外，它能够体现出制作者自身的特点和个性，不是简单的模仿。电子制作可以检验综合应用电子技术相关知识的能力，它涉及电物理基本定律、电路理论、模拟电子技术、数字电子技术、机械结构、工艺、计算机应用、传感器技术、电机、测试与显示技术等内容。实践证明，许多发明、创造都是在制作过程中产生的。电子制作的目的是学习、创新，最终产品化和市场化，产生经济效益。

1.2.2 电子制作基本流程

电子制作的基本流程如图 1.2.1 所示，简要说明如下。

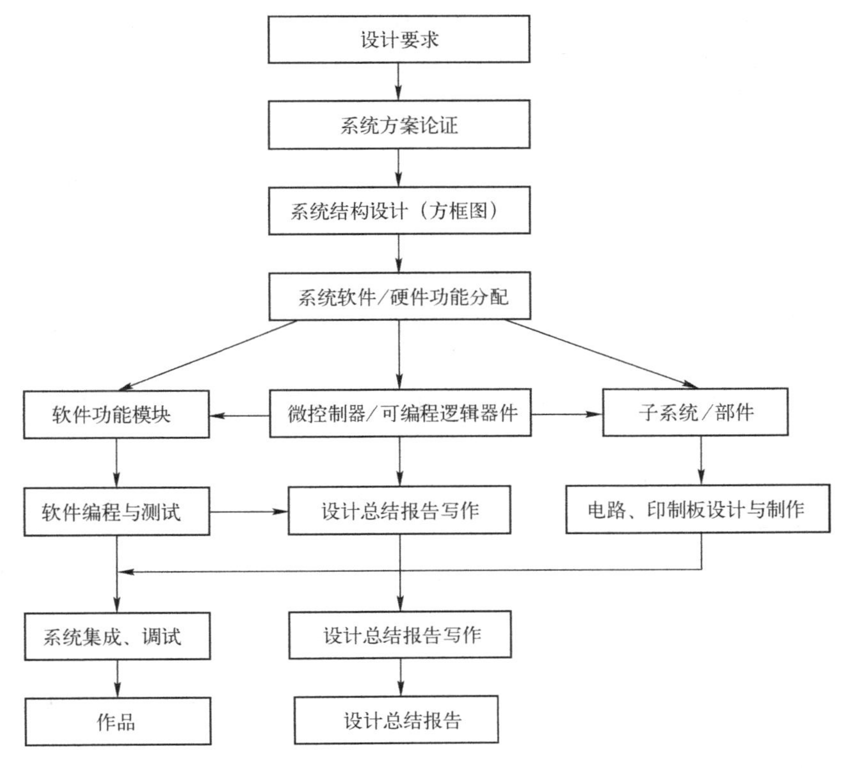

图 1.2.1 电子制作的基本流程

1）审题

通过审题对给定任务或设计课题进行具体分析，明确所设计系统的功能、性能、技术指标及要求，这是保证所做的设计不偏题、不漏题的先决条件。为此，要求学生与命题老师进行充分交流，务必弄清系统的设计任务要求。在真实的工程设计中如果发生了偏题与漏题，用户将拒绝接受该设计，设计者还要承担巨大的经济责任甚至法律责任；如果该设计是一次毕业设计训练，则设计者将失去毕业设计成绩。所以审题这一步，事关重大，务必走稳、走好。

2）方案选择与可行性论证

把系统所要实现的功能分配给若干个单元电路，并画出一个能表示各单元功能的整机原理框图。这项工作要综合运用所学知识，并同时查阅有关参考资料，要敢于创新、敢于采用新技术，不断完善所提的方案；应提出几种不同的方案，对它们的可行性进行论证，即从完成的功能的齐全程度、性能和技术指标的高低程度、经济性、技术的先进性及完成的进度等方面进行比较，最后选择一个较适中的方案。

3）单元电路的设计、参数计算和元器件选样

在确定总体方案、画出详细框图之后，即可进行单元电路设计。

（1）根据设计要求和总体方案的原理框图，确定对各单元电路的设计要求，必要时应拟定主要单元电路的性能指标。应注意各个单元电路之间的相互配合，尽量少用或不用电平转换之类的接口电路，以简化电路结构、降低成本。

（2）拟定出各单元电路的要求，检查无误后方可按一定顺序分别设计每一个单元电路。

（3）设计单元电路的结构形式。一般情况下，应查阅有关资料，从而找到适用的参考电路，也可从几个电路综合得出所需要的电路。

（4）选择单元电路的元器件。根据设计要求，调整元件，估算参数。

显然，这一步工作需要有扎实的电子线路和数字电路的知识及清晰的物理概念。

4）计算参数

在电子系统设计过程中，常需要计算一些参数。如设计积分电路时，需计算电阻值和电容值，还要估算集成电路的开环电压放大倍数、差模输入电阻、转换速率、输入偏置电流、输入失调电压和输入失调电流及温漂，最后根据计算结果选择元器件。

计算参数的具体方法，主要在于正确运用已学过的分析方法，搞清电路原理，灵活运用公式进行计算。一般情况下，计算参数应注意以下几点：

（1）各元器件的工作电压、电流、频率和功耗等应在标称值允许范围内，并留有适当裕量，以保证电路在规定的条件下能正常工作，达到所要求的性能指标。

（2）对于环境温度、交流电网电压变化等工作条件，计算参数时应按最不利的情况考虑。

（3）涉及元器件的极限参数（如整流桥的耐压）时，必须留有足够的裕量，一般按1.5倍左右考虑。例如，如果实际电路中三极管 U_{ce} 的最大值为20V，则挑选三极管时应按大于等于30V考虑。

（4）电阻值尽可能选在1MΩ范围内，最大不超过10MΩ，其数值应在常用电阻标称值

之内，并根据具体情况正确选择电阻的品种。

（5）非电解电容尽可能在100pF～0.1 μF范围内选择，其数值应在常用电容器标称值系列之内，并根据具体情况正确选择电容器的品种。

（6）在保证电路性能的前提下，尽可能降低成本，减少器件品种，减少元器件的功耗和体积，为安装调试创造有利条件。

（7）应把计算确定的各参数标在电路图的恰当位置。

（8）电子系统设计应尽可能选用中、大规模集成电路，但晶体管电路设计仍是最基本的方法，具有不可代替的作用。

（9）单元电路的输入电阻和输出电阻。应根据信号源的要求确定前置级电路的输入电阻，或用射极跟随器实现信号源与后级电路的阻抗匹配和转换，也可考虑选用场效管电路，或采用晶体管自举电路。

（10）放大级数。设备的总增益是确定放大级数的基本依据，可考虑采用运算放大器实现放大级数。在具体选定级数时，应留有15%～20%的增益裕量，以避免实现时可能造成增益不足的问题。除前置级外，放大级一般选用共发射级组态。

（11）级间耦合方式。级间耦合方式通常根据信号、频率和功率增益要求而定。在对低频特性要求很高的场合，可考虑直接耦合，一般小信号放大级之间采用阻容耦合，功放级与推动级或功放级与负载级之间一般采用变压器耦合，以获得较高的功率增益和阻抗匹配。

（12）为了降低噪声，I_{CQ}可选得低些，选β小的管子。后级放大器，因输入信号幅值较大，工作点可适当高一些，同时选β较大的管子。工作点的选定以信号不失真为宜。工作点偏低会产生截止失真，工作点偏高会产生饱和失真。

实践经验告诉我们，由于诸多因素的影响，在参数计算过程中，本着“定性分析、定量估算、实验调整”的方法是切合实际的，也是行之有效的。

5）组装与调试

设计结果的正确性需要验证，但手工设计无法实现自动验证。虽然也可以在纸面上进行手工验证，但由于人工管理复杂性的能力有限再加上人工计算时多用近似，设计中使用的器件参数与实际使用的器件参数不一致等因素，使得设计中总是不可避免地存在误差甚至错误，因而不能保证最终的设计是完全正确的。这就需要将设计的系统在面包板上进行组装，并用仪器进行测试，发现问题时随时修改，直到所要求的功能和性能指标全部符合要求为止。一个未经验证的设计总是有这样那样的问题和错误，通过组装与调试对设计进行验证和修改、完善是传统手工设计法不可缺少的一个步骤。

6）印制电路板的设计与制作

具有印制电路的绝缘底板叫印制电路板，简称印制板。

印制电路板在电子产品中通常有三种作用：①作为电路中元件和器件的支撑件；②提供电路元件和器件之间的电气连接；③通过标记符号把安装在印制板上面的元件和器件标注出来，给人一目了然的感觉，这样有助于元件和器件的插装和电气维修，同时大大减少了接线数量和接线错误。

印制板有单面印制板（绝缘基板的一面有印制电路）、双面印制板（绝缘基板的两面有印制电路）、多层印制板（在绝缘基板上制成三层以上印制电路）和软印制板（绝缘基板是软的层状塑料或其他质软的绝缘材料），一般电子产品使用单面和双面印制板。在导线的密度较大、单面板容纳不下所有的导线时使用双面板。双面板布线容易，但制作较难、成本较高，所以从经济角度考虑尽可能采用单面印制板。

7）元件焊接与整机装备调试

电子产品的焊接装配是在元器件加工整形、导线加工处理之后进行的。装配也是制作产品的重要环节，要求焊点牢固，配线合理，电气连接良好，外表美观，保证焊接与装配的工艺质量。

8）编写设计文档与总结报告

正如前面所指出的，从设计的第一步开始就要编写文档。文档的组织应当符合系统化、层次化和结构化的要求；文档的语句应当条理分明、简洁、清楚；文档所用的单位、符号及文档的图纸均应符合国家标准。可见，要编写出一个合乎规范的文档并不是一件容易的事，初学者应先从一些简单系统的设计入手，进行编写文档的训练。文档的具体内容与上面所列的设计步骤是相呼应的，即：

（1）系统的设计要求与技术指标的确定；
（2）方案选择与可行性论证；
（3）单元电路的设计、参数计算和元器件选择；
（4）列出参考资料目录。

总结报告是在组装与调试结束之后开始撰写的，是整个设计工作的总结，其内容应包括：

（1）设计工作的日志；
（2）原始设计修改部分的说明；
（3）实际电路图、实物布置图、实用程序清单等；
（4）功能与指标测试结果（含使用的测试仪器型号与规格）；
（5）系统的操作使用说明；
（6）存在问题及改进方向等。

以上介绍的是电子系统生产厂家在进行电子产品制作过程中所包含的内容。对于初学者来说，则没有必要考虑那么多，通常只要挑选出需要的电路进行安装调试就可以了。主要目的是通过电子系统制作，提高电子学理论水平和实际动手能力，更深刻地理解电子学原理，熟悉各种类型的单元电路，掌握各种电子元器件的特点，深入了解电路在不同工作状态下的特性，逐步学习更多、更新的知识，掌握电子产品制作知识和技能，为上岗工作打下良好基础。

1.3 电子制作常用工具

电子制作常用的工具可划分为板件加工、安装焊接和检测调试三大类。板件加工类工具主要有锥子、钢板尺、刻刀、螺丝刀、钢丝钳、小型台钳、手钢锯、小钢锉、锤子、手电钻等，安装焊接类工具主要有镊子、铅笔刀、剪刀、尖嘴钳、偏口钳、剥线钳、热熔胶枪、电烙铁等，检测调试类工具主要有测电笔、万用表、信号源、稳压电源、示波器等。

1.3.1 板件加工工具

1）螺钉旋具

螺钉旋具分为十字螺钉旋具和一字螺钉旋具，主要用于拧动螺钉及调整可调元件的可调部分。螺钉旋具俗称改锥、起子。电工用螺钉旋具有100mm、150mm和300mm三种。十字螺钉旋具按照其头部旋动螺钉规格的不同分为I、II、III、IV几个型号，分别用于旋动22.5mm、6～8mm、10～12mm的螺钉。

无感螺丝刀用于电子产品中电感类组件磁芯的调整，一般采用塑料、有机玻璃等绝缘材料和非铁磁性物质做成。另外，还有带试电笔的螺钉旋具。

2）钳具

电工常用的钳具有钢丝钳、剪线钳、剥线钳、尖嘴钳等，其绝缘柄耐压应为1 000V以上。

- 尖嘴钳：主要用来夹小螺钉帽，绞合硬钢线，其尖口作剪断导线之用，还可用作元器件引脚成型。
- 钢丝钳：又称虎口钳，主要作用与尖嘴钳基本相同，其铡口可用来铡切钢丝等硬金属丝，常用规格有150mm、175mm和200mm三种。
- 剪线钳：又称斜口钳，用于剪细导线、元器件引脚或修剪焊接各多余的线头。
- 剥线钳：主要用来快速剥去导线外面塑料包线的工具，使用时要注意选好孔径，切勿使刀口剪伤内部的金属芯线，常用规格有140mm、180mm两种。

1.3.2 焊接工具

1. 常用焊接工具和材料

在电子产品设计制作中，元器件的连接处需要焊接。常用的焊接工具和材料有以下几种。

（1）镊子：在焊接过程中，镊子是配合使用不可缺少的工具，特别是在焊接小零件时，用手扶拿会烫手，既不方便，有时还容易引起短路。一般使用的镊子有两种：一种是用铝合金制成的尖头镊子，它不易磁化，可用来夹持怕磁化的小元器件；另一种是不锈钢制成的平头镊子，它的硬度较大，除了可用来夹持元器件引脚外，还可以帮助加工元器件引脚，做简单的成型工作。使用镊子进行协助焊接时，还有助于电极的散热，从而起到保护元器件的作用。

（2）刻刀：用于清除元器件上的氧化层和污垢。

（3）吸锡器：把多余的锡除去。常见的有两种：自带热源的；不带热源的。

（4）恒温胶枪：采用高科技陶瓷PTC发热元件制作，升温迅速，自动恒温，绝缘强度大于3 750V，可以用于玩具模型、人造花圣诞树、装饰品、工艺品及电子线路固定，是电子制作必备工具。

（5）焊锡：一般要求熔点低、凝结快、附着力强、坚固、导电率高且表面光洁。其主要成分是铅锡合金。除丝状外，还有扁带状、球状、饼状规格不等的成型材料。焊锡丝的直径有 0.5mm、0.8mm、0.9mm、1.0mm、1.2mm、1.5mm、2.0mm、2.3mm、2.5mm、3.0mm、4.0mm、5.0mm。焊锡丝中间一般均有松香，焊接过程中应根据焊点大小和电烙铁的功率选择合适的焊锡。

（6）松香：一种中性焊剂，受热熔化变成液态。它无毒、无腐蚀性、异味小、价格低廉、助焊力强。在焊接过程中，松香受热汽化，将金属表面的氧化层带走，使焊锡与被焊金属充分结合，形成坚固的焊点。

（7）助焊剂：助焊剂是焊接过程中必需的熔剂，它具有除氧化膜、防止氧化、减小表面张力、使焊点美观的作用，有碱性、酸性和中性之分。在印制板上焊接电子元器件，要求采用中性焊剂。碱性和酸性焊剂用于体积较大的金属制品的焊接，使用过的元器件都要用酒精擦净，以防腐蚀。

2. 电烙铁及其使用

电烙铁是熔解锡进行焊接的工具。

1）常用电烙铁的种类和功率

常用电烙铁分为内热式和外热式两种，如图 1.3.1 所示。

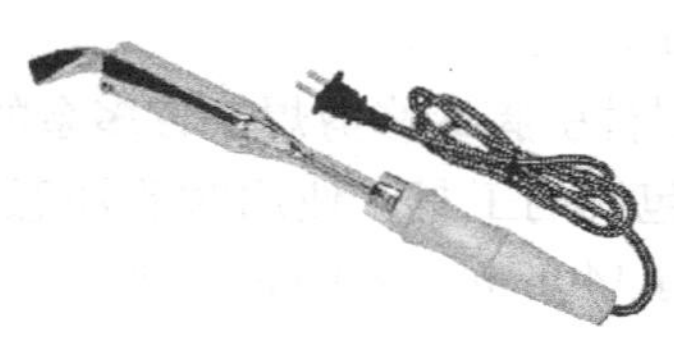

（a）外热式电烙铁

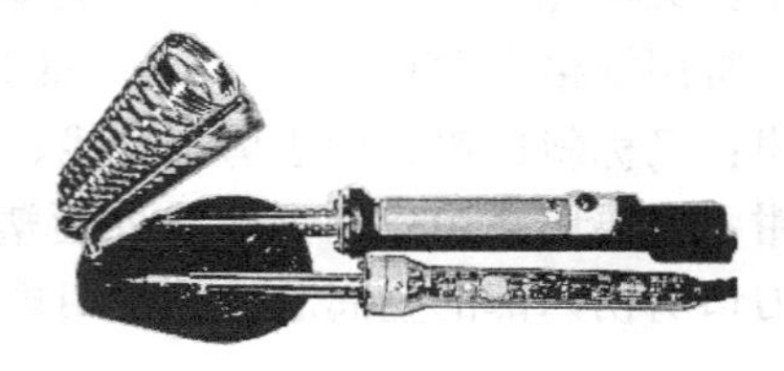

（b）内热式电烙铁

图 1.3.1　常用电烙铁实物图

外热式电烙铁既适合于焊接大型的元器件，也适用于焊接小型的元器件。由于发热电阻丝在烙铁头的外面，有大部分的热散发到外部空间，所以加热效率低，加热速度较缓慢，一般要预热 6 ～ 7min 才能焊接。其体积较大，焊小型器件时显得不方便。但它有烙铁头使用时间较长、功率较大的优点，有 25W、30W、50W、75W、100W、150W、300W 等多种规格。

内热式电烙铁的烙铁头套在发热体的外部，使热量从内部传到烙铁头，具有热得快、加热效率高、体积小、质量轻、耗电省、使用灵巧等优点，适合于焊接小型的元器件。但由于电烙铁头温度高而易氧化变黑，烙铁芯易被摔断，且功率小，只有 20W、35W、50W 等几种规格。

电烙铁直接用 220V 交流电源加热，电源线和外壳之间应是绝缘的，电源线和外壳之间的电阻应大于 200MΩ。

恒温电烙铁的烙铁头内装有强磁性体传感器，根据焊嘴热负荷自动调节发热量，实现温度恒定。其配有高效率陶瓷发热芯，回温快，橡胶手柄采用隔热构造，防止热量向手传导，舒适作业。恒温电烙铁可以选配不同的烙铁头用来手工焊接贴片元件。

吸锡电烙铁是将活塞式吸锡器与电烙铁融为一体的拆焊工具。

防静电电烙铁（防静电焊台）主要完成对烙铁的去静电供电、恒温等功能。防静电电烙铁价格昂贵，只在有特殊要求的场合使用，如焊接超大规模的 CMOS 集成块，计算机板卡、手机等的维修。

自动送锡电烙铁能在焊接时将焊锡自动输送到焊接点，可使操作者腾出一只手来固定工件，因而在焊接活动的工件时特别方便，如进行导线的焊接、贴片元器件的焊接等。

电热枪由控制台和电热风吹枪组成，其工作原理是利用高温热风，加热焊锡膏和电路板及元器件引脚，使焊锡膏熔化，来实现焊装或拆焊的目的，是专门用于焊装或拆卸表面贴装元器件的专用焊接工具。

2）选用电烙铁的原则

（1）焊接集成电路、晶体管及受热易损的元器件时，考虑选用 20W 内热式或 25W 外热式电烙铁。

（2）焊接较粗导线和同轴电缆时，考虑选用 50W 内热式或 45 ～ 75W 外热式电烙铁。

（3）焊接较大元器件时，如金属底盘接地焊片，应选用 100W 以上电烙铁。

（4）烙铁头的形状要适应被焊接件物面要求和产品装配密度。

3）使用电烙铁应注意的问题

（1）新烙铁使用前，应用细砂纸将烙铁头打光亮，通电烧热，蘸上松香后用烙铁头刃面接触焊锡丝，使烙铁头上均匀地镀上一层锡。这样做，可便于焊接和防止烙铁头表面氧化。旧的烙铁头若严重氧化而发黑，可用钢锉锉去表层氧化物，使其露出金属光泽后，重新镀锡，才能使用。

（2）电烙铁通电后温度高达 250℃以上，不用时应放在烙铁架上，较长时间不用时应切断电源，防止高温“烧死”烙铁头（被氧化）。并应防止电烙铁烫坏其他元器件，尤其是电源线。

（3）不要将电烙铁猛力敲打，以免震断电烙铁内部电热丝或引线而产生故障。

（4）电烙铁使用一段时间后，可能在烙铁头部留有锡垢，在烙铁加热的条件下，可以用湿布轻擦。若出现凹坑或氧化块，应用细纹锉刀修复或直接更换烙铁头。

（5）掌握好电烙铁的温度，当在铬铁上加松香冒出柔顺的白烟时为焊接最佳状态。

（6）应选用焊接电子元件用的低熔点焊锡丝，用 25% 的松香溶解在 75% 的酒精（质量比）中作为助焊剂。

1.3.3 测量工具

1. 验电笔

验电笔是用来测量电源是否有电、电气线路和电气设备的金属外壳是否带电的一种常用工具。常用低压验电笔有钢笔形的，也有一字形螺钉旋具式的，其前端是金属探头，后部塑料外壳内装配有氖管、电阻和弹簧，还有金属端盖或钢笔形挂钩，这是使用时手触及的金属部分，如图 1.3.2 所示。普通低压验电笔的电压测量范围在 60 ～ 500V，低于 60V 时，验电笔的氖管可能不会发光显示，高于 500V 的电压则不能用普通验电笔来测量。当用验电笔测试带电体时，带电体上的电压经笔尖（金属体）、电阻、氖管、弹簧、笔尾端的金属体，再经过人体接入大地，形成回路，从而使电笔内的氖管发光。如氖泡内电极一端发辉光，则所测的电是直流电，若氖泡内电极两端都发辉光，则所测电为交流电。

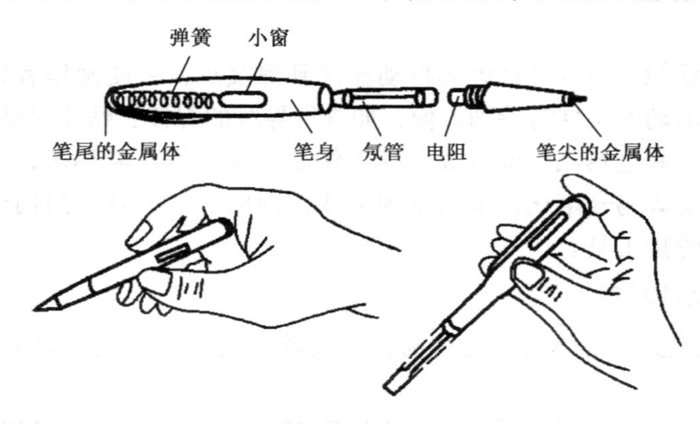

图 1.3.2　验电笔结构及正确操作

2. 万用表

万用表主要用来测量交流直流电压、电流、直流电阻及晶体管电流放大倍数等。现在常见的主要有机械式万用表和数字式万用表两种。

1）机械式万用表

机械式万用表又称模拟式万用表，其指针的偏移和被测量保持一定的关系，外观和数字表有一定的区别，但两者的转挡旋钮是差不多的，挡位也基本相同。在机械表上会见到一个表盘，如图 1.3.3（a）所示，表盘上有几条刻度尺：

标有“Ω”标记的是测电阻时用的刻度尺；

标有“～”标记的是测交直流电压、直流电流时用的刻度尺；

标有“HFE”标记的是测三极管时用的刻度尺；

标有“LI”标记的是测量负载电流、电压的刻度尺；

标有“DB”标记的是测量电平的刻度尺。

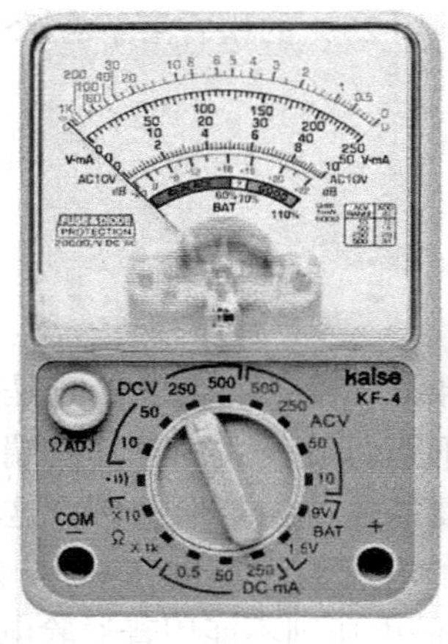

（a）某型号机械式万用表

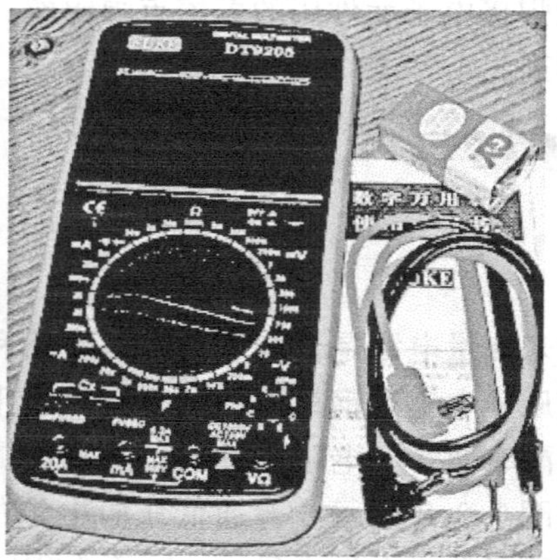

（b）某型号数字式万用表

图 1.3.3　万用表实物图

2）数字式万用表

在数字式万用表上有转换旋钮，如图 1.3.3（b）所示，旋钮所指的是下列测量量的挡位：

“V ～”表示的是测量交流电压的挡位；

“V -”表示的是测量直流电压的挡位；

“MA”表示的是测量直流电流的挡位；

“Ω（R）”表示的是测量电阻的挡位；

“HFE”表示的是测量晶体管的电流放大倍数。

新型袖珍数字万用表大多增加了功能标志符，如单位符号 mV、V、kV、μA、mA、A、Ω、kΩ、MΩ、ns、kHz、pF、nF、μF，测量项目符号 AC、DC、LOΩ、MEM，特殊符号 LO BAT（低电压符号）、H（读数保持符号）、AUTO（自动量程符号）、×10（10 倍乘符号）、·））（蜂鸣器符号）等。

为克服数字显示不能反映被测量的变化过程及变化趋势等不足，“数字/模拟条图”双重显示袖珍数字万用表、多重显示袖珍数字万用表竞相问世。这类仪表兼有数字表和模拟表的优点，为袖珍数字万用表完全取代指针式（模拟式）万用表创造了条件。

3）万用表的使用

万用表的红表笔表示接外电路正极，黑表笔表示接外电路负极。万用表可用来测量电压、电流、电阻等基本电路参数，还可用来测量电感值、电容值、晶体管参数，进行音频测量、温度测量。具体使用方法可参见相关仪表说明文档。

数字式万用表：测量前先设置到测量的挡位，要注意的是挡位上所标的是量程，即最大值。机械式万用表：测量电流、电压的方法与数学表相同，但测电阻时，读数要乘以挡位上的数值才是测量值。例如，测量时的挡位是“×100”、读数是 200，则测量值是 200×100＝20 000Ω＝20kΩ。表盘上的“Ω”刻度尺是从左到右、从大到小，而其他的是从左到右、从小到大。

4）注意事项

调“零点”（机械表才有），在使用万用表前，先要看指针是否指在左端“零位”上，如果不是，则应用小改锥慢慢旋表壳中央的“起点零位”校正螺钉，使指针指在零位上。

万用表使用时应水平放置（机械表才有）。

测试前要确定测量内容，将量程转换旋钮旋到所需测量的相应挡位上，以免烧毁表头。如果不知道被测物理量的大小，要先从大量程开始试测。

表笔要正确地插在相应的插口中，测量电流时要注意更换红表笔插孔。

测试过程中，不要任意旋转挡位变换旋钮。

使用完毕后，一定要将万用表挡位变换旋钮调到交流电压的最大量程挡位上。

测直流电压、电流时，要注意电压的正、负极，以及电流的流向，要与表笔相接正确。

3. 示波器

示波器是一种用荧光屏显示电量随时间变化的电子测量仪器。它能把人的肉眼无法直接观察到的电信号转换成人眼能够看到的波形，具体显示在示波屏幕上，以便对电信号进行定性和定量观测，其他非电物理量也可经转换成电量后再用示波器进行观测。示波器可用来测量电信号的幅度、频率、时间和相位等电参数，凡涉及电子技术的地方几乎都离不开示波器。

示波器的基本特点如下：

（1）能显示电信号波形，可测量瞬时值，具有直观性。

（2）工作频带宽，速度快，便于观察高速变化的波形的细节。

（3）输入阻抗高，对被测信号影响小。

（4）测量灵敏度高，并有较强的过载能力。

示波器的种类、型号很多，功能也不尽相同。电子制作中使用较多的是20MHz或40MHz的双踪模拟示波器。安捷伦现有模拟/数字500MHz示波器问世，能同时测量模拟信号和数字逻辑信号，但价格较昂贵。图1.3.4所示为几款常见示波器，示波器的使用可参照相关厂家的型号说明文档。

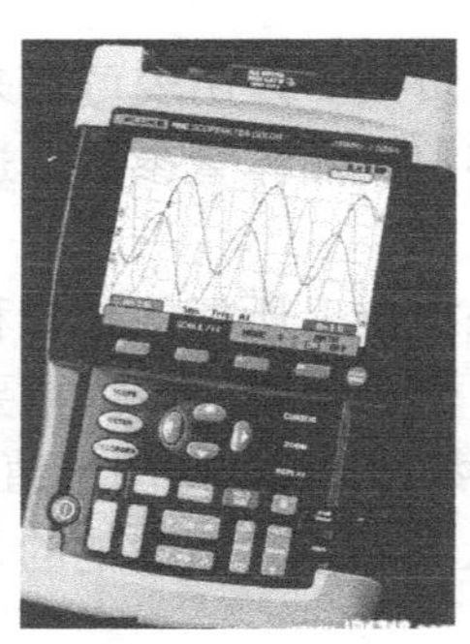

（a）手持式示波表

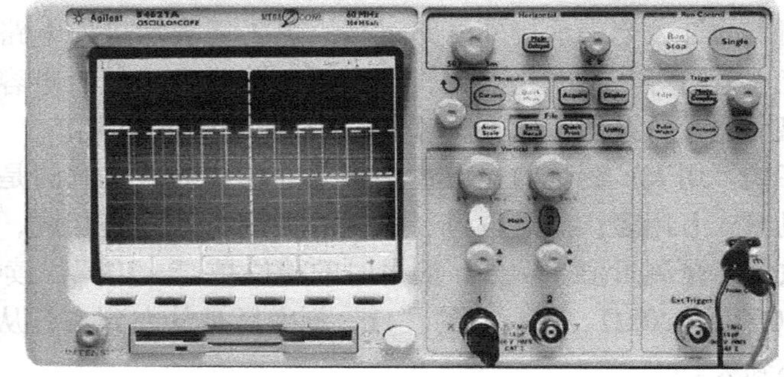

（b）数字示波器

图1.3.4　示波表和示波器实物图

在电子制作过程中还经常用到信号源（函数发生器）、直流稳压电源、交流毫伏表、Q表、电阻箱、逻辑笔等测量仪表。标准仪器仪表的使用、型号规格参数均可参考相关厂家的型号说明文档，本书限于篇幅不做介绍。

1.3.4　其他工具与材料

1. 导线

电子制作过程中需要用到各种电源线、信号线，线芯多为铜材，有软硬之分，软芯线铜芯由多股细铜丝组成，柔软，连接使用方便，硬芯线铜芯是单根铜，线径粗时较硬，容易折断。为调试和连接方便，可采用优质的鳄鱼夹和事先焊接成的柔性彩色软线（见图1.3.5），或者用排线和插针/座直接通过机器加工成杜邦线（见图1.3.6），耐用、方便，调试电路时必不可少，并可提高效率。

图 1.3.5　调试电路用彩色连接线

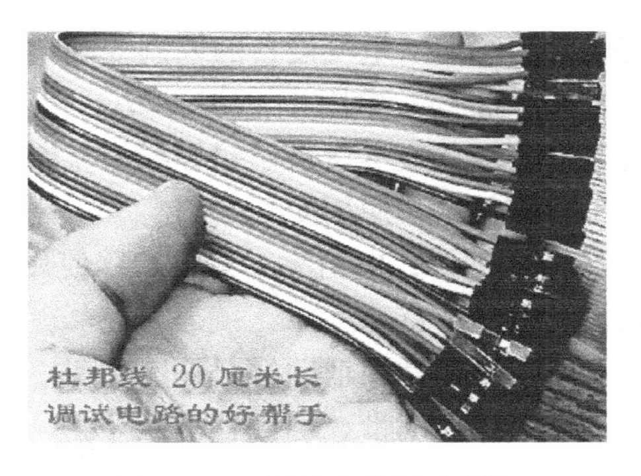

图 1.3.6　调试电路用杜邦线

2. 电路板制版机/热转印机

电路板的制作，往往是电子爱好者比较头痛的一件事，许多电子爱好者为了制作一块电路板，通常采用油漆描板、刀刻、不干胶粘贴等业余制作方法，速度较慢，而且很难制作出高质量的印制电路板。电路板的制作甚至成为许多初学者步入电子殿堂的“拦路虎”。在计算机日益普及的今天，利用计算机设计印制板，虽然设计上具有图形规范、尺寸精确、容易修改、便于保存等优点，但制作电路板的工艺仍较为复杂，要通过光绘、照相制版等化学工艺流程，消耗材料较多，周期较长，费用较高。

利用小型快速电路板制版机（见图 1.3.7）可以非常快速地小批量制作印制电路板，具有以下显著的优点。

（1）制版精度高：能达到激光打印机分辨率的制版精度。

（2）制版成本低廉：制作一块电路板的制版费仅相当于一张热转印纸的成本。

（3）制版速度快：该制版机能将激光打印机打印在热转印纸上的印制电路图形迅速转移到电路板上，形成抗腐蚀层，制作一块 200mm × 300mm 的印制电路板（单、双面板），仅仅需要 10 ～ 20min。非常适合于工厂、研究所、学校、电子商场、个人业余实验快速制作电路板样板使用。

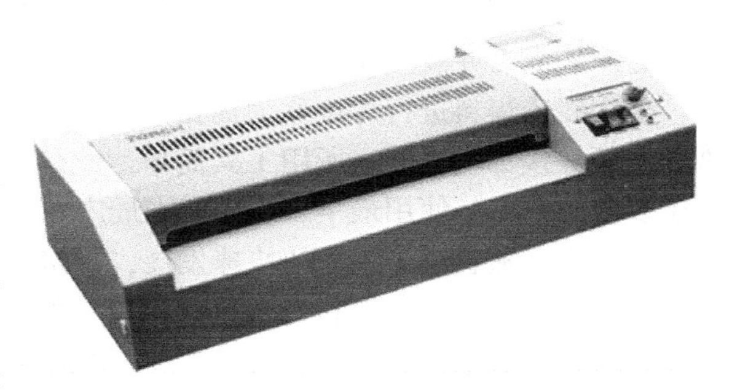

图 1.3.7　小型快速电路板制版机（热转印机）

3. 绝缘材料与导电材料

绝缘材料是一种不导电的物质，主要作用是将带电体封闭起来或将带不同电位的导体隔开，以保证电气线路和电气设备正常工作，并防止发生人身触电事故等。绝缘材料有木头、石头、橡胶、橡皮、塑料、陶瓷、玻璃、云母等。

用作导电材料的金属必须具备以下特点：导电性能好，有一定的机械强度，不易氧化和腐蚀，容易加工和焊接，资源丰富，价格便宜。电气设备和电气线路中常用的导电材料有以下几类。

（1）铜材，电阻率 $\rho = 0.0175\Omega$，其导电性能、焊接性能及机械强度都较好，在要求较高的动力线路、电气设备的控制线和电机、电器的线圈等大部分采用铜导线。

（2）铝材，电阻率$\rho=0.029\Omega$，其电阻率虽然比铜大，但密度比铜小，且铝资源丰富，为了节省铜，应尽量采用铝导线。架空线路、照明线已广泛采用铝导线。由于铝导线的焊接工艺较复杂，使用受到限制。

（3）钢材，电阻率$\rho=0.1\Omega$，使用时会增大线路损耗，但机械强度好，能承受较大的拉力，资源丰富。

电子制作常用辅助材料还有台钻、手电钻、台虎钳、扳手、切割机、滚动轴承、润滑油、链条、传动带、螺钉、螺栓等。

1.4 手工焊接技术

1.4.1 焊接基础

利用加热或其他方法，使两种金属间原子的壳层互起作用，或是原子相互扩散、互熔，依靠原子间的内聚力使两种金属永久地牢固结合，称为焊接。

焊接一般分为熔焊、钎焊、接触焊三大类。熔焊又可分为气焊、电焊；钎焊可分为软焊（焊料熔点低于450℃）、硬焊（焊料熔点高于450℃）；接触焊可分为点焊、碰焊。在固体母材之间，熔入比母材金属熔点低的焊料，依靠毛细管作用，使焊料进入母材之中浸润工件金属表面，并发生化学变化，从而使母材与焊料结合为一体，这种过程称为钎焊。

采用锡铅焊料进行焊接称为锡铅焊，简称锡焊。锡焊方法简便，整修焊点、拆换元器件、重新焊接都较容易，所用工具简单。此外，还具有成本低、易实现自动化等优点。在电子装配中，它是使用最早、适用范围最广和当前仍占较大比重的一种焊接方法。

近年来，随着电子工业的快速发展，焊接工艺也有了新的发展。在锡焊方面普遍地使用了应用机械设备的浸焊和实现自动化焊接的波峰焊，这不仅降低了工人的劳动强度，而且提高了生产效率，保证了产品的质量。同时无锡焊接在电子工业中也得到了较多的应用，如熔焊、绕接焊、压接焊等。

1.4.2 锡焊机理

锡焊的机理可以由浸润、扩散、界面层的结晶与凝固三个过程来表述。

1）浸润

润湿过程是指已经熔化了的焊料借助毛细管力沿着母材金属表面细微的凹凸及结晶的间隙向四周漫流，从而在被焊母材表面形成一个附着层，使焊料与母材金属的原子相互接近，达到原子引力起作用的距离，这个过程称为熔融焊料对母材表面的润湿。润湿过程是形成良好焊点的先决条件。

浸润是熔融焊料在被焊面上的扩散，伴随着表面扩散，同时还发生液态和固态金属间的相互扩散，如同水洒在海绵上而不是洒在玻璃板上。

焊料浸润性能的好坏一般用浸润角θ表示，它是指焊料外圆在焊接表面交接点处的切线与焊件面的夹角，从0°到180°，θ角越小，润湿越充分。

2）扩散

由于金属原子在晶格点阵中呈热振动状态，因此在温度升高时，它会从一个晶格点阵自动地转移到其他晶格点阵，这个现象称为扩散。锡焊时，焊料和工件金属表面的温度较高，焊料与工件金属表面的原子相互扩散，在两者界面形成新的合金。正是由于扩散作用，形成了焊料和焊件之间的牢固结合。

3）界面层的结晶与凝固

焊接后焊点降温到室温，在焊接处形成由焊料层、合金层和工件金属表层组成的结合结构。在焊料和工件金属界面上形成合金层，称为“界面层”。冷却时，界面层首先以适当的合金状态开始凝固，形成金属结晶，而后结晶向未凝固的焊料生长。

形成界面层是锡焊的关键。界面层的成分既不同于焊料又不同于焊件，而是一种既有化学作用（生成金属化合物，如Cu6Sn5、Cu3Sn、Cu31Sn8等）又有冶金作用（形成合金固溶体）的特殊层。如果没有形成结合层，仅仅是焊料堆积在母材上，则称为虚焊。界面层的厚度因焊接温度、时间不同而异，一般在1.2～10μm之间。理想的结合层厚度是1.2～3.5μm，强度最高，导电性能好。界面层小于1.2μm，实际上是一种半附着性结合，强度很低；而大于6μm则使组织粗化，产生脆性，降低强度。

良好的焊接，必须具备以下几个条件。

1）良好的可焊性

可焊性即可浸润性，是指在适当的温度下，工件金属表面与焊料在助焊剂的作用下能形成良好的结合，生成合金层的性能。铜是导电性能良好且易于焊接的金属材料，常用元器件的引线、导线及接点等都采用铜材料制成。其他金属如金、银的可焊性好，但价格较贵，而铁、镍的可焊性较差。为提高可焊性，通常在铁、镍合金的表面先镀上一层锡、铜、金或银等金属，以提高其可焊性。

2）清洁的焊接表面

工件金属表面如果存在氧化物或污垢，会严重影响与焊料在界面上形成合金层，造成虚焊、假焊。轻度的氧化物或污垢可通过助焊剂来清除，较严重的要通过化学或机械的方式清除。

3）适当的助焊剂

助焊剂是一种略带酸性的易熔物质，在焊接过程中可以溶解工件金属表面的氧化物和污垢，并提高焊料的流动性，有利于焊料浸润和扩散的进行，在工件金属与焊料的界面上形成牢固的合金层，保证焊点的质量。助焊剂的种类很多，效果也不一样，使用时必须根据材料、焊点表面状况和焊接方式选用。

4）足够的焊接温度和时间

热能是进行焊接必不可少的条件。热能的作用是熔化焊料，提高工件金属的温度，加速原子运动，使焊料浸润工件金属界面，并扩散到工件金属界面的晶格中去，形成合金层。温度过低，会造成虚焊；温度过高，会损坏元器件和印制电路板。合适的温度是保证焊点质量的重要因素。在进行手工焊接时，控制温度的关键是选用具有适当功率的电烙铁和掌握焊接时间。电烙铁功率较大时应适当缩短焊接时间，电烙铁功率较小时可适当延长焊接时间。焊接时间过短，会使温度太低；焊接时间过长，会使温度太高。根据焊接面积的大小，经过反复多次实践才能把握好焊接工艺的这两个要素。一般情况下，焊接时间不应超过3s。

1.4.3 焊接质量分析

焊点是电子产品中元器件连接的基础，产品越复杂，使用的元器件越多，焊接点也越多。焊点质量出现问题可导致设备故障，因此，高质量的焊点是保证设备可靠工作的基础。

1. 良好焊点的标准

（1）焊点表面：光滑，色泽柔和，没有砂眼、气孔、毛刺等缺陷。

（2）焊料轮廓：印制电路板焊盘与引脚间应呈弯月面，润湿角 $15° < \theta < 45°$。

（3）焊点间：无桥接、拉丝等短路现象。

（4）焊料内部：金属没有疏松现象，焊料与焊件接触界面上形成3 ～ 10μm 的金属间化合物。

良好的焊点形貌如图 1.4.1 所示。

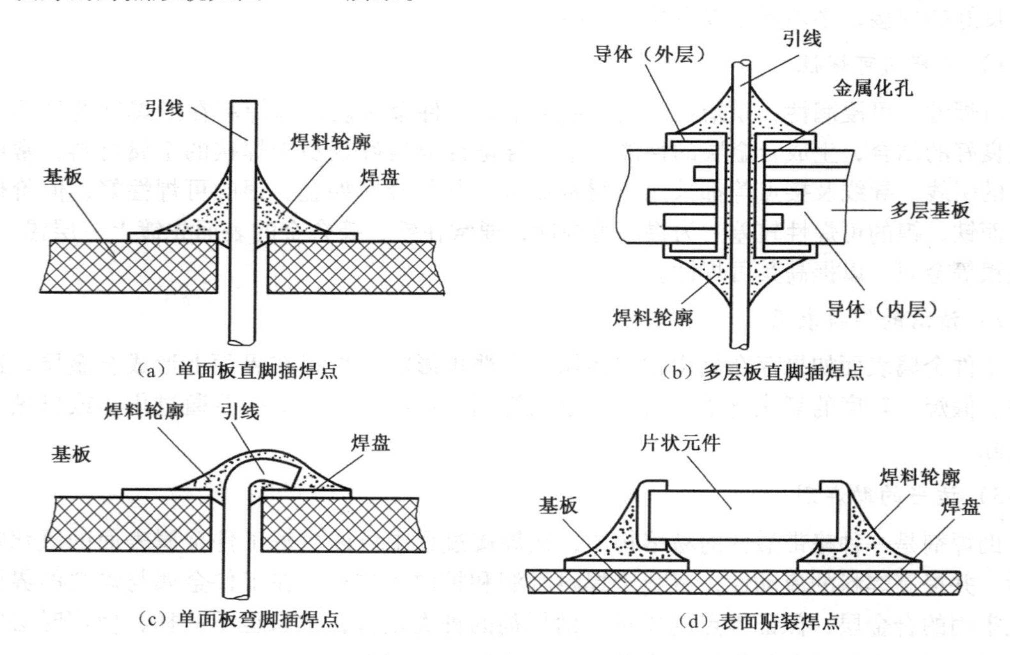

图 1.4.1　良好的焊点形貌

2. 焊点的质量要求

对焊点的基本质量要求有下列几个方面。

1）电气接触良好

良好的焊点应该具有可靠的电气连接性能，不允许出现虚焊、桥接等现象。

2）机械强度可靠

保证使用过程中，不会因正常的振动而导致焊点脱落。

3）外形美观

一个良好的焊点应该是明亮、清洁、平滑的，焊锡量适中并呈裙状拉开，焊锡与被焊件之间没有明显的分界，这样的焊点才是合格、美观的。

3. 焊点的检查步骤

焊点的检查通常采用目视检查、手触检查和通电检查的方法。

1）目视检查

是指从外观上检查焊接质量是否合格，焊点是否有缺陷。目视检查的主要内容有：是否有漏焊；焊点的光泽好不好，焊料足不足；是否有桥接、拉尖现象；焊点有没有裂纹；焊盘是否有起翘或脱落情况；焊点周围是否有残留的焊剂；导线是否有部分或全部断线、外皮烧焦、露出芯线的现象。

2）手触检查

手触检查主要是用手指触摸元器件，看元器件的焊点有无松动、焊接不牢的现象；用镊子夹住元器件引线轻轻拉动，有无松动现象。

3）通电检查

通电检查必须在目视检查和手触检查无错误的情况之后进行，这是检验电路性能的关键步骤，如表1.4.1所示。

表1.4.1　通电检查

通电检查结果		原因分析
元器件损坏	失效	过热损坏、烙铁漏电
	性能变坏	烙铁漏电
导电不良	短路	桥接、错焊、金属渣（焊料、剪下的元器件引脚或导线引线等）短接等
	断路	焊锡开裂、松香夹渣、虚焊、漏焊、焊盘脱落、印制导线断、插座接触不良等
	接触不良、时通时断	虚焊、松香焊、多股导线断丝、焊盘松脱等

1.4.4　手工焊接

1. 焊接操作姿势

焊剂加热挥发出的化学物质对人体有害，一般烙铁离开鼻子的距离应至少不小于30cm，通常以40cm为宜，并要保持室内空气流通。

电烙铁的握法有三种，如图1.4.2所示。

(1) 反握法：是用五指把电烙铁的柄握在掌内。此法适用于大功率电烙铁，焊接散热量大的被焊件。反握法动作稳定，长时间操作不易疲劳。

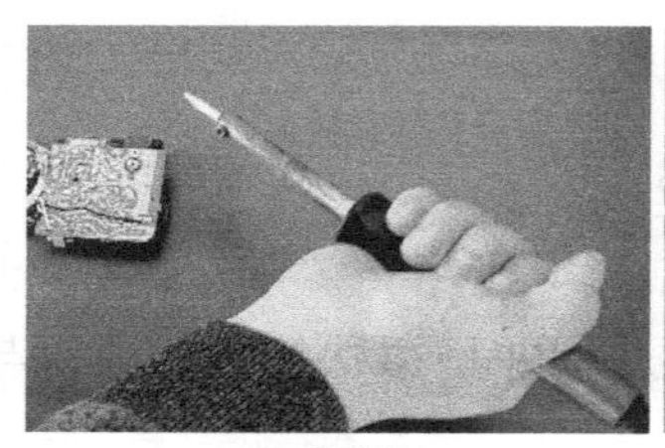
（a）反握法

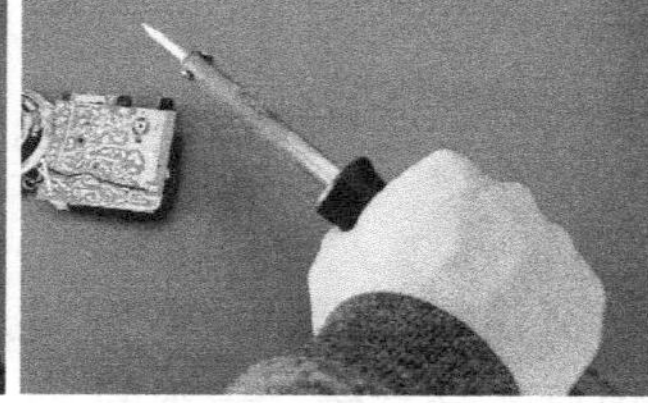
（b）正握法

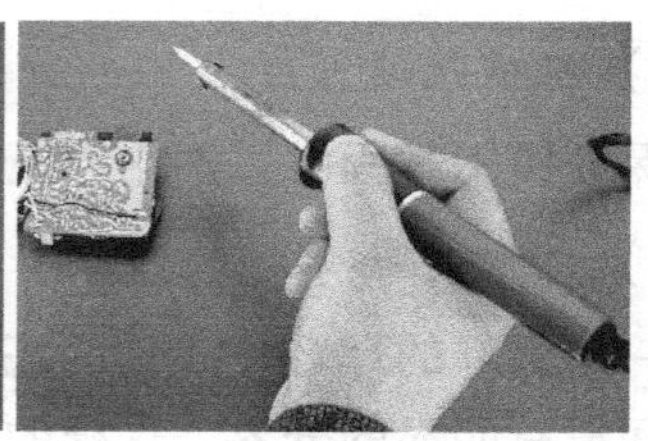
（c）握笔法

图 1.4.2　电烙铁的握法

（2）正握法：此法适用于中等功率电烙铁或带弯头电烙铁的操作。

（3）握笔法：用握笔的方法握电烙铁，此法适用于小功率电烙铁，在操作台上进行印制板焊接等散热量小的被焊件的加工，如焊接收音机、电视机的印制电路板及其维修等。

焊锡丝根据连续锡焊和断续锡焊的不同分为两种拿法，如图 1.4.3 所示。

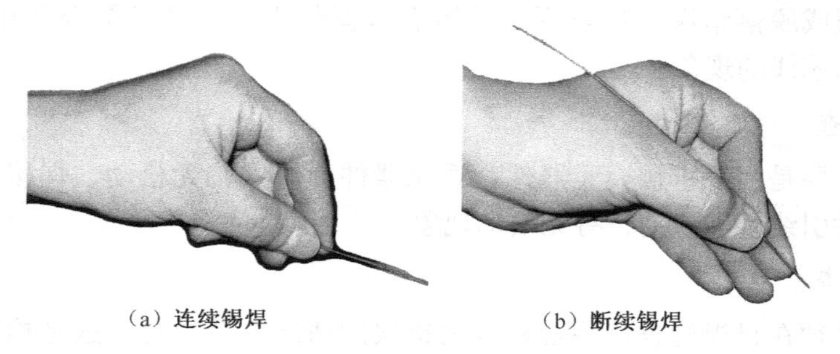
（a）连续锡焊　　（b）断续锡焊

图 1.4.3　焊锡丝的拿法

焊锡丝一般要用手送入被焊处，不要用烙铁头上的焊锡去焊接，这样很容易造成焊料的氧化、焊剂的挥发。

2. 烙铁头清洁处理

电烙铁头是用紫铜制作的，在温度较高时容易氧化，而且在使用过程中，其顶部极易被焊料侵蚀而逐渐失去原来的形状，因此需要加以修整。为了提高电烙铁的可焊性和延长使用时间，不管是初次使用的烙铁头，还是经修整后的烙铁头，都要及时清洁处理和上锡。

具体方法如下：在电烙铁通电发热的情况下，用砂纸或锉刀将烙铁头端部的氧化层磨掉，迅速投入事先准备好的松香助焊剂中，然后用湿布擦洗，清除烙铁头的表面氧化物及污垢，再给烙铁头上锡，使烙铁头沾有一些焊料。如未达到预期目的，可重复一两次；一旦出现烙铁头不沾锡，可用活性松香助焊剂在锡槽中上锡；如烙铁头上焊料太多，可用湿布擦掉，绝不可用敲击或甩掷的错误方法。

使用前用清洁海绵吸足水，用手挤去一些，水少清洁不干净、水多烙铁易冷，焊接效率低，用清洁海绵两面擦拭烙铁头去除烙铁上的污物，然后再去除熔化焊锡。

为避免烙铁头氧化，焊接完成后需将新锡重新加在烙铁头上。

3. 元件镀锡

元器件引线一般都镀有一层薄薄的钎料，但时间一长，其表面将产生一层氧化膜，影响焊接。因此，除少数镀有银、金等良好镀层的引线外，大部分元器件在焊接前都要重新进行镀锡。

镀锡，实际上就是锡焊的核心——通过液态焊锡对被焊金属表面浸润，形成一层既不同于被焊金属，又不同于焊锡的结合层。这一结合层将焊锡同待焊金属这两种性能、成分都不同的材料牢固地结合起来。而实际的焊接工作只不过是用焊锡浸润待焊零件的结合处，熔化焊锡并重新凝结的过程。

镀锡的方法有很多种，常用的方法主要有电烙铁手工镀锡、锡锅镀锡、超声波镀锡等。

电烙铁手工镀锡是指直接使用电烙铁对电子元器件的引线进行镀锡，如图 1.4.4 所示。操作不熟练时，最好用镊子夹持元器件，以免烫伤手指。其优点是方便、灵活，缺点是镀锡不均匀，易生锡瘤，且工作效率低，适用于少量、零散作业。

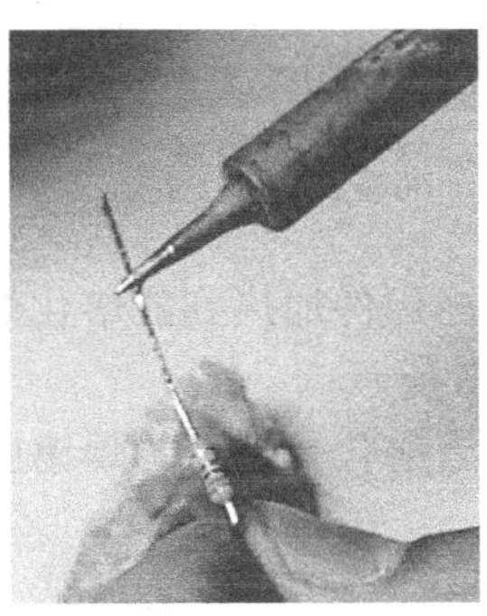

图 1.4.4　电烙铁手工镀锡

电烙铁手工镀锡时应注意以下事项：

(1) 烙铁头要干净，不能带有污物和使用氧化了的锡。

(2) 烙铁头要大一些，有足够的吃锡量。

(3) 电烙铁的功率及温度应根据不同元器件进行适当选择。电阻、电容温度可高一些，一般可达到 350 ～ 400℃。而对晶体管则温度不能太高，以免烧坏管子，一般控制在 280 ～ 300℃。实践证明，镀锡温度超过 450℃时就会加速铜的熔解和氧化，导致锡层无光，表面粗糙等。

(4) 应选择合适的助焊剂，常使用松香酒精水。

(5) 镀锡时，引线要放在平整干净的木板上，其轴线应与烙铁头的移动方向一致。烙铁头移动速度要均匀，不能来回往复。

(6) 多股导线镀锡时，要先剥去绝缘层，并将多股导线拧紧，然后再进行镀锡。

(7) 镀锡时，元件要 360°旋转，使焊锡布满整个引线。

4. 五步焊接法

焊接操作一般分为准备施焊、加热焊件、填充焊料、移开焊丝、移开烙铁五步，称为

“五步法”。

（1）准备施焊：准备好焊锡丝和烙铁，将干净的烙铁头沾上焊锡（俗称吃锡），如图 1.4.5 所示。

（2）加热焊件：将烙铁接触焊接点，注意电烙铁与水平面大约成 60°角，便于熔化的锡从烙铁头上流到焊点，并保持烙铁均匀加热焊件各部分，例如，印制板上的引线和焊盘都受热，如图 1.4.6 所示。

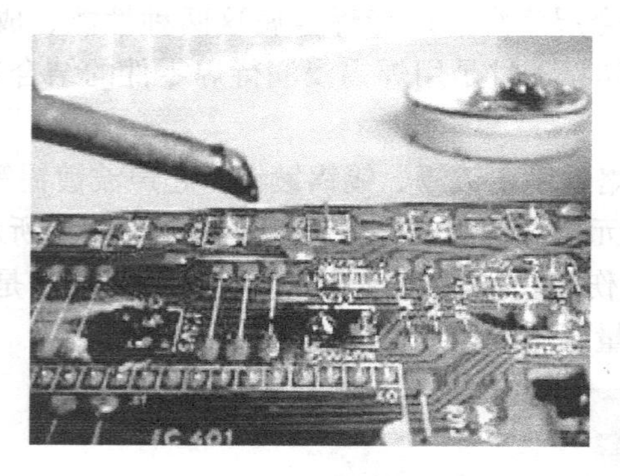

图 1.4.5　准备施焊

图 1.4.6　加热焊件

（3）熔化焊料：当焊件加热到能熔化焊料的温度后将焊丝置于焊点，焊料开始熔化并润湿焊点，如图 1.4.7 所示。

（4）移开焊丝：当熔化一定量的焊锡后将焊锡丝移开，如图 1.4.8 所示。

图 1.4.7　熔化焊料

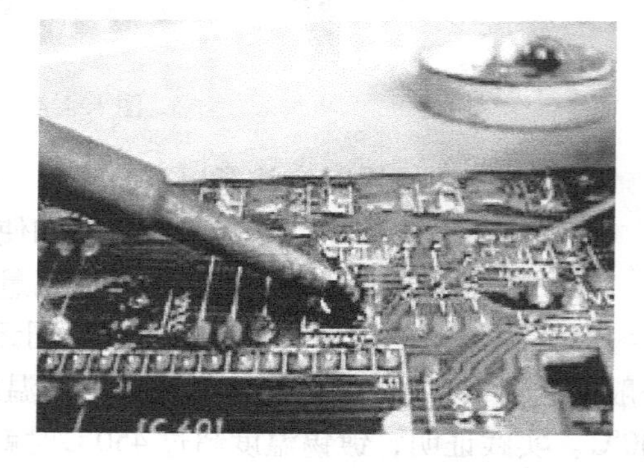

图 1.4.8　移开焊锡

（5）移开烙铁：当焊锡完全润湿焊点后移开烙铁，注意移开烙铁的方向应该是大致 45°的方向，如图 1.4.9 所示。

上述过程，对一般焊点而言需 2 ～ 3s。对于热容量较小的焊点，如印制电路板上的小焊盘，有时用三步法概括操作方法，即将上述步骤（2）、（3）合为一步，（4）、（5）合为一步。实际上细微区分还是五步，所以五步法有普遍性，是掌握手工烙铁焊接的基本方法。特别是各步骤之间停留的时间，对保证焊接质量至关重要。

电烙铁接触焊点的方法如图 1.4.10 所示。

图 1.4.9　移开烙铁

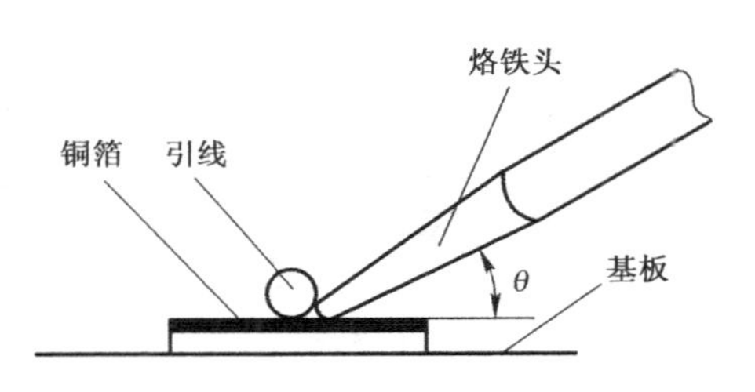

图 1.4.10　电烙铁接触焊点的方法

5. 手工焊接分类

本书所述焊接是指电子制作中常用的金属导体与焊锡之间的熔合，焊锡选用熔点约为183℃的铅锡合金。

手工焊接方法因焊接点的连接方式而定，见表 1.4.2。通常焊接点有 4 种连接方式，相应的有 4 种手工焊接方法：绕接——绕焊；钩接——钩焊；搭接——搭焊；插接——插焊。

表 1.4.2　手工焊接方法

焊接方法	图示	焊接方法	图示
绕焊		搭焊	
钩焊		插焊	弯脚　直脚

绕焊是将待焊元器件的引出线或导线等线头绕在被焊件接点的金属上，一般绕 1 ～ 3 圈，然后再进行焊接，以增加焊接点的强度。绕焊焊接点强度高，拆焊较困难，一般应用于可靠性要求较高的产品中。

钩焊基本上与绕焊相同，只是钩与绕的工艺有所不同。钩接是将被连接的导线或元器件引出线钩在接点的眼孔中，转线 0.5 ～ 1 圈，使引出线不易脱落。钩焊焊接点强度较高，机械强度不如绕焊，但它便于拆焊。因而钩焊适用于不便绕接，但有一定机械强度要求的产品中。

搭焊是将导线或元器件引出线搭接在焊接点上，再进行焊接，搭接与焊接同时进行。搭焊焊接点强度较差，但焊接简便，节省焊接工时，拆焊最方便。因而搭焊适用于调试中的临时焊接，另外还可用于对焊接要求不高的产品，是节省焊接工时而采用的焊接方法。

插焊是将导线或元器件引出线插入洞孔形的接点中，再进行焊接，插焊按引线弯脚可分为直脚焊和弯脚焊两种。插焊焊接方便，速度快，焊料省，便于拆焊，机械强度尚可。插焊适用于印制电路板上元器件的安装和焊接，另外接插件上导线的连接也可采用插焊。插焊常采用三步焊接法，焊接后剪去多余的引出线头，最后进行整理工作，焊接过程如图 1.4.11 所示。

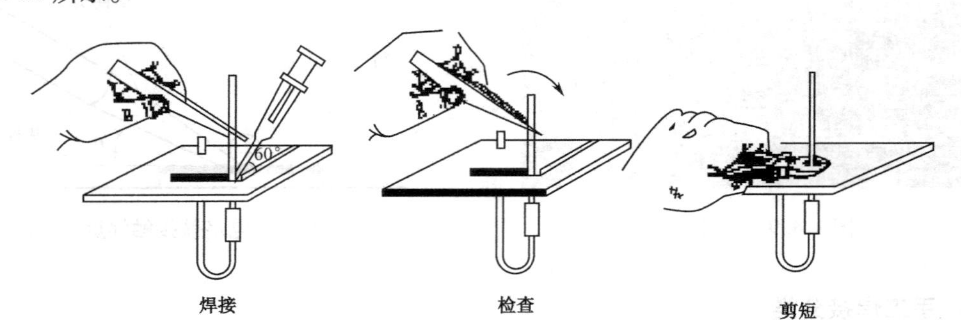

图 1.4.11　插焊焊接过程

伴随着无引脚或引脚极短的片状元器件（也称 SMD 元器件）的出现，形成了表面安装技术，也称 SMT 技术，它打破了在印制电路板上“通孔”安装元器件，然后再焊接的传统工艺，直接将 SMD 元器件平卧在印制电路板表面进行安装。

6. 手工拆焊

拆焊又称解焊，是指把元器件从已经焊接的安装位置上拆卸下来。当焊接出现错误、损坏或调试维修电子产品时，就要进行拆焊过程。拆焊是一件非常麻烦的事情，拆焊过程中的过度加热和弯折极易造成元件损坏，焊盘脱落。所以要尽可能避免焊前元件插装出错。

拆焊一般遵循如下工艺步骤：

（1）去除电路板上的任何表面涂覆物。

（2）将烙铁头蘸锡——有利于热传导，增加烙铁头与焊点的表面张力。

（3）涂覆助焊剂——去除焊点表面的氧化层，液态助焊剂可提高热传导。

（4）拆除芯片。

（5）清洁焊盘和电路板上残留的焊锡膏及助焊剂。

在拆卸过程中，主要用到的工具有电烙铁、吸锡枪、镊子、铜编织线、医用空心针管、专用拆焊电烙铁等。专用电烙铁用来拆卸集成电路、中频变压器等多引脚元件，不易损坏元件及电路板。

1）通过热熔接触移除元件

（1）两脚元件拆焊。

两脚元件移除方法 1——快速手动：

① 加热元件的一边直到焊锡熔化；

② 快速加热另一边，在第一边冷却之前熔化焊锡；

③ 用烙铁拔除元件。

两脚元件移除方法 2——去锡丝：

① 在元件两边用去锡丝（铜编织线）去除焊锡；

② 用镊子扭动元件，破坏下面的连接。

两脚元件移除方法3——热镊子：

用热镊子同时加热元件的两个引脚，直到移除元件。

两脚元件移除方法4——轮流加热法：

用镊子夹住元件中间部位，用烙铁头对几个元件电极轮流加热，同时稍用力转动镊子，一旦能转动即可取下元件，如图1.4.12所示。

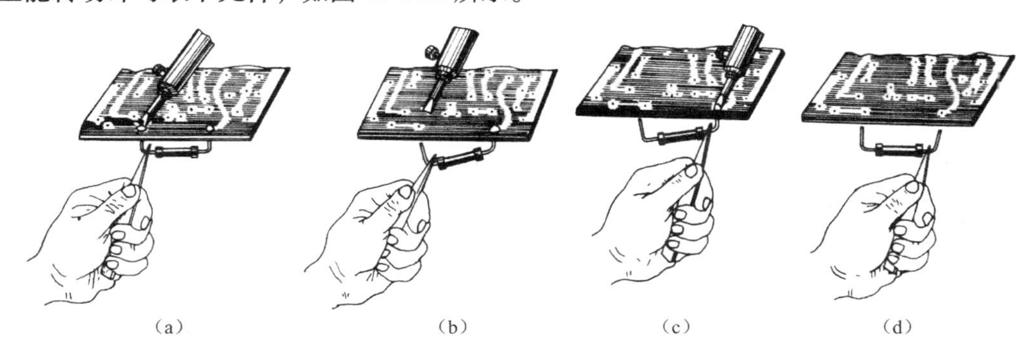

图1.4.12　轮流加热（分点拆焊）法

（2）IC拆焊。

IC元件移除最简便的方法1——细线：

① 剥下一段细细的28～30A WG线（线-套）；

② 用去锡丝尽可能多地去除IC引脚上的焊锡；

③ 将细线送到引脚之下，定位到附近的过孔或焊盘；

④ 沿着每个焊盘加热，慢慢将线拉出，剩余的焊锡会被熔化，线将在焊盘上滑动并微弯，避免IC引脚和焊盘接触；

⑤ 对所有的IC引脚边重复该过程，然后移除元件。

IC元件移除最简便的方法2——专用工具：

用专用烙铁的头部同时对各个电极加热，然后用镊子把元件取下。

（3）微型元件拆卸。

先用铜编织线包住元件所有电极，如图1.4.13所示，接着用电烙铁对其中的一个电极加热，等锡熔化了，稍用力拖拉编织线即可将元件取下。

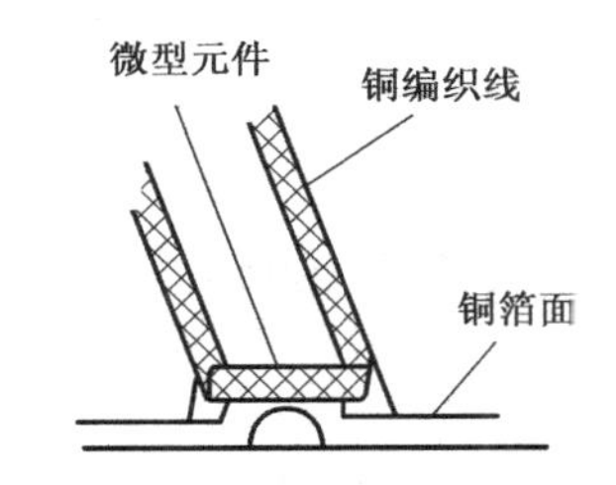

图1.4.13　微型元件引脚拆卸法（等电位铜编织线）

随着多层印制电路板和微型元件的使用，使电路板集成度得到了很大的提高，但随之而来的是维修难度的增大，特别是在维修过程中，如果将多层印制电路板内层的线路弄断了，也就意味着这块电路板无法再修复了。因此，维修时更换这些电子元件需格外小心，对于这类元件的拆卸方法与传统元件的拆卸会有些不一样。对于高密度电路板，在电路板上贴焊这些微型元件使得拆焊变得比较困难，一般都只能采用小功率的电烙铁，且烙铁头通常使用尖头。

2）通过热风移除元件

热风在移除元件中是非常好用的，尤其是多引脚元件。

（1）将热风枪设置为较低温度，在元件周围预热；

（2）逐步增加温度，移近元件；

（3）在芯片下插入镊子等，当焊锡开始熔化时，可以看见芯片在移动；

（4）慢慢绕着芯片移动，直到看见焊锡软化，然后加快速度，这样有助于保证全部焊锡熔化；

（5）利用镊子等工具移走芯片。

3）拆焊的原则

拆焊的步骤一般是与焊接的步骤相反的，拆焊前一定要弄清楚焊接点的特点，不要轻易动手。

（1）不损坏拆除的元器件、导线、原焊接部位的结构。

（2）拆焊时不可损坏印制电路板上的焊盘与印制导线。

（3）对已判断为损坏的元器件，可先行将引线剪断，再行拆除，这样可减少其他损伤的可能性。

（4）在拆焊过程中，应尽量避免拆动其他元器件或变动其他元器件的位置，如确实需要，要做好复原工作。

4）拆焊的操作要点

（1）严格控制加热的温度和时间。因拆焊的加热时间和温度较焊接时要长、要高，所以要严格控制温度和加热时间，以免将元器件烫坏或使焊盘翘起、断裂。宜采用间隔加热法来进行拆焊。

（2）拆焊时不要用力过猛。在高温状态下，元器件封装的强度都会下降，尤其是塑封器件、陶瓷器件、玻璃端子等，过分地用力拉、摇、扭都会损坏元器件和焊盘。

（3）吸去拆焊点上的焊料。拆焊前，用吸锡工具吸去焊料，有时可以直接将元器件拔下。即使还有少量锡连接，也可以减少拆焊的时间，减少元器件及印制电路板损坏的可能性。

如果在没有吸锡工具的情况下，可以将印制电路板或能移动的部件倒过来，用电烙铁加热拆焊点，利用重力原理，让焊锡自动流向烙铁头，也能达到部分去锡的目的。

（4）拆焊时，不允许用手去拿这些元件，以避免电极氧化或发生烫伤事故。

1.5 电子制作装配技术

1.5.1 电子元器件的安装

1. 电子电路安装布局的原则

电子电路的安装布局分为电子装置整体结构布局和电路板上元器件安装布局两种。整体结构布局是一个空间布局问题，应从全局出发，决定电子装置各部分的空间位置。例如，电源变压器、电路板、执行机构、指示与显示部分、操作部分等，在空间尺寸不受限制的场合，这些都好布局。而在空间尺寸受到限制且组成部分复杂的场合，布局则十分艰难，常常要对多个布局方案进行比较后才能确定。整体结构布局没有一个固定的模式，只有一些应遵循的原则，如下所述。

（1）注意电子装置的重心平衡与稳定。为此，变压器和大电容等比较重的元器件应安装在装置的底部，以降低装置的重心。还应注意装置前后、左右的重量平衡。

（2）注意发热部件的通风散热。为此，大功率管应加装散热片，并布置在靠近装置的外壳，且开凿通风孔，必要时加装小型排风扇。

（3）注意发热部件的热干扰。为此，半导体器件、热敏器件、电解电容等应尽可能远离发热部件。

（4）注意电磁干扰对电路正常工作的影响，容易受干扰的元器件（如高放大倍数放大器的第一级等）应尽可能远离干扰源（变压器、高频振荡器、继电器、接触器等）。当远离有困难时，应采取屏蔽措施（即将干扰源屏蔽或将易受干扰的元器件屏蔽起来）。

（5）注意电路板的分块与布置。如果电路规模不大或电路规模虽大但安装空间没有限制，则尽可能采用一块电路板，否则可按电路功能分块。电路板的布置可采用卧式、也可用立式，要视具体空间而定。此外，与指示和显示有关的电路板最好安装在面板附近。

（6）注意连线的相互影响。强电流线与弱电流线应分开走线，输入级的输入线应与输出级的输出线分开走线。

（7）操作按钮、调节按钮、指示器与显示器等都应安装在装置的面板上。

（8）注意安装、调试和维修的方便，并尽可能注意整体布局的美观。

2. 元器件安装要求

1）元器件处理

（1）电子元器件引脚分别有保护塑料套管，元器件各电极套管颜色如下。

① 二极管和整流二极管：阳极为蓝色，阴极为红色。

② 晶体管：发射极为蓝色，基极为黄色，集电极为红色。

③ 晶闸管和双向晶闸管：阳极为蓝色，门极为黄色，阴极为红色。

④ 直流电源：电极“+”为棕色，电极“-”为蓝色，接地中线为淡蓝色。

（2）按照元器件在印制电路板上的孔位尺寸要求，进行弯脚及整形，引线弯角半径大于0.5mm，引线弯曲处距离元器件本体至少在2mm以上，绝不允许从引线的根部弯折。元器件型号及数值应朝向可读位置。

（3）各元器件引线须经过镀锡处理（离开元器件本体应大于5mm，防止元器件过热而损坏）。

2）元器件排列

（1）元器件排列原则上采用卧式排列，高度尽量一致，布局整齐、美观。

（2）高、低频电路避免交叉，对直流电源与功率放大器件，采取相应的散热措施。

（3）需要调节的元器件，如电位器、可变电容器、中频变压器、操作按钮等，排列时力求使操作、维修方便。

（4）输入与输出回路，高、低频电路的元器件采取隔离措施，避免寄生耦合产生自激振荡。

（5）晶体管、集成电路等元器件排列在印制电路板上，电源变压器放在机壳的底板上，保持一定距离，避免变压器的温升影响它们的电气性能。

（6）变压器与电感线圈分开一定距离排列，避免二者的磁场方向互相垂直，产生寄生耦合。

（7）集成电路外引线与外围元器件引线距离力求直而短，避免互相交叉。

3）元器件安装

（1）元器件在印制电路板上的安装方法一般分为贴板安装和间隔安装两种。贴板安装的元器件大、机械稳定性好、排列整齐美观、元器件的跨距大、走线方便。间隔安装的元器件体积小、质量轻、占用面积小，单位面积上容纳元器件的数量多，元器件引线与印制板之间留有 5 ～ 10mm 间隙。这种安装方式适合于元器件排列密集紧凑的产品，如微型收音机等许多小型便携式装置。

（2）电阻器和电容器的引线应短些，以提高其固有频率，避免震动时引线断裂。对较大的电阻器和电容器应尽量卧装，以利于抗震和散热，并在元器件和底板间用胶粘住。大型电阻器、电容器需加紧固装置，对陶瓷或易脆裂的元器件，则加橡胶垫或其他衬垫。

（3）微电路器件多余的引脚应保留。两印制电路板间距不应过小，以免震动时元器件与另一底板相碰撞。

（4）对继电器、电源变压器、大容量电解电容器、大功率晶体管和功放集成块等重量级元器件，在安装时，除焊接外，还应采取加固措施。

（5）对产生电磁干扰或对干扰敏感的元器件安装时应加屏蔽。

（6）对用插座安装的晶体管和微电路应压上护圈，防止松动。

（7）在印制板上插接元器件时，参照电路图，使元器件与插孔一一对应，并将元器件的标识面向外，便于辨认与维修。

（8）集成电路、晶体管及电解电容器等有极性的元器件，应按一定的方向，对准板孔，将元器件一一插入孔中。

4）功率器件与散热器的安装

（1）功率器件与散热器之间应涂敷导热脂，使用的导热脂应对器件芯片表面层无溶解作用，使用聚二甲硅油时应小心。

（2）散热器与功率器件的接触面必须平整，不平整和扭曲度不能超过 0.05mm。

（3）功率器件与散热器之间的导热绝缘片不允许有裂纹，接触面的间隙内不允许夹杂切屑等多余物。

3. 电路板结构布局

在一块板上按电路图把元器件组装成电路，组装方式通常有两种：插接方式和焊接方式。插接方式是在面包板上进行，电路元器件和连线均接插在面包板（通用板）的孔中；而焊接方式是在印制板上进行，电路组件焊接在印制板上，电路连线则为特制的印制线。不论是哪一种组装方式，首先必须考虑元器件在电路板上的结构布局问题。

电路板结构布局没有固定的模式，不同的人所进行的布局设计不相同，但有以下参考原则。

（1）布置主电路的集成块和晶体管的位置。安排的原则是，按主电路信号流向的顺序布置各级的集成块和晶体管。当芯片多而板面有限时，布成一个“U”字形，“U”字形的口一般靠近电路板的引出线处，以利于第一级的输入线、末级的输出线与电路板引出线之间的连线。此外，集成块之间的间距应视其周围组件的多少而定。

（2）安排其他电路元器件（电阻、电容、二极管等）的位置。其原则为按级就近布置，即各级元器件围绕各级的集成电路或晶体管布置。如果有发热量较大的元器件，则应注意它与集成块或晶体管之间的间距要足够大。

（3）电路板的布局还应注意美观和检修方便。为此，集成块的安置方式应尽量一致，不要横竖不分，电阻、电容等元件也应如此。

（4）连线布置。其原则为第一级输入线与末级的输出线、强电流线与弱电流线、高频线与低频线等应分开走，之间的距离应足够大，以避免相互干扰。

（5）合理布置接地线。为避免各级电流通过地线时产生相互间的干扰，特别是末级电流通过地线对第一级的反馈干扰，以及数字电路部分电流通过地线对模拟电路产生干扰，通常采用地线割裂法，使各级地线自成回路，然后再分别一点接地。换句话说，各级的地是割裂的，不直接相连，然后再分别接到公共的一点地上。

根据上述一点接地的原则，布置地线时应注意如下几点：①输出级与输入级不允许共享一条地线；②数字电路与模拟电路不允许共享一条地线；③输入信号的“地”应就近接在输入级的地线上；④输出信号的“地”应接公共地，而不是输出级的“地”；⑤各种高频和低频退耦电容的接“地”端应远离第一级的地。显然，上述一点接地的方法可以完全消除各级之间通过地线产生的相互影响，但接地方式比较麻烦，且接地线比较长，容易产生寄生振荡。因此，在印制电路板的地线布置上常常采用另一种地线布置方式，即串联接地方式，各级地一级级直接相连后再接到公共的地上。在这种接地方式中，各级地线可就近相连，接地比较简单，但因存在地线电阻，各级电流通过相应的地线电阻产生干扰电压，影响各级工作。为了尽量抑制这种干扰，常常采用加粗和缩短地线的方法，以减小地线电阻。

4. 元器件的插接

元器件的插接主要用于局部电路的实验，无须焊接，方便、快捷、节省时间。其方法是在面包板上插接电子元器件引脚即可。面包板（通用板）在市面上很容易获得，在面包板上组装电路应注意以下几点。

（1）所有集成块的插入方向要保持一致，以便于正规布线和查线。不能为了临时走线方便或为了缩短导线长度而把集成电路倒插。

（2）对多次用过的集成电路的引脚，必须修理整齐，引脚不能弯曲，所有的引脚应稍向外偏，使引脚与插孔接触良好。

（3）分立组件插接时，不用剪断引线，以利于重复使用。

（4）关于连线的插接。准备连线时，通常用0.60mm的单股硬导线（导线太细易接触不良，太粗会损伤插孔），根据布线要求的连线长度剪好导线，剥去导线两头的绝缘皮（剥去6mm左右），然后把导线两头弯成直角。把准备好的连线插入相应位置的插孔中。插接连线时，应用镊子夹住导线后垂直插入或拔出插孔，不要用手插拔，以免将导线插弯。

(5) 连线要求贴紧面包板，不要留空隙。为了查线和美观，连线应用不同的颜色（一般正电源线用红色，负电源线用蓝色，地线用黑色，信号线用黄色等）。连线尽量采用横平竖直的布线，不允许连线跨接在集成电路上，也不允许导线重叠。一个插孔只能插一根线，不允许插两根线。

(6) 插孔允许通过的电流一般在500mA以下，因此，电流大的负载不能用插孔接线，必须改用其他接线方式。用插接方式组装电路的最大优点是：不用焊接，不用印制电路板，容易更改线路和器件，而且可以多次使用，使用方便，造价低廉。因此，在产品研制、开发过程和课程设计中得到了广泛的采用。但是，插接方式最大的缺点是：插孔经多次使用后，其簧片会变松，弹性变差，容易造成接触不良。所以，对多次使用后的面包板应从背面揭开，取出弹性差的簧片，用镊子加以调整，使弹性增强，以延长面包板的使用寿命。

1.5.2 电子制作的装配技术

电子制作的整机装配工序和操作内容从大的方面分为机械装配、印制板装配和束线装配，本着“先机械，后印制板，最后束线连接”的顺序进行。虽然因整机的种类、规格、构造不同而有所差异，但工序是基本相同的。如图1.5.1所示为整机装配工艺流程，在实施过程中可简化、合并步骤，灵活运用。

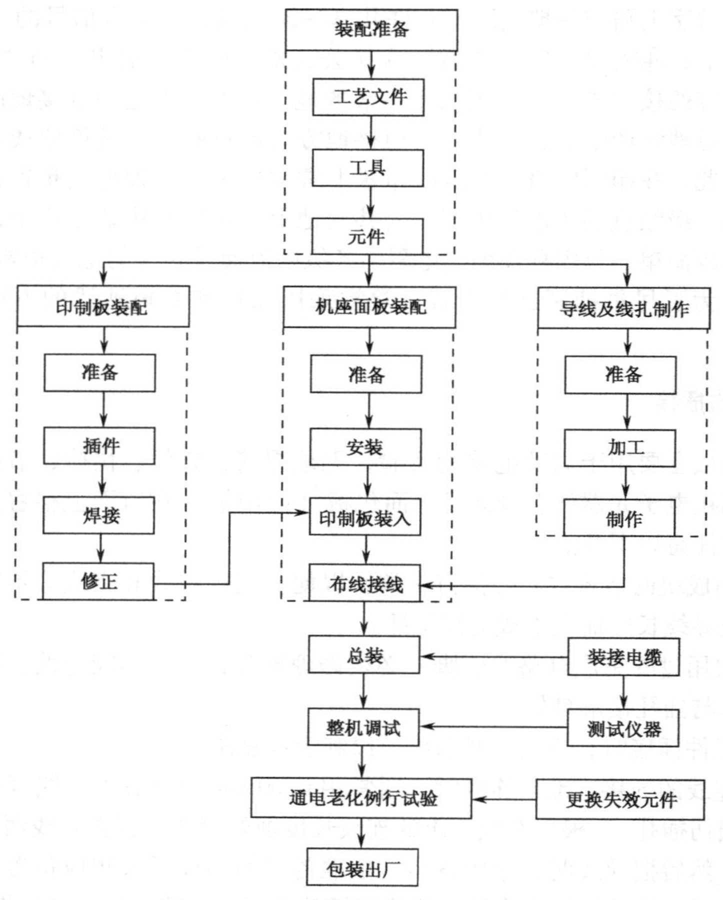

图1.5.1 电子制作整机装配工艺流程

1. 机械装配

机械装配包括机壳装配、机壳前后面板和底板上元器件的安装固定、印制板的安装固定等。装配步骤如下：

（1）组装机壳及壳内用于固定其他元器件和组件的支撑件，如接线端等；

（2）在前面板上安装指示灯、指示仪表、按钮等，在后面板上安装电源插座、熔丝、输入/输出插座等；

（3）印制电路板、电源变压器、继电器等固定件或插座件安装在底板上；

（4）为了防止运输和使用过程中螺母松动，螺钉和螺栓连接固定时加弹簧垫圈和垫片，对于易碎零件应加胶木垫圈；

（5）继电器的安装应避免使衔铁运动方向与受震动方向一致，以免误动作，空中使用的产品应尽量避免选用具有运动衔铁的继电器。

2. 整机连线和束线

电子产品电子线路中的套管，可以防止导线断裂、焊点间短路，具有电气安全保护（高压部分）作用。电子产品的整机连线要考虑导线的合理走向，杂乱无章的连线，不仅看起来不美观，而且还会影响质量（性能特性、可靠性）。

1）走线原则

（1）以最短距离连线：以最短距离连线是降低干扰的重要手段。但是，在连线时需要松一些，要留有充分余量，以便在组装、调试和检修时移动。

（2）直角连线：直角连线利于操作，而且能保持连线质量稳定不变（尤其在扎成线束时）。

（3）平面连线：平面连线的优点是，容易看出接线的头尾，便于调试、维修时查找。

2）在实际连线过程中应注意的问题

（1）沿底板、框架和接地线走线，可以减小干扰、方便固定。

（2）高压走线要架空，分开捆扎和固定，高频或小信号走线也应分开捆扎和固定，减小相互间的干扰。电源线和信号线不要平行连接，否则交流噪声经导线间静电电容而进入信号电路。

（3）走线不要形成环路，环路中一旦有磁通通过，就会产生感应电流。

（4）接地点都是同电位，应把它们集中起来，一点接机壳。

（5）离开发热体走线，因为导线的绝缘外皮不能耐高温。

（6）不要在元器件上面走线，否则会妨碍元器件的调整和更换。

（7）线束要按一定距离用压线板或线夹固定在机架或底座上，要求在外界机械力作用下（冲击、振动）不会变形和产生位移。

3）多导线连接原则

电子装置的连接导线较多时，要对其进行扫描，归纳捆扎，变杂乱无章为井然有序，这样能稳定质量和少占空间。

1.6 电子制作调试与故障排查

电子制作调试是制作过程中的关键环节。电子电路通过调试，使之满足各项性能指标，达到设计的技术要求。在调试过程中，可以发现电路设计和实际制作中的错误与不足之处，不断改进设计制作方案，使之更加完善。调试工作又是应用理论知识来解决制作中各种问题的主要途径。通过调试可以提高制作者的理论水平和解决实际问题的能力。因此，应引起每个电子制作者的高度重视。

电子产品的调试指的是整机调试，是在整机装配以后进行的。电子产品的质量固然与元器件的选择、印制电路板的设计制作、装配焊接工艺密切相关，但也与整机的调试步骤及方法分不开。在这一阶段，不但要实现电路达到设计时预想的性能指标，对整机在前期加工工艺中存在的缺陷也应尽可能进行修改和补救。整机的调试包括调整和测试两个方面。即用测试仪器仪表调整电路的参数，使之符合预定的性能指标要求；并对整机的各项性能指标进行系统的测试。

1.6.1 电子制作测量

测试是在安装结束后对电路的工作状态和电路参数进行测量。

1. 测量前的准备工作与仪器仪表的选择

（1）布置好场地，有条理地放置好调试用的图样、文件、工具、备件，准备好测试记录本或测试卡。

（2）检查各单元或各功能部件是否符合整机装配要求，初步检查有无错焊、漏焊、线间短路等问题。

（3）要懂得整机和各单元的性能指标及电路工作原理。

（4）要熟悉在调试过程中查找故障及消除故障的方法。

（5）根据技术文件的要求，正确地选择和确定测试仪器仪表、专用测试设备，熟练地掌握仪表的性能和使用方法。

（6）按照调试说明和调试工艺文件的规定，仪器仪表要选好量程，调准零点。

（7）仪器仪表要预热到规定的预热时间。

（8）各测试仪表之间、测试仪表与被测整机的公共参考点（零线，也称公共地线）应连在一起，否则将得不到正确的测量结果。

（9）被测量的数值不得超过测试仪表的量程，否则将损坏指针，甚至烧坏表头。如果预先不知道被测量的大致数值，可以先将表量程调到最高挡，再逐步调整到合适的量程。当被测信号很大时，要加衰减器进行衰减。

（10）有 MOS 电路器件的测试仪表或被测电路，电路和机壳都必须有良好的接地，以免损坏 MOS 电路器件。

（11）用高灵敏仪表（如毫伏表、微伏表）进行测量时，不但要有良好的接地，还要使它们之间的连接线采用屏蔽线。

（12）高频测量时，应使用高频探头直接和被测点接触进行测量；地线越短越好，以减小测量误差。

2. 测量技术

测量是调试的基础，准确的测量为调试提供依据。通过测量，一般要获得被测电路的有关参数、波形、性能指标及其他必要的结果。测量方法和仪表的选用应从实际出发，力求简便有效，并注意设备和人身安全。测量时，必须根据模拟电路的实际情况（如外接负载、信号源内阻等），不能由于测量而使电路失去真实性，或者破坏电路的正常工作状态。要采取边测量、边记录、边分析估算的方法，养成求实的作风和科学的态度。对所测结果立即进行分析、判断，以区别真伪，进而决定取舍，为调试工作提供正确的依据。

电路的基本测量项目可分为两类，即“静态”测量和“动态”测量。测量顺序一般是先静态后动态。此外，根据实际需要有时还进行某些专项测试，如电源波动情况下的电路稳定性检查、抗干扰能力测定，以确保装置能在各种情况下稳定、可靠地工作。静态测量一般指输入端不加输入信号或加固定电位信号，使电路处于稳定状态的测量。静态测量的主要对象是有关工作点的直流电位和直流工作电流。动态测量是在电路输入端输入合适的变化信号的情况下进行测量。动态测量常用示波器观察测量电路有关工作点的波形及其幅度、周期、脉宽、占空比、前后沿等参数。

例如，晶体管交流放大电路的静态测试应是晶体管静态工作点的检查。而动态测试要在输入端注入一个交流信号，用双踪示波器监测放大电路的输入、输出端，可以看到交流放大器的主要性能：交流信号电压放大量、最大交流输出幅值（调节输入信号的大小）、失真情况及频率特性（当输入信号幅度相同、频率不同时，输出信号的幅度和相位移情况的曲线）等。根据测量结果，结合电路原理图进行分析，确定电路工作是否正常，为故障查找和调试工作提供依据。

1.6.2　电子制作调试

电子制作的调试工作一般分为“分调”和“总调”两步进行。分调的目的是使组成装置的各个单元电路工作正常；在此基础上，再进行整机调试。整机调试又称为“总调”和“联调”，通过联调，才能使装置达到预定的技术要求。

1. 调试方法

电子制作产品组装完成以后，一般需要调试才能正常工作，不同电子产品的调试方法有所不同，但也有一些普遍规律。电子电路的调试是电子技术人员的一项基本操作技能，掌握一定的电子电路理论，学会科学的分析方法，在实际工作中总结积累经验是做好电子制作调试的保证。

调试的关键是善于对实测结果进行分析，而科学的分析是以正确的测量为基础的。根据测量得到的数据、波形和现象，结合电路进行分析、判断，确定症结所在，进而拟定调整、改进的措施。可见，“测量”是发现问题的过程，“调整”则是解决问题、排除故障的过程。而调试后的再测量，往往又是判断和检验调试是否正确的有效方法。

通常电路由各种功能的单元电路组成，有两种调试方法：一种是装好一级单元电路调试一级，即分级调试法；另一种是装好整机电路后统一调试，即整机调试法。应当根据电路的复杂程度确定调试方法，一般较为复杂的电路，在调试过程中，采取分级调试的方法较好。两种调试方法的调试步骤是基本一样的。

1）检查电路及电源电压

检查电路元器件是否接错，特别是晶体管引脚、二极管的方向、电解电容的极性是否接对；检查各连接线是否接错，特别是直流电源的极性及电源与地线是否短接，各连接线是否焊牢，是否有漏焊、虚焊、短路等现象，检查电路无误后才能进行通电调试。

2）调试供电电源

一般的电子设备都是由整流、滤波、稳压电路组成的直流稳压电源供电，调试前要把供电电源与电子设备的主要电路断开，先把电源电路调试好，才能将电源与电路接通。当测量直流输出电压的数值、纹波系数和电源极性与电路设计要求相符并能正常工作时，方可接通电源，调试主电路。若电子设备是由电池供电的，要按规定的电压、极性装接好，检查无误后再接通电源开关。同时要注意电池的容量应能满足设备的工作需要。

3）静态调试

静态调试是在电路没有外加信号的情况下调整电路各点的电位和电流，有振荡电路时可暂不接通。对于模拟电路主要应调整各级的静态工作点；对于数字电路主要是调整各输入、输出端的电平和各单元电路间的逻辑关系。然后将测出电路各点的电压、电流与设计值相比较，若两者相差较大，则先调节各有关可调零部件，若还不能纠正，则要从以下方面分析原因：电源电压是否正确；电路安装有无错误；元器件型号是否选正确，本身质量是否有问题等。

一般来说，在能正确安装的前提下，交流放大电路比较容易成功。因为交流电路的各级之间以隔直流电容器互相隔离，在调整静态工作点时互不影响。对于直流放大电路来说，由于各级电路直流相连，各点的电流、电压互相牵制。有时调整一个晶体管的静态工作点，会使各级的电压、电流值都发生变化。所以在调整电路时要有耐心，一般要反复多次进行调整才能成功。

4）动态调试

动态调试就是在整机的输入端加上信号，检查电路的各种指标是否符合设计要求，包括输出波形、信号幅度、信号间的相位关系、电路放大倍数、频率、输出动态范围等。动态调试时，可由后级开始逐级向前检测，这样容易发现故障，及时调整改进。例如，收音机在其输入端送入高频信号或直接接收电台的信号，来对其进行中频频率的调整、频率覆盖范围和灵敏度的调整，使其满足设计时的要求。调整电子电路的交流参数最好有信号发生器和示波器。对于数字电路来说，由于多数采用集成电路，调试的工作量要少一些。只要元器件的选择符合要求，直流工作状态正常后，逻辑关系通常不会有太大的问题。

5）指标测试

电路正常工作之后，即可进行技术指标测试。根据设计要求，逐个测试指标完成情况，凡未能达到指标要求的，需分析原因，重新调整，以便达到技术指标要求。

6）负荷实验

调试后还要按规定进行负荷实验，并定时对各种指标进行测试，做好记录。若能符合技术要求，正常工作，则此部整机调试完毕。

调试结束后，需要对调试全过程中发现问题、分析问题到解决问题的经验、教训进行总结，并建立"技术档案"，积累经验，有利于日后对产品使用过程中的故障进行维修。单元电路调试（分调）的总结内容一般有测调目的、使用仪器仪表、电路图与接线图、实测波形和数据、计算结果（包括绘制曲线），以及测调结果和有关问题的分析讨论（主要指实测结果与预期结果的符合情况，误差分析和测调中出现的故障及其排除等）。总调的总结内容常有方框图、逻辑图、电路原理图、波形图等。结合这些图简要解释装置的工作原理，同时指出所采用的设计技巧、特点。对调试过程中遇到的问题和异常现象提高到理论上进行分析，以便于今后改进。

2. 调试时应注意的问题

在进行电子制作调试时，通常应注意以下问题。

1）上电观察

产品调试，首次通电时不要急于试机或测量数据，要先观察有无异常现象发生，如冒烟、发出油漆气味、元器件表面颜色改变等。

用手摸元器件是否发烫，特别要注意末级功率比较大的元器件和集成电路的温度情况，最好在电源回路中串入一只电流表。若有电流过大、发热或冒烟等情况，应立即切断电源，待找出原因、排除故障后方可重新通电。对于学习电子制作的初学者，为防意外，可在电源回路中串入一只限流电阻器，电阻值在几欧姆左右，这样就可以有效地限制过大的电流，一旦确认没有问题后，再将限流电阻器去掉，恢复正常供电。

2）正确使用仪器

正确使用仪器包含两方面的内容：一方面应能保障人机安全，避免触电或损坏仪器；另一方面只有正确使用仪器，才能保证正确的调试。否则，错误的接入方式或读数方法，均会使调试陷入困境。

例如，当示波器接入电路时，为了不影响电路的幅频特性，不要用塑料导线或电缆线直接从电路引向示波器的输入端，而应当采用衰减探头。

当示波器测量小信号波形时，要注意示波器的接地线不要靠近大功率器件的地线，否则波形可能出现干扰。

在使用扫频仪测量检波器、鉴频器，或者电路的测试点位于三极管的发射极时，由于这些电路本身已经具有检波作用，故不能使用检波探头。而在用扫频仪测量其他电路时，均应使用检波探头。

扫频仪的输出阻抗一般为75Ω，如果直接接入电路，会短路高阻负载，因此在信号测试点需要接入隔离电阻器或电容器。

在使用扫描仪时，仪器的输出信号幅度不宜太大，否则会使被测电路的某些元器件处于非线性工作状态，导致特性曲线失真。

3）及时记录数据

在调试过程中，要认真观察、测量和记录，包括记录观察到的现象，测量的数据、波形及相位关系等，必要时在记录中还要附加说明，尤其是那些与设计要求不符合的数据，更是记录的重点。根据记录的数据，才能将实际观察到的现象和设计要求进行定量的对比，以便于找出问题，加以改进，使设计方案得到完善。通过及时记录数据，还可以帮助自己积累实践经验，使设计、制作水平不断地提高。

4）焊接应断电

在电子制作调试过程中，当发现元器件或电路有异常需要更换或修改时，必须先断开电源后进行焊接，待故障排除确认无误后，才可重新通电调试。

5）复杂电路的调试应分块

（1）分块规律。在复杂的电子产品中，其电路通常都可以划分成多个单元功能块，这些单元功能块相对独立地完成某种特性的电气功能，其中每一个功能块往往又可以进一步细分为几个具体电路。细分的界限通常有以下规律：

➢ 对于分立元器件，通常是以某一两个半导体三极管为核心的电路；

➢ 对于集成电路，一般是以某个集成电路芯片为核心的电路。

（2）分块调试的特点。复杂电路的调试分块是指在整机调试时，可对各单元电路功能块分别加电，逐块调试。这种方法可以避免各单元电路功能块之间电信号的相互干扰。一旦发现问题，可大大缩小搜寻原因的范围。

实际上，有些设计人员在进行电子产品设计时，往往为各个单元电路功能块设置了一些隔离元器件，如电源插座、跨接线或接通电路的某一电阻等。整机调试时，除了正在调试的电路外，其他部分都被隔离元器件断开而不工作，因此不会相互干扰。当每个单元电路功能块都调试完毕后，再接通各个隔离元器件，使整个电路进入工作状态进行整机调试。

对于那些没有设置隔离元器件的电路，可以在装配的同时逐级调试，调好一级再焊接下一级进行调整。

6）直流与交流状态间的关系

在电子电路中，直流工作状态是电路工作的基础。直流工作点不正常，电路就无法实现其特定的电气功能。因此，成熟的电子产品原理图上一般都标注有直流工作点（例如，三极管各极的直流电压或工作电流，集成电路各引脚的工作电压、关键点上的信号波形等），作为整机调试的参考依据。但是，由于元器件的参数都具有一定的误差，加之所用仪表内阻的影响，实测得到的数据可能与图标的直流工作点不完全相同，但两者之间的变化规律是相同的，误差不会太大，相对误差一般不会超出±10%。当直流工作状态调试结束以后，再进行交流通路的调试，检查并调整有关的元器件，使电路完成其预定的电气功能。

7）出现故障时要沉住气

调试出现故障，属于正常现象，不要手忙脚乱。要认真查找故障原因，仔细做出判断，切不可解决不了就拆掉电路重装。因为重新安装的电路仍然会存在各种问题，如果原理上有错误则不是重新安装能解决的。

1.6.3 调试过程中的常见故障

故障无非是由元器件、线路和装配工艺三方面的原因引起的。例如，元器件的失效、参数发生偏移、短路、错接、虚焊、漏焊、设计不善和绝缘不良等，都是导致发生故障的原因，常见的故障有以下几类。

（1）焊接工艺不当，虚焊造成焊接点接触不良，以及接插件（如印制电路板）和开关等接点的接触不良。

（2）由于空气潮湿，使印制电路板、变压器等受潮、发霉或绝缘性能降低，甚至损坏。

（3）元器件检查不严，某些元器件失效。例如，电解电容器的电解液干涸，导致电解电容器的失效或损耗增加而发热。

（4）接插件接触不良。如印制电路板插座弹簧片弹力不足；继电器触点表面氧化发黑，造成接触不良，使控制失灵。

（5）元器件的可动部分接触不良。如电位器、半可变电阻的滑动点接触不良，造成开路或噪声的增加等。

（6）线扎中某个引出端错焊、漏焊。在调试过程中，由于多次弯折或受震动而使接线断裂；或是紧固的零件松动（如面板上的电位器和波段开关），来回摆动，使连线断裂。

（7）元器件由于排布不当，相碰而引起短路；有的是连接导线焊接时绝缘外皮剥除过多或因过热而后缩，也容易和别的元器件或机壳相碰而引起短路。

（8）线路设计不当，允许元器件参数的变动范围过窄，以致元器件参数稍有变化，机器就不能正常工作。例如，由于使用不当或负载超过额定值，使晶体管瞬时过载而损坏（如稳压电源中的大功率硅管由于过载引起的二次击穿，滤波电容器的过压击穿引起的整波二极管的损坏等）。

（9）由于某些原因造成机内原先调谐好的电路严重失谐等。

以上列举了电子制作产品装配后出现的一些常见故障，也就是说，这些都是电子产品的薄弱环节，是查找故障原因时的重点怀疑对象。一般来说，电子产品任何部分发生故障，都会引起其工作不正常。不同类型的产品，出现的故障各不相同，有时同类产品的故障类别也并不一致，应按一定的程序，根据电路原理进行分段检测，将故障点的范围定在某一部分电路后再进行详细检查和测量，最后加以排除。

1.6.4 调试过程中的故障排查法

经验来自实践。有经验的调试维修技术人员总结出 12 种具体排除故障的方法，读者可以根据电路的难易程度，灵活运用这些方法。

1）不通电观察法

在不通电的情况下，用直观的办法和使用万用表电阻挡检查有无断线、脱焊、短路、接触不良，检查绝缘情况、熔丝通断、变压器好坏、元器件情况等。因为许多故障是由于安装焊接工艺上的原因，用眼睛观察就能发现问题。盲目通电检查反而会扩大故障范围。

2）通电检查法

打开机壳，接通电源，观察是否有冒烟、烧断、烧焦、跳火、发热的现象。若有这些情况，一定要做到“发现故障要断电，查了线路查元件”。在观察无果的情况下，用万用表和示波器对测试点进行检查。可重复开机几次，但每次时间不要太长，以免扩大故障范围。

3）信号替代法

选择有关的信号源，接入待检的输入端，取代该级正常的输入信号，判断各级电路工作情况是否正常，从而迅速确定产生故障的原因和所在单元。检查的顺序是：从后往前，逐级前移，“各个击破”。

4）信号寻迹法

用单一频率的信号源加在电路输入单元的入口，然后用示波器、万用表等测量仪器，从前向后逐级观察电路的输出电压波形或幅度。

5）波形观察法

用示波器检查各级电路的输入、输出波形是否正常，是检修波形变换电路、振荡器、脉冲电路的常用方法。这种方法对于发现寄生振荡、寄生调制或外界干扰及噪声等引起的故障，具有独到之处。

6）电容旁路法

利用适当容量的电容器，逐级跨接在电路的输入、输出端上，当电路出现寄生振荡或寄生调制时，观察接入电容后对故障的影响，可以迅速确定有问题的电路部位。

7）元（部）件替代法

用好的元件或部件替代有可能产生故障的部分，若机器能正常工作，说明故障就在被替代的部分里。这种方法检查方便，且不影响生产。

8）整机比较法

用正常的、同样的整机与有故障的机器比较，发现其中的问题。这种方法与替代法相似，只是比较的范围大一些。

9）分割测试法

逐级断开各级电路的隔离器件或逐块拔掉各印制电路板，把整机分割成多个相对独立的单元电路，测试其对故障电路的影响。例如，从电源电路上切断其负载并通电观察，然后逐级接通各级电路测试，这是判断电源本身故障还是某级电路负载故障的常用方法。

10）测量直流工作点法

根据电路原理图，测量各点的直流工作电位并判断电路的工作状态是否正常。

11）测试电路元器件法

把可能引起电路故障的元器件卸下来，用测试仪器仪表对其性能和参数进行测量。发现损坏的予以更换。

12）调整可调器件法

在检修过程中，如果电路中有可调器件（如电位器、可调电容器及可变线圈等），适当调整它们的参数，以观测对故障现象的影响。注意，在决定调整这些器件之前，要对原来的位置做个记号，一旦发现故障不在此处，还要恢复到原来的位置上。

第 2 章　基本电子元器件

任何电子电路都是由元器件组成的，而常用的元器件有电阻器、电容器、电感器、各种半导体器件（如二极管、三极管、集成电路等）及执行、传感器件等。为了能正确地选择和使用这些元器件，就必须掌握它们的性能、结构与主要参数等有关知识。

2.1　电阻器的简单识别与型号命名法

2.1.1　电阻器的分类

电阻器是电路元件中应用最广泛的一种，在电子设备中约占元件总数的 30% 以上，其质量的好坏对电路的稳定性有极大的影响。电阻器的主要用途是稳定和调节电路中的电流和电压，其次还可作为分流器、分压器和消耗电能的负载等。

电阻器按结构可分为固定式和可变式两大类。

固定式电阻器一般称为“电阻”，由于制作材料和工艺不同，可分为膜式电阻、实芯式电阻、金属线绕电阻（RX）和特殊电阻 4 种类型。

- 膜式电阻：包括碳膜电阻 RT、金属膜电阻 RJ、合成膜电阻 RH 和氧化膜电阻 RY 等。
- 实芯电阻：包括有机实芯电阻 RS 和无机实芯电阻 RN。
- 特殊电阻：包括 MG 型光敏电阻和 MF 型热敏电阻。

可变式电阻器分为滑线式变阻器和电位器，其中应用最广泛的是电位器。

电位器是一种具有三个接头的可变电阻器，其阻值在一定范围内连续可调。

电位器的分类有以下几种。

按电阻体材料分，可分为薄膜和线绕两种。薄膜电位器又可分为 WTX 型小型碳膜电位器、WTH 型合成碳膜电位器、WS 型有机实芯电位器、WHJ 型精密合成膜电位器和 WHD 型多圈合成膜电位器等。线绕电位器的代号为 WX。一般线绕电位器的误差不大于 ±10%，非线绕电位器的误差不大于 ±2%。其阻值、误差和型号均标在电位器上。

按调节机构的运动方式分，有旋转式、直滑式。

按结构分，可分为单联、多联、带开关、不带开关等；开关形式又有旋转式、推拉式、按键式等。

按用途分，可分为普通电位器、精密电位器、功率电位器、微调电位器和专用电位器等。

按阻值随转角的变化关系，又可分为线性电位器和非线性电位器，如图 2.1.1 所示。

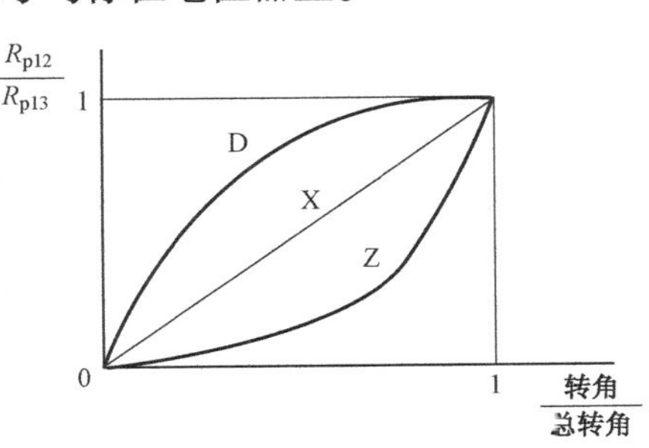

图 2.1.1　电位器阻值随转角变化曲线

它们的特点分别如下。

➢ X式（直线式）：常用于示波器的聚焦电位器和万用表的调零电位器（如MF-20型万用表），其线性精度为±2%、±1%、±0.3%、±0.05%。

➢ D式（对数式）：常用于电视机的黑白对比度调节电位器，其特点是，先粗调后细调。

➢ Z式（指数式）：常用于收音机音量调节电位器，其特点是，先细调后粗调。

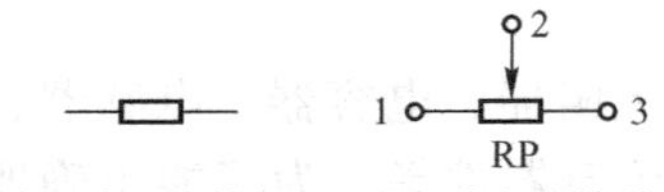

所有X、D、Z字母符号一般都印在电位器上，使用时应注意。

电阻器及电位器的符号如图2.1.2所示。

2
1 3
RP

（a）电阻器符号 （b）电位器符号

图2.1.2 电阻器及电位器的符号

常用电阻器的外形如图2.1.3所示。

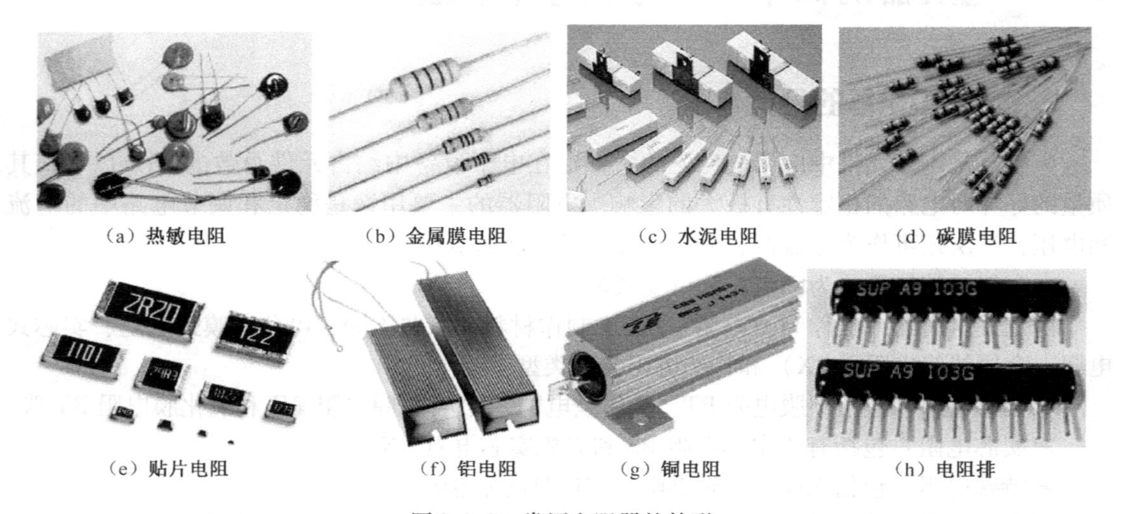

（a）热敏电阻 （b）金属膜电阻 （c）水泥电阻 （d）碳膜电阻

（e）贴片电阻 （f）铝电阻 （g）铜电阻 （h）电阻排

图2.1.3 常用电阻器的外形

常用电位器的外形如图2.1.4所示。

图2.1.4 常用电位器的外形

2.1.2 电阻器的型号命名

电阻器的型号命名见表2.1.1。

表2.1.1 电阻器的型号命名

第一部分		第二部分		第三部分		第四部分
用字母表示主称		用字母表示材料		用数字和字母表示特征		用数字表示序号
符 号	意 义	符 号	意 义	符 号	意 义	
R RP	电阻器 电位器	T	碳膜	1，2	普通	包括： 额定功率 阻值 允许误差 精度等级
		P	硼碳膜	3	超高频	
		U	硅碳膜	4	高阻	
		C	沉积膜	5	高温	
		H	合成膜	7	精密	
		I	玻璃釉膜	8	电阻器—高压	
		J	金属膜（箔）		电位器—特殊函数	
		Y	氧化膜	9	特殊	
		S	有机实心	G	高功率	
		N	无机实心	T	可调	
		X	线绕	X	小型	
		R	热敏	L	测量用	
		G	光敏	W	微调	
		M	压敏	D	多圈	

示例：RJ71-0.125-5.1kI 型的命名含义。

含义：精密金属膜电阻器，其额定功率为1/8W，标称电阻值为5.1kΩ，允许误差为I级±5%。

2.1.3 电阻器的主要性能指标

1. 额定功率

电阻器的额定功率是在规定的环境温度和湿度下，假定周围空气不流通，在长期连续负载而不损坏或基本不改变性能的情况下，电阻器上允许消耗的最大功率。当超过额定功率时，电阻器的阻值将发生变化，甚至发热烧毁。为保证使用安全，一般选其额定功率比它在电路中消耗的功率高1～2倍。

额定功率分为19个等级，常用的有$\frac{1}{20}$W、$\frac{1}{8}$W、$\frac{1}{4}$W、$\frac{1}{2}$W、1W、2W、4W、5W…。在电路图中，非线绕电阻器额定功率的符号表示法如图2.1.5所示。

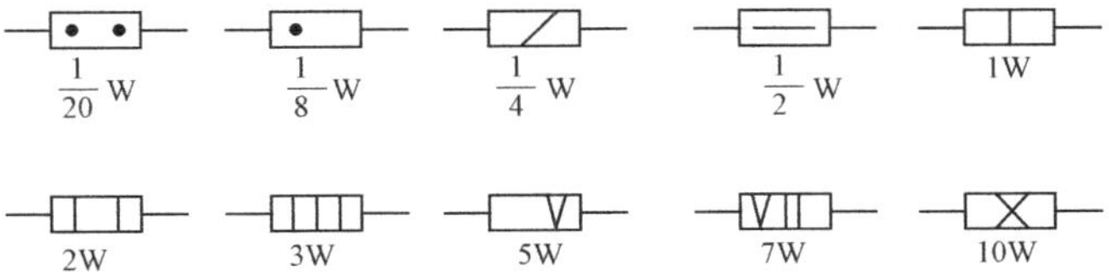

图2.1.5 额定功率的符号表示法

实际中应用较多的有$\frac{1}{8}$W、$\frac{1}{4}$W、$\frac{1}{2}$W、1W、2W。线绕电位器应用较多的有2W、3W、5W、10W等。

2. 标称阻值

标称阻值是产品标志的“名义”阻值，其单位为欧（Ω）、千欧（kΩ）、兆欧（MΩ）。标称阻值系列如表2.1.2所示。

任何固定电阻器的阻值都符合表2.1.2所列数值乘以$10n\Omega$，其中n为整数。

表2.1.2 标称阻值

允许误差	系列代号	标称阻值系列
±5%	E24	1.1 1.2 1.3 1.5 1.6 1.8 2.0 2.2 2.4 2.7 3.0 3.3 3.6 3.9 4.3 4.7 5.1 5.6 6.2 6.8 7.5 8.2 9.1
±10%	E12	1.0 1.2 1.5 1.8 2.2 2.7 3.3 3.9 4.7 5.6 6.8 8.2
±20%	E6	1.0 1.5 2.2 3.3 4.7 6.8

3. 允许误差

允许误差是指电阻器和电位器实际阻值对于标称阻值的最大允许偏差范围，它表示产品的精度。允许误差等级如表2.1.3所示。线绕电位器的允许误差一般小于±10%，非线绕电位器的允许误差一般小于±20%。

表2.1.3 允许误差等级

级　别	005	01	02	Ⅰ	Ⅱ	Ⅲ
允许误差	±0.5%	±1%	±2%	±5%	±10%	±20%

电阻器的阻值和误差一般都用数字标印在电阻器上，但字号很小。一些合成电阻器，其阻值和误差常用色环来表示，如图2.1.6及表2.1.4所示。平常使用的色环电阻可以分为四环和五环，通常用四环。其中，四环电阻前两环为数字，第三环表示前面数字再乘以10的n次幂，最后一环为误差；五环电阻前三环为数字，第四环表示前面数字再乘以10的n次幂，最后一环为误差。

表2.1.4 色环颜色的意义

颜色 / 数值	黑	棕	红	橙	黄	绿	蓝
代表数值	0	1	2	3	4	5	6
允许误差	F(±1%)	G(±2%)				D(±0.5%)	C(±0.25%)
颜色 / 数值	紫	灰	白	金	银	本色	
代表数值	7	8	9				
允许误差	B(±0.1%)			J(±5%)	K(±10%)	±20%	

例如，四色环电阻器的第一、二、三、四道色环分别为棕、绿、红、金色，则该电阻的阻值和误差分别为：$R=(1\times10+5)\times10^2\Omega=1\,500\Omega$，误差为±5%。

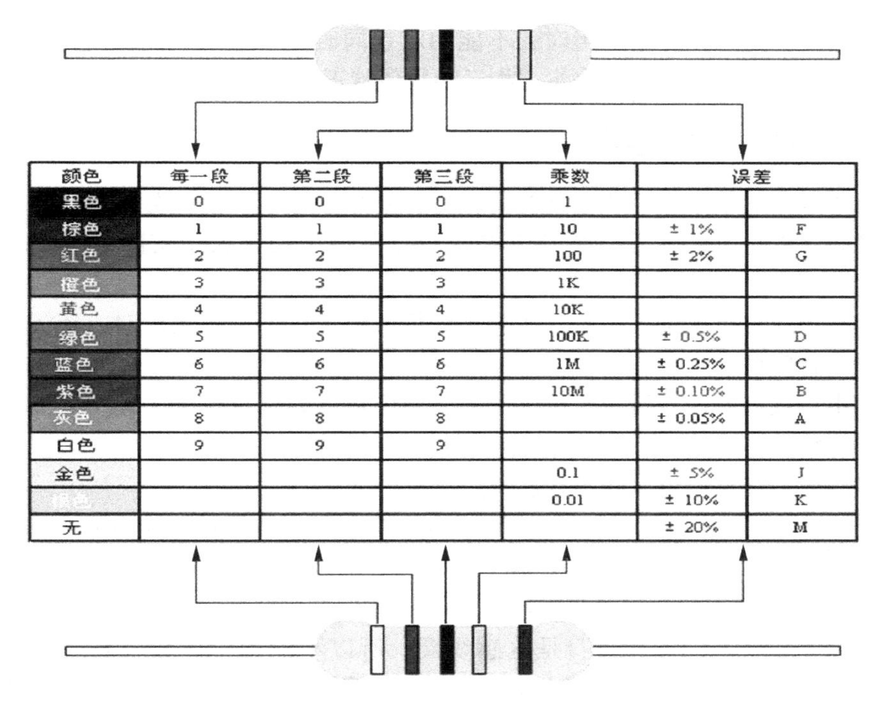

颜色	每一段	第二段	第三段	乘数	误差	
黑色	0	0	0	1		
棕色	1	1	1	10	± 1%	F
红色	2	2	2	100	± 2%	G
橙色	3	3	3	1K		
黄色	4	4	4	10K		
绿色	5	5	5	100K	± 0.5%	D
蓝色	6	6	6	1M	± 0.25%	C
紫色	7	7	7	10M	± 0.10%	B
灰色	8	8	8		± 0.05%	A
白色	9	9	9			
金色				0.1	± 5%	J
银色				0.01	± 10%	K
无					± 20%	M

图 2.1.6　阻值和误差的色环标记

即表示该电阻的阻值和误差是：1.5kΩ ±5%。

4. 最高工作电压

最高工作电压是根据电阻器、电位器最大电流密度、电阻体击穿及其结构等因素所规定的工作电压限度。对阻值较大的电阻器，当工作电压过高时，虽功率不超过规定值，但内部会发生电弧火花放电，导致电阻变质损坏。一般 1/8W 碳膜电阻器或金属膜电阻器，最高工作电压分别不能超过 150V 或 200V。

2.1.4　电阻器的简单测试

测量电阻的方法很多，可用欧姆表、电阻电桥和数字欧姆表直接测量，也可根据欧姆定律 $R=V/I$，通过测量流过电阻的电流 I 及电阻上的压降 V 来间接测量电阻值。

当测量精度要求较高时，采用电阻电桥来测量电阻。电阻电桥有单臂电桥（惠斯通电桥）和双臂电桥（凯尔文电桥）两种，这里不再赘述。

当测量精度要求不高时，可直接用欧姆表测量电阻。现以 MF-20 型万用表为例，介绍测量电阻的方法。首先将万用表的功能选择波段开关置“Ω”挡，量程波段开关置合适挡。将两根测试笔短接，表头指针应在刻度线零点；若不在零点，则要调节“Ω”旋钮（零欧姆调节电位器）回零。调回零后即可将被测电阻串接于两根测试笔之间，此时表头指针偏转，待稳定后可从刻度线上直接读出所示数值，再乘以事先所选择的量程，即可得到被测电阻的阻值。当换另一量程时必须再次短接两根测试笔，重新调零。每换一个量程挡，都必须调零一次。

特别要指出的是，在测量电阻时，不能用双手同时捏住电阻或测试笔，否则，人体电阻将会与被测电阻并联在一起，表头上指示的数值就不单纯是被测电阻的阻值了。

2.1.5 选用电阻器常识

根据电子设备的技术指标和电路的具体要求选用电阻的型号和误差等级。

为提高设备的可靠性，延长使用寿命，应选用额定功率大于实际消耗功率的 1.5 ～ 2 倍。

电阻装接前应进行测量、核对，尤其是在精密电子仪器设备装配时，还需经人工老化处理，以提高稳定性。

在装配电子仪器时，若所用非色环电阻，则应将电阻标称值标志朝上，而标志顺序一致，以便于观察。

焊接电阻时，烙铁停留时间不宜过长。

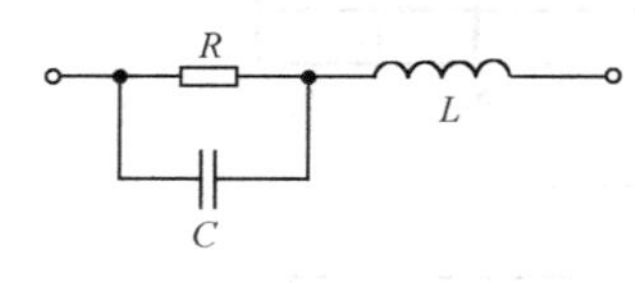

图 2.1.7　电阻器的等效电路

选用电阻时应根据电路中信号频率的高低来选择。一个电阻可等效成一个 R、L、C 二端线性网络，如图 2.1.7 所示。不同类型的电阻，R、L、C 三个参数的大小有很大差异。线绕电阻本身是电感线圈，所以不能用于高频电路中，在薄膜电阻中，若电阻体上刻有螺旋槽，其工作频率在 10MHz 左右，未刻螺旋槽的（如 RY 型）则工作频率更高。

当电路中需串联或并联电阻来获得所需阻值时，应考虑其额定功率。阻值相同的电阻串联或并联，额定功率等于各个电阻额定功率之和；阻值不同的电阻串联时，额定功率取决于高阻值电阻，并联时，额定功率取决于低阻值电阻，且需计算方可应用。

2.1.6 电阻器和电位器选用原则

电阻器选用一般应遵循如下原则：

（1）金属膜电阻稳定性好、温度系数小、噪声小，常用在要求较高的电路中，适合运放电路、宽带放大电路、仪用放大电路和高频放大电路应用。

（2）金属氧化膜电阻有极好的脉冲、高频特性，外形和应用场合同上。

（3）碳膜电阻温度系数为负数、噪声大、精度等级低，常用于一般要求的电路中。

（4）线绕电阻精度高，但分布参数较大，不适合高频电路。

（5）敏感电阻又称半导体电阻，通常有光敏、热敏、湿敏、压敏、气敏等不同类型，可以作为传感器，用来检测相应的物理量。

电位器选用的原则如下：

（1）在高频、高稳定性的场合，选用薄膜电位器。

（2）要求电压均匀变化的场合，选用直线式电位器。

（3）音量控制宜选用指数式电位器。

（4）要求高精度的场合，选用线绕多圈电位器。

（5）要求高分辨率的场合，选用各类非线绕电位器、多圈微调电位器。

（6）普通应用场合，选用碳膜电位器。

2.2 电容器的简单识别与型号命名法

2.2.1 电容器的分类

电容器是一种储能元件，在电路中用于调谐、滤波、耦合、旁路，进行能量转换和延时等。

1. 按结构分类

1）固定电容器

电容量是固定不可调的，称为固定电容器。图2.2.1所示为几种固定电容器的外形和电路符号。其中，图2.2.1（a）为电容器符号（带“+”的为电解电容器）；图2.2.1（b）为瓷介电容器；图2.2.1（c）为云母电容器；图2.2.1（d）为涤纶薄膜电容器；图2.2.1（e）为金属化纸介电容器；图2.2.1（f）为电解电容器。

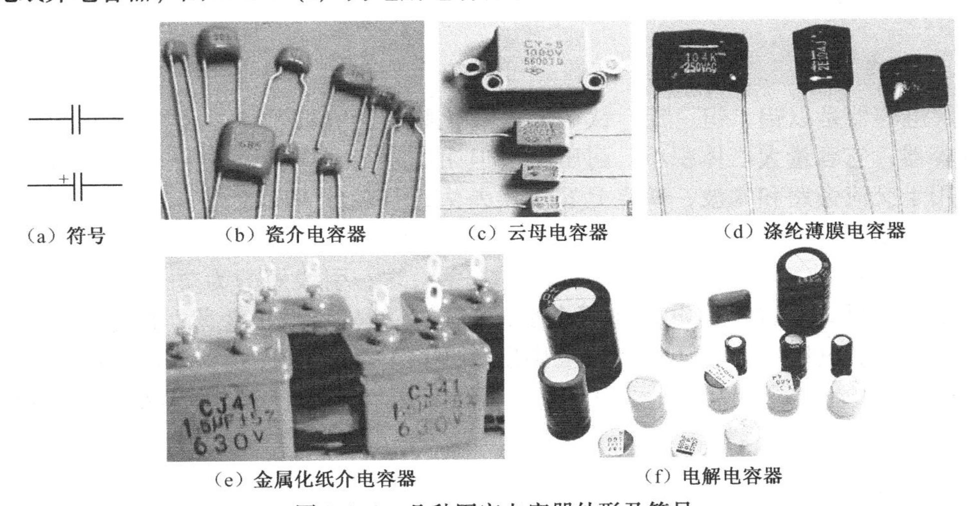

（a）符号　（b）瓷介电容器　（c）云母电容器　（d）涤纶薄膜电容器

（e）金属化纸介电容器　（f）电解电容器

图2.2.1　几种固定电容器外形及符号

2）半可变电容器（微调电容器）

半可变电容器容量可在小范围内变化，其可变容量为几至几十皮法，最高达一百皮法（以陶瓷为介质时），适用于整机调整后电容量不需经常改变的场合。它常以空气、云母或陶瓷作为介质。其外形和电路符号如图2.2.2所示。

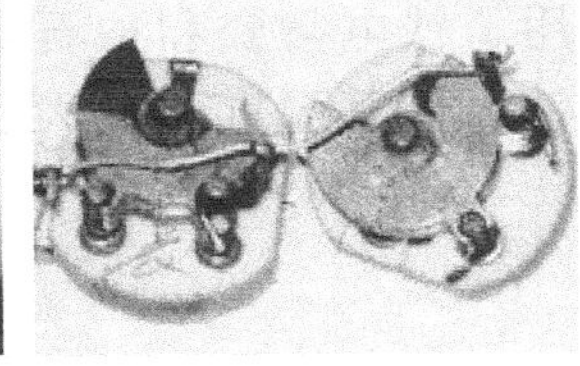
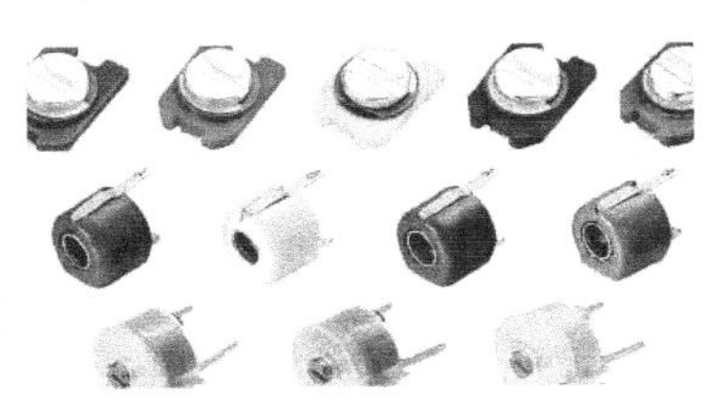

（a）微调电容器外形　（b）微调电容器符号

图2.2.2　微调电容器外形及符号

3）可变电容器

可变电容器容量可在一定范围内连续变化。常有“单联”、“双联”之分，它们由若干片形状相同的金属片并接成一组定片和一组动片，其外形及符号如图 2.2.3 所示。动片可以通过转轴转动，以改变动片插入定片的面积，从而改变电容量。它一般以空气作为介质，也有用有机薄膜作为介质的，但后者的温度系数较大。

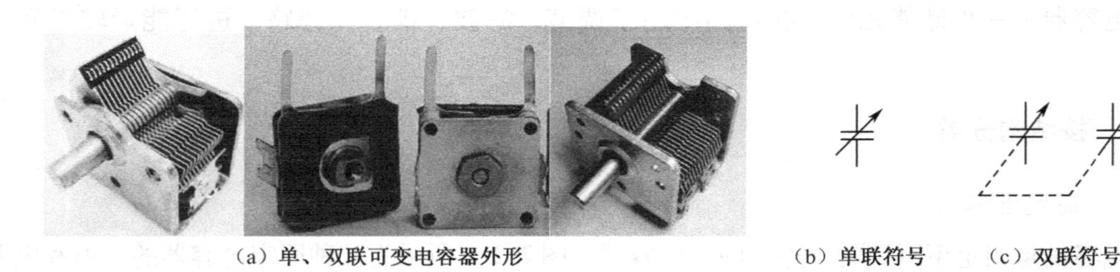

（a）单、双联可变电容器外形　　（b）单联符号　　（c）双联符号

图 2.2.3　单、双联可变电容器外形及符号

2. 按电容器介质材料分类

1）电解电容器

电解电容器是以铝、钽、铌、钛等金属氧化膜作为介质的电容器。应用最广的是铝电解电容器，它容量大、体积小，耐压高（但耐压越高，体积也越大），一般在 500V 以下，常用于交流旁路和滤波；缺点是容量误差大，且随频率而变动，绝缘电阻低。电解电容有正、负极之分（外壳为负端，另一接头为正端）。通常电容器外壳上都标有“+”、“-”记号，若无标记则引线长的为“+”端，引线短的为“-”端，使用时必须注意不要接反，若接反，电解作用会反向运行，氧化膜很快变薄，漏电流急剧增加，如果所加的直流电压过大，则电容器很快发热，甚至会引起爆炸。由于铝电解电容具有不少缺点，因此在要求较高的地方常用钽、铌或钛电容，它们比铝电解电容的漏电流小，体积小，但成本高。

2）云母电容器

云母电容器是以云母片作为介质的电容器。其特点是高频性能稳定，损耗小、漏电流小、电压高（从几百伏到几千伏），但容量小（从几十皮法到几万皮法）。

3）瓷介电容器

瓷介电容器以高介电常数、低损耗的陶瓷材料为介质，故体积小、损耗小、温度系数小，可工作在超高频范围，但耐压较低（一般为 60 ～70V），容量较小（一般为 1 ～1 000pF）。为克服容量小的特点，现在采用了铁电陶瓷和独石电容。它们的容量分别可达 680pF ～0.047μF 和 0.01μF 至几微法，但其温度系数大、损耗大、容量误差大。

4）玻璃釉电容器

玻璃釉电容器以玻璃釉作为介质，它具有瓷介电容的优点，且体积比同容量的瓷介电容小。其容量范围为 4.7pF ～4μF。另外，其介电常数在很宽的频率范围内保持不变，还可应用到125℃高温下。

5）纸介电容器

纸介电容器的电极用铝箔或锡箔做成，绝缘介质是浸蜡的纸，相叠后卷成圆柱体，外包防潮物质，有时外壳采用密封的铁壳以提高防潮性。大容量的电容器常在铁壳里灌满电容器油和变压器油，以提高耐压强度，被称为油浸纸介电容器。纸介电容器的优点是在一定体积内可以得到较大的电容量，且结构简单，价格低廉，缺点是介质损耗大，稳定性不高，主要用于低频电路的旁路和隔直电容。其容量一般为100pF～10μF。新发展的纸介电容器用蒸发的方法使金属附着于纸上作为电极，因此体积大大缩小，称为金属化纸介电容器，其性能与纸介电容器相仿。但它有一个最大的特点是被高电压击穿后，有自愈作用，即电压恢复正常后仍能工作。

6）有机薄膜电容器

有机薄膜电容器是用聚苯乙烯、聚四氟乙烯或涤纶等有机薄膜代替纸介质做成的各种电容器。与纸介电容器相比，它的优点是体积小、耐压高、损耗小、绝缘电阻大、稳定性好，但温度系数大。

2.2.2 电容器型号命名法

电容器的型号命名法如表2.2.1所示。

表2.2.1 电容器型号命名法

第一部分		第二部分		第三部分		第四部分
用字母表示主称		用字母表示材料		用字母表示特征		用字母或数字表示序号
符号	意义	符号	意义	符号	意义	
C	电容器	C I O Y V Z J B F L S Q H D A G N T M E	瓷介 玻璃釉 玻璃膜 云母 云母纸 纸介 金属化纸 聚苯乙烯 聚四氟乙烯 涤纶（聚酯） 聚碳酸酯 漆膜 纸膜复合 铝电解 钽电解 金属电解 铌电解 钛电解 压敏 其他材料电解	T W J X S D M Y C	铁电 微调 金属化 小型 独石 低压 密封 高压 穿心式	包括品种、尺寸代号、温度特性、直流工作电压、标称值、允许误差、标准代号

示例：CJX-250-0.33-±10%电容器的命名含义。

含义：0.33μF，250V，小型金属化纸介质电容器，允许误差为±10%。

2.2.3 电容器的主要性能指标

1. 电容量

电容量是指电容器加上电压后储存电荷的能力。常用单位是法（F）、微法（μF）和皮法（pF），皮法也称微微法。三者的关系为：$1pF = 10^{-6}\mu F = 10^{-12}F$。

一般电容器上都直接写出其容量，也有的则是用数字来标志容量的。如有的电容器上标有“332”三位数字，左起两位数字给出电容量的第一、二位数字，而第三位数字则表示附加上零的个数，以pF为单位，因此“332”即表示该电容的电容量为3 300pF。

2. 标称电容量

标称电容量是标志在电容器上的“名义”电容量。我国固定式电容器的标称电容量系列为E24、E12、E6，电解电容的标称容量参考系列为1、1.5、2.2、3.3、4.7、6.8（以μF为单位）。

3. 允许误差

允许误差是实际电容量对于标称电容量的最大允许偏差范围。固定电容器的允许误差分为8级，如表2.2.2所示。

表2.2.2 允许误差等级

级　别	01	02	Ⅰ	Ⅱ	Ⅲ	Ⅳ	Ⅴ	Ⅵ
允许误差	±1%	±2%	±5%	±10%	±20%	+20%～-30%	+50%～-20%	+100%～-10%

4. 额定工作电压

额定工作电压是电容器在规定的工作范围内，长期、可靠地工作所能承受的最高电压。常用固定电容器的直流工作电压系列为6.3V、10V、16V、25V、40V、63V、100V、250V和400V。

5. 绝缘电阻

绝缘电阻是加在电容器上的直流电压与通过它的漏电量的比值。绝缘电阻一般应在5 000MΩ以上，优质电容器可达TΩ（$10^{12}\Omega$，称为太欧）级。

6. 介质损耗

理想的电容器应没有能量损耗。但实际上电容器在电场的作用下，总有一部分电能转换成热能，所损耗的能量称为电容器损耗，它包括金属极板的损耗和介质损耗两部分。小功率电容器主要是介质损耗。

所谓介质损耗，是指介质缓慢极化和介质电导所引起的损耗。通常用损耗功率和电容器的无功功率之比，即损耗角的正切值来表示：

$$\tan\delta = \frac{\text{损耗功率}}{\text{无功功率}}$$

在同容量、同工作条件下，损耗角越大，电容器的损耗也越大。损耗角大的电容器不适合在高频情况下工作。

2.2.4 电容器质量优劣的简单测试

一般，利用万用表的欧姆挡就可以简单地测量出电解电容器的优劣情况，粗略地辨别其漏电、容量衰减或失效的情况。具体方法是：选用“$R\times1\text{k}$”或“$R\times100$”挡，将黑表笔接电容器的正极，红表笔接电容器的负极，若表针摆动大，且返回慢，返回位置接近∞，说明该电容器正常，且电容量大；若表针摆动大，但返回时表针显示的值较小，说明该电容漏电量较大；若表针摆动很大，接近于0，且不返回，说明该电容器已击穿；若表针不摆动，则说明该电容器已开路，失效。

该方法也适用于辨别其他类型的电容器。但当电容器容量较小时，应选择万用表的“$R\times10\text{k}$”挡测量。另外，如果需要对电容器再进行一次测量，必须将其放电后方能进行。

如果要求更精确的测量，可以用交流电桥和Q表（谐振法）来测量，这里不做介绍。

2.2.5 选用电容器常识

电容器装接前应进行测量，看其是否短路、断路或漏电严重，并在装入电路时，应使电容器的标志易于观察，且标志顺序一致。

电路中，电容器两端的电压不能超过电容器本身的工作电压。装接时应注意正、负极性不能接反。

当现有电容器与电路要求的容量或耐压不合适时，可以采用串联或并联的方法进行调整。当两个工作电压不同的电容器并联时，耐压值取决于低的电容器；当两个容量不同的电容器串联时，容量小的电容器所承受的电压高于容量大的电容器。

技术要求不同的电路，应选用不同类型的电容器。例如，谐振回路中需要介质损耗小的电容器，应选用高频陶瓷电容器（CC型）和云母电容器；隔直、耦合电容可选独石、涤纶、电解等电容器；低频滤波电路一般应选用电解电容器，旁路电容可选涤纶、独石、陶瓷和电解电容器。

选用电容器时应根据电路中信号频率的高低来选择，一个电容器可等效成R、L、C二端线性网络，如图2.2.4所示，不同类型的电容器其等效参数R、L、C的差异很大。等效电感大的电容器（如电解电容器）不适合用于耦合、旁路高频信号；等效电阻大的电容器不适合用于Q值要求高的振荡回路中。为满足从低频到高频滤波旁路的要求，

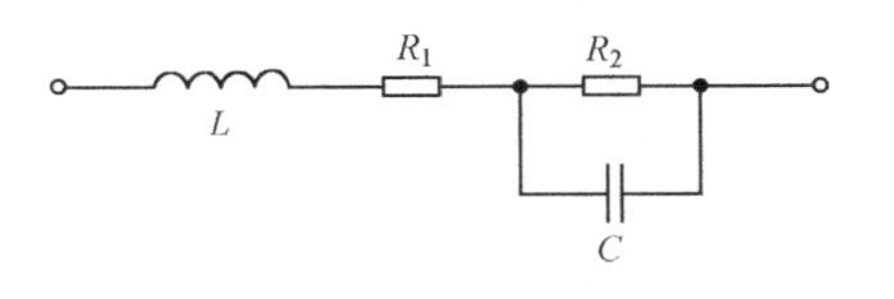

图2.2.4　电容器的等效电路

在实际电路中，常将一个大容量的电解电容器与一个小容量的、适合于高频的电容器并联使用。

2.3 电感器的简单识别与型号命名法

2.3.1 电感器的分类

电感器一般由线圈构成。为了增加电感量 L，提高品质因数 Q 和减小体积，通常在线圈中加入软磁性材料的磁芯。

根据电感器的电感量是否可调，电感器分为固定、可变和微调电感器。

电感器的符号如图 2.3.1 所示。常见的固定电感器如图 2.3.2 所示，可变电感器如图 2.3.3 所示。

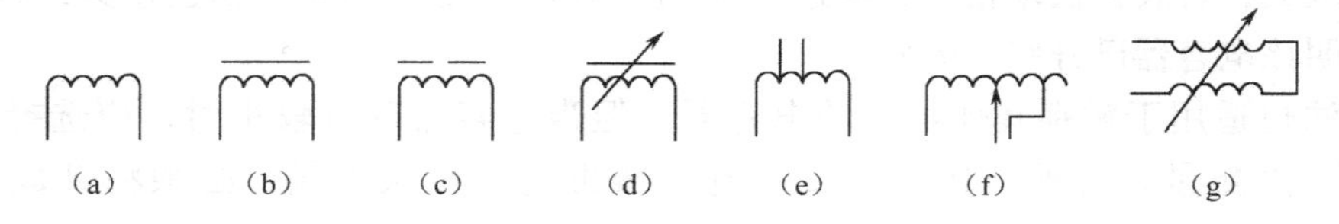

图 2.3.1 电感器的符号

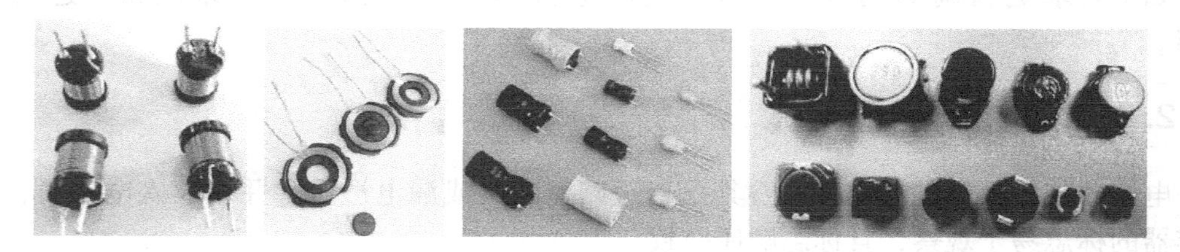

图 2.3.2 固定电感器

图 2.3.3 可变电感器

可变电感器的电感量可通用磁芯在线圈内移动而在较大的范围内调节。它与固定电容器配合应用于谐振电路中起调谐作用。

微调电感器可以满足整机调试的需要和补偿电感器生产中的分散性，一次调好后，一般不再变动。

除此之外，还有一些小型电感器，如色码电感器、平面电感器和集成电感器，可满足电子设备小型化的需要。

2.3.2 电感器的主要性能指标

1. 电感量 L

电感量是指电感器通过变化电流时产生感应电动势的能力。其大小与磁导率μ、线圈单位长度中的匝数 n 及体积 V 有关。当线圈的长度远大于直径时，电感量为：

$$L = \mu n^2 V$$

电感量的常用单位为 H（亨利）、mH（毫亨）、μH（微亨）。

2. 品质因数 Q

品质因数 Q 反映电感器传输能量的本领。Q 值越大，传输能量的本领越大，即损耗越小，一般要求 $Q = 50 \sim 300$。

$$Q = \frac{\omega L}{R}$$

式中：ω 为工作角频率；L 为线圈电感量；R 为线圈电阻。

3. 额定电流

额定电流主要针对高频电感器和大功率调谐电感器而言。通过电感器的电流超过额定值时，电感器将发热，严重时会烧坏。

2.3.3 电感器的简单测试

测量电感的方法与测量电容的方法相似，也可以用电桥法、谐振回路法测量。常用测量电感的电桥有海氏电桥和麦克斯韦电桥，这里不做详细介绍。

2.3.4 选用电感器常识

在选电感器时，首先应明确其使用频率范围。铁芯线圈只能用于低频；一般铁氧体线圈、空心线圈可用于高频。其次要弄清线圈的电感量。

线圈是磁感应元件，它对周围的电感性元件有影响。安装时一定要注意电感性元件之间的相互位置，一般应使相互靠近的电感线圈的轴线互相垂直，必要时可在电感性元件上加屏蔽罩。

2.4 半导体器件的简单识别与型号命名法

2.4.1 半导体器件型号命名法

半导体二极管和三极管是组成分立元件电子电路的核心器件。二极管具有单向导电性，可用于整流、检波、稳压、混频电路中；三极管对信号具有放大作用和开关作用。它们的管壳上都印有规格和型号。其型号命名法有多种，主要有：中华人民共和国国家标准——

半导体器件型号命名法（GB 24P—1974）、国际电子联合会半导体器件型号命名法、美国半导体器件型号命名法、日本半导体型号命名法等。

1. 中华人民共和国半导体器件型号命名法

中华人民共和国半导体器件型号命名法如表 2.4.1 所示。

表 2.4.1 中华人民共和国半导体器件型号命名法

第一部分		第二部分		第三部分		第四部分	第五部分
用数字表示器件的电极数		用字母表示器件的材料和极性		用字母表示器件的类别		用数字表示器件的序号	用字母表示规格号
符 号	意 义	符 号	意 义	符 号	意 义	意 义	意 义
				P	普通管		
				V	微波管		
				W	稳压管		
				C	参量管		
				Z	整流管		
				L	整流堆		
2	二极管	A	N 型锗材料	S	隧道管		
		B	P 型锗材料	N	阻尼管		
		C	N 型硅材料	U	光电器件		
		D	P 型硅材料	K	开关管		
				X	低频小功率管 (f_α < 3MHz P_c < 1W)		
3	三极管	A	PNP 型锗材料	G	高频小功率管 (f_α ≥ 3MHz P_c < 1W)	反映了极限参数、直流参数和交流参数等的差别	反映了承受反向击穿电压的程度。如规格号为 A、B、C、D…其中 A 承受的反向击穿电压最低，B 次之…
		B C	NPN 型锗材料 PNP 型硅材料	D	低频大功率管 (f_α < 3MHz P_c < 1W)		
		D E	NPN 型硅材料 化合物材料	A	高频大功率管 (f_α ≥ 3MHz P_c > 1W)		
				T	半导体闸流管 （可控整流管）		
				Y	体效应器件		
				B	雪崩管		
				J	阶跃恢复管		
				CS	场效应器件		
				BT	半导体特殊器件		
				FH	复合管		
				PIN	PIN 管		
				JG	激光器件		

示例：3AX31A 的命名含义。

含义：三极管，PNP 型锗材料，低频小功率管，序号为 31，管子规格为 A 挡。

2. 国际电子联合会半导体器件型号命名法

国际电子联合会半导体器件命名法是主要由欧盟等国家依照国际电子联合会规定制定的命名方法，其组成各部分的意义如表 2.4.2 所示。

表 2.4.2　国际电子联合会半导体器件型号命名法

第一部分		第二部分				第三部分		第四部分	
用字母代表制作材料		用字母代表类型及主要特性				用字母或数字表示登记序号		用字母对同型号分类	
符 号	意 义	符 号	意 义	符 号	意 义	符 号	意 义	符 号	意 义
A	锗材料	A	检波、开关和混频二极管	M	封闭磁路中的霍尔元件	三位数字	通用半导体器件的登记号（同一类型号器件使用同一登记号）	A B C D E ⋮	同一型号器件按某一参数进行分挡的标志
		B	变容二极管	P	光敏器件				
B	硅材料	C	低频小功率三极管	Q	发光器件				
		D	低频大功率三极管	R	小功率晶闸管				
C	砷化镓	E	隧道二极管	S	小功率开关管				
		F	高频小功率三极管	T	大功率晶闸管		专用半导体器件的登记号（同一类型号器件使用同一登记号）		
D	锑化铟	G	复合器件及其他器件	U	大功率开关管				
		H	磁敏二极管	X	倍增二极管				
E	复合	K	开放磁路中的霍尔元件	Y	整流二极管				
		L	高频大功率三极管	Z	稳压二极管				

3. 美国半导体器件型号命名法

美国半导体器件型号命名法是由美国电子工业协会（EIA）制定的晶体管分立器件型号命名方法，其组成各部分的意义如表 2.4.3 所示。

表 2.4.3　美国电子工业学会半导体器件型号命名法

第一部分		第二部分		第三部分		第四部分		第五部分	
用符号表示用途的类别		用数字表示 PN 结的数目		美国电子工业学会（EIA）注册标志		美国电子工业学会（EIA）登记顺序号		用字母表示器件分挡	
符 号	意 义	符 号	意 义	符 号	意 义	符 号	意 义	符 号	意 义
JAN 或 J	军用品	1	二极管	N	该器件已在美国电子工业学会注册登记	多位数字	该器件在美国电子工业协会登记的顺序号	A B C D ⋮	同一型号的不同挡位
		2	三极管						
无	非军用品	3	3 个 PN 结器件						
		n	*n* 个 PN 结器件						

例如，2N2222 表示三极管。至于它是什么用途，标识上没有明确说明，只能查参数资料。

4. 日本半导体分立器件型号命名法

日本半导体器件型号命名法按日本工业标准（JIS）规定的命名法（JIS-C-702）命名，由五至七个部分组成，第六、七个部分的符号及意义通常是各公司自行规定的，其余各部分的符号及意义如表 2.4.4 所示。

表 2.4.4　日本半导体器件型号命名法

第一部分		第二部分		第三部分		第四部分		第五部分	
用数字表示类型及有效电极数		S 表示日本电子工业协会（EIAJ）注册产品		用字母表示器件的极性及类型		用数字表示在日本电子工业协会登记的顺序号		用字母表示对原来型号的改进产品	
符 号	意　义	符 号	意　义	符 号	意　义	符 号	意　义	符 号	意　义
0	光电（光敏）二极管、晶体管及其复合管	S	表示已在日本工业协会注册登记的半导体分立器件	A	PNP 型高频管	4 位以上的数字	用从 11 开始的数字，表示在日本电子工业协会登记的顺序号，不同公司性能相同的器件可以使用同一顺序号，数字越大越是近期产品	A B C D E F …	用字母表示对原来型号的改进产品
				B	PNP 型低频管				
				C	NPN 型高频管				
1	二极管			D	NPN 型低频管				
2	三极管、具有两个以上 PN 结的其他晶体管			F	P 控制极晶闸管				
				G	N 控制极晶闸管				
3	具有 3 个 PN 结或 4 个有效电极的晶体管			H	N 基极单结晶体管				
				J	P 沟道场效应管				
…	…			K	N 沟道场效应管				
$n-1$	具有（$n-1$）个 PN 结或 n 个有效极的晶体管			M	双向晶闸管				

2.4.2　二极管的识别与简单测试

1. 普通二极管的识别与简单测试

普通二极管一般为玻璃封装和塑料封装两种，如图 2.4.1 所示。其外壳上均印有型号和标记，标记箭头所指方向为阴极。有的二极管上只有一个色点，有色点的一端为阳极。

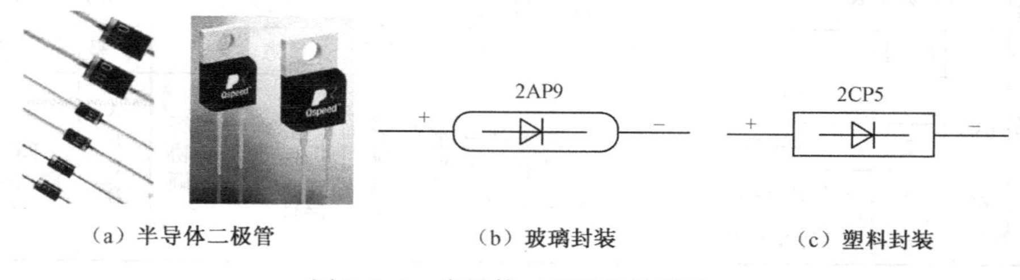

（a）半导体二极管　（b）玻璃封装　（c）塑料封装

图 2.4.1　半导体二极管及其符号

若遇到型号标记不清时，可以借助万用表的欧姆挡进行简单的判别。我们知道，万用表正端（+）红表笔接表内电池的负极，而负端（−）黑表笔接表内电池的正极。根据 PN 结正向导通电阻值小，反向截止电阻值大的原理可以简单确定二极管的好坏和极性。具体做法是：万用表欧姆挡置“$R\times100$”或“$R\times1\text{k}$”处，将红、黑两表笔反过来再次接触二极管两端，表头又将有一指示。若两次指示的阻值相差很大，说明该二极管的单向导电性好，并且阻值大（几百千欧以上）的那次红表笔所接为二极管的阳极；若两次指示的阻值相差很小，说明该二极管已失去单向导电性；若两次指示的阻值均很大，则说明该二极管已开路。

2. 特殊二极管的识别与简单测试

特殊二极管的种类较多，在此只介绍4种常用的特殊二极管。

1）发光二极管（LED）

发光二极管是用砷化镓、磷化镓等制成的一种新型器件。它具有工作电压低、耗电少、响应速度快、抗冲击、耐振动、性能好及轻而小的特点，被广泛用于单个显示电路或做成七段矩阵式显示器，而在数字电路实验中，常用作逻辑显示器。发光二极管的电路符号如图2.4.2所示。

发光二极管和普通二极管一样具有单向导电性，正向导通时才能发光。发光二极管的发光颜色有多种，如红、绿、黄等，形状有圆形和长方形等。发光二极管在出厂时，一根引线做得比另一根引线长，通常，较长的引线表示阳极（+），另一根为阴极（-），如图2.4.3所示。若辨别不出引线的长短，可以用辨别普通二极管引脚的方法来辨别其阳极和阴极。发光二极管的正向工作电压一般在1.5～3V，允许通过的电流为2～20mA，电流的大小决定发光的亮度。电压、电流的大小依器件型号不同而稍有差异。若与TTL组件相连接使用，一般需串联一个470Ω的降压电阻，以防止器件的损坏。

图2.4.2　发光二极管的符号　　图2.4.3　发光二极管的外形

2）稳压管

稳压管有玻璃、塑料封装和金属外壳封装三种。塑料封装的外形与普通二极管相似，如2CW7，金属外壳封装的外形与小功率三极管相似，但内部为双稳压二极管，其本身具有温度补偿作用，如2CW231，详见图2.4.4。

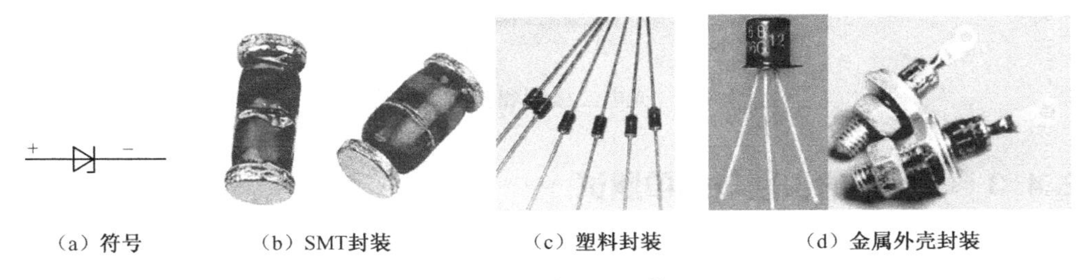

（a）符号　（b）SMT封装　（c）塑料封装　（d）金属外壳封装

图2.4.4　稳压二极管

稳压管在电路中是反向连接的，它能使稳压管所接电路两端的电压稳定在一个规定的电压范围内，称为稳压值。确定稳压管稳压值的方法有如下三种：

（1）根据稳压管的型号查阅手册得知；

（2）在 JT-1 型晶体管测试仪上测出其伏安特性曲线获得；

（3）通过一个简单的实验电路测得，实验电路如图 2.4.5 所示。

改变直流电源电压 V，使之由零开始缓慢增加，同时稳压管两端用直流电压表监视。当电压增加到一定值，使稳压管反向击穿，直流电压表指示某一电压值时，这时再增加直流电源电压，而稳压管两端电压不再变化，则电压表所指示的电压值就是该稳压管的稳压值。

3）光电二极管

光电二极管是一种将光电信号转换成电信号的半导体器件，其符号如图 2.4.6（a）所示。在光电二极管的管壳上备有一个玻璃口，以便于接收光。当有光照时，其反向电流随光照强度的增加而成正比上升。

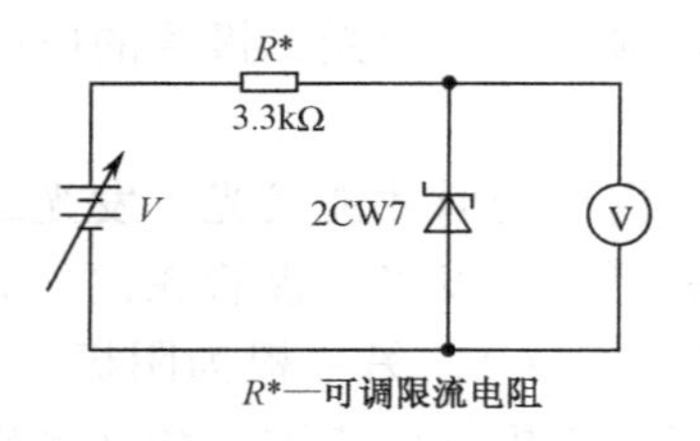

图 2.4.5　测试稳压管稳压值的实验电路

阳极　阴极　　阳极　阴极

（a）光电二极管　　（b）变容二极管

图 2.4.6　光电二极管和变容二极管符号

光电二极管可用于光的测量。当制成大面积的光电二极管时，可作为一种能源，称为光电池。光电二极管的外形如图 2.4.7（a）所示。

4）变容二极管

变容二极管在电路中能起到可变电容的作用，其结电容随反向电压的增加而减小。变容二极管的符号如图 2.4.6（b）所示。

变容二极管主要用于高频电路中，如变容二极管调频电路。变容二极管的外形如图 2.4.7（b）所示。

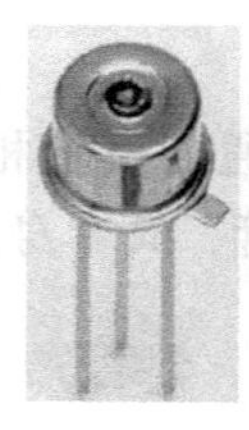
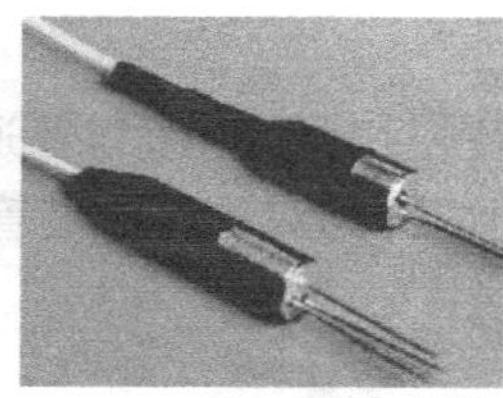
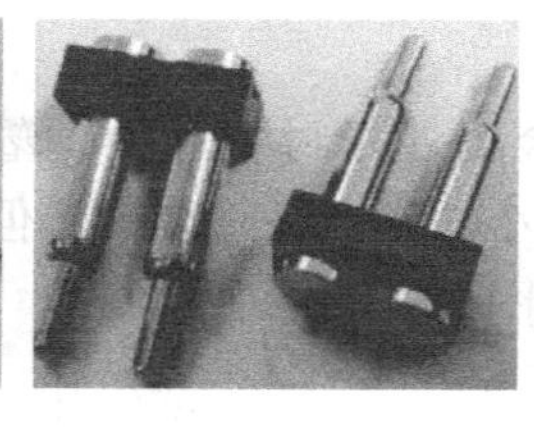

（a）光电二极管

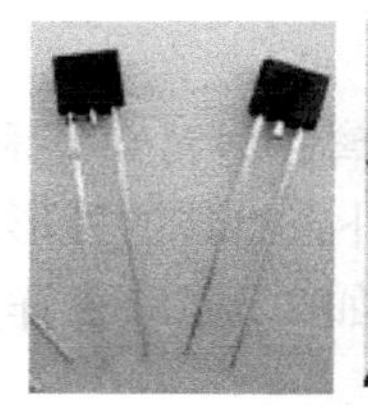

（b）变容二极管

图 2.4.7　光电二极管和变容二极管外形

2.4.3　三极管的识别与简单测试

三极管主要有 NPN 型和 PNP 型两大类。一般，可以根据命名法从三极管管壳上的符号识别它的型号和类型。例如，三极管管壳上印的是 3DG6，表明它是 NPN 型高频小功率硅三极管。同时，还可以从管壳上色点的颜色来判断管子的放大系数 β 值的大致范围。以 3DG6 为例，若色点为黄色，表示 β 值在 30 ～ 60 之间；绿色，表示 β 值在 50 ～ 110 之间；蓝色，表示 β 值在 90 ～ 160 之间；白色，表示 β 值在 140 ～ 200 之间。但是也有的厂家并非按此规定，使用时要注意。

当我们从管壳上知道三极管的类型和型号及β值后，还应进一步辨别它的三个电极。

对于小功率三极管来说，有金属外壳封装和塑料封装两种。

如果金属外壳封装的管壳上带有定位销，则将管底朝上，从定位销起，按顺时针方向，三根电极依次为e、b、c。如果管壳上无定位销，且三根电极在半圆内，可将有三根电极的半圆置于上方，按顺时针方向，三根电极依次为e、b、c，如图2.4.8（a）所示。

塑料外壳封装的，可面对平面，将三根电极置于下方，从左到右，三根电极依次为e、b、c，如图2.4.8（b）所示。

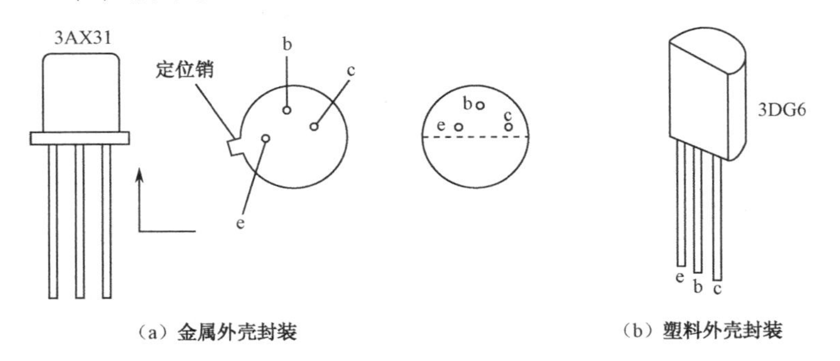

（a）金属外壳封装　　（b）塑料外壳封装

图2.4.8　半导体三极管电极的识别

对于大功率三极管，一般分为F型和G型两种，如图2.4.9所示。F型管，从外形上只能看到两根电极。可将管底朝上，两根电极置于左侧，则上为e，下为b，底座为c。G型管的三个电极一般在管壳的顶部，将管底朝下，三根电极置于左方，从最下方电极起，沿顺时针方向，依次为e、b、c。

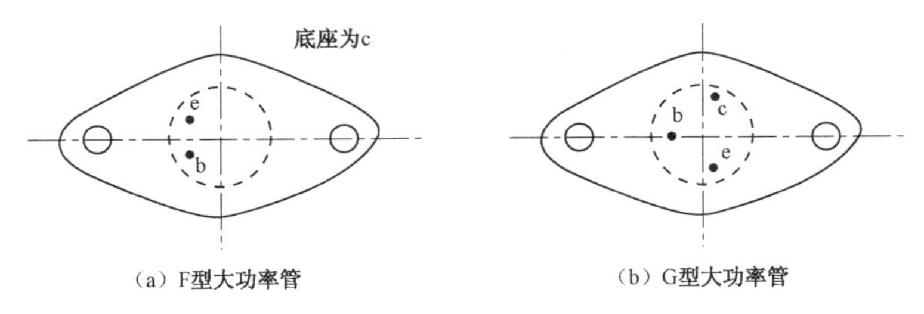

（a）F型大功率管　　（b）G型大功率管

图2.4.9　F型和G型管引脚识别

常见的三极管如图2.4.10所示。

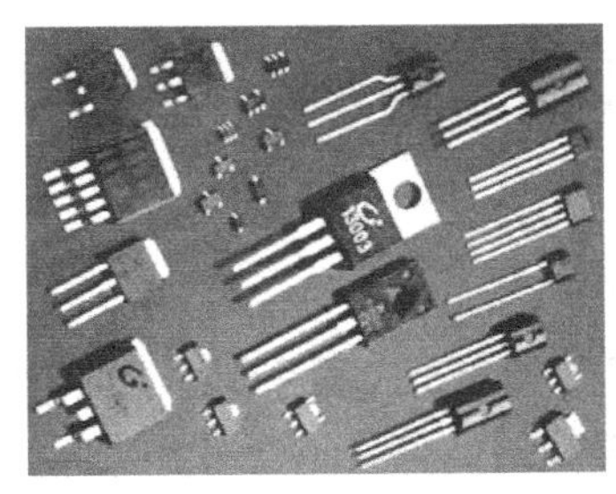

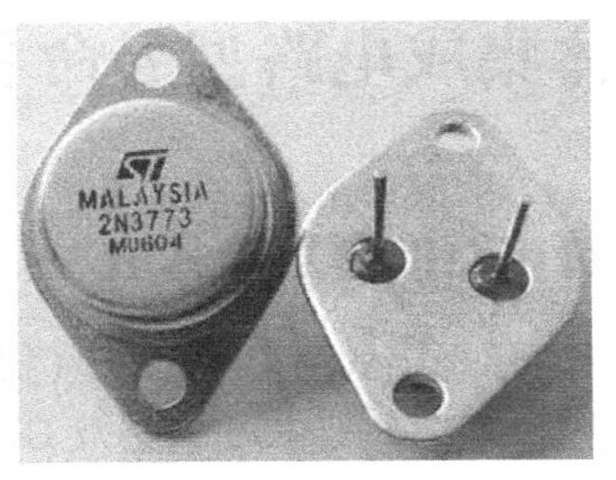

图2.4.10　常见三极管

三极管的引脚必须正确确认，否则，接入电路不但不能正常工作，还可能烧坏管子。当一个三极管没有任何标记时，可以用万用表来初步确定该三极管的好坏及类型（NPN 型还是 PNP 型），以及辨别出 e、b、c 三个电极。

（1）先判断基极 b 和三极管类型。

将万用表欧姆挡置“$R\times100$”或“$R\times1$k”处，先假设三极管的某极为基极，并将黑表笔接在假设的基极上，再将红表笔先后接到其余两个电极上，如果两次测得的电阻值都很大（或都很小），为几千欧至几十千欧（为几百欧至几千欧），而对换表笔后测得两个电阻值都很小（或都很大），则可确定假设的基极是正确的。如果两次测得的电阻值一大一小，则可肯定原假设的基极是错误的，这时就必须重新假设另一电极为基极，重复上述的测试。最多重复两次就可以找出真正的基极。

当基极确定以后，将黑表笔接基极，红表笔分别接其他两极。此时，若测得的电阻值都很小，则该三极管为 NPN 型管；反之，则为 PNP 型管。

（2）再判断集电极 c 和发射极 e。

以 NPN 型管为例，把黑表笔接到假设的集电极 c 上，红表笔接到假设的发射极 e 上，并且用手捏住 b 和 c 极（不能使 b、c 直接接触），通过人体，相当于在 b、c 之间接入偏置电阻。读出表头所示 c、e 间的电阻值，然后将红、黑两表笔反接重测。若第一次电阻值比第二次小，说明原假设成立，黑表笔所接为三极管集电极 c，红表笔所接为三极管发射极 e。因为 c、e 间电阻值小说明通过万用表的电流大，偏值正常，如图 2.4.11 所示。

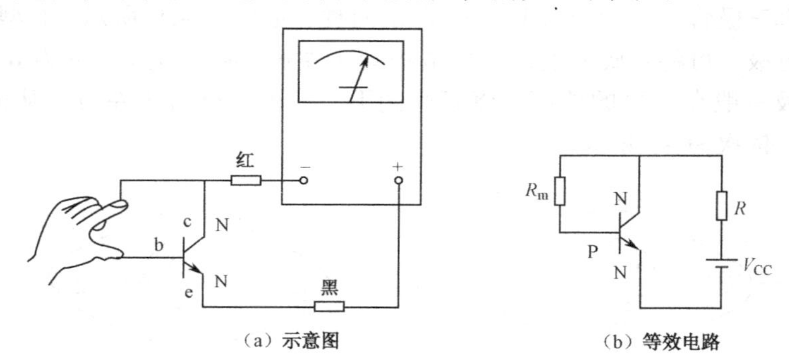

（a）示意图　　（b）等效电路

图 2.4.11　判别三极管 c、e 电极的原理图

以上介绍的是比较简单的测试，要想进一步精确测试可借助于 JT-1 型晶体管图示仪，它能十分清晰地显示出三极管的输入特性曲线，以及电流放大系数 β 等。

2.5　半导体集成电路型号命名法

2.5.1　集成电路的型号命名法

集成电路现行国际规定的命名法如下（摘自《电子工程手册系列丛书》A15，《中外集成电路简明速查手册》TTL、CMOS 电路及 GB3430），器件的型号由 5 部分组成，各部分的符号及意义如表 2.5.1 所示。

表 2.5.1　器件型号的组成

第零部分		第一部分		第二部分	第三部分		第四部分	
用字母表示器件符合国家标准		用字母表示器件的类型		用阿拉伯数字和字母表示器件系列品种	用字母表示器件的工作温度范围		用字母表示器件的封装	
符号	意义	符号	意义		符号	意义	符号	意义
C	中国制造	T H E C M μ F W D B J AD DA SC SS SW SJ SF ⋮	TTL 电路 HTL 电路 ECL 电路 CMOS 存储器 微型机电器 线性放大器 稳压器 音响、电视电路 非线性电路 接口电路 A/D 转换器 D/A 转换器 通信专用电路 敏感电路 钟表电路 机电仪电路 复印机电路	TIL 分为： 54/74×××① 54/74H×××② 54/74L×××③ 54/74S××× 54/74LS×××④ 54/74AS××× 54/74ALS××× 54/74F××× CMOS 分为： 4000 系列 54/74HC××× 54/74HCT××× ⋮	C G L E R M ⋮	0～70℃ -25～70℃ -25～85℃ -40～85℃ -55～85℃ -55～125℃	F B H D I P S T K C E G ⋮ SOIC PCC LCC	多层陶瓷扁平封装 塑料扁平封装 黑瓷扁平封装 多层陶瓷双列直插封装 黑瓷双列直插封装 黑瓷双列直插封装 塑料单列直插封装 塑料封装 金属圆壳封装 金属菱形封装 陶瓷芯片载体封装 塑料芯片载体封装 网格针栅阵列封闭 小引线封装 塑料芯片载体封装 陶瓷芯片载体封装

注：① 74—国际通用 74 系列（民用），54—国际通用 54 系列（军用）；
② H—高速；
③ L—低速；
④ LS—低功耗；
⑤ C—只出现在 74 系列；
⑥ M—只出现在 54 系列。

例如，CT74LS160CI，表示：中国—TTL 集成电路—民用低功耗—十进制计数器—工作温度 0 ～ 70℃—黑瓷双列直插封装。

2.5.2　集成电路的分类

集成电路是现代电子电路的重要组成部分，它具有体积小、耗电少、工作性能好等一系列优点。

概括来说，集成电路按制造工艺可分为半导体集成电路、薄膜集成电路和由二者组合而成的混合集成电路。

按功能可分为模拟集成电路和数字集成电路。

按集成度可分为小规模集成电路（SSI，集成度 < 10 个门电路）、中规模集成电路（MSI，集成度为 10 ～ 100 个门电路）、大规模集成电路（LSI，集成度为 100 ～ 1 000 个门电路），以及超大规模集成电路（VLSI，集成度 >1 000 个门电路）。

按外形又可分为圆形（金属外壳晶体管封装型，适用于大功率）、扁平型（稳定性好、体积小）和双列直插型（有利于采用大规模生产技术进行焊接，因此获得广泛的应用）。

目前，已经成熟的集成逻辑技术主要有三种：TTL 逻辑（晶体管 - 晶体管逻辑）、CMOS 逻辑（互补金属 - 氧化物 - 半导体逻辑）和 ECL 逻辑（发射极耦合逻辑）。

- TTL 逻辑：TTL 逻辑于 1964 年由美国得克萨斯仪器公司生产。其发展速度快、系列产品多，有速度及功耗折中的标准型；有改进型、高速的标准肖特基型；有改进型、高速及低功耗的低功耗肖特基型。所有 TTL 电路的输出、输入电平均是兼容的。该系列有两个常用的系列化产品，如表 2.5.2 所示。

表 2.5.2　常用 TTL 系列产品参数

TTL 系列	工作环境温度	电源电压范围
军用 54×××	-55～125℃	4.5～5.5V
工业用 74×××	0～75℃	4.75～5.25V

- CMOS 逻辑：CMOS 逻辑的特点是功耗低，工作电源电压范围较宽，速度快（可达 7MHz）。CMOS 逻辑的 CC4000 系列有两种类型产品，如表 2.5.3 所示。

表 2.5.3　CC4000 系列产品参数

CMOS 系列	封　装	温度范围	电源电压范围
CC4000	陶瓷	-55～125℃	3～12V
CC4000	塑料	-40～85℃	3～12V

- ECL 逻辑：ECL 逻辑的最大特点是工作速度高。因为在 ECL 电路中数字逻辑电路形式采用非饱和型，消除了三极管的存储时间，大大加快了工作速度。MECL I 系列产品是由美国摩托罗拉公司于 1962 年生产的，后来又生产了改进型的 MECL II、MECL III 及 MECL10000 系列。

以上几种逻辑电路的有关参数如表 2.5.4 所示。

表 2.5.4　几种逻辑电路的参数比较

电路种类	工作电压	每个门的功耗	门延时	扇出系列
TTL 标准	+5V	10mW	10ns	10
TTL 标准肖特基	+5V	20mW	3ns	10
TTL 低功耗肖特基	+5V	2mW	10ns	10
BCL 标准	-5.2V	25mW	2ns	10
ECL 高速	-5.2V	40mW	0.75ns	10
CMOS	+5～15V	μW 级	ns 级	50

2.5.3　集成电路的封装形式

集成电路的封装不仅起到使集成电路芯片内键合点与外部进行电气连接的作用，也为集成电路芯片提供了一个稳定可靠的工作环境，对集成电路芯片起到机械或环境保护的作用，从而使集成电路芯片能够发挥正常的功能，并保证其具有高稳定性和可靠性。总之，集成电路封装质量的好坏，对集成电路总体的性能优劣关系很大。因此，封装应具有较强的机械性能和良好的电气性能、散热性能及化学稳定性。

虽然 IC 的物理结构、应用领域、I/O 数量差异很大，但是 IC 封装的作用和功能却差别不大，封装的目的也相当一致。作为“芯片的保护者”，封装起到了若干作用，归纳起来主要有两个根本的功能：①保护芯片，使其免受物理损伤；②重新分布 I/O，获得更易于在装配中处理的引脚间距。封装还有其他一些次要的作用，比如提供一种更易于标准化的结构，为芯片提供散热通路，使芯片避免产生 α 粒子造成的软错误，以及提供一种更便于测试和老化试验的结构。封装还能用于多个 IC 的互连。可以使用引线键合技术等标准的互连技术来直接进行互连，或者也可用封装提供的互连通路，如混合封装技术、多芯片组件(MCM)、系统级封装（SiP），以及更广泛的系统体积小型化和互连（VSMI）概念所包含的其他方法中使用的互连通路，来间接地进行互连。

半导体集成电路的封装形式多种多样，按封装材料大致可分为金属、陶瓷、塑料封装。常见的半导体集成电路的封装形式如图 2.5.1 所示。

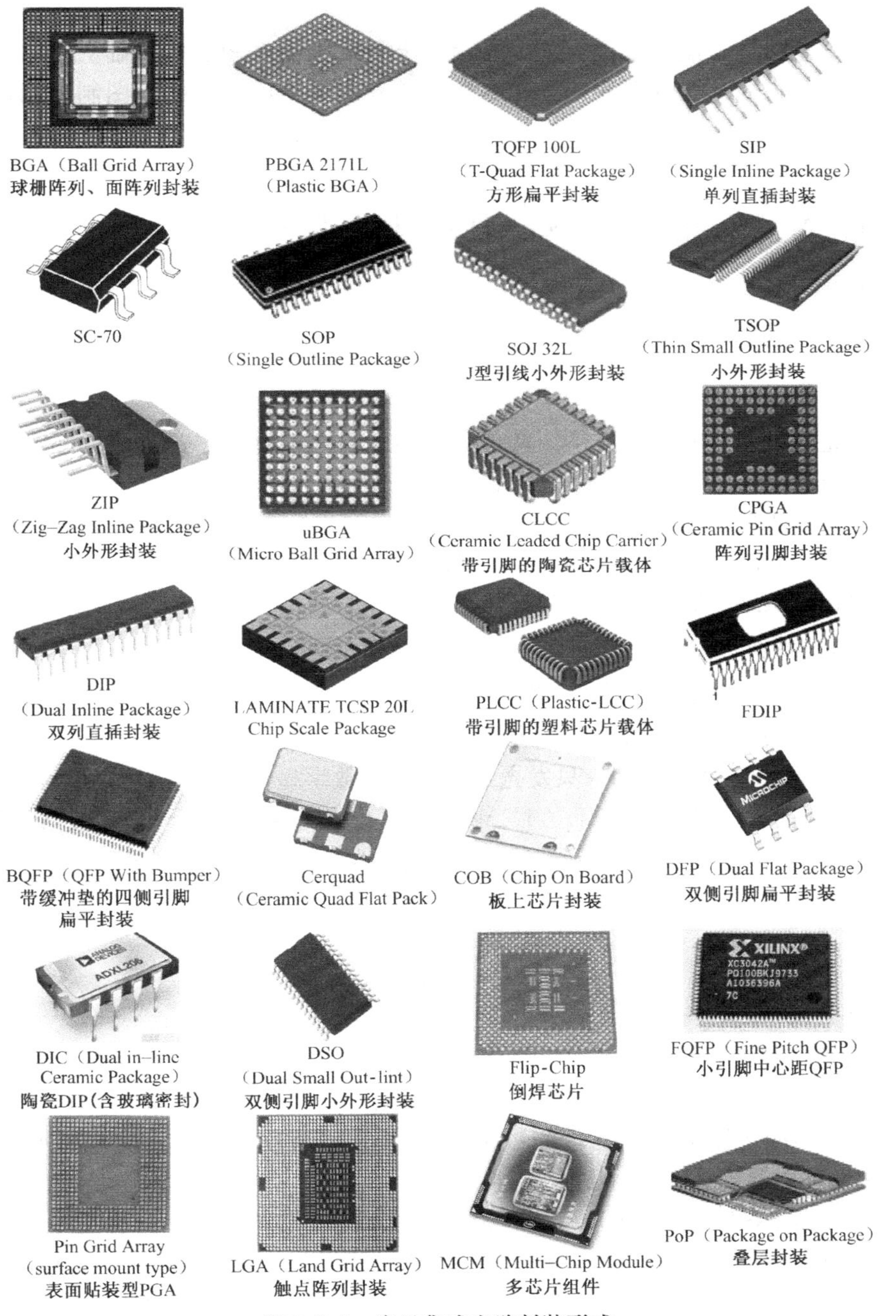

图 2.5.1　常见集成电路封装形式

第3章　电子设计与制作实践

本章在电子设计与制作基本工艺、流程、步骤及元器件知识的基础上，结合实例介绍电子系统设计的方法、步骤和流程，并结合实践介绍电路原理图的识图制图知识、印制电路板的手工制作流程、点阵板和贴片元件的焊接方法与技巧。

3.1　实例1：数显式大电容测量电路设计

3.1.1　设计要求

1）简要说明

电容器是一种重要的电子元件，其种类很多，铝电解电容器是常用的品种之一。它的容量大，价格低（与同容量的其他电容器相比），但实际容量与标称值的误差较大（可能超过50%），而且稳定性差，寿命短。例如，它的容量随温度变化比较显著，在存储或使用几年后，容量会减小，甚至可能失效。因此，有时需要测出它的容量，看是否符合要求。本例的内容正是从这种实际需要出发的。

2）内容和要求

设计并制作一个“数显式大电容测量电路”，要求如下。

（1）能测量不超过1 990μF的电容量。

（2）用两只LED数码管和一只发光二极管构成数字显示器，发光二极管用来显示最高位，它的亮状态和暗状态分别表示“1”和“0”。数码管用来显示后两位，它们可分别显示出0～9十个整数，即数字显示器可显示出的最大数字和最小数字分别是199和0。

（3）数字显示器所显示的数字N与被测电容量C_x的函数关系是：

$$N=\frac{C_x}{10}\mu\mathrm{F} \tag{3.1.1}$$

其中N是整数。

（4）测量电路做好后，在正常工作条件下，接上被测电容器后数字显示器便可自动显示出数字（不需要测试者进行清零、启动之类的操作），响应时间不超过两秒。即接上被测电容器两秒后，数字显示器所显示的数字N符合上述函数关系，其误差的绝对值不超过$3\%N+2$（设环境温度为15～25℃）。

（5）若被测电容量超过1 990μF，则数码管呈暗状态，发光二极管呈亮状态，表示过量程。

（6）测量电路应有接被测电容器的两根夹子线或插孔，并标有符号“+”和“−”。“+”端电位的瞬时值不低于“−”端电位的瞬时值，而且它们的开路电压瞬时值最大不超过5.5V。

当“+”端和“−”端被短路时，数字显示器的状态与$C_x>1\ 990\mu\mathrm{F}$时的状态相同，而且即使“+”端和“-”端被短路的时间很长，测量电路也不会因此而损坏。如果“+”端和“-”端开路，数字显示器所显示的数值应当为零。

（7）允许用直流稳压电源供电。

3）可供选用的主要元器件

表3.1.1和表3.1.2分别给出了可供本例选用的半导体器件和阻容元件清单。

表3.1.1　可供选用的半导体器件

序号	类别	国产型号	国外同类型号举例	功能名称	数量
1	TTL	CT4002	74LS02	四二输入或非门	1
2		CT4004	74LS04	六反相器	1
3		CT4010	74LS10	三三输入与非门	1
4		CT4011	74LS11	三三输入与门	1
5		CT4014	74LS14	六施密特反相器	1
6		CT4047	74LS47	BCD-七段译码器	2
7		CT4048	74LS48	BCD-七段译码器	2
8		CT4074	74LS74	双D触发器	2
9		CT4075	74LS75	数据锁存器	2
10		CT4076	74LS76	双JK触发器	2
11		CT4090	74LS90	2/5计数器	2
12		CT4390	74LS390	双2/5计数器	1
13	CMOS	CC4009	CD4009	六反相器	1
14		CC4049	CD4049	六反相器	1
15		CC4073	CD4073	三三输入与门	1
16		CC40106	CD40106	六施密特反相器	1
17		CC4518	CD4518	双BCD同步计数器	1

序号	类别	国产型号	国外同类型号举例	功能名称	数量
18	电压比较器	CJ0311	LM311	通用型电压比较器	3
19	集成运放	F324	LM324	低功耗四运放	1
20		F347	LF347	宽带高阻四运放	1
21		F741	μA741	通用型运放	1
22		F5140	CA3140E	高阻型运放	1
23	定时器	5G555	NE555	通用型定时器	2
24		5G556	NE556	双定时器	1
25	硅三极管	3DG81		小功率高频管	1
26		3DK14		小功率开关管	1
27		3DD15		大功率三极管	1
28	二极管	2AK2		小功率锗开关二极管	1
29		2CK71A		小功率锗开关二极管	1
30	发光器件			ϕ_3 发光二极管	1
31				共阳极LED数码管	2

表3.1.2　可供选用的阻容元件

序号	种类	标称值	误差等级	相对单价	数量（只）
1	碳膜电阻器	390Ω	±10%	0.04	16
2		750Ω			1
3		1kΩ			3
4		1.5kΩ			3
5		1.8kΩ			1
6		2kΩ			3
7		3kΩ			3
8		3.6kΩ			1
9		4.7kΩ			1
10		5.1kΩ			1
11		7.5kΩ			1
12		8.2kΩ			1
13		20kΩ			1
14		43kΩ			1
15		1.8kΩ	±20%		2
16		3.6kΩ		0.07	2

序号	种类	标称值	误差等级	相对单价	数量（只）
17	金属膜电阻器	100Ω	±5%	0.1	1
18		300Ω			1
19		1.2kΩ			1
20		3kΩ			1
21		3kΩ			1
22		6.8kΩ			1
23		10kΩ			2
24		16kΩ			2
25		30kΩ			2
26		680kΩ	±10%	0.9	1
27	1W电位器	3kΩ			1
28		33kΩ			1
29	涤纶电容器	510pF	±10%	0.1	1
30		1 000pF			1
31		2 000pF			1
32		0.01μF		0.12	2
33		0.1μF		0.15	1
34		0.15μF		0.2	1
35		0.33F		0.3	1

表3.1.1中各三极管的β值均在50～100范围内，表3.1.2中的100Ω金属膜电阻器的额定功耗为1/2W，其余各电阻器的额定功耗均为1/8W。

3.1.2 选择整体方案

在一般情况下，电子设计的第一步是选择整体方案。下面将针对本题要求，提出两种设想，进行分析和比较后，选择较好的设想，深入分析可行性，再加以改进和完善，然后画出详细框图。

1）*初步设想*

设计要求中第3项是最主要的，也就是说，首先应当考虑如何把电容量C_x的大小转换成数字量显示出来，使之符合所要求的函数关系。可以用下面两种不同方法实现上述要求。

（1）如果把三角波输入给微分电路（把被测电容器作为微分电容），在电路参数合适的条件下，微分电路输出幅度与C_x成正比的直流电压V_x，然后再进行A/D转换，送给数字显示器，便可实现题中所要求的函数关系。这种设想如图3.1.1所示，图中的A/D转换器可采用数字仪表中常用的CC7107。但价格较贵，由于教学条件所限，在可供本题选用的主要器件中没有这种器件，因此，可以考虑用图3.1.2所示电路代替图3.1.1中虚线右边的部分。图3.1.2中压控振荡器输出矩形波，它的频率f_x与V_x成正比，而V_x与被测电容量C_x成正比，因此，f_x与C_x成正比。在计数控制时间T_c等参数合适的条件下，数码显示器所显示的数字N与C_x的大小可符合题中所要求的函数关系。

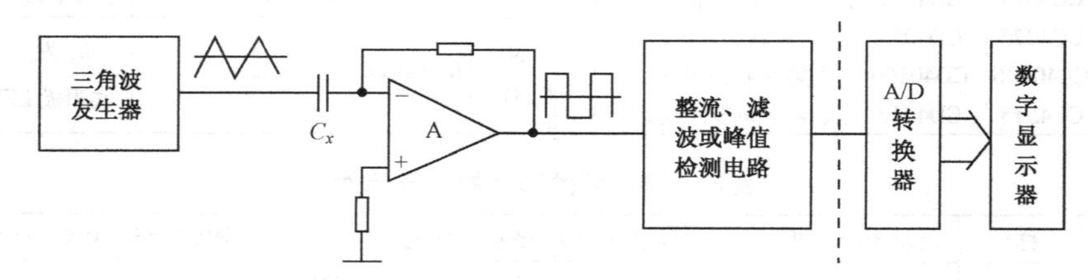

图3.1.1　数显式大电容测量方案一

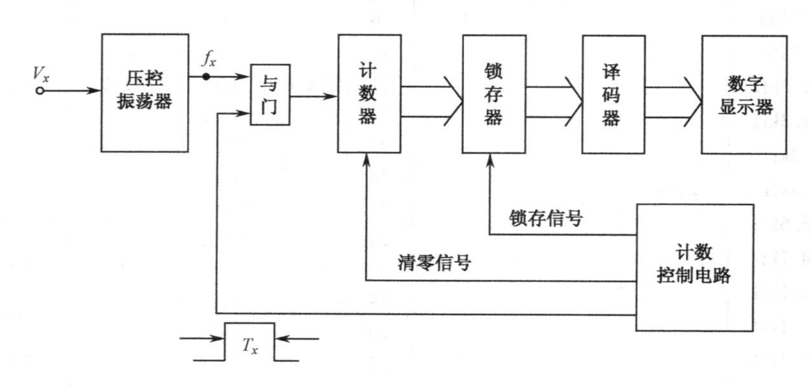

图3.1.2　图3.1.1中虚线右边的详细框图

（2）利用单稳或电容充放电规律等，可以把被测电容量的大小转换成脉冲的宽窄，即脉冲的宽度T_x与C_x成正比。只要使此脉冲和频率固定不变的方波（以下称为时钟脉冲）相同，便可得到计数脉冲，将它送给计数器，再送给数字显示器。如果时钟脉冲的频率等参数合适，便可实现题中所要求的函数关系。这种设想如图 3. 1. 3 所示，图中计数控制电路输出的脉冲宽度 T_x与 C_x成正比。

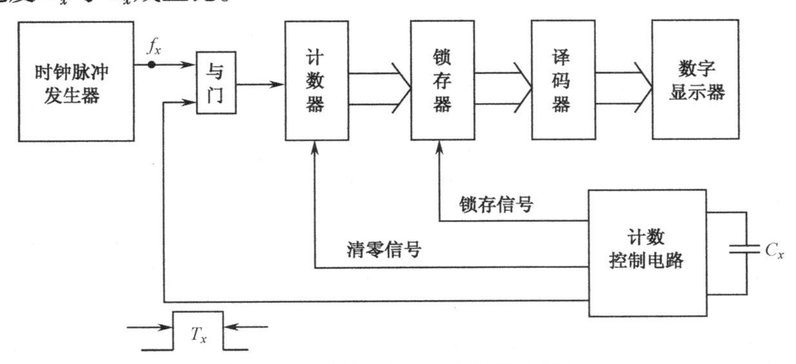

图 3. 1. 3　数显式大电容测量方案二

根据以上所述，比较图 3. 1. 1（包括图 3. 1. 2）和图 3. 1. 3 所示方案可知，后者比前者简单，因此初步选择图 3. 1. 3 所示方案。但它是否确实可行，还要深入分析。

2）分析可行性

图 3. 1. 3 所示方案是否确实可行，关键在于控制电路能否实现 T_x与 C_x成正比，这就要涉及具体电路和被测电容量的范围。

把电容量的大小转换成脉冲的宽窄，常用的方法之一是用 555 定时器构成如图 3. 1. 4 所示的单稳电路。但对于本例的具体要求存在以下两个问题：

（1）查阅 555 定时器资料可知，用它构成单稳电路产生的时间误差可能达到 5%，再加上其他原因产生的误差，测量精度难以达到题中所提要求。

（2）在正常工作条件下，这个电路输出脉冲的宽度 T_x与 C_x的函数关系是：

$$T_x = RC_x\ln 3 \qquad (3.1.2)$$

式中，R 一般取 1kΩ 以上。如果 R 太小（如 100Ω），则电路的时间误差会明显增大，甚至不能正常工作。由于 C_x的最大值是 1 990μF，若取 R =1kΩ，则 T_x >2s，超过题中所要求的响应时间。综上所述，图 3. 1. 4 所示电路无法满足要求。

用施密特反相器可以构成如图 3. 1. 5 所示的方波发生器，它的振荡周期与 C_x成正比，但存在以下问题。

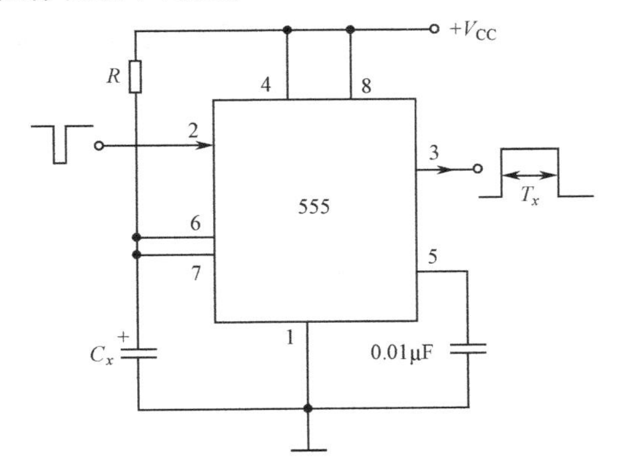

图 3. 1. 4　555 构成的单稳电路

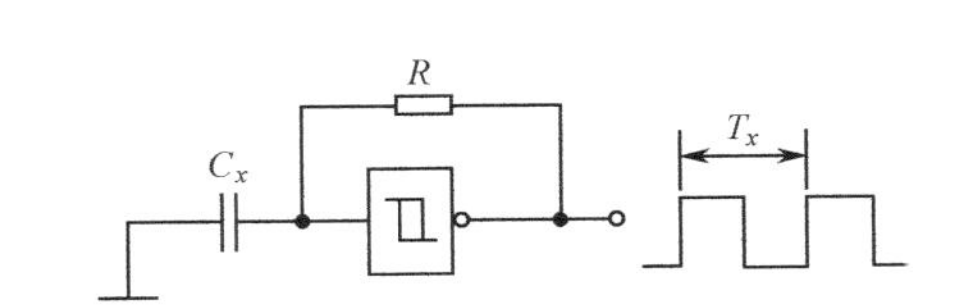

图 3. 1. 5　施密特反相器构成的方波发生器

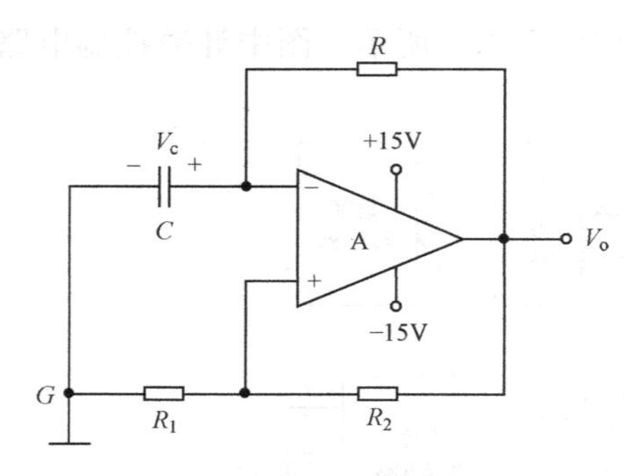

图 3.1.6　运放构成的方波发生器

(1) 如果图 3.1.5 中的施密特反相器是 TTL 器件 74LS14，则振荡周期的稳定性差。

(2) 如果图 3.1.5 中的施密特反相器是 CMOS 器件（CC40106），则图中 R 的阻值应该取多大？若 $R<2\text{k}\Omega$，则振荡周期的稳定性差，甚至不能正常工作；即使 $R=2\text{k}\Omega$，由于 C_x 的最大值为 1 990μF，振荡周期超过题中所要求的响应时间（2s）。

图 3.1.6 所示电路的振荡周期也与电容量成正比，但是图中电容两端的电压瞬时值 V_c 有时为正值，有时为负值，这与题中第（6）项要求不符。

根据 RC 充放电规律，利用充放电开关、电压比较器和与门可构成如图 3.1.7 所示电路，图中的充放电开关可采用图 3.1.8 中虚线左边的电路。为了使反相器输出的高电平幅度不受三极管导通的影响，图中加了锗开关二极管 D_1。为了保证三极管在 V_i 为高电平时可靠地截止，图中加了硅开关二极管 D_2。当图 3.1.8 中反相器的输入电压 V_i 由低电平变为高电平时，三极管由导通变为截止，C_x 充电，V_c 逐渐上升。当 $V_c>V_{REF}$（V_{REF} 为正值）后，图 3.1.7 中的电压比较器输出低电平。当 V_i 由高电平变为低电平时，三极管由截止变为导通，C_x 放电，V_c 逐渐下降，当 $V_c<V_{REF}$ 时，电压比较器输出高电平。

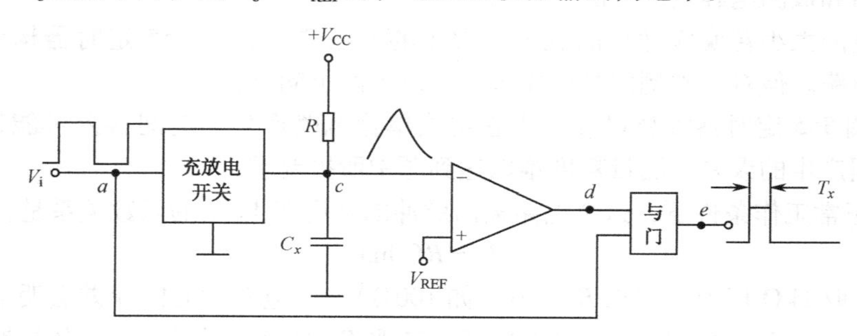

图 3.1.7　产生计数控制时间 T_x 的示意图

据以上所述，可画出图 3.1.7 和图 3.1.8 中 a、b、c、d 和 e 点的波形，如图 3.1.9 所示。下面求解 T_x 与 C_x 的函数关系。

由图 3.1.9 中波形 c 可知，在 $t=0$ 时刻，C_x 两端电压 V_c 的初始值是三极管的饱和压降，设它为 V_{sat}，则 V_c 到 t_1 时间内的变化规律可用下式表示：

$$V_c=(V_{CC}-V_{sat})(1-e^{\frac{-t}{RC_x}}+V_{sat}) \tag{3.1.3}$$

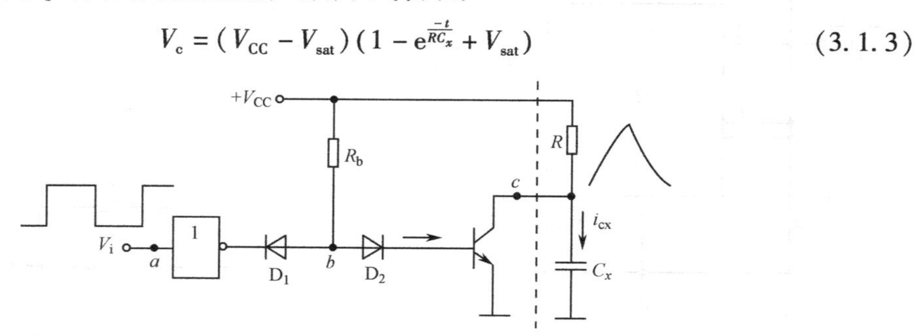

图 3.1.8　充放电开关电路

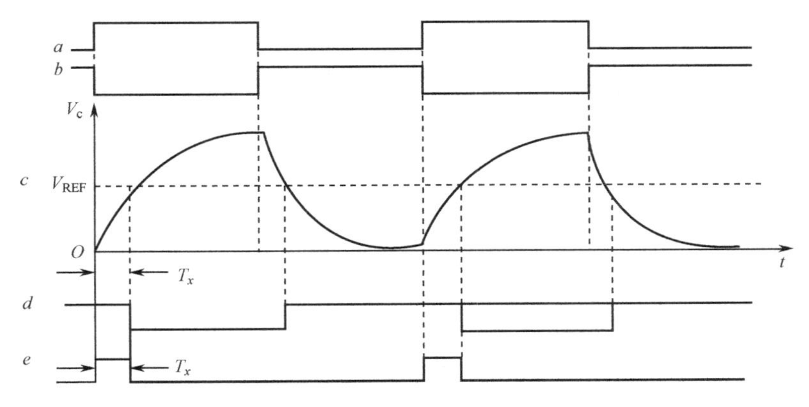

图 3.1.9　a、b、c、d 和 e 点波形图

设 $t=T_x$ 时，$V_c=V_{REF}$，代入式（3.1.3）可得：

$$T_x=RC_x\ln\frac{V_{CC}-V_{sat}}{V_{CC}-V_{REF}} \tag{3.1.4}$$

$$V_{REF}=\frac{1}{2}(V_{CC}+V_{sat}) \tag{3.1.5}$$

则

$$T_c=RC_x\ln2 \tag{3.1.6}$$

由以上分析可知，在 V_{CC}、V_{REF} 和 V_{sat} 均为常值的条件下，T_x 与 C_x 成正比。而且由于用三极管作为充放电开关（如图 3.1.8 所示），图中的 R 可以取比较小的阻值。若取 $R=100\Omega$，则当 $C_x=1\ 990\mu F$ 时，据式（3.1.6）可得 $T_x=0.128s$，满足题中对响应时间的要求。因此，图 3.1.3 所示方案是可行的。

3）改进措施

虽然图 3.1.7 所示电路可将 C_x 转换成脉冲的宽窄，使 T_x 与 C_x 成正比，但还有以下两点值得改进：

（1）式（3.1.4）表明，T_x 与三极管的饱和压降 V_{sat} 有关，而 V_{sat} 不太稳定，这将影响精度。

（2）前面提到，若取 $R=100\Omega$，则当 $C_x=1\ 990\mu F$ 时，$T_x=0.128s$，它虽然比题中所要求的响应时间短得多，但比人眼的滞留时间（约 0.1s）大，因此，要像图 3.1.3 那样采用数据锁存器，否则数码管所显示的数字可能不够清晰。如果 T_x 小于 0.1s，则可省去数据锁存器。虽然减小 R 可以使 $T_x<0.1s$，但减小 R 将增大电源的功耗。是否可以在不减小 R 的条件下减小 T_x 呢？

解决上述问题的具体措施是在图 3.1.7 中再加一个电压比较器，如图 3.1.10 所示，图中 A_1 和 A_2 分别接成同相输入和反相输入电压比较器，其参考电压 $V_{REF1}<V_{REF2}$，且均为正值。图 3.1.10 中 a、b、c、d_1、d_2 和 e 点的波形如图 3.1.11 所示。该图还画出了波形 f，它是计数器的清零信号，即在每次计数前，由它对计数器清零。

图 3.1.11 中 V_c 的波形与图 3.1.9 中 V_c 的波形相同，因此可将前面式（3.1.4）中的 V_{REF} 和 T_x 分别换成 V_{REF1} 和 t_{x1}，得：

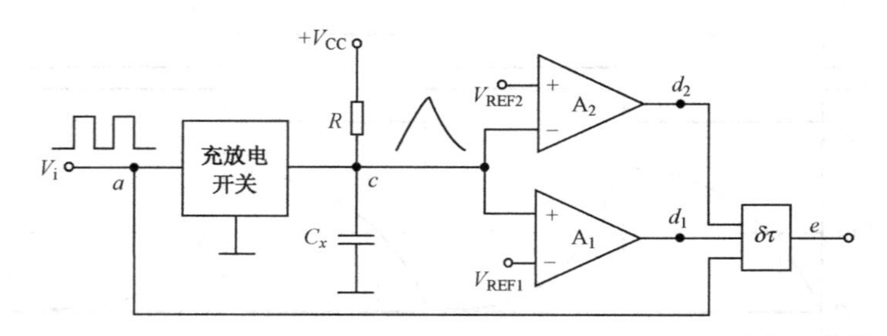

图 3.1.10　改进措施示意图（$V_{REF1} < V_{REF2}$）

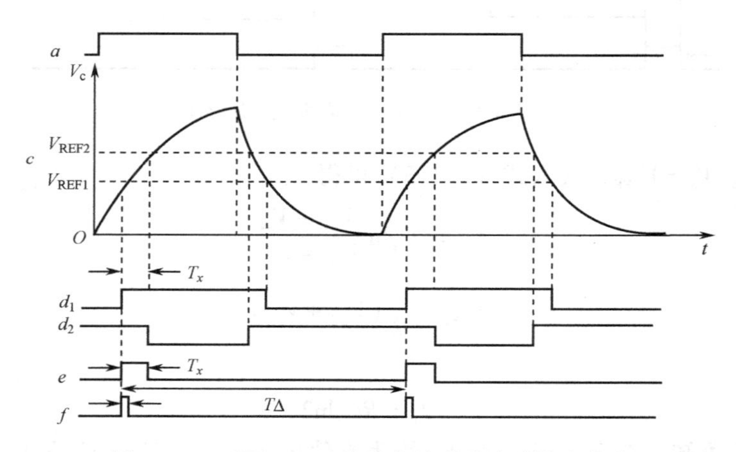

图 3.1.11　图 3.1.10 中各点波形及清零脉冲波形

$$t_{x1} = RC_x \ln \frac{V_{CC} - V_{sat}}{V_{CC} - V_{REF1}} \tag{3.1.7}$$

同理，将式（3.1.4）中的 V_{REF} 和 T_x 分别换成 V_{REF2} 和 t_{x2}，得：

$$t_{x2} = RC_x \ln \frac{V_{CC} - V_{sat}}{V_{CC} - V_{REF2}} \tag{3.1.8}$$

由图 3.1.11 所示波形可知：

$$T_x = t_{x2} - t_{x1} \tag{3.1.9}$$

将式（3.1.7）和式（3.1.8）代入式（3.1.9），并利用对数的性质化简后可得：

$$T_x = RC_x \ln \frac{V_{CC} - V_{REF1}}{V_{CC} - V_{REF2}} \tag{3.1.10}$$

若取 $V_{REF1} = 0.2V_{CC}$，$V_{REF2} = (1/3)V_{CC}$，代入式（3.1.10），可得：

$$T_x = RC_x \ln \frac{6}{5} \tag{3.1.11}$$

即：

$$T_x = 0.182RC_x \tag{3.1.12}$$

据以上所述可知，将图 3.1.7 电路改为图 3.1.10 电路后，在正常工作情况下，T_x 不仅与三极管的饱和压降无关，而且与电源电压 V_{CC} 无关。也就是说，三极管饱和压降变化或电源波动，几乎不会引起测量误差。此外，若仍取 $R = 100\Omega$，则当 $C_x = 1\ 990\mu F$ 时，由式（3.1.12）可知，$T_x \approx 36ms$，比人眼的滞留时间短得多。如果显示时间（在图 3.1.11 中

为 $T_d - T_x$）比 0.1s 大得多，则不用数据锁存器，数码管也可以显示出清晰的数字。而省去数据锁存器，可以减少两只器件，并可省去锁存信号，不仅可以降低成本，还可以减少实验时安装调试的工作量。

4）画出详细框图

以上分析了图 3.1.3 所示方案的可行性，并进行了改进。根据前面的讨论和题中的各项要求，可以得到系统的详细框图，如图 3.1.12 所示，图中 a、b、c、d_1、d_2、e 和 f 点的波形已画在图 3.1.11 中。

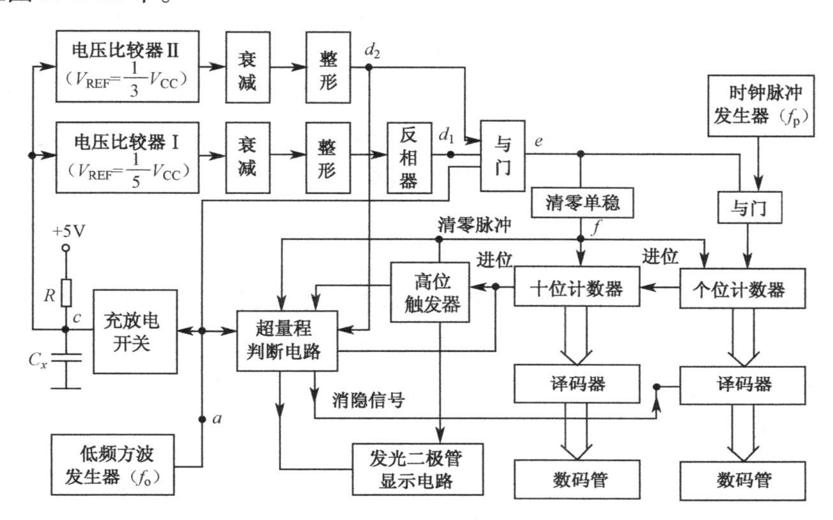

图 3.1.12　数显式大电容测量电路总体框图

3.1.3　设计单元电路

画出详细框图后，便可进行单元电路的设计。

1）低频方波发生器

方波发生的振荡周期就是整个测量电路的响应时间，而题中要求响应时间不超过两秒，因此，该方波发生器的振荡周期不能超过两秒。但它也不能太短，其原因如下。

（1）被测电容 C_x 充放电需要一定的时间。图 3.1.11 的波形说明，每次充电结束时 V_c 应高于 V_{REF2}，每次放电结束时 V_c 应低于 V_{REF1}，图 3.1.10 所示电路才能正常工作。在分析这个电路的性能时已经指出，按 $R=100\Omega$ 和 $C_x=1\ 990\mu F$ 计算，充电时间至少需要 36ms，再加上放电时间，还需要留有适当裕量，因此，低频方波发生器的振荡周期应当比 35ms 大得多。

（2）人眼存在滞留效应，滞留时间约 0.1s，如果显示周期 T_d（见图 3.1.11 中波形 e）小于 0.1s，则可能会出现错误的视觉效果。例如，当 $C_x=995\mu F$ 时，按题中所要求的函数关系，数码管可能交替显示 99 和 100。但是，只有当显示周期 T_d 比人眼的滞留时间长到一定程度（如 T_d=0.5s）时，才能清楚地看到数码管在交替显示 99 和 100 两个不同的数字。如果显示周期 T_d 比眼睛的滞留时间短得多，如 T_d=0.03s，则当数码管交替显示 99 和 100 时，由于 99 和 100 交替变化太快，在人的眼睛看起来则是 99 和 100 叠加的效果，即成了

"188"。显然，这种现象不允许出现。为了避免出现这种情况，显示周期应比0.1s大得多，通常在0.3～1s范围内选择。由于本题的被测电容量较大，显示周期可适当取长些。这里所说的显示周期，基本上就是低频方波发生器的振荡周期。综上所述，低频方波发生器的振荡周期可选1s左右。对它的稳定性和精度要求不高。

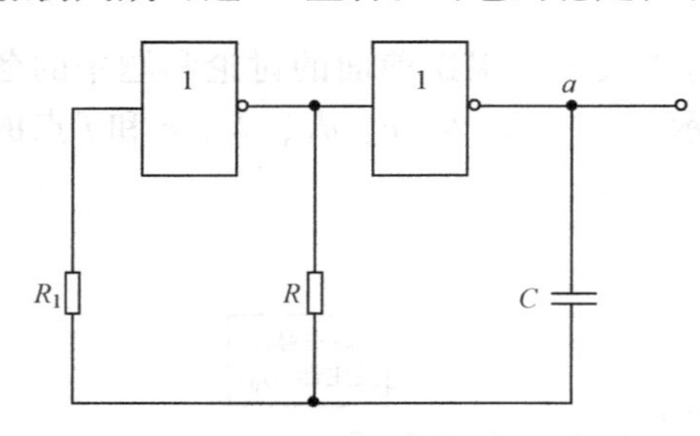

图3.1.13 低频方波发生器

由于低频方波发生器的振荡频率低，而且对它的稳定度和精度要求不高，因此，可用普通CMOS反相器构成如图3.1.13所示电路。图中的反相器应具有施密特特性，若选用TTL器件，则R的阻值不能太大。对于74LS14而言，R一般不能超过3kΩ。要想使振荡周期为1s左右，C需要几百微法。若用铝电解电容器，则稳定性太差；若用钽电解电容器，则成本高。当然，图中的施密特反相器也可以选用CMOS器件（如CD40106），但它的价格比普通CMOS反相器高得多。

图3.1.13所示电路的振荡周期与反相器的阈值有关，因此只能粗略估算。在R_1等于或近似等于R的条件下，这个电路的振荡周期可按下式粗略估算：$T=1.8RC$，而电路希望的振荡周期为1s，查阅表3.1.2，可选$C=0.15\mu F$，$R=R_1=3.6M\Omega$。

2）充放电开关电路

充放电开关电路已画在图3.1.8中，图中R已选为100Ω。根据题中第（6）项要求，图中的V_{CC}应选5V。剩下的问题就是通过估算选择R的阻值，并估算三极管的参数是否符合要求。

当V_i为低电平时三极管导通，C_x放电。在C_x两端的电压V_c大于三极管的饱和压降V_{sat}的情况下，C_x的放电电流可按下式估算：

$$-i_{C_x}\approx\beta I_B-\frac{V_{CC}-V_c}{R}>\beta I_B-\frac{V_{CC}}{R} \tag{3.1.13}$$

式中，i_{C_x}前面的负号表示C_x放电电流的实际方向与图中所标参考方向相反。将$V_{CC}=5V$、$R=100\Omega$代入式（3.1.13），得：

$$-i_{C_x}>\beta I_B-50mA \tag{3.1.14}$$

式中，β是三极管的电流放大系数，I_B是三极管的基极电流，它与R_b的函数关系是：

$$I_B\approx\frac{V_{CC}-1.4}{R_b} \tag{3.1.15}$$

式中，1.4V是硅二极管D_2和硅三极管发射正向压降之和的近似值。将$V_{CC}=5V$代入式（3.1.15），再代入式（3.1.13），得：

$$-i_{C_x}>\beta\frac{3.6}{R_b}-50mA \tag{3.1.16}$$

放电时的i_{C_x}应取多大，可以这样考虑：充电结束时，V_c的最大值是+5V，希望放电结束时V_c的最小值接近于零，而放电时间等于低频方波发生器振荡周期的一半，即约为0.5s。也就是说，在0.5s放电时间内，希望V_c下降约5V，即：

$$\frac{1}{C_x}\int_0^{0.5}(-i_{C_x})\mathrm{d}t \approx 5\mathrm{V} \tag{3.1.17}$$

为了计算方便，将式（3.1.16）中的“不等号”换成“等号”，然后代入式（3.1.17），得：

$$\frac{1}{C_x}\int_0^{0.5\mathrm{s}}\left(\beta\frac{3.6}{R_\mathrm{b}} - 50\mathrm{mA}\right)\mathrm{d}t \approx 5\mathrm{V} \tag{3.1.18}$$

再将 C_x的最大值（1 990μF）代入式（3.1.18），求解可得：

$$R_\mathrm{b} = 0.51\beta \tag{3.1.19}$$

式中，R_b的单位为 kΩ。若 $\beta = 50$，则 $R_\mathrm{b} \approx 2.55\mathrm{k\Omega}$。显然，$R_\mathrm{b}$越小，$C_x$放电越快。因此，选择 R_b的阻值时应按 $R_\mathrm{b} \leqslant 2.55\mathrm{k\Omega}$ 考虑。由于三极管的 β 值随温度变化，而且实际的放电时间可能不到 0.5s，并考虑到 R_b越小，三极管的饱和压降越低，对电路稳定性有利，因此可选表 3.1.2 中 1.8kΩ 的碳膜电阻器作为 R_b。

对三极管参数的要求，可按下述估算。

估算 i_C的最大值。前面已取 $R_\mathrm{b} = 1.8\mathrm{k\Omega}$，将其代入（3.1.15），得 $I_\mathrm{B} \approx 2\mathrm{mA}$。题中已经说明，备选各三极管的 β 值均在 50 ～ 100 范围内，因此三极管集电极电流的最大值是：

$$(i_\mathrm{C})_{\max} = (\beta i_\mathrm{B})_{\max} \leqslant 100 \times 2 = 200\mathrm{mA} \tag{3.1.20}$$

估算三极管的平均功耗。充放电开关电路的输入信号是占空比为 50% 的方波，图 3.1.8中三极管导通和截止时间各占半个周期，而三极管截止时的功耗几乎等于零。设它在0 ～ 0.5T时间内导通，则其平均功耗是：

$$(P_\mathrm{T})_\mathrm{AV} = \frac{1}{T}\int_0^{0.5T} V_\mathrm{CE} i_\mathrm{C}\,\mathrm{d}t \tag{3.1.21}$$

在三极管导通期间，V_CE和 i_C的波形如图 3.1.14 中的实线所示。对于粗略估算，V_CE和 i_C在 0 ～ 0.5T 时间内的波形可用图中虚线所示线段代替。由于三极管在 0 ～ 0.5T 时间内的功耗等于 0 ～ t_1和 t_2～ 0.5T 两段时间内的功耗之和，因此，式（3.1.21）可以改写为下面的形式：

$$(P_\mathrm{T})_\mathrm{AV} = \frac{1}{T}\int_0^{t_1}(V_\mathrm{CE})_\mathrm{AV}\cdot\beta\cdot I_\mathrm{B}\cdot\mathrm{d}t + \int_{t_2}^{0.5T} V_\mathrm{sat}\cdot 50\mathrm{mA}\cdot\mathrm{d}t \tag{3.1.22}$$

式中，$(V_\mathrm{CE})_\mathrm{AV}$是 V_CE在 0 ～ t_1时间内的平均值。由图 3.1.14 可知，在到 t_1时间内，V_CE的变化规律用虚线段 AB 粗略近似的条件下，V_CE的平均值可近似为：

$$(V_\mathrm{CE})_\mathrm{AV} = \frac{1}{2}(V_\mathrm{CEm} + 1\mathrm{V}) \leqslant \frac{1}{2}(5\mathrm{V} + 1\mathrm{V}) \tag{3.1.23}$$

将它代入式（3.1.22），并设 $V_\mathrm{sat} = 0.5\mathrm{V}$，可得：

$$(P_\mathrm{T})_\mathrm{AV} \approx \frac{1}{T}\left[3\mathrm{V}\cdot\beta\cdot I_\mathrm{B}\cdot t_1 + 0.5\mathrm{V}\cdot 50\mathrm{mA}\left(\frac{1}{2}T - t_2\right)\right] \tag{3.1.24}$$

显然 $0.5T - t_2 < t_2$，因此，由上式可得出下面的不等式：

$$(P_\mathrm{T})_\mathrm{AV} < 3\mathrm{V}\cdot\beta\cdot I_\mathrm{B}\cdot\frac{t_1}{T} + 12.5\mathrm{mW} \tag{3.1.25}$$

式中，t_1是被测电容 C_x放电使 V_c由 V_CEm下降到 1V 所需要的时间，它可由下式求出：

$$\frac{1}{C_x}\int_0^{t_1}(-i_{C_x})\mathrm{d}t = V_\mathrm{CEm} - 1\mathrm{V} \tag{3.1.26}$$

将式（3.1.14）代入式（3.1.26），可得：

$$t_1 < \frac{V_\mathrm{CEm} - 1\mathrm{V}}{\beta\cdot I_\mathrm{B} - 50\mathrm{mA}}\cdot C_x \tag{3.1.27}$$

于是有：

$$(P_{\mathrm{T}})_{\mathrm{AV}} < 3\mathrm{V} \cdot \frac{1}{T} \cdot \frac{V_{\mathrm{CEm}} - 1\mathrm{V}}{50\mathrm{mA}} \cdot C_x + 12.5\mathrm{mW} \tag{3.1.28}$$

由于 $T \approx 1\mathrm{s}$，$V_{\mathrm{CEm}} \leqslant 5\mathrm{V}$，$\beta \geqslant 50$，$I_{\mathrm{B}} \approx 2\mathrm{mA}$，$C_x \leqslant 1\,990\mu\mathrm{F}$，由式（3.1.28）计算得到：$(P_{\mathrm{T}})_{\mathrm{AV}} < 61\mathrm{mW}$。根据以上估算结果，查阅表 3.1.1 中 3 种三极管的参数可知，应选 3DK14 作为图 3.1.8 中的三极管。

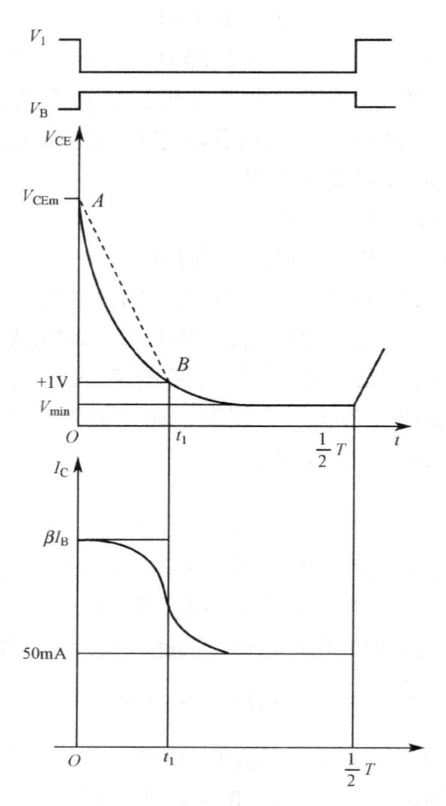

图 3.1.14　图 3.1.8 中三极管导通时的电压和电流波形

3）电压比较器及衰减整形电路

除了集成电压比较器外，集成运放也可以构成电压比较器。题中表 3.1.1 里有一种集成电压比较器和四种集成运放，选择哪种器件作为图 3.1.10 中的电压比较器呢？其中低功耗四运放 324 的价格最低，先看它的性能是否能满足要求。

（1）324 的开环差模电压放大倍数 $A_{\mathrm{vd}} \geqslant 1.5 \times 10^4$，若接成电压比较器的形式，并设输出幅度近似为 15V，则折合到输入端的灵敏度是：

$$\frac{\Delta V_0}{A_{\mathrm{d}}} \leqslant \frac{15\mathrm{V}}{1.5 \times 10^4} = 1\mathrm{mV}$$

两个电压比较器的参考电压之差是：

$$\Delta V_{\mathrm{REF}} = V_{\mathrm{REF2}} - V_{\mathrm{REF1}} = \frac{1}{3}V_{\mathrm{CC}} - \frac{1}{5}V_{\mathrm{CC}} = \frac{2}{15} \cdot 5\mathrm{V} = 667\mathrm{mV}$$

因此，由 324 的差模电压放大倍数引起的相对误差是：

$$\delta_{A_{vd}} \leqslant \frac{1\text{mV}}{667\text{mV}} \times 100\% = 0.15\%$$

（2）运放 324 失调电压的最大值为 9mV，与图 3.1.10 中电压比较器的两个参考电压值之差 $V_{REF2}-V_{REF1}$ 相比，其相对误差是：

$$\delta_{IO} \leqslant \frac{V_{IO}}{V_{REF2}-V_{REF1}} \times 100\% \leqslant 1.35\%$$

324 的失调电压温漂典型值为 7μV/℃，即使温度变化 10℃，失调电压也只变化 70μV，与两个参考电压之差（667mV）相比，可忽略不计。

如果电压比较器各输入端外接电阻的阻值不大（如不超过 20kΩ），且满足对称平衡条件，则 324 输入偏置电流、失调电流及其温漂所引起的误差也可以忽略不计。

（3）运放 324 的单位增益带宽只有 1MHz，它的响应速度较慢，所引起的误差可能比失调电压等引起的误差大。为了减小误差，可以利用同一只器件中四只运放参数基本相同的特点进行补偿，即把同一片 324 中的两只运放都接成同相输入电压比较器（若有必要，也可以都接成反相输入形式）。这样，通常可使响应时间和失调电压等引起的误差明显减小（一般可减小一个数量级），满足题中对测量误差的要求。

综上所述，预设计时可用运放 324 构成图 3.1.10 中的电压比较器，至于是否确实能满足题中的要求，并有一定的裕量，可通过实验测试解决。此外，前面估算误差时引用的 A_{vd} 等参数的测试条件是用 15V 电源供电，因此运放 324 的引脚 4 应接 +15V，引脚 11 应接地。这种供电方式称为 +15V 单电源供电，它比用正、负双电源供电简便。至于用 +5V 单电源供电是否也能满足要求，可在做实验时试一试。若能如此，则整个测试电路只需一路 5V 稳压电源供电，而且可省去图 3.1.12 中的衰减环节，因而更简便。但能否实现，没有把握。因此在预设计时按 +15V 单电源供电考虑。

由于 324 用 +15V 单电源供电，其输出高电平均为 13V，与 TTL 电平不兼容，因此要加衰减电阻。此外，324 的响应速度较慢，输出电压的上升时间和下降时间都较长，所以应当用施密特反相器整形。在弄清这些问题的基础上，可画出电压比较器及衰减整形电路，如图 3.1.15 所示。

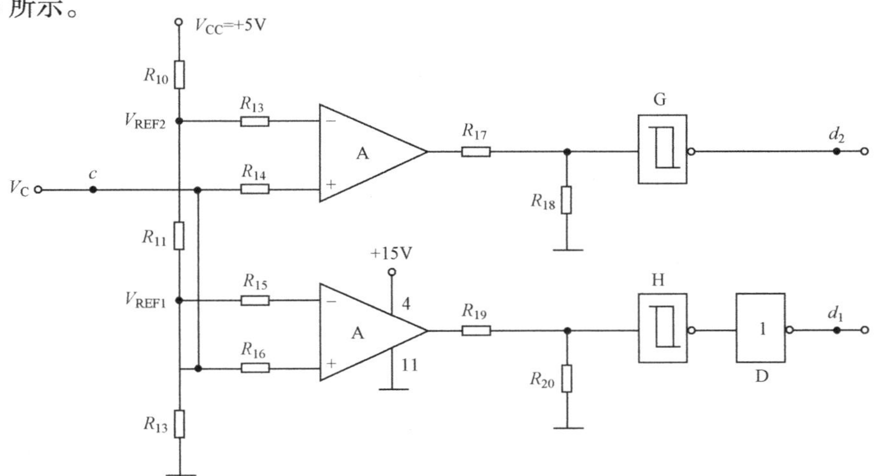

图 3.1.15　电压比较器及衰减整形电路

第3章

图3.1.15中A_1和A_2都采用同相输入接法，为了使d_1点的波形与图3.1.10中d_1的波形一致，图中增加了反相器D。图中的反相器G和H均应具有施密特特性，表3.1.1中的74LS14和CC40106都具有这种特性，但后者比前者贵得多，而且输出波形不如前者好，因此选用74LS14。一片74LS14含有6只施密特反相器，将其中两只作为图3.1.15中的反相器G和H，实现整形。

图3.1.15中的R_{10}、R_{11}和R_{12}分压（运放的输入电流可忽略不计），获得参考电压V_{REF2}和V_{REF1}，即：

$$V_{REF1}=\frac{R_{12}}{R_{10}+R_{11}+R_{12}}V_{CC} \quad (3.1.29)$$

$$V_{REF2}=\frac{R_{11}+R_{12}}{R_{10}+R_{11}+R_{12}}V_{CC} \quad (3.1.30)$$

将$V_{REF1}=\frac{1}{5}V_{CC}$、$V_{REF2}=\frac{1}{3}V_{CC}$代入，并取$R_{10}=10\text{k}\Omega$，解之得：$R_{11}=2\text{k}\Omega$，$R_{12}=3\text{k}\Omega$，显然这3只电阻应选金属膜电阻。

图3.1.15中的R_{13}、R_{14}、R_{15}和R_{16}接在运放的输入端，它们的作用是在发生意外（如输入过电压）时起限流保护作用。根据对称平衡条件和上面选定的R_{10}、R_{11}和R_{12}的阻值，可选表3.1.2中的4.7kΩ、8.2kΩ、5.1kΩ和7.5kΩ碳膜电阻器分别作为R_{13}、R_{14}、R_{15}和R_{16}。

图3.1.15中R_{17}、R_{18}和R_{19}、R_{20}起衰减作用。当运放324用+15V单电源供电时，其输出低电平基本上等于零，输出高电平均为13V，应衰减为（3～5V），才能送给后面的TTL施密特反相器，因此衰减系数可取为1/3，即：

$$\frac{R_{18}}{R_{17}+R_{18}}=\frac{1}{3}$$

解之，可得$R_{17}=2R_{18}$；同理，$R_{19}=2R_{20}$。

查阅324的高电平输出电流和74LS14的低电平输入电流等参数便知，可选表3.1.2中两只2kΩ碳膜电阻器作为R_{17}和R_{19}，选两只1kΩ碳膜电阻器作为R_{18}和R_{20}。

4）时钟脉冲发生器

题中要求数字显示器所显示的数字N与C_x的函数关系如式（3.1.1）所示。为此，在计数时间（T_x）内应送给计数器N个计数脉冲，所以，时钟脉冲发生器的振荡周期T_{CP}与T_x应符合下面的函数关系：

$$T_{CP}=\frac{1}{N}T_x \quad (3.1.31)$$

将$R=100\Omega$及式（3.1.1）和式（3.1.11）代入式（3.1.31），可得：$T_{CP}=182\mu\text{s}$。

因此，时钟脉冲发生器的振荡频率应当是：

$$f_{CP}=\frac{1}{T_{CP}}=5.49\text{kHz} \quad (3.1.32)$$

显然，f_{CP}应当比较稳定。

众所周知，由运放构成的方波发生器的振荡频率比较稳定，而前面用来构成电压比较器的324含有四只运放，只用了两只，还有两只尚未利用。虽然324的单位增益带宽只有1MHz，但这里f_{CP}只有5.49kHz，因此可用324中的一只运放构成时钟脉冲发生器，如图3.1.16所示，图中电阻R_4和R_5与图3.1.15中R_{17}和R_{18}的作用类似，阻值也相同。

图3.1.16所示电路的振荡周期可按下式粗略估算：

$$T_{CP}=2RC\ln\left(1+\frac{2R_1}{R_2}\right)\quad(3.1.33)$$

如果取上式中的R_1等于R_2，再将式（3.1.32）代入式（3.1.33），则可得$RC\approx82.8\mu s$，若选择表3.1.2中的0.01pF涤纶电容器作为C，则$R=8.28k\Omega$。由于以上近似估算误差较大，而且电阻器的实际阻值和电容器的实际容量与标称值相比，一般存在一定的误差，因此R的阻值应当可以调整，为此，图中用R_3和电位器（接成可调电阻形式）相串联作为R。上面已估算出$R=8.28k\Omega$，所以可选表3.1.2中的6.8kΩ金属膜电阻器作为R_3，而用3kΩ的电位器作为R_W。

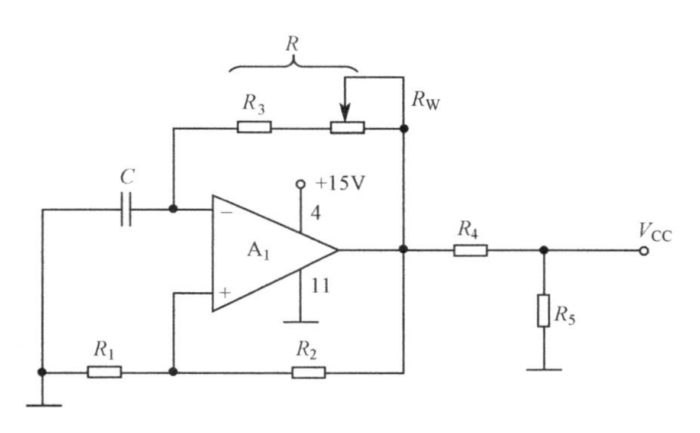

图3.1.16　时钟脉冲发生器

此外，R_1、R_2和R应当满足对称平衡条件，即$R_1//R_2=R$。将$R_1=R_2$和$R=8.28k\Omega$代入，可得$R_1=R_2\approx16.5k\Omega$。由于振荡器对对称平衡条件要求不严格，因此，可取表3.1.2中两只16kΩ的金属膜电阻器作为R_1和R_2。

5）计数器

根据题中要求，计数器的最大容量为199，高位可用一个D触发器或JK触发器，个位和十位应各用一个BCD码计数器。表3.1.1中的74LS90、74LS390和CC4518都具有BCD码计数功能，其中CC4518是CMOS双BCD码计数器。它的价格低、功耗小，因此，选它作为个位和十位BCD码计数器。此外，尚需说明以下几点。

（1）由CC4518的逻辑图可知，可以将衰减后的时钟脉冲接到1CP端（引脚1），而将图中e点的计数控制信号接到1EN端，从而省去图3.1.12中时钟脉冲发生器和个位计数器之间的与门。

（2）若从EN端输入计数脉冲，则CC4518的触发器由计数脉冲的下降沿触发。而当个位计数器为9状态时，它的$1Q_4=1$，若再来一个计数脉冲，则$1Q_4$由1变为0，即出现下降沿，因此，$1Q_4$可作为个位计数器的进位输出端。也就是说，只要把$1Q_4$与2EN相连，便可实现级联。同理，可将$2Q_4$作为十位计数器的进位输出端。

（3）高位触发器的接法。根据题中要求，若十位计数器的$2Q_4$端在计数时间内出现下降沿，高位触发器的$3Q_1$端就应当由0状态翻成1状态。在$3Q_1=1$以后，若$2Q_4$再出现下降沿，$3Q_1$应保持1状态不变，直至清零信号到来为止。若选用JK触发器作为高位触发器，则可接成图3.1.17（a）所示形式。也可选用D触发器，它是由上升沿触发的，因此$2Q_4$要经过反相器后，才能接到D触发器的时钟输入端，即如图3.1.17（b）所示。这两个触发器的J端和D端均应接计数控制信号，即图3.1.12中的e点。

6）译码器

译码器的作用是将BCD码计数器的输出译成与LED数码管相适应的形式。表3.1.1中的74LS47和74LS48都是这类器件，前者可用来驱动共阳极LED数码管，后者可用来驱动共阴极LED数码管。

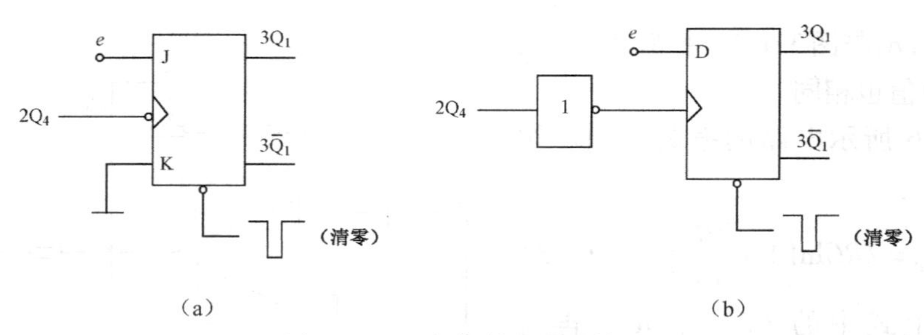

图 3.1.17　高位触发器的接法

值得指出的是，74LS47 的引脚 4 既可以作为串行消隐输出端，也可以作为消隐输入端。若作为消隐输入端，当它悬空或接高电平时，数码管按正常情况显示；当它接低电平时，数码管呈暗状态。

7）超量程判断及显示电路

所谓超量程是指 C_x超过 1 990μF 被短路。在此条件下可能出现下面两种不同情况：①高位计数器的输出端 $3Q_1$已经是高电平，十位计数器的 $2Q_4$仍有下降沿出现。这种情况可用图 3.1.18 中虚线左下方的电路判断。当$\overline{Q}_{E1}$为低电平时，与门 B 输出低电平，表示超量程。②当 C_x很大或 C_x被短路时，在充放电过程中，C_x两端的电压 V_c（瞬时值）可能始终低于 V_{REF1}或 $V_c > V_{REF1}$的时间很短。在这种情况下，$2Q_4$不会出现下降沿，$\overline{Q}_{E1}$不会由高变低，因此需另想办法判断。

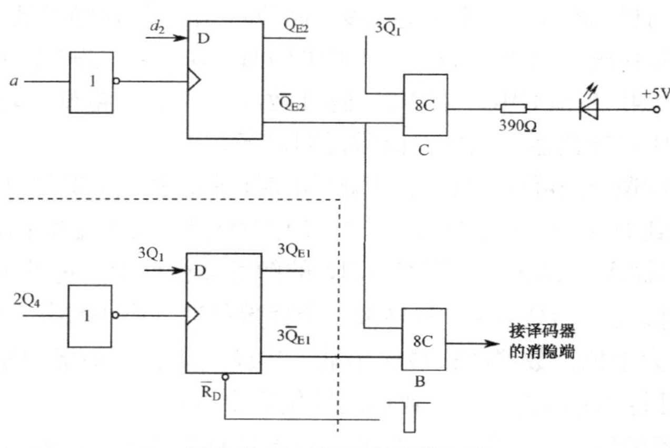

图 3.1.18　超量程判断电路

观察图 3.1.11 的波形可知，在 t_1时刻 a 点的波形出现下降沿，C_x充电结束。此时 V_c的值最大，在正常情况下它超过 V_{REF2}，d_2的波形处于低电平。如果在 t_1时刻，d_2的波形处于高电平，则说明 C_x很大或 C_x被短路，因此，可用图 3.1.18 中虚线上方的电路判断是否会出现这种情况。这个电路的工作原理很简单，即如果 a 点出现下降沿，d_2点为低电平，则$\overline{Q}_{E2}$为高电平；否则，$\overline{Q}_{E2}$为低电平，发光二极管发光，而且与门 B 输出低电平，表示超量程。

此外，图 3.1.18 中与门 C 的另一个输入端接高位触发器的 $3\overline{Q}_1$。前面已经说明过，只要十位计数器的 $2Q_4$在计数时间内出现过下降沿，$3\overline{Q}_1$ 便是低电平，因而与门 C 输出低电平，使发光二极管发光。

综上所述，发光二极管发光的条件是：$C_x \geqslant 2\ 000\mu F$。与门 B 输出低电平的条件是：$C_x \geqslant 2\ 000\mu F$或 C_x被短路。因此，只要将与门 B 的输出端和作为显示译码器的 74LS47 的引脚 4 相连，便可实现题中对超量程显示的要求。

8）清零单稳

计数器 CC4518 所需要的清零信号如图 3.1.11 中的波形 f 所示，D 触发器和 JK 触发器所需要的清零信号是它的反相。对图 3.1.11 中波形 f 的脉冲宽度 t_{wo} 的要求是：①t_{wo}应比 CC4518 清零端的延迟时间大得多，以保证能有效地清零。②t_{wo}应比时钟脉冲周期 T_{CP}小得多，以免引起不应该有的误差。前面在设计时钟脉冲单元电路时，已求出 $T_{CP}=182\mu s$，它比 CC4518 清零端的延迟时间大很多倍，因此选择参数时有很大的灵活性。例如，可按下式估算清零信号单稳电路的参数：$t_{wo}\approx 30\mu s$。由于对 t_{wo}的稳定性要求不高，因此，以 CMOS 反相器为主构成清零信号单稳电路，如图 3.1.19（a）所示。图中 V_i的波形是图 3.1.11 中的波形 e 或波形 d_1。显然，这个电路的时间常数 RC 应比 V_i周期时间小得多。在此条件下，图 3.1.19（a）中 V_i、V_R、V_{o1}和 V_{o2}的波形如图 3.1.19（b）所示。由此图可知，V_R有时为负值，超过 CMOS 反相器的电源电压范围，因此图 3.1.19（a）中加了限流保护电阻 R'，它的阻值可在 10 ～ 100kΩ 范围内选择。这个单稳电路输出脉冲的宽度可按下式粗略估算：$t_{wo}\approx 0.7RC$，可得：$RC\approx 42.8\mu s$，因此，可取表 3.1.2 中的 1 000pF 电容器和 43kΩ 碳膜电阻器分别作为图（a）电路中的 C 和 R。

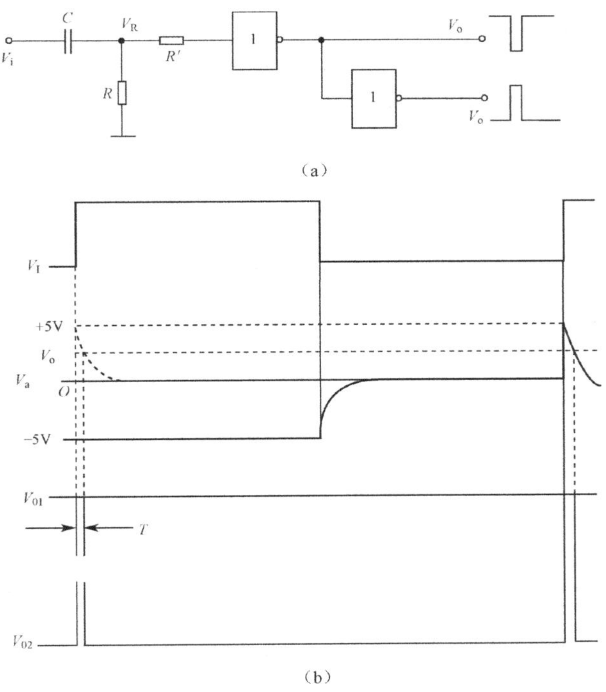

图 3.1.19 清零单稳电路及波形图

3.1.4 绘制整体电路原理图

根据以上单元电路的设计和图 3.1.12 所示详细框图，可画出本题的整体电路原理图，如图 3.1.20 所示。

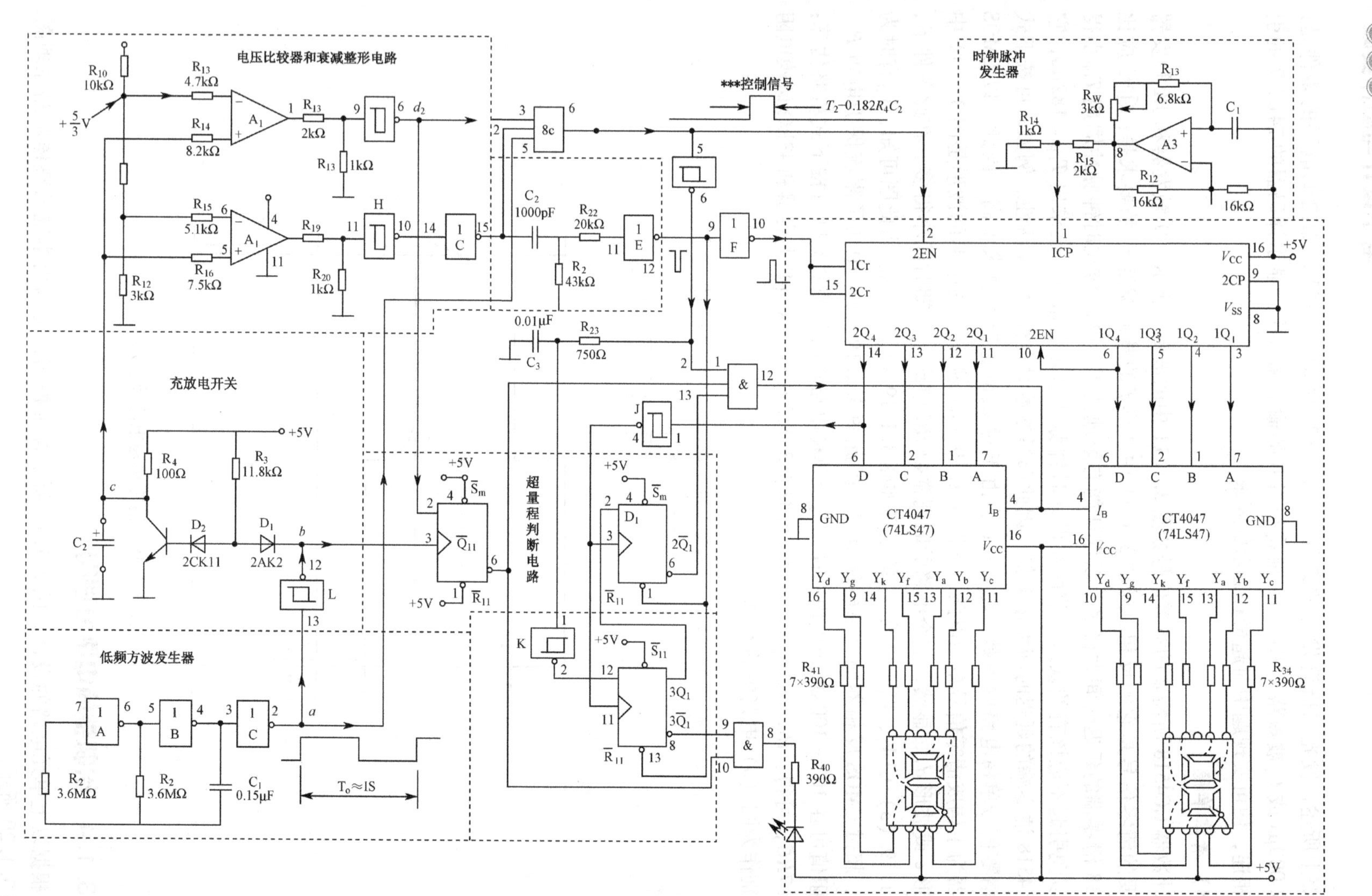

图3.1.20 数显式大电容测量电路原理图

（1）图3.1.20中的反相器A、B、C、D、E和F合用一片CMOS器件，即C4049。施密特反相器G、H、I、J、K合用同一片TTL器件，即74LS14。与门A、B和C合用一片74LS11。

（2）图3.1.20中的高位触发器和超量程判断电路选用双D触发器，即共用两片74LS74。与用JK触发器相比，成本较低。

（3）图3.1.20中的运放A_1、A_2和A_3合用一片324，它用+15V单电源供电，其余器件均用+5V单电源供电。

（4）图3.1.20中的R_{23}和C_3起延迟作用，其目的是为了使清零时，高位触发器的D端（图3.1.20中的D_3）为低电平。这样，即使在清零时十位计数器的$2Q_4$端出现下降沿，高位触发器也不会翻成1状态（若翻成1状态，则会发出错误的进位信号），从而保证发光二极管的显示状态与题中要求相符。

此外，图中个别参数值（如R_{32}的阻值）可能需要在实验时进行适当的调整。

3.2 电子设计自动化技术

稍微复杂一点的电子系统的设计，涉及面广，设计工作量大，完全依靠手工设计，不仅设计周期长，而且易出错、性能难以优化提高。因此，现代电子系统设计过程中，非常注重电子设计自动化EDA（Electronic Design Automation）技术及其工具软件的应用。

3.2.1 EDA技术基本概念

EDA技术是在电子CAD技术基础上发展起来的计算机软件系统，是指以计算机为工作平台，融合了应用电子技术、计算机技术、信息处理及智能化技术的最新成果，进行电子产品的自动设计。

简而言之，EDA技术就是依赖功能强大的计算机，在EDA工具软件平台上，对以硬件描述语言HDL（Hardware Description Language）为系统逻辑描述手段完成的设计文件，自动地完成逻辑编译、逻辑化简、逻辑分割、逻辑综合、结构综合（布局布线），以及逻辑优化和仿真测试，直至实现既定的电子线路系统功能。EDA技术使得设计者的工作仅限于利用软件的方式，即利用硬件描述语言和EDA软件来完成对系统硬件功能的实现，这是电子设计技术的一个巨大进步。利用EDA工具，电子设计师可以从概念、算法、协议等开始设计电子系统，大量工作可以通过计算机完成，并可以将电子产品从电路设计、性能分析到设计出IC版图或PCB版图的整个过程在计算机上自动处理完成。

3.2.2 EDA技术的新发展及特点

进入21世纪后，EDA技术得到了更大的发展，突出表现在以下几个方面。

（1）在FPGA上实现DSP数字信号处理，应用成为可能，用纯数字逻辑进行DSP模块的设计，使得高速DSP实现成为现实，并有力推动了软件无线电技术的实用化和发展。基于FPGA的DSP技术为高速数字信号处理算法提供了实现途径。

（2）嵌入式处理器软核的成熟，使得SOPC System On a Programmable Chip步入大规模

应用阶段，在一片 FPGA 中实现一个完备的数字处理系统成为可能。

（3）使电子设计成果以自主知识产权的方式得以明确表达和确认成为可能。在仿真和设计两方面支持标准硬件描述语言且功能强大的 EDA 软件不断推出。

（4）除了日益成熟的数字技术外，传统的电路系统设计建模理念发生了重大的变化，表现在软件无线电技术的崛起，模拟电路系统硬件描述语言的表达和设计的标准化，可编程模拟器件的出现，数字信号处理和图像处理的全硬件实现方案的普遍接受，软硬件协同设计等。

（5）EDA 使得电子领域各学科的界限更加模糊、更加互为包容，例如，模拟与数字、软件与硬件、系统与器件、ASIC 与 FPGA、行为与结构等。

（6）更大规模的 FPGA 和 CPLD 器件不断推出。

（7）基于 EDA 的用于 ASIC 设计的标准单元已涵盖大规模电子系统及复杂 IP 核模块。

（8）软硬 IP Intellectual Property 核在电子行业的产业领域广泛应用。

（9）SOC 高效低成本设计技术日益成熟。

（10）系统级、行为验证级硬件描述语言出现，如 System C 使复杂电子系统的设计和验证趋于简单。

纵观电子设计的发展史，可以大胆预测，未来电子设计自动化将会全方位地渗入我们的生活，改变我们的生活方式和生活节奏，为我们提供更多的便捷。

中国 EDA 市场已渐趋成熟，不过大部分设计工程师面向的是 PCB 制板和小型 ASIC 领域，仅有小部分（约 11%）的设计人员开发复杂的片上系统器件。为了与我国台湾和美国的设计工程师形成更有力的竞争，内地的设计队伍有必要引进和学习一些最新的 EDA 技术。据最新统计显示，中国和印度正在成为电子设计自动化领域发展最快的两个市场，年复合增长率分别达到了 50% 和 30%。

3.2.3 常用 EDA 工具软件

EDA 工具软件层出不穷，目前进入我国并具有广泛影响的 EDA 软件有 MultiSIM、PSPICE、OrCAD、PCAD、Protel、Viewlogic、Mentor、Graphics、Synopsys、LSIlogic、Cadence、MicroSim、EasyEDA、Altium Designer 等。这些工具都有较强的功能，一般可用于几个方面，例如，很多软件都可以进行电路设计与仿真，同进还可以进行 PCB 自动布局布线，可输出多种网表文件与第三方软件接口。

1. 设计与仿真工具

国内定型一个中型飞机的设计，从草案到详细设计到风洞试验、再到最后出图到实际投产，整个周期大概要 10 年，而美国是 1 年。为什么会有这样大的差距呢？因为美国在设计时大部分采用的是虚拟仿真技术，把多年积累的各项风洞实验参数都输入计算机，然后通过计算机编程编写出一个虚拟环境的软件，并且使它能够自动套用相关公式和调用长期积累后输入计算机的相关经验参数。这样一来，只要把飞机的外形设计数据放入这个虚拟的风洞软件中进行试验，哪里不合理有问题就改动哪里，直至取得最佳效果，效率自然高了，从波音 747 到 F-16 采用的都是这种方法。

电子电路设计与仿真工具包括 SPICE/PSPICE、MultiSIM、Matlab、SystemView、MMI-

CAD LiveWire、Edison、Tina Pro Bright Spark 等。

（1）SPICE/PSPICE（Simulation Program with Integrated Circuit Emphasis）：20 世纪 80 年代世界上应用最广的电路设计软件，是由美国加州大学推出的电路分析仿真软件，1998 年被定为美国国家标准。同类产品中，PSPICE 是功能最为强大的模拟和数字电路混合仿真 EDA 软件，在国内普遍使用。可以进行各种各样的电路仿真、激励建立、温度与噪声分析、模拟控制、波形输出、数据输出，并在同一窗口内同时显示模拟与数字的仿真结果。无论对哪种器件哪些电路进行仿真，都可以得到精确的仿真结果，并可自行建立元器件及元器件库。

（2）MultiSIM（EWB 的最新版本）：是 Interactive Image Technologies Ltd 在 20 世纪末推出的电路仿真软件。其最新版本为 MultiSIM 12.0，相对于其他 EDA 软件，它具有更加形象直观的人机交互界面，特别是其仪器仪表库中的各种仪器仪表，与操作真实实验中的实际仪器仪表完全没有两样，对模数电路的混合仿真功能几乎能够 100% 地仿真出真实电路的结果。MultiSIM 在仪器仪表库中提供了万用表、信号发生器、瓦特表、双踪/四踪示波器、波特仪（扫频仪）、字信号发生器、逻辑分析仪、逻辑转换仪、失真度分析仪、频谱分析仪、网络分析仪和电压表及电流表、$I-V$ 分析仪（晶体管特性图示仪）、Agilent 信号发生器、Agilent 万用表、Agilent 示波器和动态逻辑平笔等仪器仪表。还提供了各种常见的建模精确的元器件，如电阻、电容、电感、三极管、二极管、继电器、晶闸管、数码管等。模拟集成电路方面有各种运算放大器、其他常用集成电路。数字电路方面有 74 系列集成电路、4000 系列集成电路等，并且支持自制元器件。MultiSIM 7 还具有同时进行 VHDL 仿真和 Verilog HDL 仿真的功能。

（3）MATLAB 产品族：MATLAB 的一大特性是有众多的面向具体应用的工具箱和仿真块，包含了完整的函数集，用来对图像信号处理、控制系统设计、神经网络等特殊应用进行分析和设计。MATLAB 产品族具有以下功能：数据分析；数值和符号计算、工程与科学绘图；控制系统设计；数字图像信号处理；建模、仿真、原型开发；应用开发；图形用户界面设计等。MATLAB 产品族被广泛应用于信号与图像处理、控制系统设计、通信系统仿真等诸多领域。开放式的结构使 MATLAB 产品族很容易针对特定的需求进行扩充，从而在不断深化对问题认识的同时提高自身的竞争力。

2. PCB 设计软件

PCB（Printed-Circuit Board）设计软件种类很多，如 Protel、OrCAD、Viewlogic、PowerPCB、Cadence PSD、MentorGraphices 的 Expedition PCB、Zuken CadStart、Winboard/Windraft/Ivex-SPICE、PCB Studio、TANGO、PCBWizard（与 LiveWire 配套的 PCB 制作软件包）、ultiBOARD（与 MultiSIM 配套的 PCB 制作软件包）等。

Protel 是 PROTEL（现为 Altium）公司在 20 世纪 80 年代末推出的 CAD 工具，是 PCB 设计者的首选软件。它较早在国内使用，普及率最高，在很多大、中专院校的电路专业还专门开设有 Protel 课程，几乎所有的电路公司都要用到它。早期的 Protel 主要作为印制板自动布线工具使用，其最新版本为 Altium Designer。它是一个完整的全方位电路设计系统，包含电路原理图绘制、模拟电路与数字电路混合信号仿真、多层印制电路板设计（包含印制电路板自动布局布线）、可编程逻辑器件设计、图表生成、电路表格生成、支持宏操作等功能，并具有 Client/Server（客户/服务体系结构），同时还兼容一些其他设计软件的文件格式，如 OrCAD、PSPICE、Excel 等。使用多层印制线路板的自动布线，可实现高密度 PCB 的 100% 布通率。Protel 软件功能强大（同时具有电路仿真功能和 PLD 开发功能）、界面友好、使用方便，它最具代表性的是电路设计和 PCB 设计。

3. IC 设计软件

IC 设计工具很多，其中按市场所占份额排行为 Cadence、Mentor Graphics 和 Synopsys，其他公司的软件相对来说使用者较少。中国华大公司也提供 ASIC 设计软件（熊猫 2000）；另外新成立的 Avanti 公司，其设计工具可以全面和 Cadence 公司的工具相抗衡，非常适用于深亚微米的 IC 设计。下面按用途对 IC 设计软件作一些介绍。

1）设计输入工具

设计输入是任何一种 EDA 软件必须具备的基本功能。像 Cadence 的 Composer、Viewlogic 的 Viewdraw，硬件描述语言 VHDL、Verilog HDL 是主要设计语言，许多设计输入工具都支持 HDL（如 MultiSIM 等）。另外，像 Active-HDL 和其他的设计输入方法，包括原理和状态机输入方法，设计 FPGA/CPLD 的工具大都可作为 IC 设计的输入手段，如 Xilinx、Altera 等公司提供的开发工具 Modelsim FPGA 等。

2）设计仿真工作

使用 EDA 工具最大的好处是可以验证设计是否正确，几乎每个公司的 EDA 产品都有仿真工具。Verilog-XL、NC-verilog 用于 Verilog 仿真，Leapfrog 用于 VHDL 仿真，Analog Artist 用于模拟电路仿真。Viewlogic 的仿真器有：Viewsim 门级电路仿真器，SpeedwaveVHDL 仿真器，VCS-verilog 仿真器。Mentor Graphics 有其子公司 Model Tech 出品的 VHDL 和 Verilog 双仿真器：Model Sim。Cadence、Synopsys 用的是 VSS（VHDL 仿真器）。现在的趋势是各大 EDA 公司都逐渐用 HDL 仿真器作为电路验证的工具。

3）综合工具

综合工具可以把 HDL 变成门级网表。这方面 Synopsys 工具占有较大的优势，它的 Design Compile 是作为一个综合的工业标准，它还有另外一个产品叫 Behavior Compiler，可以提供更高级的综合。

另外，最近美国又出了一个软件叫 Ambit，据说比 Synopsys 的软件更有效，可以综合 50 万门的电路，速度更快。Ambit 被 Cadence 公司收购后，Cadence 放弃了原来的综合软件 Synergy。随着 FPGA 设计的规模越来越大，各 EDA 公司又开发了用于 FPGA 设计的综合软件，如 Synopsys 的 FPGA Express、Cadence 的 Synplity、Mentor 的 Leonardo。

4）布局和布线

在 IC 设计的布局布线工具中，Cadence 软件是比较强的，它有很多产品，用于标准单元、门阵列，可实现交互布线。如 Cadence Spectra，原本是用于 PCB 布线的，后来 Cadence 把它用来作 IC 的布线。其主要工具有：Cell3，Silicon Ensemble-标准单元布线器；Gate Ensemble——门阵列布线器；Design Planner——布局工具。其他各 EDA 软件开发公司也提供各自的布局布线工具。

5）物理验证工具

物理验证工具包括版图设计工具、版图验证工具、版图提取工具等。如 Cadence 的物理工具 Dracula、Virtuso、Vampire 等。

6）模拟电路仿真器

前面讲的仿真器主要是针对数字电路的，对于模拟电路的仿真工具，普遍使用 SPICE，这是唯一的选择。只不过是选择不同公司的 SPICE，像 MiceoSim 的 PSPICE、Meta Soft 的 HSPICE 等。HSPICE 现已被 Avanti 公司收购了。在众多的 SPICE 中，HSPICE 作为 IC 设计，模型多，仿真的精度也高。

4. PLD 设计工具

PLD（Programmable Logic Device）是一种由用户根据需要自行构造逻辑功能的数字集成电路。目前主要有两大类型：CPLD（Complex PLD）和 FPGA（Field Programmable Gate Array）。它们的基本设计方法是借助于 EDA 软件，用原理图、状态机、布尔表达式、硬件描述语言等方法，生成相应的目标文件，最后用编程器或下载电缆，由目标器件实现。生产 PLD 的厂家很多，但最有代表性的 PLD 厂家为 Altera、Xilinx 和 Lattice 公司。

PLD 的开发工具一般由器件生产厂家提供，但随着器件规模的不断增加，软件的复杂性也随之提高，目前由专门的软件公司与器件生产厂家共同推出功能强大的设计软件。

（1）Altera：20 世纪 90 年代以后发展很快，主要产品有 MAX3000/7000、FELX6K/10K、APEX20K、ACEX1K、Stratix 等。其开发工具 MAX + PLUS II 是较成功的 PLD 开发平台，最新又推出了 Quartus II 开发软件。Altera 公司提供较多形式的设计输入手段，能绑定第三方 VHDL 综合工具，如综合软件 FPGA Express、Leonard Spectrum，仿真软件 ModelSim。

（2）Xilinx：FPGA 的发明者，产品种类较全，主要有 XC9500/4000、Coolrunner（XP-LA3）、Spartan、Vertex 等系列，其最大的 Vertex-II Pro 器件已达到 800 万门。开发软件为 Foundation 和 ISE。通常来说，在欧洲用 Xilinx 的人多，在日本和亚太地区用 Altera 的人多，在美国则是平分秋色。全球 PLD/FPGA 产品 60% 以上是由 Altera 和 Xilinx 提供的。

（3）Lattice-Vantis：Lattice 是 ISP（In-System Programmability）技术的发明者。ISP 技术极大地促进了 PLD 产品的发展，与 Altera 和 Xilinx 相比，其开发工具略逊一筹。中小规模 PLD 比较有特色，1999 年推出可编程模拟器件，并收购 Vantis（原 AMD 子公司），成为第三大可编程逻辑器件供应商。2001 年 12 月收购 Agere 公司（原 Lucent 微电子部）的 FPGA 部门。主要产品有 ispLSI2000/5000/8000、MACH4/5。

（4）ACTEL：反熔丝（一次性烧写）PLD 的领导者。由于反熔丝 PLD 抗辐射、耐高低温、功耗低、速度快，所以在军品和宇航级上有较大优势。Altera 和 Xlinx 则一般不涉足军品和宇航级市场。

（5）Atmel：中小规模 PLD 做得不错。Atmel 也做了一些与 Altera 和 Xilinx 兼容的片子，但在品质上与原厂家还是有一些差距，在高可靠性产品中使用较少，多用在低端产品中。

PLD（可编程逻辑器件）是一种可以完全替代 74 系列及 GAL、PLA 的新型电路，只要有数字电路基础，会使用计算机，就可以进行 PLD 的开发。PLD 的在线编程能力和强大的开发软件，使工程师在几天甚至几分钟内就可以完成以往几周才能完成的工作，并可将数百万门的复杂设计集成在一颗芯片内。PLD 技术在发达国家已成为电子工程师必备的技术。

5. 其他 EDA 软件

（1）VHDL 语言：超高速集成电路硬件描述语言（VHSIC Hardware Deseription Languagt，VHDL），是 IEEE 的一项标准设计语言。它源于美国国防部提出的超高速集成电路（Very High Speed Integrated Circuit，VHSIC）计划，是 ASIC 设计和 PLD 设计的一种主要输入工具。

（2）Veriolg HDL：是 Verilog 公司推出的硬件描述语言，在 ASIC 设计方面与 VHDL 语言平分秋色。

3.3 电路原理图及印制电路板图绘制

电路原理图是电路设计、电路分析和故障检查常常用到的主图。电路原理图可以手工绘制，也可用专门的工具软件绘制，绘制电路原理图的常用工具软件有 Multisim、Protel（Altium Designer）、EWB、Visio、Protus、OrCAD、EasyEDA 等。绘制印制电路板图的常用工具软件有 Protel（Altium Designer）、Protus、OrCAD、EasyEDA 等。

3.3.1 电路原理图绘制

1. 电路原理图绘制原则

（1）图面要整洁、字符清晰，按照国家标准绘制，具有很高的易读性。

（2）预先计划好各种图形符号的位置，概括图形符号的尺寸大小，使整幅图中布置均匀，协调一致。

（3）在图样上，每一个符号左方或上方都要标注该元器件的位置符号。各元器件的位置符号由文字符号（字母）和脚注序号（数字）组成。

（4）为了读图方便，各元器件的代号和基本数据可直接写在图上，或另附一张元器件明细表，详细列出各元器件的位号、代号、名称、型号及数量等。

2. 电路原理图绘制注意事项

（1）电路输入端放置在图的左边，输出端放置在图的右边，使用电信号从左到右、从上而下地流动。

（2）将同一功能的元器件尽可能布局在一起。

（3）半导体管尽可能布局在引线的中央，使图形保持对称、均匀。

（4）当若干元器件（电阻、电容、线圈等）接到同一根公共线上时，同类元器件图形符号应保持高、平、齐相一致。

（5）元器件间连线应水平或垂直画出，互相平行的导线应保持一定的间距，不要太密。

（6）导线交叉时，若交叉而又连接时，应在交叉处画一实心圆点，以示焊接；交叉而不连接，则无须画出圆点。

(7) 尽量减少两线交叉，以免产生干扰。

3. Altium Designer 绘制电路原理图流程

使用 Altium Designer 设计原理图，绘制流程如图 3.3.1 所示。

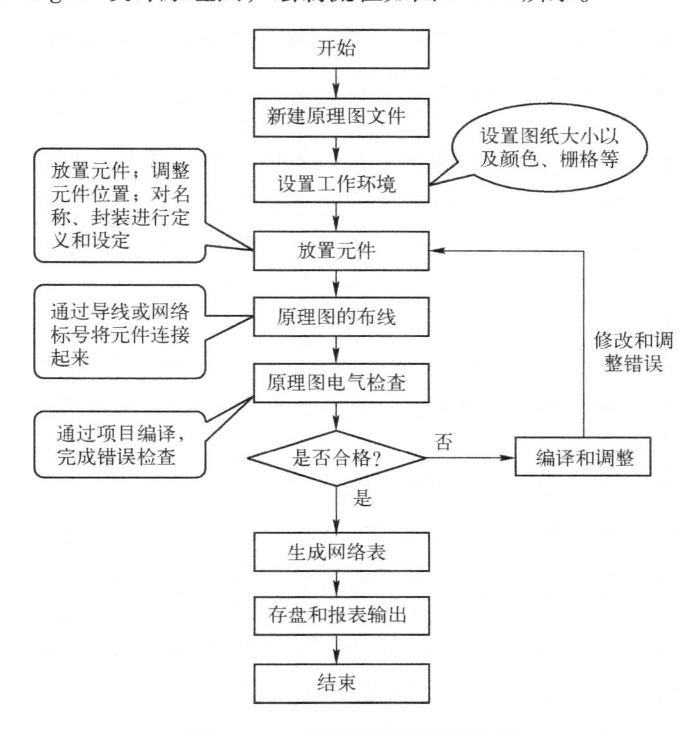

图 3.3.1　原理图设计绘制流程

3.3.2　印制电路板图绘制

印制电路板（Printed Circuit Board，PCB，简称印制板或线路板），是由绝缘基板、连接导线和装配焊接电子元器件的焊盘组成的，具有导线和绝缘底板的双重作用。它可以实现电路中各个元器件的电气连接，代替复杂的布线，减少传统方式下的工作量，简化电子产品的装配、焊接、调试工作；缩小整机体积，降低产品成本，提高电子设备的质量和可靠性；印制电路板具有良好的产品一致性，它可以采用标准化设计，有利于在生产过程中实现机械化和自动化；使整块经过装配调试的印制电路板作为一个备件，便于整机产品的互换与维修。

1. 印制电路板图的排版布局

印制电路板图设计的主要内容是排版设计，即把电子元器件合理地布局在一定制板面积上。排版设计，不单纯是按照电路原理图把元器件通过印制线条简单地连接起来。为使整机能够稳定可靠地工作，要对元器件及其连线在印制板上进行合理的排版布局。如果排版布局不合理，就有可能出现各种干扰，以致合理的原理方案不能实现，或使整机技术指标下降。这里主要介绍印制板整体布局的几个一般原则。

第3章

1）抗干扰设计原则

干扰现象在整机调试和工作中经常出现，产生的原因是多方面的，除外界因素造成干扰外，印制板布局布线不合理、元器件安装位置不当、屏蔽设计不完备等都可能造成干扰。

（1）地线布置与干扰。

原理图中的地线表示零电位。在整个印制板电路中各接地点的相对电位差也应是零。印制板电路上各接地点，并不能保证电位差绝对是零。在较大的印制板上，地线处理不好，不同的地点有百分之几伏的电位差是完全可能的，这极小的电位差信号，经放大电路放大，可能形成影响整机电路正常工作的干扰信号。为克服地线干扰，应尽量避免不同回路电流同时流经某一段共用地线，特别是高频和大电流回路中。印制板上各单元电路的地点应集中在一点，称之为一点接地，这样可避免交流信号的乱窜。采用的方法是并联分路接地和大面积覆盖式接地。

（2）电磁场干扰与抑制。

印制板的采用使元器件的安装变得紧凑有序，连线密集是其优点之一。布局不规范，走线不合理也会造成元器件之间、线条之间产生寄生电容和寄生电感，同时也很容易接收和产生电磁波的干扰。

电子器件中的扬声器、电磁铁、继电器线包、永磁式仪表等含有永磁场和恒定磁场或脉动磁场，变压器、继电器会产生交变磁场。这些器件工作时不仅对周围器件产生电磁干扰，对印制板的导线也会产生影响。在印制板设计时可视不同情况区别对待。有的可加大空间距离，远离强磁场减少干扰；有的可调整器件间的相互位置改变磁力线的方向；有的可对干扰源进行磁屏蔽；增加地线、加装屏蔽罩等措施都是行之有效的。

平行印制导线与空间平行导线一样，它们之间可以等视为相互耦合的电容和电感器件。其中一根导线有电流通过时，其他导线也会产生感应信号，感应信号的大小与原信号的大小及频率有关，与线间距离有关。原信号为干扰源，干扰对弱信号的影响极大，在印制板布线时，弱信号的导线应尽可能地短，避免与其他强信号线的平行走向和靠近。不同回路的信号线避免平行走向。双面板正反两面的线条应垂直。有时信号线密集，很难避免与强信号线平行走向，为抑制干扰，弱信号线可采用屏蔽线，屏蔽层要良好接地。

（3）热干扰及其抑制。

电子产品，特别是长期连续工作的产品，热干扰是不可避免的问题。在印制板的设计中，印制板上的温度敏感性器件如锗材料的半导体器件要给予特殊考虑，避免温升造成工作点的漂移。对热源器件如大功率管、大功率电阻，应设置在通风好易散热的位置。散热器的选用要留有余地，热敏感器件应远离发热器件等。

2）信号流布局原则

将整机电路按照功能划分成若干电路单元，按照电信号的流向，逐个依次安排各个功能电路单元在板上的位置，使布局便于信号流通，并使信号流尽可能保持一致的方向。在多数情况下，信号流向安排成从左到右（左输入、右输出）或从上到下（上输入、下输出）。与输入、输出端直接相连的元器件应当放在靠近输入、输出接插件或连接器的地方。以每个功能电路的核心元件为中心，围绕它来进行布局。例如，一般是以三极管或集成电路等半导体器件为核心元件，根据它们各电极的位置，布设其他元器件。

3）一般元器件的布局原则

在印制板的排版设计中，元器件布设是至关重要的，它决定了板面的整齐美观程度和印制导线的长短与数量，对整机的可靠性也有一定的影响。布设元器件应遵循如下几条原则。

（1）元器件在整个板面布局排列应均匀、整齐、美观。

（2）板面布局要合理，周边应留有空间，以方便安装。位于印制电路板边上的元器件，距离印制板的边缘应该至少大于2mm。

（3）一般元器件应该布设在印制板的一面，并且每个元器件的引出脚要单独占用一个焊盘。

（4）元器件的布设不能上下交叉。相邻的两个元器件之间要保持一定间距。间距不得过小，避免相互碰接。如果相邻元器件的电位差较高，则应当保持安全距离。

（5）元器件的安装高度要尽量低，以提高其稳定性和抗震性。

（6）根据印制板在整机中的安装位置及状态确定元器件的轴线方向，以提高元件在电路板上的稳定性。

（7）元件两端焊盘的跨距应稍大于元件体的轴向尺寸，引脚引线不要从根部弯折，应留有一定距离（至少2mm），以免损坏元件。

（8）对称电路应注意元件的对称性，尽可能使其分布参数一致。

2. 印制电路板布线设计

1）印制导线的宽度

印制导线的宽度主要由铜箔与绝缘基板之间的黏附强度和流过导体的电流强度来决定。

一般情况下，印制导线应尽可能宽一些，这样有利于承受电流和方便制造。表3.3.1所示为0.05mm厚的导线宽度与允许的载流量、电阻的关系。

表3.3.1　印制导线设计参考数据

线宽/mm	0.5	1.0	1.5	2.0
允许的载流量/A	0.8	1.0	1.3	1.9
电阻/(Ω/m)	0.7	0.41	0.31	0.25

在决定印制导线宽度时，除需要考虑载流量外，还应注意它在电路板上的剥离强度以及与连接焊盘的协调性，线宽 $b=(1/3\sim2/3)D$，D 为焊盘的直径。一般的导线宽度可在0.3～2.0mm之间，建议优先采用0.5mm、1.0mm、1.5mm和2.0mm，其中0.5mm主要用于小型设备。

印制导线具有电阻，通过电流时将产生热量和电压降。印制导线的电阻在一般情况下不予考虑，但当作为公共地线时，为避免地线电位差引起寄生要适当考虑。

印制电路的电源线和接地线的载流量较大，因此，设计时要适当加宽，一般取1.5～2.0mm。当要求印制导线的电阻和电感小时，可采用较宽的信号线；当要求分布电容小时，可采用较窄的信号线。

2）印制导线的间距

一般情况下，建议导线间距等于导线宽度，但不小于1mm，否则浸焊就有困难。对小型设备，最小导线间距不小于0.4mm。导线间距与焊接工艺有关，采用浸焊或波峰焊时，间距要大一些，手工焊间距可小一些。

在高压电路中，相邻导线间存在着高电位梯度，必须考虑其影响。印制导线间的击穿将导致基板表面炭化、腐蚀或破裂。在高频电路中，导线间距离将影响分布电容的大小，从而影响电路的损耗和稳定性。因此导线间距的选择要根据基板材料、工作环境、分布电容大小等因素来确定。最小导线间距还同印制板的加工方法有关，选择时要综合考虑。

3）布线原则

印制导线的形状除要考虑机械因素、电气因素外，还应遵循以下原则。

（1）同一印制板的导线宽度（除电源线和地线外）最好一致。

（2）印制导线应走向平直，没有急剧的弯曲和出现尖角，所有弯曲与过渡部分均用圆弧连接。

（3）印制导线应尽可能避免有分支，若必须有分支，分支处应圆滑。

（4）印制导线应避免长距离平行，对双面布设的印制线不能平行，应交叉布设。

（5）如果印制板面需要有大面积的铜箔，如电路中的接地部分，则整个区域应镂空成栅状，这样在浸焊时能迅速加热，并保证涂锡均匀。此外，还能防止印制板受热变形，防止铜箔翘起和剥落。

（6）当导线宽度超过3mm时，最好在导线中间开槽使之成两根并联线。

（7）印制导线由于自身可能承受附加的机械应力，以及局部高电压引起的放电现象，因此，要尽可能避免出现尖角或锐角拐弯，通常优先选用和避免采用的印制导线形状如图3.3.2所示。

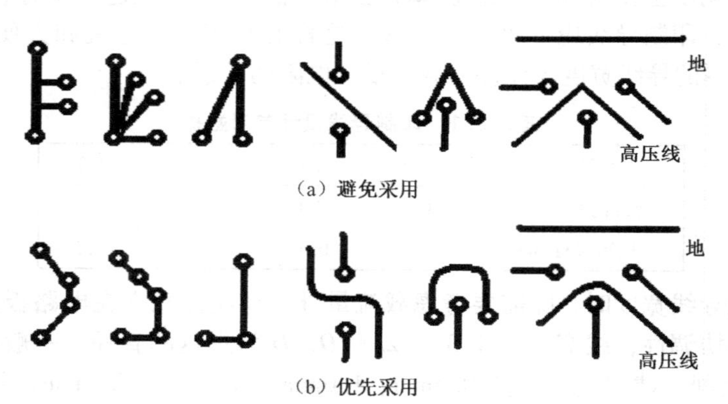

图3.3.2　印制导线的形状

3. 焊盘与过孔设计

元器件在印制板上的固定，是靠引线焊接在焊盘上实现的。过孔的作用是连接不同层面的电气连线。

1）焊盘的尺寸

焊盘的尺寸与引线孔、最小孔环宽度等因素有关。为保证焊盘与基板连接的可靠性，应尽量增大焊盘的尺寸，但同时还要考虑布线密度。

引线孔钻在焊盘的中心，孔径应比所焊接元件引线的直径略大一些。元器件引线孔的直径优先采用0.5mm、0.8mm和1.2mm等尺寸。焊盘圆环宽度在0.5～1.0mm的范围内选用。一般对于双列直插式集成电路的焊盘直径尺寸为1.5～1.6mm，相邻的焊盘之间可穿过0.3～0.4mm宽的印制导线。通常焊盘的环宽不小于0.3mm，焊盘直径不小于1.3mm。实际焊盘的大小选用表3.3.2推荐的参数。

表3.3.2　引线孔径与相应焊盘

焊盘直径/mm	2	2.5	3.0	3.5	4.0
引线孔径/mm	0.5	0.8/1.0	1.2	1.5	2.0

2）焊盘的形状

根据不同的要求选择不同形状的焊盘。常见的焊盘形状有圆形、方形、椭圆形、岛形和异形等，如图3.3.3所示。

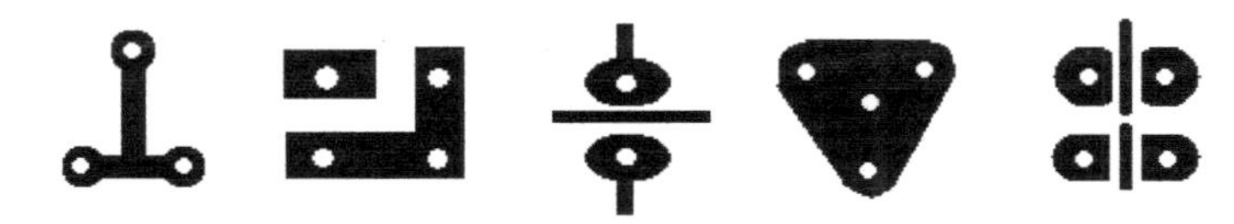

图3.3.3　常见焊盘形状

圆形焊盘：外径一般为2～3倍孔径，孔径大于引线0.2～0.3mm。

岛形焊盘：焊盘与焊盘间的连线合为一体，犹如水上小岛，故称岛形焊盘。常用于元器件的不规则排列中，其有利于元器件密集固定，并可大量减少印制导线的长度和数量。所以，多用在高频电路中。

其他形式的焊盘都是为了使印制导线从相邻焊盘间经过而将圆形焊盘变形所制，使用时要根据实际情况灵活运用。

3）过孔的选择

孔径尽量小到0.2mm以下为好，这样可以提高金属化过孔两面焊盘的连接质量。

3.3.3　实例2：STC89C51单片机最小系统制图

1. 任务分析

STC89C51单片机最小系统原理图如图3.3.4所示。此系统包含线性稳压及其保护电路、震荡电路、复位电路、发光二极管指示电路、单片机P0口上拉电路，以及4个10针插座。其中，插座将单片机的信号引出，可以扩展各种运用电路。

由于制作条件限制，要求制作大小为60mm * 80mm的单面电路板，电源、地线宽1mm，其他线宽0.6mm，间距为0.6mm。元件U1的原理图和封装需要自己绘制，上拉电阻原理图需要自己绘制，电解电容封装也要自己绘制。电路所用元件以及封装见表3.3.3。

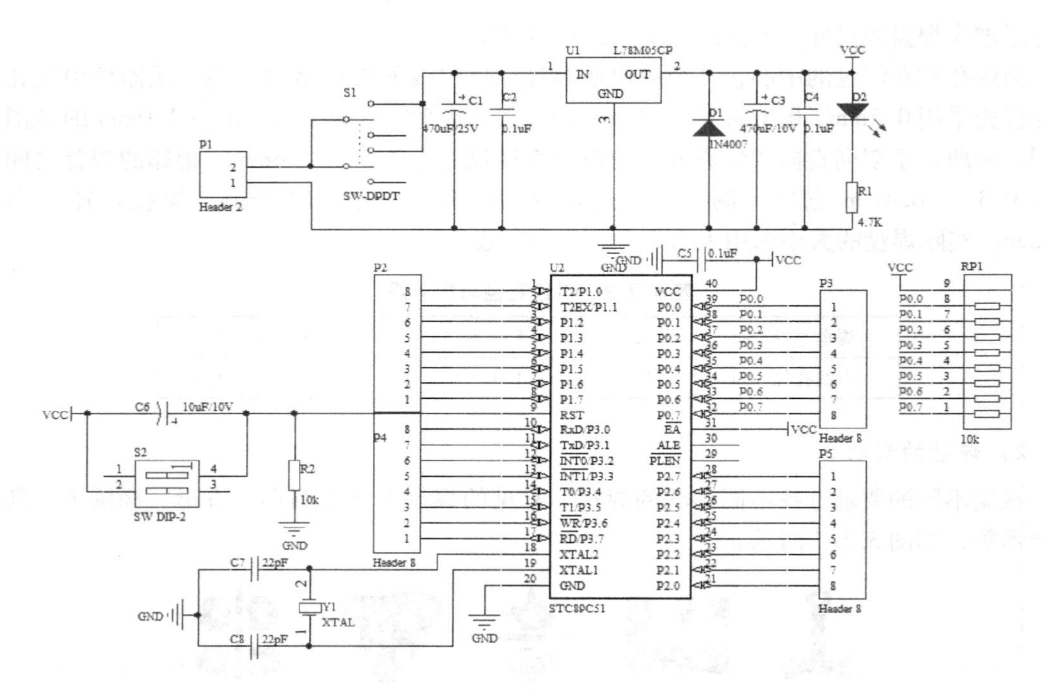

图 3.3.4　STC89C51 单片机最小系统原理图

表 3.3.3　元器件列表

Comment	Designator	Footprint	Library Name
Cap Pol1	C1	Cap. 5/. 9	Miscellaneous Devices. IntLib
Cap	C2，C4，C5，C7，C8	RAD-0. 2	Miscellaneous Devices. IntLib
Cap Pol1	C3	Cap. 4/. 7	Miscellaneous Devices. IntLib
Cap Pol1	C6	Cap. 2/. 5	Miscellaneous Devices. IntLib
1N4007	D1	DO-41	Miscellaneous Devices. IntLib
LED1	D2	led-3	Miscellaneous Devices. IntLib
Header 2	P1	HDR1X2	Miscellaneous Connectors. IntLib
Header 8	P2，P3，P4，P5	HDR1X8	Miscellaneous Connectors. IntLib
Res2	R1，R2	AXIAL-0. 4	Miscellaneous Devices. IntLib
10k	RP1	HDR1X9	Mylib. SchLib
SW-DPDT	S1	DPD T-6	Miscellaneous Devices. IntLib
SW DIP-2	S2	SWITCH	Miscellaneous Devices. IntLib
L78M05CP	U1	ISOWATT220AB	ST Power Mgt Voltage Regulator. IntLib
STC89C51	U2	DIP40	Mylib. SchLib
XTAL	Y1	Xtal	Miscellaneous Devices. IntLib

需要自制元器件封装的器件封装如图 3.3.5 ～图 3.3.11 所示。

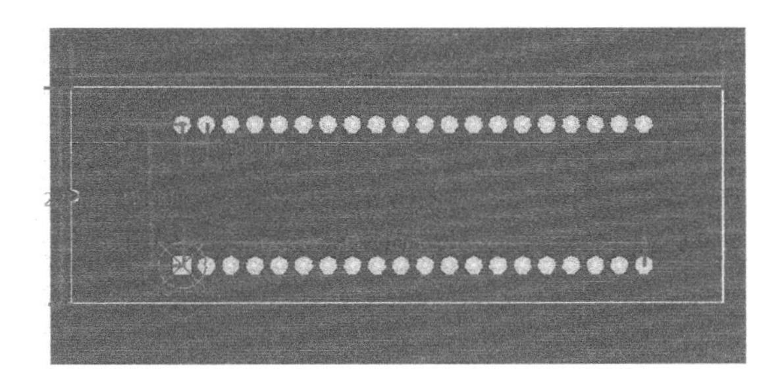

图 3.3.5　单片机插座

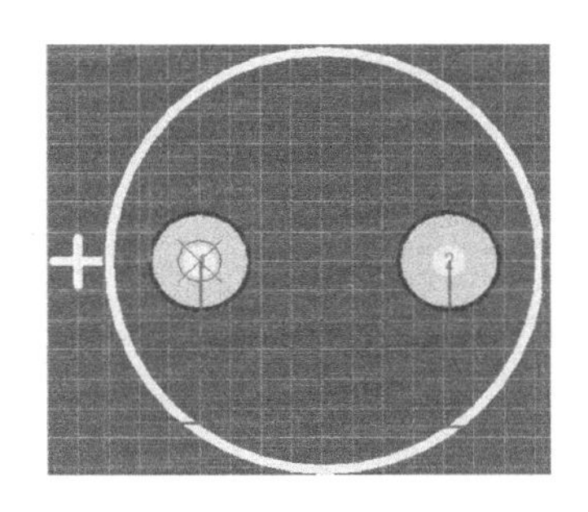

图 3.3.6　电容 C1

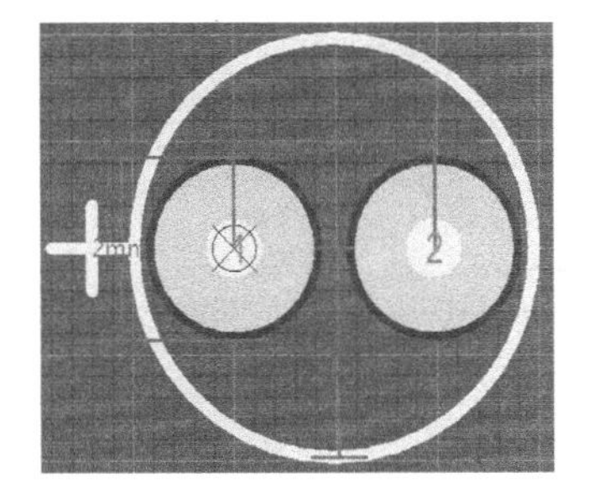

图 3.3.7　电容 C3

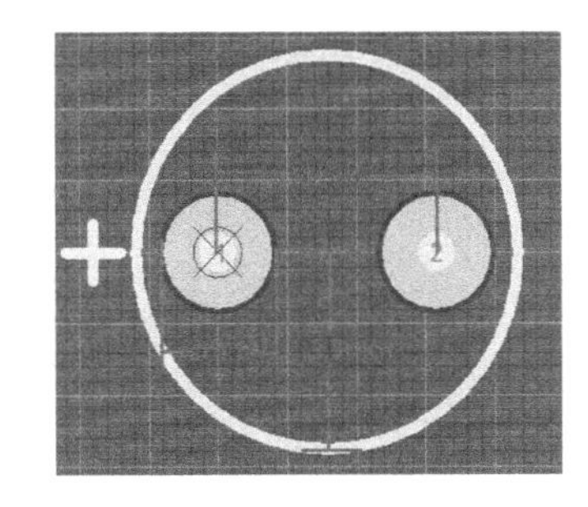

图 3.3.8　电容 C6

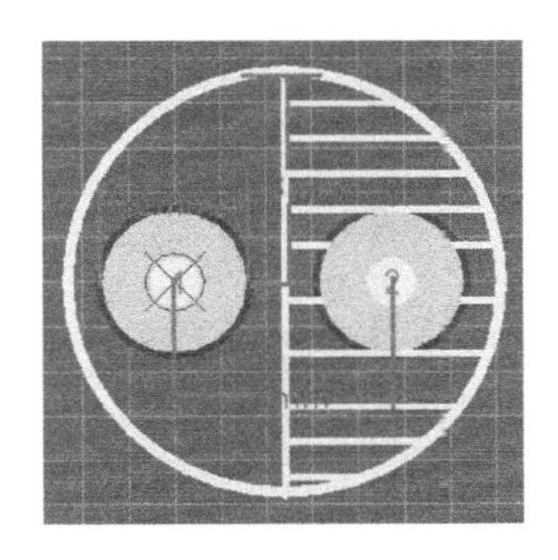

图 3.3.9　LED 灯 D2

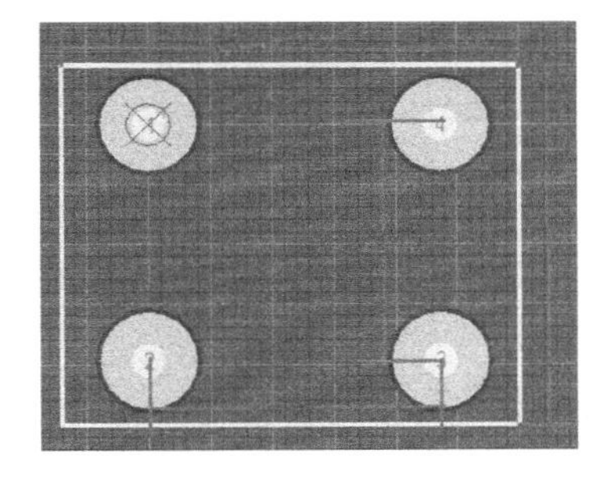

图 3.3.10　微动开关 S2

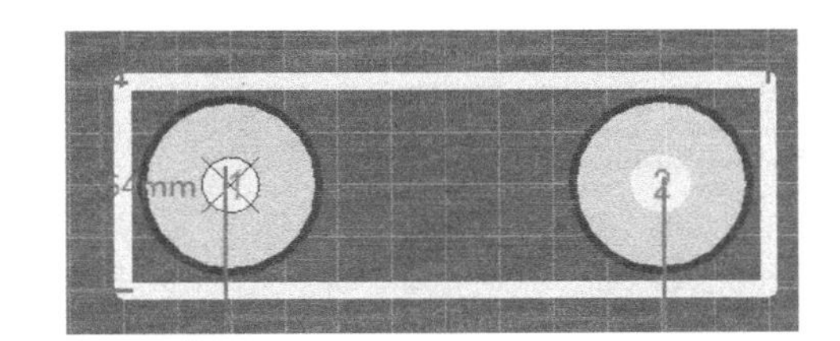

图 3.3.11　晶振 Y1

2. 任务实施

1）新建项目

（1）在计算机磁盘中建立一个名为“单片机”的文件夹。

（2）打开 Altium Designer Release 10，新建一个空项目。具体操作如下：双击图标启动软件，选择菜单命令“File”→“New”→“Project”→“PCB Project”，如图 3.3.12 所示。

（3）保存工程文件到步骤（1）中新建的文件夹，将工程命名为“单片机最小系统”。具体操作如下：选择菜单命令“File”→“Save Project As”，如图 3.3.13 所示，在弹出的对话框中找到步骤（1）中新建的文件夹，将文件名改为“单片机最小系统”，如图 3.3.14 所示。

2）新建原理图文件

（1）执行菜单命令“File”→“New”→“Schematic”，在上述建立的工程项目中新建

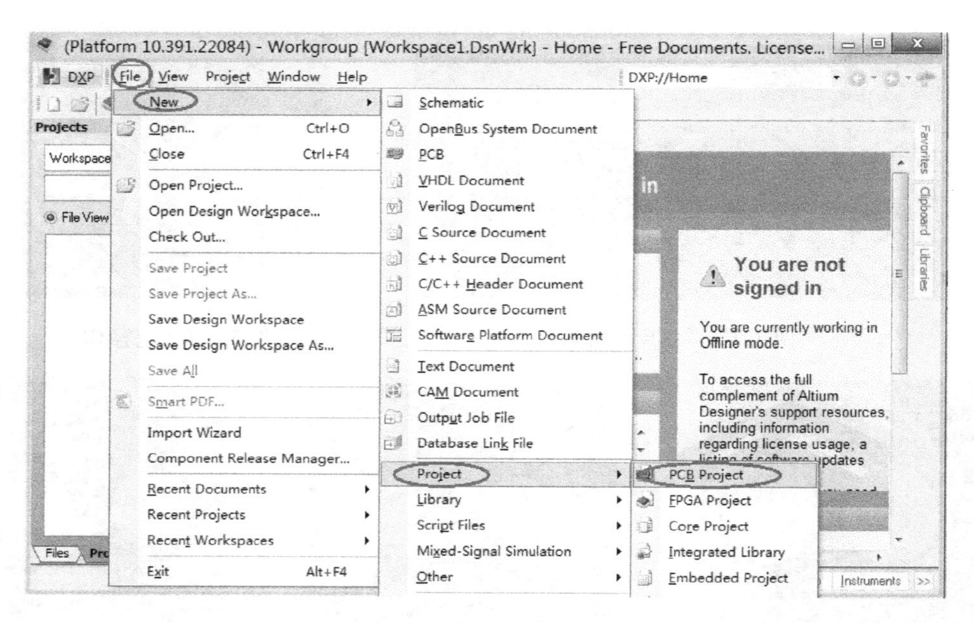

图 3.3.12　新建工程

电路原理图文件，如图 3.3.15 所示。

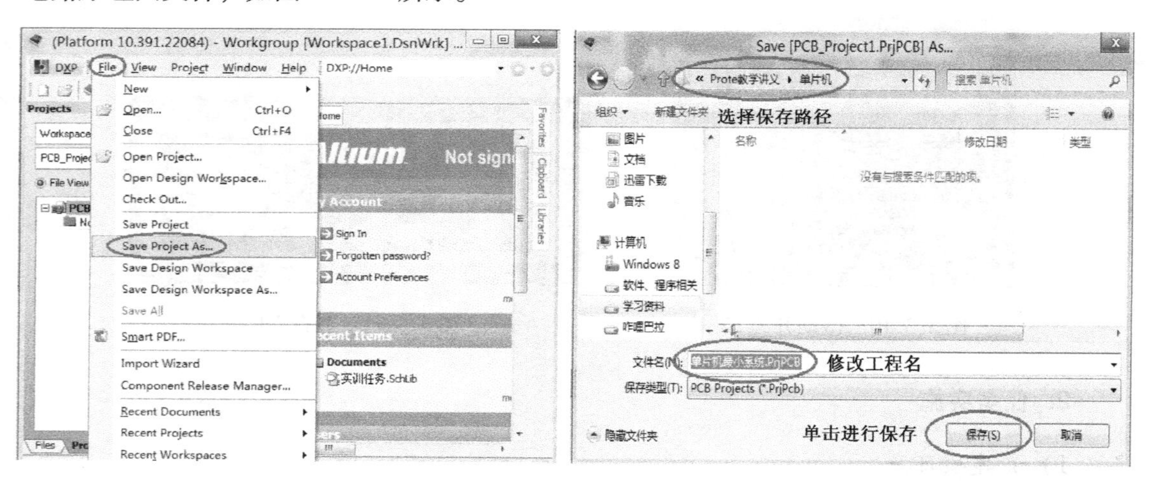

图 3.3.13　“Save Project As” 菜单命令

图 3.3.14　保存工程

（2）执行菜单命令 “File” → “Save As”，在弹出的对话框中选择文件保存路径，输入原理图文件名称 “单片机最小系统”，保存到 “单片机” 文件夹中。保存完成后如图 3.3.16 所示。

3）设置图纸参数

执行菜单命令 “Design” → “Document Opinion”，在打开的对话框中将图纸大小设置为 A4，其他使用系统默认设置，如图 3.3.17 所示。

4）制作原理图库

（1）制作单片机原理图库。

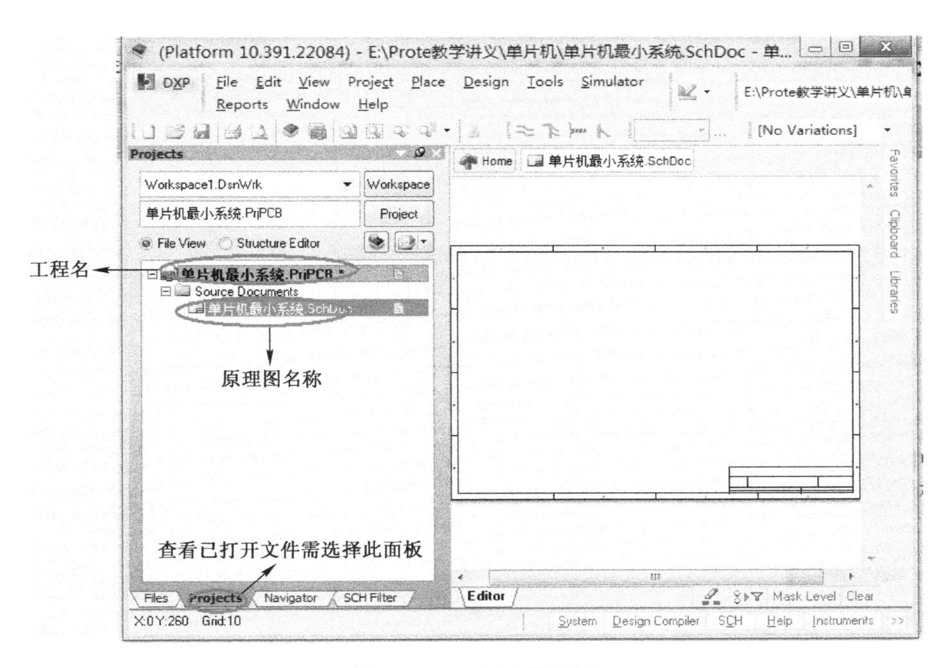

图 3. 3. 15　新建原理图

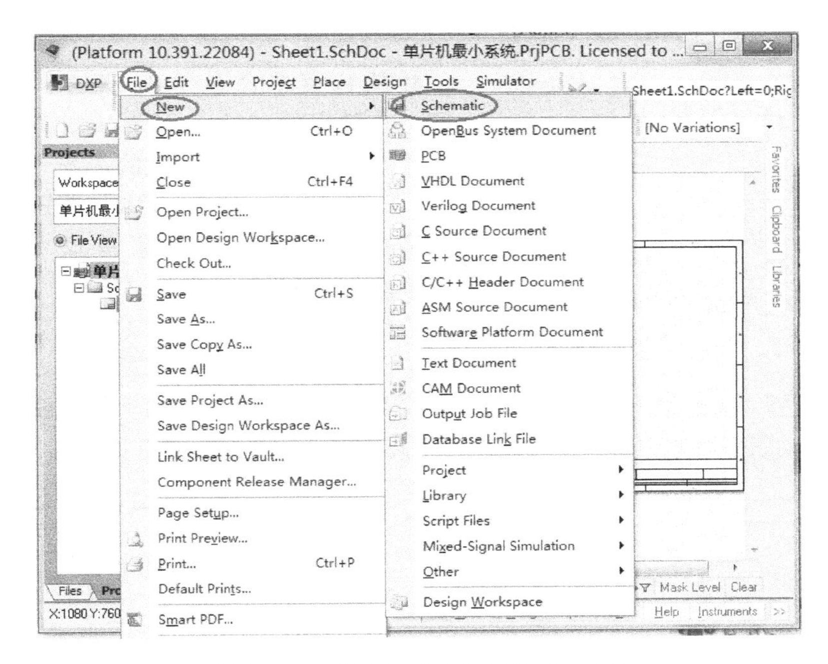

图 3. 3. 16　保存完成后的工程和原理图

① 新建原理图库，执行菜单命令“File”→“New”→“Library”→“Schematic Library”。

② 保存原理图库，执行菜单命令“File”→“Save As”，将原理图库保存到“单片机”文件夹中，将库名称修改为“Mylib. SchLib”。

③ 单击面板标签“SCH Library”，打开元件库编辑面板，如图 3. 3. 18 所示。

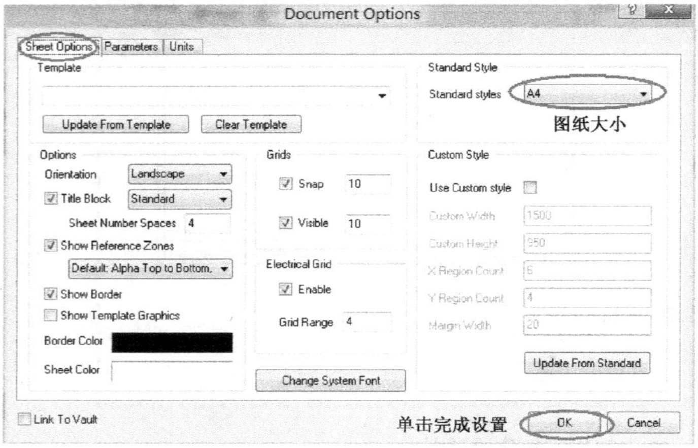

图 3.3.17　设置图纸参数

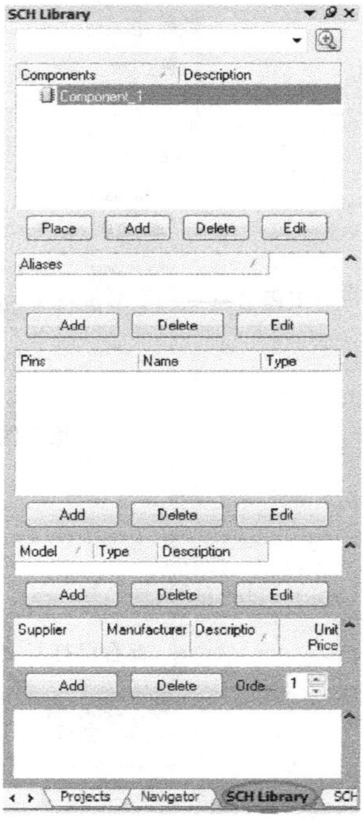

图 3.3.18　“SCH Library”面板

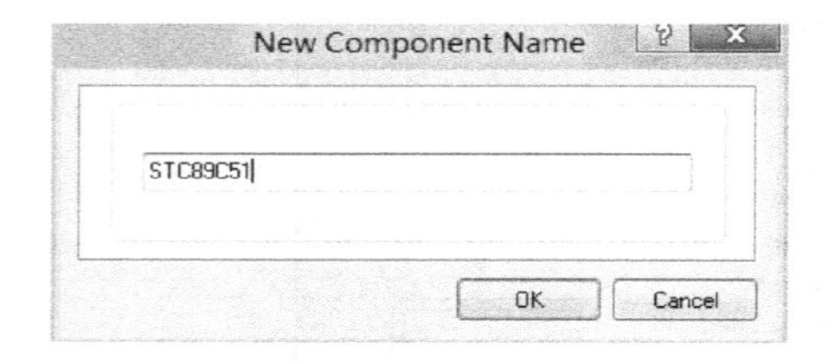

图 3.3.19　元器件命名对话框

④ 执行菜单命令“Tools”→“New Component”，在弹出的“New Component Name”对话框输入可以唯一标识元器件的名称“STC89C51”，如图 3.3.19 所示，单击“OK”按钮确定该名称。

⑤ 绘制外框，执行菜单命令“Place”→“Rectangle”，将光标移动到（0，0）点，单击左键确定左上角点，拖动光标至（90，-210）单击鼠标确定右下角点，如图 3.3.20 所示。

⑥ 放置引脚，执行菜单命令“Place”→“Pin”，在矩形外形边上依次放置 40 个引脚，当引脚处于活动状态时单击空格键可以调整引脚方向，放置好引脚后如图 3.3.21 所示。

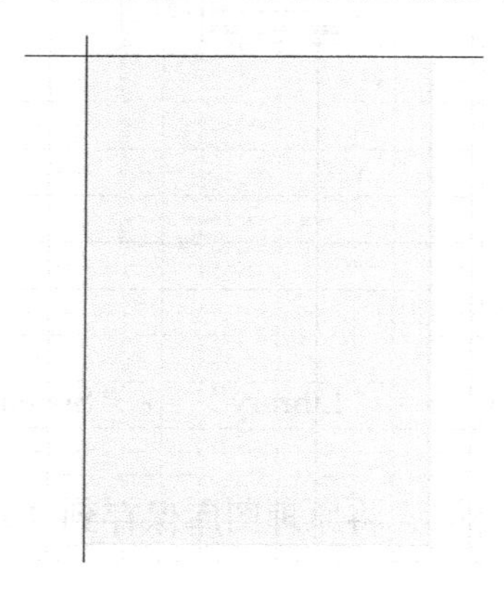

图 3.3.20　绘制好的矩形外框

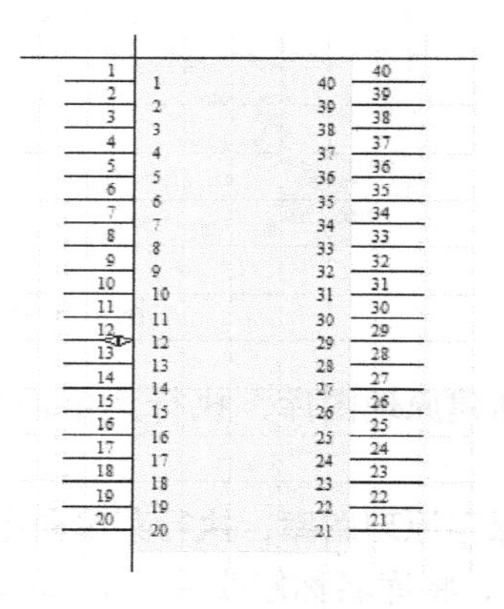

图 3.3.21　放置引脚后的单片机

⑦ 编辑引脚属性，根据 STC89C51 芯片的引脚资料，对引脚的名称、编号、电气类型等进行修改。VCC、GND 电气类型为 Power，单片机 I/O 口电气类型为 I/O，其他可以保持默认设置。双击后引脚属性对话框如图 3.3.22 所示。

⑧ 依次对所有引脚进行修改，修改完成的单片机芯片如图 3.3.23 所示。

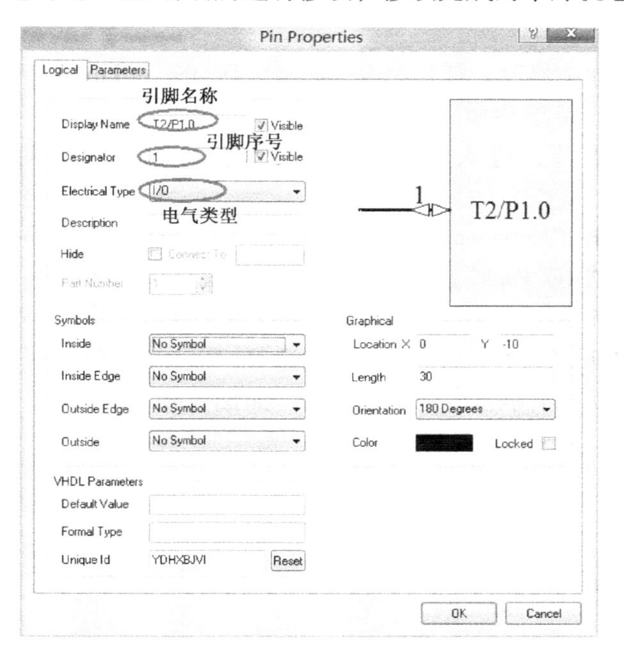

图 3.3.22　引脚属性对话框

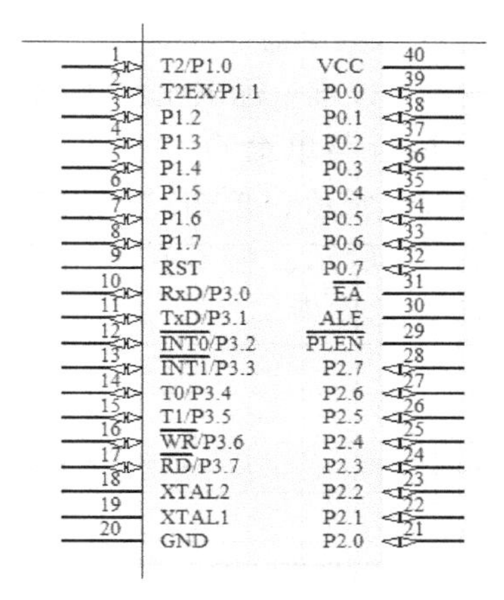

图 3.3.23　修改引脚属性后

⑨ 设置元器件属性。在“SCH Library”面板中，选中新绘制的元器件 STC89C51，单击“Edit”按钮或者双击新绘制的元器件名称，对元器件的默认标识注释进行修改，如图 3.3.24 所示。

图 3.3.24　元器件属性修改对话框

⑩ 运行元器件设计规则检查。执行菜单命令“Reports”→“Component Rule Check”，弹出如图3.3.25所示对话框，单击“OK”按钮查看检查结果。如果检查没有错，即可进入下一步；如果检查有错，进行修改。

⑪ 保存元器件。单击按钮或者执行菜单命令“File”→“Save”即可。

（2）绘制排阻原理图。

排阻的原理图可以在已经存在的库中修改，打开Miscellaneous Device. IntLib，找到Res Pack4，将其复制到自己新建的Mylib. SchLib库中。

① 打开上面新建的Mylib. SchLib库，进入原理图编辑面板，可以看到之前建立的STC89C51。

② 执行菜单命令“Tools”→“New Component”，在弹出的“New Component Name”对话框输入可以唯一标识元器件的名称“Res Pack”，单击“OK”按钮确定该名称。

③ 执行菜单命令“File”→“Open”，找到“Miscellaneous Devices. IntLib”，如图3.3.26所示，单击“打开”按钮，在弹出的对话框中选择“Extract Source”，如图3.3.27所示。接着在弹出的对话框中单击“OK”按钮，如图3.3.28所示，即可打开已有元件库。

图3.3.25 元器件设计规则检查

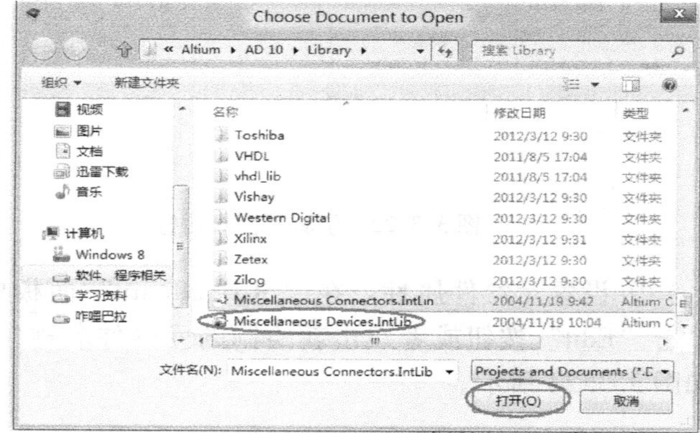

图3.3.26 打开原理图库

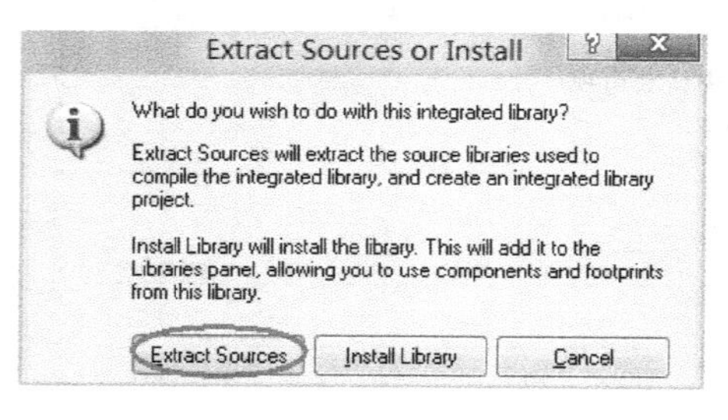

图3.3.27 抽取源

图3.3.28 抽取源目录

④ 双击“Project”面板下的“Miscellaneous Devices. SchLib”，如图3.3.29所示，单击“SCH Library”面板，如图3.3.30所示。找到“Res Pack4”，如图3.3.31所示。

⑤ 将Res Pack4全选，复制到“Mylib. SchLib”的Res Pack工作区，如图3.3.32所示。

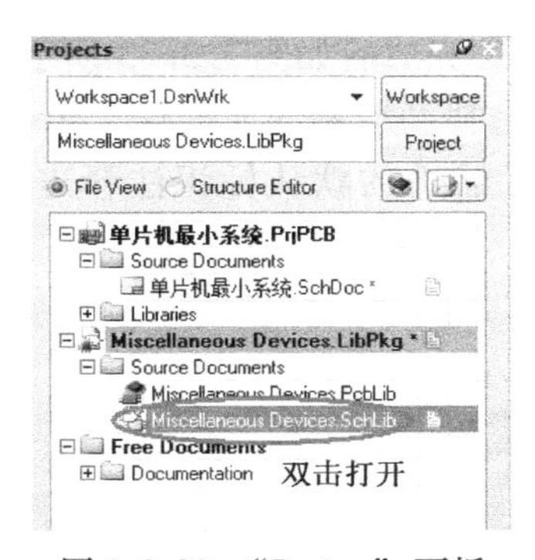

图 3.3.29 “Project” 面板

图 3.3.30 “SCH Library” 面板

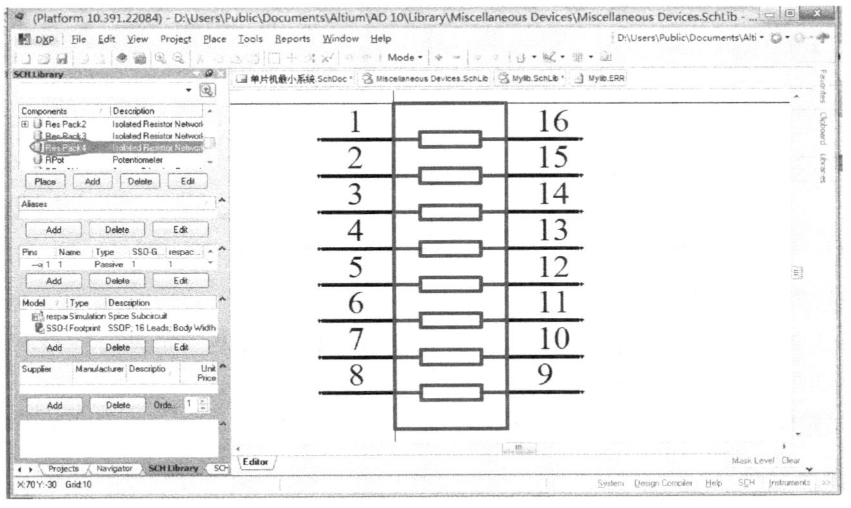

图 3.3.31 Res Pack4

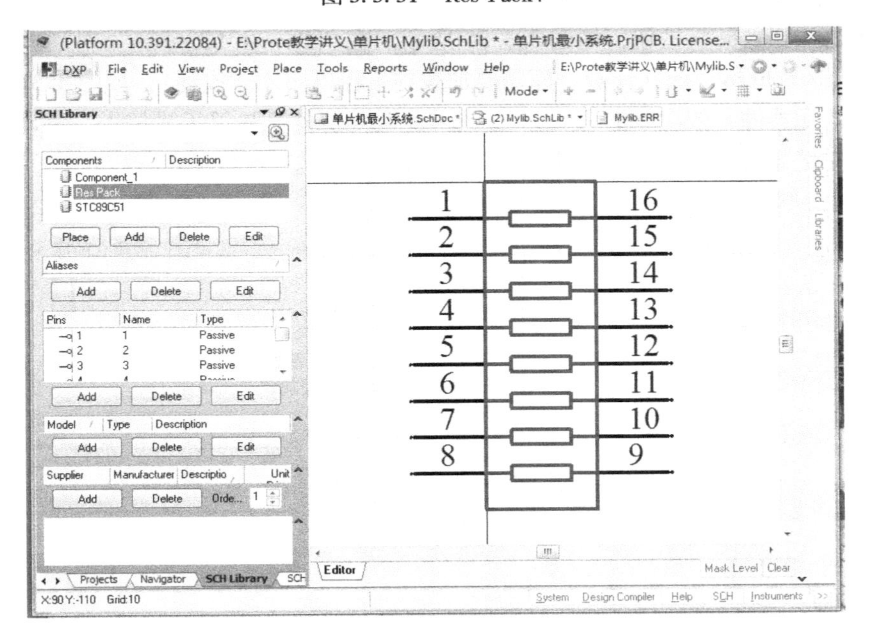

图 3.3.32 复制后的排阻

⑥ 将10～16脚删除，调整第9脚的位置和外形，完成后如图3.3.33所示。

⑦ 修改元件属性。在“SCH Library”面板中，选择新绘制的元器件“Res Pack”，单击“Edit”按钮或者双击新绘制的元器件名称，对元器件的默认标识注释进行修改，如图3.3.34所示。

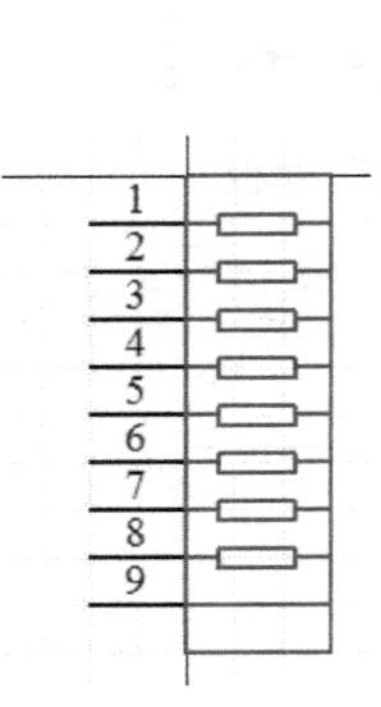

图3.3.33　修改后的排阻

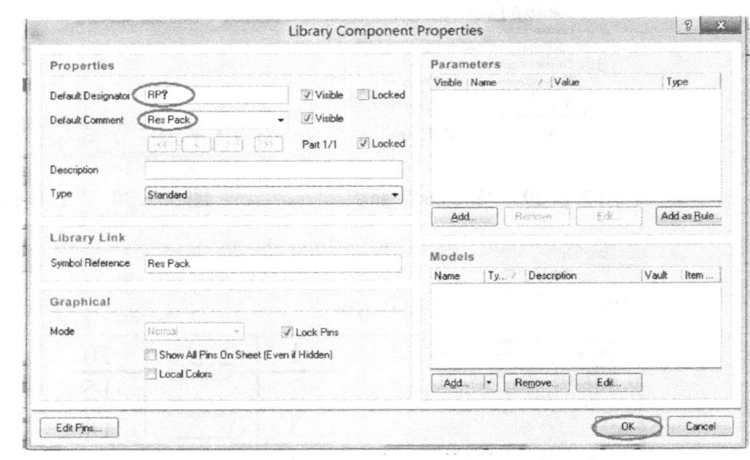

图3.3.34　修改元件属性

⑧ 运行元器件设计规则检查。执行菜单命令“Reports”→“Component Rule Check”，弹出如图3.3.25所示对话框，单击“OK”按钮查看检查结果。如果检查没有错，即可进入下一步；如果检查有错，进行修改。

⑨ 保存元器件。单击按钮或者执行菜单命令“File”→“Save”即可。

5）放置元器件

（1）放置自己绘制的单片机。执行菜单命令“Place”→“Part”，在弹出的“Place Part”对话框中单击“Choose”按钮，如图3.3.35所示。在“Browse Libraries”对话框中找到刚才绘制的“Mylib. SchLib”库（注意，库需要加载到工程里面才能找到），如图3.3.36所示。找到需要放置的元器件，依次单击“OK”按钮，此时元器件会悬浮于光标上，移动到合适的位置单击鼠标左键即可放置，单击右键或者Esc键结束放置。

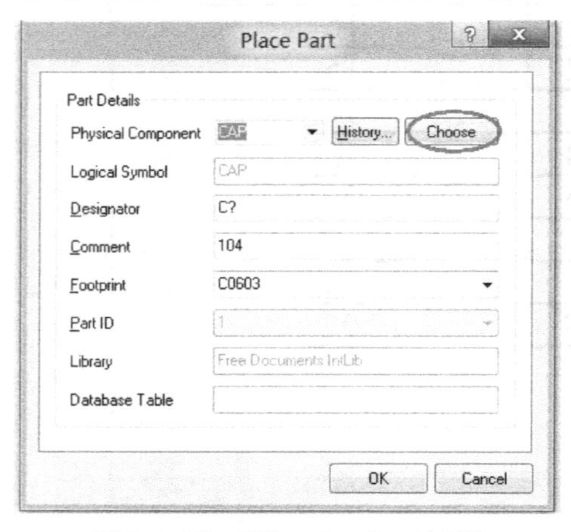

图3.3.35　“Place Part”对话框

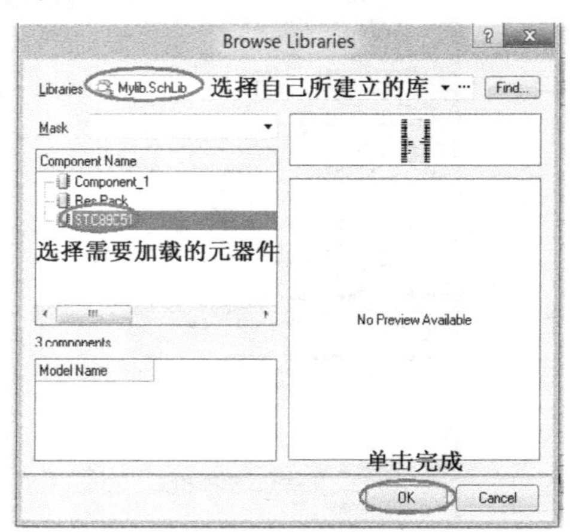

图3.3.36　库浏览选项对话框

（2）用与步骤（1）同样的方法放置自己绘制的排阻到原理图工作区，放置好后如图 3.3.37 所示。

（3）放置稳压电源芯片 L78M05CP，该芯片可直接从元件库里调用，但不知道在哪一个库，此时需要采用搜索元件的方法来放置该芯片。

① 执行菜单命令“Place”→“Part”，在弹出的“Place Part”对话框中单击“Choose”按钮，如图 3.3.35 所示。在“Browse Libraries”对话框中单击“Find”按钮，如图 3.3.38 所示。

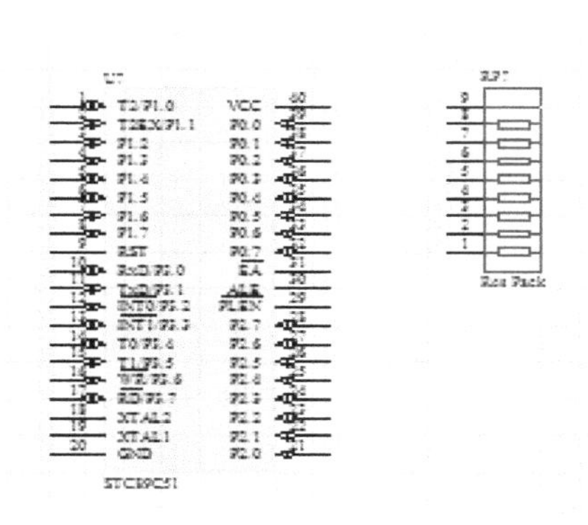

图 3.3.37　放置好排阻的原理图

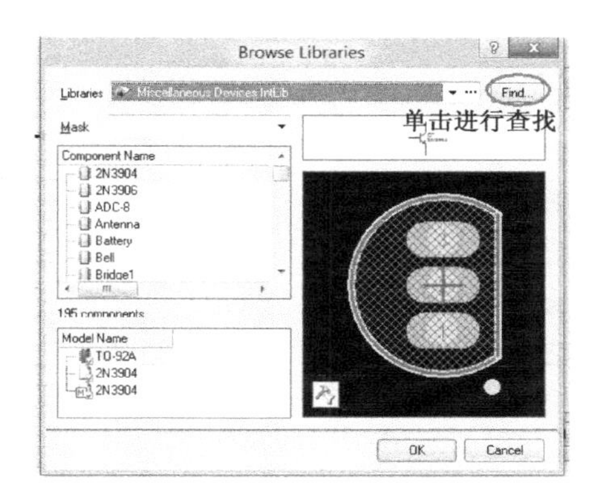

图 3.3.38　库浏览选项对话框

② 搜索后结果如图 3.3.39 所示，选择需要的元件然后一直单击“OK”按钮，直到元器件悬浮于光标上，移动鼠标到合适的位置后单击鼠标左键放置。

（4）放置一个电解电容。执行菜单命令“Place”→“Part”，在弹出的“Place Part”对话框中单击“Choose”按钮，如图 3.3.35 所示。在“Browse Libraries”对话框中找到“Miscellaneous Devices. IntLib”，如图 3.3.40 所示；找到需要放置的元器件，依次单击“OK”按钮。此时元器件会悬浮于光标上，移动到合适的位置单击鼠标左键即可放置，单击右键或者 Esc 键结束放置。

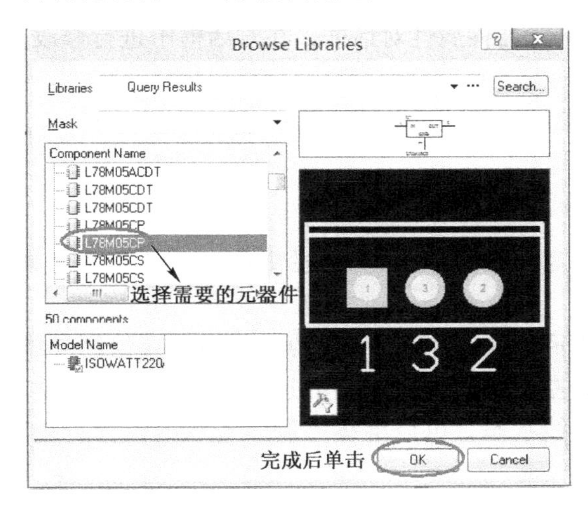

图 3.3.39　搜索结果对话框

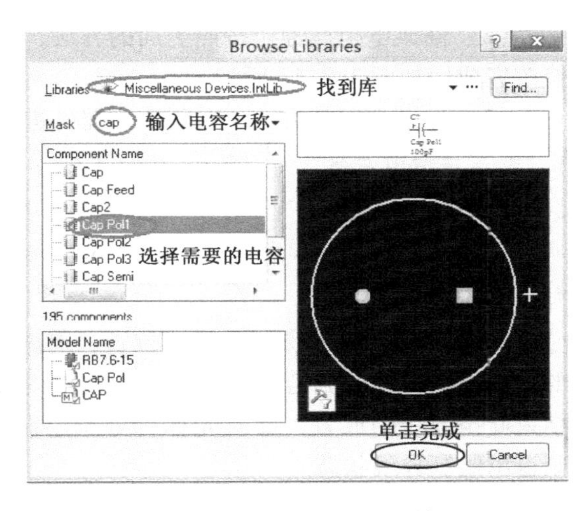

图 3.3.40　浏览元件对话框

(5) 依次按照步骤 (4) 的方法进行其他元器件的放置。放置完成后如图 3.3.41 所示。

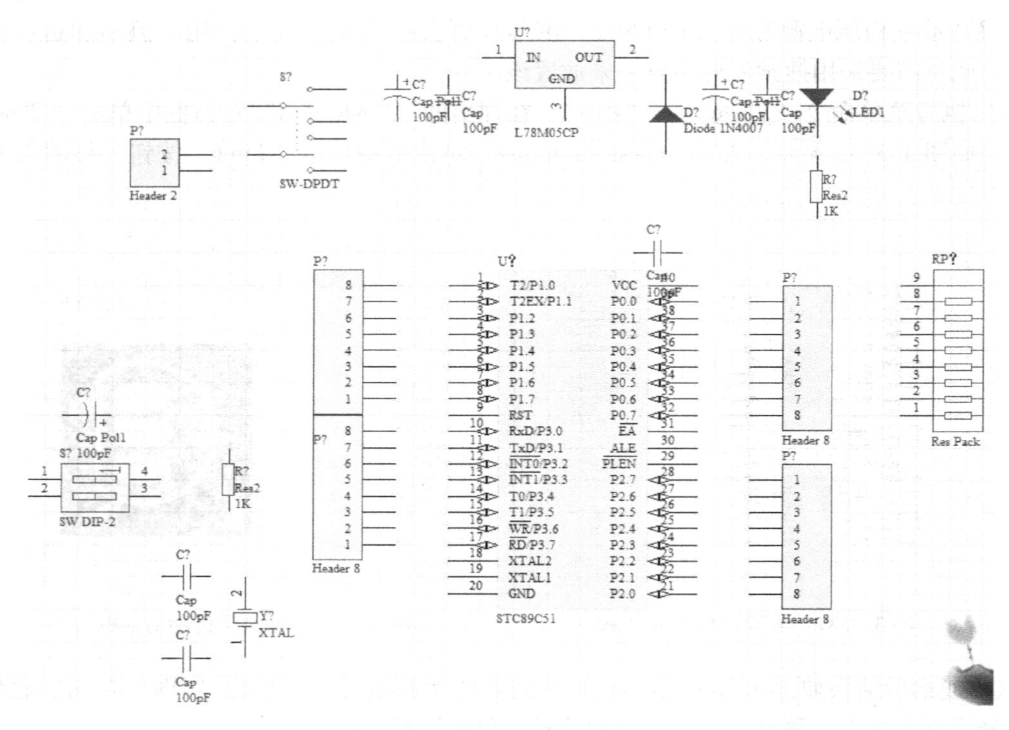

图 3.3.41 放置元器件完成后的原理图

6) 修改元器件属性

(1) 修改单片机属性。双击 STC89C51 (或者选择后单击鼠标右键，在弹出的快捷菜单中选择 "Properties")，打开元器件属性对话框如图 3.3.42 所示，在其中进行修改，修改序号、注释、参数等。

(2) 修改电阻属性。按照上面的方法，打开元器件属性对话框，在对话框中进行修改，修改完成后如图 3.3.43 所示。

(3) 按照上面的方法，对所有元器件进行修改，修改后如图 3.3.44 所示。

7) 原理图布线

(1) 导线绘制。

① 执行菜单命令 "Place" → "Wire" (或者单击 Wring 工具栏中的 ≈)，光标变成 "+" 字形状。

② 将光标移动到图纸的适当位置，单击鼠标左键，确定导线起点。沿着需要绘制导线的方向移动鼠标，到合适的位置再次单击鼠标左键，完成两点间的连线，单击鼠标右键，结束此条导线的放置。此时光标仍处于绘制导线状态，可以继续绘制，若双击鼠标右键，则退出绘制导线状态。

③ 依次执行上面的操作，完成导线绘制，完成后如图 3.3.45 所示。

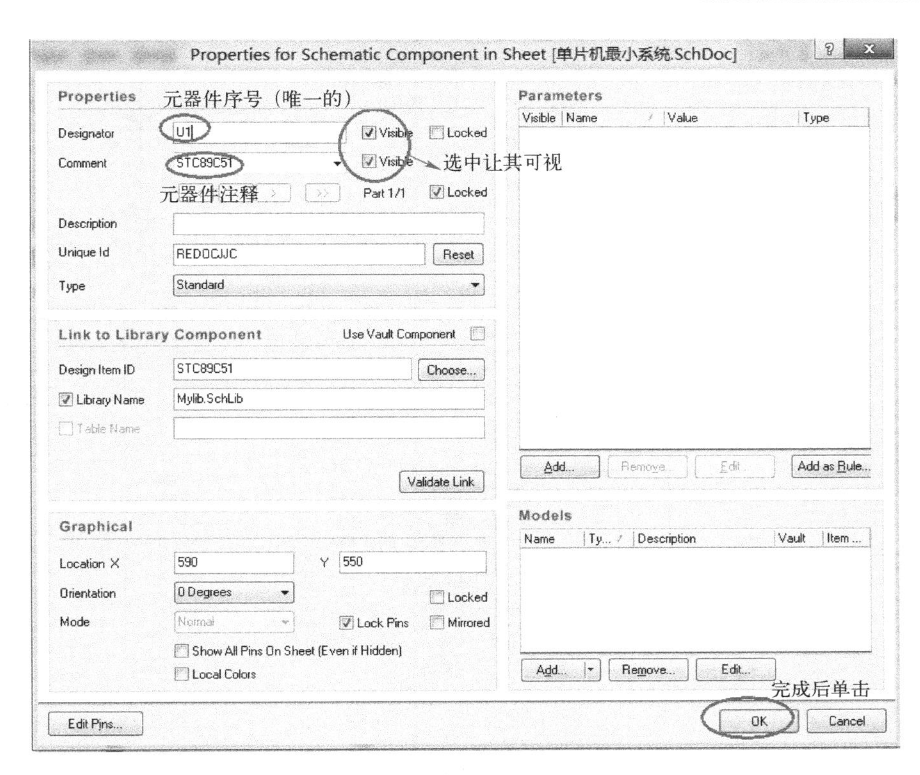

图 3.3.42　元器件属性对话框

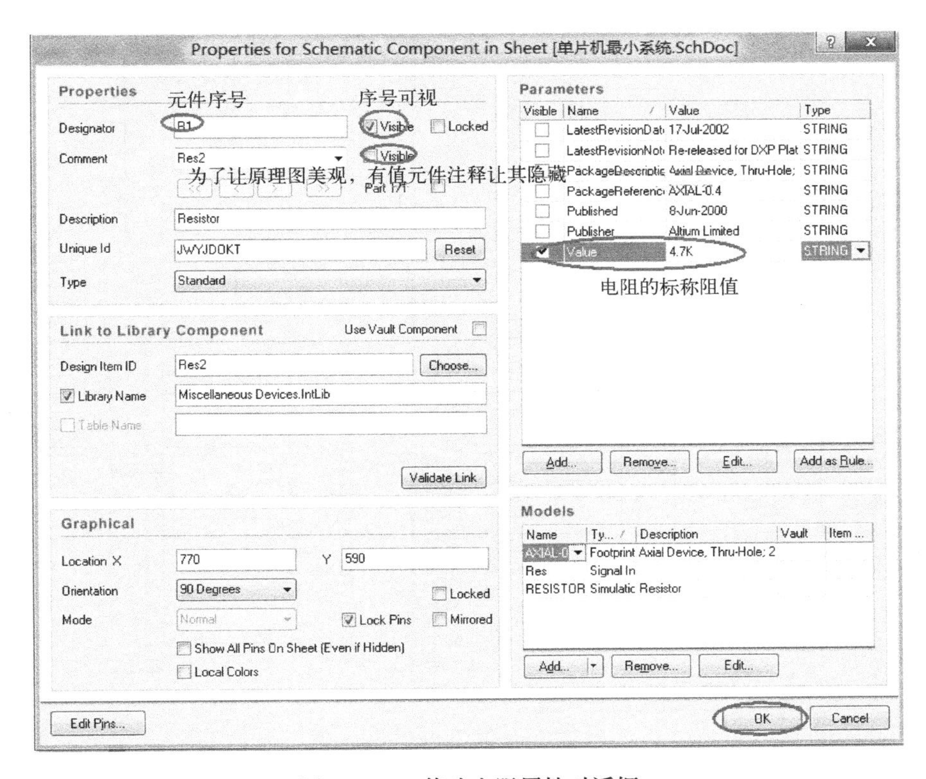

图 3.3.43　修改电阻属性对话框

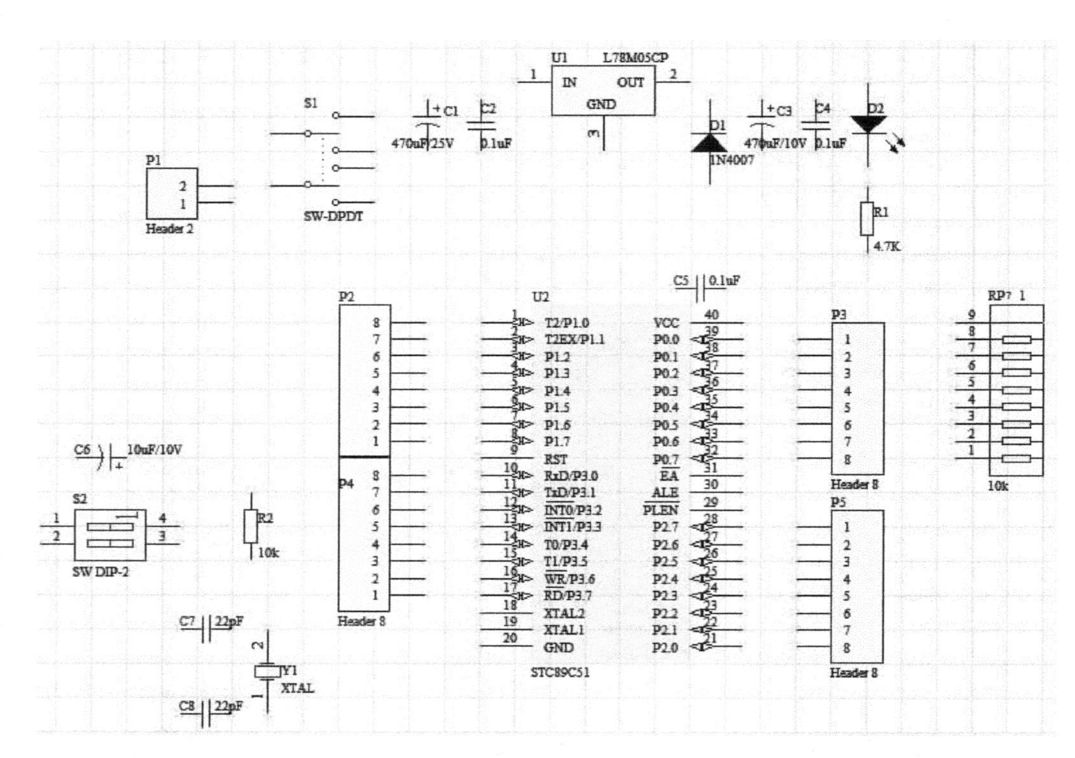

图 3.3.44　修改完元件属性后的原理图

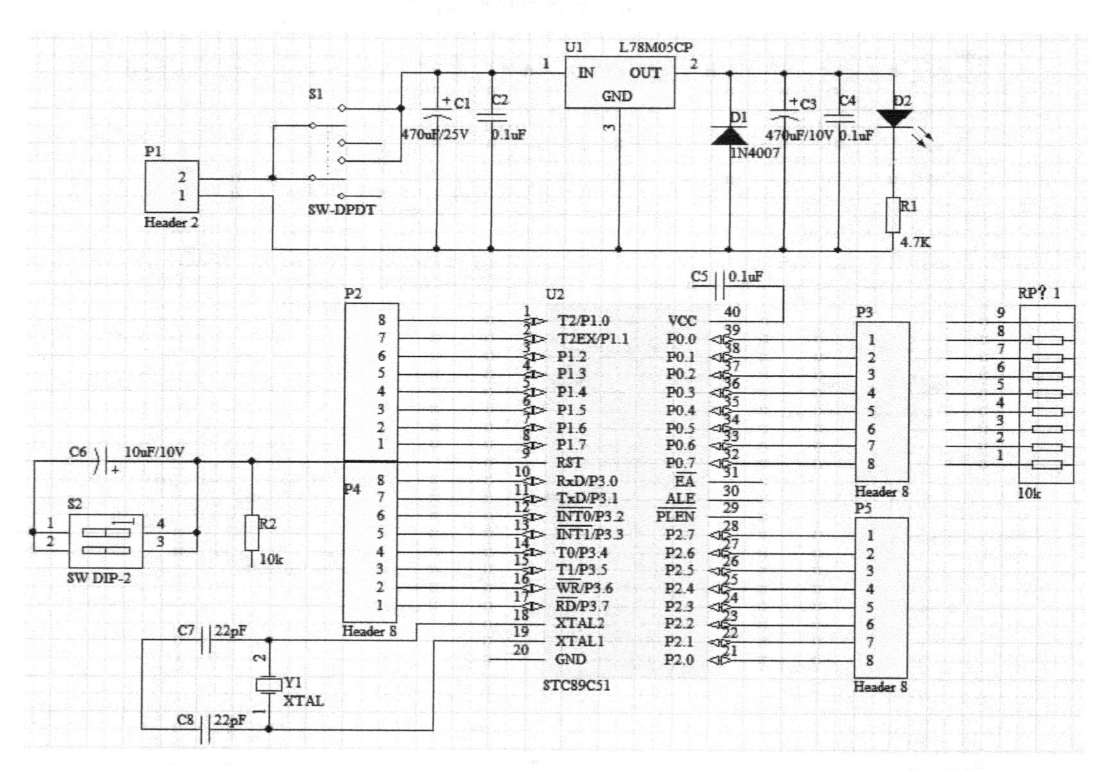

图 3.3.45　绘制好导线的原理图

（2）放置电源和接地。

单击工具栏中的 Vcc 图标或者 ⏚ 图标，电源或者接地图标会粘在“十”字光标上，移动到合适的位置单击鼠标左键即可。放置完成后如图 3.3.46 所示。

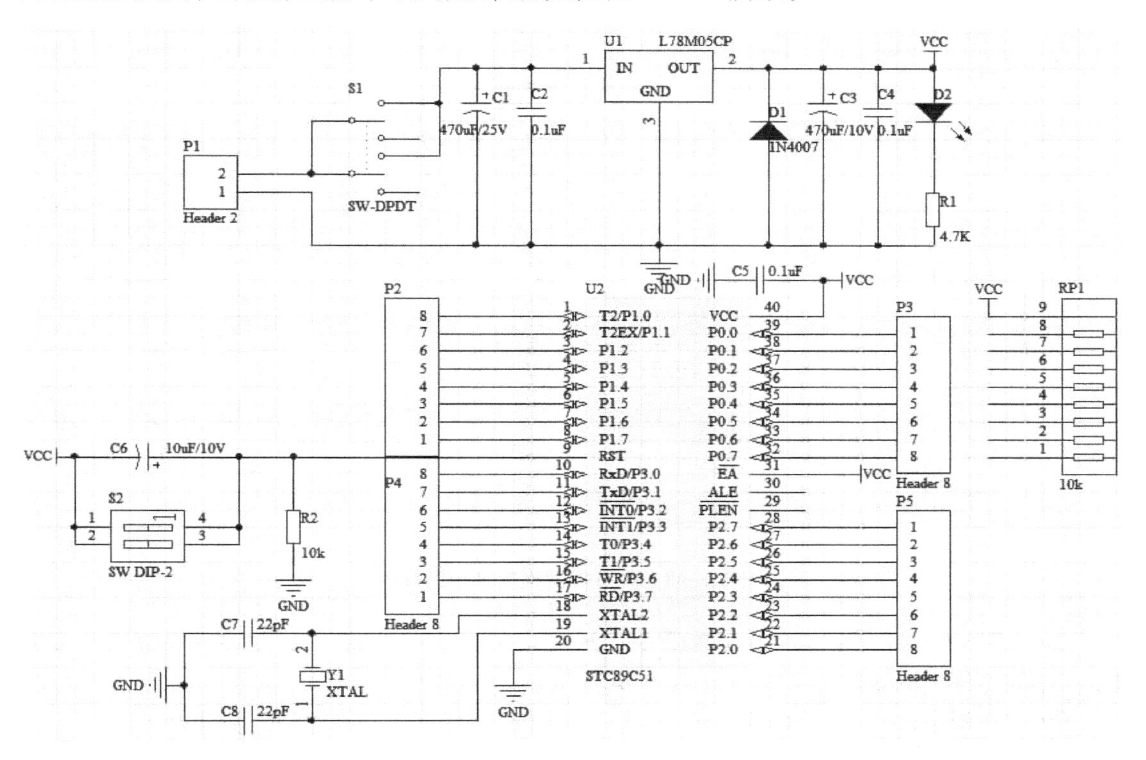

图 3.3.46　放置好电源和接地的原理图

（3）放置网络标签。

① 执行菜单命令“Place”→“Net Label”，此时网络标签会粘在“+”字光标上，移动鼠标到合适的位置单击左键即可放置网络标签。

② 修改网络标签的网络。在网络标签上双击鼠标左键，在弹出的对话框中修改网络，如图 3.3.47 所示。

③ 依次执行以上操作，直到全部放置完成。放置完网络标签的电路原理图如图 3.3.48 所示。

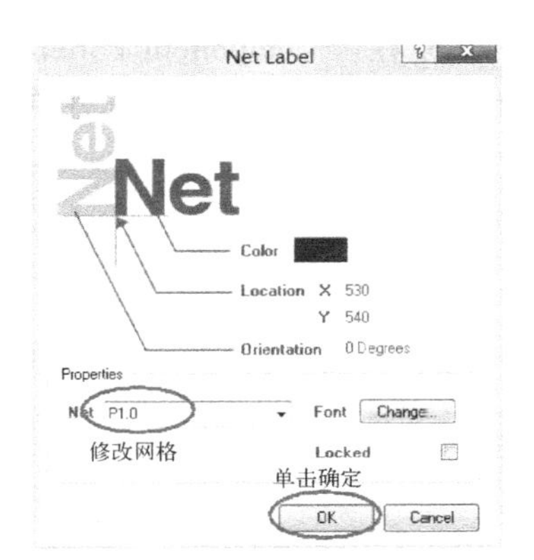

图 3.3.47　网络标签属性

8）绘制元器件封装库

（1）绘制单片机插座封装。

单片机插座为 40 脚的双列直插式封装，但由于外框距引脚位置相对较远，因此需要自己绘制，该芯片可以利用向导进行绘制。

① 新建 PCB 封装库。在之前新建的“单片机最小系统目录”下，执行菜单命令“File”→“New”→“Library”→“PCB Library”。

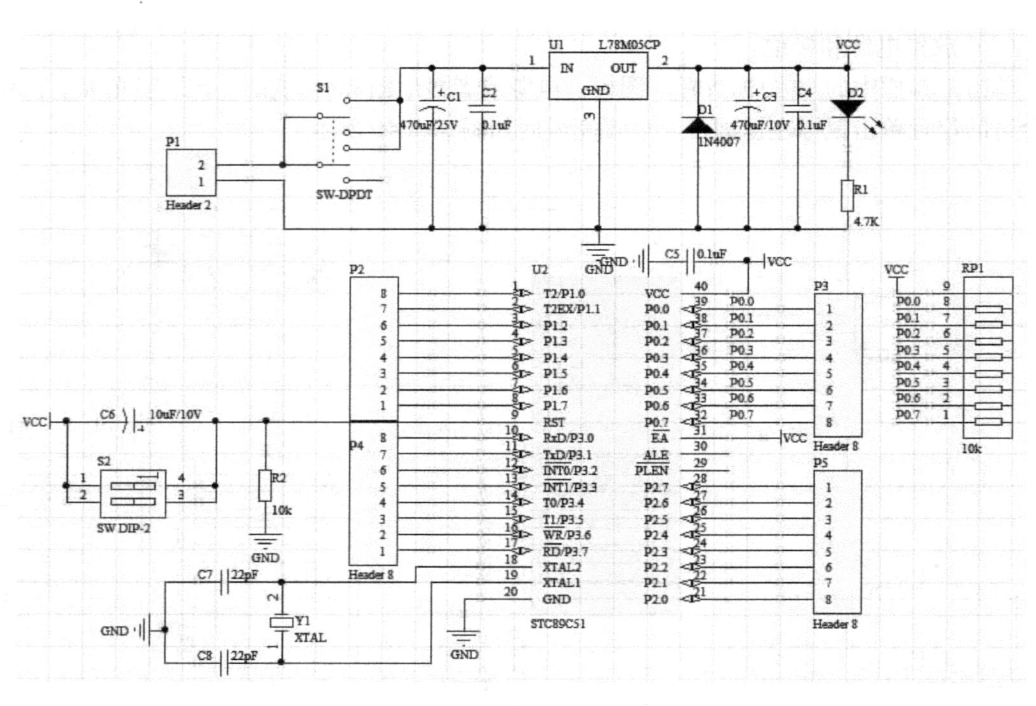

图 3.3.48　放置好网络标签的原理图

② 保存 PCB 封装库，执行菜单命令“Flie”→“Save”，将 PCB 封装库保存到“单片机”文件夹中，并命名为“MyPcbLib. PcbLib”。

③ 在面板中选择“PCB Library”标签，可以看到有一个空元件已经新建好了。

④ 执行菜单命令“Tools”→“Component Wizard”，弹出“Component Wizard”对话框，单击“Next”按钮进入下一步。

⑤ 在“Component Patterns”对话框中选择元件外形为“DIP”，单位选择“mm”，如图 3.3.49 所示。完成后单击“Next”按钮进入下一步。

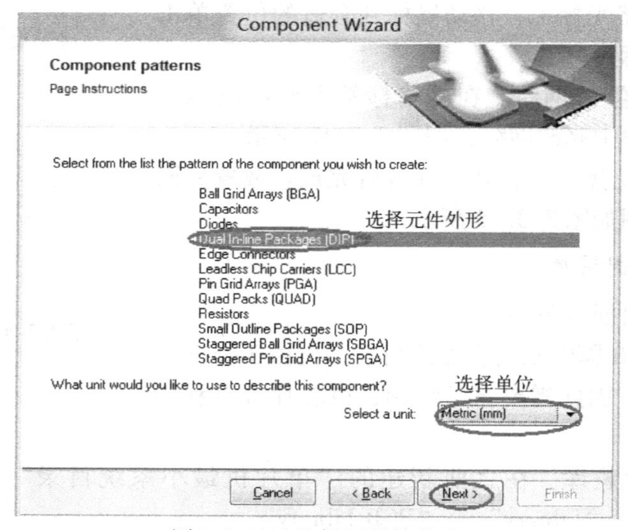

图 3.3.49　选择元器件外形

⑥ 在“Dual In-Line Packages（DIP）Define the pads dimensions”对话框中输入焊盘尺寸，在这里，将焊盘孔径设置为0.6mm，外径为2mm，圆形焊盘，如图3.3.50所示。

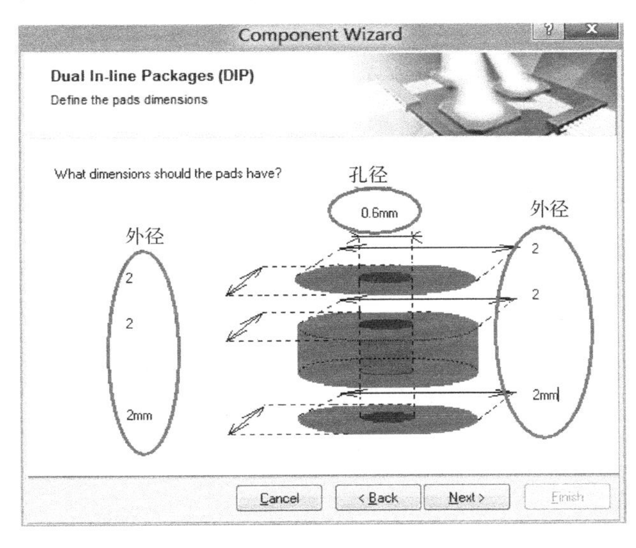

图3.3.50　设置焊盘大小

⑦ 单击“Next”按钮，在“Dual In-Line Packages（DIP）Define the pads layout”对话框中输入焊盘间距，如图3.3.51所示。

⑧ 单击“Next”按钮，在“Dual In-Line Packages（DIP）Define the outline width”对话框中输入外形线宽，如图3.3.52所示。

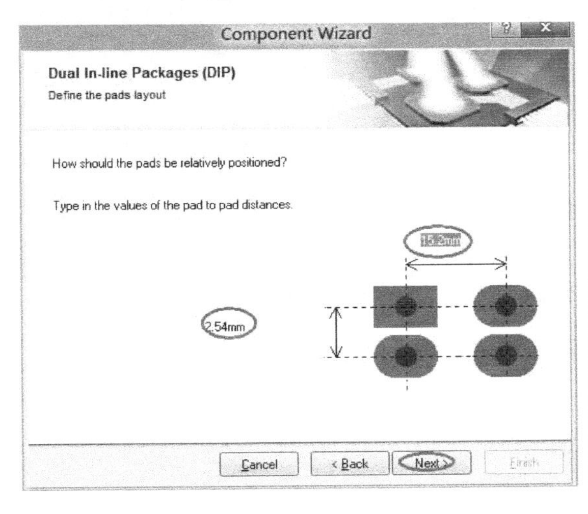

图3.3.51　设置焊盘间距

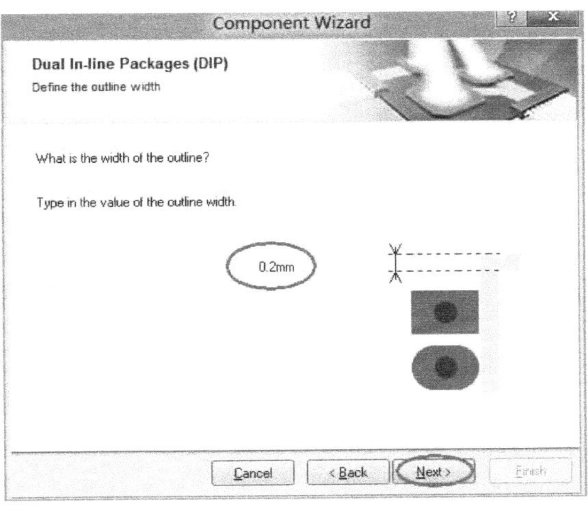

图3.3.52　设置外形线宽

⑨ 单击“Next”按钮，在“Dual In-Line Packages（DIP）Set number of the pads”对话框中输入焊盘数量40，如图3.3.53所示。

⑩ 单击“Next”按钮，在弹出的对话框中输入封装名称，如图3.3.54所示。

⑪ 一直单击“Next”按钮，到最后一步单击“Finish”按钮，即可完成向导设置。完

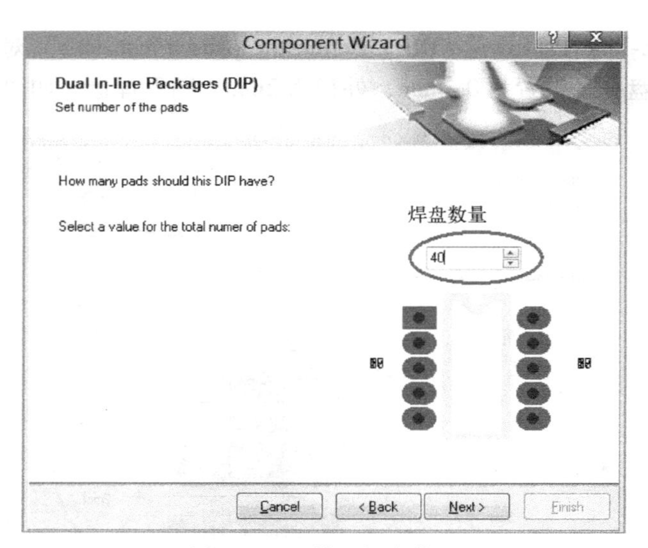

图 3.3.53　输入焊盘数量

成后如图 3.3.55 所示。

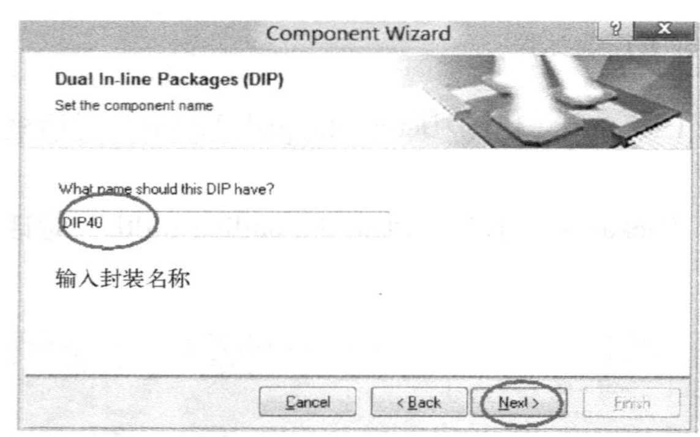

图 3.3.54　设置封装名称

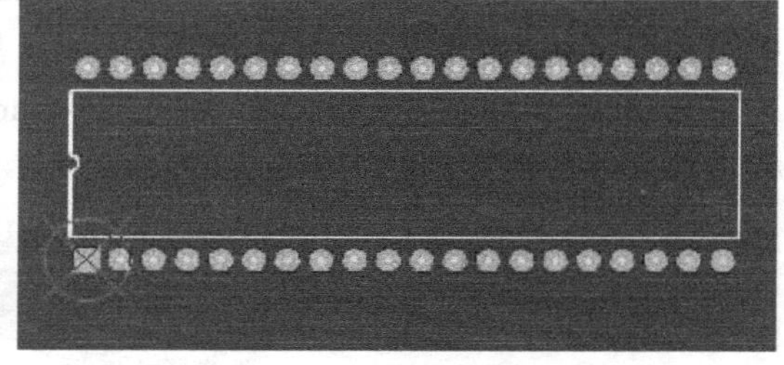

图 3.3.55　完成向导设置后的单片机封装

⑫ 对单片机插座的外形进行修改。实际测量得到插座长为 66mm，宽为 22.5mm；左右边缘距离焊盘 4mm，上边缘距离焊盘 10.5mm，下边缘距离焊盘 7mm。根据此尺寸进行修改。双击外形左边缘，在弹出的属性对话框中修改参数，如图 3.3.56 所示。

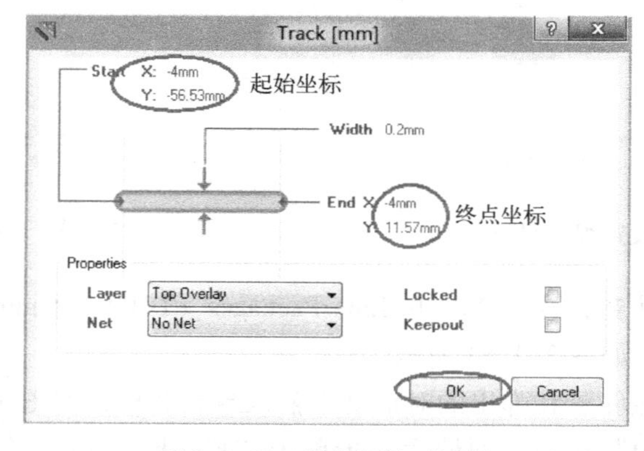

图 3.3.56　线条属性对话框

⑬ 依次对所有外形进行修改，修改后的封装如图 3.3.57 所示。

⑭ 保存文件。选择菜单命令 “File” → “Save” 即可。

（2）绘制复位开关的封装。

① 打开 “MyPcbLib.PcbLib”，在面板中选择 “PCB Library” 标签，可以看到刚刚建立的 DIP40。

② 执行菜单命令 “Tools” → “New Blank Component”，新建一个空元件。在 “PCB Library” 标签中双击 “PCB Component_1-duplicate”，弹出 “PCB Library Component” 对话框，在其中输入开关的名称和描述，如图 3.3.58 所示。

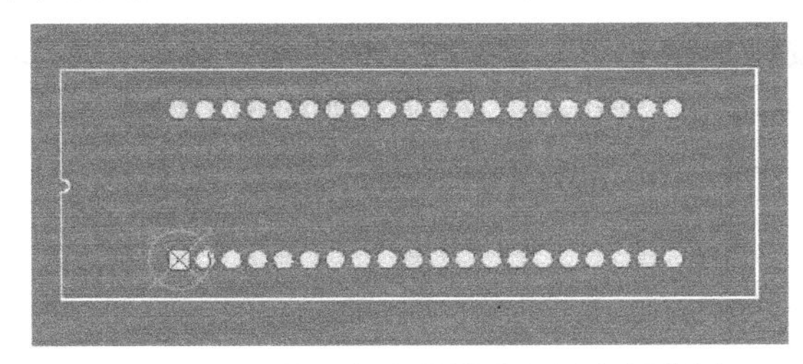

图 3.3.57 修改完成的单片机插座封装图

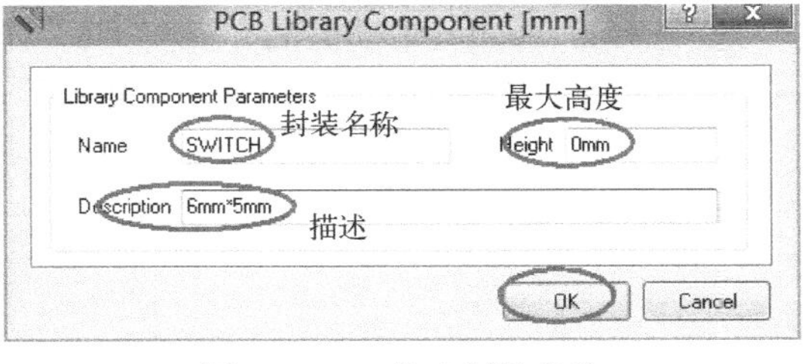

图 3.3.58 修改封装名称

③ 设置栅格点。首先将栅格设置成 5mm，垂直放置两个焊盘，其中 1 号焊盘放置于 (0,0)，2 号焊盘放置于 (0, -5)。再将栅格设置成 6mm，垂直放置两个焊盘，3 号焊盘放置于 (6,0)，4 号焊盘放置于 (6, -5)。设置栅格：单击鼠标右键，在弹出的快捷菜单中选择 “Snap Grid” → “Set Global Snap Grid”。在打开的对话框中输入 5mm，如图 3.3.59 所示。

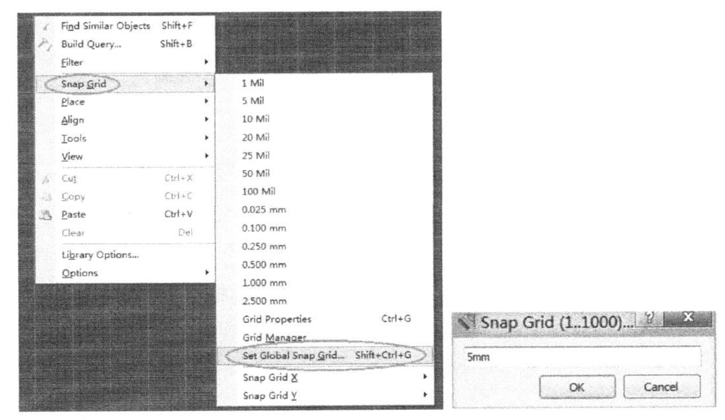

图 3.3.59 设置栅格点大小

④ 放置好焊盘后，在 Top Overlay 层上绘制外框，如图 3.3.60 所示。

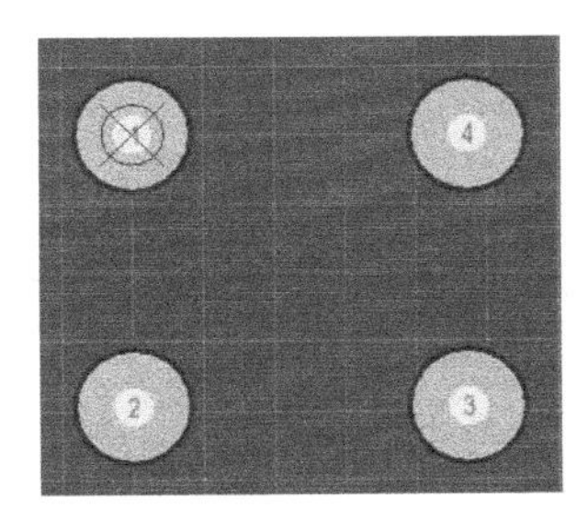

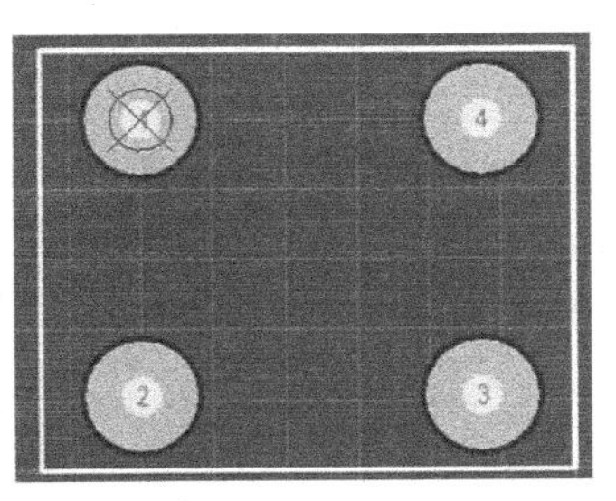

图 3.3.60 绘制外框

（3）绘制电容和 LED 的封装。

按照上面两种方法完成电解电容封装和 LED 封装的绘制。

9）*加载元器件封装库*

在加载元器件封装之前，应确保自建的封装库在工程目录下面。

（1）加载单片机封装。

① 在原理图界面选中单片机，双击鼠标左键，此时会弹出元器件属性对话框，如图 3. 3. 61 所示。单击“Models”选项框的“Add”按钮添加封装模型，在弹出的对话框中选择“Footprint”，如图 3. 3. 62 所示。

② 选择好 Footprint 模型后单击“OK”按钮弹出“PCB Model”对话框，在“PCB Library”中选择“Any”，在“Footprint Model”中单击“Browse”按钮，如图 3. 3. 63 所示。

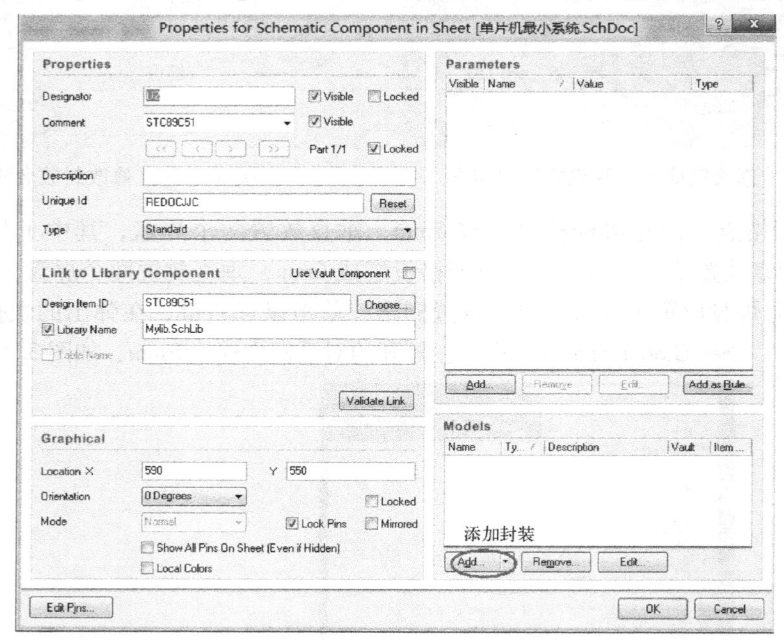

图 3. 3. 61　元器件属性对话框

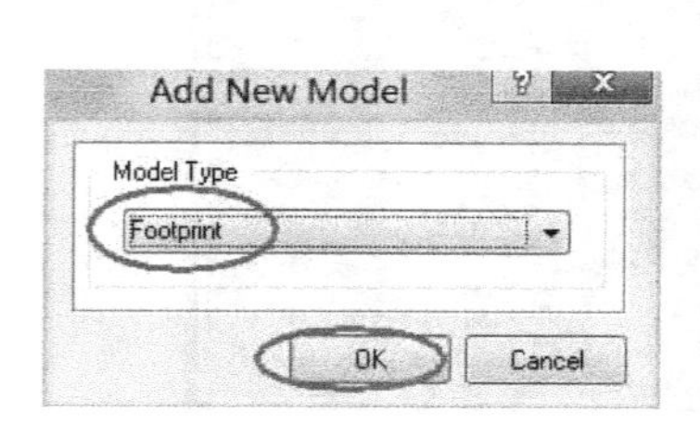

图 3. 3. 62　增加新模型

图 3. 3. 63　“PCB Model”对话框

③ 单击“Browse”按钮后弹出“Browse Libraries”对话框，在里面找到自己绘制的单片机插座封装后依次单击“OK”按钮，如图 3.3.64 所示。

④ 依次单击“OK”按钮，加载好封装后的单片机插座如图 3.3.65 所示。

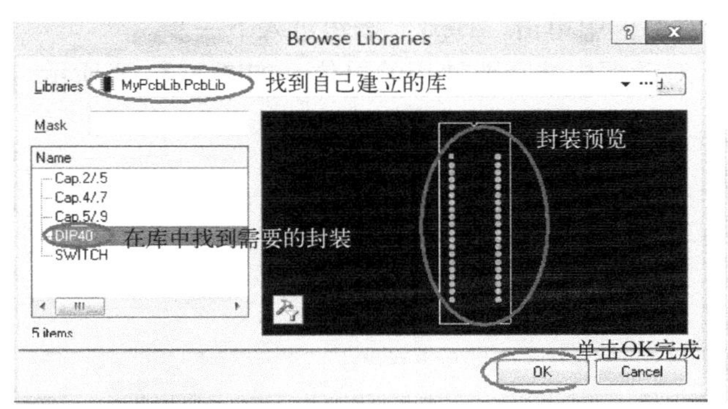

图 3.3.64　库浏览对话框

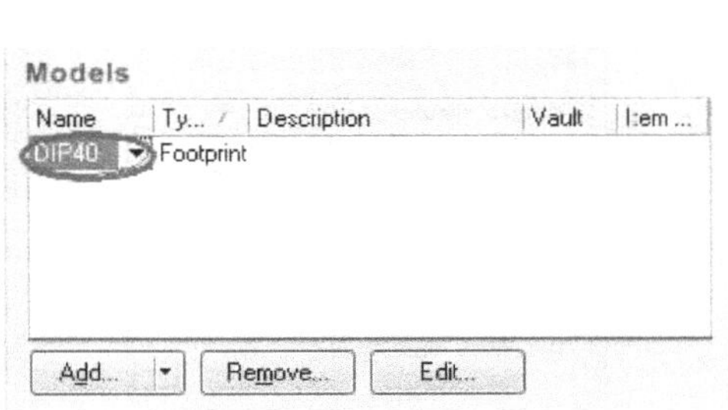

图 3.3.65　加载好封装后的单片机插座

（2）加载电解电容封装。

按照上面的方法分别给电解电容 C1、C3、C6 添加自己绘制的封装。

（3）修改 C2 的封装。

根据表 3.3.3 的要求将所有元器件的封装进行修改。

① 将光标放在 C2 上面，双击鼠标左键，弹出元器件属性对话框，在“Models”选项中选择已有封装“RAD-0.3”，单击“Edit”按钮，如图 3.3.66 所示。

② 在弹出的“PCB Model”对话框中选择“Any”，在“Footprint Model”中输入封装名称“RAD-0.2”（或者单击“Browse”按钮进行浏览），如图 3.3.67 所示。

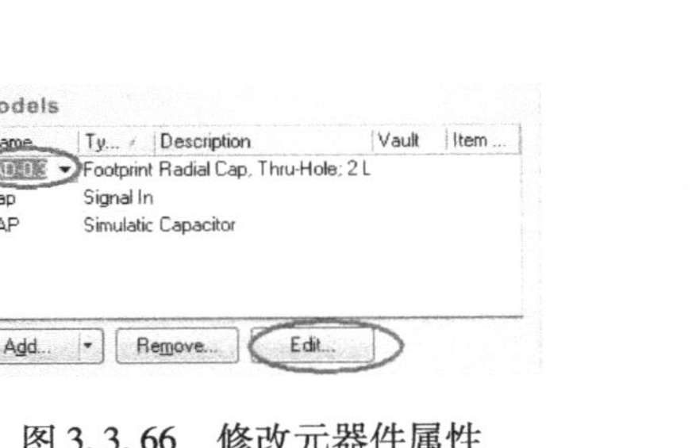

图 3.3.66　修改元器件属性

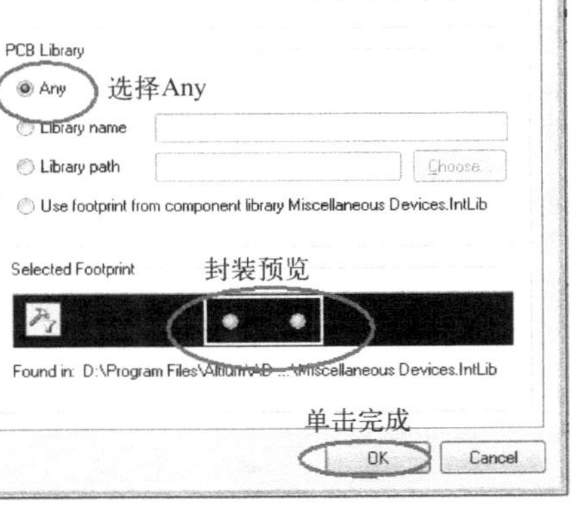

图 3.3.67　修改电容封装

（4）修改其他元件的封装。

按照上述方法修改其他所有元件的封装。

10）新建 PCB 文件

（1）选择面板中的“Files”标签，单击“New from template”中的“PCB Board Wizard”选项，如图 3.3.68 所示。

（2）在弹出的“PCB Board Wizard”对话框中单击“Next”按钮进入下一步。

（3）在弹出的“Choose Board Units”对话框中选择要使用的单位，如图 3.3.69 所示。

图 3.3.68 “Files”面板标签

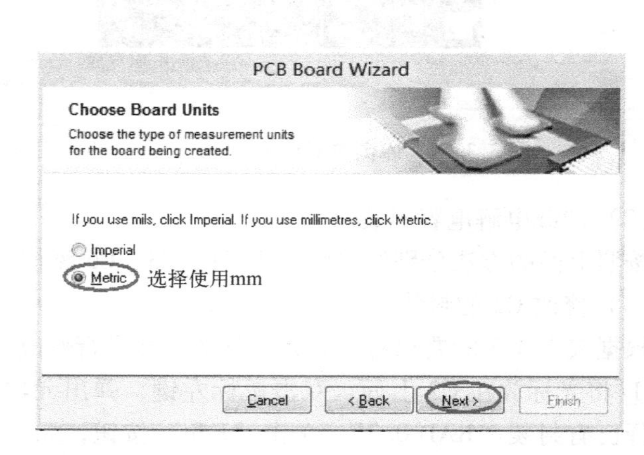

图 3.3.69 选择使用的单位

（4）单击“Next”按钮进入下一步，选择模板，在这里我们选择“Custom”，自己定义板子大小，如图 3.3.70 所示。

（5）单击“Next”按钮，在弹出的“Choose Board Details”对话框中输入板子大小和形状，如图 3.3.71 所示。

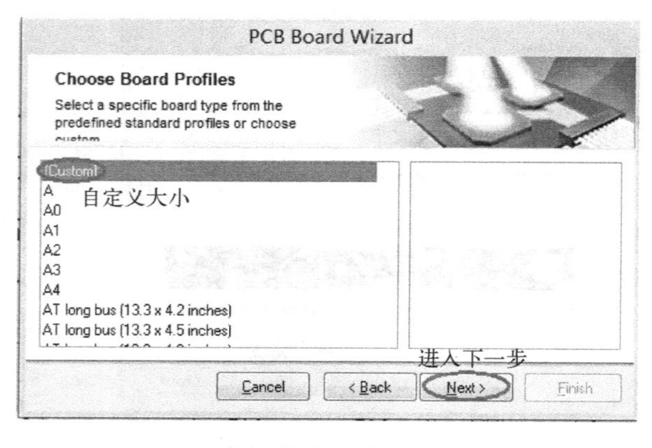

图 3.3.70 选择板子自定义选项

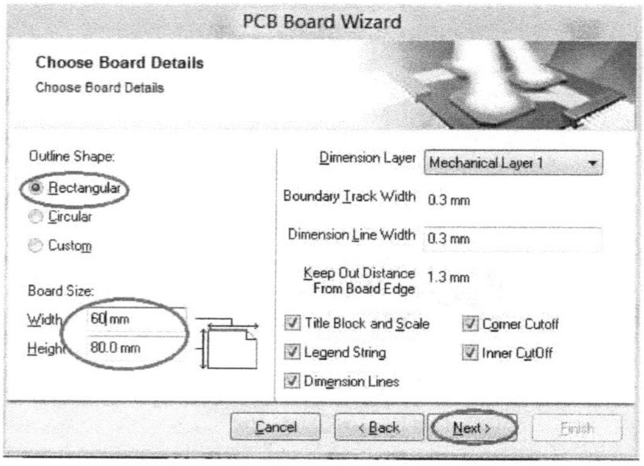

图 3.3.71 设置电路板形状和大小

（6）单击“Next”按钮，弹出“Choose Board Corner Cut”，在此不需要设置。

（7）单击“Next”按钮，弹出“Choose Board Inner Cut”，在此不需要设置。

（8）单击“Next”按钮，弹出“Choose Board Layers”，在此不需要设置。

（9）单击“Next”按钮，弹出“Choose Via Style”，选择“Thruhole Vias only”，如图 3.3.72 所示。

（10）单击“Next”按钮，选择大多数元件的性质，如图 3.3.73 所示。

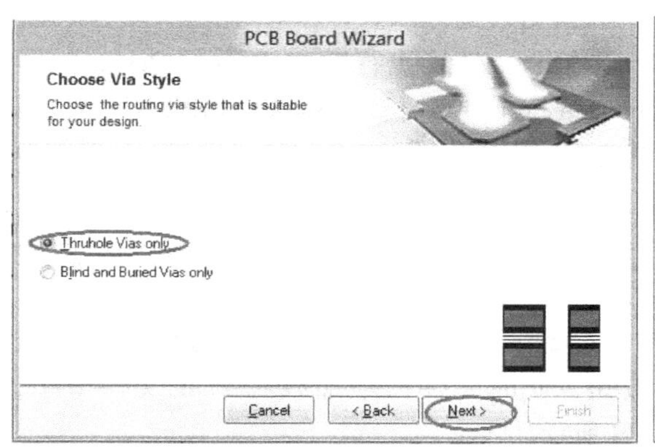

图 3.3.72　设置过孔形式

图 3.3.73　选择元件性质

（11）单击“Next”按钮，设置默认线宽和过孔尺寸，如图 3.3.74 所示。

（12）依次单击“Next”按钮，直到完成向导设置。完成后的电路板如图 3.3.75 所示。

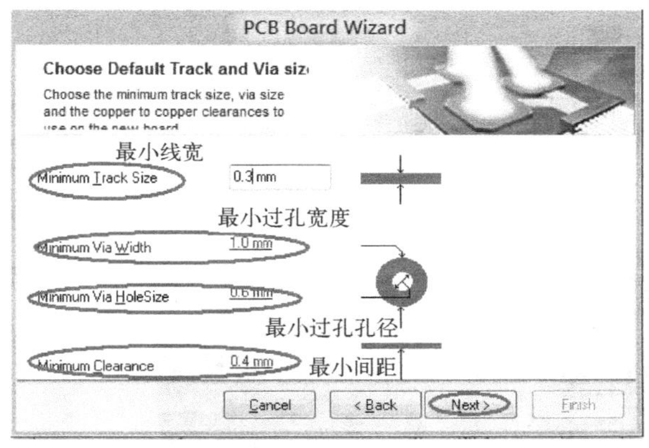

图 3.3.74　设置线宽和过孔

图 3.3.75　新建完成的电路板

（13）保存电路板到“单片机”文件夹下，命名为“单片机最小系统.PcbDoc”。

（14）如果该文件没有在工程中，则需要添加。在工程上单击鼠标右键，在弹出的对话框中选择“Add Exting to Project”，找到“单片机最小系统.PcbDoc”，将其打开即可。

11）原理图后期处理

（1）编译工程文件。

激活原理图文件，执行菜单命令“Project”→“Compile PCB Project 单片机最小系统.PrjPCB”，如果没有提示错误即可进入下一步。如果有错，进行修改后再编译，直到没有错误为止。

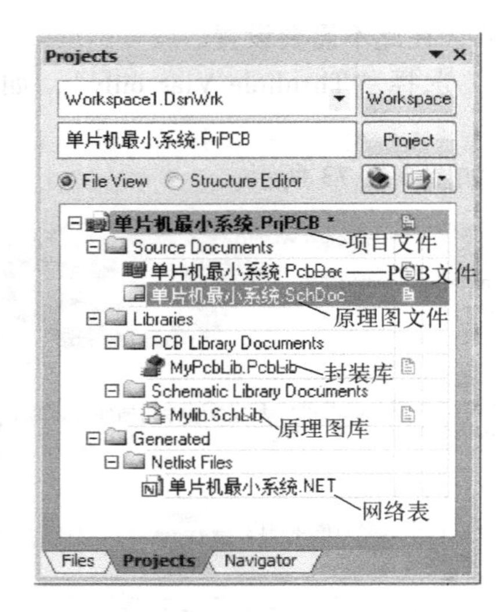

图 3.3.76　完整的工程文件

（2）生成网络表。

激活原理图文件，执行菜单命令“Design”→“Netlist For Project”→“Protels”，至此，“Projects”面板标签中应存在如图 3.3.76 所示的文件。

（3）导入网络表到 PCB。

① 激活 PCB 文件，执行菜单命令“Design”→“Import Changes From 单片机最小系统.PrjPCB”。

② 在弹出的“Engineering Change Order”对话框中检查可用变化，如图 3.3.77 所示。

③ 在图 3.3.77 中如果有错，返回原理图进行修改；如果没有错误，则执行变化，如图 3.3.78 所示。

④ 在“Engineering Change Order”对话框中单击“Close”按钮，此时元件已经加载到 PCB 文件中了，如图 3.3.79 所示。

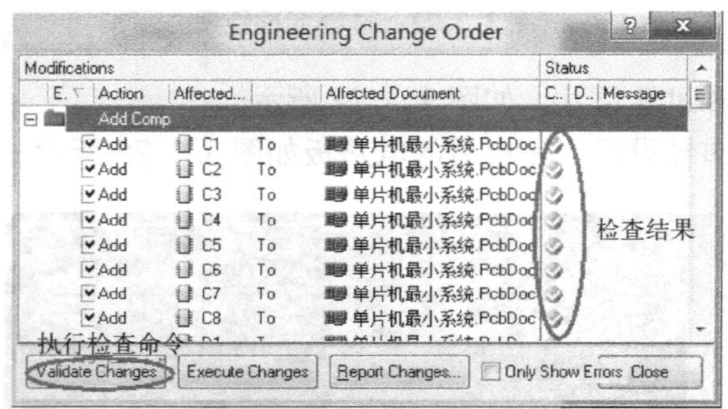

图 3.3.77　检查变化

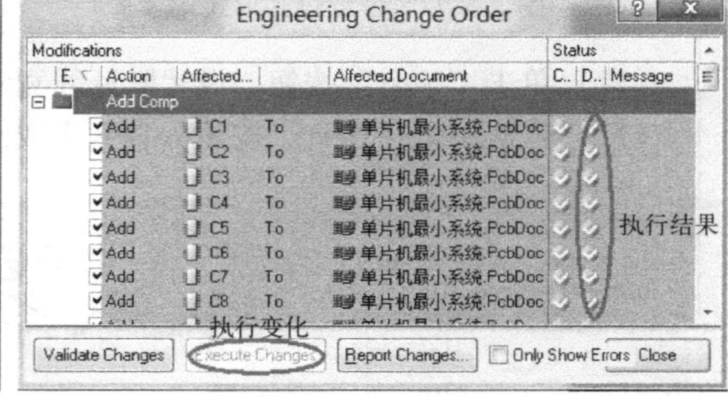

图 3.3.78　执行变化

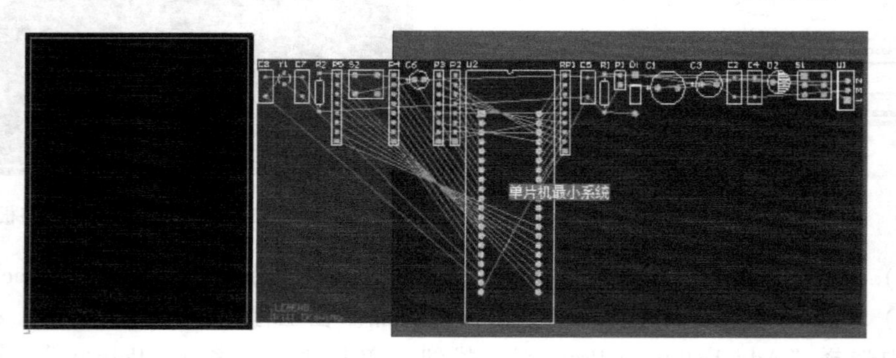

图 3.3.79　导入网络表后的 PCB

12）元器件布局

（1）选中红色器件盒，在键盘上按下 Delete 键，将其删除。

（2）选中某个元件，按住鼠标左键拖动到 PCB 合适的位置后放开鼠标左键（在拖动过程中按下空格键可以旋转位置）。

（3）元件布局后的 PCB 如图 3.3.80 所示。

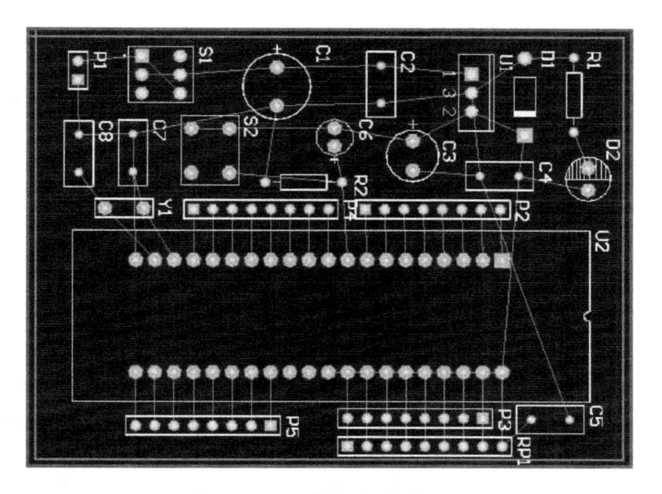

图 3.3.80　布局完成的 PCB

13）进行布线规则设置

（1）执行菜单命令“Design”→“Rules”，打开规则编辑对话框，在其中进行逐一设置。

（2）进行间距设置，如图 3.3.81 所示。

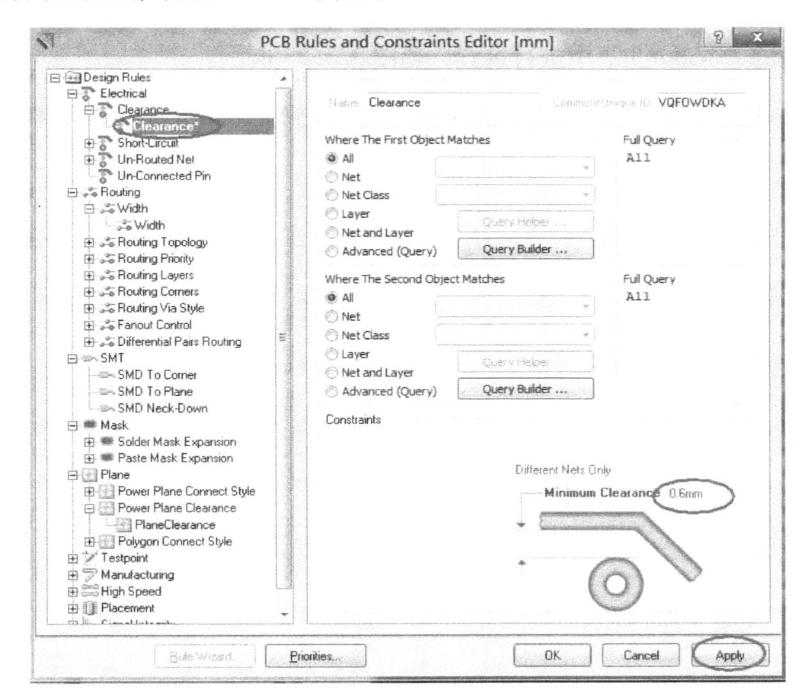

图 3.3.81　导线间距设置

（3）导线线宽设置。先设定所有线宽，将其最大值设置为 1mm，最小值设置为 0.3mm，优先值为 0.6，如图 3.3.82 所示。

（4）电源线宽设置。在“Width”上单击鼠标右键，在弹出的快捷菜单中选择“New

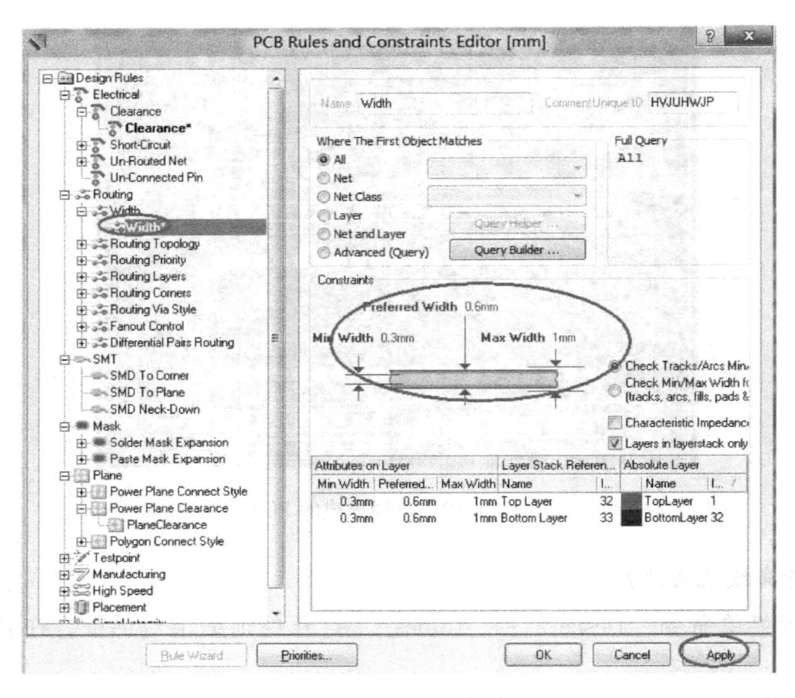

图 3. 3. 82　线宽设置

Rule”，在新建的“Width_1”中进行设置，如图 3. 3. 83 所示。

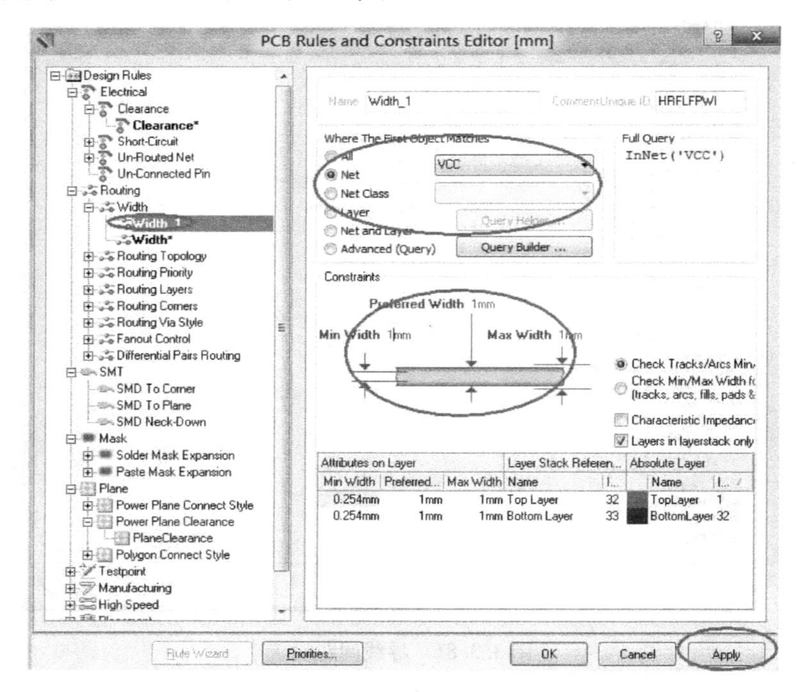

图 3. 3. 83　电源线宽设置

（5）设置敷铜间隙，如图 3. 3. 84 所示。

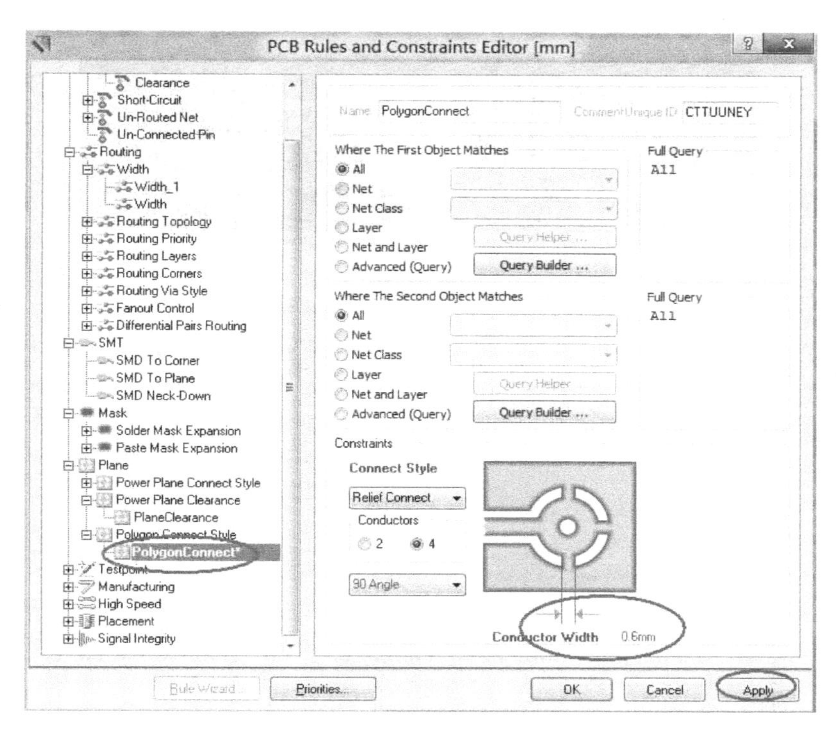

图 3.3.84　设置敷铜间隙

（6）其他规则保持默认即可。

14）PCB 布线

（1）激活 PCB 文件，切换到 Bottom Layer，执行菜单命令“Place”→“Interactive Routing”或单击图标。将鼠标移动到焊盘位置，此时光标会呈现多边形，如图 3.3.85 所示，单击鼠标左键开始布线（此时按下 Tab 键可以修改导线属性）。到该网络的另一焊盘时光标会变成多边形，此时再次单击鼠标完成该条导线的放置。单击一次鼠标右键或者按 Esc 键结束该条导线放置，单击两次鼠标右键结束导线放置状态。

（2）放置好一条导线后如图 3.3.86 所示。用同样的方法放置好除 GND 以外的所有导线。

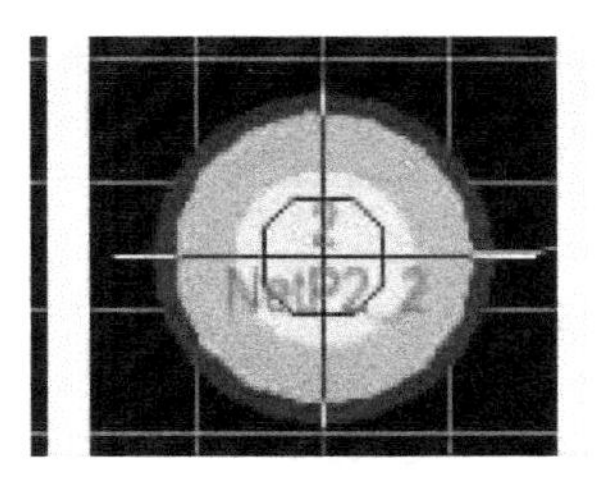

图 3.3.85　布线

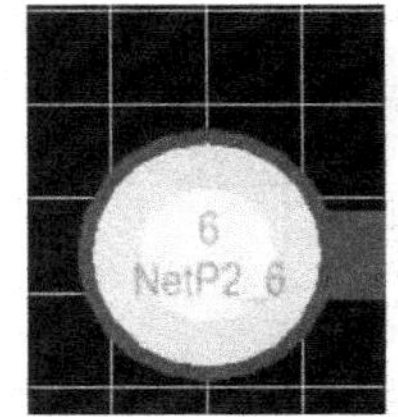

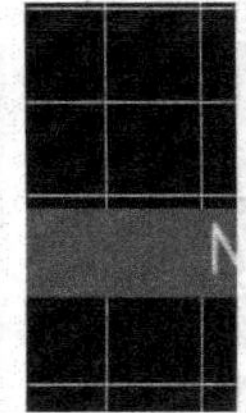

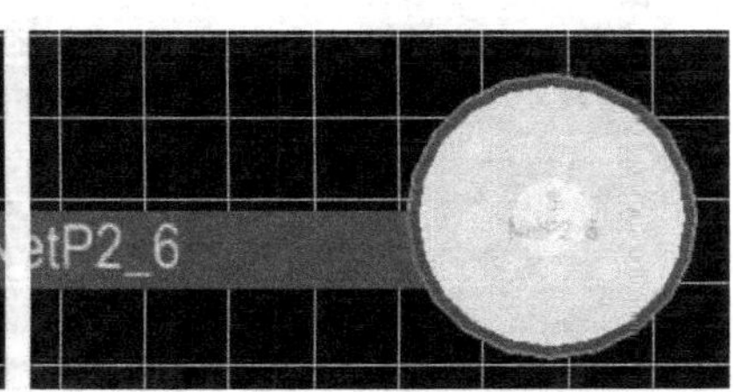

图 3.3.86　放置好一条导线

（3）放置安装孔，要求孔径为 2mm，焊盘大小为 3mm。执行菜单命令“Place”→“Pad”，此时焊盘会粘在鼠标上，按下 Tab 键修改属性和大小，如图 3.3.87 所示。

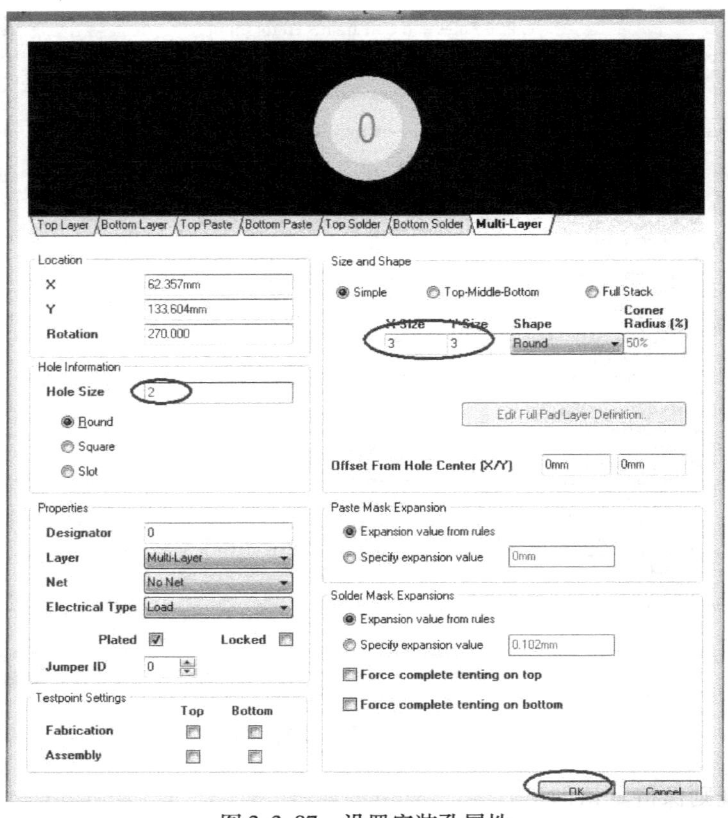

图 3.3.87　设置安装孔属性

（4）绘置好导线的 PCB 如图 3.3.88 所示。

（5）对地线敷铜。地线的连接一般采用敷铜的方式。执行菜单命令“Place”→“Polygon Pour”，弹出敷铜选项对话框，设置网络为“GND”，敷铜层为“Bottom Layer”，如图 3.3.89 所示。

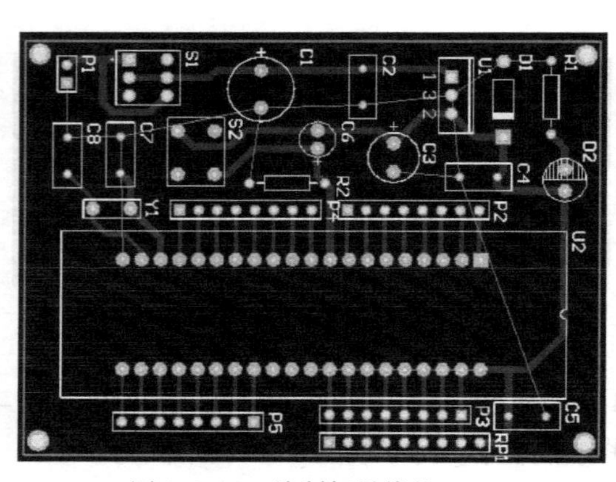

图 3.3.88　绘制好导线的 PCB

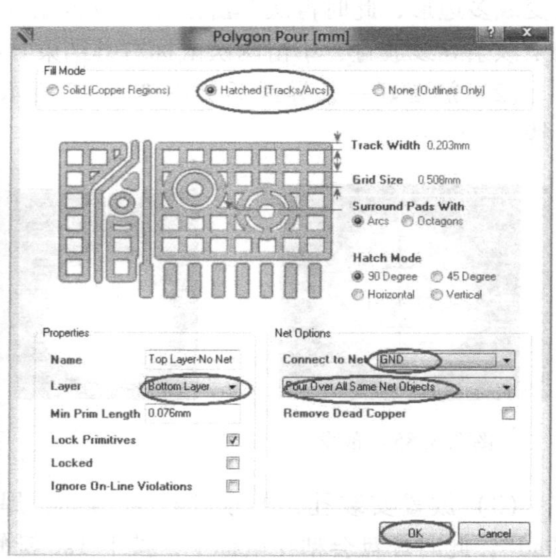

图 3.3.89　敷铜选项

(6) 单击“OK”按钮，此时光标会变成“十”字形状，将光标移动到电气约束线的一个角单击鼠标左键，然后移动鼠标到另一个角再次单击鼠标左键。直到在电路板上画出一个框，最后单击鼠标右键结束敷铜。放置好敷铜后的PCB如图3.3.90所示。

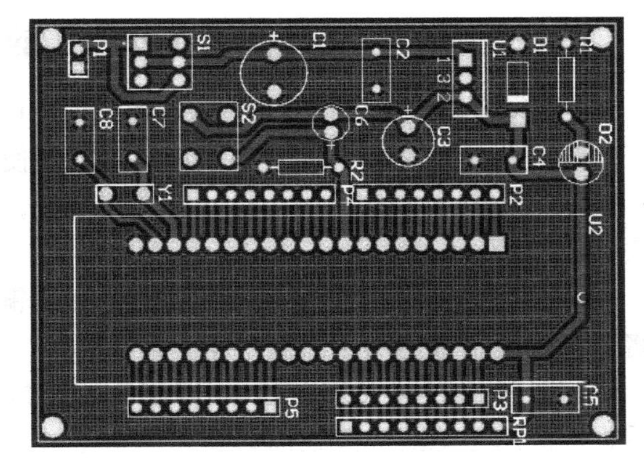

图3.3.90　放置好敷铜后的PCB

至此，完成了整个电路板的绘制。更多操作请参考其他资料。

15) 打印设置

为了制作电路板，还需要对PCB进行打印。

(1) 执行菜单命令“File”→“Page Setup”，在弹出的对话框中进行打印设置，如图3.3.91所示。

(2) 单击“Advanced”按钮，进入“PCB Printout Properties”对话框，将Top Overlay、Top Layer删除。选中需要删除的层，单击鼠标右键，在弹出的快捷菜单中选择“Delete”，单击“Yes”即可删除。如果需要插入某个层，只需在空白处单击鼠标右键，在弹出的快捷菜单中选择“Insert Layer”，在打开的对话框中找到需要插入的层即可。打印属性修改如图3.3.92所示。

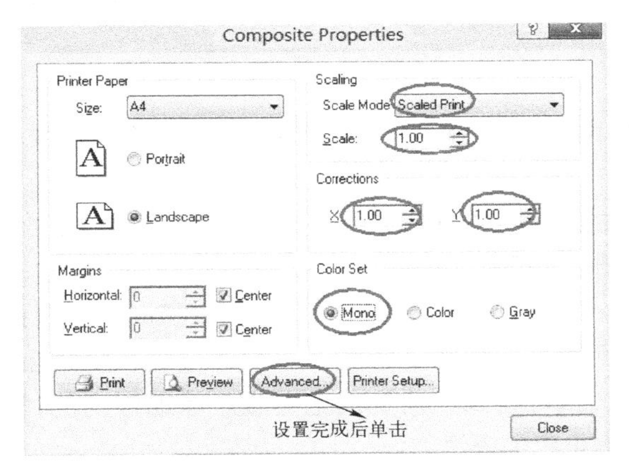

图3.3.91　打印设置

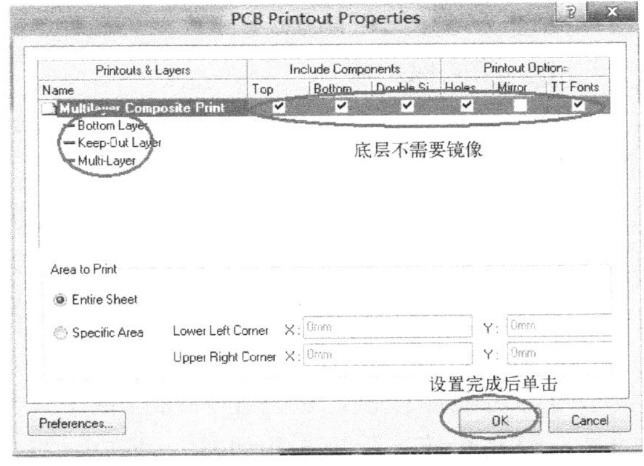

图3.3.92　打印属性修改

(3) 依次单击“OK”按钮即可。

(4) 在打印机上放入热转印纸，执行菜单命令“File”→“Print”即可打印。

3.4　印制电路板的简易制作

印制电路板有专门的自动制作工序和设备，但耗时长、成本高，为缩短制作周期，尽快实现自己的灵感，降低实验调试费用，有时也是表面贴装元件的需要，设计初期需要手工制作简易电路板来进行产品定型试验。

3.4.1 简易方法制作印制电路板的一般过程

简易方法制作印制电路板的一般过程如下：

（1）选取板材。根据电路的电气功能和使用的环境条件选取合适的印制板材质。

（2）下料。按实际设计尺寸剪裁覆铜板，并用平板锉刀或砂布将四周打磨平整、光滑，去除毛刺。

（3）清洁板面。将准备加工的覆铜板的铜箔面先用水磨砂纸打磨几下，然后加水用布将板面擦亮，最后用干布擦干净。

（4）图形转移（拓图）。用印制板转印机或复写纸将已设计好的印制板图形转印到覆铜板上。用毛笔蘸油漆或油墨在印制板上绘出电路。线条要光洁，元器件接点要圆滑，如用圆铁线蘸象盖印似的画圆点，可使圆点大小一致。描绘错误可用稀料涂改；不整齐的地方，可等油漆干透后用小刀修整。

（5）贴图。用带有单面胶的广告纸或透明胶带覆盖住铜箔面，用刻刀去除拓图后留在铜箔面图形以外的广告纸或透明胶带，注意留下导线的宽度和焊盘的大小。

（6）腐蚀。将前面处理好的电路板放入盛有腐蚀液的容器中，来回晃动。为了加快腐蚀速度可提高腐蚀液的浓度并加温，但温度不应超过50℃，否则会破坏覆盖膜使其脱落。待板面上没用的铜箔全部腐蚀掉后，立即将电路板从腐蚀液中取出。

（7）清水冲洗。腐蚀好的印制板反复用水清洗。用香蕉水擦掉油漆，再清洗几次，务必使印制板清洁，不残留腐蚀液。有条件者可用苯溶液溶解聚苯薄膜涂敷在印制板表面，这样处理既光亮又可防腐。

（8）除去保护层。

（9）修板。将腐蚀好的电路板再一次与原图对照，用刻刀修整导电条的边缘和焊盘，使导电条边缘平滑无毛刺，焊点圆润。

（10）钻孔。按图纸所标元器件引线位置钻孔，孔必须钻正。孔一定要钻在焊盘的中心且垂直于板面。钻孔时，一定要使钻出的孔光洁、无毛刺。一般钻头用1～1.2mm为宜。

（11）助焊剂。将钻好孔的电路板放入5%～10%稀硫酸溶液中浸泡3～5min，进行表面处理。取出后用清水冲洗，然后将铜箔表面擦至光洁明亮为止。最后将电路板烘烤至烫手时即可喷涂或刷涂助焊剂。待焊剂干燥后，就可得到所需要的电路板。涂助焊剂的目的是：容易焊接，保证导电性能，保护铜箔，防止产生铜锈。

3.4.2 采用机械雕刻制作单层板

采用机械雕刻制作单层板的工艺过程如下：

（1）将电路板裁切成所需要的大小。

（2）用雕刻机按照设计好的电路图打孔。

（3）采用沉铜及电镀系统将打好孔的电路板的孔壁镀上铜。

（4）对电镀完过孔的电路板进行雕刻，生成线路。

（5）对生成的电路板涂敷阻焊绿油。

（6）将阻焊绿油进行处理，分离出焊盘。

（7）对于已经雕刻完成的电路板进行OSP（Organic Solderanility Preservative，有机可焊

性保护剂）处理，可以使电路板更利于焊接。

3.4.3 采用化学蚀刻批量制板

采用化学蚀刻批量制板的工艺过程如下：

（1）将电路板裁切成所需要的大小。

（2）用雕刻机按照设计好的电路图打孔。

（3）采用沉铜及电镀系统将打好孔的电路板的孔壁镀上铜。

（4）对电镀完过孔的电路板涂敷湿膜。

（5）将湿膜烘干。

（6）对湿膜进行曝光显影，形成线路。

（7）对生成的线路进行电镀铅锡。

（8）退膜，并进行蚀刻生成电路。

（9）对生成的电路板涂敷阻焊绿油。

（10）将阻焊绿油进行处理，分离出焊盘。

（11）对于已经完成的电路板进行 OSP 处理，可以使电路板更利于焊接。

3.4.4 实例 3：利用过塑机制作印制电路板

电子爱好者在做实验或进行制作时，往往要制作 PCB，这时便十分头疼，要是交给工厂打样吧，费用都不菲，于是就自己做，用贴胶条、描油漆、刀刻等多种方法，但都工序复杂、耗时长，而且效果不佳。下面介绍一种利用过塑机制作印制电路板的简便方法。

1）材料准备

准备一台过塑机，即专门用于压制证件、照片等塑皮封装的机器，可以竖着通过 A3 幅面的纸。再找几张平整的没有剪裁印痕的不干胶纸，只用其衬纸，即浅黄色的表面光滑的那一面，最好购买专门的衬纸。

2）设计好 PCB 图并打印

在 Protel 99 等电路图绘图软件的“打印设置”中设成“镜像打印”，焊盘设成“空心打印”，然后用激光打印机先将图打印在一张普通纸上，检查无误后，剪一块比 PCB 图大一些的衬纸，光滑面朝上，贴在刚打印的印版图之上，四角用不干胶粘上固定即可。再次送入激光打印机打印，这时在光滑的衬纸上就印有设计好的镜像图形了。

3）准备覆铜板

剪裁好合适的覆铜板，最好比图纸稍大一圈。先用抛光砂纸打磨干净，再用橡皮擦拭，最后用洗涤灵或洗衣粉洗净，晾干。注意，这道工序不能图省事，洗净后的电路板不要再与任何其他物质接触，包括不能用手触摸。覆铜板上任何肉眼看不见的污渍和汗渍都会影响最终的转印效果。将打印好的衬纸图形面朝下贴在覆铜板上，四周用不干胶纸贴平、贴牢。

4）改装过塑机印制 PCB

由于过塑机出厂时是为照片、证件等较薄的纸张通过的，所以需要拆下并调整加热用的上、下辊之间的距离。将过塑机通电，温度设定在 180°左右，把贴好图形的覆铜板送入塑封机，并反复通过5～6次。取出，让其自然冷却。之后再将转印纸小心揭下，这时衬纸上的墨粉就会转印到覆铜板上，板上会出现与在计算机屏幕上一模一样的图形，非常规矩、漂亮。

5）腐蚀

用盐酸+过氧化氢做腐蚀液，腐蚀电路板。由于化学反应比较剧烈，腐蚀过程中只需轻微晃动容器即可，不要做较大幅度的晃动。这个过程只需半分钟左右就可完成。及时捞出覆铜板并用自来水冲洗，再用细砂纸打掉墨粉即可。

需要说明的是，在此条件下无法实现金属化过孔，替代的方法是用短接线将印制电路板的A、B面过孔直接焊起来，即可实现双面板的印制。设计时尽量用直插元件的引脚孔兼做过孔，这样可以减少单独过孔的数量。

实践表明该方法制板成功的关键所在并不是转印、腐蚀，而是在于打印或复印。激光打印机或复印机的墨粉经过瞬间高温加热印在纸上，而转印纸比较光滑，高温瞬间墨粉很不牢固，稍有外力就容易脱落，但几秒之后纸张冷却了，磨粉就牢固多了。因此要求激光打印机或复印机出纸口尽量保持清洁。对于激光打印最好先把出纸口清扫一下再打印。另外，印制电路板的板材厚度最好不要小于1mm，太薄时通过过塑机加热时会发生弯曲变形。转印后的印版一定要自然冷却，不要用风冷促其降温。

3.4.5 实例4：利用热转印机制作印制电路板

热转印法就是使用激光打印机，将设计好的PCB图形打印到热转印纸上，再将转印纸以适当的温度加热，转印纸上原先打印上去的图形就会受热融化，并转移到敷铜板上面，形成耐腐蚀的保护层。通过腐蚀液腐蚀后将设计好的电路留在敷铜板上面，从而得到PCB 。

准备材料：激光打印机一台，TPE-ZYJ热转印机一台，剪板机一台，热转印纸一张，150W左右台钻一台，敷铜板一块，钻花数颗，砂纸一块，工业酒精、松香水、腐蚀剂若干。

1）将实例2绘制好的PCB图打印到热转印纸上（如图3.4.1所示）

为了提高成功率，可以用普通的激光打印机在普通白纸上打印查看效果，检查无误后，再用激光打印机将图形打印在转印纸的光滑面上。由于是将电路先打印在转印纸上，然后再将转印纸有图面贴在敷铜板的铜面上，将电路转印到敷铜板上，所以在打印时要注意电路的正反面。在向敷铜板进行图形转移时，图形会发生水平180°翻转，因此制图时应特别注意。

2）裁剪敷铜板

将敷铜板根据实际电路大小裁剪出来，裁剪后如图3.4.2所示。

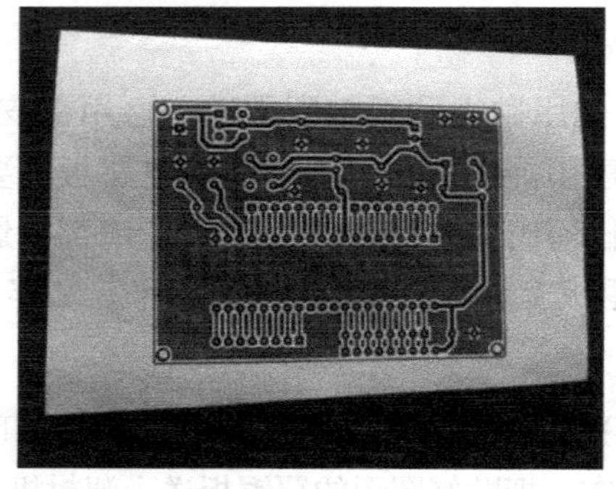

图3.4.1 将PCB打印到热转印纸上

图3.4.2 裁剪好的敷铜板

3）敷铜板预处理

将裁剪好的敷铜板边缘突起的毛刺用砂纸或砂轮打磨光滑，最好是倒一点边。配制适量稀腐蚀液或用上次腐蚀过后剩下的废液，放入空白敷铜板，铜皮面向上，用铜丝抛光轮或铜丝刷去除铜箔表面的氧化物和油污。与此同时，由于药水的作用会形成新的均匀的薄氧化层，在显微镜下观察可以看到上面有很多细密的小孔，这会加强油墨的附着性。最后取出敷铜板，用水清洗后用干净柔软的布擦干。

4）敷铜板预热

将打印好的转印纸墨面对着打磨干净的敷铜板铜皮置于上面，打印好的转印纸在需要钻孔的地方要有小孔，这样在腐蚀后会形成小坑便于钻孔时定位。转印纸要剪掉多余的，在准备推入热转印机的边上贴上透明胶布，避免运转中的错位而造成整个制作过程失败。放入热转印机转印前要预热（将热转印机的温度控制旋钮调到180℃左右比较合适，大家可根据熟练程度适当调整），敷铜板预热这一点对于制作成功同样非常关键，敷铜板没有预热时吸附油墨的能力很差。最好的预热方法是把敷铜板置于热转印机的铁皮隔热罩上面，如图3.4.3所示。因为制版机预热一般需要10min左右的时间，刚好达到制版机设定的温度时敷铜板也得到了预热。

5）加热转印

将敷铜板和热转印纸一同放到热转印机中进行转印，如图3.4.4所示。一般在热转印机里过3～5遍即可，根据热转印机的温度自行取舍。应当注意的是，在转印纸未与铜箔充分结合时最好单方向过，即每次都以边上贴有透明胶布的那一边推入热转印机，以免错位。

图3.4.3　敷铜板预热

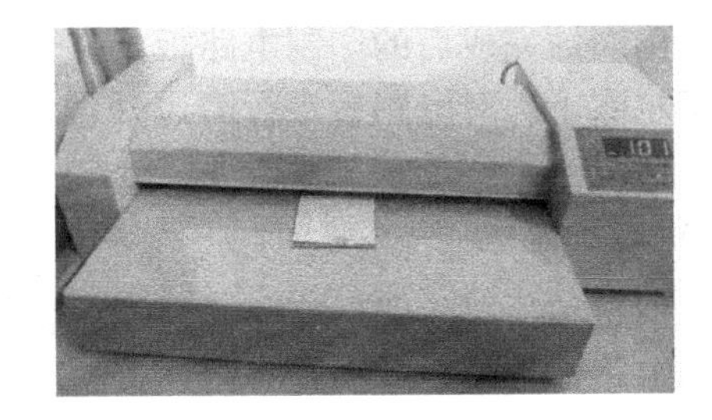

图3.4.4　加热转印

6）完成转印

待冷却后，将热转印纸从敷铜板上揭下，此时电路图已经转印到敷铜板上。

7）腐蚀

将转印好的敷铜板放到腐蚀液里进行腐蚀，如图3.4.5所示。将适量三氯化铁腐蚀液（能淹没电路板即可）倒入塑料盒，将转印成功后的印制电路板铜皮面向上，不断均匀摇动，边摇边观察，直到腐蚀完成。能否快速腐蚀成功，诀窍就在于不断地摇动。

腐蚀液的配置方法：

（1）腐蚀电路用三氯化铁腐蚀液，可按质量配比，一般用35%的三氯化铁加65%的水配制，温度以40～50℃为宜。三氯化铁的浓度并不是很严格，浓度大的溶液腐蚀速度快，浓度小的要慢一点，通常10～15min即可腐蚀好。可通过增加喷射、压缩空气进入腐蚀液、搅拌等方式提高蚀刻速度。

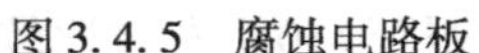

图3.4.5　腐蚀电路板

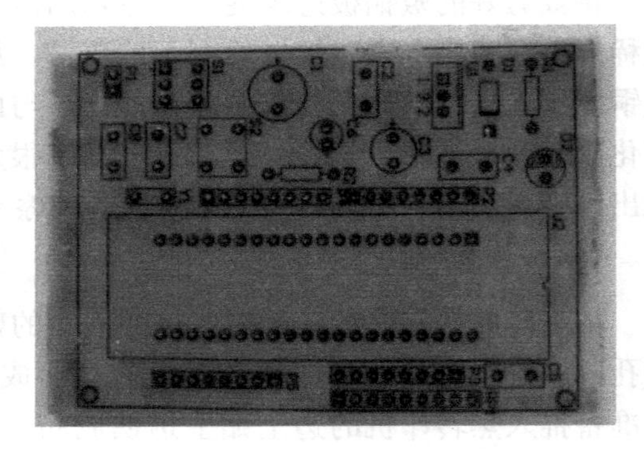

图3.4.6　电路板正面

（2）对于少量的电路板进行腐蚀，可以把浓度为31%的过氧化氢（工业用）与浓度为37%的盐酸（工业用）和水按1:3:4的比例配制成腐蚀液。先把4分水倒入盘中，然后倒入3分盐酸，用玻璃棒搅拌再缓缓地加入1分过氧化氢，配成蚀刻液。

（3）还可以用氯酸钾1g，浓度15%的盐酸40mL的比例配制成腐蚀液，抹在电路板上需要腐蚀的地方进行腐蚀。

注意：配置溶液时最好采用专用（耐腐蚀）容器，并对溶液进行过滤，同时一定要注意安全，防止三氯化铁的溶液或盐酸等溅射到皮肤和衣物上，如不小心沾到手上应立即用大量清水洗涤。

8）清洗电路板并钻孔

取出腐蚀完成后的印制电路板，将上面的墨粉用钢丝球或湿的细砂纸去掉后用水洗干净，将水吹干。对电路板进行磨边处理，最后是钻孔和焊接，视元件引脚的大小一般会用到0.7～1.4范围的钻头。

9）后续处理

将顶层和顶层丝印层打印（需要镜像）到热转印纸上，做好对位之后，按同样的方法转印到电路板正面，即得到一张完美的双面板，如图3.4.6和图3.4.7所示。

热转印导线宽度范围在0.1～1mm（3.937～39.370mil）之间，最细能达到0.1mm一次成功。如图3.4.8所示为贴片元件印制电路板热转印效果图。

图3.4.7　电路板底面

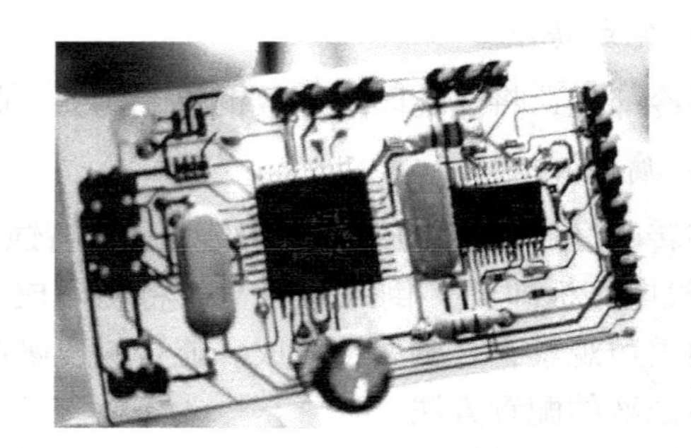

图3.4.8　贴片元件印制电路板热转印效果图

3.5 点阵板及表面贴装元件手工焊接实践

3.5.1 实例5：点阵板手工焊接实践

点阵板（万能板/通用板）是一种按照标准IC间距（2.54mm）布满焊盘、可按自己的意愿插装元器件及连线的印制电路板，俗称“洞洞板”，如图3.5.1所示。相比专业的PCB制版，点阵板具有以下优势：使用门槛低，成本低廉，使用方便，扩展灵活。比如在学生电子设计竞赛中，作品通常需要在几天时间内争分夺秒地完成，所以大多使用点阵板。

1）焊接前的准备

在焊接点阵板之前需要准备足够的细导线用于走线。细导线分为单股的和多股的，如图3.5.2所示。单股硬导线可将其弯折成固定形状，剥皮之后还可以当作跳线使用；多股细导线质地柔软，焊接后显得较为杂乱。

点阵板具有焊盘紧密等特点，这就要求烙铁头有较高的精度，建议使用功率为30W左右的尖头电烙铁。同样，焊锡丝也不能太粗，建议选择线径为0.5～1mm。

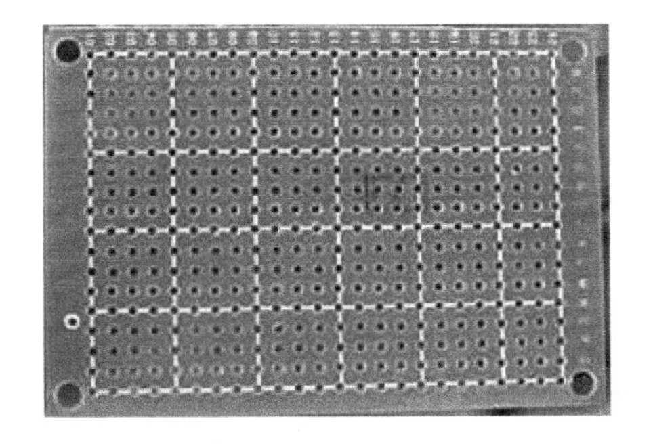

图3.5.1 点阵板

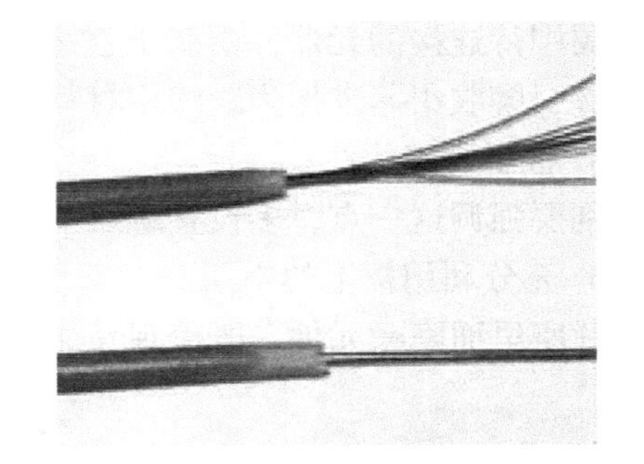

图3.5.2 焊接用的细导线

2）点阵板的焊接方法

对于元器件在点阵板上的布局，可采用“顺藤摸瓜”的方法，即以核心器件为中心，其他元器件见缝插针的方法。这种方法是边焊接边规划，无序中体现着有序，效率较高。但由于初学者缺乏经验，所以不太适合用这种方法，初学者可以先在纸上做好初步的布局，然后用铅笔画到点阵板正面（元件面），进而将走线规划出来，便于焊接。

点阵板的焊接方法，一般是采用细导线进行飞线连接，并尽量做到水平和竖直走线，整洁清晰，如图3.5.3所示。现在流行一种锡接走线法，工艺不错，性能也稳定，但比较浪费锡，如图3.5.4所示。纯粹的锡接走线难度较大，受到锡丝、个人焊接工艺等各方面的影响。如果先拉一根细铜丝，再随着细铜丝进行拖焊，则简单许多。

3）点阵板的焊接步骤与技巧

很多初学者焊的板子很不稳定，容易短路或断路。除了布局不够合理和焊接工艺不良等因素外，缺乏技巧是造成这些问题的重要原因之一。掌握一些技巧可以使电路反映到实物硬件的复杂程度大大降低，减少飞线的数量，让电路更加稳定。

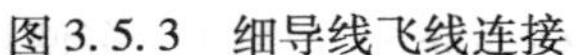

图 3.5.3　细导线飞线连接

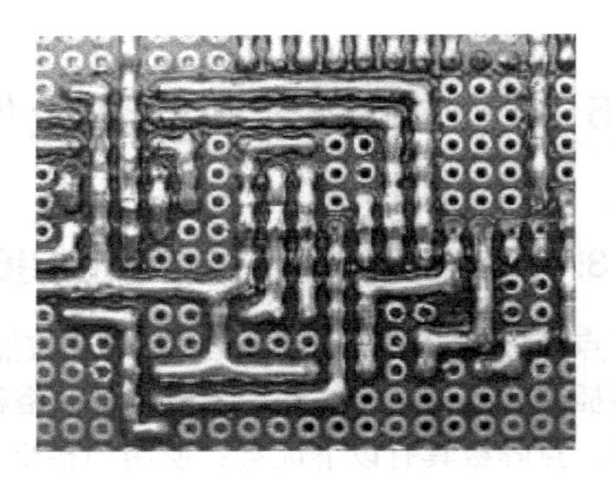

图 3.5.4　锡接走线法

（1）初步确定电源、地线的布局。

电源贯穿电路始终，合理的电源布局对简化电路起到十分关键的作用。某些点阵板布置有贯穿整块板子的铜箔，应将其用作电源线和地线；如果无此类铜箔，也需要对电源线、地线的布局有一个初步的规划。

（2）善于利用元器件的引脚。

点阵板的焊接需要大量的跨接、跳线等，不要急于剪断元器件多余的引脚，有时直接跨接到周围待连接的元器件引脚上会事半功倍。另外，本着节约材料的目的，可以把剪断的元器件引脚收集起来作为跳线用材料。

（3）善于设置跳线。

特别要强调这一点，多设置跳线不仅可以简化连线，而且美观实用，如图 3.5.5 所示。

（4）充分利用板上的空间。

芯片座里面隐藏元件，既美观又能保护元件，如图 3.5.6 所示。

图 3.5.5　善于设置跳线

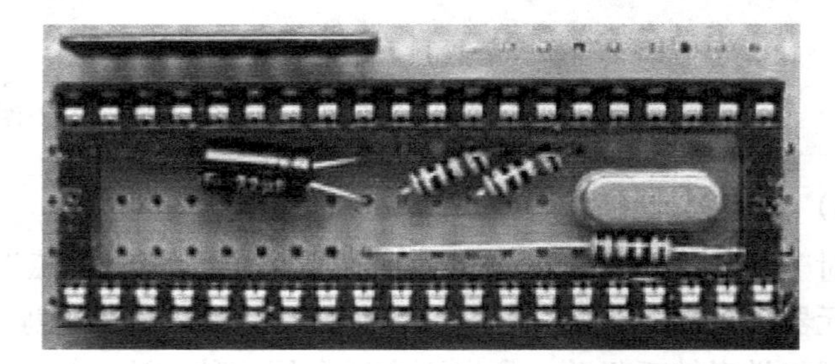

图 3.5.6　充分利用板上的空间

（5）善于利用元器件自身的结构。

如图3.5.7 所示的矩阵键盘是一个利用元器件自身结构的典型例子。图中的轻触式按键有4 只脚，其中两两相通，可以利用这一特点来简化连线，电气相通的两只脚充当了跳线。

（6）善于利用排针。

排针有许多灵活的用法，比如两块板子相连，就可以用排针和排座，排针既起到了两块板子间的机械连接作用又起到电气连接的作用。

（7）在需要时割断铜箔。

在使用连孔板时，为了充分利用空间，必要时可用小刀或打磨机割断某处铜箔，这样就可以在有限的空间放置更多的元器件。

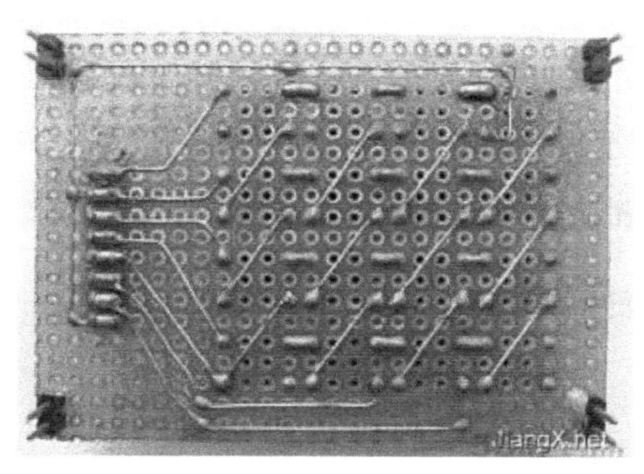

图 3.5.7　善于利用元器件自身的结构

（8）充分利用双面板。

双面板比较昂贵，既然选择它就应该充分利用。双面板的每一个焊盘都可以当作过孔，灵活实现正反面电气连接。

如图 3.5.8 所示为采用点阵板制作的直流稳压电源焊接实物，图 3.5.9 所示为单片机控制的 LED 灯柱焊接实物。

图 3.5.8　点阵板制作的直流稳压电源焊接实物

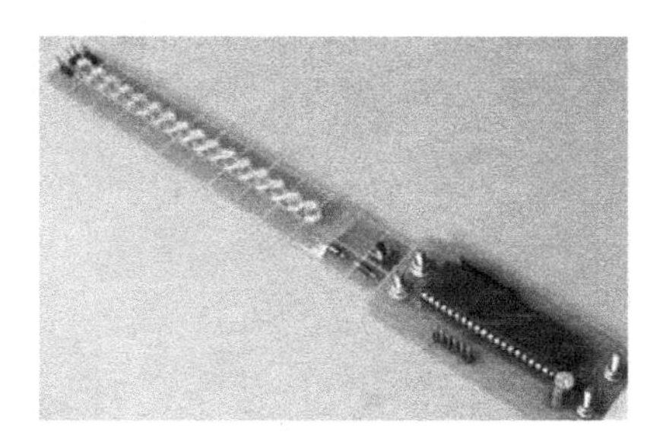
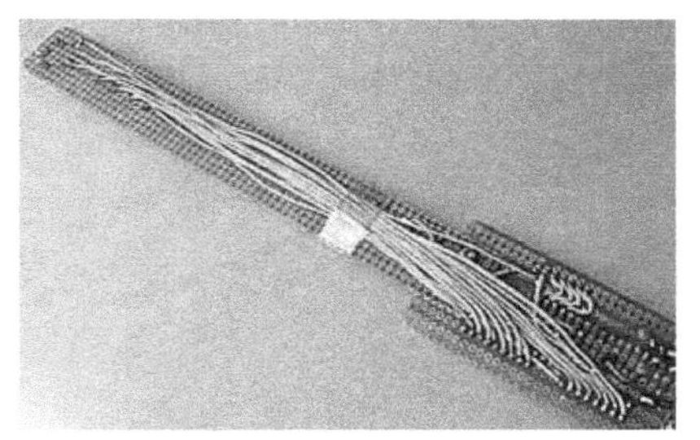

图 3.5.9　单片机控制的 LED 灯柱焊接实物

3.5.2　实例 6：表面贴装元件手工焊接实践

越来越多的电路板采用表面贴装元件（贴片元件），与传统的封装相比，它可以减小电路板的面积，易于大批量加工，布线密度高。贴片电阻和电容的引线电感大大减小，在高频电路中具有很大的优越性。

随着电子系统设计技术的发展，贴片元件的手工焊接和拆卸对于电子爱好者来说是需要经常接触的工作。但对于贴片元件，不少人仍感到“畏惧”，特别是初学者，觉得它不像传统的引线元件那样易于把握。本节介绍常见贴片元件手工焊接需要的工具和基本焊接方法。

1. 工具和材料的特殊需要

要高效自如地进行贴片元件的焊接、拆卸，关键是要有合适的工具。下面是一些最基本的工具。

1）镊子

焊接贴片元件一般选用不锈钢尖头镊子，避免其他磁性镊子吸附较轻的贴片元件。

2）烙铁

焊接贴片元件一般选用尖头烙铁（尖端的半径在1mm以内），或者使用斜口的扁头烙铁。有条件的可使用温度可调和带ESD保护的焊台。

3）热风枪

热风枪一般用来拆多脚的贴片元件，也可以用于焊接。图3.5.10所示是国内一款吹塑料用的热风枪，其吹出的热风温度可达400～500℃，足以熔化焊锡，经济适用，在很多销售电子元件的店面都能买到。

4）焊锡丝

当选用尖头烙铁时，一般选用细焊锡丝（0.3～0.5mm）；当选用斜口烙铁拖焊时，可选用较粗的焊锡丝。

5）辅助工具

当IC的相邻两脚被锡短路时，传统的吸锡器派不上用场，可采用专门的编织带（去锡丝）吸，也可使用多股软铜丝吸。

放大镜要有座和带环形灯管的那一种，如图3.5.11所示，手持式的不能代替，因为有时需要在放大镜下双手操作。放大镜的放大倍数一般要求5倍以上，最好能达到10倍。

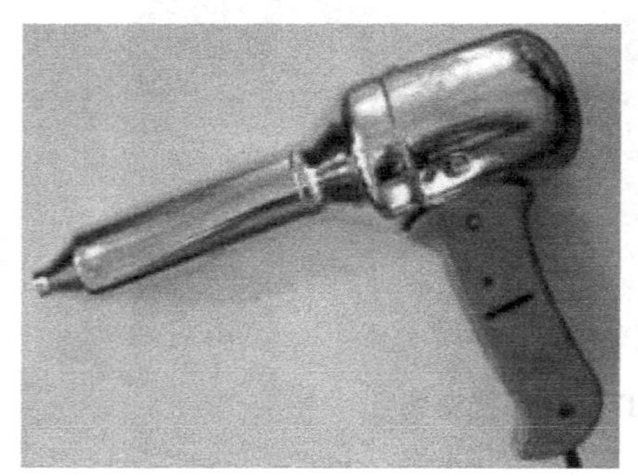

图3.5.10　经济实惠的热风枪

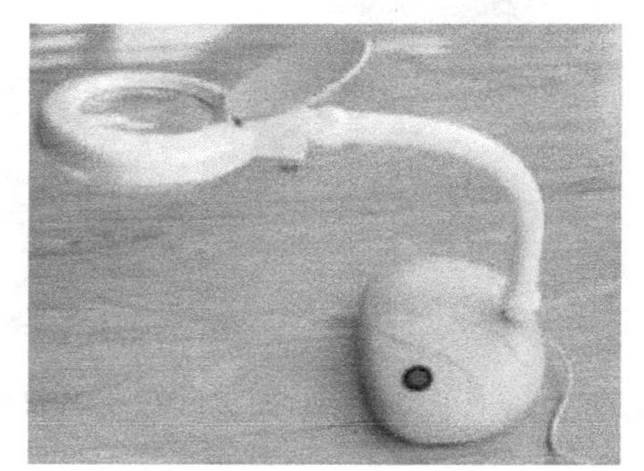

图3.5.11　手工焊接贴片元件放大镜

还要准备助焊剂、异丙基酒精等。使用助焊剂的目的主要是增加焊锡的流动性，这样焊锡可以用烙铁牵引，并依靠表面张力的作用光滑地包裹在引脚和焊盘上。在焊接后用酒精清除板上的焊剂。

2. 焊接方法

1）贴片阻容元件的焊接

贴片阻容元件的焊接过程如下。

（1）在一个焊点上点上焊锡，用烙铁加热焊点，如图 3. 5. 12 所示。

（2）用镊子夹住元件，焊上一端后，检查是否放正，如图 3. 5. 13 所示。

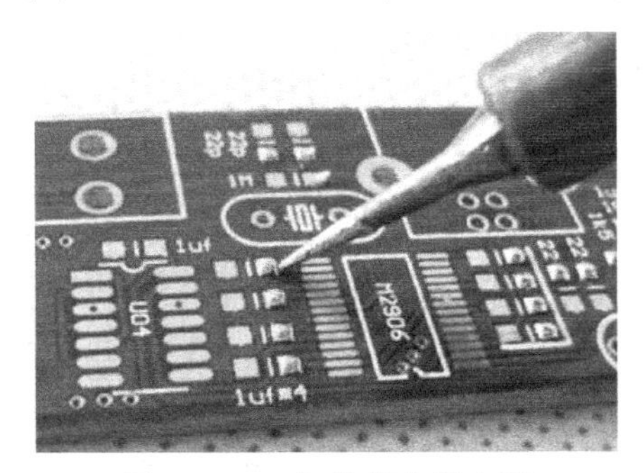

图 3. 5. 12　加热焊点并上锡

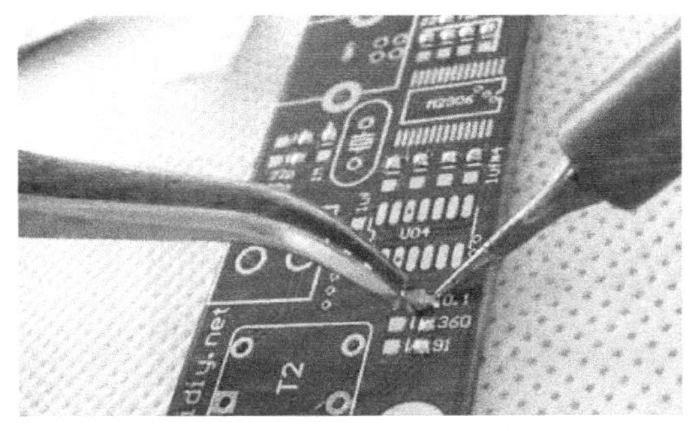

图 3. 5. 13　焊接贴片阻容元件一端

（3）若元件已经放正，则紧接着焊接另一端，如图 3. 5. 14 所示。

焊接好的贴片阻容元件如图 3. 5. 15 所示。

图 3. 5. 14　焊接贴片阻容元件另一端

图 3. 5. 15　焊接好的贴片阻容元件

2）PQFP 封装贴片 IC 的焊接

PQFP 封装贴片 IC 的手工焊接过程如下。

（1）焊接之前先在 IC 所有焊盘上涂上助焊剂，用烙铁处理一遍，以免焊盘镀锡不良或被氧化，造成不好焊，芯片一般不需要处理。一遍助焊剂要涂够，大部分情况下两遍较少，助焊剂比一遍更容易形成堆积。

（2）在烙铁容易接触到的焊盘上涂上焊锡，如图 3. 5. 16 所示。

图 3. 5. 16　在焊盘上涂助焊剂并部分上锡

（3）用镊子小心地将 PQFP 芯片放到 PCB 上，注意不要损坏引脚。使其与焊盘对齐，要保证芯片的放置方向正确。把烙铁的温度调到 300℃左右，将烙铁尖沾上少量的焊锡，用工具向下按住已对准位置的芯片，焊接两个对角位置上的引脚，使芯片固定而不能移动。在焊完对角后重新检查芯片的位置是否对准。若有必要可进行调整或拆除并重新在 PCB 上对准位置。

（4）在 IC 引脚上大面积堆满焊锡，用烙铁尖接触芯片每个引脚的末端，直到看见焊锡流入引脚，如图 3. 5. 17 所示。

（5）采用专用的去锡丝带或松香配多股软细铜丝用烙铁加热吸去多余的焊锡，如图 3. 5. 18 和图 3. 5. 19 所示。

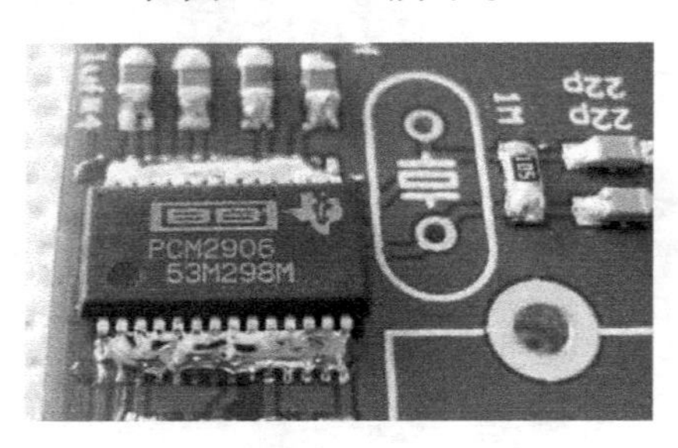

图 3. 5. 17　贴片 IC 引脚上大面积堆满焊锡

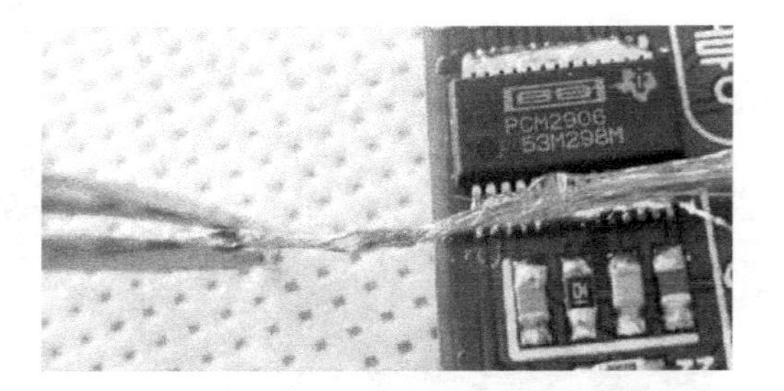

图 3. 5. 18　将沾松香的软细铜丝置于 IC 引脚焊锡上用烙铁加热

（6）用清洗剂或酒精清洗焊接后的 PCB，如图 3. 5. 20 所示。

图 3. 5. 19　去锡后的贴片 IC

图 3. 5. 20　用酒精清洗焊接后的 PCB

（7）用高倍显微镜查看焊接点，检查有无虚焊、短路、漏焊点。

第 4 章　电源电路制作实例

4.1　实例 7：串联型直流稳压电源制作

本节介绍一种稳压电源，有 1.5V、3V、4.5V、6V 四挡直流电压输出，最大输出电流可在 500mA 以上，可供普通收录机、电子琴、电动剃须刀使用。该稳压电源电路简单、取材方便，制作也很容易。

4.1.1　工作原理

电路工作原理如图 4.1.1 所示。图中 T 为电源变压器，市电经 T 降压为 7.5V 交流电，经 VD_1～VD_4整流、C_1滤波，变为较为平直的直流电后，再送至 VT_1和 VT_2及稳压管 VS 构成的稳压电路进行稳压。稳压电路的工作原理是：当输入电压升高时，由于 VT_1和 VT_2组合在一起构成复合管，基极接在稳压管 VS 的负极上，虽然输出电压有升高趋势，但复合管的基极电压保持不变，于是复合管的发射结电压下降，使得复合管的集电极与发射极之间的电压增大，又使输出电压下降，从而抵消了电压上升的影响，使输出电压趋于稳定；当输出电压有减小的趋势时，复合调整管的集电极和发射极之间的管压降会自动地变小，维持输出电压不变。

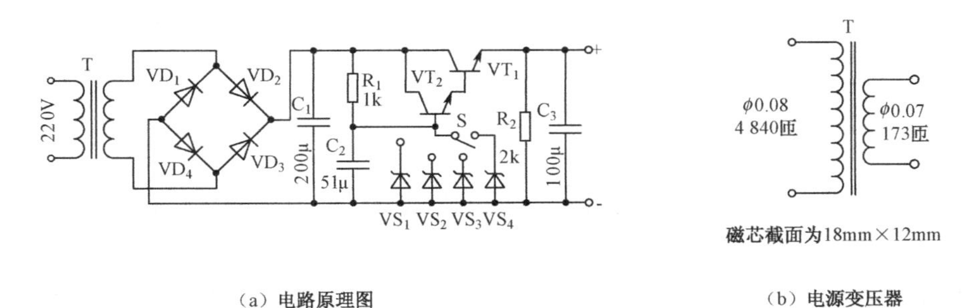

（a）电路原理图　　（b）电源变压器

图 4.1.1　直流稳压电源

该输出电压的分挡调节，是靠调整复合管基极接在不同稳压值的稳压管上实现的。这 4 只稳压管的稳压值分别为 3V、4.5V、6V、7.5V，当用分线开关 S 将晶体管 VT_2的基极分别置于这 4 只稳压管时，其输出电压分别为 1.5V、3V、4.5V、6V。

4.1.2　元器件选择

VT_1采用 3DA1 型大功率 NPN 硅管，可用 3DA4、3DD4、3DD01 等型号的管子替代。VT_2选用 NPN 型小功率硅管，可选用 3DG4、3DG6、3DK3 等替代型号，若有 9011、9013、

9014 等高β硅管效果会更好。VD_1～VD_4为4只整流二极管，可选用普通的1N4001，稳压管VS_1可选用稳定电压为3V的2CW7，也可用4只普通二极管串联替代。利用普通二极管替代稳压管时要注意使二极管正向连接。VS_2应选用稳定电压为4.5V左右的管子，如2CW7B、2CW12、2CW21A等。VS_3可选用稳定电压为6V的2CW7C、2CW13、2CW12B等型号。VS_4需选用稳定电压为7.5V的2CW7E、2CW6A、2CW1、2CW15等。电路其他组容元件参数如图4.1.1（a）所示，S为电压选择开关。

变压器T可直接利用市售小型收录机的电源变压器，其一次电压为220V，二次电压为7.5V。也可按照图4.1.1（b）中所给出的参数自行绕制。注意，变压器一、二次绕组之间应用ϕ0.07mm的漆包线密绕一层作为屏蔽层，并将线圈的一头接地（即接在稳压电源的负极）。

4.1.3 制作与调试

对照元件清单购买电子元器件后，首先用万用表粗略地测量一下各元件，按照图4.1.2所示印制电路板图，将变压器、元件等焊接完毕，经仔细检查无错焊、漏焊和虚焊，即可接通电源进行调试。首先测试电容C_1两端的直流电压，在输出端空载的情况下，应为10V左右，若此电压在7V以下，应检查VD_1～VD_4有无损坏或反接。然后用导线将VT_2基极分别与VS_1、VS_2、VS_3、VS_4的负极相连，输出电压应为1.5V、3V、4.5V、6V左右，这说明电路工作正常，制作完毕。

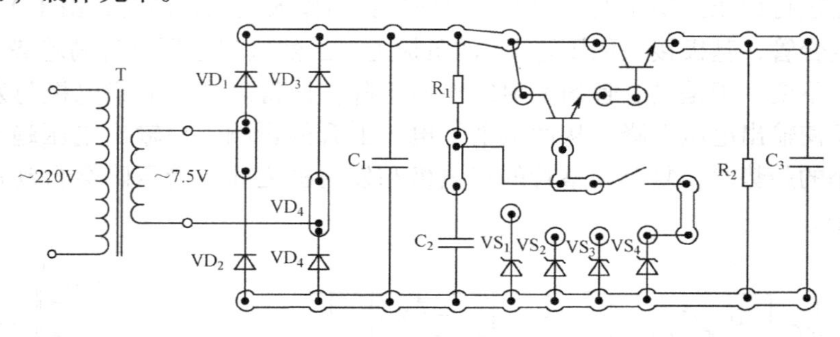

图4.1.2 印制电路板图

4.2 实例8：具有扩流过压保护的5V稳压电源

本节介绍的+5V稳压电源，具有成本低、体积小、效率高、重量轻、纹波低、稳定精度高等特点，且有扩流、过压保护装置。可供实验室线路实验，可做固态电路和微处理器的供电电源，也可做专用仪器、仪表等其他电路的电源。

4.2.1 工作原理

电路原理如图4.2.1所示。接通电源，电网电压220V经变压器T降压，由桥式整流器QL整流、电容C_3滤波，使输出端得到5V的稳定电压。W7805的最大输出电流为1.5A，要想使输出电流大于1.5A，则要扩大输出电流。为此，在W7805的外圈接一只大功率三极管VT_1，采用的是并接式扩流方法，即在W7805的①脚与VT_1的基极相连，在输出端W7805的②脚与VT_1的集电极相连，这样两输出电流之和可满足输出1.6～2A电流的要求。如果需要更大的输出电流，可改成2～3只大功率三极管并联。

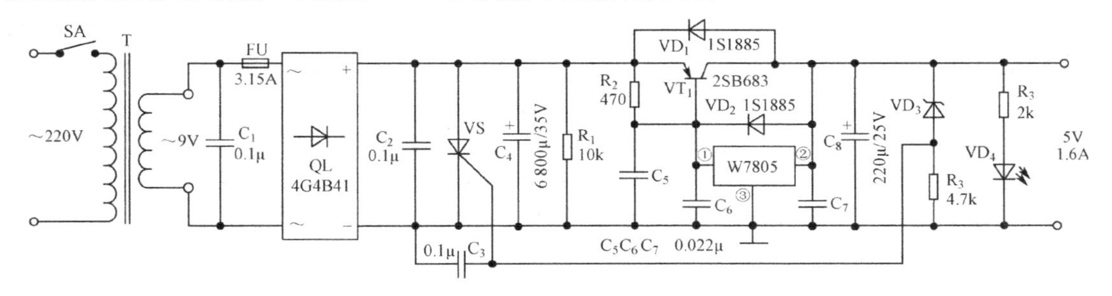

图 4.2.1　具有扩流过压保护的 5V 稳压电源电路原理图

W7805 三端集成稳压器内部有过流、过热和安全区的保护电路。尽管如此，由 W7805 等元器件组成的稳压电源输出端仍有可能发生过压的危险。为了确保负载的安全，本电源在集成块典型应用电路基础上加了过压保护电路，该电路由稳压二极管 VD_3、电阻 R_2、晶闸管 VS 和快速熔丝 FU 组成。电源工作正常时输出电压为 5V，晶闸管 VS 无触发电压而呈截止状态，当稳压电源由于某种原因（如集成块损坏或调整管击穿），使输出电压超过限定值时，即大于等于 5.6V，稳压二极管 VD_3将击穿导通，晶闸管 VS 被触发导通，造成熔断器 FU 快速熔断，从而保护了负载。在集成稳压器 W7805 的①、②端和扩流管 VT_1的发射极与集电极间分别并联二极管 VD_2、VD_1，主要是用来保护集成块和调整管的。当输入端发生短路或输出端过压，使 VS 导通而造成输入端短路时，稳压器输入端电压因熔丝熔断立刻为零，而输出端电容 C_8上充足的电则不能立即为零，因而造成输出端瞬间电压高于输入端。为了防止这个反向峰值电压击穿集成块 W7805 和调整管 VT_1，故加了二极管 VD_1和 VD_2，将此电压放掉，从而保护了稳压器和调整管。

并接在整流器 QL 上的输入端电容 C_1和输出端电容 C_2，是为了抑制高频谐波的干扰。电阻 R_1是为电容 C_4提供泄放电流回路。稳压器输入端接的电容 C_4起滤波作用，该电容的容量较大，自身有较大的等效电感，对来自电网的高频干扰能力甚小，因此，在 W7805 输入端并联两只对高频干扰有良好抑制作用的小容量电容 C_5、C_6，同时，在稳压器开环增益高、负载较重的情况下，变压器有可能产生自激，C_5、C_6兼有抑制高频振荡的作用。稳压器输出端的电容 C_8起输出滤波作用，同时又可改善电源的瞬态响应。

4.2.2　元器件选择

大功率三极管 VT_1除选用 2SB683 外，还可选用国产 3CA6D 三极管。整流二极管 QL 可选 4G4B41 或 KBL05（5A400V 全桥），稳压二极管 VD_3选用 2CW103、1W，晶闸管 VS 选用 SCR101，除电阻 R_1选用大于等于 3W 的功率外，其他均选用（1/2～1/4）W RJ 型电阻。其他元器件如图 4.2.1 标注，无特殊要求。

4.2.3　制作与调试

（1）W7805 属于功耗较大的集成电路，除了采用标准大功率三极管外壳封装外，还必须加足够散热面积的散热器。如果散热不良，稳压器的过热保护电路将限制正常电流的输出。W7805 稳压器的散热器可以用功率调整管散热器代替，由于它的外壳③脚是接电路的公共端，散热器可不必与底板绝缘，使用非常方便。

（2）在安装三端集成稳压器时应注意，输入端①脚与输出端②脚不能接反，否则会损坏稳压器，若稳压器未损坏，很可能是由于③脚公共端接线不可靠。如果③脚与地断开，输出端电压将升高至与输入端电压相等的程度（有可能损坏负载），这样晶闸管 VS 导通，保险 FU 熔断。当发现这种情况时，请将③脚重新接地。

（3）为保护外接扩大输出电流调整管 3CA6D 输出额定电流时不被损坏，需加足够尺寸的散热器。因此 3CA6D 散热器是用厚 3mm、宽 100mm、长 250mm 的铝板制作的。

（4）发光二极管 VD_4和保险管 FU 应安装在装置的前、后表面处，以便于显示和更换。

调试方法如下。

（1）电路安装完毕后，仔细检查线路有无错焊、漏焊及虚焊。

（2）将自耦可调变压器接入本电路的输入端，电压调至 220V，闭合电源开关 SA，发光二极管 VD_4显示“绿色”工作指示。将万用表置于 50V 直流挡，在电容 C_2两端测得直流电压为 12V 左右，在输出端测得稳压电源为 5V。

（3）调试前，最好在稳压二极管 VD_3和电阻 R_3之间串接一只 2.2kΩ 的电位器，电阻 R_3的电阻减至 3kΩ。将自耦变压器调整到大于等于 240V，然后再调节串接后的 2.2kΩ 电位器的可动臂，当输出端调整到大于等于 5.6V 时，稳压二极管 VD_3被击穿，触发晶闸管 VS 导通，保险 FU 熔断。

（4）退出自耦变压器，测出电位器的实际阻值并固定一只电阻，保险 FU 换上同型号后便可投入使用了。

稳压二极管 VD_3的测量：一般使用万用表的低阻挡（$R\times1k\Omega$ 以下时）测量稳压二极管。由于表内电池为 1.5V，这个电压不足以使稳压二极管击穿，因而使用低电阻挡测量稳压管正、反向电阻时，其阻值应和普通二极管一样。

4.3 实例 9：+5V、±12V 稳压电源

电路主要技术参数如下。

（1）输入电压：220V、50Hz，允许电压变化±10%。

（2）输出电压：+5V 3A，+12V 1A，-12V 1A。

（3）变压器 T：功率≥35VA；N_1，12V；N_2，2×15V。

（4）输出纹波：≤1mV。

（5）电压稳定度：$\leq5\times10^{-3}$。

（6）负载稳定度：$\leq5\times10^{-3}$。

（7）温度：-20～+40℃。

4.3.1 工作原理

电路如图 4.3.1 所示。接通电源，由桥式整流二极管 VD_3～VD_6整流，电容 C_1、C_2滤波输出直流电压。通过启动电阻 R_5为放大三极管 VT_2提供一个正偏电压，使 VT_2迅速导通，VT_2的发射极获取到的放大电流给调整管 VT_1作基极电流，因而 VT_1导通工作。于是 VT_1的基极与地之间产生 +5V 的稳压电源。如果没有启动电阻 R_5，即使接通电源，在 +5V 输出端也难以建立输出电压。当稳压电源进入正常工作状态后，启动过程结束。

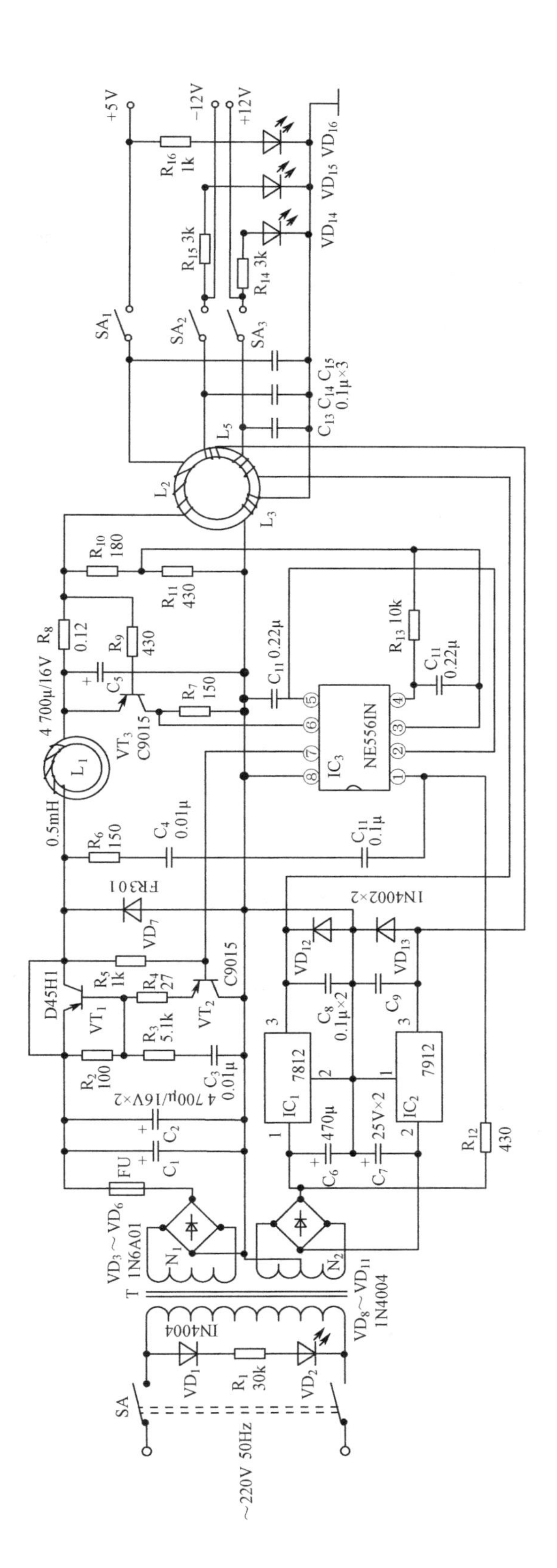

图4.3.1　+5V、±12V稳压电源电路原理图

+5V 输出电压稳定后，集成电路 IC_3的③脚通过取样电阻 R_{10}和 R_{11}，将分压值经 IC_3比较放大后，由⑦脚提供一个稳定电压，送入 VT_2的基极，使 +5V 保持不变。若由于某种原因使输出电压超过额定值时，其分压值升高，IC_3的③脚电位增大，⑦脚输出高电位，使 VT_2的基极呈高位，VT_1的基极电流减小，则管压降 V_{CC1}增大，故此使输出电压减小。若输出电压减小，整个过程会向相反的方向变化，使之达到输出稳压的目的。

本电源 +5V 的保护电路由三极管 VT_3、电阻 R_7、R_8、R_9等元件组成。其中 R_8为检测电阻。当电源工作正常时，检测电阻 R_8两端电压较小，不能使保护管 VT_3导通，故保护管 VT_3对电路正常工作无影响。一旦输出端发生过流时，R_8两端电压增大，保护管 VT_3导通，VT_3集电极电位升高，连接集电极的⑥脚电位随之增大，⑦脚输出高电位，注入放大管 VT_2和调整管 VT_1的基极电流减小，VT_1的发射极与集电极间电阻增大，这样将输出电流限制在正常的工作电流之内。

+12V 和 -12V 稳压电源是采用一块 7812 和 7912 的正负对称同时输出的稳压电源，它由中心抽头变压器经桥式整流电路 VD_8 ~ VD_{11}供电。IC_3的工作电压是通过限流电阻 R_{12}提供给①脚的。电路中的 VD_7为续流二极管。当调整管 VT_1关断时，储能电感 L_1两端极性发生变化，故产生较高的反向电势，使续流二极管 VD_7导通，从而避免了因 L_1反向电势而击穿调整管 VT_1。为防止电容 C_8、C_9高次谐波的放电电流流过稳压器 IC_1、IC_2，在其输出端并接二极管 VD_{12}、VD_{13}，以提供瞬间放电回路，使 IC_1和 IC_2免遭逆向高电压的损坏。在直流滤波电路中，要想获取纹波系数较小、比较平稳的直流电源，同时使滤波效果更佳，高频谐波影响减小，稳压精度更高，在该稳压电路中设置了扼流线圈 L_1 ~ L_5。

4.3.2 元器件选择

调整三极管 VT_1除选用 D45H1 外，还可选用国产三极管 3DA27B，$\beta=65 \sim 85$。三极管 VT_2、VT_3除选用 C9015 外，还可选用国产 3CG23B，$\beta=65 \sim 115$。发光二极管 VD_1：ED-01lRD（红色），VD_2：ED-113RD（红色），VD_3：ED-01lYG（绿色），VD_4：ED-012HY（黄色），均为 ϕ5mm 塑封。开关 SA_1：KNX（2×2），SA_2 ~ SA_4：KNX（1×1）。熔断器 FU：BGXP-I-ϕ5×20-5A。除电阻 R_8标称功率为 5W、R_{12}为 2W 的水泥电阻外，其余均为（1/4 ~ 1/6）WRJ 型电阻。线圈 L_1 ~ L_5的电感量不宜选得太大，否则不利于提高带负载能力。其他元件按图 4.3.1 标注选用。

4.3.3 制作与调试

（1）VT_1的散热器尺寸为 120×40mm^2，厚度为 3mm。IC_1和 IC_2的散热器尺寸各为 100×40mm^2，厚度为 3mm。

（2）将电网接通，闭合电源开关 SA_1，发光二极管 VD_2显示红色输入指示信号。+5V、+12V、-12V 各有启动开关，欲使用哪一路电源可开启相应的开关，输出指示信号也随之燃亮。

（3）若在输出端加装一只 0 ~ 30V 的直流电压表，则既方便又直观。

普通二极管好坏的测量：将万用表置于 $R\times100\Omega$ 或 $R\times1k\Omega$ 挡，黑表笔接二极管的正极，红表笔接二极管的负极，这时正向电阻的阻值一般应在几十欧到几百欧之间。将红、黑两表笔对换一下，反向阻值应在几百千欧以上。测量结果若符合上述情况，则可初步断定该被测二极管是好的。

4.4 实例 10：新颖的 5 ~16V 可调电源

本节介绍一款采用意大利最新开关电源稳压集成电路制作的 5 ～ 16V 可调稳压电源，最大输出电流可达 4A，能满足业余爱好者进行各种电子实验的需要。

4.4.1 电路原理

5 ～ 16V 可调稳压电源电路原理图如图 4.4.1 所示，电路以 L296 为核心器件组成。

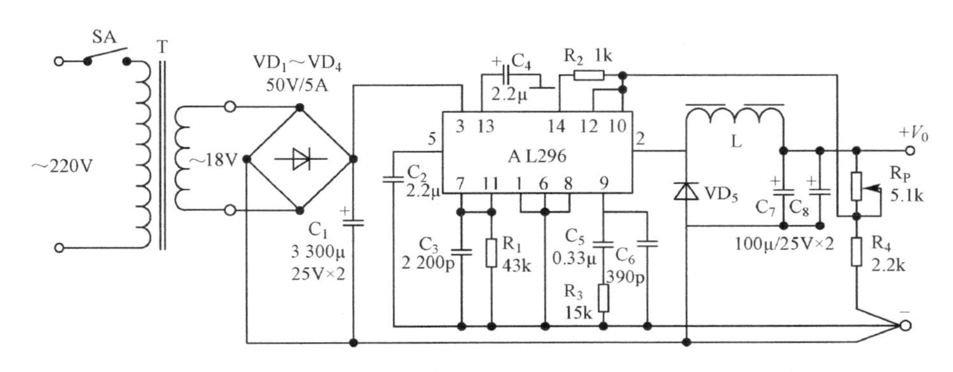

图 4.4.1　5～16V 可调稳压电源电路原理图

220V 交流电经变压器 T 降压、VD_1～VD_4 桥式整流、C_1 滤波，输出约 21V 直流电压，作为 L296 的输入电压。R_1、C_3 分别为振荡电阻与振荡电容，决定电路的开关频率。C_2 为软启动电容，软启动时间约 100ms，起保护作用。R_3、C_5 构成误差放大器的频率补偿网络。L 是储能电感，C_7、C_8 为输出滤波电容。电阻 R_P 与 R_4 的比值决定输出电压 V_0 的大小，其关系为：

$$V_0 = 5 \times \left(\frac{R_P}{R_4} + 1\right)\text{V} \tag{4.4.1}$$

所以调整 R_P 的阻值大小，就可以使输出电压 V_0 在 5 ～ 16V 之间变化。该电路具体技术指标为：输出电压在 5 ～ 16V 之间随意可调；最大输出电流为 4A；最小负载电流为 100mA；当输出电流为 1 ～ 4A 时，负载调整率为 10mV（V_0 = 5.1V）；当交流 220V ±15%，输出电流为 3A 时，电压调整率为 15mV（V_0 = 5.1V），输出纹波电压小于 20mV。

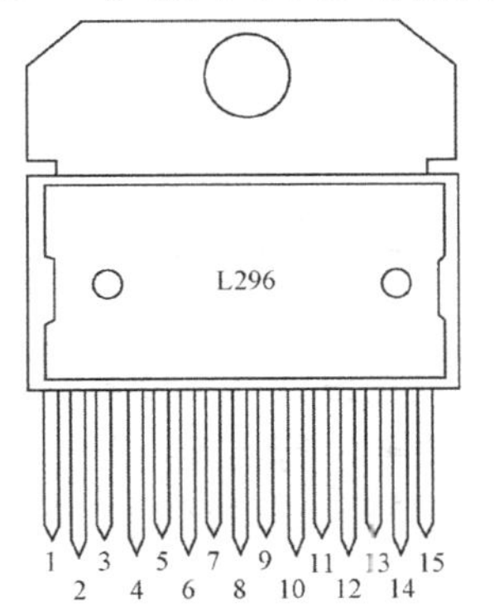

图 4.4.2　L296 引脚封装图

4.4.2 元器件选择与制作

A 采用意大利 SGS 公司生产的 L296 单片开关稳压电源专用集成电路，国产 CW296 可替代使用。L296 采用 15 脚立式直插封装，前后两排引脚间距为 5mm，每排引脚间距为 2.54mm，其引脚排列示意图如图 4.4.2 所示，各引脚功能见表 4.4.1。

表 4.4.1　L296 集成电路引脚功能表

引　脚	符　号	功　能
1	CR	当 V_{OUT}输出超过标称值20%时，触发外接 SCR，以保护负载电路。不用此功能时，该端接地
2	V_{OUT}	稳压器输出，5～40V
3	V_{IN}	稳压器输入，9～46V
4	I_{LIM}	与地端接一电阻，以决定限定电流，当电阻为33kΩ 时，限流为2.5A；开路时，限流为8A
5	SS	软启动，外接2.2～4.7μF 电容，确定软启动时间常数
6	SHDN	此端加高电平，输出关闭，不用此功能则接地
7	S_{IN}	多个 L296 的7脚连接在一起，可实现同步工作，只要一个 RC 与振荡器连接
8	GND	地
9	FC	误差放大器频率补偿，串联 RC 接地，大于5V 输出时，并接一个390pF 电容
10	FB	输出电压反馈端，此端直接接输出则输出5V，接分压器中心头，输出大于5V
11	OSC	接一并联 RC 网络后接地，确定开关频率
12	RES	复位输入端（限定5V），由输入端接一分压器接此端或连接输出反馈点
13	RESD	通过电容接地，决定复位信号延时时间
14	RESO	复位信号输出端（集电极开路），超差时输出低电平
15	RCO	当 V_{OUT}输出超过20%时，此端输出电压驱动 SCR

L296 集成电路具有以下特点：输出电流大，最大可达4A；输出电压调节范围大，最大可达5 ～ 40V；转换效率高，一般为75% ～ 85%，最大可达90%；开关频率高达200kHz，能有效减小滤波元件的体积；当输出电压低于限定值时，可输出复位信号供给计算机或单片机使用；当输出电压高于设定电压20%时，可触发外接晶闸管 SCR 使其导通，以保护负载电路；具有软启动功能及过热保护功能等。

VD_1～ VD_4采用50V、5A 整流二极管，如 BY550-50 型等。VD_5是工作电流为7A 的肖特基二极管，如 BYW80 型等。L 选用 ϕ22mm 坡莫合金环形磁芯，用 ϕ1.5mm 的高强度聚酯漆包线绕110 匝左右，可获得300μH 的电感量。电阻均选用 1/2W 优质金属膜电阻器，C_3、C_5、C_6选用优质瓷介电容器，其余电容应采用耐压25V、等效串联电阻小的优质进口电解电容器，如 ENLA 型。T 采用220V/18V、80VA 优质电源变压器。

制作时，应注意在印制板上将信号地线与功率地线分开布置，最后在输出端汇合。其原因是功率地线上有大电流通过，会在印制板上产生压降，分开布置可防止其串入信号端影响稳压性能。在工作过程中集成块 L296 会产生较大功耗，所以使用时应给它加装面积足够的铝质散热片，如150mm×120mm×2mm，并在 L296 的散热片上涂上导热硅脂，再用螺钉与自制的铝质散热片紧固在一起，以减小热阻。

4.5　实例11：1.2～20V、1A实验电源

在设计电子设备时，常常要进行预备实验。同时，在印制电路板组装后入机壳前，往往也要进行实验。此时若有供实验用的电源，则十分方便。为此制作实验用电源。对实验用电源的要求是，无论电压还是电流，随时可以调节。例如，有时只使用一个干电池，电压为1.5V，电流为50mA，而有时需要至少20V 的电压和数十毫安的电流。

本节介绍的实验电源是0 ～ 20V、1A 直流电源。实验用电源除输出电压和输出电流之

外，还应注意什么问题呢？首先，由于输出电压是可变的，而且变化幅度较大，故需要对电压进行检测，拟采用电压表，这不是摆设，要尽可能正确地读出电压值。可以考虑采用数字式的。能够测量输出电压，是实验用电源必备的，如果电流也可测量则更好。这对于了解电子设备的运行状态和电源电流大小很有利。但是，如果根据最大输出电流 1A 而采用 1A 的电流计，则不太有利。原因是由实验用电源取用的电流有时在 lmA 以下，有时则为数百毫安。最大刻度为 1A 的电流计只能精确测量数百毫安的电流，但大多数实验只用数毫安至数十毫安的电流。这种电流计不能测量如此小的电流。根据这种情况，放弃了装置 1A 的电流计。为取代它，制作一个与电源相连的电流计箱。

4.5.1　电压可调的三端稳压 IC LM317 简介

目前三端稳压 IC 用得最多，其中电压可调的 LM317 稳压 IC 使用于本装置。其外观与固定输出电压的三端稳压 IC 7812 完全相同。LM317 从外形上看有几种类型，例如，相当于 78L00 系列的是 LM317L 型，用于 TO-220 的 LM317T，用于 TD-3 的 LM317K。实际上经常使用的是 LM317T 型，可以认为一提到 LM317 型就是指 LM317T 型。据此，本装置也使用 LM317T 型。下面针对 LM317T 型作介绍。表 4.5.1 为 LM317T 型的最大额定值和电气性能。在 LM317T 中装有电流和热保护回路，在过负荷条件下可防止集成电路被破坏。从实际使用中可知，只要不用锤砸碎它就不会被破坏，从电气上说是很可靠的。

表 4.5.1　LM317T 型最大额定值和电气性能

最大额定值				
项　目	符　号	额 定 值	单　位	外形 引线配置 1.输入电压V_{IN} 2.输出电压V_{OUT} 3.电压调整ADJ （TO-220） 3 2 1
输入/输出电压差	V_{I-O}	40	V	
工作结合部位温度	T_{opr}（j）	0～125	℃	
功率损耗（T_c =25℃）	P_D	15	W	
输出电流	I_o	1.5	A	

电 气 性 能					
项　目	条　件	最 小 值	标 准 值	最 大 值	单　位
电压调整端电流			50	100	μA
电压调整端电流变化	3V≤(V_{IN} - V_{OUT})≤40V		0.2	5	μA
标准电压（V_{REF}）	3V≤(V_{IN} - V_{OUT})≤40V	1.2	1.25	1.30	V
最小负荷电流	V_{IN} - V_{OUT} =40V		3.5	10	mA
电流限制	V_{IN} - V_{OUT}≤15V	1.5	2.2		A
热阻抗（结合部－外壳间）	TO-220		4		℃/W

从电气性能上看，虽然 ADJ（电压调整）端电流及其变化均很小，但这正是可变电压三端稳压器的特长。附带指出，此电流相当于固定电压三端稳压器 7812 的无功电流 I_Q，但 LM317T 型的电流要小两位数。LM317T 有电流限制，输出电流为 1.5A 以上，因此，有能力取得本装置所确定的 1A 电流。但是，是否能承受功率损衰尚有疑问，以下对此问题进行讨论。由数据手册看，LM317 的输出电压范围为 1.2 ～ 37V。本装置的输出电压范围为 1.2 ～ 20V。这里，对输出电压回路进行设计，以便使用 LM317 获得 1.2 ～ 20V 的电压。

图4.5.1所示输出电压可在1.2～25V间变化的电路。在此电路中，可用R_1和R_2来设定输出电压，图中右方列有其计算式。式中的R_2即为可变电阻（V_R）。本装置R_1设定为120Ω，R_2使用2kΩ可变电阻。这样，输出电压的可变范围比1.2～20V更大一些，以此作为余量。

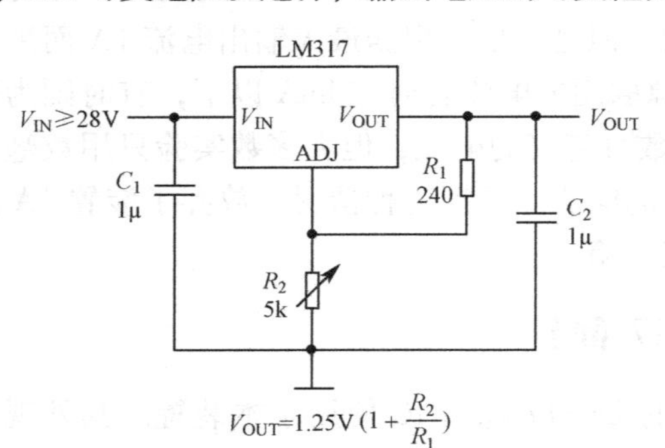

$$R_2=\frac{R_1}{1.25}(V_{OUT}-1.25)$$

取$V_{OUT}=20V$，则$R_2=15R_1$

R_1	R_2
120Ω	1 800Ω
240Ω	3 600Ω
330Ω	4 950Ω

图4.5.1　按照输出电压为1.2～20V确定R_1与R_2值

此外，如果可变电阻使用A曲线型的，则输出电压低时电压变化平缓，并易于调整。

4.5.2　输出电压采用1.2～20V时的问题与对策

为使恒压回路稳定，输入与输出电压差（$V_{I\text{-}O}$）宜为5V左右。这样，最大输出电压为20V时，输入电压（V_I）需25V，如图4.5.2所示。恒压回路上发生的功率损耗，在输出电压V_{OUT}最小（1.2V）时最大，如图4.5.2所示，其值达23.8W。此值作为本装置这样的小型电源发生的功率损耗是相当大的，是不允许的。为了减小损耗，需采取对策。这一措施如图4.5.3所示，将输出电压分为低（1.2～10V）和高（9～20V）两挡，输入电压进行切换。具体来说，图4.5.3所示的措施就是用电压比较器监测输出电压，并启动继电器切换输入电压。此外，若用普通的电压比较器，切换时继电器有可能发生振动，故应有滞后性能的电压检测。

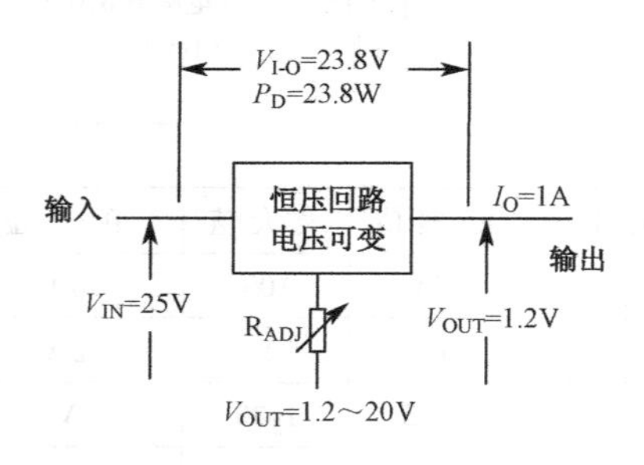

图4.5.2　输出1.2V、1A时功耗达23.8W

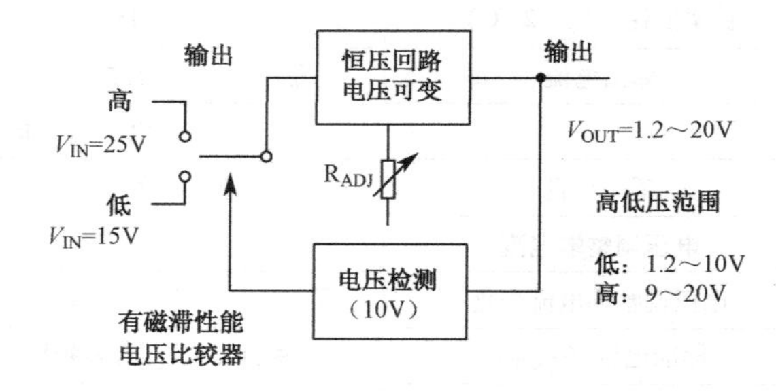

图4.5.3　减小功耗的措施（输入电压按输出电压分挡切换）

从图4.5.4中可以看出低压和高压时产生最大功率损耗情况下的工作状态。在高压时功率损耗最大，但也仅为15W，与图4.5.2相比，减小约9W。这样就解决了一个难题。从表4.5.1中可知，$T_C=25℃$时最大T_{opr}（j）为15W，说明也达到极限了。从这种情况看，决定在LM317T中安装放大电流用的晶体管。有关电流放大回路与电流放大用的晶体管的过电流保护回路的设想如图4.5.5所示。

本装置使用的电流放大用晶体管为2SB754，其规格见表4.5.2。该晶体管用在本装置虽然容量略嫌过大，但由于外壳小，放热条件好，故散热设计比较简单，因而予以选用。

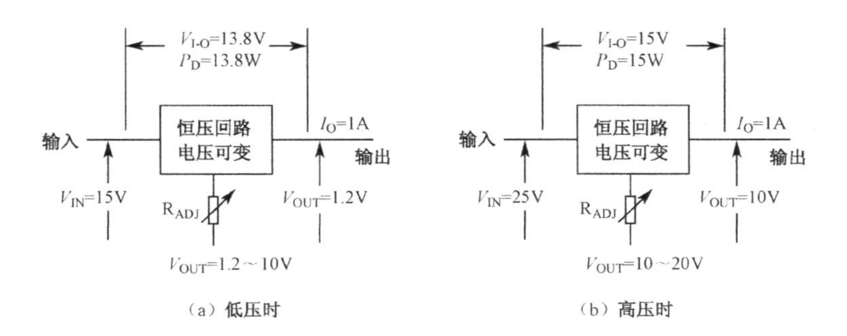

图 4.5.4　低压和高压时发生最大功率损耗的情况

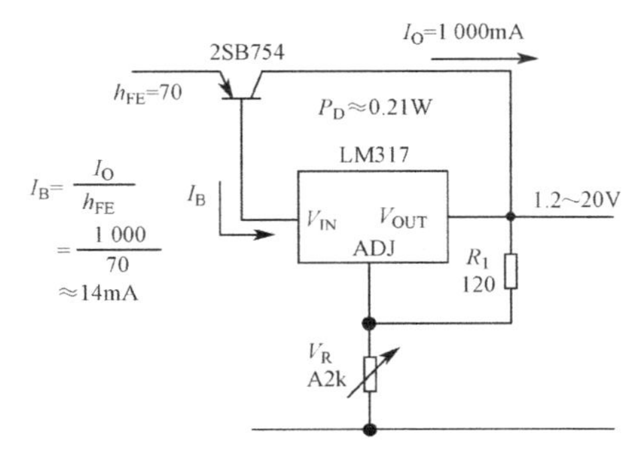

图 4.5.5　安装放大电流用的晶体管

2SB754 的 h_{FE}最小可达 70，这时，输出电流为 1A 时的基极电流 I_B仅 14mA 左右。同时，LM317T 上所发生的功率损耗最大约为 0.21W（V_{I-O} = 15V 时）。这样，小型的 LM317L 也能满足要求。实际上，虽然手头有 LM317L，但从容易取得的角度考虑，仍采用 LM317T。此外，由于安装了电流放大用的晶体管，为此设置过电流保护回路。

表 4.5.2　2SB754 最大额定值和电气性能

项　　目		符　　号	额 定 值	单　　位
集电极与基极间电压		V_{CBO}	-50	V
集电极与射极间电压		V_{CED}	-50	V
射极与基极间电压		V_{EBO}	-5	V
集电极电流		I_C	-7	A
基极电流		I_B	-0.7	A
集电极损耗	T_a = 25℃	—	2.5	W
	T_C = 25℃	P_C	60	W
结　温		T_j	150	℃

电气性能（T_a = 25℃）

项　　目		最 小 值	标 准 值	最 大 值	单　　位
I_{CBO}，I_{EBO}		—	—	-10	μA
h_{FE} *	I_C = -1A	70	—	240	—
	I_C = -4A	30	—	—	—
V_{CE}(I_C = -4A)		—	-0.2	-0.4	V
V_{BE}(I_C = -4A)		—	-0.9	-1.2	V

* h_{FE}分类，O：70～140，Y：120～140

4.5.3 1.2～20V、1A 实验用直流电源电路

图4.5.6为1.2～20V、1A实验用直流电源的电路图，虚线内为在印制电路板上制作的部分。

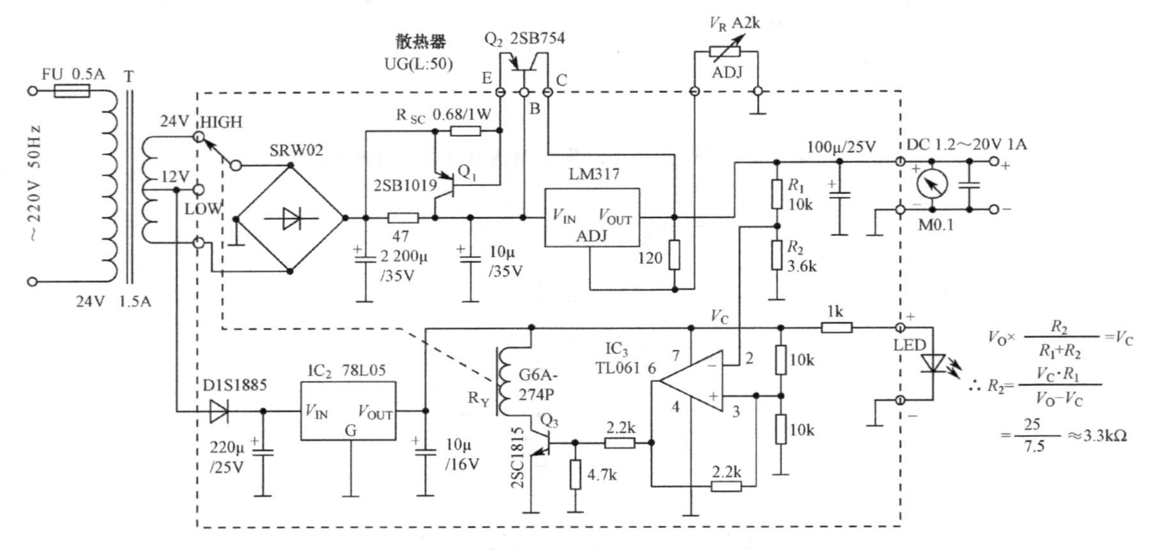

图4.5.6 1.2～20V、1A实验用直流电源电路原理图

本电路中采用了使用LM317T的可变电压的恒压回路和电流放大的方法及过电流保护回路等。Q_1为过电流保护回路，设定R_{SC}为0.68Ω，当输出电流超过1A时，保护回路应工作。其后的工作由LM317T接续，一直工作到输出电流超过1.5A。这样看来，为使过电流保护回路在整个装置中工作，应使用LM317L，而不是LM317T。此外，限制回路在100～300mA时工作。

下面，对减小功率损耗的高/低压变换部分加以说明。本装置可根据输出电压将输入电压变换为高压和低压，此电压由运算放大器（IC_3TL061）检测。对此部分需要经常供给不切换的电源电压，为此另设由IS1885（D）整流的电源，再经5V三端稳压IC（78L05）稳压后供给。

运算放大器（IC_3）是带滞后特性的电压比较器，基准电压加于"+"输入端，被检测的电压即输出电压加于"－"输入端（经过R_1与R_2分压）。这样，当输出电压下降到10V以下时IC_3的输出脚6变为低电平，Q_3导通，继电器吸合。将输入电压切换至12V端。R_1与R_2值的选择如下：首先设R_1为10kΩ，然后如图4.5.6所示粗略计算得R_2值约为3.3kΩ。此计算是假定几个值进行的，故之后要进行校核。如果不适当则使用逐渐逼近法加以修正。这样做以后，R_2值取3.6kΩ。

以下是滞后值的调整。此值可根据图4.5.6中的R_3调节。当设定R_3=47kΩ时，此值约为1V。以上的结果，在转动V_R增减输出电压时，在自上向下约9V、自下向上约10V处切换高/低输入电压。这样做大体上是预定的工作状态。

4.5.4 制作与调试

1）电源变压器

本装置最大输出电流为1A，故在采用桥式整流的情况下，电源变压器次级的交流电最

大约为1.4A，因此，该变压器二次绕组容量为24V×1A，设有12V的分接头，以便进行高/低压转换。

2）继电器

图4.5.6所示的G6A继电器有各种型号，本装置使用的是最普通的G6A-274P型，其接点规格列于表4.5.3。从表中看，转换后的通过电流没有问题，但是在引出输出电流1A的同时进行转换时情况如何？仍有些担心。因此，在引出接近1A电流的同时，在9～10V间改变输出电压，多次进行高/低压转换，结果未出现什么问题。

表4.5.3　继电器G6A-274P开关规格

项　目	电阻负荷	电感负荷
额定负荷	AC 125V 0.5A	AC 125V 0.25A
	DC 30V 2A	DC 30V 1A
额定通过电流	3A	
接点最大电压	AC 250V　DC 220V	
接点最大电流	2A（DC）	1A（DC）
	1A（AC）	0.5A（AC）
开关最大容量	60W 125VA	30W 62.5VA

G6A-274P的线圈部分在其额定电压为5V、40mA（125Ω）时吸合，因此采用图4.5.6所示$Q_3$2SC1815即可充分驱动它。

3）散热器及其他

本装置所使用的散热器根据机壳的大小，限制在宽100mm，高50mm。考虑到机壳本身的散热，本装置使用热阻抗稍小的UG型（L：50）。本装置为实验用电源，应能在实验中随时立即投入使用，故省去了电源开关，当然装上也可以。

测定电压的表头，如前所述拟使用较大型的，但从机壳大小考虑采用FUJI FA-52型。调整输出电压用的V_R按图4.5.1确定，采用120Ω和2kΩ V_R的组合。如果2kΩ、A曲线的V_R得不到，也可采用容易获得的5kΩ、A曲线的V_R与330Ω的组合。

在实验用电源制作完成时，连接模拟负载通过1A的电流，对图4.5.4所示的高/低压时的工作状态进行检查。其结果表明，低压时V_{IN}约13V，比预定的15V约低2V。即使如此，由于$V_{OUT}=10V$时$V_{I\text{-}O}$为3V，故没有问题，但总感觉有些勉强。高压时$V_{IN}=26V$，与预定值基本相同。

实际实验使用时，感到在低/高压转换时，电压有些跳动。最后，确认一下过电流保护回路的工作。结果表明，作为恒压电源完全没有问题，同时过电流保护回路的电流限制也如设计值，在1A时开始工作，带1A以上负荷时，输出电压下降。

4.6　实例12：精密串联型稳压电源

主要技术指标如下。

（1）输入电压：220V、50Hz，允许电压变化±10%。

（2）输出直流电压及负载电流：+5V 2A、+12V 1A、-12V 1A。

（3）输出纹波：≤30mV。

（4）输出电压调整范围：±0.5V。

（5）有过载及短路保护装置。

（6）变压器 T 参数：功率，35VA；N_2，2×12V；N_3，2×15V。

（7）环境温度：−10 ～ +40℃。

4.6.1 工作原理

电路原理如图 4.6.1 所示。变压器 T 的次级 N_3的中心抽头与二极管 VD_2、VD_3的正极和电容 C_2、C_6、C_7的负极及电容 C_9、C_{10}的正极等元器件的公共点相连并接地，其地电位为零。+5V 稳压电源采用一只性能优良的集成块 CA723，作为自动调整输出电压。由二极管 VD_1整流、电容 C_1滤波，U_1获取的正直流电压提供给 CA723 的⑪脚，CA723 的⑥脚为一恒定电压，经电阻 R_4、R_5和 R_6分压，使⑤脚能获取到基准电压。若 +5V 输出端电压升高，则 CA723 的④脚电位升高，经 CA723 中的比较器进行比较后，该比较信号送入误差放大器，其⑩脚输出低电位给调整管 VT_1的基极，使 VT_1的集电极与发射极间电压增大，则输出电压减小，达到自动稳压。若输出电压减小，则整个过程将会向相反的方向变化。

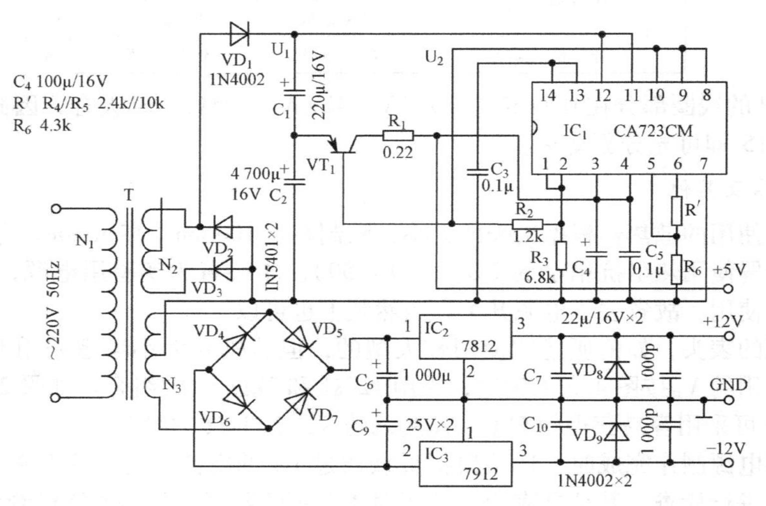

图 4.6.1　精密串联型稳压电源电路原理图

R_1为过流保护电阻。当输出电流大于正常工作电流时，取样电阻 R_1上的压降增大，使 CA723 的④脚电位增大，⑩脚电位减小，使注入 VT_1的基极电流减小，从而使输出电流不再增大，起到过载保护作用。其中，R_6为输出电压精度调整电阻。+12V 和 −12V 稳压电源是采用 LW7812 和 LM7912 的正负对称输出的集成三端稳压电源。为了防止电容 C_7和 C_{10}的放电电流损坏稳压器，特在其输出端并接 VD_8和 VD_9，以提供泄放电流回路。

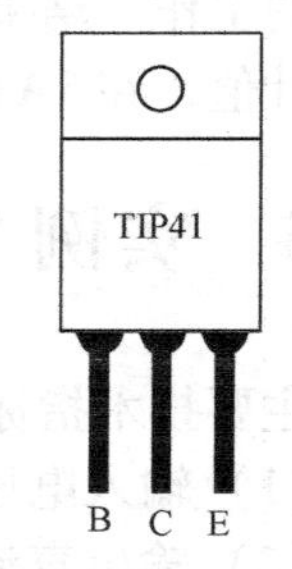

图 4.6.2　TIP41 外形及引脚排列图

4.6.2 元器件选择

IC_1除选用 CA723CN 集成块外，还可选用 LM723CE 集成块。功率三极管 VT_1的型号为 TIP41，国内功率三极管型号可用 3DD67C，β=65 ～ 115。TIP41 的外形及引脚排列如图 4.6.2 所示。除电阻 R_1的标称功率为 2W 金属膜电阻外，别的均采用 1/6W 金属膜电阻。其他元件按图 4.6.1 标注，无特殊要求。

4.6.3 制作与调试

（1）大功率管 TIP41 散热器尺寸为 80mm×50mm×3mm。

（2）稳压集成块 W7812 和 W7912 散热器尺寸为 120mm×40mm×3mm（两个集成块安装在一起）。

（3）当 +5V 过载或短路时，输出无电压。当故障排除后，仍无输出电压，可检查熔断器 FU 是否烧断。切忌以大代小或用细铜丝代用。

（4）若 +5V 输出电压和所要求电压略有误差，可轻微调节电阻 R_6 的阻值以满足要求。

（5） +5V 可进行扩充，其电压输出范围可在 2 ～ 37V 任选，改动方法参见 CA723 应用的有关资料。

（6）接变压器 T 时，应注意遵循下列原则，即 U_1～ U_2 应在 3 ～ 38V 之间。

（7）若使用者有兴趣，可在各输出端安装控制开关和色彩各异的发光二极管，并加装一只 0 ～ 30V 的直流电压表，这样既方便又直观。

（8）各种开关和发光二极管最好安装在装置的外表面，以便于控制和显示，同时熔断器 FU 应安装在装置的背面外壳处，方便更换。

4.7 实例 13：智能型应急电源

一般家用交流应急电源的最大弱点是可靠性差，易烧大功率管。本节介绍的智能型交流应急电源转换效率高，有 PWM 脉宽调制稳压，工作可靠、功能强、自我保护完善，有智能故障诊断功能，从根本上解决了多年无法解决的难题。

4.7.1 功能及指标

本智能型应急电源的功能及指标如表 4.7.1 所示。

表 4.7.1 智能型应急电源功能及指标

功　能	项　目	技术指标
逆变	输出电压	220V ±(4%～5%)
	输出功率	220VA
	频率	50Hz $\underline{+}$1Hz
	波形	方波
	平均效率	≥80%
	过载保护	额定负荷的两倍
	过流保护	出现软短路后，功率管电流≤25A 时，在 60μs 内自行关断
	低压保护	电源电压≤6V 时，自动关断电源
	过热保护	功率管温升超过规定值时，自动关断
	空载电流	≤0.3A
	电瓶欠压保护	≤10.5V 时，报警并自动切断电源
	电瓶过充保护	≥14.5V 时，报警并自动切断电源
	自诊断功能	出现上述故障时，送出故障信号

续表

功　能	项　目	技术指标
充电	电源电压	220V ± 10V
	终止电压	14.5V
调压	调压范围	市电 180～280V，输出电压 212～229V

4.7.2 电路原理

电路工作原理如图 4.7.1 所示。

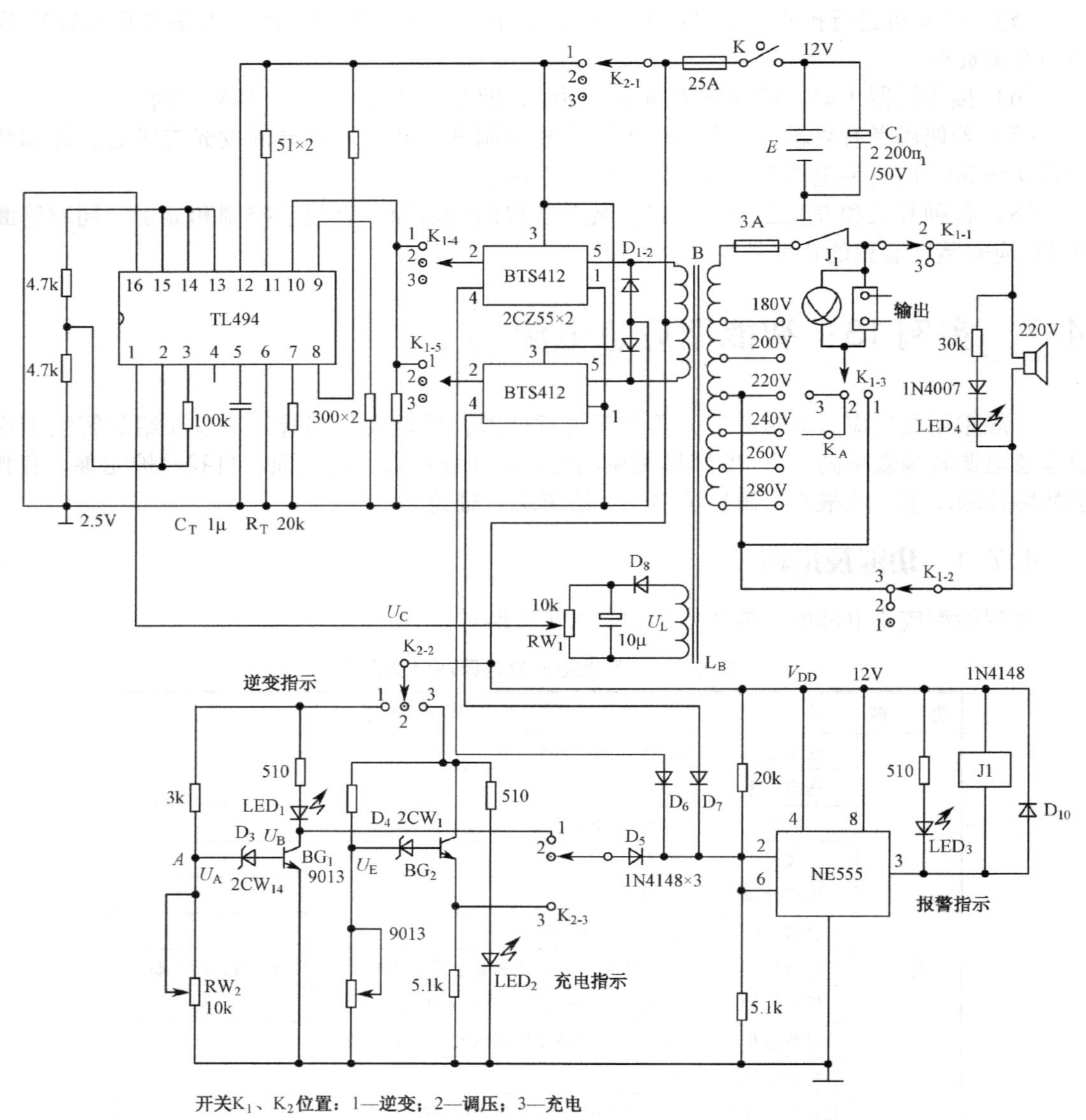

图 4.7.1　智能应急电源原理图

1. 逆变工作状态

当开关K_0闭合，K_1、K_2放在位置“1”时，电路处于逆变工作状态，三极管BG_1导通，发光二极管LED_1指示“逆变”，集电极电位为低电位。TL494的9、10脚输出50Hz的方波加在BTS412的输入端2脚，经逆变后输出220V交流电压。在正常工作时，BTS412的4脚输出低电位。所以由二极管D_5、D_6、D_7组成的或门输出端均为低电位，NE555的2脚电位低于$(1/3)V_{DD}(12V)$，3脚输出高电位，LED_3不亮，继电器J_1不工作。在逆变过程中，当蓄电池电压由于连续放电降到允许下限值（10.5V）时，“过放”控制电路三极管BG_1因A点电压U_A低于稳压管D_3的击穿电压而处于截止状态，输出高电位U_B加在NE555的2脚，使其电位大于（$1/3)V_{DD}$，3脚输出低电位，发光二极管LED_3发光报警，继电器J_1吸合，其常闭触点J_1断开，脱离负载，避免蓄电池“过放”。在逆变过程中，若大功率管BTS412出现故障或负载异常，则4脚输出高电位（任意一个管子都行）使电路报警，切断负载，保护大功率管不被损坏。

脉宽调制稳压原理是：变压器反馈绕组输出反馈电压U_L，电位器RW_1调节输出电压U_C的大小。根据TL494的工作原理可知，U_C加在1脚与基准电压$U_r(2.5V)$进行比较，产生脉宽调制信号，使TL494的9、10脚输出脉冲宽度随反馈电压U_C变化，负载越轻，U_C越大，脉冲宽度越窄，反之，负载越重，脉冲宽度越宽。只要调节RW_1使脉宽变化与负载变化保持一定的比例关系，就可以在额定负载范围内使输出电压达到稳定不变。

2. 调压工作状态

当K_0断开，K_1、K_2放在位置“2”时，电路处于调压工作状态。改变开关K_A的挡位，即可实现在180～280V范围内的调压功能。

3. 充电工作状态

当K_0闭合，K_1、K_2放在位置“3”时，电路处于充电工作状态，TL494、BTS412、BG_1均不工作。副边交流电压在原边产生11V交流电压，经二极管D_1、D_2整流后对蓄电池充电，发光二极管LED_2指示“充电”。三极管BG_2组成过充控制电路，在蓄电池电压未充到上限时，电压U_E不足以击穿稳压管D_4，BG_2截止，输出电压U_D为零。当蓄电池充电到上限电压14.5V时，U_E使BG_2导通，输出高电位U_D，使NE555报警，继电器吸合，常闭触点J_1断开，停止充电，避免过充现象。充电时家用电器可同时用电。

4.7.3 元器件选择

1. 脉宽调制开关稳压器TL494

TL494是价格较便宜（每只约3元）的一种专用集成脉宽调制器，内部集成有误差电压比较放大器、基准电压源。斜波发生器的振荡频率由R_T和C_T的值确定。

$$f \approx 1.1R_TC_T \tag{4.7.1}$$

如取 $R_T=20k\Omega$，$C_T=1\mu F$，则 $f=50Hz$。TL494 1 脚的基准电压 U_r 设为 2.5V，采样（反馈）电压 U_C 与 U_T 比较并经误差放大器 A_1 放大，输出电压 $U_{控}$，$U_{控}$ 再与斜波电压在脉宽调制比较器中进行比较，在其输出端得到脉冲宽度可变的方波脉冲，实现反馈电压/脉冲宽度转换功能。

根据实际需要，利用死区时间控制比较器的功能可以改变 TL494 输出脉冲的占空比。只需设置死区时间控制电压 U_D（4 脚），使其与斜波电压在 A_4 中进行比较，即可获得等脉宽的方波，达到改变脉冲占空比的目的。13 脚可控制输出形式，当 13 脚接高电位时，形成双端输出；当 13 脚接低电位时，形成单端输出。3 脚为反馈（或禁止）端，只要在 3 脚加上相应的反馈信号电压，即可使电路停止工作。TL494 的工作电压为 7 ～ 45V，最大输出电流为 250mA。

2. 智能型功率开关管 BTS412

BTS412 是近几年新兴起的一种智能型大功率器件，由德国西门子公司生产（每只约 2 元）。它有如下功能：

（1）负载端发生短路时，可在 60μs 内快速自动切断电源，进行自我保护；

（2）当工作电流过大，器件自身温升超过规定值时，可自动切断电源，进行自我保护；

（3）输入低电压（5V）控制，可直接与计算机、逻辑电路兼容输入；

（4）具有低电压保护功能，当电源电压低于 6V 时，自动关断电源；

（5）具有故障诊断功能，当电路或负载出现故障时，器件自行关断，并从 4 脚送出故障报警电压（5V）；

（6）具有极强的抗干扰性能。

4.7.4 制作与调试

整个电路的调试比较简单，只需调试下列几点即可。

（1）改变逆变工作条件下的负载（空载或满载），调节电位器 RW_1，使输出交流电压变化最小。

（2）在开关 $K_{2\text{-}2}$ 的 1 端加 10.5V 直流电压，调节电位器 RW_2，使 BG_1 由导通变为截止。这样在蓄电池的电压降到下限（10.5V）时，就会自动切断负载并报警。

（3）在开关 $K_{2\text{-}2}$ 的 3 端加 14.5V 电压，调节电位器 RW_3，使 BG_2 由截止变为导通。这样在蓄电池充电到 4.5V 时，BG_2 导通，发射极输出高电位 U_D 触发 NE555 翻转，LED_3 发光报警并切断交流电源、停止充电。

4.8 实例 14：直流升压电源

本节介绍一款小巧的直流升压器，能将 3V 电压升至 5V 或 12V，供小型仪器仪表使用。

4.8.1 工作原理

直流升压器的电路如图 4.8.1 所示，电路主要由新颖的 DC-DC 升压变换集成电路组成。

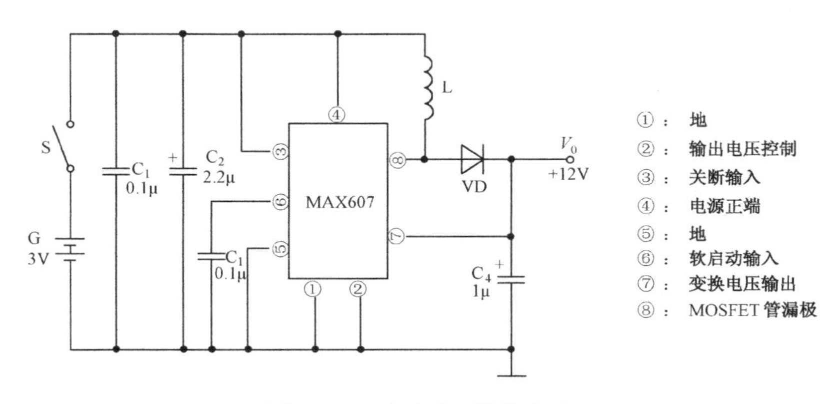

图 4.8.1　直流升压器的电路

MAX607 是一种超小型 DC-DC 直流变换集成电路，它采用较小的电感与电容，开关振荡频率为 500kHz，所以输出滤波电容 C_4不必很大，即可获得纹波系数很小的直流电压。本电路当输入 3V 直流电压时，能变换输出 12V、最大负载电流为 60mA 的直流电压。该电路输出电压精度为 ±4%。

4.8.2　元器件选择与制作

A 采用美国 MAXIM 公司生产的一种新颖超薄贴片式 DC-DC 变换集成电路，其尺寸长为 5mm，宽仅为 3mm。该电路不仅体积小，而且输出精度高、耗能小，此外它还具有软启动与关断功能（等待状态）等，在关断时，静态耗电仅 1μA。其引脚排列示意与简要功能如图 4.8.1 所示。

VD 可用 2AK 型锗开关二极管。L 为 10μH 色码电感器。C_1、C_3采用 CT4 独石电容器，C_2、C_4采用耐压 16V、小体积优质电解电容器。

在制作时，包括集成电路 A 在内的所有元器件都可装焊在印制板覆有铜箔的一面上。本升压器为 12V 输出，如果想得到 5V 电压输出，只需将集成块 A 的 2 脚由地端改接到电源正端即可，此时最大输出电流可达 120mmA。若在集成块的关断控制端即 3 脚处接一个 1 ×2小开关，即可进行关断控制，当 3 脚接电源正端时，C_4两端有电压输出；当 3 脚接地即关断，无升压输出。

4.9　实例 15：锂离子电池充电器

锂离子电池是前几年出现的金属锂蓄电池的替代产品，它的阳极采用能吸收锂离子的碳极，放电时，锂原子变成锂离子，脱离电池阳极，到达锂离子电池阴极。锂离子在阳极与阴极之间移动，电极本身不发生变化。这是锂离子电池与金属锂电池的本质差别。锂离子电池阳极为石墨晶体，阴极通常为二氧化锂。充电时，阴极中的锂原子电离成锂离子与电子，并且锂离子向阳极运动与电子合成锂原子；放电时，理原子从石墨晶体内阳极表面电离成锂离子与电子，并在阴极处合成锂原子。所以，在该电池中锂永远以锂离子的形态出现，不会以金属锂的形态出现，因而这种电池被称为锂离子电池。锂离子电池的优点是：工作电压高，如一般每节为 3.6V；体积小、质量轻、能量高；寿命长；

使用时，允许温度范围宽；无记忆效应、无环境污染等。这里介绍一款锂离子电池专用充电器，它采用恒流－恒压方式控制锂离子电池充电，由于采用了专用充电模块，整个电路非常简洁。

4.9.1 工作原理

锂离子电池专用充电器的电路如图4.9.1所示，电路主要以PS1719为核心器件构成。

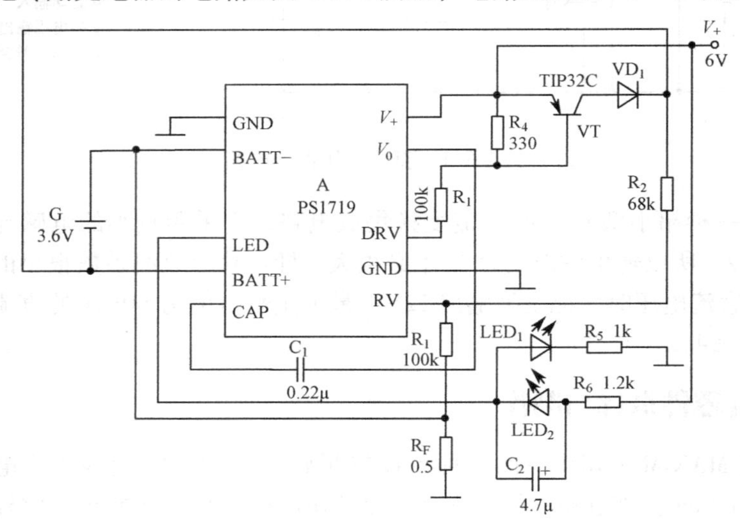

图4.9.1　锂离子电池专用充电器原理图

我们先了解锂离子电池的充放电特性。对于一般500mA·h的AA型锂离子电池，单只电池充电电压最好保持在4.1V左右，充电电流通常限制在1C（500mA）以下，否则会造成锂离子电池永久性损坏。在充电时通常采用恒流－恒压方式，即先采用1C以下的恒定电流充电，电池电压不断上升，当升到4.1V时充电器应立即转入恒压方式（4.1V左右），充电电流逐渐减小，当电池充满时，电流降到涓流充电电流。用这种方法大约两个小时可以充足500Ma·h的锂离子电池。锂离子电池放电电流不应超过3C（1.5A），单体电池电压不应低于2.2V，否则会造成损坏，一般确定放电终止电压为2.5V。

图4.9.1中充电器用PS1719模块作为充电控制器，它能对电池G进行恒流充电，恒流电流I_S由电阻R_F确定，即$I_S=160\text{mV}/R_F$。若R_F取值0.5Ω，则恒流电流$I_S=320\text{mA}$。恒压V_S则由电阻R_2与R_1的比值确定，即$V_S=2.5(1+R_2/R_1)$（V）。若R_2取值为68kΩ，R_1取值为100kΩ，则V_S为4.2V，正好满足锂离子电池的充电要求。该电路电池充满标准是以充电电流减小到最大电流（指开始的恒流）的15%为判别基准，并终止充电。图中发光管LED_1为充电指示，LED_2为充满指示。

4.9.2 元器件选择与制作

A采用武汉力源电子股份有限公司生产的PS1719型锂离子电池（3.6V）专用充电集成模块，其内电路包含电压控制电路、电流控制电路、控制逻辑电路及驱动电路等。PS1719采用16脚DIP封装形式，各引脚功能如表4.9.1所示。

表 4.9.1　PS1719 充电专用模块各引脚功能

引　脚	符　号	功　能
1	GND	输入电压地端
2	BATT -	接待充电池负极，对地接电流控制的反馈电阻 R_F
3, 4, 5	NC	空
6	LED	充电状态显示端，充电时输出高电平，充满时输出低电平，电流容量 3mA
7	BATT +	接待充电池正极
8	CAP	与 13 脚间接抗干扰电容，当正脉冲输入 8 脚时可实现脉冲涓流充电模式
9	RV	电压控制反馈输入端，当电压控制平衡时，该脚对 BATT - 电压为 2.5V
10	GND	输出电压地端
11	DRV	带死区电压控制驱动 OC 输出端，可驱动 PNP 功率三极管实现电压、电流控制
12	NC	空
13	V_0	基准电压（约 4V）测试输出端，外接抗干扰电容器
14	V_+	模块供电电源正电压输入端，V_+ =6～7V
15, 16	NC	空

VT 采用 TIP32C 型 PNP 功率三极管。VD_1 用 1N4007 型硅二极管。LED_1、LED_2 分别采用 ϕ3mm 的高亮度红色与绿色发光二极管。

R_1、R_2 与 R_F 要求采用高精度的金属膜电阻器，R_4 为 1/4W 碳膜电阻器，其他电阻均可用普通 RTX-1/8W 型碳膜电阻器。C_1 采用 CT4 型独石电容器，C_2 为 CD11-16V 型电解电容器。本机电源 V + 可用输出电流达 800Ma 的 6V 直流稳压电源。本充电器除可用于 1 节 3.6V 的锂离子电池充电外，也可用作 3 节镍镉或镍氢电池充电。

4.10　实例 16：直流交流变换器（逆变电源）

本节介绍将直流 12V 电压变换为交流 100V 电压的简单装置。

4.10.1　工作原理

图 4.10.1 是直流 - 交流（DC-AC）变换器电路原理图。由 NE555P 产生 110Hz 的振荡频率，然后由 MC14013B 将 110Hz 振荡频率 2 分频，得到 55Hz 的振荡信号。该频率恰好是市电 50Hz 和 60Hz 的中间频率，故可应用于 50Hz 或 60Hz 的市电所适用的电气用具上。

在该电路中，55Hz 相互反相的两信号与 110Hz 信号通过与门电路分别送至两个晶体管的基极，用以控制变压器初级线圈电流的通断。在变压器的次级可以得到交流 100V 电压。变压器在这里的作用就是把 12V 变换为 100V，这样也就变成一个脉冲电源。如果需要 220V 的电源，可使变压器的次级线圈圈数加倍。

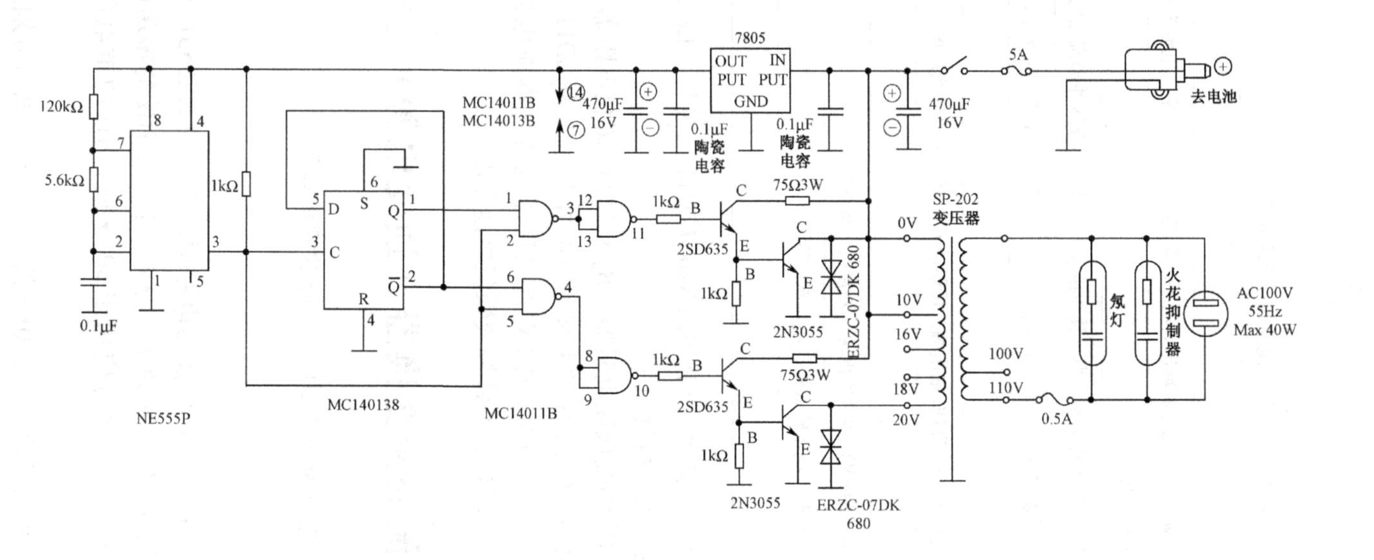

图4.10.1 直流-交流（DC-AC）变换器电路原理图

4.10.2 元器件选择

2SD635 是容易买到的达林顿晶体管，2N3055 为东芝和摩托罗拉的产品，二者的封装图如图 4.10.2 所示。非线性电阻（压敏电阻）07DK680 是用于过压保护的特殊半导体，此处使用了松下的产品。为了便于读者制作，把这里使用的所有元器件的规格和数量列于表 4.10.1 中。

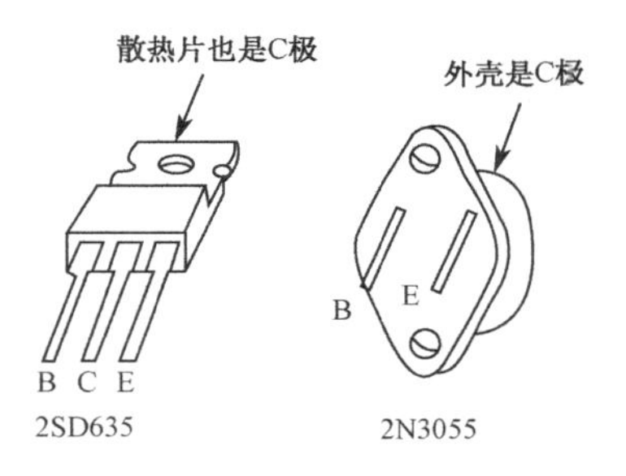

图 4.10.2 2SD635 和 2N3055 封装图

表 4.10.1 DC-AC 变换器元器件清单

名称	型号	数量	名称	型号	数量
集成 IC	MC14011B（摩托罗拉）	1	电源开关		1
	MC14013B（摩托罗拉）	1	氖灯	BN-2	1
	NE555P（N·S）	1	火花抑制器	CR110（100Ω+0.1μF）	1
	7805（松下）	1	电容	0.1μF 50V 陶瓷电容	2
晶体管	2SD635（东芝）	2		0.1μF 聚酯树脂电容	1
	2N3055（摩托罗拉）	2		470μF 16V 电解电容	2
非线性电阻	ERZC-D7DK680（松下）	2	电阻	1kΩ 1/4W 5%	5
外壳	PS-13	1		5.6kΩ 1/4W 5%	1
变压器	SP-202(20V:110V)	1		120kΩ 1/4W 5%	1
熔断器架	F-95	2		75Ω 3W 金属膜	2
熔断器	0.5A	1	散热器	85mm×50mm×20mm	1
	5A	1			

除了表 4.10.1 中所示元器件外，还需要一些辅助零件，如固定用的螺钉、螺母、绝缘板、支架等。

4.10.3 制作与调试

图 4.10.3 为本电路所用印制电路板，由于所购入元器件尺寸不同，焊接孔的位置有可

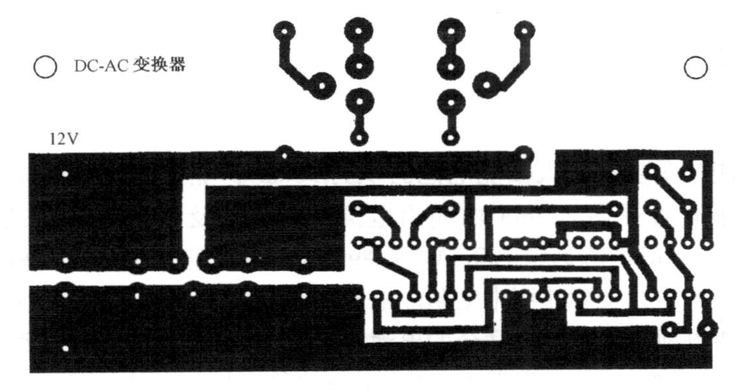

图 4.10.3 DC-AC 变换器印制电路板

能不合适，所以打孔时一定要根据具体元器件进行相应的调整。75Ω 电阻发热较高，为了使散热性能好，在焊接时应使电阻离开电路板 lmm 左右。2N3055 应像图 4.10.4 那样安装在散热器上，不过一定要注意绝缘。

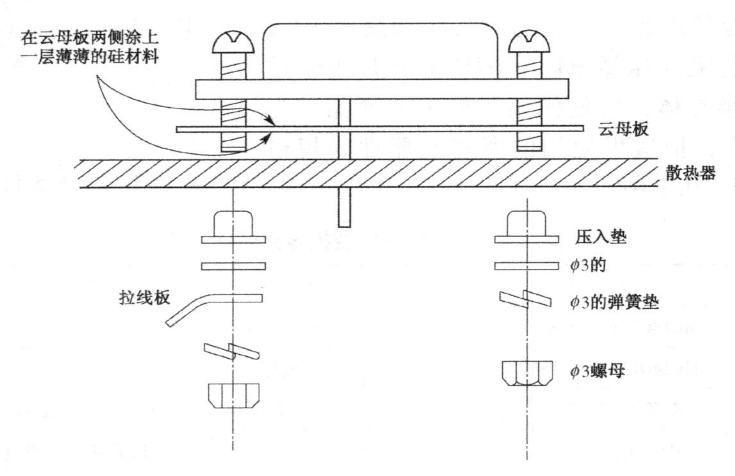

图 4.10.4　功率晶体管的安装方法

当把电路焊接完之后要多检查几次，确认连接无误，才可将熔断器装入熔断器支架上。此时应再次确认熔断器的大小是否符合要求（0.5A、5A）。另外，本装置的最大功率限制在 40W 以内，如果更换更大的变压器可以提高到 100W，但在这种情况下外壳也要换大一些的，支架的强度也应加大。

4.11　实例 17：太阳能照明电路

本节介绍一种简单的可作为车或船用 12V 蓄电池的慢速充电器的装置。它将使电池在阳光充足的月份处于良好的使用状态，并能有限地用于照明及水泵等电源。

本装置白天通过对一个 12V 镍镉电池充电，可带动一个带逆变器的 12V、8W 荧光灯。在秋季对试验样机的试验表明，一个 8W 荧光灯一天最多可使用 20min。对于大多数用途，20min 的照明时间是很可观的。即使是在冬天，该充电装置仍可提供一段很有用的照明时间。

4.11.1　使用太阳能面板

用于该太阳能照明装置的太阳能电池面积为 30cm²，配有以非晶质硅为材料的光敏电池。在太阳光很强时可提供 200mA 的输出电流。在秋季及冬季中等阳光下可保证 10 ～ 20mA 的电流输出，一般电流达到 100mA。这些试验数据是把太阳能电池板放置在玻璃或塑料窗后面获得的。因为在实际使用中太阳能电池板必须加有保护装置以防雨水。

试验装置的蓄电池由放在一个适合的电池架上的 10 个 5 号镍镉电池组成，最大续充电电流约为 50mA。由于在夏天日照强烈，该充电电流值会超出 4 倍，所以要限流防止充电装置被损坏。在冬季，输出电流一般会低于 50mA，所以限流除稍微减小充电电流（典型值为

4mA）外，还设计了其他用处。在充电装置上安装一个正常/增强转换开关，在夏季可以绕过限流电路，使多余的电流用来进行快速充电。夏季应特别谨慎地使用该装置以防止因过充电而引起蓄电池损坏。

4.11.2 使用更大容量的电池

尽管在下述的大多数情况下都用5号（AA型）电池，但部分读者希望能使用更大容量的电池。使用大功率电池不会有什么优越性，因为冬季AA电池足以提供一天内使用的照明能源（最多一小时）。然而，在不是每天都使用照明装置的情况下，大容量电池可储备够用若干天的能源，因此在一段时间内可随时使用。如果使用标准的C型（2号）电池（容量为1.2A·h），则即使是在秋季，按三天为一周期，也可望有将近一小时的照明。使用这种型号的电池能设定一个较高的充电限流值，一般为140mA，以充分利用夏天充足的日照。

当给12V汽车用电池或较小的铅酸电池慢速充电时，可不设置限流，这可简化电路，具体细节留待后述。为提供12V电压，需要有10个镍镉电池。这是因为与一次性电池不同，这类电池的输出电压仅为1.2V而不是1.5V。一个AA电池组可用一个专门的盒子内装于主装置机壳内。对于较大尺寸的电池，也可放在主机机壳的外面。在前面板上（如在试验装置中一样）可安装一个电流计以指示充电电流，这对于检查在各种情况下的充电率、调整太阳能板的角度以得到最佳效果是很有帮助的。当然也可以不使用电流计而是将万用表连接在该装置上的一对插座内，可节省费用。在不使用万用表时，可将两个接万用表（电流挡）的插座用跨接线短路，以保持充电电路不致断路。

4.11.3 灯具

虽然一般来说使用12V、8W的灯具较合适，但使用13W的以提高亮度也是可行的。当然这相应缩短了电池的使用时间。在一些情况下，特别是在有高容量电池为后盾时，采用亮度高的灯具是适宜的。使用白炽灯泡并不令人满意，因为为获得适当的亮度，这种灯泡将使电池消耗过快。

4.11.4 电路

对于慢速向铅酸汽车型电池或可接受连续充电电流超过200mA的镍镉电池（工业C型或D型电池，容量分别为2A·h和4A·h）充电的电路图如图4.11.1所示（汽车电池慢速充电器）。此处，电流太阳能电池板经二极管D_1、电流表ME_1及熔断器FS_1到被充电的电池。二极管D_1防止在循环条件下电流从电池向太阳能电池板放电。

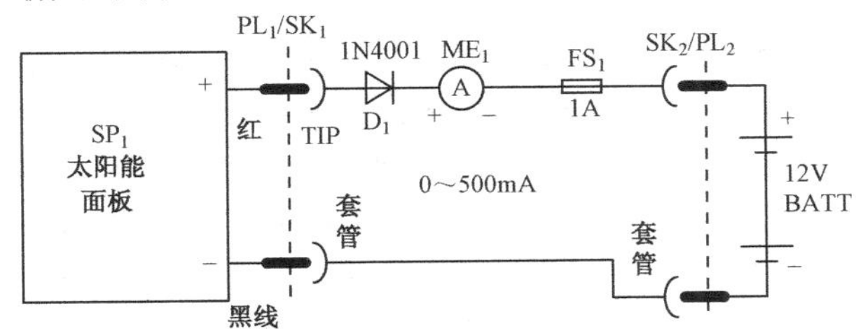

图4.11.1　太阳能电池慢速充电电路图

对于要设定最小充电电流为50mA的5号充电电池，或充电电流为140mA的2号镍镉电池的充电，应采用如图4.11.2所示的电路。此处的主要元件是IC，为一种稳压集成电路。

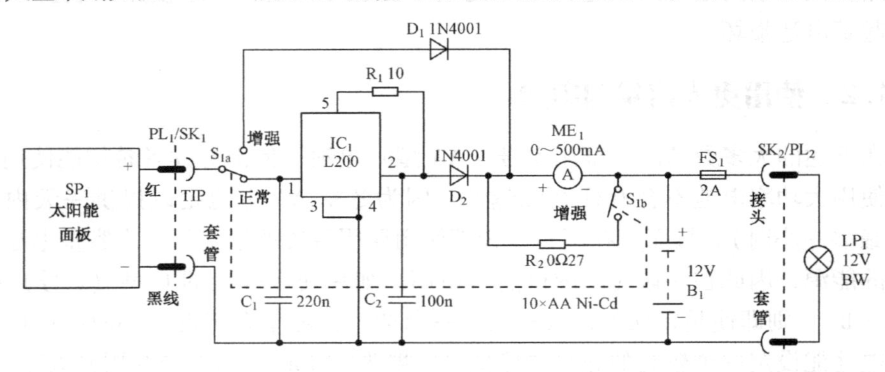

图4.11.2 "限流"太阳能照明装置电路圈

假设暂时把正常/增强开关S_1置于正常状态，当明亮的光线落在太阳能电池板SP_1上时，电流送至IC_1的输入端引脚1。虽然IC_1是一个提供电压和电流控制的复杂器件，但在此处接成一限流器用。

在IC_1引脚5和引脚2之间连接固定电阻R_1，将临界电流设定为50mA时R_1应为10Ω，当限流值为140mA时其值应为3.3Ω。若太阳能电池板SP_1提供的电流低于该临界值，则调节器作用很小（只能稍微降低一些输出电流）。当输入电流高于临界值时，从引脚2可获得与临界电流相等的稳定的输出电流，剩余的能量以热的形式释放。IC_1有相当大的额定功耗，而且所产生的多余能量决不会大到足以需要使用散热器。

从IC_1输出的电流经二极管D_2、毫安表ME_1（或是经2mm插销和插座相连的外接电流表）及熔断器FS_1给电池组B_1充电。二极管D_2防止在光线暗淡时，如夜间，电池向IC_1放电。当正常/增强开关置于增强位置时，会发生两件事：开关杆S_{1a}将太阳能电池板从IC_1输入端的引脚1断开，而将其经二极管D_1与输出端直接连接，这就能使太阳能电池板提供的最大电流流入电池组；与此同时，开关杆S_{1b}使电阻R_2与电流表并联。该电阻阻值选定为旁路通过三倍于电流表的电流，实际上这意味着电阻R_2的阻值应为表头阻值的1/3。这样，表头的量程被扩大至原来的4倍，即满量程为400mA。

二极管D_1防止在黑暗条件下开关S_1置于增强位置时经太阳能电池板放电。电容C_1和C_2用以使IC_1稳定地工作。

4.11.5 结构

如果是一个简单的电路（如汽车电池慢速充电电路，见图4.11.1），即没有限流装置的电路，则无须电路板。唯一活动的元件是串于连线中的二极管D_1。在进行连线时，注意电流表和二极管D_1的极性。电流表应有250mA或500mA的量程。

如果采用带有限流装置的标准型电路，则电路板可参照图4.11.3。首先根据所用电流计的内阻计算出所需的电阻R_2的阻值。对于0.6Ω内阻的电流表，R_2应为0.2Ω；对于0.8Ω内阻的电流表，R_2则大约应为0.27Ω。由于不需要很高的精度，所以上述阻值也不是很苛刻的。在任何情况下，开关处都会有一定量的接触电阻，从而会产生一些偏差。

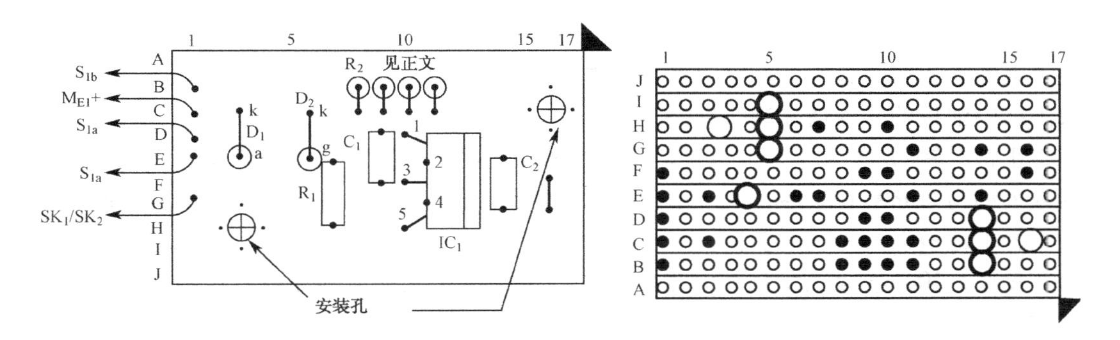

图 4.11.3　简单慢速充电器的元件布置和机内配线图

这些阻值的单一电阻可能不易购得，可用几个电阻凑合（并联）的办法。图 4.11.4 表示元器件布置及接线情况。

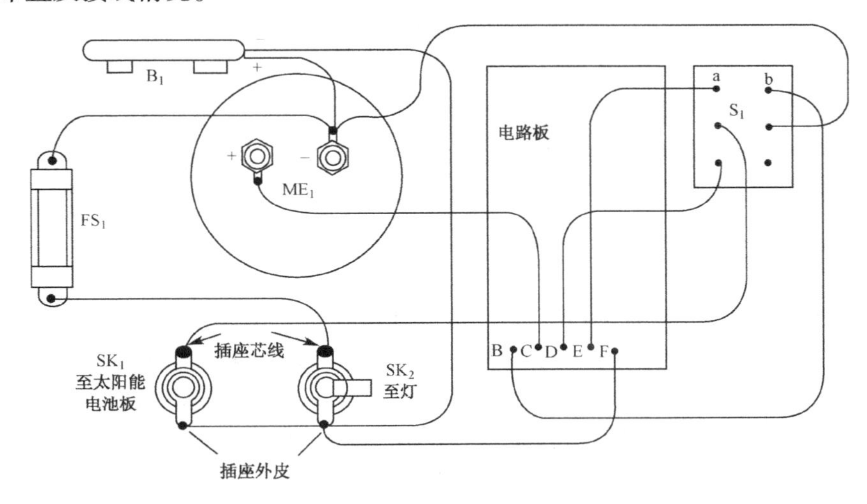

图 4.11.4　元器件布置和机内接线图

电路板由通用条形印制电路板构成。该板共有 10 个导线条，每个条上有 18 个孔，按所需将条形板的适当地方切断（如图 4.11.3 所示）。

稳压器 IC_1是一个 5 脚器件，轻轻弯曲引脚使之与印制电路板的条形板孔相吻合，将这些引脚插入孔中并用电烙铁以最小的热量将该器件焊在位置上。接着装配板上的其他元件。注意二极管 D_1和 D_2应按指明的极性正确连接。

4.11.6　设置和调试

通过配备一个接有 2.1mm 电源插头的适当长度的双芯软线和太阳能电池板连接。在阳光充足的夏季，装置会导致电池的过分充电，尤其是采用 AA 型电池时更是如此。使用放完电的电池进行测试，可以避免这一现象。如果需要，可接通电灯开关使电池放电。

在放完电的情况下可在高达250mA 的电流状态下安全充电 2h 左右，用较高容量的电池可以有更大的自由。如果没有采用内装电流表，则可将万用表电流挡连接到 2.1mm 插座，注意其极性。

为太阳能电池板选择一个合适的安放位置，该板不应放在户外，而应放在南窗户后面以保护太阳能电池板不受雨淋。将开关 S_1 置于加强位置，并调整太阳能电池板的方向以使阳光直射状态的时间最长。这可以通过经常检查电流而看出。如果没有电流表，则可直接对太阳能电池板的受光情况进行判断。

将正常/增强开关置于正常位置，在提供的阳光足够亮的情况下，电流表显示的最小电流读数大约为50mA（或140mA）是合适的，否则应改变 R_1 值。另外，电流读值取决于落在太阳能电池板上的光线的多少。

在夏季，200mA 下的增强充电能在2h 内完成对 AA 型电池的充电。在冬季，开关能持续地放在增强位置，提供的电流维持在50mA 以下，这将为充电电流增加几毫安。

4.12　实例18：自动追踪阳光的太阳能充电器

太阳能电池是一种光电池，它把太阳光的能量转换成电能。为了获得最高的效率，应让电池一直对着阳光，并使光线与电池表面垂直。而太阳在不停地移动，如何让电池自动跟踪太阳光？本节介绍的充电器每天能自动跟踪太阳光的移动，在季节变换时，只需手动调整电池的上下角度。由于在户外使用，材料选用受热影响较小的白色聚丙烯。设计时也适当考虑风的影响。本装置可给摩托车用的6V 电池充电，也可作为收音机、录音机和小型电视机的电源。

4.12.1　太阳能电池

本方案所用太阳能电池有两种，一种是 BL301，每个为 0.5V、1A，作为电动机的电源；另一种是 AL1218M，有 5V、7V、10V 三个输出端，单个最大输出电流为 0.2A。

虽然电动机在最大负载时也只有 0.2A，但在光线弱时，太阳能电池的内阻增大，驱动电流减小，如同旧电池一样。解决的办法是增大太阳能电池的面积，电动机选用 0.5V、1A 的电池。表 4.12.1 是本例所用太阳能电池的规格，面积为 140mm×150mm，重 120g。从机械性能来看，能转动 4 倍大小的电池架。另外，用塑料布把充电器围起来，不另外考虑防风措施。

表 4.12.1　选用太阳能电池的型号规格和连接图

名　　称	电压/V	电流/mA	尺寸/mm	重量/g
BL301	0.5	1 000	120×50×3.5	34
AL1218M	5.0	200	140×150×3.5	约 120
	7.0			
	10.0			
不能同时用 2 个以上端子。尺寸栏内输出端子部分不包括 10mm×20mm				

4.12.2 镍镉电池

用太阳能电池充电，只能按其输出电压的60%～70%充电，以所用的AL1218M为例，可对6V的1号、2号镍镉电池充电。用太阳能电池充电的最好方法是边用电边充电，而且不必担心过充电。因为太阳能电池的内阻起着串联电阻的作用，成为恒流充电电路，最重要的是可避免充电不足。

4.12.3 电动机

太阳能电池和电动机的配合非常重要，样机使用电动机为0.5V、直径为24mm的太阳能电动机，装成300：1的齿轮减速机构，如图4.12.1所示。

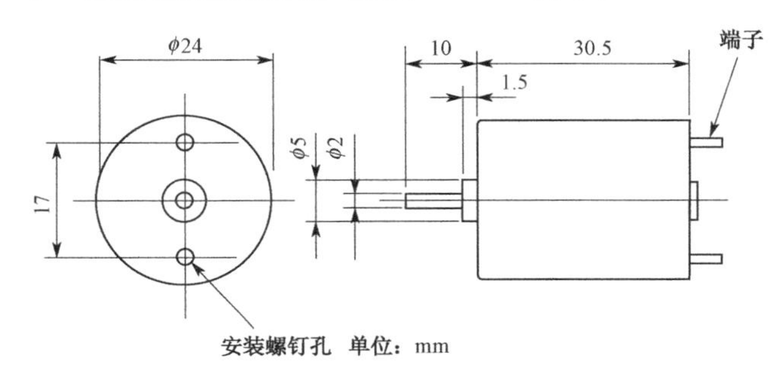

图4.12.1 太阳能电动机（0.5V）尺寸图

4.12.4 工作原理

该太阳能电池充电器的电路原理如图4.12.2所示。当光照到0.5V的太阳能电池上时，电动机转动，使载有太阳能电池的架子转向太阳。但转到什么位置停呢？它是通过继电器将光传感器和电动机相连接的。

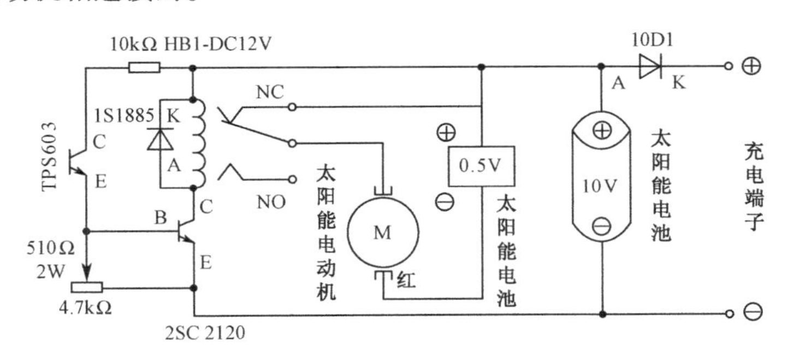

图4.12.2 太阳能电池充电器电路原理图

光传感器是3mm×24mm矩形黑色的聚丙烯感光板（见图4.12.3），如果太阳光线不是直射的，便不容易感光。当传感器落入影子内，继电器动作，电动机旋转，使装太阳能电池的架子转到太阳光线直射为止。本机使用时，每隔15～20min，继电器常闭触点接通，电动机转动一次，电池架缓慢地向西转动。电路中有一个可变电阻，用来调节传感器的灵敏度。因为直射日光非常强，调节的目的是在一早一晚继电器能接通。

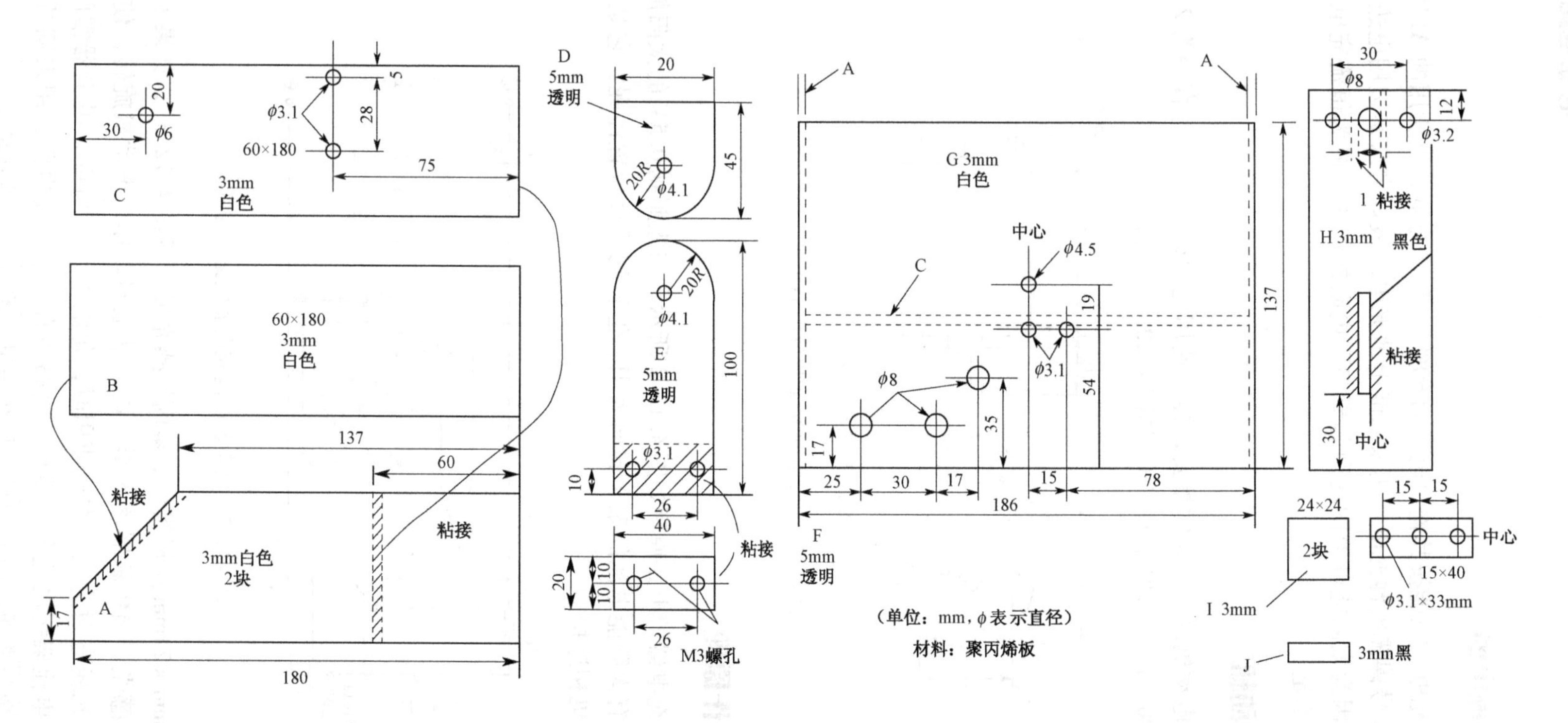

图4.12.3 聚丙烯板的加工尺寸图

4.12.5 光传感器

本次制作中，最难的就是传感器。一定要在它的两边加上挡板，传感器只能感知从挡板之间射入的光线，让继电器接通。随着太阳光的强弱变化，会产生一些角度误差。若要十分精确地做到没有角度差，电路将会很复杂。光线很强时，光线直射到传感器，结果使方向一直在变化。但使太阳能电池架转动的能量取自太阳光，因此，还是以不追求那么严格为好。

4.12.6 滑环的使用

另一个问题是太阳能电池和光传感器连接线的处理，旋转时，连接线不能扭绞。另外，在晚上有必要将太阳能电池架顺时针转回初始位置。因此，在电路的接触机构中运用了滑环。把线束的一端接在滑环上，线束的另一端接在刷子上，旋转中一直保持接触。图 4.12.4是滑环的尺寸和制作方法。因为有 4 根连线，需要 4 道滑环，4 支刷子在上面旋转接触。刷子采用铜片，向上弯成约 60°，利用铜片的弹性使其接触。4 条导通环采用印板加工的办法，做成图 4.12.5 所示形状。剩下的问题就是将太阳能电池架支撑起来，把电动机和齿轮组件固定在滑环正下方的支撑板上。

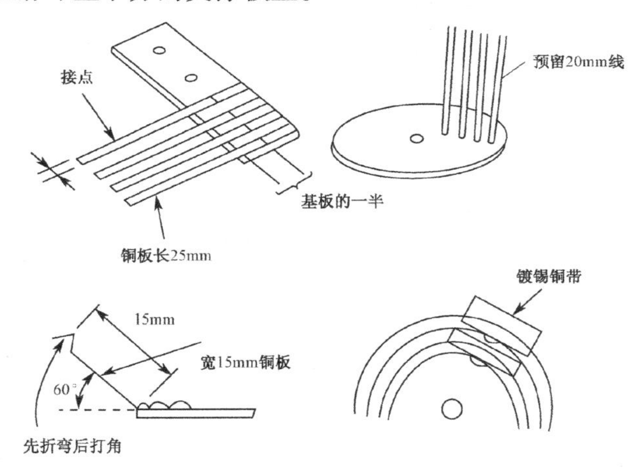

图 4.12.4 滑环的尺寸和制作方法

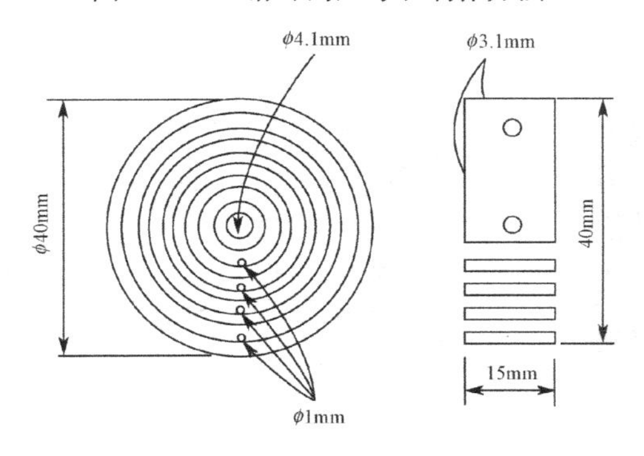

图 4.12.5 接点的印板（厚 1.6mm）

利用本装置可不再花钱使用 6V 的电源。能自动追踪阳光的太阳能电池充电器实物接线图如图 4.12.6 所示。

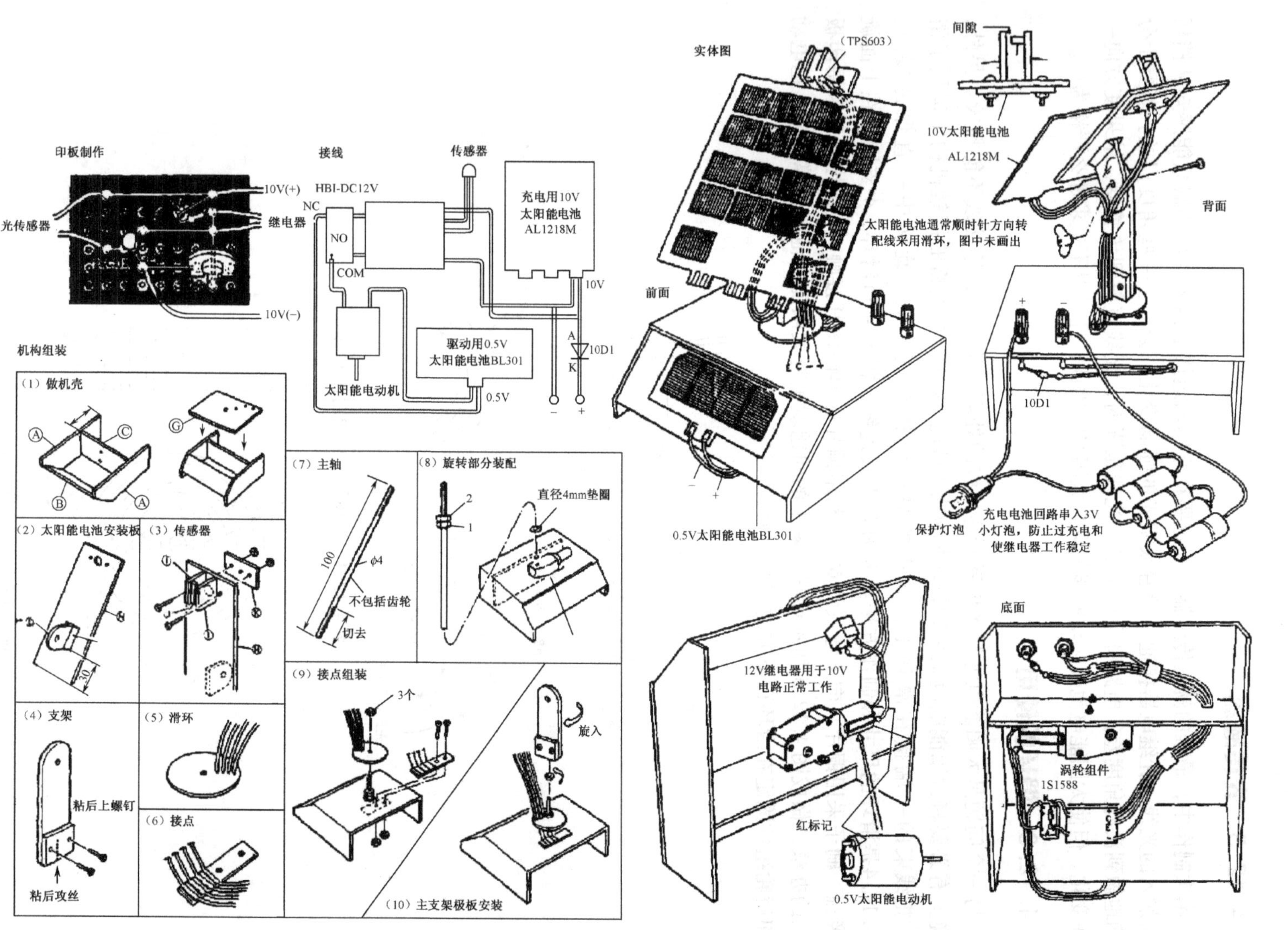

图4.12.6　能自动追踪阳光的太阳能电池充电器实物接线图

4.13 实例19：简易步进数字电源

本节介绍简单的数字电源电路，它可以步进（退）方式获得1.25～15.19V的可调直流稳定电压输出。

步进数字电源主要由3个部分组成，分别是整流滤波、可调电压控制和电压输出显示部分。电压输出情况可参考表4.13.1。下面介绍各部分的工作情况。

表4.13.1　步进数字电源输出对照表

二进制输出	对应的十进制	LED4 R14/W	LED3 R13/W	LED2 R12/W	LED1 R11/W	R2′/W	V_{OUT}/V
0000	0	0	0	0	0	0	1.25
0001	1	0	0	0	220	220	2.27
0010	2	0	0	470	0	470	3.43
0011	3	0	0	470	220	690	4.44
0100	4	0	820	0	0	820	5.05
0101	5	0	820	0	220	1 040	6.06
0110	6	0	820	470	0	1 290	7.22
0111	7	0	820	470	220	1 510	8.24
1000	8	1 500	0	0	0	1 500	8.19
1001	9	1 500	0	0	220	1 720	9.21
1010	10	1 500	0	470	0	1 970	10.37
1011	11	1 500	0	470	220	2 190	11.39
1100	12	1 500	820	0	0	2 390	11.99
1101	13	1 500	820	0	220	2 540	13.01
1110	14	1 500	820	470	0	2 790	14.17
1111	15	1 500	820	470	220	3 010	15.19

4.13.1　整流滤波电路

整流滤波电路比较简单，如图4.13.1所示，采用次级带中心抽头的双18V变压器。变压器的功率选择可根据电源的输出功率考虑，为保证长期工作稳定可靠，电源的最大输出功率应在变压器额定功率的60%～80%。为防止整流器的交流噪声，选用带屏蔽层的变压

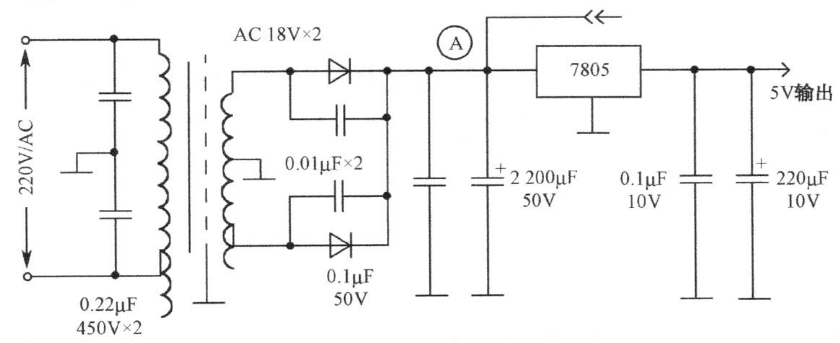

图4.13.1　整流滤波电路

器，并且分别在电源变压器的初级和整流二极管上加上了滤波电容，以保证电源不受交流噪声的影响。

整流、滤波后的直流电压分成两路输出给可调电压控制部分：其中一路经 7805 稳压后输出 5V 的稳定电压，为电压控制部分和电压输出显示电路提供工作电源；另一路为电压控制部分提供主电源。

4.13.2 可调电压控制

电压可调由 IC_3完成，电路如图 4.13.2 所示，其实该电路为一个标准的 LM317 应用电路，它可以简化成如图 4.13.3 所示形式。

对 LM317 输出电压可由下面公式计算出来：

$$V_{OUT} = 1.25 \cdot \left(1 + \frac{R'_2}{R'_1}\right) \tag{4.13.1}$$

由图 4.13.3 可知 $R'_1 = R_{15} = 270\Omega$；$R'_2 = R_{11} + R_{12} + R_{13} + R_{14} = 220 + 470 + 820 + 1\,500 = 3\,010\Omega$，此时 J_1、J_2、J_3、J_4均断开。

很显然，如果能控制 J_1～J_4的断开/接通组合，就能改变 R_2'的值，从而实现控制输出电压的目的。由数字电路知识可知，J_1～J_4的断开/接通组合最多有 16 种不同状态，所以这个电路可以获得 16 种不同电压输出，如表 4.13.1 所示。

采用集成电路 IC_2（CD4029）来实现对 J_1～J_4的控制。

当 IC_2的 5 脚为低电平（0）时，IC_2允许从 15 脚输入的时钟脉冲信号转换成二进制码从 IC_2的 Q_0～Q_3输出。要停止其记数，只要将 IC_2的 5 脚恢复为高电平（1）即可。

IC_2的 10 脚为记数递增、递减控制端。当 10 脚为高电平（1）时，Q_0～Q_3输出的二进制代码为递增；当 10 脚为低电平（0）时，Q_0～Q_3输出的二进制代码为递减。

Q_0～Q_3的输出部分分别通过 T_1～T_4驱动 4 个 5V 的小继电器替代 J_1～J_4，实现不同的 J_1～J_4组合。在制作时，也考虑使用过双向模拟开关集成电路 CD4066 模拟 J_1～J_4部分，但由于模拟开关本身固有的电阻有时会造成输出电压的不确定，所以还是采用继电器比较合适。

时钟电路和记数信号控制由 IC_1（CD4093）组成。IC_1内部含有 4 个 2 输入端施密特触发器（N_1～N_4）。

其中，N_3、N_4组成时钟产生电路。图 4.13.4 左侧为用施密特触发器构成的自激多谐振荡器。电路中 CD4093 的一个输入端通过电阻 R 与输出端相连，另一个输入端作为选通控制端。当选通控制端为高电平（1）状态时，电容 C 经过电阻 R 充电，V_A的电平逐渐上升，一旦达到 V_{T+}(正向阈值电压)，施密特触发器输出变为低电平（0）状态，接着电容 C 通过 R 放电，当 V_A电压降低至 V_{T-}(负向阈值电压）时，输出又变为高电平（1）状态，如此往复形成振荡。

这种振荡器的范围较宽，其频率为：

$$f_0 = \frac{1}{RC\ln\left[\frac{V_{DD} - V_{T-}}{V_{DD} - V_{T+}} \cdot \frac{V_{T+}}{V_{T-}}\right]} \tag{4.13.2}$$

式中，$50k\Omega \leqslant R \leqslant 1M\Omega$，$100pF \leqslant C \leqslant 1\mu F$。振荡波形如图 4.13.4 右侧所示。

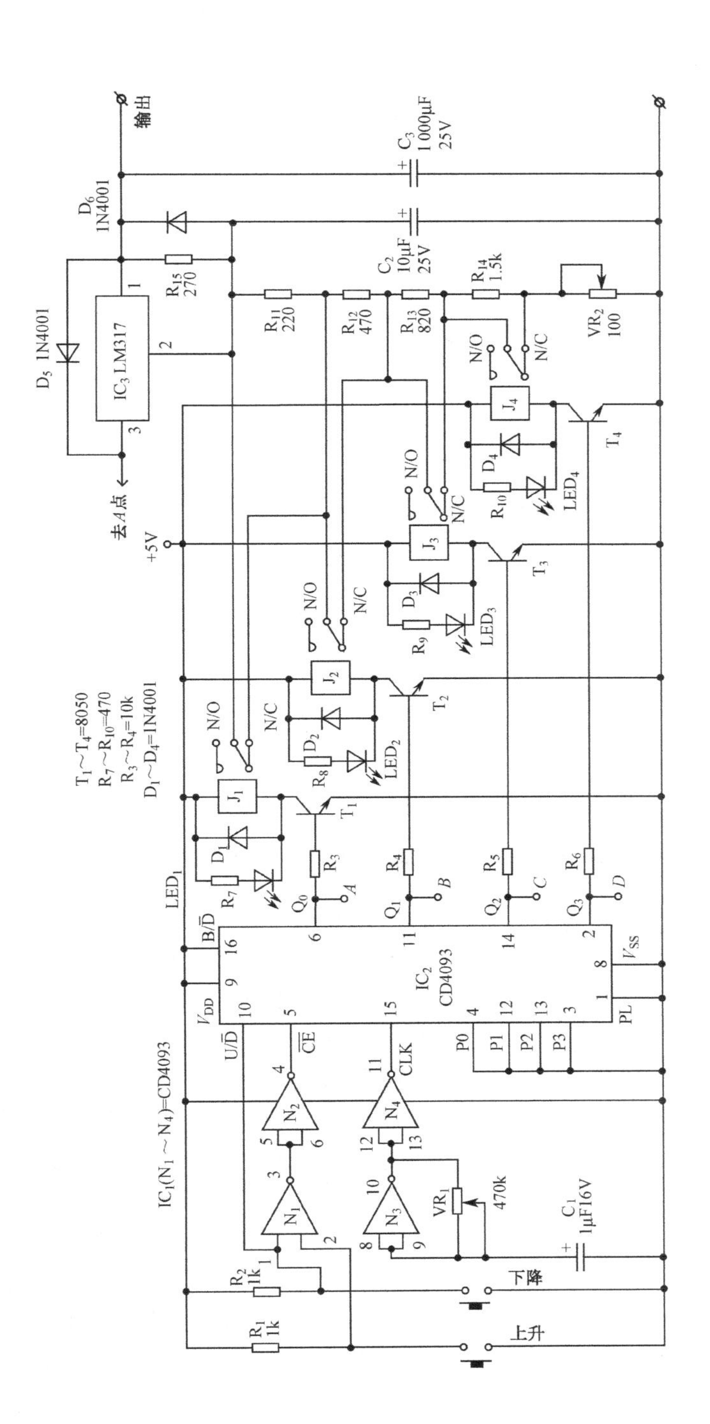

图4.13.2 电压可调电路原理

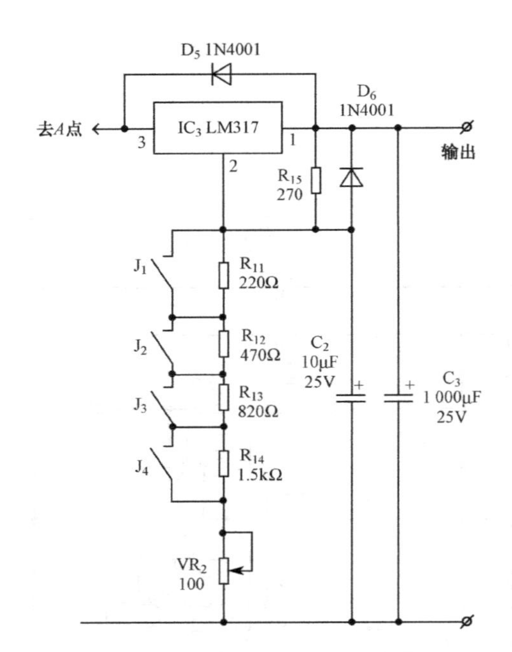

图 4.13.3　LM317 电压步进可调原理

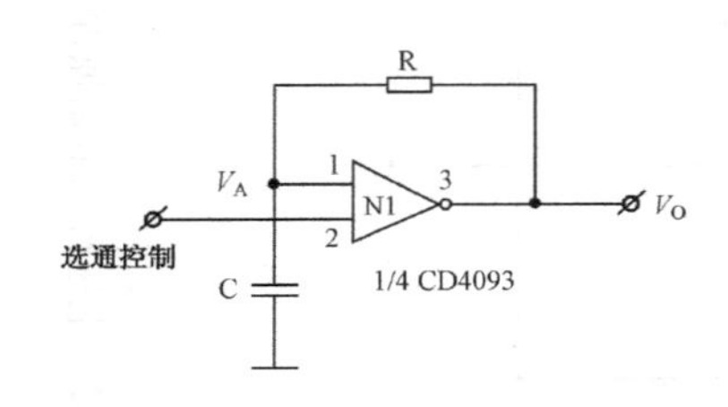

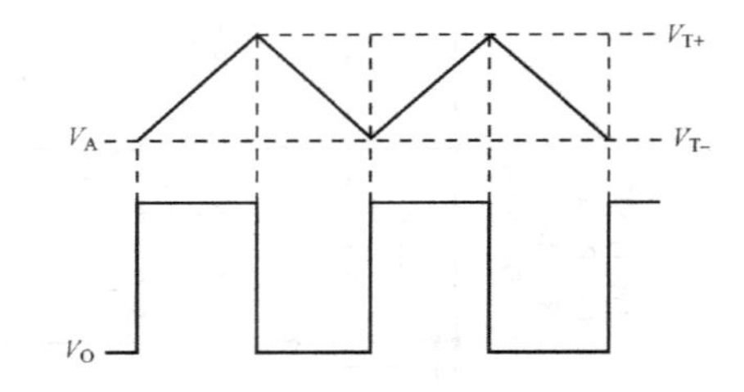

图 4.13.4　用施密特触发器构成的自激多谐振荡器及其波形

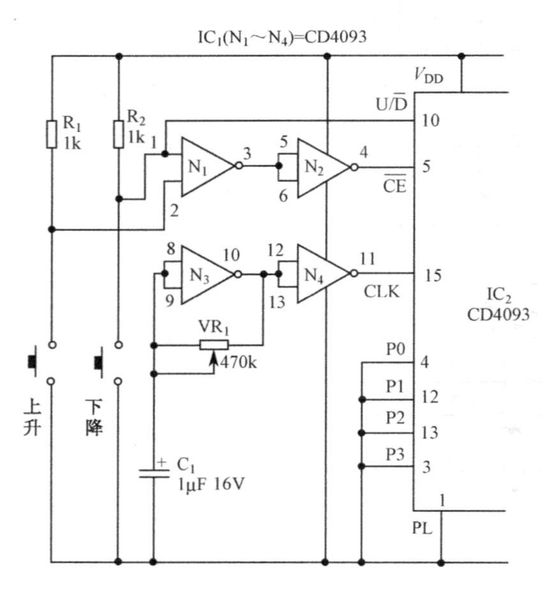

图 4.13.5　记数信号控制电路原理

记数信号控制由 IC_1 的 N_1、N_2 及按钮开关 S_1、S_2 组成。为方便分析，图 4.13.5 给出了此部分的电路原理。当 N_1、N_2 没有被按下时，N_1 的输入端 1、2 脚均为高电平（1），输出端 3 脚为低电平（0），经 N_2 反相，N_2 的 4 脚输出高电平（1）。由前面的分析可知，此时的 IC_2 处于记数禁止状态，没有记数输出。但是若任意按下 S_1 或 S_2 中的一个，由于此时的 N_1 必有一个输入端为低电平（0），N_1 的 3 脚就会变成高电平（1），N_2 的 4 脚输出低电平（0），解除 IC_2 的记数禁止，使得由 N_3、N_4 组成的时钟脉冲可以进入 IC_2 进行记数。至于 IC_2 是递增还是递减记数，由 IC_2 的 10 脚电平决定。

当按下 S_1 时，首先 IC_2 的 5 脚变为低电平

(0)，解除 IC_2的记数禁止，同时由于此时 IC_2的 10 脚为高电平（1），使 IC_2开始以递增的形式记数。

当按下 S_2时，同样 IC_2的 5 脚变为低电平（0），解除 IC_2的记数禁止，同时由于此时 IC_2的 10 脚为低电平（0），使 IC_2开始以递减的形式记数。

分别按下 S_1或 S_2可实现输出电压的可调。

4.13.3 电压输出指示

电压输出指示部分很简单，由 IC_4完成，如图 4.13.6 所示。IC_4是一个能将二进制输入信号转换成十进制输出的集成电路，其二进制数据输入端与 IC_2的 Q_0～Q_3相连，输出部分通过 16 个 LED 指示灯分别表示各级的电压，以方便判断和读出输出电压的大小。

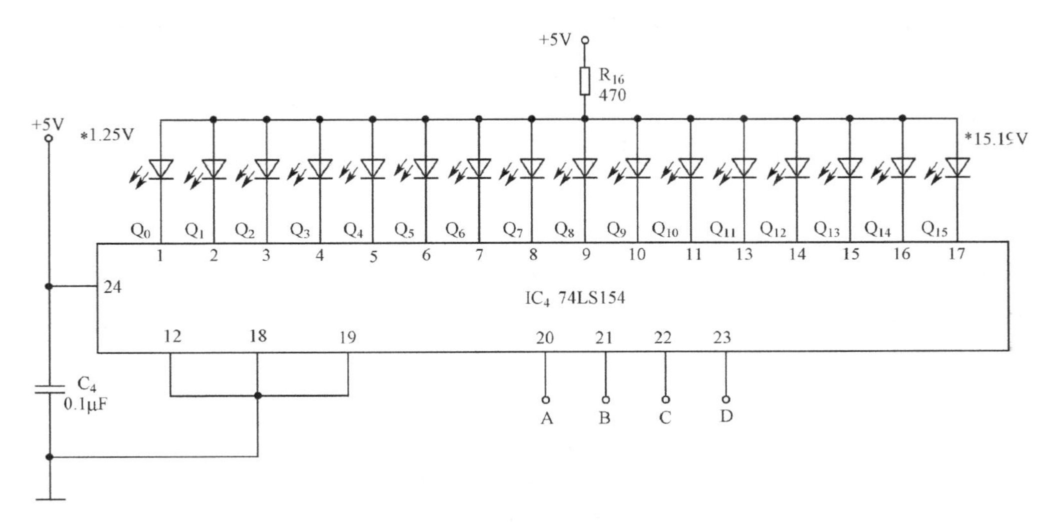

图 4.13.6　步进电压输出指示

4.14　实例 20：基于 UC3844 的多输出电源

近年来，随着电力电子技术的发展，各个应用领域对电源的体积、重量、效率等方面提出了越来越高的要求。以电流型 PWM（脉宽调制）控制器为核心的高频开关电源由于具有体积小、重量轻、效率高、线路简洁、可靠性高及具有较强的自动均衡各路输出负载的能力等优点，非常适合用于中小功率的场合。

本节给出一种用于电动机控制的新型多输出反激电源的设计，该设计基于 UC3844 高性能电流型 PWM 控制器。电压反馈和电流反馈双闭环串级结构，使输出电压能够很好地稳定，电压调整率和负载调整率都较高。光耦 H11A1 和三端可调稳压管 TL431 配合控制大大提高了瞬态响应速度。RCD（剩余电流保护装置）吸收回路和开关管保护电路能很好地消除漏感，使电路能稳定可靠地工作。

4.14.1 电流型 PWM 控制原理

电流型 PWM 控制系统框图如图 4.14.1 所示。

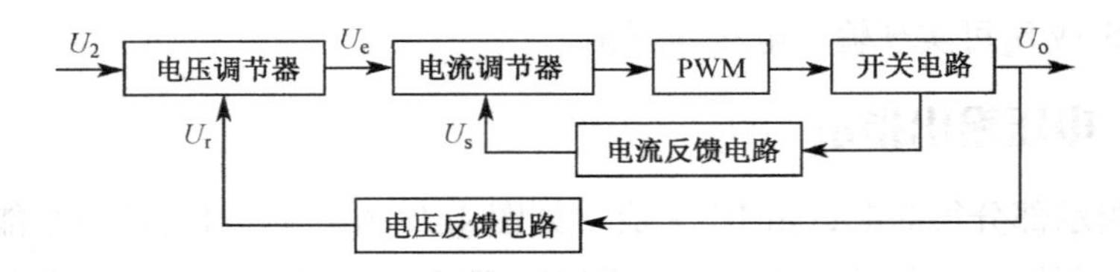

图 4.14.1 电流型 PWM 控制系统框图

电路采用电流电压双闭环串级控制结构，内环是电流环，外环是电压环。控制原理是：给定的电压 U_2与从输出反馈回的电压 U_r进行比较，得到的电压误差经电压调节器输出作为另一个给定的电压信号 U_e。该信号与经电阻采样反映电流变化的信号 U_s进行比较，输出一个占空比可调节的 PWM 脉冲信号，从而使输出的电压信号 U_o保持恒定。

电流型 PWM 控制的优点如下：

（1）电压调整率好。输入电压的变化立即引起电感电流的变化，电感电流的变化立即反映到电流控制回路而被抑制，不像电压控制要经过输出电压反馈到误差放大器，然后再调节的复杂过程，所以响应快。如果输入电压的变化是持续的，电压反馈环也起作用，因而可以达到较高的线性调整率。

（2）负载调整率好。由于电压误差放大器可专门用于控制占空比，以适应负载变化造成的输出电压的变化，因而可大大改善负载调整率。

（3）系统稳定性好。从控制理论的角度讲，电压控制单闭环系统是一个无条件的二阶稳定系统，而电流控制双闭环系统是一个无条件的一阶稳定系统，系统稳定性好。

4.14.2 电流型 PWM 控制芯片 UC3844

UC3844 是电流型单端输出式 PWM 控制芯片，它主要由高频振荡、误差比较、电流取样比较、脉宽调制锁存、欠压锁定、过压保护等功能电路组成。图 4.14.2 为 UC3844 内部结构框图和引脚图。引脚 1 为误差放大器补偿端，引脚 2 接电压反馈信号，引脚 3 接电流检测信号，引脚 4 外接时间电阻 RT 及 CT 用来设置振荡器的频率，引脚 5 为接地端，引脚 6 为推挽输出端，可提供大电流图腾柱输出，引脚 7 接芯片工作电压，引脚 8 提供 5V 的基准电压。

UC3844 的工作原理是：反馈电压和 2.5V 基准电压之差，经误差放大器 E/A 放大后作为门限电压，与反馈电流经采样后的电压一起送到电流感应比较器。当电流取样电压超过门限电压后，比较器输出高电平触发 RS 触发器，然后经或非门输出低电平，关断功率管，并保持这种状态直至 OSC（振荡器）输出脉冲到触发器和或非门为止。这段时间的长短由 OSC 输出脉冲宽度决定。PWM 信号的上升沿由 OSC 决定，下降沿由功率开关管电流和输出电压共同决定。反转触发器限制 PWM 的占空比调节范围在 0～50%之内。

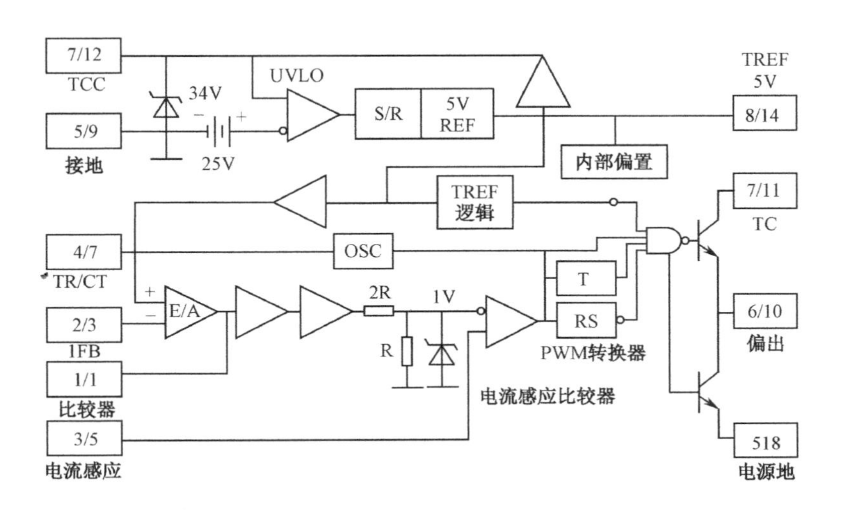

图 4. 14. 2　UC3844 内部结构框图和引脚图

4. 14. 3　主电路拓扑

图 4. 14. 3 所示多路输出开关电源是专为电动机控制设计的。主电路采用单端反激式变换电路。220V 交流输入电压经桥式整流、电容滤波变为直流后，供给单端反激式变换电路。反激式变换电路结构具有电气隔离、易于多路输出、外接元器件少、可靠性高等优点。其中 12V/0. 2A、24V/1A、15V/0. 5A 的输出绕组分别为 UC3844、继电器和其他模拟电路供电。5V/2A 输出是重要的一路输出信号，它除了用于稳压外，还为电动机控制用的数字板电源提供 5V 电源。

4. 14. 4　高频变压器设计

单端反激式变压器可工作在 CCM（电流连续模式）和 DCM（电流断续模式）。在不同的工作模式下，变压器的设计是不一样的。此处变压器设计为工作于 CCM 模式下。

根据开关管导通时的伏秒数应等于关断时的伏秒数，可推导出原边匝数与副边匝数比为：

$$n = \frac{\alpha}{1-\alpha} \cdot \frac{U_{P1}}{U_{P2}} \tag{4.14.1}$$

式中，α 为额定工作状态时的工作比；U_{P1}为变压器输入电压，220V 交流输入电压经整流后得到约 300V 高压，所以 U_{P1} 取 300V；U_{P2} 为 5V 绕组输出电压。

单端反激式开关电源变压器的临界电感为：

$$L_{min} = \left[\frac{U_{P1} \cdot nU_{P2}}{U_{P1} + nU_{P2}}\right]^2 \cdot \frac{T}{2P_0} \times 10^{-6} \tag{4.14.2}$$

式中，L_{min}为临界电感，T 为 UC3844 的工作周期。通常，反激式开关电源变压器初级电感 $L_{P1} \geqslant L_{min}$。

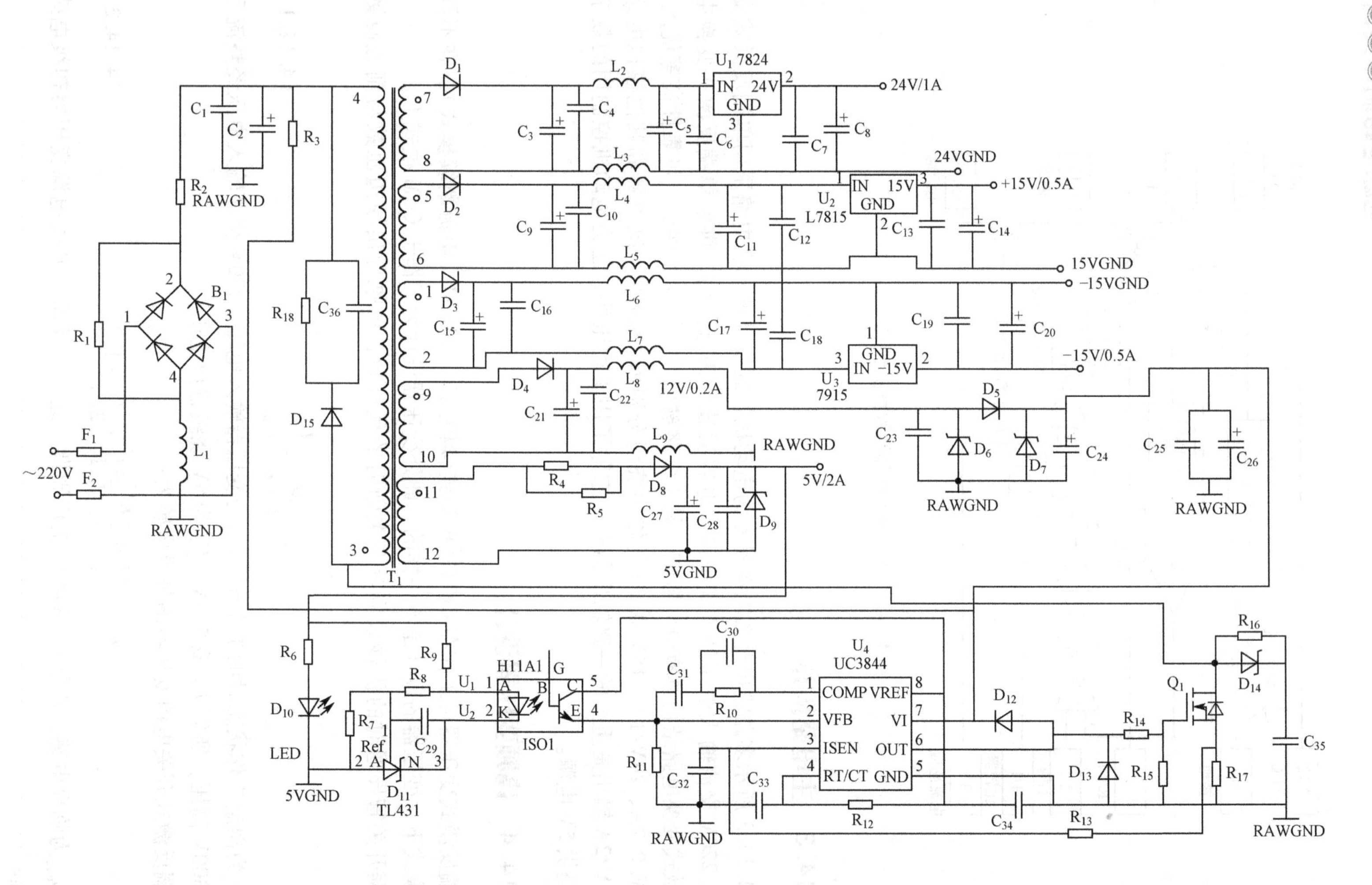

图4.14.3　基于UC3844的多路输出电源电路原理

高频变压器磁芯气隙为：

$$l_g = \frac{0.4\pi L_{P1} I_{P1}^2}{Ae\Delta B_m} \tag{4.14.3}$$

式中，l_g为磁芯气隙长度（mm），ΔB_m为脉冲磁感应增量（T），$B_m = 0.21$T。

I_{P1}为变压器初级峰值电流：

$$I_{P1} = \frac{(U_{P1} + nU_{P2})P_0}{U_{P1} \cdot nU_{P2}} + \frac{T}{2L_{P1}} \cdot \frac{U_{P1} \cdot nU_{P2}}{U_{P1} + nU_{P2}} \times 10^{-6} \tag{4.14.4}$$

原边绕组匝数可由下列公式计算：

$$N_1 = \frac{\Delta B_m l_g}{0.4\pi I_{P1}} \times 10^4 \tag{4.14.5}$$

然后根据公式 $N_2 = N_1/n$，求出5V 绕组匝数，进而求得每匝反激电压为 $U' = 5\text{V}/N_2$。其他几路次级绕组的匝数可根据 $N_i = U_{Pi}/U'$确定，U_{Pi}、N_i为相应的次级绕组输出电压和匝数。

4.14.5 漏感消除电路

1）RCD 吸收回路

在反激变换器中，由于高频变压器兼作储能电感用，因而气隙大，漏感也较大。一方面，会产生开关管关断时很高的电压尖峰，另一方面，整流二极管反向恢复会引起开关管开通时的电流尖峰。为了解决这个问题，本设计采用R_{18}、C_{36}、D_{15}构成的无源钳位电路消除电路中存在的漏感。该电路简单方便，容易实现，在小功率的情况下能达到较好的抑制效果。开关管 Q_1关断时，变压器漏感能量转移到电容C_{36}上，然后电阻R_{18}将这部分能量消耗掉。Q_1导通过程中，C_{36}没有放电到零，则 Q_1的漏源电压上升的一段时间内，电容不起作用，有利于反激过冲。

2）开关管保护电路

R_{16}、D_{14}、C_{35}构成的开关管保护电路可以消除开关管漏源间产生的反峰电压。Q_1关断时，Q_1上电流下降，变压器漏感会阻止电流减小，一部分电流继续流过 Q_1，另一部分通过D_{14}对 C_{35}充电。C_{35}的存在减缓了漏源间电压的上升。C_{35}越大，漏源间电压上升得越慢，这样可以降低开关管的损耗。在选用续流二极管 D_{14}时选择了肖特基二极管，这种二极管在峰值电流为3A 时，导通电压通常很小。

4.14.6 控制电路设计

1）UC3844 的启动和振荡频率的设定

R_3为 UC3844AN 的启动电阻，UC3844AN 的启动电压为16V，当引脚7 的输入电压高于34V 时，UC3844AN 内部的稳压管将电压稳定在 34V。芯片启动后，变压器有耦合输出，12V 供电绕组有 12V 输出，由 D_5、D_6、D_7、C_{26}、C_{23}、C_{24}构成的电路为 UC3844AN 提供正常工作时的电压。

UC3844 芯片的引脚 4 和引脚 8 之间接时间电阻 R_{12}，引脚 4 和引脚 5 接时间电容 C_{33}，引脚 8 的 5V 基准电压经 R_{12}给 C_{33}充电，振荡工作频率$f = 1.72/(C_{33}R_{12})$kHz，C_{33}单位为μF，R_{12}单位为 kΩ。

2）电压反馈电路

在 PWM 双环控制系统中，电压环的作用是稳定输出电压，在输入电压或负载扰动下保持输

第4章

出稳定。图 4.14.3 左下角电路为 5V 电压反馈电路。变压器 5V 输出通过三端可调稳压管 TL431 和光耦 H11A1 以电压反馈的形式反馈到 UC3844 的引脚 2。当 5V 输出绕组的电压大于 5V 时，加在三端可调稳压管上的参考电压升高，流过 H11A1 中二极管的电流增大，三极管上的电流也相应地增大，即 UC3844 的引脚 2 电压升高，误差放大器输出电压降低，占空比减小，流过开关管的峰值电流减小，使输出电压降低。5V 输出电压小于 5V 时的情况与上述过程相反。

3）电流反馈电路

采样电阻 R_{17} 上的电压反映了变压器 T_1 原边绕组上的电流大小。当开关管 Q_1 导通时，R_{17} 上的电流逐渐增大，压降增加，通过 R_{13} 将该电压反馈到芯片引脚 3，该电压与电流比较器的另一端进行比较，当此压降达到一定值时，锁存器复位，开关管截止。正常运行时，R_{17} 的峰值电压由误差放大器控制，满足：

$$I = \frac{U_e - 1.4}{3R_{17}} \tag{4.14.6}$$

式中，I 为检测电流，U_e 为误差放大器的输出电压。

UC3844 的内部电流感应比较器反向输入端钳位为 1V，因此最大限制电流为 $I_{max} = 1/R_{17}$。为了抑制开关管 Q_1 导通时产生的电流尖峰，该电路设计了由 R_{13}、C_{32} 组成的滤波器，其时间常数近似等于电流尖峰持续时间，约为几百纳秒。

4.14.7 实验结果

对设计的电路进行实验。图 4.14.4 所示为此开关电源 5V 输出的电压纹波。

测得峰值为 30mV，纹波不超过 0.6%。表 4.14.1 为该开关电源空载和带载能力测试结果，其中 5V 带载 3Ω，±15V 分别带载 30Ω，24V 带载 15Ω。实验表明该开关电源纹波小，负载调整率高，稳压效果好。

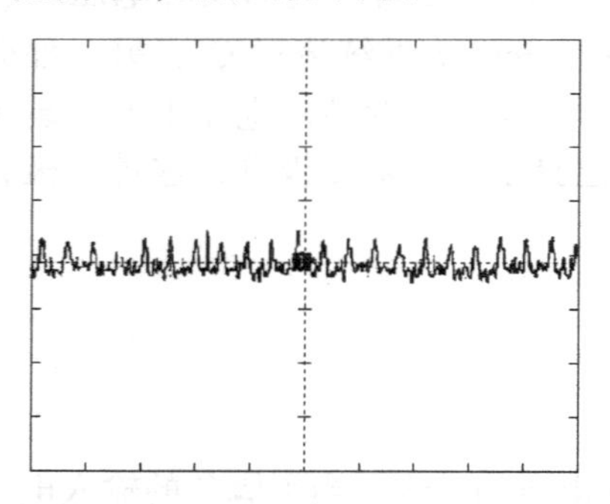

图 4.14.4 5V 输出纹波图

表 4.14.1 输出电压测试表（单位：V）

标称电压	带载实验结果	空载实验结果
5	4.97	5.03
15	14.97	15.01
-15	-14.98	-15.02
12	12.01	12.03
24	24.01	24.00

4.15 实例 21：小型太阳能供电板的制作

太阳能电源的基本原理是：平时将收集到的光能转化为电能储存起来，在开启负载时就释放储存起来的电能。典型的太阳能电源的例子就是太阳能路灯：在白天有阳光照射时为蓄电池充电，夜晚就通过蓄电池向灯泡（现多为低功耗高亮 LED）供电用以照明。许多城市的主干道路灯已开始使用这种太阳能电源。一个实际的太阳能电源是比较复杂的，但不管有多么复杂，其原理是万变不离其宗的。

4.15.1 太阳能供电板的原理及设计

通过太阳能电池板给1.2V可充电电池充电储能，然后利用升压电路将1.2V升压至3V以上供负载使用。为什么不直接用几节充电电池串联起来储能和输出呢？这是因为用太阳能电池板来给电池充电，毕竟太阳能电池板产生较高电压的机会不多，电池自身电压过高后会导致充电无法进行。对于我们手头的这一种太阳能电池板，在室内靠窗光线比较好的地方输出电压便可达到1.2V以上（连接在电路中，非空载状态下），这样就开始给额定电压为1.2V的电池充电了，但如果要使它输出3V以上的电压恐怕就要拿到太阳底下去了。用一节电池储能的好处就是可以大大降低充电对光强的要求，延长给电池充电的时间。

太阳能供电板的电路如图4.15.1所示，由D_1、BT构成系统的太阳能充电电路。平时，只要达到一定光强，太阳能电池板便通过二极管D_1为充电电池BT充电，直至饱和。除了太阳能充电方式外，还设计了备用的外部直流电源充电接口以防不时之需。外部充电电路由R_1、DS_1、D_2、BT构成，R_1选用功率为1W的电阻，当R_1为10Ω时，最佳外部充电电压为3～4V，DS_1为外部充电指示灯，它是利用电阻R_1上的压降来点亮的。后面的升压电路是运用间歇振荡器的快速关断（截止）的特性而实现升压的。S_1为供电开关，当S_1闭合后升压电路开始工作，太阳能供电板便可驱动负载，J_1为输出接口，DS_2是输出指示灯。

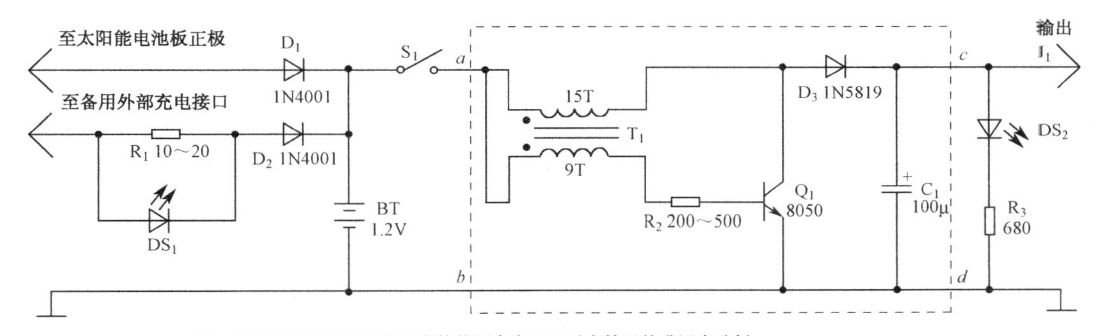

图4.15.1 太阳能供电板原理图

4.15.2 元器件选择

市售太阳能电池板的价格普遍较高，但没有必要去买很大的太阳能电池板，适中即可。经实测，本制作中使用的太阳能电池板单个的开路电压可达到4.2V，短路电流可达38mA。整个系统是在万用电路板（俗称“洞洞板”）上搭建的，所以需要准备一块万用电路板。图4.15.2所示为准备好的两块太阳能电池板和洞洞板。电池选用一颗额定电压为1.2V的普通5号镍氢充电电池即可。升压电路可以使用单电池高亮LED手电筒里面现成的升压电

图4.15.2 太阳能电池板及万用板

路板。如果自己做，电感 T_1 用 ϕ0.4mm 的漆包线在 ϕ8mm 的小磁环上分别绕 15 圈和 9 圈，小磁环可以从废弃节能灯中拆出，二极管 IN5819 若找不到可用 1N4148 代用，C_1 选用 100μF 的钽电容，如果没有也可用等值电解电容代替，只是效率稍低一些。

4.15.3 制作过程

首先剪一小段金属丝焊接在太阳能电池板的两个电极上作为引脚（如图 4.15.3 所示），以便于连接和固定在电路板上。两块太阳能电池板是正极对正极、负极对负极（上面有标志）并联起来使用的，这样可以有效地增强太阳能电池板提供电流的能力。安装好的太阳能电池板如图 4.15.4 所示。

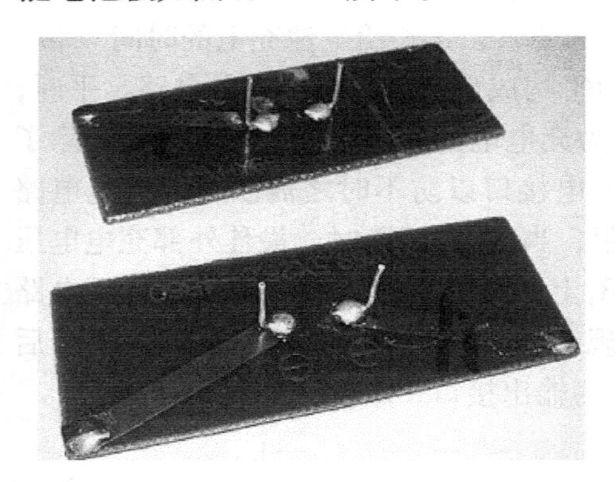

图 4.15.3 太阳能电池板电极引脚

图 4.15.4 安装好的太阳能电池板

安装储能用的充电电池，也可以采取图 4.15.3 所示的方式将电池正负端连接至电路板，也就是在电池两极焊上引脚固定至电路板，为了稳定，可以用带尖的金属工具在电路板上钻孔后再用尼龙捆扎带加固。接下来把在废旧单电池高亮 LED 手电筒里拆下来的小块升压电路板连接在电路板上。拆下来的升压电路板中连接电池的两根线正极接图 4.15.1 中的 *a* 点，负极接 *b* 点；连接 LED 灯的两根线正极接 *c* 点，负极接 *d* 点。制作时，升压电路板可通过杜邦排针与下面的主电路板连接。如果是自己做升压电路，直接在洞洞板上走线即可，元器件选择在前面已有详细说明，不再赘述。

图 4.15.5 所示是制成后的太阳能供电板，制成后就可以给一些小东西供电了，比如手电筒、收音机之类的。接几个白色高亮 LED，就成为一个太阳能 LED 手电筒，图 4.15.6 所示是太阳能供电板点亮高亮 LED 的情景。

图 4.15.5 制作完成的太阳能供电板

图 4.15.6 太阳能供电板点亮高亮 LED

4.16 实例22：车载笔记本电源适配器

信息社会的高速发展使人们对笔记本电脑的依赖与日俱增，希望能随时随地获取信息，但笔记本电脑的使用时间总是不尽人意。有了车载电源，无论是在公路上还是在野外，用户均不必担心自己的计算机因电力不足而无法工作。目前，市面上不少车载电源是先将汽车蓄电池的12V电压升高到AC 220V，再通过计算机本身的适配器给笔记本供电。但是，两次电压变换导致效率降低，汽车蓄电池的电量很快被用光，影响其他车载设备的正常工作。本节介绍如何将汽车点烟器输出的12V直流电源直接转换为可供绝大多数型号笔记本电脑使用的19V电源，可调整的范围为±0.5V，输入电压的范围为10～15V。即使输入电压有较大的波动，输出电压也有较好的调节能力。

4.16.1 升压转换器的工作原理

汽车点烟器输出的直流电压为12V，即使在发动机运行时也不超过13.8V，低于笔记本电脑通常所需的19V电压。利用升压转换器来完成电压的转换，基本电路原理如图4.16.1所示，它由电源开关S、二极管D、储能电感L和滤波电容C组成。电感不断充放电，感应电压加到电源电压上，由此产生的输出电压就高于汽车点烟器所提供的电压。

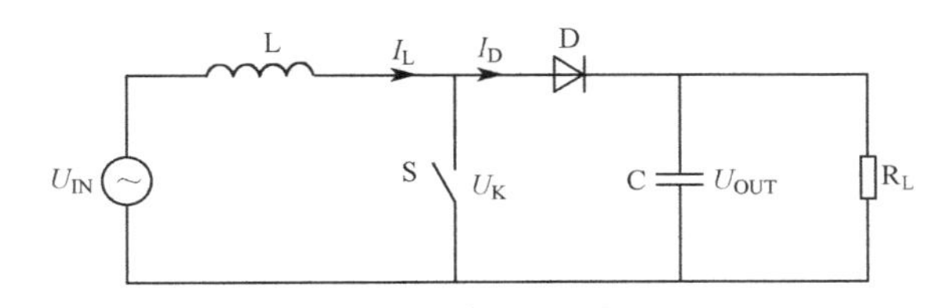

图4.16.1　升压转换器电路原理

升压转换电路可看作受两个开关控制，电源开关S和二极管D。在任何特定时间内只允许其中一个开关闭合，电路的两种工作状态如图4.16.2所示。

(1) S导通，D截止时：输入直流电源U_{IN}经电感线圈L和开关S形成I_{IN}电流通路。直流电源向电感充电，电感L的电流线性增加，电能以磁能形式存储在线圈中。此时，二极管D反偏，输出负载电流I_{OUT}由原来存储在电容C上的能量来提供，如图4.16.2（a）所示。

(2) S截止，D导通时：由于电感L中的电流不能跃变，将在线圈中感应出如图4.16.2（b）所示的反极性感生电压。因此，感生电压的极性为左负右正。此时的二极管D进入正向导通状态，原来在S导通期间存储在电感线圈中的能量通过二极管D提供给电容C和负载R_L。C在此阶段充电的能量在下一个S截止的期间提供给负载R_L。令电源开关S占空比为D_1，二极管D占空比为D_2。由于在任何时刻只有一个开关导通，则

$$D_1 + D_2 = 1 \tag{4.16.1}$$

输入电压记为U_{IN}，输出电压记为U_{OUT}。若S导通，输入电源电压将被电感吸收，在S上不会产生压降。如果D导通时间足够长，电感L可看作短路，也不会有压降。忽略二极管正向导通压降，U_{IN}和U_{OUT}的关系推导如下：

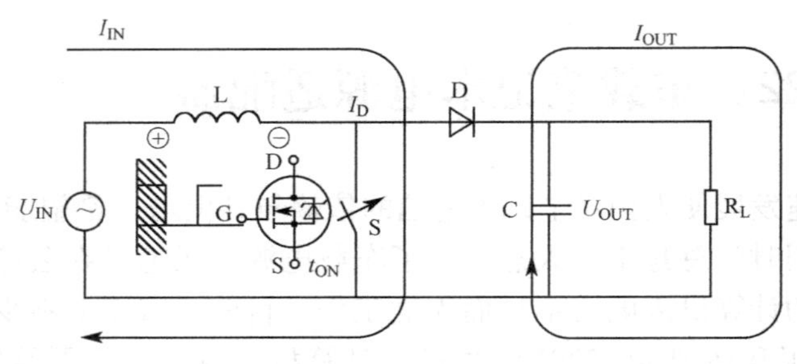

（a）On-State 状态，S导通，D截止

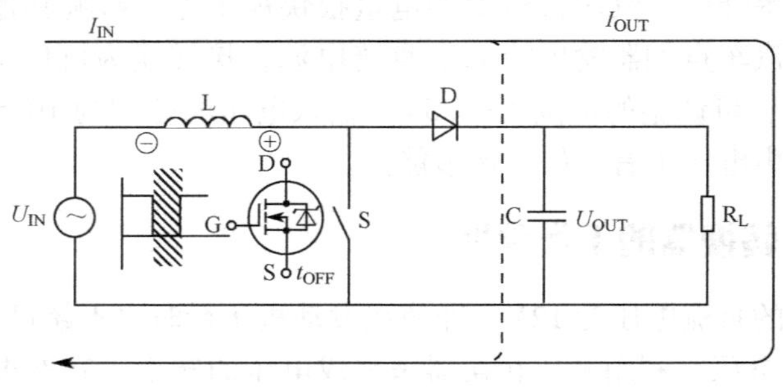

（b）Off-State 状态，S截止，D导通

图 4.16.2　升压转换器的两种工作状态

$$U_{IN} = D_1 \times 0 + D_2 \times U_{OUT} = D_2 \times U_{OUT}$$
$$U_{IN} = (1 - D_1) \times U_{OUT} \qquad (4.16.2)$$
$$\frac{U_{OUT}}{U_{IN}} = \frac{1}{1 - D_1}$$

由于 $D_1 < 1$，因此，输出电压大于输入电压。另外，两个开关还能调节输出电压。若输出电压高于 19V，则必须迫使输出电压下降。S 导通，D 截止使得电容和负载脱离电路的其他部分。此时，电容充当负载的电源。放电使得电容两端的电压降低，即降低了输出电压。若输出电压低于 19V，则必须提高输出电压。使 S 截止，D 导通，电流流经二极管 D、电容 C 和负载 RL 形成回路。由于电流向电容充电，使得电容两端的电压增加，使输出电压也增加。

4.16.2　PWM 控制

升压转换器中的电源开关 S，用一个工作在开关状态的功率 MOSFET 管实现，如图 4.16.2所示。在栅极加上一系列脉冲后，功率管将不断地处于通断交替的状态，改变通断的时间比率，就可以调节输出电压的大小。假设一个周期为 t，$t = t_{ON}$时，脉宽调制脉冲的正脉冲被送到功率管的栅极，S 导通；当 $t = t_{OFF}$时，送到 S 管上的调制脉冲变成零伏或负偏压，S 处于截止状态。

$$U_{OUT} = 12\text{V}$$
$$t_{ON} + t_{OFF} = 25\mu\text{s} \qquad (4.16.3)$$
$$U_{OUT} = U_{IN}\frac{t_{ON} + t_{OFF}}{t_{OFF}}$$

上式表明了输出电压 U_{OUT}和功率管开关时间之间的关系。由于 t_{OFF}时间较短，采用低功耗的二极管和电容，使其不超过安全工作区，否则，可能会导致器件过热而损坏。该升压转换器的电流和电压波形如图 4. 16. 3 所示。

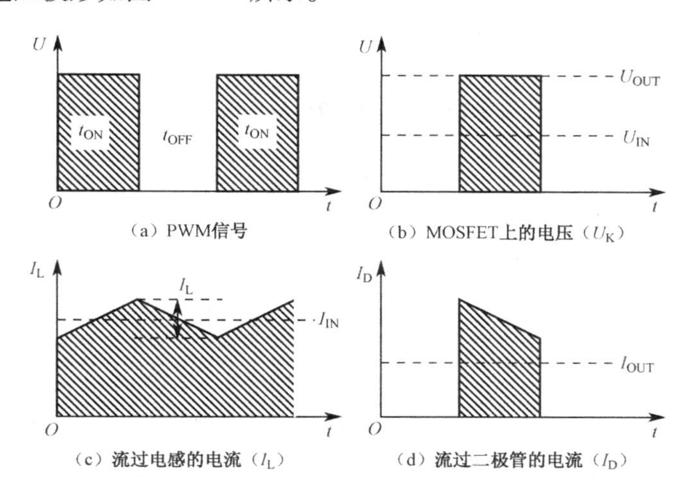

图 4. 16. 3　占空比为 50% 时的电压和电流波形

图 4. 16. 3（c）所示波形显示电感线圈的纹波电流，增大线圈的尺寸能降低纹波，但同时也增加了器件的物理尺寸。线圈不能太小，否则无法在 MOSFET 截止时提供足够的能量，使输出电压的调节能力变差。本设计用到的线圈为 56μH。

所有的控制功能由 Unitrode 公司生产的 PWM 芯片 UC3843 来完成，它具有反馈电压比较、误差放大、脉宽调制、过流保护、欠压保护等功能。该芯片为功率管产生脉宽调制信号，通过检测输出的电压和电流信号来控制开关管的通断和调整输出电压。输入和输出电压在一系列低功耗的电容作用下变得平滑。主要电路如图 4. 16. 4 所示，输入端并联的 4 个大容量电解电容（C_1～C_4）起到电源滤波的作用，C_5用来滤除电路工作时产生的高频谐波

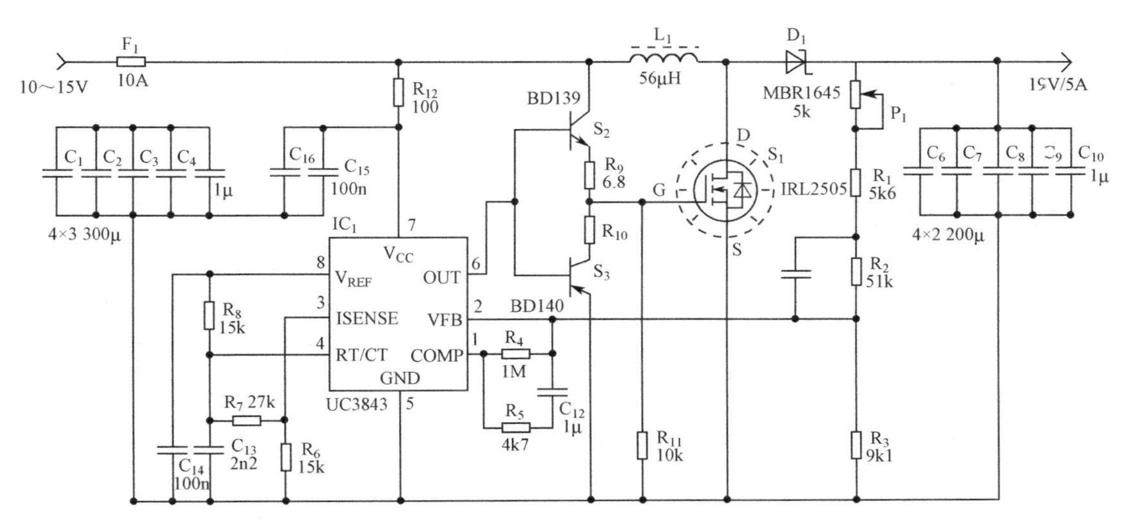

图 4. 16. 4　主电路原理图

成分。线圈 L_1是由几个不同长度漆包线并联的，以减少表面对高速转换的影响。大功率开关元件 S_1采用 IR 公司的 IRL2505，该器件的源极/漏极电阻在工作时只有 8mΩ，故功耗非常低。肖特基二极管 D_1采用 TO220 的封装，最大工作电压为 45V，正向导通压降为 0.63V 时的电流为 16A。低 ESR 的电解电容 C_6～C_9用于平滑输出电压，减小纹波电压。电容 C_{10}用于高频去耦。输出电压由 R_1、R_2、R_3和 P_1分压，送入 IC_1的电压反馈输入端。IC_1的时钟频率由 RC 网络 R_8和 C_{13}决定，工作频率约为 42kHz。由 R_{12}、C_{15}和 C_{16}构成的电源去耦电路可确保 IC_1工作的可靠性。

4.16.3 调试与测试

电源适配器在正常运行时的测试结果及效率如表 4.16.1 所示。其高效率（通常是 95%）不但能降低汽车电池的负荷，同时也降低了适配器内部的功耗。PCB 尺寸比笔记本本身的电源适配器要小。

表 4.16.1 电源适配器的测试结果及效率

输入电压/V	输入电流/A	输入功率/W	输出电压/V	输出电流/A	输出功率/W	效率/%
10.8	4.25	45.9	18.93	2.32	43.9	95.7
10.8	5.59	60.4	18.92	3.05	57.7	95.6
10.8	8.49	91.7	18.90	4.59	86.8	94.6
12.0	3.84	46.1	18.93	2.34	44.3	96.1
12.0	5.06	60.7	18.92	3.08	58.3	96.0
12.0	7.63	91.6	18.90	4.62	87.3	95.4
13.2	3.48	45.9	18.94	2.33	44.1	96.1
13.2	4.56	60.2	18.93	3.06	57.9	96.2
13.2	6.91	91.2	18.91	4.61	87.2	95.6

该电路不仅能满足普通用户自驾游出行时的需求，也能使行业用户如公路、工商、税务稽查、公安与地质等野外汽车流动作业随时保证笔记本电脑的供电，充分发挥笔记本电脑的无线办公特性。

4.17 实例 23：无线输电

无线输电指不经过电缆把电能从发电装置传送到接收端的技术，无线输电技术与无线电通信中所用的发射和接收技术并无本质区别。如果无线输电得以实现（最可能的是在小功率、短距离情况下），那么在房间里的各种电气设备便可接收无线电能。杂乱如麻的电线和插线板将不复存在，而且一次性电池的使用量也会大为减少，对节约资源和保护环境都非常有利。各种公共场所都会安装无线充电设备，就不会出现没带充电器而不知所措的问题。电车也不必到充电站进行充电，而且也会减少因蓄电池没电而停止运行的情况。病人不需要做手术就可以给体内的电子设备充电。无线输电技术还在多领域得到利用，如海上风力发电站向陆地输电、向自然条件艰险的地区输电，以及电动汽车无线充电等。

4.17.1 无线输电的4种方式

1）基于电磁感应原理的无线输电

在变压器的原边通入交变电流，副边会由于电磁感应原理感应出电动势，若副边电路连通，即可出现感应电流。对于无线输电而言，变压器的原边相当于电能发射线圈，副边相当于电能接收线圈，这样就可以实现电能从发射线圈到接收线圈的无线传输。

虽然电磁感应原理在电力系统中应用的初衷并不侧重于电能的传输，而是利用能量的转化改变电压、电流的数量级，但其对无线输电确实产生了一定的启发作用——尤其是电能的小功率、短距离传送。目前使用电磁感应传递电能的主要有电动牙刷，以及手机、相机、MP3等小型便携式电子设备，由充电底座对其进行无线充电。电能发射线圈安装在充电底座内，接收线圈则安装在电子设备中。这种原理的无线输电方式已有产品问世。

2）谐振式无线输电

与无线通信原理类似，其发送端谐振回路的电磁波全方位开放式弥漫于整个空间，在接收端回路谐振在该特定的频率上，从而实现能量的传递。这种输电方式在接收端输出功率比较小时可以得到较高的传输效率。但其存在电磁辐射，传输功率越大，距离越远，效率越低，辐射越严重。因此这种方式也是只适用于小功率、短距离的场合。

3）基于磁耦合共振原理的无线输电

该方式需要发射和接收两个共振系统，可分别由感应线圈制成。通过调整发射频率使发射端以某一频率振动，其产生的不是弥漫于各处的普通电磁波，而是一种非辐射磁场，即把电能转换成磁场，在两个线圈间形成一种能量通道。接收端的固有频率与发射端频率相同，因而产生了共振。随着每一次共振，接收端感应器中会有更多的电压产生。经过多次共振，感应器表面就会集聚足够的能量，这样接收端在此非辐射磁场中接收能量，从而完成了磁能到电能的转换，实现了电能的无线传输。未被接收的能量被发射端重新吸收。这种非辐射电磁场的范围比较有限，不适用于长距离传输，要求发射端与接收端在感应线圈半径的8倍的距离之内。

2007年，美国麻省理工学院Marin Soljacic研究小组利用此原理，以两个直径为1 500px的铜线感应线圈作为共振器，一个与电源相连，作为发射器，另一个与台灯相连，作为接收器，成功把一盏距发射器2.13m开外的60W灯泡点亮。

4）微波无线输电

前几种无线输电方式适用的距离、传输的功率都比较小，要想实现长距离、大功率的电能无线传输，可采用微波或激光的传输方式。由于微波或激光的波长比较短，故其定向性好，弥散小，可用于实现电能的远程传输。这种传输系统由电源、电磁波发生器、发射天线、接收天线、高频电磁波整流器、变电设备和有线电网组成，其大致流程如下：电源→电磁波发生器→发射天线→接收天线→整流器→变电→电网。

2015年，日本先后两次成功进行微波无线输电实验，该成果有望用于太空太阳能发电领域。

4.17.2　基于电磁感应原理的简易无线输电

1）工作原理

基于电磁感应原理的简易无线输电原理图如图4.17.1所示。图中，线圈直径为30mm，用0.5mm，漆包线绕制15圈，负载用多个发光二极管替代，发光二极管点亮的个数可以定性表示无线输电的效率。

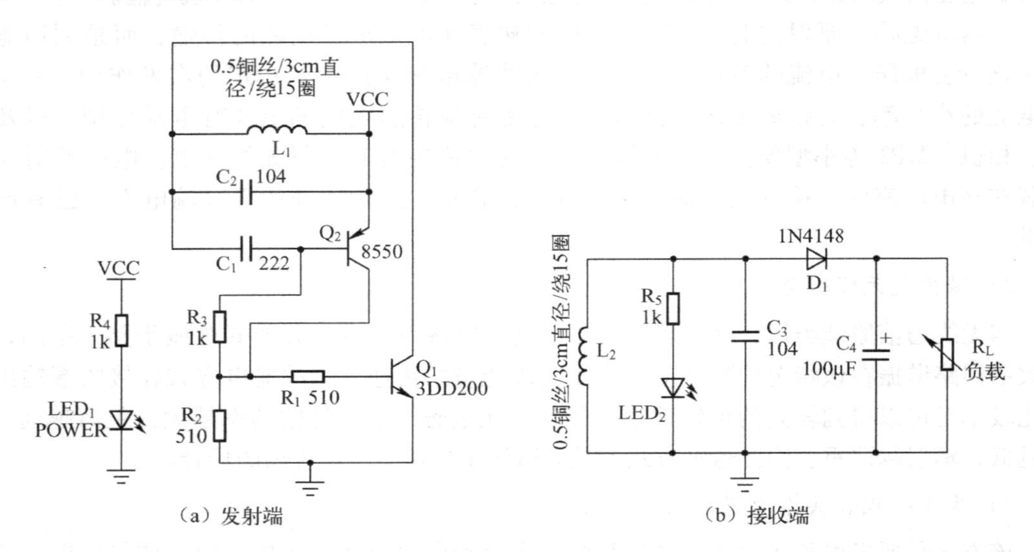

（a）发射端　　（b）接收端

图4.17.1　无线输电原理图

2）制作与调试

图4.17.2所示为在点阵板上焊接完成的简易无线输电装置。元器件参数如图4.17.1所示，个别阻容元件参数可根据实际情况调整。图4.17.3所示为绕制完成的耦合线圈，图4.17.4所示为耦合线圈无线输电实验图，如果在耦合线圈中加入磁芯（铁氧体材料），可以发现其无线输电效率明显增加，如图4.17.5所示。

（a）发射端　　（b）接收端

图4.17.2　简易无线输电装置

图 4.17.3　耦合线圈

图 4.17.4　无线输电效果实验

图 4.17.5　无线输电效果实验（加入磁芯）

第 5 章　开关电路制作实例

随着建筑电气自动化程度的提高，楼道声光双控自动延时开关电路已进入寻常百姓家。除此之外，还有各类遥控开关、接近开关、微波开关、磁控开关等，本章集中介绍各类开关电路的工作原理及制作方法。

5.1　实例 24：三极管开关电路

三极管除了可以当作交流信号放大器之外，也可以作为开关使用。严格说来，三极管与一般的机械接点式开关在动作上并不完全相同，但是它却具有一些机械式开关所没有的特点。如图 5.1.1 所示即为三极管电子开关的基本电路图。

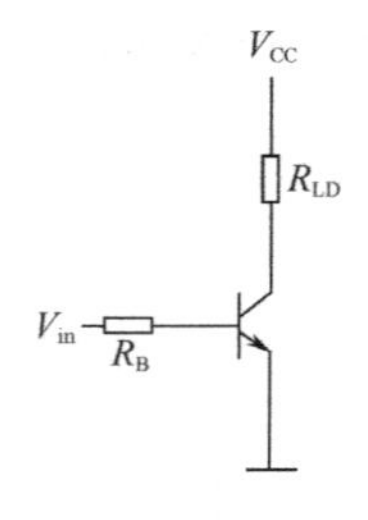

图 5.1.1　基本的三极管开关

由图 5.1.1 可知，负载电阻被直接跨接于三极管的集电极与电源之间，而位居三极管主电流的回路上，输入电压 V_{in} 则控制三极管开关的开、关动作。当三极管呈开启状态时，负载电流被阻断；反之，当三极管呈闭合状态时，电流可以流通。即当 V_{in} 为低电压时，由于基极没有电流，因此集电极也无电流，致使连接于集电极端的负载也没有电流，而相当于开关的开启，此时三极管工作于截止区。同理，当 V_{in} 为高电压时，由于有基极电流流动，使集电极流过更大的放大电流，因此负载回路被导通，而相当于开关的闭合，此时三极管工作于饱和区。

5.1.1　三极管开关电路设计

对硅三极管而言，其基射极接面的正向偏压值约为 0.7V，因此欲使三极管截止，V_{in} 必须低于 0.7V，以使三极管的基极电流为零。通常在设计时，为了可以更确定三极管必处于截止状态起见，往往使 V_{in} 值低于 0.3V。欲将电流传送到负载上，则三极管的集电极与发射极必须短路，就像机械开关的闭合动作一样。此时就必须使 V_{in} 达到高电平，以驱动三极管使其进入饱和工作区工作，三极管呈饱和状态时，集电极电流相当大，几乎使得整个电源电压 V_{CC} 均跨在负载电阻上，如此则 V_{CE} 便接近于 0，而使三极管的集电极和发射极几乎呈短路状态。在理想状况下，三极管呈饱和状态时，其集电极电流应该为：

$$I_{C(\text{sat})} = \frac{V_{CC}}{R_{\text{LD}}} \tag{5.1.1}$$

因此，基极电流最少应为：

$$I_{B(sat)} = \frac{I_{C(sat)}}{\beta} = \frac{V_{CC}}{\beta R_{LD}} \tag{5.1.2}$$

式（5.1.2）给出了 I_C 和 I_B 之间的基本关系，式中的 β 值为三极管的直流电流增益，对某些三极管而言，其交流β值和直流β值之间有着很大的差异。欲使开关闭合，则其V_{in}值必须够高，以送出超过或等于式（5.1.1）所要求的最低基极电流值。由于基极回路只是一个电阻和基射极接面的串联电路，故V_{in}可由下式来求解：

$$V_{in}=I_{B(sat)}R_B+0.7V=\frac{V_{CC}R_B}{\beta R_{LD}}+0.7V \tag{5.1.3}$$

一旦基极电压超过或等于式（5.1.3）所求得的数值，三极管便导通，使全部的供应电压均跨在负载电阻上，而完成开关的闭合动作。

总而言之，三极管接成图5.1.1所示电路之后，它的作用就和一只与负载相串联的机械式开关一样，而启闭开关的方式则可以直接利用输入电压方便地控制，无须采用机械式开关常用的机械引动、螺管柱塞或继电器等控制方式。

如图5.1.2所示开关电路中，欲使开关闭合（三极管饱和），则由式（5.1.1）、式（5.1.2）得：$I_{C(sat)}=1.5A$，$I_{B(sat)}=10mA$，从而求得所需的输入电压为：

$$V_{in}=I_{B(sat)}R_B+0.7V=10.7V$$

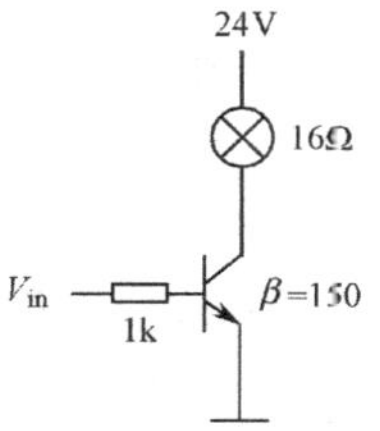

图5.1.2 用三极管作为灯泡开关

欲利用三极管开关来控制大到1.5A的负载电流的开、关动作，只需要利用很小的控制电压和电流即可。此外，三极管虽然流过大电流，但三极管呈饱和状态，其V_{CE}趋近于零，所以其电流和电压相乘的功率非常小，无须散热片。

5.1.2 基本三极管开关的改进

有时候，设定的低电压未必能使三极管开关截止，尤其当低电压接近0.7V时更是如此。想要克服这种临界状况，就必须采取修正措施，以保证三极管必能截止。图5.1.3是针对这种临界状况所设计的两种常见的改进电路。

图5.1.3左侧电路，在基射极间串接一只二极管，因此使得可令基极电流导通的输入电压值提升了0.7V，如此即使V_{in}值由于信号源的误动作而接近0.7V时，也不致使三极管导通，因此开关仍可处于截止状态。图5.1.3右侧电路加上了一只辅助－截止电阻R_2，适当的R_1、R_2及V_{bb}值设计，可于临界输入电压时确保开关截止。由图5.1.3右侧电路可知在基射极接面未导通前（$I_B=0$），R_1和R_2形成一个串联分压电路，因此R_1必跨过固定（随V_{in}而变）的分电压，所以基极电压必低于V_{in}值，即使V_{in}接近于临界值（$V_{in}=0.7V$），基极

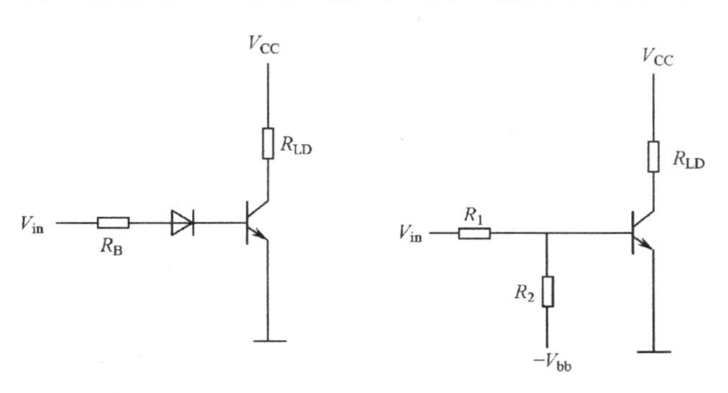

图5.1.3 确保三极管开关正确动作的两种改进电路

第5章

电压仍将受连接于负电源的辅助－截止电阻所钳位，低于0.7V。由于R_1、R_2及V_{bb}值的刻意设计，只要V_{in}在高电平范围内，基极仍将有足够的电压值可使三极管导通，不致受到辅助－截止电阻的影响。

在要求快速切换动作的应用中，必须加快三极管开关的切换速度。图5.1.4为一种常见的方式，此方法在R_B电阻上并联一只加速电容器，当V_{in}由零电压往上升并开始送电流至基极时，电容器由于无法瞬间充电，故形同短路，然而此时却有瞬间的大电流由电容器流向基极，因此加快了开关导通的速度。稍后，待充电完毕后，电容就形同开路，不影响三极管的正常工作。

一旦输入电压由高电平降回零电压时，电容器会在极短的时间内令基射极接面变成反向偏压，而使三极管开关迅速切断，这是由于电容器的左端原已充电为正电压，因此在输入电压下降的瞬间，电容器两端的电压无法瞬间改变而仍将维持原值，故输入电压的下降立即使基极电压随之下降，令基射极接面成为反向偏压，迅速截断三极管。适当地选取加速电容值可使三极管开关的切换时间减小至几十分之微秒以下，大多数的加速电容值约为数百皮法（pF）。

有时三极管开关的负载并非直接加在集电极与电源之间，而是接成如图5.1.5所示的方式，这种接法和小信号交流放大器的电路非常接近，只是少了一只输出耦合电容器而已。这种接法和正常接法的动作恰好相反，当三极管截止时，负载导通，而当三极管导通时，负载反被关断。这两种电路的形式都是常见的，因此必须具有清晰的分辨能力。

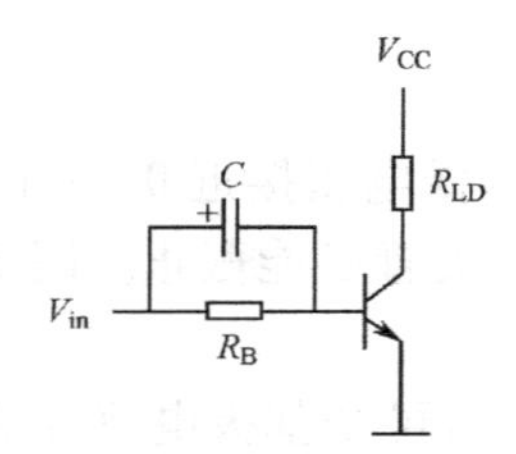

图5.1.4 加速电容器的电路

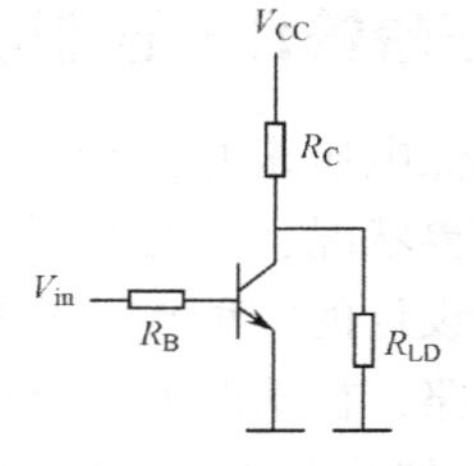

图5.1.5 将负载接于三极管开关电路的改进接法

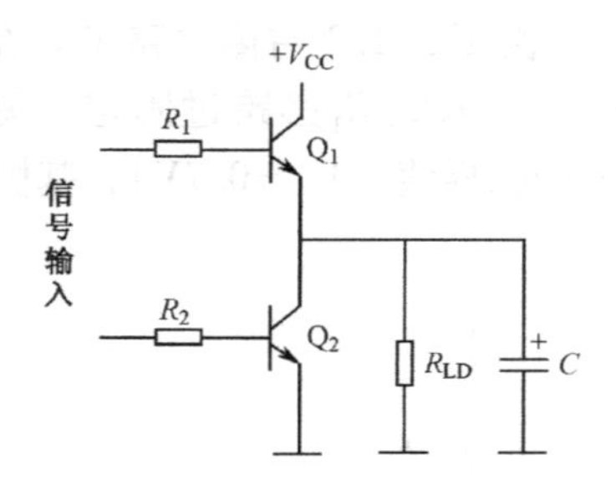

图5.1.6 图腾式三极管开关

假设图5.1.5所示的三极管开关加上了电容性负载（假定其与R_{LD}并联），则在三极管截止后，由于负载电压必须经由RC电阻对电容慢慢充电而建立，因此电容量或电阻值越大，时间常数（RC）便越大，从而使得负载电压的上升速率越慢。在某些应用中，这种现象是不允许的，因此必须采用图5.1.6所示的改进电路，即图腾式开关电路。

图腾式电路是将一只三极管直接叠接于另一只三极管之上所构成的。欲使负载获能，必须使Q_1三极管导通，同时使Q_2三极管截止，如此负载便可经由Q_1而连接至V_{CC}上；欲使负载去能，必须使Q_1三极管截止，同时使Q_2三极管导通，如此负载将经由Q_2接地。由于Q_1的集电极除了极小的接点电阻外，几乎没有任何电阻存在，因此负载几乎是直接连接到正电源上的，也因此当Q_1导通时，就再也没有电容的慢速充电现象存在了。所以可说Q_1"将负载拉起"，而称之为

“挽起三极管”，Q_2则称为“拉下三极管”。图5.1.6左半部的输入控制电路，负责Q_1和Q_2三极管的导通与截断控制，但是必须确保Q_1和Q_2不同时导通，否则将使V_{CC}和地之间经由Q_1和Q_2而形同短路，产生的大电流将至少使一只三极管烧毁。因此图腾式三极管开关绝对不可采用并联方式来使用，否则只要图腾上方的三极管Q_1群中有任一只导通，而下方的Q_2群中又恰好有一只导通，电源便经由导通的Q_1和Q_2短路，从而造成严重的后果。

5.1.3 三极管开关的应用

三极管开关最常见的应用之一是用以驱动指示灯，利用指示灯可以指示电路某特定点的动作状况，也可以指示电动机的控制器是否被激励，此外还可指示某一限制开关是否导通或某一数字电路是否处于高电位状态。

图5.1.7（a）即是利用三极管开关来指示一只触发器的输出状态。假设触发器的输出为高电平（一般为5V），三极管开关便被导通，而令指示灯发亮。

当信号源（如触发器）输出电流太小，不足以驱动三极管开关时，为避免信号源不胜负荷而产生误动作，应采用图5.1.7（b）所示的改进电路，当输出为高电平时，先驱动射随三极管Q_1做电流放大后，再使Q_2导通而驱动指示灯，由于射随的输入阻抗相当高，因此触发器只需提供很小的输入电流，便可得到满意的工作。

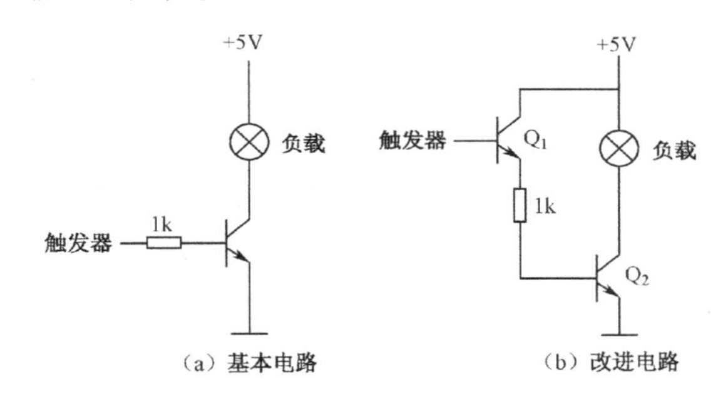

图5.1.7 指示灯驱动开关

图5.1.8是利用三极管开关作为高压输入控制低压逻辑的接口电路的应用实例，当输入部分的微动开关闭合时，降压变压器被导通，而使全波整流滤波电路送出低压的直流控制信号，此信号使三极管导通，此时集电极电压降为0V（饱和），此0V信号可被送入逻辑电路中，以表示微动开关处于闭合状态。反之，若微动开关开启，则变压器不通电，而使三极管截止，此时集电极电压上升至V_{CC}值，此V_{CC}信号可被送入逻辑电路中，以表示微动开关处于开启状态。在图5.1.8中，逻辑电路被当作三极管的负载，连接于集电极和地之

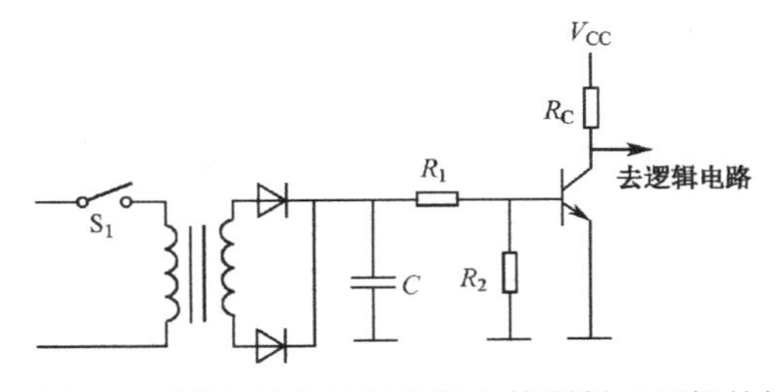

图5.1.8 利用三极管开关作为高压输入控制低压逻辑的接口电路

间，因此三极管开关电路的 R_1、R_2和 R_C值必须慎重选择，以保证三极管只工作于截止区与饱和区，而不会工作于线性区内。

5.2 实例25：多通道家用电器遥控开关

本节介绍一种利用红外线实现远距离控制的电子装置。它可以遥控9路家用电器（如电灯、收录机、电视机、电风扇等）电源的开或关。实践证明它具有结构简单、抗干扰能力较强、动作可靠、易于制作的特点。

5.2.1 工作原理

该装置由红外线发射器和红外线接收器两部分构成。发射器的电路工作原理如图5.2.1所示。它采用单通道脉冲编码红外发射方式，核心元件为中规模CMOS集成电路 A_1（TP50981N）。该电路原用于电子电话机按钮拨号编码，本电路将它变通应用于遥控编码。当 A_1工作时，按下键盘上的号码开关，相应的扫描检测脉冲通过按键开关输入至 A_1内部编码器的一个对应输入端，从而在 A_1的⑯脚输出一串个数与所按按键号码数相等的脉冲串，如按下“3”号键就输出3个连续脉冲，按下“0”号键就输出10个连续脉冲，脉冲的速率达到20个/s。按键板上各数字键分别对应于一个遥控通道。

A_1的⑯脚输出的编码脉冲直接对由CMOS或非门电路 A_2（CD4011）构成的38kHz振荡器进行调制，调制后的信号一路经门电路缓冲后驱动晶体管V，由红外发射管 VH_1和 VH_2向外辐射红外编码信号；另一路信号推动发光二极管H点亮，以示遥控器的工作状态。由于发射器的静态电流较小（约0.1mA），所以省去了电源开关。

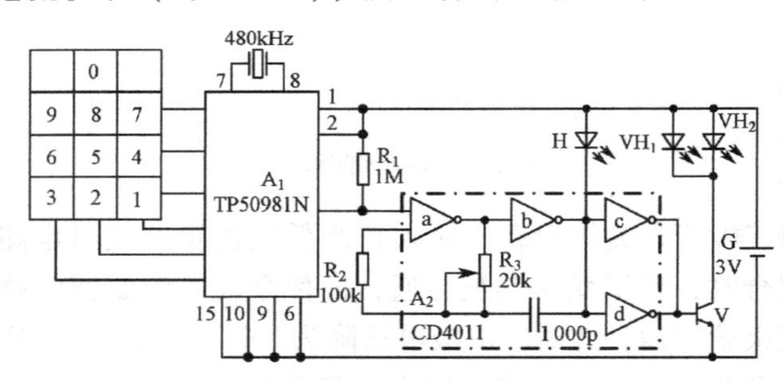

图5.2.1 无线电发射器电路原理图

红外线接收器的电路工作原理如图5.2.2所示。红外线接收器中的红外接收专用前置放大集成电路 A_1和红外接收管VH等组成了放大整形电路，把红外接收管VH所接收到的红外编码指令信号变成直流电信号。该电路的特点是灵敏度高，不用电感线圈。A_1的⑦脚为信号输出端，低电平有效。接收谐振频率由 R_2、C_3决定，改变其数值即可改变谐振频率。当VH接收到发射器发来的38kHz红外编码指令信号时，A_1的⑦脚就将编码脉冲检出，由晶体管 V_1反相输给后级识别电路。编码脉冲的识别功能由 A_2（CD4017）十进制计数器为主的集成电路完成。每当 A_2的CP端输入编码脉冲串时，脉冲串的第一个脉冲用于触发 A_2的R端复位。由于 C_5、R_6的微分作用，复位脉冲很快消失，A_2对其后的脉冲进行计数，实现编码识别。

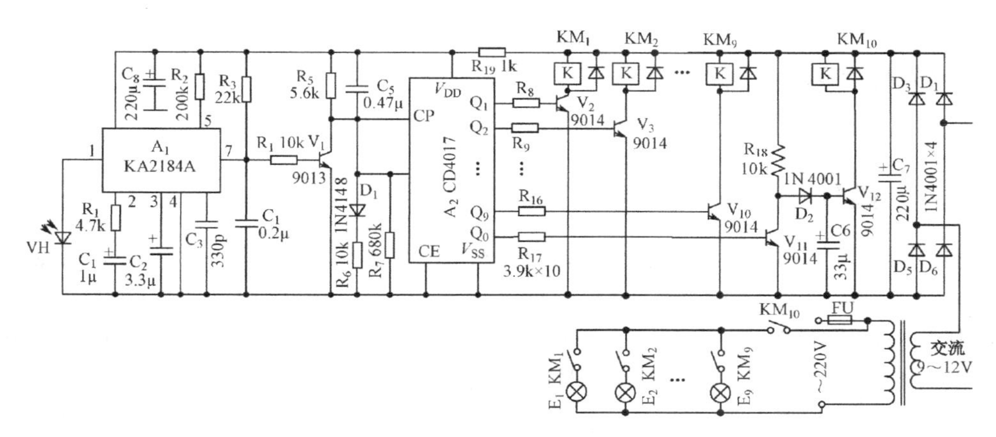

图 5.2.2　红外线接收器电路原理图

C_5、R_6为置零电路，当电路通电时，Q_0端为高电位，晶体管 V_{11}导通，V_{12}截止，继电器 KM_{10}不吸合，处于关机状态。当按下 2 号键时，Q_0端为低电位，Q_1端为高电位，V_{11}截止，V_{12}导通，KM_{10}得电励磁吸合，其触点 KM_{10}闭合，接通所有通道的总电源，处于开机状态。同时 Q_1端的高电位通过 R_8使 V_2导通，KM_1得电励磁吸合，其触点闭合，接通第一路电器（以电灯为例）的电源，D_1点亮。当按下 3 号键时，Q_2端为高电位，V_3导通，KM_2吸合，其触点闭合，接通第二路电器的电源，E_2点亮，以下各挡依次类推。若需要关闭电器，可按下 1 号键，此时 Q_0端又变为高电位，V_{11}导通，电容 C_6上的电压使 D_2反偏，维持 V_{12}继续导通。由于 V_{12}接成射极跟随器，输入阻抗较大，C_6只取较小容量（33μF）即可延时约 9s，即在 9s 后 V_{12}截止，KM_{10}释放，其触点断开，实现关机的动作。

5.2.2　元器件选择

发射器电路中的集成电路 A_1除采用 TP50981N 外，还可采用其他型号，如 CF5805A、STC2560C、UM9151 等。发射接收红外对管除采用 SE303A/PH302 外，也可采用其他型号的正品红外对管，直径、功率宜大不宜小，如 TLN104/TLP104、TLN107/TLP107 等对管。接收器电路中的 A_1（KA2184A）还可用 CZ20106 红外接收专用集成电路代替，其内部功能相同。KM_1～KM_{10}的选用可根据所带负载的功率大小而自行选定。特别是 KM_{10}选用的功率必须大于 KM_1～KM_9分路继电器的功率之和，以免电流过大而烧坏。所有晶体管 V 均为 NPN 型硅管，如 9013、9014、3DG12 等，β 值要大于 100。变压器 T 可选用次级输出电压为 9～12V、功率为 3W 的成品电源变压器。其余元件型号及参数均可按图 5.9 和图 5.10 中所标注的选用，无特殊要求。

5.2.3　制作与调试

该遥控开关安装完毕，检查无误后即可通电试用，基本无须调试。若发现有效遥控距离小于 5m，则应调整发射器电路中的 R_3，使发射与接收频率相同，以提高有效遥控距离及抗干扰能力，必要时可调整红外接收电路中 R_2的阻值，使收发间的距离增加至最大。经试用，在室内 7～10m 范围内可控。使用时，接通接收器电源，将遥控发射器对准接收器红外线接收管孔，按动按键 2～0 中的任意一个按键，相应通道的电器应可靠地动作。按动 1 号键，延时 9s 即可关机。

5.3 实例26：声控开关

5.3.1 简介

声控开关原理简单、使用方便，所以应用较广。但声控开关有一个致命的弱点：容易受环境的噪声干扰而产生误动作。现在市面上的亚超声声控开关由于采用频率较高的亚超声波控制，避开了环境的声频干扰，可靠性有所提高，但必须用一个特制的哨子发声，使用不方便。基于上述不足，本节介绍一款抗干扰性能大大增强、使用方便的声控开关。

本声控开关内有两个定时器和一个计数器，它们之间巧妙的作用使其只接收具有一定规律的三个冲激声响，例如，适当快慢的三次拍手声，而对其他无规则的声响（如说话声、雷声）则不响应。为使用方便和可靠，本声控开关把三次声响的时间间隔设置在人们拍手的自然频率上，这样，使用者只要自然地拍三下手，开关就能打开。也可以吹三声口哨来控制，只要口哨声之间的间隔合适（本机具体设置为0.5～1s之间）。本声控开关比较适合控制电灯、电扇等家用电器，造价仅10元左右。

5.3.2 工作原理

声控开关的电路原理图如图5.3.1所示。声频被压电陶瓷片HTD接收后，经T_1、T_2选频放大送到开关电路T_3、T_4，当声强足够时，开关电路打开，送出高电位脉冲使0.5s延时电路T_5开始工作，并通过T_6截止使计数电路IC_1计数。0.5s延时电路的作用是当第一次声响后，0.5s内再有声响时，两个高电位脉冲便重叠在一起成为一个脉冲，所以从计数器的计数端来看，高电位脉冲只有一个，只计一个数。由此看来，当外界声频脉冲之间的时间间隔小于0.5s时，计数器不会连续计数。当两个声脉冲之间的间隔大于0.5s时，因为前一个高电位脉冲已经结束，所以下一个声脉冲将会形成一个新的高电位脉冲，计数器能继续计数。另外，与计数器相连的还有一个3s延时电路，该延时电路在计数器计数值大于零时便开始工作，3s后送出一个高电位脉冲到计数器的复位端（15脚），使计数器复位、计数值重置为零。所以如果外界的声频脉冲间隔大于1s，则3s内计数器的计数值达不到指定的打开开关的数值。而此时复位脉冲已经送出，计数器又被清零，如此反复总是不能打开开关。由以上分析得出，在两个延时器的限制下，外界的三次声频脉冲间隔在0.5～1s时开关才能被打开，否则无效。其他声音如说话声、雷声、电话铃声等，因不满足上述条件而不会干扰本声控开关的工作。

声频选频放大器由T_1、T_2组成，两晶体管接成阻容耦合式交流放大器，选频网络由C_2、R_5、C_4组成，频响大约在1 000～3 000Hz之间。为防止自激，两级放大器之间隔有阻容退耦电路（C_3、R_4）。T_3、T_4组成开关电路，声频信号由选频放大器输出后经C_5、R_5、D_1、C_6组成的整流滤波网络变成一个直流电位，当声频信号足够强使直流电位达到0.7V以上时，T_3、T_4跟着导通并向C_8充电。0.5s延时电路由T_5组成，当C_8充电至大于0.7V后使T_5导通、T_6截止。声频信号只是瞬间信号，所以T_4只导通一瞬间，但此时C_8已充足了电，所以虽然T_4已截止，但C_8上存储的电荷使T_5保持导通约0.5s。T_6截止时，计数器IC_1的计数端10脚便有高电位，由于T_6保持截止0.5s，从而使计数端保持高电位0.5s。计数电路由十进制脉冲分配，计数电路由4017构成。本声控开关只使用4017前三个输出端（Y_1～Y_3），其余悬空即可。4017的计数特点是计数端（14脚）由低电位变为高电位时计一个数。电位保持不变，则计数值也保持不变。所以计数端保持高电位4017不会计数，满足本电路的要求。4017的Y_1～Y_3各通过一个二极管连在一起，接到3s延时器的输入端给3s延时电路提供开启信号，Y_3还与后机的继电器驱动电路T_9相连，当计数值达到3时7脚输出高电平使吸合、常开触点J-1闭合接通用电器。4017的复位端15脚与3s延时电路的输出端相连，输出高电位时15脚得到高电位而复位。15脚还通过一个按钮开关与电源相连。当按动按钮开关时15脚得到高电位使4017强制复位。R_{13}是防干扰电阻，防止感应电压使4017复位。3s延时电路由T_7、T_8组成，当Y_1～Y_3任何一端输出高电位时，该高电位通过R_{14}给C_{11}充电，3s后，C_{11}上的电位上升至0.7V，使T_7、T_8导通，15脚得到高电位。由于本电路耗电较少，为降低成本使用电容降压电源电路。R_{17}是泄放电阻，LED作为电源指示。

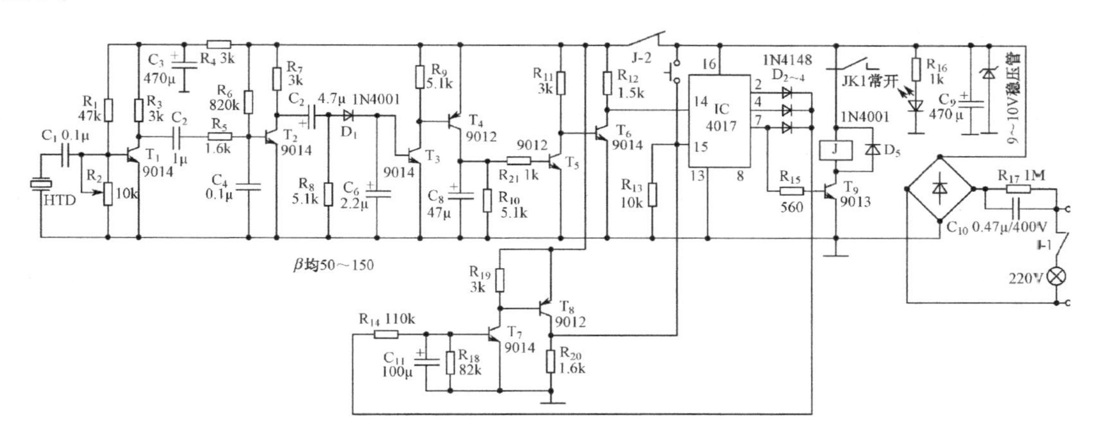

图5.3.1　声控开关电路原理图

5.3.3　电路调整

接好电路后，因元件参数的离散性，选频放大器的灵敏度和延时电路的延时需略微调整。若有示波器，调整则相当简便。

示波器的扫描速度可选择5ms/格以上，灵敏度选择0.5V/格，选择直流输入方式，把探针接在T_3的基极。击掌后看扫描线是否上跳，调整R_2，使调试人员在离HTD大约5m处自然击掌时，扫描线上跳2格左右，灵敏度就算调好。本机实调时发现放大器的灵敏度往往过高。这时可在HTD两端并联几百欧的电阻。再把探针移至T_6集电极，击掌后扫描立即大幅度上跳，停留约0.5s后回到原来位置。若时间相差太多，应调整C_8、R_{10}。最后把探针接在T_8集电极上。击掌后大约3s扫描线大幅度上跳，时间相差太多应调整R_{14}、C_{11}。最后调整R_{15}使Y_3输出高电位时继电器可靠地吸合，如果没有示波器可以将D_2～D_4换成发光二极管，击掌后发光二极管D_2应点亮，约3s后又熄灭，时间相差太多则同样调整R_{14}和C_{11}。至于0.5s延时电路可以间隔小于0.5s击掌一次，这时，D_2～D_4应依次点亮。然后以小于0.5s的间隔击掌，D_2～D_4将只有D_2亮，若不是这样调整C_8、R_{10}的值。本电路还有一个特点就是前级电源由继电器控制，当继电器吸合时，常闭触点打开，$T_1 \sim T_8$均失电，这时声控电器不再对外界声响起作用，4017 一直保持 Y_3为高电平的状态，继电器保持吸合。要使继电器释放需按下接在4017 15 脚上的复位按钮。

5.3.4 元器件选择与制作

电阻均采用1/8 碳膜电阻，$T_1 \sim T_9$可采用9000 系列，也可用3DG、3CG 系列，HTD 用 ϕ20mm 或 ϕ27mm 的压电陶瓷片，IC 用 CC4017 或 CD4017 均可，继电器用具有两组以上触点（一组常闭，一组常开）的、工作电压为 6 ～ 9V 的（如 JRX-13F 型），电容器 C_{10}应选用耐压在400V 以上的涤纶电容，稳压管的稳压值在 9 ～ 10V 之间。机壳可用标准 ABS 机箱或其他塑料盒。

调整电路时，最好用9 ～ 10V 直流电源代替本机电源，因本机电源是采用电容降压的非隔离电源，不太安全。使用时也不要打开机盖，以免触电。

5.4 实例27：电子定时器

本节介绍一个采用专用多功能定时集成电路制作而成的五段电子定时器，最大定时时间可达 15 小时，且电路简单、制作容易。

5.4.1 电路原理

五段电子定时器的电路原理图如图 5.4.1 所示，电路由多功能定时集成电路、电源电路及控制开关等几部分组成。

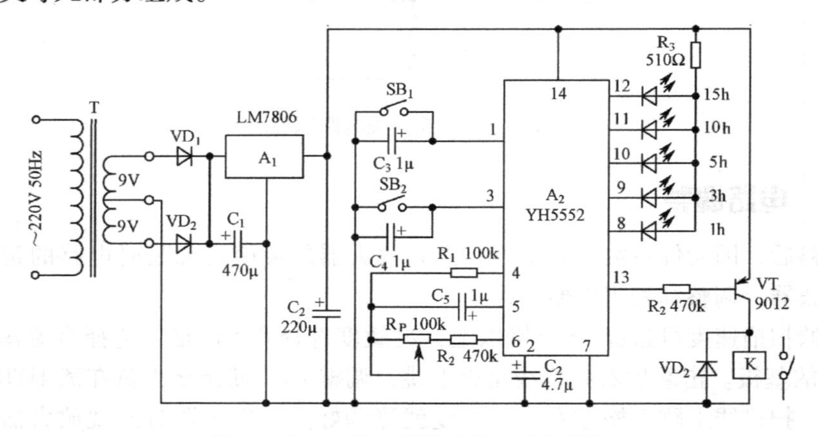

图 5.4.1　五段电子定时器电路原理图

图 5.4.1 所示五段电子定时器原理图中，SB_1为开/关（ON/OFF）输入键，SB_2为定时设定键。按下 SB_1键电路处于工作状态，按下 SB_2键可选择 1、3、5、10、15 小时五挡定时时间，在按键选择时相应的发光二极管会点亮发光指示，此时继电器 K 得电吸合，其常开触点闭合可接通被控电器通电工作。当定时时间一到，发光管 LED 熄灭，继电器释放，其常开触点跳开，被控电器断电。在定时过程中，若要关闭电器，只要再按一下 SB_1键，即可随时中断定时。并联在按键 SB_1与 SB_2两端的电容 C_3、C_4为开关的抗干扰电容，C_6为电路上

电自清零电容。

变压器 T、二极管 VD_1、VD_2与集成块 A_1组成本机电源电路，输出 6V 稳定电压供定时电路 A_2使用。

5.4.2 元器件选择与制作

A_1采用 M7806 型三端稳压集成块。A_2采用常州永和电子五金厂生产的多功能时间控制集成电路 YH5552，该集成电路采用 CMOS 工艺制造，标准 14 脚双列直插式塑料封装，各引出脚功能为：1 脚为定时开/关输入端 ON/OFF，外接轻触微动开关，轻触一次开关，电路打开进入定时工作状态，在定时时间内再按动一次开关即可中断定时；2 脚为自清零输入端 R_S，外接自清零电容，当电路外加直流工作电压时，电路内部自动清零，保证电路处于等待工作状态；3 脚为定时设定输入端 T_i，可设定五挡定时时间，即 lt、3t、5t、10t 和 15t，T_i端外接轻触微动开关，每按动开关一次，定时时间按 lt→3t→5t→10t→15t→lt…循环变化，各设定状态均有发光二极管发光指示；4 脚、5 脚和 6 脚分别为定时时基源输入端 R_x/C_x、C_x和 R_x。YH5552 定时电路有两种时基源输入方法：一种采用 50Hz 市电频率作为时基输入，当 50Hz 市电频率从 4 脚 R_x/C_x端输入时，五挡定时时间分别为 1min、3min、5min、10min 与 15min；第二种采用电阻 R_x和电容 C_x构成振荡器作为时基输入，只要设定 R_x和 C_x的数值即可获得任意所需的定时时间。定时时间可由公式 $1t=3\,000/f_{osc}$(Hz)来计算，式中 3 000 为电路内部分频系数，f_{osc}为时基频率，$f_{osc}=(1/2.2)R_xC_x$。本例介绍的定时器最大定时时间 15t = 15h，即 1t(1h = 3 600s) = 3 000/f_{osc}，求得 $f_{osc}=0.83$Hz，再根据 $f_{osc}=(1/2.2)R_xC_x$的公式，若取 $C_x=C_5=1\mu F$，代入上式可求得 $R_x=(R_P+R_2)=550k\Omega$。所以本电路可获得 1、3、5、10、15 小时五挡定时时间。7 脚为电源负端 V_{ss}；8 ～ 12 脚分别为 1t、3t、5t、10t 和 15t 的 LED 显示输出端；13 脚为电路输出端 OUT，最大输出电流为 15mA；14 脚为电源正端 V_{DD}。YH5552 集成电路的工作电压范围为 4 ～ 6.5V，典型静态功耗电流为 1μA。

VD_1、VD_2采用 1N4001 型普通硅整流二极管，VD_3为 1N4148 型硅开关二极管。VT 采用 9012 型硅 PNP 三极管，要求$\beta \geqslant 100$。LED_1 ～ LED_5可根据各人喜爱采用红、绿等色发光二极管。R_P最好采用 WSW 型有机实芯微调电阻器，其余电阻均可采用 RTX-1/8W 型碳膜电阻器。C_S要求采用漏电流小、精度高的钽电容器，以免影响电路的定时精度。其余电容可用 CDll-16V 型普通电解电容器。T 采用 220V/2×9V、5VA 小型电源变压器。K 可采用 JZC-22F、DC 6V 超小型中功率电磁继电器，它有一组转换触点，触点容量为 220V、5A。SB_1、SB_2可采用接触可靠、手感良好的 6mm×6mm 小型轻触按键开关。

本电路由于采用专用集成电路，工作稳定可靠，不必进行太多调试，通电即能正常工作。由于阻容元件的数值离散性，可通过实验细调 R_P的阻值来微调电路的定时时间，只要将 lt 时间调整在 1 小时，其他各挡时间就不必再进行调整。

5.5 实例 28：人体红外线接近感应延时开关

红外感应开关是通过检测发射的红外线信号是否被反射来判断前方是否有物体，从而

控制继电器的开关动作，感应距离参考值为12cm（实际距离与反射物材质有关）。可应用在感应水龙头、自动干手器等设备上。

5.5.1 电路原理

人体红外线接近感应延时开关电路原理如图5.5.1所示，电路主要由电源电路、红外感应电路、延时电路及开关控制电路四大部分构成。工作电压：12V，静态电流：28mA，吸合电流：50mA，延时时间：0～40s可调，继电器触点容量：3A/250V。

电源电路由J_2输入12V电源，D_5可防止电源极性接反，R_7为限流电阻，C_2、C_4起滤波作用。

红外感应电路由U_{1C}、R_{10}、R_{11}、D_6、C_5构成振荡器，从U_1的10脚输出脉冲信号，经Q_4放大后驱动红外发射管D_2向空间发射红外信号。此信号如果没有被障碍物挡住，红外接收管D_1无法接收到信号，故后续电路不工作；当D_2前面有障碍物时（如人手在D_2前面晃动），发射的红外信号被障碍物反射回来，就会被D_1接收到，接收的信号经Q_1、Q_2放大，最后在R_3端输出放大的红外信号，再由U_{1A}进行选频、U_{1D}进行整形，最后在U_1的11脚输出。

延时电路由R_5、VR_1、C_3组成，调节VR_1可以调节每次动作后的延时时间，本电路设计延时时间在0～40s范围内可调。由于元件有一定的误差，故实际延时会略有差别。

开关控制电路由Q_3、Q_5、K_1构成。若D_1接收到信号后，最后会在U_1的4脚输出经延时后的低电平控制信号，使Q_3、Q_5导通，K_1吸合。D_3为继电器工作状态指示灯。

5.5.2 元器件选择与制作

元器件清单如表5.5.1所示。

图5.5.1 人体红外线接近感应延时开关元器件清单

名　称	型号/规格	编　号	数　量	名　称	型号/规格	编　号	数　量
电阻	560R	R_4、R_{12}	2	电容	100μF/16V	C_4	1
	2.2k	R_{14}	1	二极管	1N4148	D_6、D_7、D_8	3
	6.8k	R_5	1		1N4007	D_4、D_5	2
	10k	R_6、R_8	2	LED	Φ5 红发红	D_3	1
	15k	R_{11}	1	红外发射	Φ5 透明	D_2	1
	82k	R_{10}、R_{15}	2	红外接收	Φ5 黑色	D_1	1
	200k	R_3、R_{13}	2	三极管	9012	Q_1～Q_4	4
	5.1M	R_2	1		9013	Q_5	1
	10M	R_1	1	继电器	DC 12V	K_1	1
	33R/1W	R_7	1	集成电路	HEF4093BP	U_1	1
	100R/1W	R_9	1	接线端子	301-2P	J_1	1
电位器	1M	VR_1	1		2.54 2P 立式	J_2	1
电容	104P	C_1、C_2、C_5	3	电源线	2.54 2P 单头	1	1
	47μF/16V	C_3	1				

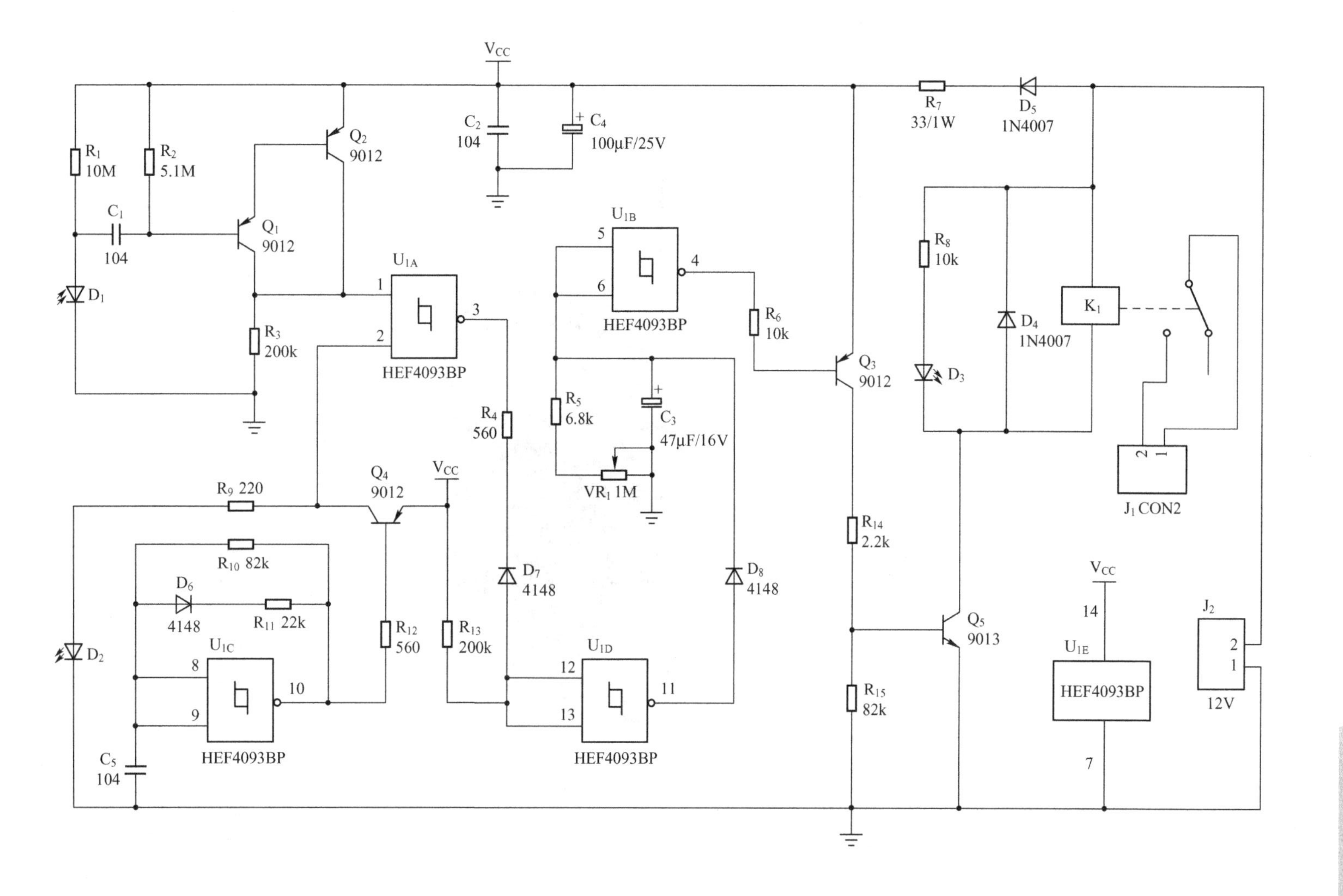

图5.5.1 人体红外线接近感应延时开关电路原理图

印制板电路图如图5.5.2所示。

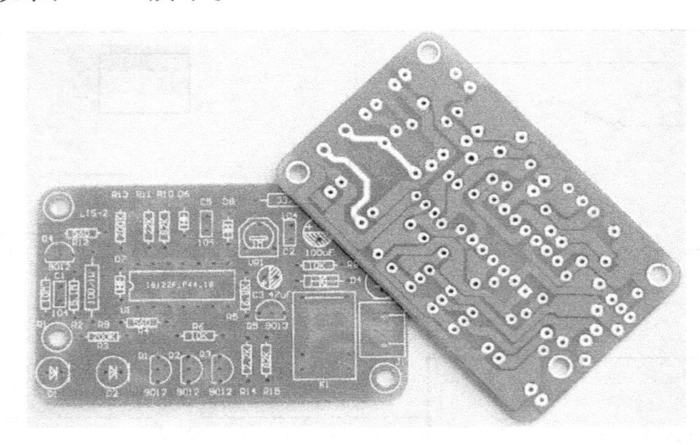

图5.5.2　人体红外线接近感应延时开关印制板电路图

焊接装配好的人体红外线接近感应延时开关如图5.5.3所示。将数字开关电路焊接完成，检查有无虚焊、漏焊即可正常工作。

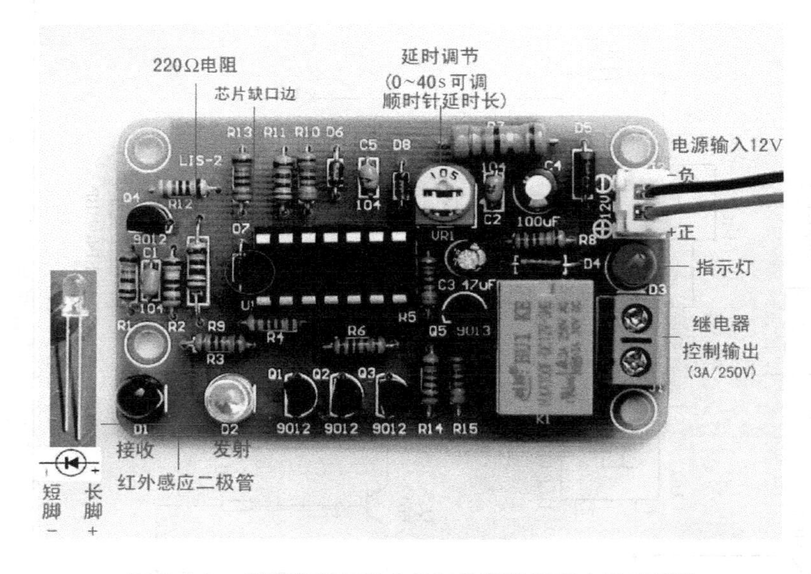

图5.5.3　焊接装配好的人体红外线接近感应延时开关

5.6　实例29：微波自动开关

本节介绍一款采用RD9481多普勒传感模块制作的微波自动开关，当有人在其有效探测范围内活动时，开关能自动闭合，接通某电器或报警电路工作。电路还设有光控电路，白天电路封闭不工作，夜间电路自动进入监控状态。

5.6.1　电路原理

微波自动开关的电路如图5.6.1所示，电路主要由RD9481多普勒传感模块、光控电路与电源电路等几部分组成。

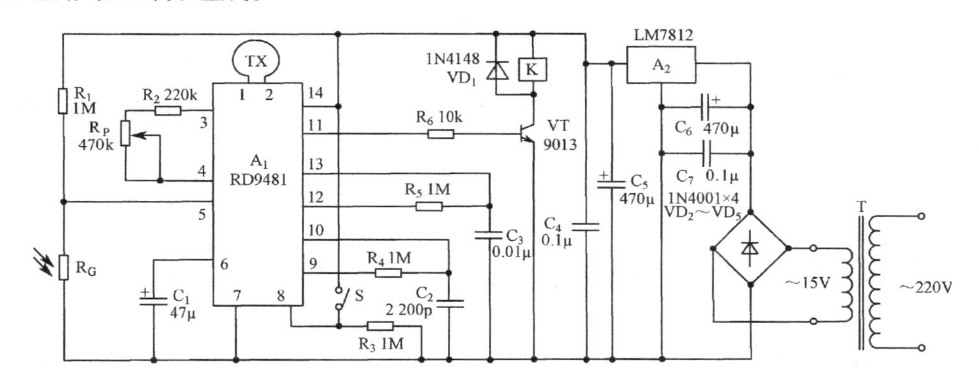

图 5.6.1　微波自动开关电路

图 5.6.1 中变压器 T、二极管 VD_2 ～ VD_5、三端稳压集成块 A_2 组成电源电路，接通 220V 交流电源后，能输出 12V 稳定的直流工作电压供多普勒传感模块 A_1 与继电器 K 用电。R_1 与 R_G 组成光控电路，白天自然光线较强，R_G 受光照射呈现低电阻，它与 R_1 分压，使 A_1 的触发控制端 5 脚电平 V_C 小于模块启动阈值 V_E（V_E = 0.2V），故禁止 RD9481 在白天工作。夜晚，R_G 无光照射呈高电阻，5 脚电平 V_C 大于启动阈值 V_E，电路进入工作状态。此时只要有人进入天线 TX 的探测范围，模块 A_1 输出端 11 脚就输出高电平，经电阻 R_6 使三极管 VT 饱和导通，继电器 K 得电吸合，其常开触点闭合使被控电器通电工作。R_4、C_2 为电路外接输出延迟元件，输出延迟时间 $T_A = 5R_4 \times C_2$，即电路被触发，模块 11 脚输出高电平，继电器 K 闭合，电路进入输出延迟时间 T_A。当 T_A 结束时，11 脚恢复低电平，继电器释放。S 为工作方式选择开关，当 S 打开时，在延迟时间 T_A 内，任何输入信号变化均无效，直至 T_A 时间结束。S 闭合则为可重复触发工作模式，使 11 脚保持为高电平，直至最后一次触发延迟过后才结束。本电路还设有封锁定时元件 R_5、C_3，当输出端 11 脚由高电平跳回低电平时，电路就进入封锁时间 $T_B = 24R_5 \times C_3$，在封锁时间内，任何输入信号都不能使输出端 11 脚输出高电平，直至封锁时间过后。设置这一功能可有效抑制负载切换过程中产生的各种干扰，提高电路的工作可靠性。R_P 为电路增益调节电位器，可改变微波探测距离。

5.6.2　元器件选择与制作

A_1 采用浙江金华江南无线电厂生产的 RD9481 型多普勒传感器，它是 RD627 的更新换代产品，模块内部设有微波发射、两级接收放大器、电压比较器、状态控制器、延迟定时器、封锁定时器及基准电压源等电路。模块外形尺寸为 38mm × 30mm，采用 14 脚双列直插式塑料封装，各引脚功能为：1、2 脚外接天线；3、4 脚外接增益调节电位器，用来改变探测灵敏度；5 脚 V_C 为触发控制端；6 脚外接电源滤波电容；7 脚为电源负端 V_{SS}；8 脚为重复触发控制端；9、10 脚为外接输出延迟电阻、电容端；11 脚为控制信号输出端；12、13 脚为外接封锁定时电阻、电容端；14 脚为电源正端 V_{DD}。RD9481 的典型工作电压为 12V，工作温度范围为 -10 ～ 60℃，储存温度为 -65 ～ 150℃。A_2 为 LM7812 型三端稳压集成块。VT 采用 9013 型硅 NPN 三极管，要求 $\beta \geq 100$。VD_1 为 1N4148 型硅开关二极管，VD_2 ～ VD_5 可用 1N4001 型硅整流二极管。R_P 用 WH5 小型碳膜合成电位器，R_G 为 MG45 型光敏电阻器，其余电阻均可用 RTX-1/8W 型碳膜电阻器。C_1、C_5为 CDll-16V 型电解电容器，C_6采用 CDll-25V 型电解电容器，其余电容均可用 CT4 型独石电容器。K 采用 JZC-22F、DC 12V 小型中功率电磁继电器，它有一组容量为 220V、5A 的转换触点。T 为 220V/15V、5VA 优质电源变压器，要求长时间通电不发热。天线 TX 可用直径 $\phi1.5$mm 的漆包线弯成 $\phi10$cm 的圆环状。

本电路由于采用专用器件，因此调试简单，一般通电即能正常工作。

5.7 实例30：液面控制自动开关

本节介绍的液面控制自动开关只用了一块新颖的参数固态继电器与极少量的分立元件，电路虽然简单，但工作可靠稳定。

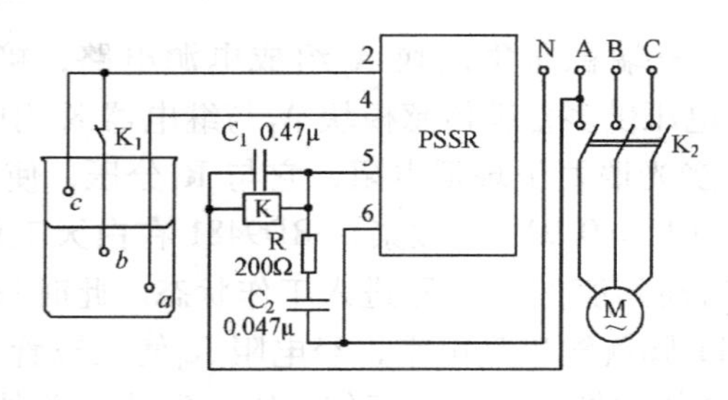

图 5.7.1　液面控制自动开关电路

5.7.1　电路原理

液面控制自动开关的电路如图 5.7.1 所示，电路的核心是一块 PSSR 参数固态继电器。

参数固态继电器 PSSR 的工作特性按照驱动功率可分为正功率驱动、负功率驱动及无源功率驱动模式等几种，本电路属于无源功率驱动模式。在无源功率驱动条件下，其控制端 1、2、3、4 脚与输出端 5、6 脚的关系为：当控制端 3、4 脚间的输入阻抗 $Z_{34} < Z_B$时，输出端 5、6 脚间的阻抗极大，压降（U_{56}）接近 220V，即参数固态继电器 PSSR 关断；当控制端 3、4 脚间的输入阻抗 $Z_{34} > Z_C$时，输出端 5、6 脚间的阻抗极小，压降（U_{56}）接近 0V，即参数固态继电器 PSSR 开通；当控制端 3、4 脚间的输入阻抗 Z_{34}介于 Z_B与 Z_C之间时，输出端 5、6 脚间的压降（U_{56}）与 Z_{34}成线性关系。当控制端 2、4 脚间处于高阻抗值时，输出端 5、6 脚为低阻抗，即 PSSR 开通；当控制端 2、4 脚间处于低阻抗值时，输出端 5、6 脚为高阻抗，即 PSSR 关断。当采用 2、4 脚高无源阻抗控制端时，其 Z_0值（几十千欧）要大于采用 3、4 脚低无源阻抗控制端时的 Z_0值（几千欧），这更有利于液面水位控制。

如图 5.7.1 所示，当液面水位低于 b 时，此时控制输入端 2、4 脚间断开，为高阻抗，远大于 Z_0，所以输出端 5、6 脚间为低阻抗，即 PSSR 开通，交流接触器 K 动作吸合，K_2闭合，三相电动机通电工作，带动水泵注水，使液面不断上升。与此同时，交流接触器里的常闭触点 K_1跳开，所以水位升到 b 点，水泵仍继续注水，直至水位升至 c 点时，PSSR 的 2、4 脚被 a、c 点的水电阻所短接，由于水电阻远小于 Z_0，PSSR 输出端 5、6 脚间为高阻抗，即 PSSR 关断，K 失电释放，K_2打开，电动机停转，水泵停止供水，同时 K_1也复位闭合。由于 K_1的存在，当用户用水时使水位下降，虽然水位低于 c 点，但因 a、b 点的水电阻跨接在 PSSR 的 2、4 脚间，所以电动机不会启动，必须待水位降至 b 点才会启动电动机向水池里注水。所以水池里的水位始终能控制并保持在 b、c 点之间。电阻 R 与电容 C_2组成吸收回路，用来保护参数固态继电器 PSSR。C_1是交流接触器 K 的校正电容，使电路工作更加可靠。

5.7.2 元器件选择与制作

PSSR 采用成都 776 电子仪表厂生产的 JCG-1A/220V 型参数固态继电器，该参数固态继电器供电电压为 220V，5、6 脚与交流接触器串联后直接并接在三相交流电 A、B、C 三根相线中的任一根与零线 N 之间（图 5.7.1 所示为 A 相与零线 N 之间）。M 为小型三相交流电驱动的水泵，如果采用功率较大的水泵，则 PSSR 的电流容量也要相应加大，如采用 3A、5A 或更大的参数固态继电器。K 为 CJ10-20/220V 型交流接触器，R 为 5W 线绕电阻器，C_1、C_2要求采用 CBB-630V 优质聚丙烯电容器。

5.8 实例 31：声光控制延时开关电路的设计与制作

本设计制作可代替住宅小区楼道里的开关，天黑有人走过楼梯时，脚步声或其他声音会使楼道灯自动点亮，提供照明，当人们进入家门或走出公寓，楼道灯延时几分钟后会自动熄灭。在白天，即使有声音，楼道灯也不会亮，可以达到节能的目的。声光控制延时开关不仅适用于住宅区的楼道，而且也适用于工厂、办公楼、教学楼等公共场所，它具有体积小、外形美观、制作容易、工作可靠等优点，适合广大电子爱好者自制。

5.8.1 工作原理

声光控制延时开关的电路原理如图 5.8.1 所示。电路中的主要元器件是数字集成电路 CD4011，其内部含有 4 个独立的与非门 D_1 ～ D_4，电路结构简单，可靠性高。

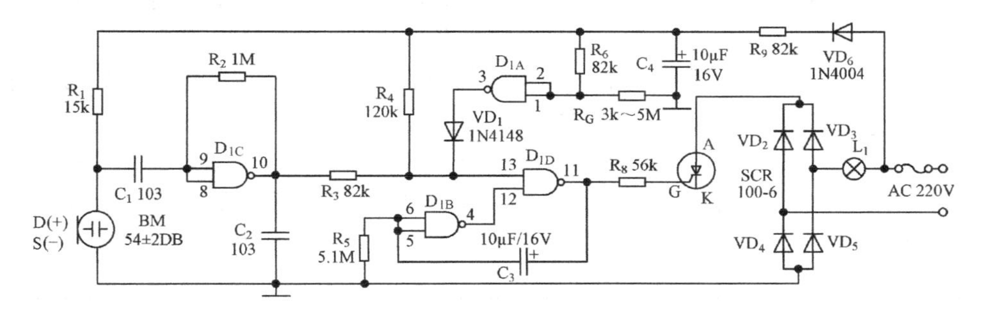

图 5.8.1 声光控制延时开关电路原理图

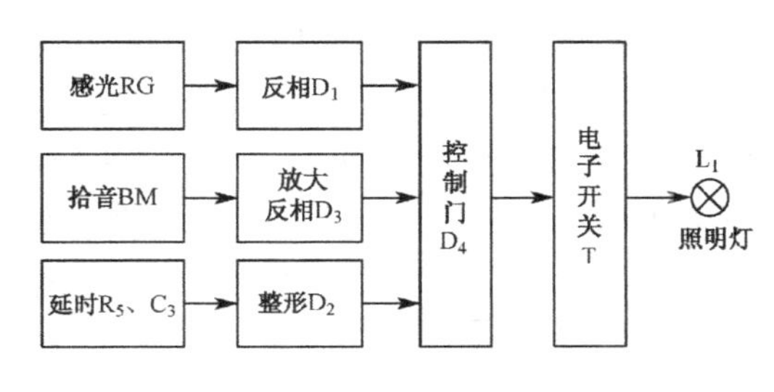

图 5.8.2 声光控制延时开关方框图

声光控制延时开关用声音来控制开关的“开启”，若干分钟后延时开关“自动关闭”。因此，整个电路的功能就是将声音信号处理后，变为电子开关的开关动作。明确了电路的信号流向以后，即可依据主要元器件将电路划分为若干个单元，由此可画出图 5.8.2 所示的方框图。

结合图 5.8.2 来分析图 5.8.1。声音信号（脚步声、掌声等）由驻极体话筒 BM 接收并转换成电信号，经 C_1耦合到 D_3进行电压放大，

与非门 D_3此时是一个放大电路，放大的信号送到 R_3的一端，R_3、R_4构成分压电路，并接到控制门 D_4的 13 脚，作为声控信号。当有声音信号时，IC 的 10 脚为高电平“1”，则 R_3、R_4的中间分压为低电平“0”，即控制门 D_4的 13 脚为低电平。

为了使声光控制开关在白天断开，由光敏电阻 R_G等元件组成光控电路，R_6和 R_G组成串联分压电路，夜晚无环境光时，光敏电阻的阻值很大，R_G两端的电压高，则与非门 D_1的 1 脚为高电平“1”，通过与非门 01 则为低电平“0”。再通过二极管 VD_1输入到控制门 D_4的 13 脚，也为低电平“0”。使声光控制电路工作具备了光控条件。白天光较强的环境使 R_G的阻值很小，R_G两端的电压几乎为 0，即为低电平“0”，则与非门 D_1的 1 脚为低电平“0”，使声光控制电路不具备光控条件，电子开关处于断开状态。

在夜晚，同时又有外界声音信号时，控制门（与非门）D_4的输入端有一端为低电平“0”，输出为高电平“1”，使单向晶闸管导通，电子开关闭合；同时给 C_3充电，C_3和 R_5构成延时电路，延时时间 $T=2\pi R_5C_3$，改变 R_5或 C_3的值，可改变延时时间，满足不同的延时要求，C_3充满电后只向 R_5放电，当放电到一定电平时，与非门 D_2的输入端 5、6 脚为低电平，输出为高电平，与非门的 12 脚为高电平“1”。同时没有声音信号时与非门的 13 脚也为高电平“1”，与非门 D_4的两个输入端为高电平，则它的输出为低电平“0”，使单向晶闸管截止，电子开关断开，完成一次完整的电子开关由开到关的过程。

二极管 VD_2～VD_5将交流 220V 电压进行桥式整流，变成脉动直流电，又经 R_9降压，C_4滤波后即为电路的直流电源，为 BM、IC 等供电。

5.8.2 元器件选择

IC 选用 CMOS 数字集成电路 CD4011，CD4011 有 4 个独立的与非门电路，内部功能见图 5.8.3，V_{SS}是电源的负极，V_{DD}是电源的正极。晶闸管 T 选用 1A/400V 的进口单向晶闸管 100-6 型，若负载电流大可选用 3A、6A、10A 规格的单向晶闸管，它的测量方法是：用 $R\times1$ 挡，将红表笔接晶闸管的负极，黑表笔接正极，这时表无读数，然后用黑表笔触一下控制极 K，这时表有读数，黑表笔马上离开，此时若表仍有读数（注意触控制极时正、负表笔是始终连接的）说明该晶闸管是完好的。

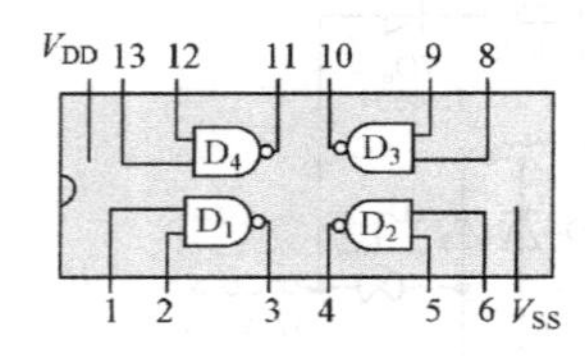

图 5.8.3　CD4011 功能及引脚图

驻极体选用的是一般收录机用的小话筒，它的测量方法是：用 $R\times100$ 挡将红表笔接外壳的 S、黑表笔接 D，这时用嘴对着驻极体吹气，若表针有摆动说明该驻极体完好，摆动越大表明灵敏度越高。光敏电阻选用的是 625A 型，有光照射时电阻值为 20kΩ 以下，无光时电阻值大于 100MΩ，说明该元件是完好的。二极管采用普通的整流二极管 1N4001 ～ 1N4007。总之，元件的选择可灵活掌握，参数可在一定范围内选用。元器件清单如表 5.8.1 所示，其他元件按图 5.8.1 所示选用即可。

表 5.8.1　声光控制延时开关元器件清单

序　号	名　称	型号规格	位　号	数　量
1	集成芯片	TCD4011	IC	1
2	拾音器	54 ±2DB	BM	1
3	二极管	1N4148	VD_1	1

续表

序　　号	名　　称	型号规格	位　　号	数　　量
4	二极管	1N4004	VD_2～VD_6	5
5	电解电容	10μF/16V	C_3、C_4	2
6	瓷片电容	103	C_1、C_2	2
7	电阻	82kΩ	R_3、R_6、R_9	3
8	电阻	56kΩ	R_8	1
9	电阻	120kΩ	R_4	1
10	电阻	5.1MΩ	R_5	1
11	电阻	1MΩ	R_2	1
12	电阻	15kΩ	R_1	1
13	单向晶闸管	100-6	SCR	1
14	光敏电阻器	3kΩ～5MΩ	R_G	1

5.8.3 制作与调试

对照元器件清单购买电子元器件后，首先用万用表粗略地测量一下各元器件，做到心中有数。

焊接时注意先焊接无极性的阻容元件，电阻采用卧装，电容采用直立装，紧贴电路板，焊接有极性的元件如电解电容、话筒、整流二极管、三极管、单向晶闸管等时千万不要装反，注意极性的正确，否则电路不能正常工作甚至会烧毁元器件。

调试前，先将焊好的电路板对照电路图认真核对一遍，不要有错焊、漏焊、短路等现象发生。

本电路调试时请先将光敏电阻的光挡住，将 AB 分别接在电灯的开关位上，用手轻拍驻极体，这时灯应亮，若用光照射光敏电阻，再用手重拍驻极体，这时灯不亮，说明光敏电阻完好，制作成功。若不成功请仔细检查有无虚假错焊和拖锡短路现象。

5.9 实例32：八段触摸电子开关

该电子开关具有电路结构简单、造价低、工作性能稳定可靠、调节范围宽、耗电少等特点，可与普通的电灯、电风扇、电热器具等家电配接，实现调光、调速、调温（火力调节）等功能，使用方便灵活。

5.9.1 工作原理

电路原理如图 5.9.1 所示，其核心部分的 IC 是一块数字计数器 4017，当在其时钟输入端连续输入脉冲信号时（上升沿有效），其 10 个输出端将依次由低电平跳变到高电平各一次，初始状态为 Q_0输出高电平，输入一个脉冲变为 Q_1输出高电平，依次类推。至第 9 个脉冲输入时 Q_9变为高电平，因为 Q_0与 IC 的复位端 R 直接相连，此时电路将自行复位回到初始状态，如此循环。

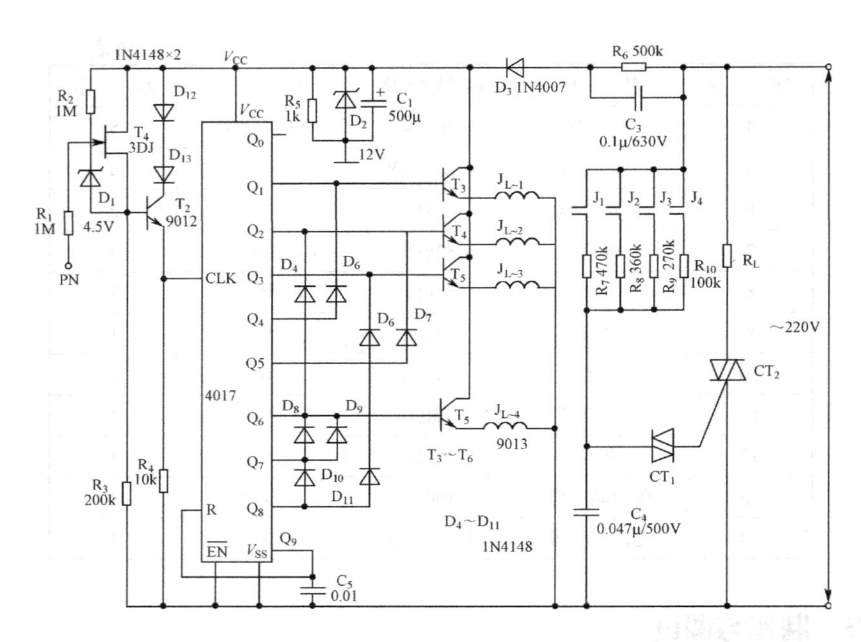

图 5.9.1　八段触摸电子开关电路原理图

时钟信号由接在 IC 的时钟输入端 CLK 的 T_1、T_2 等组成的触摸开关电路产生，平时 PN 端悬空，T_1 栅极经电阻 R_2 获得正向偏压，D-S 间呈低电阻，电压降小于 2V，T_2 截止，IC 的 CLK 端为低电平。当用手触摸 PN 端时，T_1 因栅极偏压大大降低而呈高电阻，两端压降大于 2V，T_2 导通使 R_4 两端压降剧增，IC 的 CLK 端由低电平变为高电平，供 IC 计数。每触摸一次 PN 端，IC 计数一个脉冲从而决定其 10 个输出端的状态。10 个输出端与二极管 D_4～D_{11}、三极管 T_3～T_6 及晶闸管 CT_2 等组合成八级递增开关，通过改变晶闸管 CT_2 的导通角，可在负载 R_L 得到不同的输出电压，从而改变电功率。电阻 R_5、R_6 和二极管 D_2、D_3 等组成直流供电电路，由电网直接降压获得 12V 直流电源。

5.9.2　元器件选择

IC 可用 CC、CD4017 等，考虑维修方便最好用插座安装，D_1、D_2 为稳压二极管，电压参数如图 5.9.1 所示，D_3 用 1N4148，T_1 用 3DJ6 或 3DJ7 场效应管，电阻 R_5 用 1/2W 的碳膜电阻。电容 C_3、C_4 的耐压应大于 400V，容量可稍有出入，C_2 用电解电容，耐压为 16V 即可，CT_1 用任一种触发二极管，CT_2 根据负载电流选择，耐压也应大于 400V，干簧继电器 J_{L-1}～J_{L-4} 用市售干簧管自制，方法是做一个刚好能套入干簧管的小纸筒，在上面用 ϕ0.06～ϕ0.09mm 的漆包线紧绕 500 匝左右，并用腊固封即成。

5.9.3　安装调试

自行设计一块印制电路板，焊上全部元件，IC 用插座，T_1 放在最后焊接，也可将 T_1、T_2 空着，确认 IC 及后面电路工作正常后再焊上。方法是在 T_2 位置用一常开按钮接上，R_L 用一白炽灯接好，按动按钮看白炽灯是否按“灭→弱光→八段逐级递增→强光→灭”的顺序变化，若是则这部分电路工作已正常。一般只要元件无问题，这部分电路不经调试便能工作。然后接上 T_1、T_2，测 T_2 基极对 V_{CC} 端电压应在 2V 以下，否则为 T_1 性能不良，这时可先不作更换，用手触摸 PN 端并用电压表监视 T_1 漏极与源极之间的压降，看是否变化，只要能够变化就不必更换 T_1，而只需在 T_2 的发射极上多串一只 1N4148，或根据手不触摸 PN 端时 T_1 的 D-S 间压降，减去 0.7V 选取一稳压二极管代替 D_{12} 和 D_{13}。使 T_2 能在不触摸 PN 时截止、触摸 PN 时导通即可。若监视电压不变或变化微弱而稳压二极管 D_1 及电路连接确认是好的，则是 T_1 的性能不良，必须予以更换。只要保证 T_1 的性能良好，电路连接无误，一般只需稍作调整，电路便能正常工作。

5.10 实例33：音阶声控开关

声控开关的种类很多，但大多数声控开关都存在灵敏度低、响应频率范围大的缺点。在最好的情况下，响应频宽达几百赫兹。本节介绍的音阶声控开关只对单音宽度内的窄带（对 440Hz 的乐音 A 为 50Hz）做出响应。

也就是说，只有频率落在所选频率半音之内的声音，才能控制这个开关。在理论上，比所选频带超出 1Hz 的声音，都对开关不起控制作用。这种声控开关很灵敏，40m 外的笛声也能控制开关动作。

本制作还增设了一个小型滑动开关，称为“旁路”开关。这个开关被接通时，音阶声控开关就变成普通的声控开关，即响应整个音频频谱。

5.10.1 工作原理

音阶声控开关原理方框图如图 5.10.1 所示，其电路图如图 5.10.2 所示。它的核心设计思想是从整个音频频谱中选取特定的频率，并在这个频率的控制下接通开关。

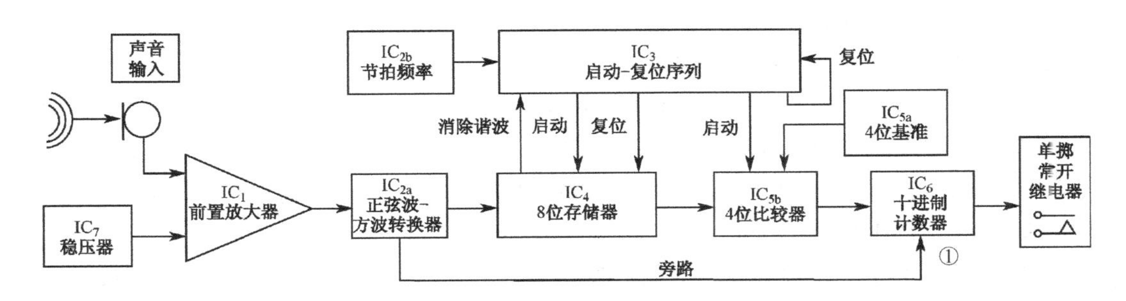

图 5.10.1 音阶声控开关原理方框图

用标准的音频带通滤波器来选频是不可取的。原因之一是一个滤波器不容易在整个音频范围内被调节到可选任何频率；原因之二是笛声强度和距离的变化会引起输入信号幅度变化不定，使滤波器难以稳定工作。因此，本设计采用数字方式来选频。

微音器把声音信号转变为电信号，经 IC_{1a} 反相放大和 IC_{1b} 同相放大。IC_{2a} 被接成施密特触发器，把 IC_1 输出的正弦波变为方波，送到 IC_4 作为时钟输入。

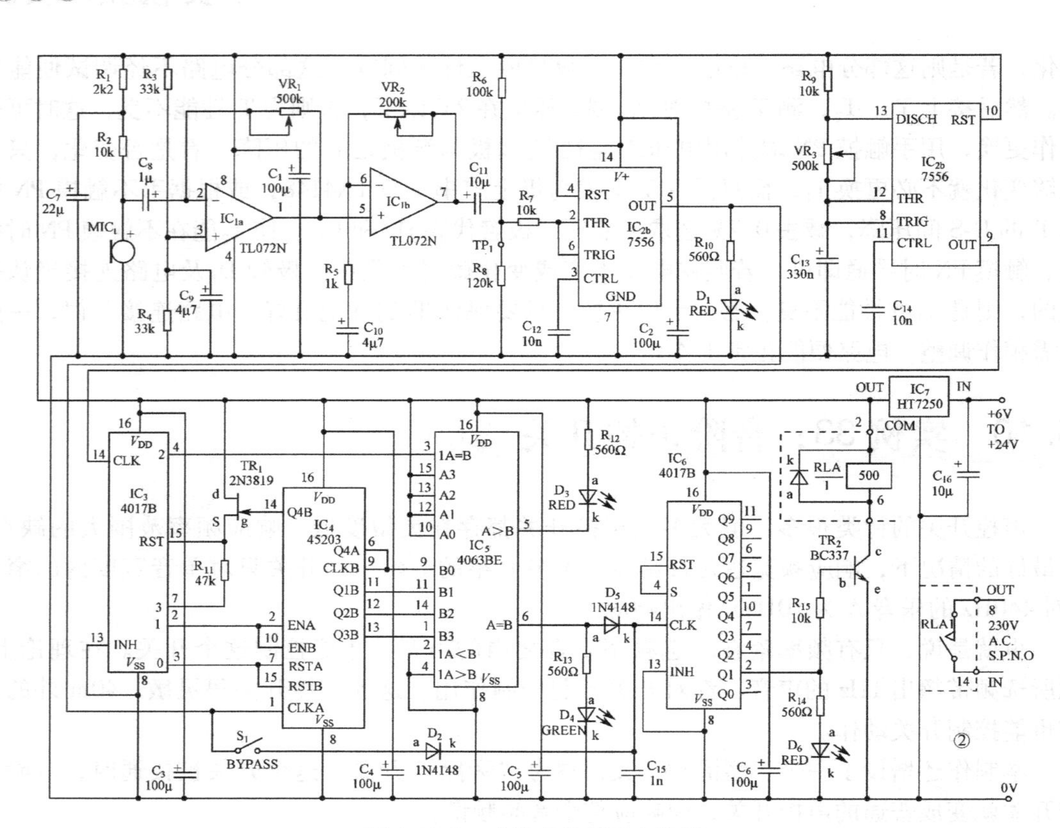

图 5.10.2　音阶声控开关电路图

IC_4是双二进制 4 位计数器，被连接成一个二进制 8 位计数器。它是在IC_3的控制下进行计数的。IC_3是一个十进制计数器，其时钟输入来自振荡器IC_{2b}。IC_3的“1”输出端变为高电平时，IC_4进行计数。IC_4的输出端 Q4A ～ Q3B 被送到 4 位比较器IC_5的输入端 B0 ～ B3。当计数器IC_4的最高位即输出端 Q4B 变为高电平时，它通过TR_1使IC_3复位，于是IC_4停止计数，此后再输入的所有声音被立即取消。

IC_5的 A 输入端（10、12、13、15 脚）都接到高电平，相当于二进制数“1111”，用作比较基准。当输入信号频率使IC_5的 B 输入端（9、11、14、1 脚）也为二进制数“1111”时，IC_5的输出端 6 脚变为高电平，使十进制计数器IC_6计数，其输出端Q_1输出高电平，TR_2导通，继电器 RLA 吸合。

（1）在整个电路中使用了多个退耦电容C_1～C_6，这对于改进电路的稳定性和灵敏度非常重要。微音器的偏置电路R_1、R_2和C_7用于稳定微音器的输出信号。

（2）前置放大器IC_1用来把很小的模拟信号放大到足以驱动数字电路。VR_1和VR_2电位器用于调节放大器的增益，增益可调范围为 1 ～ 100 000 倍。

（3）IC_{2a}是双定时器 7556 的一半，在这里被接成施密特触发器。这是定时器的罕见用法，用作高性能正弦波－方波转换器。电阻R_6和R_8为IC_{2a}的输入端 2 脚和 6 脚提供偏置，使静态偏压稍高于电源电压的一半。

电阻R_7串接在输入回路中，以防止 7556 的开关动作对输入信号产生不良影响。IC_{2a}的 5 脚输出方波。

（4）IC_{2b}是双定时器7556的另一半，被接成振荡器，为IC_3提供节拍时钟，其频率f取决于定时元件R_9、VR_3和C_{13}，计算公式如下：

$$f=\frac{1.46}{(R_9+VR_3)C_{13}}\times 16(\mathrm{Hz}) \tag{5.10.1}$$

（5）振荡器IC_{2b}和十进制计数器IC_3共同决定二进制计数器在多长的时间内（t）接收时钟脉冲，而在其他时间内不接收时钟脉冲。

这个时间t的计算公式如下：

$$t=\frac{128}{f}(\mathrm{s}) \tag{5.10.2}$$

通过计算可以知道，这个声控开关“收听”笛声的时间t大约为0.1s。

（6）在本设计中，IC_4的Q4A、Q1B、Q2B和Q3B被接至IC_5的B输入端，这相当于被取样的输入脉冲个数为128。从理论上说，IC_4各输出端的任何组合都可以被选接到IC_5的B输入端，比如选择Q1A～Q4A。但这时被取样的输入脉冲个数减少到16个，而不是128个。取样数少的一个缺点是容易发生误触发。

在噪声严重的环境中，会产生一些以假乱真的声音。由于本电路无法区分正常的数字信号流和虚假的数字信号流，只要在指定的频率下（在一定的时间间隔里）脉冲个数符合要求，声控开关即动作，所以取样的脉冲个数越多，误判的可能性就越小。

图5.10.3表明取样个数少就容易产生误触发。

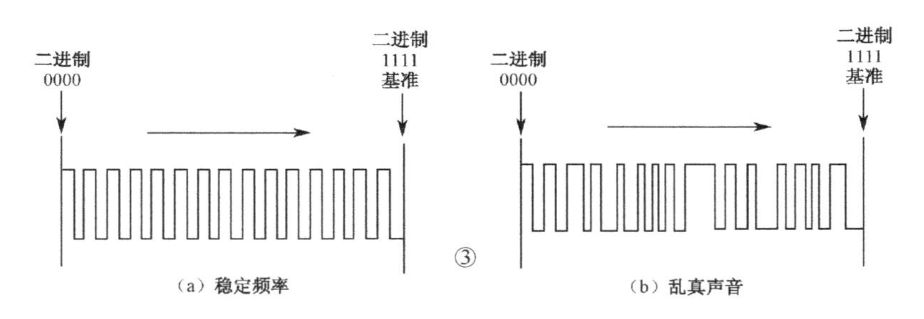

图5.10.3　取样个数与误触发

（7）之所以在输出部分选用十进制计数器IC_6，是为了给电路增加灵活性。10个输出端可以依次输出信号去控制不同的开关，于是一个音阶声控开关电路就可以顺序指挥被控对象（船模、小车等）前进、后退、右转、左转和停止。

如果想增加受控开关，可按图5.10.4所示增加三极管和继电器，这些新增元件应另装在一块印制板上。此时还要改接IC_6的复位线，IC_6的开关顺序是自上（输出0）而下（输出9）。复位线应接到所需开关序列结束对应的输出端。

在图5.10.4中，IC_6（15脚）的复位线不再连接到4脚（输出2），而改接到10脚（输出4），于是接到7脚的附加开关就可以受控。IC_6（14脚）的时钟输入端接了一个小电容C_{15}，其作用是在时钟脉冲到达时保持14脚为高电平，防止在一个声音输入时IC_6多计时钟。

（8）如果想用超声波来控制这个声控开关，除了改用超声传感器之外，输入电路也应改变。接收超声波时的输入电路改动如图5.10.5所示。

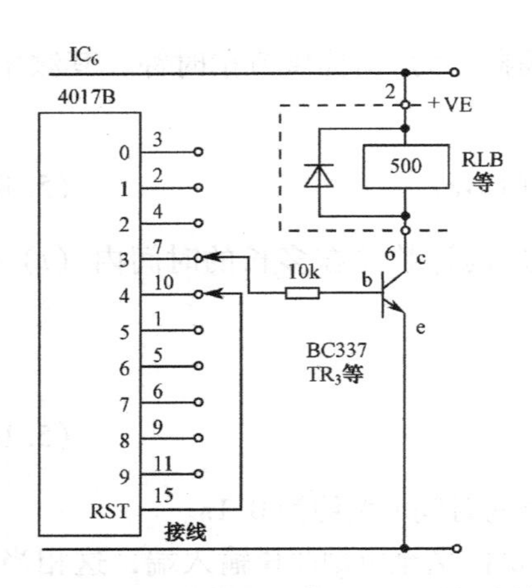

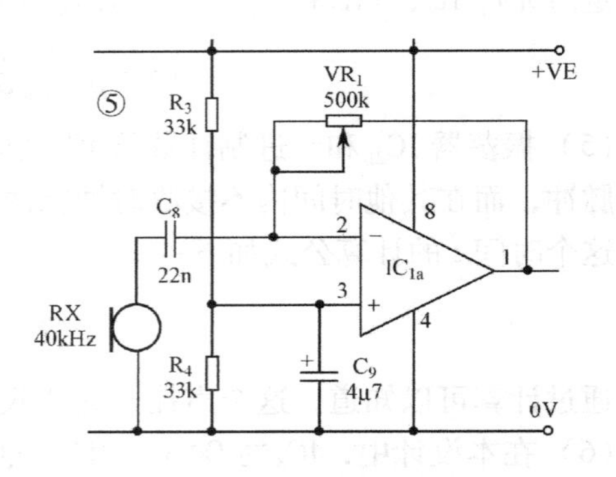

图 5.10.4　增加三极管和继电器的连接　　　　图 5.10.5　改用超声波控制的连接

（9）电路中各个发光二极管的作用如下：D_1亮说明数字流已到达IC_4的时钟输入端1脚，D_4亮说明已检测到所选的频率，D_3亮说明接收到的频率等于或高于所选的频率，D_6亮说明TR_2导通，继电器吸合。

5.10.2　制作

制作所用的元器件清单如表5.10.1所示。IC_2一定要选用低功耗的7556双定时器，以确保电路的微功耗。按照设计，此电路在待机时只消耗不足4mA的电流，在继电器被触发时功耗约30mA。电解电容要选用直径最小的小型化电容。

表 5.10.1　元器件清单

电阻	R_1 R_2，R_7，R_9，R_{15} R_3，R_4 R_5 R_6 R_8 R_{10}，R_{12}，R_{13}，R_{14} R_{11}	2k2 10k（4个） 33k（2个） 1k 100k 120k 560Ω（4个） 47k	所有电阻均为0.25W、5%碳膜电阻
电位器	VR_1，VR_3 VR_2	500k单圈金属陶瓷（2个） 200k单圈金属陶瓷	
电容	C_1～C_6 C_7 C_8 C_9，C_{10} C_{11} C_{12}，C_{14} C_{13} C_{15} C_{16}	100μ超小型圆柱形电解电容，6.3V（6个） 22μ超小型圆柱形电解电容，6.3V 1μ超小型圆柱形电解电容，6.3V 4μ7超小型圆柱形电解电容，6.3V（2个） 10μ超小型圆柱形电解电容，6.3V 10n极板浸树脂的陶瓷电容（2个） 330n涂覆树脂的铝电解电容 1n极板浸树脂的陶瓷电容 10μ超小型圆柱形电解电容，25V	

续表

类别	元件	说明
半导体器件	D_1，D_3，D_6	3mm 红色发光二极管（3 个）
	D_2，D_5	1N4148（2 个）
	D_4	3mm 绿色发光二极管
	TR_1	2N3819 N 沟结型场效应晶体管
	TR_2	BC337 NPN 中功率
	IC_1	TL072CN 低噪声双运放
	IC_2	ICM7556 低功耗双定时器
	IC_3，IC_6	4017B 十进制计数器
	IC_4	4520B 双 4 位二进制计数器
	IC_5	4063 4 位比较器
	IC_7	HT7250 5V 低压差稳压器
其他	S_1	单刀双掷超小型滑动开关，竖装
	RLA	5V、500Ω 线圈的小型继电器，其单刀常开触点可通断 240V AC
	MIC_1	超小型全方位驻极微音器

制作时为避免短路，建议使用带护套的导线作为跨接线。接着按照集成电路插座、电阻、电位器、继电器、二极管、电容、微音器、开关 S_1 的顺序安装。在焊好稳压器 IC_7 后，检查 IC_7 是否输出正确的 5V 电压。如果是，再插入集成电路 IC_1 ～ IC_6。

应注意，所用的继电器内含防反冲的保护二极管。若不用这种特殊继电器，应在继电器线圈两端并接一个二极管，如 1N4148。

5.11 实例 34：555 定时器触摸延时开关

5.11.1 双键触摸开关

图 5.11.1 所示是采用 555 时基电路制作的双键触摸开关。图中 M_1 是“开”触摸片，当人手触碰时，人体感应的杂波信号加到时基电路的低电平触发端 IC 的 2 脚，电路置位，3 脚输出高电平，继电器 K 得电吸合，其常开触点闭合，被控电器通电工作。M_2 为“关”触摸片，一旦触碰，人体感应的杂波信号加到 555 的阈值端 IC 的 6 脚，电路复位，3 脚输出低电平，继电器失电跳闸，被控电器停止工作。

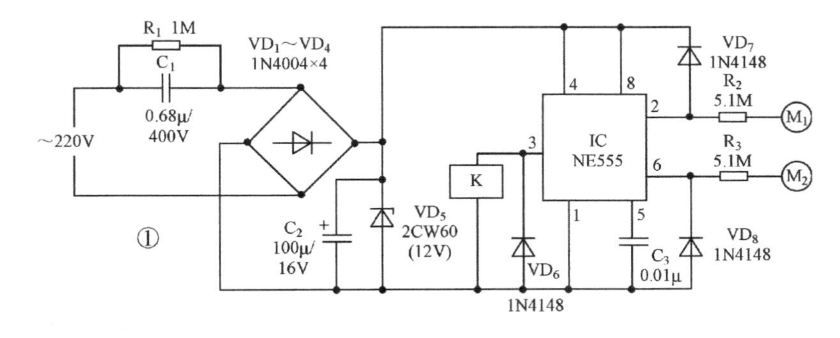

图 5.11.1　采用 555 时基电路制作的双键触摸开关

5.11.2 单键触摸延时开关

图 5.11.2 所示是采用 555 时基电路制作的单键触摸延时开关。图中 555 集成块接成单稳态触发器，平时处于复位状态，继电器 K 不动作。当 M 受到触摸时，电路被触发进入暂态，3 脚输出高电平，继电器 K 吸合，被控电器工作。暂态时间 $t = 1.1R_2C_4$，暂态时间结束，电路翻转成稳态，继电器 K 释放，被控电器停止工作。

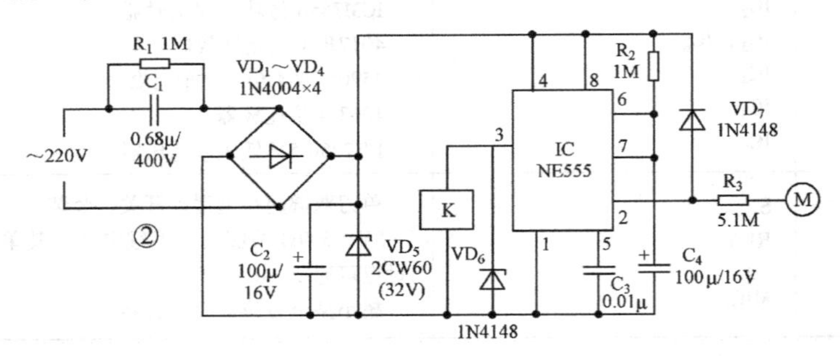

图 5.11.2 采用 555 时基电路制作的单键触摸延时开关

5.12 实例 35：双 D 触发器触摸开关

5.12.1 工作原理

图 5.12.1 所示是用双 D 触发器制作的触摸开关。CD4013 是双 D 触发器，分别接成一个单稳态电路和一个双稳态电路。单稳态电路的作用是对触摸信号进行脉波宽度整形，保证每次触摸动作都可靠。双稳态电路用来驱动电晶体 Q_1 的开通或关闭，进而控制继电器。

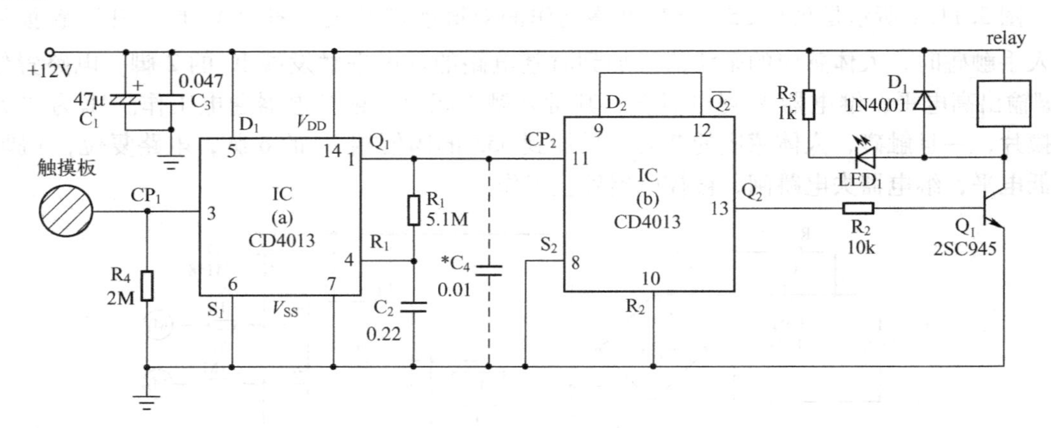

图 5.12.1 双 D 触发器触摸开关

M 为触摸电极片，手指摸一下 M，人体泄漏的交流电在 R_4 上的压降，其正半周信号进入 IC_1 的第 3 脚即单稳态电路的 CP 端，使单稳态电路反转进入暂态，其输出端 Q 即 1 脚由原来的低电位跳变为高电位，此高电位经 R_1 向 C_2 充电，使 4 脚即 R_1 端的电位上升，当上升到复位（Reset）电位时，单稳态电路复位，1 脚恢复低电位。所以每触摸一次电极片 M，1 脚就输出一个固定宽度的正脉波。此正脉波将直接加到 11 脚即双稳态电路的 CP 端，使双稳态电路反转一次，其输出端 Q 即 13 脚电位就改变一次。当 13 脚为高电位时，Q_1 的基极通过 R_2 获得正向电流而开通，使继电器动作。由此可见，每触摸一次电极片 M，就能实现继电器“开”或“关”的动作，它对外也仅有两根引出线，故安装与使用都十分方便。

5.12.2 元器件选择与制作

双 D 触发器触摸开关选用元器件如表 5.12.1 所示。

表 5.12.1 双 D 触发器触摸开关元器件清单

序 号	名 称	型号规格	位 号	序 号	名 称	型号规格	位 号
1	电阻	5.1M	R_1	8	电容	47μ/25V	C_1
2	电阻	10k	R_2	9	电容	224	C_2
3	电阻	1k	R_3	10	电容	473	C_3
4	电阻	2M/2.7M	R_4	11	电容	103	C_4
5	二极管	1N4001	D_1	12	三极管	2SC945	Q_1
6	双 D 触发器	CD4013	IC_1	13	继电器	12V-5～10A	RY_1
7	Touch pad	电极片					

CD4013 型双 D 触发器采用 14 脚双列直插式塑封包装。Q_1 采用 CS9013 或 2SC945 等小功率 NPN 电晶体即可。

如图 5.12.2 所示为印制电路板正面，CD4013 芯片上端位置有一根跳线。

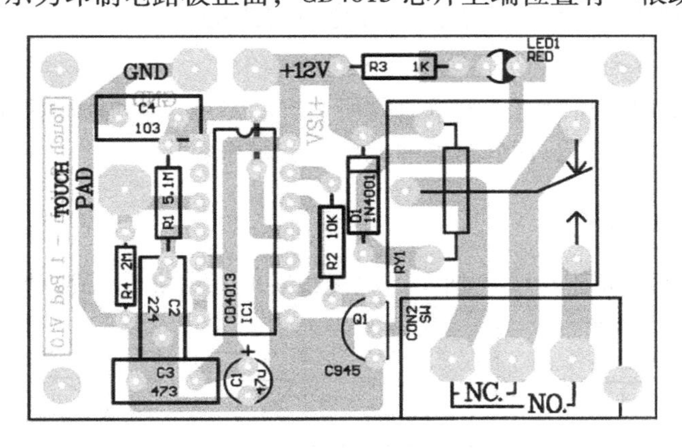

图 5.12.2 双 D 触发器触摸开关印制电路板正面

在实际制作时有几点需要注意：

（1）电源尽量以 220V 交流电经变压器降压的方式来获取 12V 的供电，若使用电池供电，有时会有不能触发的情形，研判可能是因为使用电池供电时，电路本身与大地并没有实际的连接，导致人体对地泄漏的交流电并未和电路的接地发生关联，所以进入触摸点的电压也跟着变小。

第5章

（2）调试时也发现有些 IC 的动作过于灵敏，时有误动作发生，所以在电路中加上 C_4。在焊接零件时先不要焊上 C_4，测试时，若发现在没有触摸到触摸片时会有动作变换（有时会发生在开关日光灯时），再把 C_4 加上去，甚至可以在触摸时电路没有动作时降低 C_4 的值，或者在有误动作时升高 C_4 的值，寻找最稳定的值。

（3）触摸点一定要接成一个触摸板，不要直接用电线来代替，因为这样与人体的接触面积太小，会影响它的灵敏度。

（4）输入对地电阻 R_4（2MΩ）也会影响灵敏度，如果发现不够灵敏，可以把 2MΩ 的电阻再加大，如 2.7MΩ、4.7MΩ 等。

如图 5.12.3 所示为印制电路板背面，安装焊接完成的实物如图 5.12.4 所示。

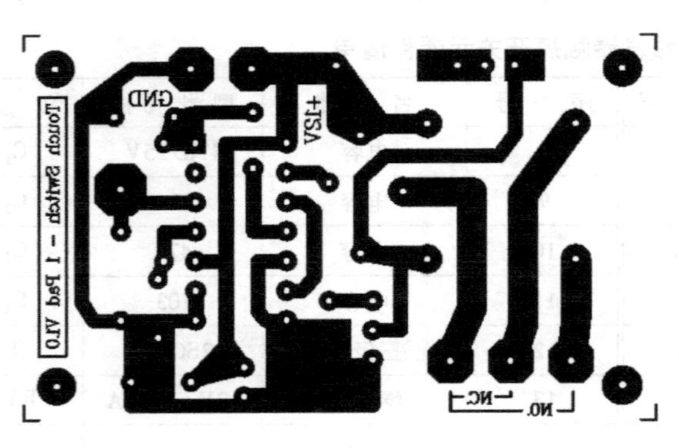

图 5.12.3　双 D 触发器触摸开关印制电路板背面

图 5.12.4　焊接完成的双 D 触发器触摸开关实物图

5.13　实例 36：专用集成电路新颖定时器

这里介绍一个采用常州微电子技术研究所生产的专用定时集成电路制作的新颖定时器，其定时范围宽，定时精度高，且电路外围元件少，制作容易。

5.13.1　电路原理

新颖定时器的电路如图 5.13.1 所示，电路由定时专用集成电路 YH2902A 和晶闸管开关

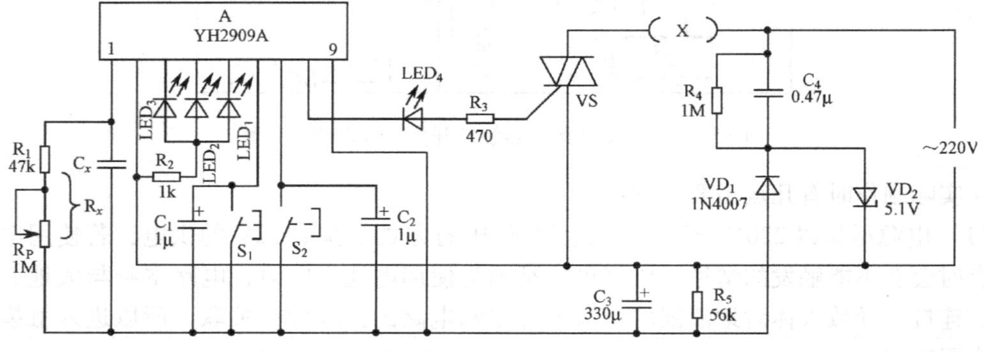

图 5.13.1　采用专用集成电路制作的新颖定时器

电路等部分组成。YH2902A 型集成电路采用单列 9 脚塑料封装，引脚间距为标准间距 2.54mm，如图 5.13.2 所示，各引脚功能见表 5.13.1。

芯片静态功耗极小，典型值为 10μA，使用电源电压范围为 3 ～ 6V。电路具有三个时间显示输出端，其定时时间之比为 1t∶3t∶6t。

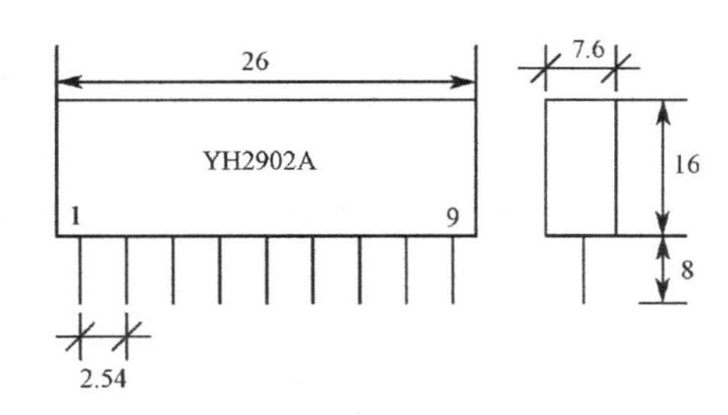

图 5.13.2 YH2902A 型集成电路封装图（单位：mm）

表 5.13.1 YH2902A 引脚功能表

序　号	名　称	功能说明
1	OSC	时基信号输入端 $f_{OSC}=1/(0.7\sim1)R_x\times C_x$
2	V_{DD}	正电源输入
3	6t	定时时间显示输出端
4	3t	定时时间显示输出端
5	1t	定时时间显示输出端
6	ON/OFF	开或关控制输入端
7	T	定时选择键，依不定时→1t→3t→6t→不定时循环变化
8	OUT	输出端，最大输出电流 25mA
9	V_{SS}	负电源输入

电路定时时间取决于集成块 1 脚的外接阻容元件 R_x 与 C_x，即定时时间输出 $1t=3\,000R_x\times C_x$。通常 R_x 可在 100kΩ ～ 1MΩ 间选用，C_x 可在 1 000pF ～ 47μF 范围内取值。按动 S_1 键，可重新设定定时时间；按动 S_2 键，可在不定时、1t、3t、6t 之间选择。

VD_1、VD_2、C_1 和 C_2 等组成简单的电容降压半波整流稳压电路，输出约 5V 直流电压供集成块 YH2902A 用电。X 为被控家用电器电源插座，LED_1 ～ LED_3 分别为 1t、3t 和 6t 定时方式显示，LED_4 为插座 X 供电指示。R_p 为定时时间调节旋钮，S_1 为定时启动按键，S_2 可选择 1t、3t 和 6t 定时方式，相应的发光二极管（LED_1 ～ LED_3）点亮指示。在定时状态 LED_4 点亮，晶闸管 VS 开通，插座 X 对外送电。定时时间一到，LED_4 熄灭，X 即停止对外送电。

5.13.2 元器件选择

A 采用 YH2902A 定时专用集成电路。VS 应根据被控电器的功率选择，若采用 MAC94A4 型小功率塑封双向晶闸管，则被控电器的功率最大可达 200W。VD_1 用 1N4007 型硅整流二极管，VD_2 用 5.1V、1/2W 稳压二极管，如 UZ-5.1B 型等。LED_1 ～ LED_4 可视各人喜爱采用红色或绿色的小型圆形发光二极管。

R_P用WH5型小型合成碳膜电位器，其余电阻均用RTX-1/8W型碳膜电阻器。C_x、C_1～C_3用CD11-16V型电解电容器，C_4要求采用耐压400V以上的电容器，如CBB型等。S_1、S_2最好采用小型轻触按键开关。

5.13.3 制作和使用

新颖定时器的印制电路板如图5.13.3所示，印制板尺寸为55mm×40mm。

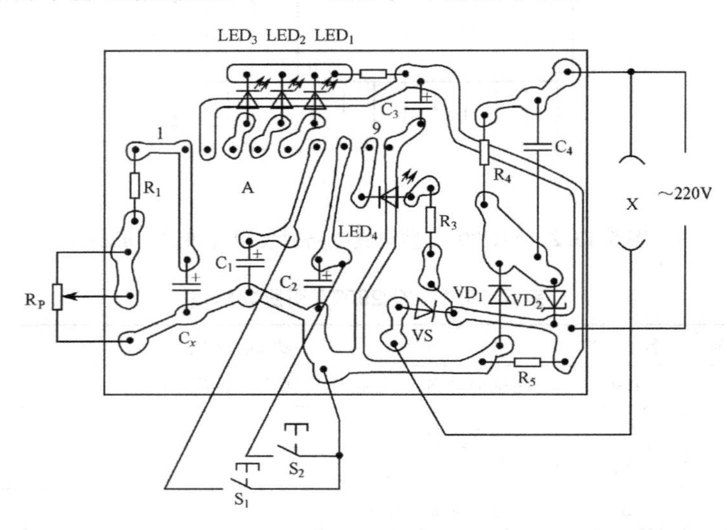

图5.13.3 新颖定时器印制电路板

由于定时器工作时电路板是带电的，所以应给定时器制作一个绝缘良好的塑料机盒，将电路机芯安放在塑料机盒内。在盒面的适当部位开置数个小孔，以便安装发光二极管与电位器R_P。本电路因采用专用定时集成电路，故电路不必作什么调试，通电后即能正常工作。

5.14 实例37：口哨开关

本节介绍一种口哨开关，它可用于遥控电器的开与关，只要会吹口哨，就可以解决问题。其实该电路形式非常简单，它采用一块集成电路，外加一些元件，即可广泛应用于许多场合。

5.14.1 电路原理

口哨开关的电路原理如图5.14.1所示。IC_1为一个口哨开关IC，其型号为UM3763。每当话筒（MIC_1）检测到口哨声音（要在一定的频率范围内）后，该开关的输出状态即翻转。一声口哨可使开关闭合，再一声口哨可使开关断开，如此循环往复。

从电路角度讲，这里的关键问题是IC_1，它只需要3V电源。通过驱动电路即可驱动12V的继电器、灯泡等。电路的电源可采用9～15V的直流电源，或采用由电源变压器次级线圈输出的交流电压经二极管D_1和电容C_1整流后的电源。

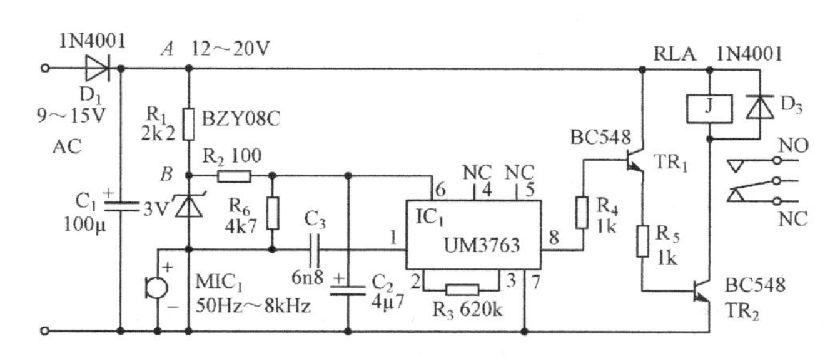

图 5.14.1 口哨开关电路原理图

图 5.14.1 中的电阻 R_1为齐纳二极管提供一个合适的工作电流，以使 D_2能形成一个 3V 电压。电路中的 *A* 点可输入 12 ～ 20V 的电压，而在 *B* 点应该正好为 3V。

A 点的电压可用来对继电器或灯泡供电，而 *B* 点的电压可用来为 IC_1口哨开关 IC 供电。图中的“声音”传感器是一个驻极体式话筒（MIC_1），其响应频带为 50Hz ～ 8kHz。IC_1引脚 8 的输出信号通过 R_4驱动晶体管 TR_1和 TR_2，以便带动 12V 继电器或灯泡。但如果负载要求的驱动电流大于 60mA，则必须换成更大功率的晶体管，如 BFY50 或 BFY51，其最大电流可达 1A。

5.14.2 制作

口哨开关的电路是制作在一块单面敷铜板上的，如图 5.14.2 所示。在焊接各个元件之前，请先检查一下线路板上各条走线是否有短路或开路等现象存在。如果一切正常，则可以开始焊接。可先焊上二极管，但一定要注意极性。在焊接齐纳二极管时千万要小心，不要使其因为焊接过程中温度过高等因素而损坏。接着焊接电容，注意 C_1 和 C_2 的极性。然后再焊上 6 个电阻、2 个晶体管和 1 个 8 脚的 IC 插座。最后在相关焊点上焊上导线并与继电器 RLA 相连。在仔细检查电路板无误的情况下，即可通电试板（请先不要插上口哨开关芯片 IC_1）。

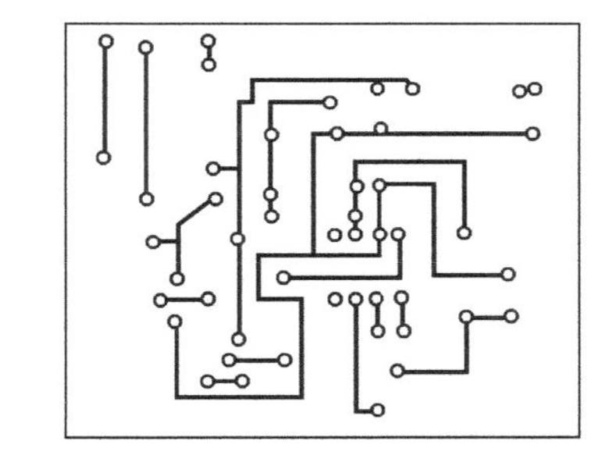

图 5.14.2 口哨开关印制电路板

5.14.3 测试

首先测试并检查 *A* 点和 *B* 点的电压是否正常。*A* 点电压的范围为 9 ～ 20V，但 *B* 点电压只能是 3V。注意，如果齐纳二极管 D_2的极性接错了，则不仅它自身难保而且还会影响 IC_1。如果一切正常，则可关闭电源，插上口哨开关芯片 IC_1，然后再打开电源，这时便可以检查和验收了。随着一声声口哨命令，可以听到继电器的闭合/断开声响。经过几次实验，便会找到一个口哨声的频率范围。

5.14.4 应用

利用这个“声控”继电器，可以控制任何想要控制的电器。可将继电器与写字台上的台灯相连，利用“口哨”即可随意控制灯亮或灯灭。当然，选用什么样的继电器与所用的负载有关，一般若采用专用继电器，开关电流最高可达 3A（AC），用以驱动电感性负载。

但如果需要带动大型设备，注意必须要将设备装在一个全封闭的接地金属盒中，并且电源必须加上适当的保险管。

5.15 实例38：触摸延时开关

在居民小区的楼道和楼梯中，还存在着不少的长明灯，这不仅浪费了大量的能源，而且也大大缩短了灯泡的使用寿命。使用触摸延时开关可以有效地解决这个问题，因此这种触摸延时开关被广泛应用于公共场所。这个电路并不复杂，它的制作也比较简单。

5.15.1 元器件准备

触摸延时开关所用的元器件如表5.15.1所示。

表5.15.1 触摸延时开关元器件清单

序　　号	规　　格
R_1	270kΩ，1/8W 碳膜电阻
R_2、R_3	100kΩ，1/8W 碳膜电阻
R_4	200kΩ，1/8W 碳膜电阻
R_5	1MΩ，1/8W 碳膜电阻
R_6、R_8	2.2MΩ，1/8W 碳膜电阻
R_7	3MΩ，1/8W 碳膜电阻
C_1	4.7μ/25V，电解电容
C_2	100μ/16V，电解电容
VD_1～VD_4	1N4004 二极管
VD_5	高亮度发光二极管
VD_6	7V 稳压二极管
VT_1～VT_3	9014 等 NPN 型三极管
VS	MCR100-8 单向晶闸管
	60mm×30mm 电路板

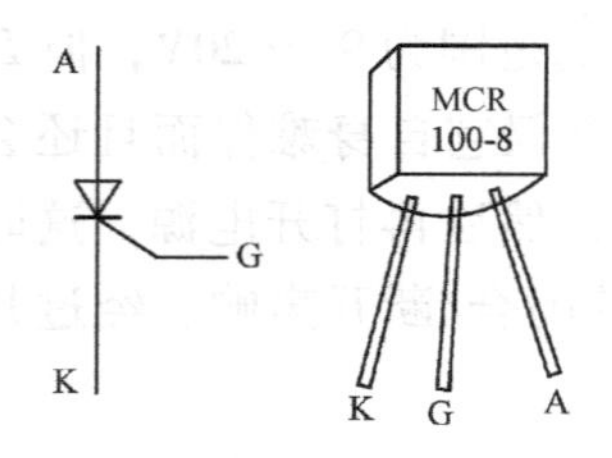

图5.15.1 单向晶闸管MCR100-8符号和实物外形

二极管VD_1～VD_4的耐压应大于400V，工作电流为1A；单向晶闸管VS的耐压也应大于400V，工作电流为1A，这样触摸延时灯的灯泡功率不超过100W。图5.15.1是MCR100-8单向晶闸管的符号和实物外形，它的封装与普通塑封管一样，其中A为阳极，K为阴极，G为控制极。此电路不能使用大功率的晶闸管，因为大功率晶闸管的触发电流较大。稳压二极管VD_6的稳压值在6～8V的范围内均可。因为电路中的工作电流很小，最好使用高亮度的发光二极管。电路中三极管的放大倍数越大越好，一般应在100倍以上。

5.15.2 电路的制作与调试

图 5.15.2 是触摸延时开关电路板安装图，图 5.15.3 是触摸延时开关的电路板元件图。安装前应仔细检查所用的元器件，确保元器件良好。认真处理好元器件的引线，对照图 5.15.4 将元器件焊到电路板上，注意单向晶闸管 VS 的引脚排列。

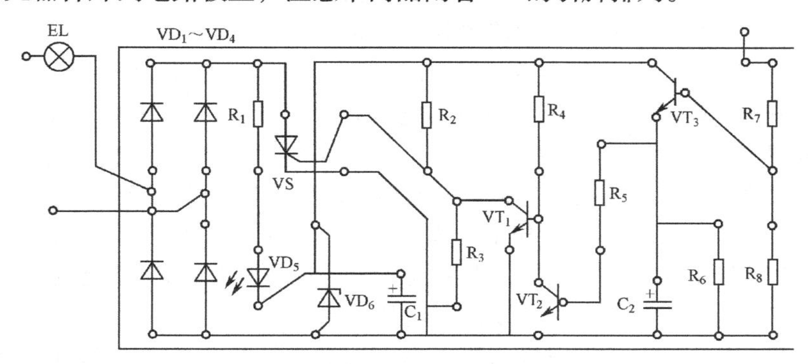

图 5.15.2 触摸延时开关电路板安装图

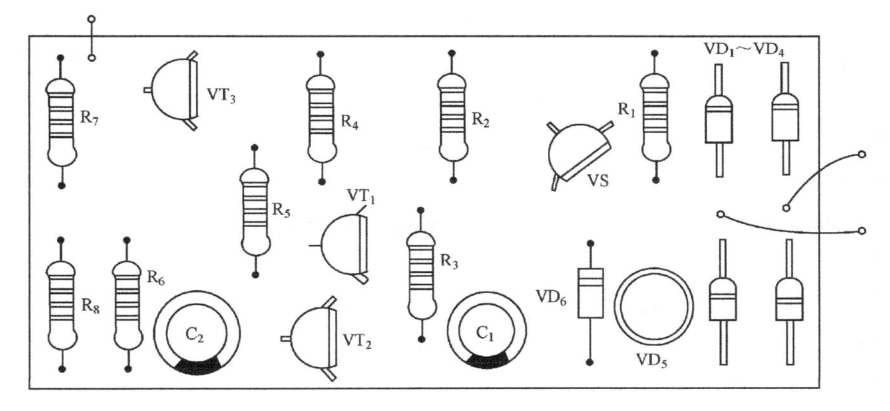

图 5.15.3 触摸延时开关电路板元件图

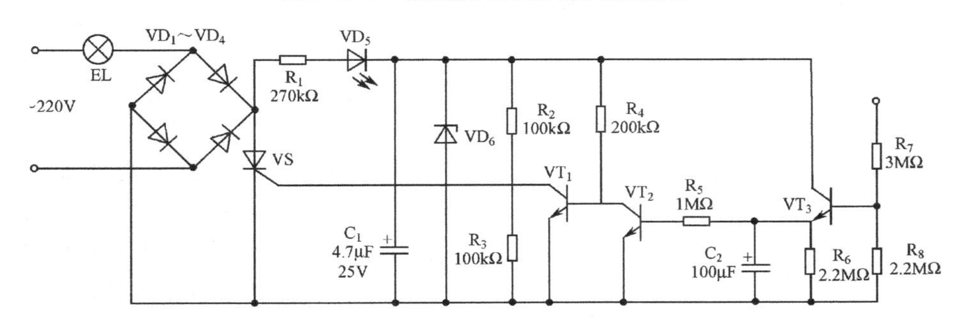

图 5.15.4 触摸延时开关电路原理图

电路装好后要仔细检查，确保无误后可通电进行试验。首先按图 5.15.4 连接一只 60W 的灯泡，然后再连接到 220V 交流电上，在试验时一定要注意安全，不能带电进行操作。一般情况下电路不需要调整就可以使用，如果认为延时时间不合适，可以改变电容器 C_2 的数值。

5.15.3 电路工作原理

图 5.15.4 是触摸延时开关的电路原理图。电路中的 4 只二极管 VD_1 ～ VD_4组成桥式整流电路，为控制电路提供了一个直流工作电压，也为单向晶闸管的工作创造了条件（因为单向晶闸管只能工作在直流电路中）。电阻器 R_1为降压电阻，C_1为滤波电容器，发光二极管 VD_5为指示灯，稳压二极管 VD_6为控制电压提供一个稳定电压。

三极管 VT_3的基极接有电阻器 R_7，它的上端是触发端，使用时要用手来接触使电路工作，为了使用安全，R_7的阻值应该大一点。电阻器 R_8接电源负极，使三极管 VT_3能稳定地工作，免受外界电波干扰。在平时，三极管 VT_3的基极为低电平，处于截止状态，这样三极管 VT_2也处于截止状态，而接在它集电极上的三极管 VT_1则处于导通状态，VT_1的集电极接近电源负极，使晶闸管得不到工作电压而截止。当有人用手触摸电路的触发端时，相当于给三极管 VT_3基极上接了一个天线。电磁波（主要是环境中 50Hz 交流电的电磁波）中的正半周信号使三极管 VT_3导通，它的发射极电压升高，接在三极管发射极上的电容器 C_2被充电。同时由于三极管 VT_3的发射极为高电平，通过电阻器 R_5使三极管 VT_2导通，而接在其集电极上的三极管 VT_1截止。这样三极管 VT_1的集电极为高电压，触发了晶闸管，使交流电路中的电流通过负载灯泡、桥式整流电路、晶闸管形成回路，灯泡发光。当使用人的手离开触发端后，由于电容器 C_2中还有存储的电荷，使三极管 VT_2可以继续导通，因此负载灯泡仍然亮着。经过十几秒至几十秒的延时后，电容器 C_2通过三极管 VT_2的基极和电阻器 R_6放电，它的电压不断下降，使它不能继续维持三极管 VT_2的导通，灯泡熄灭。如果使用人用手接触触发端的时间很短，电容器 C_2的充电时间也就很短，则电容器 C_2中的电荷也较少，它能维持三极管 VT_2的导通时间就较短。所以掌握触摸时间就可以控制灯泡所亮时间的长短。

电路中电容器 C_2的容量越大，电路可能的延时时间就越长。电阻器 R_6的大小也影响了电容器 C_2的放电时间，电阻值越小，放电时间越快，电路的延时时间就越短。

5.16 实例 39：书柜自动开关

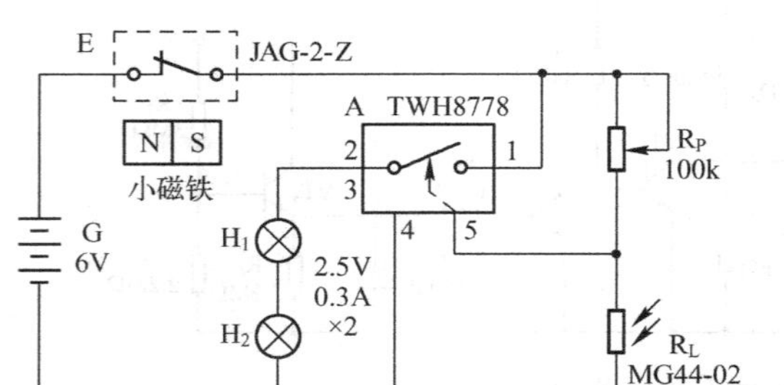

图 5.16.1 书柜自动开关电路原理图

5.16.1 工作原理

书柜自动开关电路原理图如图 5.16.1 所示。干簧管与小磁铁组成书柜门磁控开关，在平时书柜门关闭着时，E 内部触点处于断开状态，使整个电路不耗电。光敏电阻器 R_L、微调电阻器 RP 和功率开关集成电路 A 组成光控开关，在磁控开关接通的条件下，它才能得电工作。小电珠 H_1、H_2（或发光二极管）受这两个开关的双重控制，若要点亮电珠，必须两个开关都闭合；有一个开关打开，小电珠就不能发光。

白天，当打开书柜门取放书时，虽然固定在柜门上的小磁铁远离干簧管 E，使 E 内部常闭触点失去外磁力作用而依靠自身弹性接通，但因 R_L 受自然光照射呈低电阻，A 的控制端第 5 脚处于低电平（<1.6V），输入端第 1 脚与输出端第 2、3 脚之间断开，所以 H_1、H_2 无电不发光。夜晚，当打开书柜取放书时，E 仍然接通，R_L 因无强光照射而呈高电阻，A 的第 5 脚获得高电平（>1.6V），A 内部电子开关接通，H_1、H_2 得以通电发光。电路中，A 第 5 脚控制电平的高低取决于 R_P 和 R_L 对电源的分压。适当改变 R_P 的阻值，可改变同一受光条件下 R_L 两端的分压大小，从而使光控灵敏度得以调节。

5.16.2 元器件选择

A 选用 TWH8778 型功率开关集成电路，它采用 TO-220 五脚塑封包装，体积小、便于安装（外形图如图 5.16.2 左边所示）。TWH8778 的内部设有过压、过热、过流等保护电路；通用性强，可在 28V、1A 以下做高速开关。它只需在控制端（第 5 脚）加上约 1.6V（最大值 6V）电压，就能快速控制输出端（第 2、3 脚）所接负载电源的通断，控制极输入电流仅 50mA 左右，输入端（第 1 脚）与输出端导通时的电压降一般为 0.18 ～ 0.45V。TWH8778 也可用外形、功能完全一样的同类产品 QT3353 直接代换。R_L 选用 MG44-02 型塑料树脂封装的普通光敏电阻器，其他亮阻≤2kΩ、暗阻≥200kΩ 的光敏电阻器也可代用。R_P 用 WH7-B 型卧式微调电位器，标称阻值取 100kΩ。E 选用 JAG-2-Z 型转换触点式干簧管，使用时仅用其常闭的一组触点。小磁铁可拆自废旧塑料磁性铅笔盒，也可取自五金商店买来的磁性碰锁。H_1、H_2 均用手电筒常用的 2.5V、0.3A 小电珠。G 用四节 5 号干电池串联（配塑料电池架）而成，电压 6V。

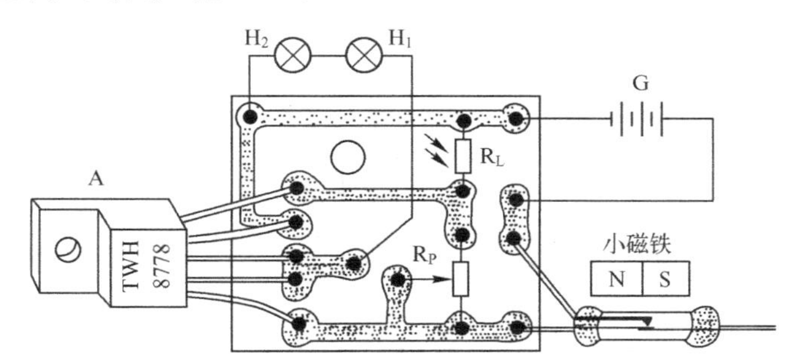

图 5.16.2　书柜自动开关印制电路板接线图

5.16.3 制作与使用

图 5.16.2 所示为书柜自动照明灯的印制电路板接线图，印制板实际尺寸约 30mm × 25mm。焊接好的电路板连同电池 G 一起装入体积合适的塑料小盒内，干簧管 E、小电珠 H_1 和 H_2、光敏电阻器 R_L 分别通过双股软细导线引出盒外。干簧管 E 固定在书柜门框的适当位置，并正对着 E 在柜门背面固定小磁铁，要求随着柜门的开关，E 的常闭触点应能可靠动作。小电珠 H_1、H_2 分别安装在书柜内左右两边或上、下两层书架的顶部，以使整个书架照明良好。光敏电阻器 R_L 一般固定在书柜外面能够良好感受自然光线的地方。对于安上玻璃窗的书柜，R_L 可不必再外引，只要将它装入一段竹管（避开 H_1、H_2 的光线干扰），管口朝柜外光亮处即可。

电路调试很简单，在白天室内正常光照的条件下，打开书柜门，用小螺丝刀微调电位器 R_P 的阻值，使小电珠 H_1、H_2 刚好处于临界发光状态即可。由于照明小灯电路平时不耗电，所以用电比较节省。

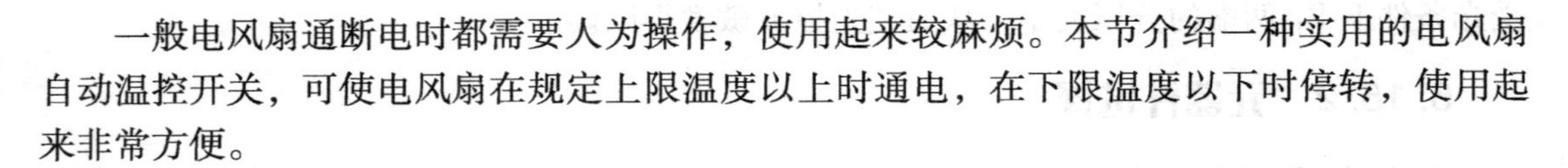

5.17 实例40：温控开关

一般电风扇通断电时都需要人为操作，使用起来较麻烦。本节介绍一种实用的电风扇自动温控开关，可使电风扇在规定上限温度以上时通电，在下限温度以下时停转，使用起来非常方便。

5.17.1 电路原理

电路原理如图 5.17.1 所示，它主要由电源电路、温度传感控制集成电路、电子开关组成。IC（TC620）是一种新型智能温度传感器，它的感温元件设置在芯片的内部，其内部主要由感温元件、放大器、比较器构成。TC620 的主要性能指标为：①额定工作电压范围4.5 ～ 18V；②输出电流可达 1mA；③最大工作电流 200mA；④输出阻抗 400Ω；⑤测温范围为 -55 ～ 125℃；⑥测温精度达±3℃；⑦具有上限和下限两个控温点。它的基本功能是：当温度超过预置的上限控温点后，其5、6 脚均输出高电平。在温度降到上限控温点时，6 脚才恢复为低电平，而5 脚要等到温度回落到下限控温点后才恢复为低电平；当温度超过设置的下限控温点时，7 脚输出高电平，直到温度回落到下限控温点时才输出低电平。在 2 脚和 3 脚与正电源端分别接上两个可调电阻，可设置下限控温点和上限控温点。

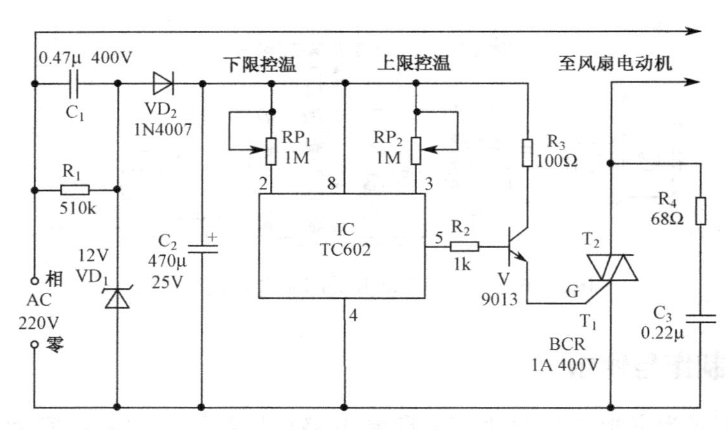

图 5.17.1　温控开关电路原理图

220V 的交流电压经电容 C_1降压、VD_1和 VD_2整流稳压、C_2滤波后得到 12V 直流电，作为 IC 的工作电压。当环境温度高于上限控温点时，IC 的 5 脚输出高电平，致使 V 正偏导通，则 BCR 开通，故使电风扇通电运转。由于风扇运转，使得室内温度逐渐下降，当室内温度下降到设定的下限控温点后，使得 IC 的 5 脚电位由高电平恢复到低电平，随之 V 截止，则 BCR 关断，从而使电风扇断电而停止运转。

5.17.2 元器件选择

电路中，IC 使用 TC620，V 选用放大倍数 $\beta \geq 80$ 的硅 NPN 型晶体三极管，如 9013、3DG6 等型号。VD_1选用稳压值 12V、额定功率 1W 的稳压二极管，VD_2为 1N4007 型整流二极管。BCR 选用耐压大于等于 400V、额定电流为 1A 的双向晶闸管。C_1的容量可在 0.47 ～ 1μF 之间选取，但耐压必须大于等于 400V。其他元件参数均按图 5.17.1 中选取。

5.17.3 制作与调试

图 5.17.2 是该温控开关的印制电路板装配图。为了便于调整，先在 IC 的 6 脚和 7 脚接入调试显示电路，可参照图 5.17.3 所示的电路接法。

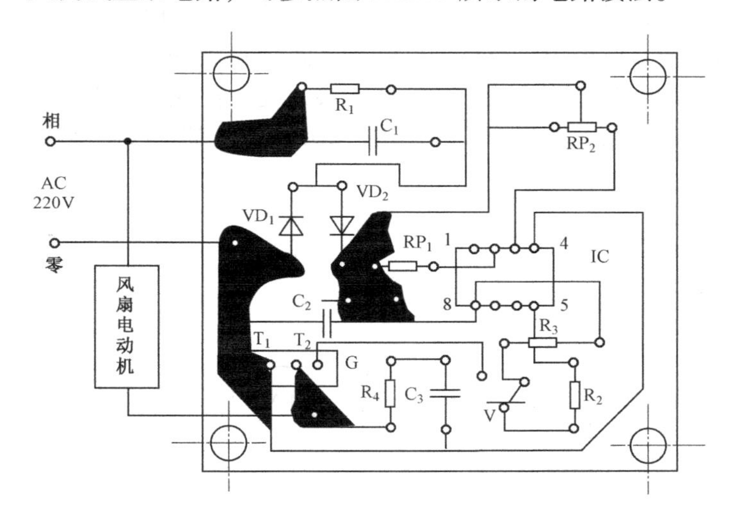

图 5.17.2 温控开关印制电路板装配图

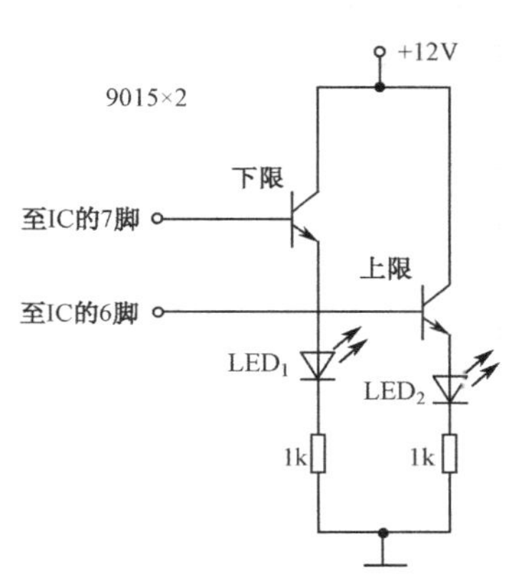

图 5.17.3 温控开关调试参考电路图

由于 TC620 的输出电流较小，因此不要直接把发光二极管接在输出端上，以免亮度低给观察带来困难。然后把本装置放在可调温箱中，分别调整 RP_2和 RP_1的阻值，使其在设置的上限控温点时刚好使发光二极管 LED_2点亮，且在下限控温点时刚好使发光二极管 LED_1点亮。电路调整好后，把 RP_1和 RP_2换成相同阻值的固定电阻接入即可。R_4和 C_3组成吸收电路，主要防止感性负载瞬间通断电时产生较高的感应电动势，造成双向晶闸管 BCR 损坏。本电路采用的是电容降压电源电路，因此印制电路板上带有 220V 的市电，在调试时应先断电，以免发生触电事故。

5.18 实例 41：自动照明开关

为了能及时地将卫生间内的异味排出，很多家庭都装了换气扇，但一些来客或小孩常常忘记打开换气扇。为了解决这个问题，设计一种能自动控制换气扇和照明灯的电子装置，这样不给上卫生间的人增添任何麻烦，又能自动换气和开、关灯，节能而方便。

5.18.1 工作原理

该装置电路工作原理如图5.18.1所示，由磁开关电路、单稳态延时电路、照明灯控制电路、换气扇控制电路和电源电路等组成。当卫生间门关上时，永久磁铁ZT与常闭型干簧管靠得很近，由于ZT的磁力作用，导致AG内两触片断开，三极管VT无偏流而截止，此时时基集成电路IC_1的2脚呈高电平，故IC_1处于复位状态，IC_1的3脚输出低电平，继电器J无电流不吸合，换气扇和照明灯均处于断电状态。一旦有人进入卫生间，在进门的瞬间必然导致ZT与AG的距离增大，而使得ZT的磁力线不能作用于AG上，故AG内两触片复位接触，此时三极管得到偏流而导通。VT导通后使IC_1的2脚变为低电平（仅为VT的饱和压降值），IC触发置位，此时IC_1的3脚由原来的低电平跳变为高电平，继电器J励磁吸合。J吸合后，其常开触点J1-1闭合，换气扇M通电工作，开始排气。与此同时，J的另一组常开触点J1-2也闭合，照明灯H通电点亮，其亮度可由R_P调节。如果是白天，由于有较强的光线照射到光敏电阻CdS上，从而使CdS的内阻很小，移相电容器C_6两端的电压不足以使触发二极管2ST导通，故VS无触发电流而阻断，照明灯H不会点亮。夜晚由于没有阳光照射在CdS上，因而CdS的内阻变得很大，相当于开路，此时2ST导通，VS导通，照明灯H点亮。

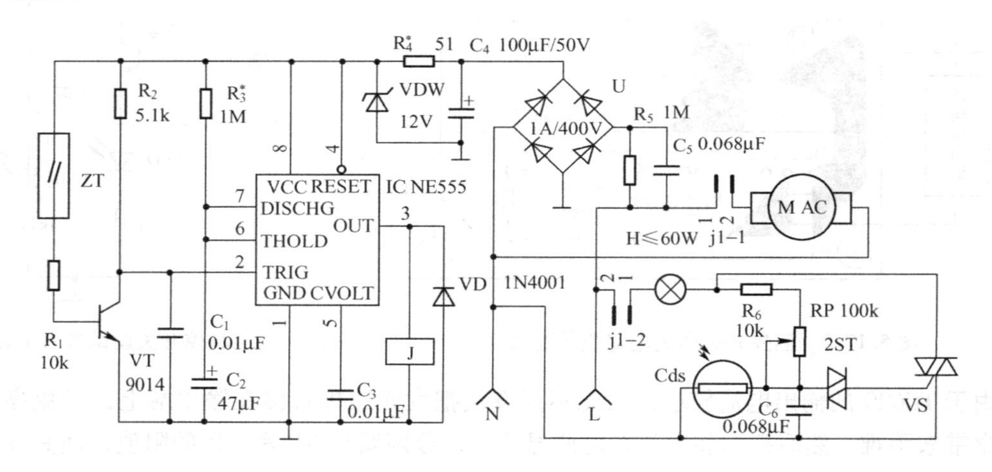

图5.18.1 自动照明开关电路

开门进入卫生间后，尽管门又关上，此时由于IC_1的单稳态作用，电路仍处于换气及照明（夜晚）状态，开门离开时，导致ZT远离AG，之后再次关门，导致ZT又靠近AG，延时一段时间，灯和换气扇均会自动停止工作。为了确保门平时处于关闭状态，有必要在门外安置一根拉簧或换用带扭簧的活页，这样出门后门自动闭合，确保ZT和AG靠拢。

该装置由电容器C_5降压限流，全桥U整流后由C_4滤波，VDW稳压后供给电路直流电源。

5.18.2 元器件选择与制作

IC的单稳态工作时间由$1.1R_3C_2$的数值确定。调节R_P可以改变照明灯H的亮度。R_P可选用电位器或实芯可变电阻器。当发现继电器J吸合无力时，可减小R_4的阻值或干脆省去不用。整个电路焊接调试合格后，装入一只塑料盒即可。表 5. 18. 1 所示为该电路元器件清单。

图 5. 18. 1　自动照明开关电路元器件清单

编号	名　称	型　号	数量	编号	名　称	型　号	数量
R_1、R_6	电阻	10k	2	C_5	金属化电容	0. 068μ 耐压≥400V	1
R_2	电阻	5. 1k	1	C_6	金属化电容	0. 1μ/160V	1
R_3^*	电阻	1M	1	VD	整流二极管	1N4001	1
R_4^*	电阻	51Ω	1	VDW	稳压二极管	12V	1
R_5	电阻	1M/1W	1	2ST	双向触发二极管	转折电压 30～40V	1
R_P	电位器	100k 线性	1	VT	晶体三极管	9014	1
CdS	光敏电阻	MG45-32 等非密封型	1	VS	双向晶闸管	3A/400V	1
C_1、C_3	涤纶电容	0. 01μ	2	IC	时基集成电路	NE555	1
C_2	电解电容	47μ	1	J	电磁继电器	JRX-13F	1
C_4	电解电容	100μF/50V	1	AG	干簧管	φ4mm 常闭型	1

5. 19　实例 42：热释电红外感应开关

本节介绍一款采用新颖人体感应模块制作而成的红外感应自动开关，它电路简单，制作容易，能轻而易举地实现人到开关闭合、人离开关断开。

5. 19. 1　电路原理

热释电红外感应开关的电路如图 5. 19. 1 所示，电路主要由红外人体感应开关模块、电源及继电器控制电路等几部分组成。

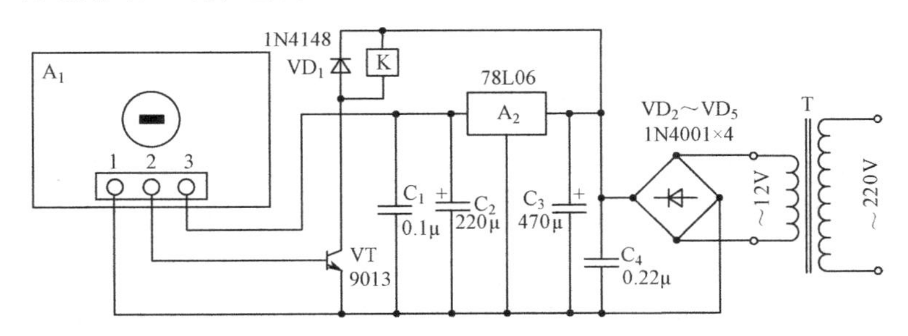

图 5. 19. 1　热释电红外感应开关

A_1是新颖的热释电红外人体感应开关模块，它内含热释电红外传感器 PIR 和信号处理放大电路等。当有人在其探测范围内移动时，它就能感受到人体释放的红外线，经内部电路放大、信号比较、鉴别与处理后，2 脚输出高电平，使三极管 VT 迅速导通，继电器 K 得电吸合，其常开触点可控制被控电器通电工作；人离开后，稍经延迟 2 脚恢复低电平，VT 截止，继电器断电，被控电器停止工作。从而实现电器自动控制。变压器 T、二极管 VD_2～VD_5、电容 C_3、C_4组成电源电路，输出 12V 直流电压，一路供继电器 K 用电，另一路经三端稳压集成块 A_2稳压，输出 6V 稳定的直流电压供模块 A_1用电。

5.19.2 元器件选择与制作

A_1采用 YB-ZB 型热释电红外人体感应模块，该模块已将热释电红外传感器 PIR、信号放大与处理集成电路 IC_1、IC_2等电子元器件装焊在一块面积为 38mm×28rnm 的小印制电路板上，模块电路结构见图 5.19.2。模块印制板对外仅三根引出端：1 脚为地端，2 脚为信号输出端 OUT，3 脚为电源正端。模块主要参数为：工作电源电压 4.5 ～ 12V；感应距离 0.5 ～ 15m（与镜片使用有关）；感应角度，由镜片决定；感应速度 0.25 ～ 7m/s；使用温度范围 -20℃～+50℃；使用湿度≤93%；工作响应 0.5 ～2.5s（可调）；静态电流 40μA；外形尺寸 38mm×28mm×10mm；重量约 6.6g；防误措施，设有两级鉴别，一级温补。

模块工作过程：当人体（手、脚、头或身体）进入镜片前的感应区，PIR 传感器就能将镜片聚焦的红外光线转换为相应的电信号，送入 IC_1的 10 脚进行放大，调节模块上的电位器 RP_1可以改变开关的感应距离。IC_1将信号进行比较处理，滤除噪声干扰送入 IC_2的 1 脚进行真伪信号鉴别，删除小动物和杂波干扰信号，将人体信号保值输出到 11 脚，通过 10k 电阻从 OUT 端即 2 脚输出。模块上的电位器 RP_2 用来改变输出持续工作时间，以满足不同客户的需要，可在 1 ～ 25s 内调节。若要求大于 25s，可加大模块上的 C_{11}电容容量，若要求小于 1s，则需减小 C_{11}电容容量。此模块采用随机延迟工作方式，即人体在感应区不停活动，它一直有输出，直至人体离开感应区开始计算延迟。

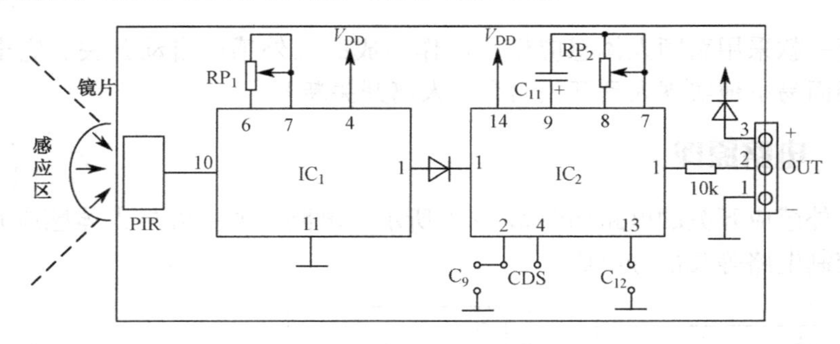

图 5.19.2 YB-2B 红外人体感应模块

该模块印制板上还预留了外接阻容元件的孔位，以适应不同用户的需求。如果在模块印制板 C_9孔位上加接一只 47μF 的电容器，可实现约 40s 的延迟感应功能，避免一加电或掉电后来电便工作。如在模块印制板 C_{12}位置接上 4.7μF 电容器，可实现感应人体约 5s 后才工作。容量大小决定延迟时间长短，但不允许持续工作时间小于此延迟时间，即印制板上 C_{12}容量不能大于 C_{11}。如果在模块印制板上 CDS 位置接上一只 MG45 型光敏电阻器（要求亮阻小于 10kΩ，暗阻大于 2MΩ），可以实现白天模块不感应工作，夜晚才感应工作，以用于制作人体感应自动照明灯，也可在 CDS 位置上接时钟控制的常闭接点，以实现在某时段接收感应，某时段模块不工作。

为使模块能良好工作，必须在模块的 PIR 前加装菲涅耳镜片。菲涅耳镜片有多种规格：8724-l 型，焦距为 18mm，角度 180°，最大探测距离 8m；8501-l 型，焦距为 21mm，角度 160°，最大探测距离 8m；7707-5 型，焦距为 25mm，角度 140°，最大探测距离 15m。在安装菲涅耳透镜时，必须注意 PIR 到镜片之间的距离应为该透镜的焦距。模块与透镜的安装方法如图 5. 19. 3 所示。

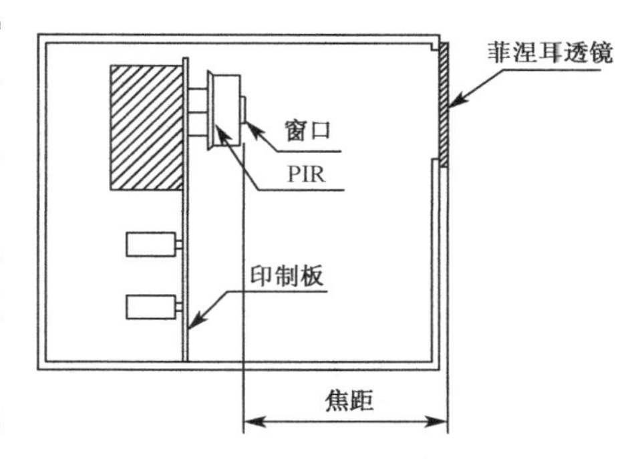

图 5. 19. 3　菲涅耳透镜安装示意图

A_2采用 78L06 型低功耗三端稳压集成块。VT 采用 9013 型硅 NPN 三极管，要求 $\beta \geqslant 100$。VD_1 为 1N4148 型硅开关二极管；$VD_2 \sim VD_5$ 为 1N4001 型硅整流二极管。C_1、C_4采用 CT4 型独石电容器，C_2 为 CDll-16V 型电解电容器，C_3 为 CDll-25V 型电解电容器。T 采用 220W/12V、5A 小型优质电源变压器，要求长时间通电不发热。K 选用 JZC-22F、DC12V 小型中功率电磁继电器，它有一组转换触点，触点容量为 220V、5A，可满足一般被控电器的需要。

本电路的安装关键是将模块装入一密闭的盒内，在 PIR 窗口前焦距处安装菲涅耳透镜，PIR 窗口应呈竖直面向着有人走动的方向，矩形窗口的长边应为水平位置，因为人体的运动方向以切割 PIR 传感器内双元探头的连线为最佳感应。模块安装时还应注意避开气流扰动，以免器件误动作，然后根据需要调整模块上的 RP_1 与 RP_2，其他地方不必调整，通电后，电路就能正常工作。

5. 20　实例 43：睡眠开关 

生活中不时有开着收音机睡着了的情况发生。这里介绍一个与直流电源变换器配用，能 30min 后自动切断电源的睡眠开关的制作。

5. 20. 1　定时原理

图 5. 20. 1 是本开关电路原理图。单元电路如图 5. 20. 2 所示，普通定时电路的定时时间为 $R \times C \times 1.1$，利用晶体管 2SA1015 可把 22μF 电容和 300kΩ 电阻确定的时间延长 h_{FE}（晶体管的直流放大倍数）倍，定时时间为 $R \times C \times 1.1h_{FE}$。采用这种电路，用小容量的 22μF 左右的电容便可做成 30min 的定时器。

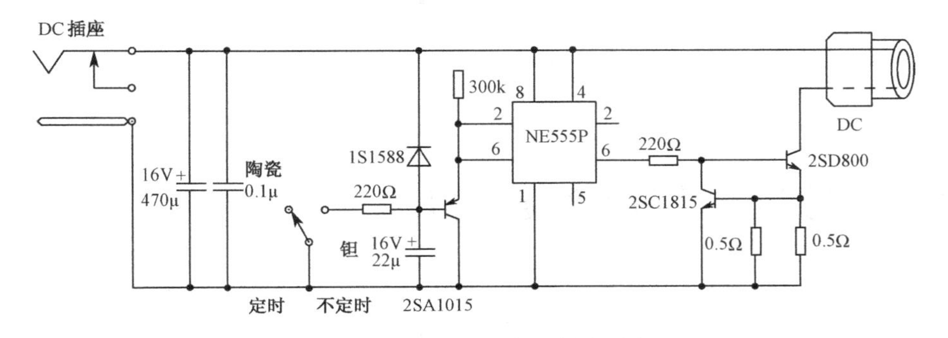

图 5. 20. 1　睡眠开关电路原理图

用定时器集成块 NE555P 检测电容的充电电压，其输出使晶体管动作。由 2SD800 接通或断开输出负载，2SC1815 组成防止输出短路时烧坏输出晶体管的保护电路。

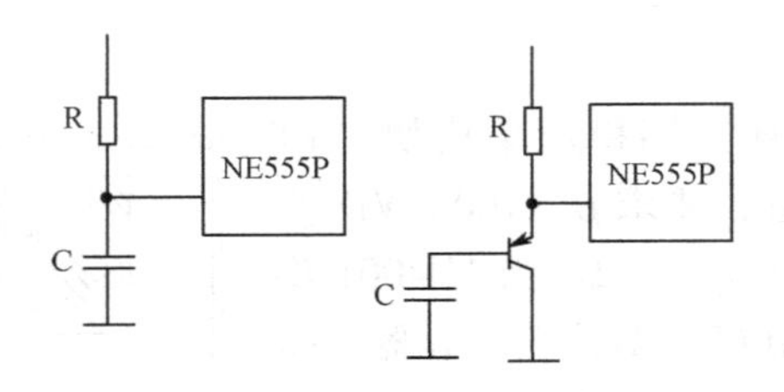

图 5.20.2　普通定时与晶体管定时电路

5.20.2　元件准备

因晶体管 2SA1015（GR）直接影响定时时间，故按规定型号用为好。22μF 电容用耐压在 16V 以上的钽电容，图 5.20.1 中 1W 0.5Ω 的电阻，也可用两只 1Ω 的电阻并联。

插头插座因中间正电极的直径不同，有 2 ～ 3 种，制作时应根据自己的收音机和直流电源变换器相配，一般可用 ϕ2.1 的。R 可选用带芯线的直流插头，否则选用长 1m 左右的细平行线作芯线。因电路简单，印制板也可用普通的面包板。

5.20.3　制作注意事项

首先，按图 5.20.3 制作印制板，并将两个角凹进去的部分锯掉。然后加工机壳上的孔，注意直流插座的安装孔应与实物一致。印制板完成后，剩下的事就简单了。应注意电容的极性和 IC 的方向。最后连接直流插头插座，若芯线是黑色的，请将有白色标记的作为负极。完成后将收音机和直流电源变换器与本机相接，当开关处于常闭位置（200Ω 电阻接地）时，定时器不动作，收音机的电源不会切断。将开关置于定时器一侧，约 30min，定时器动作，输出自动切断。

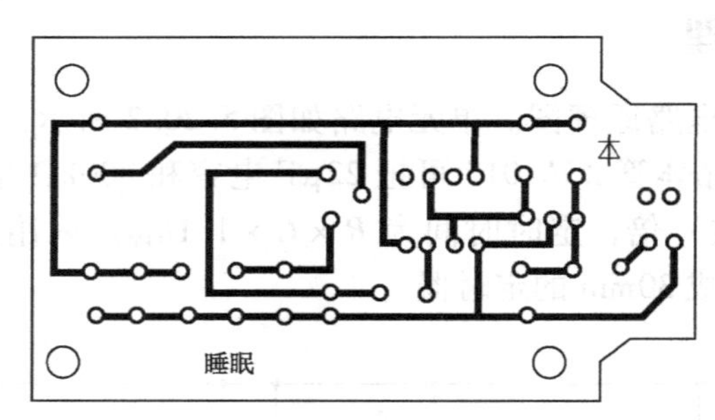

图 5.20.3　原尺寸印制板图

5.21　实例 44：单路无线遥控开关

寒冷的冬天，刚睡下，却发现卫生间灯没关，不去关吧，太浪费电了，去关吧，衣服都脱了，太冷了。关呢还是不关呢……与其纠结还不如自己动手制作一款遥控开关，只要在床上一按遥控器，灯就灭了。本节为读者介绍一款遥控开关的制作，采用数据加密处理，可靠性好，不会产生误动作，密码可设定，同时制作简单，根据提供的元器件，一装即成。

5.21.1 工作原理

遥控开关工作原理如图 5.21.1 所示。电路主要由供电部分、无线接收部分、数据解码部分和开关控制部分组成。220V 交流电接在进线端子上，经 C_1、R_1、VD_1、VD_2组成的降压整流电路后，在 CW_1上形成 9V 左右的直流电压，为电路提供工作电源。9V 直流电压经三端稳压集成电路 IC_2稳压后，在其输出端输出稳定的 5V 工作电压，作为无线接收模块和解码电路的工作电源。

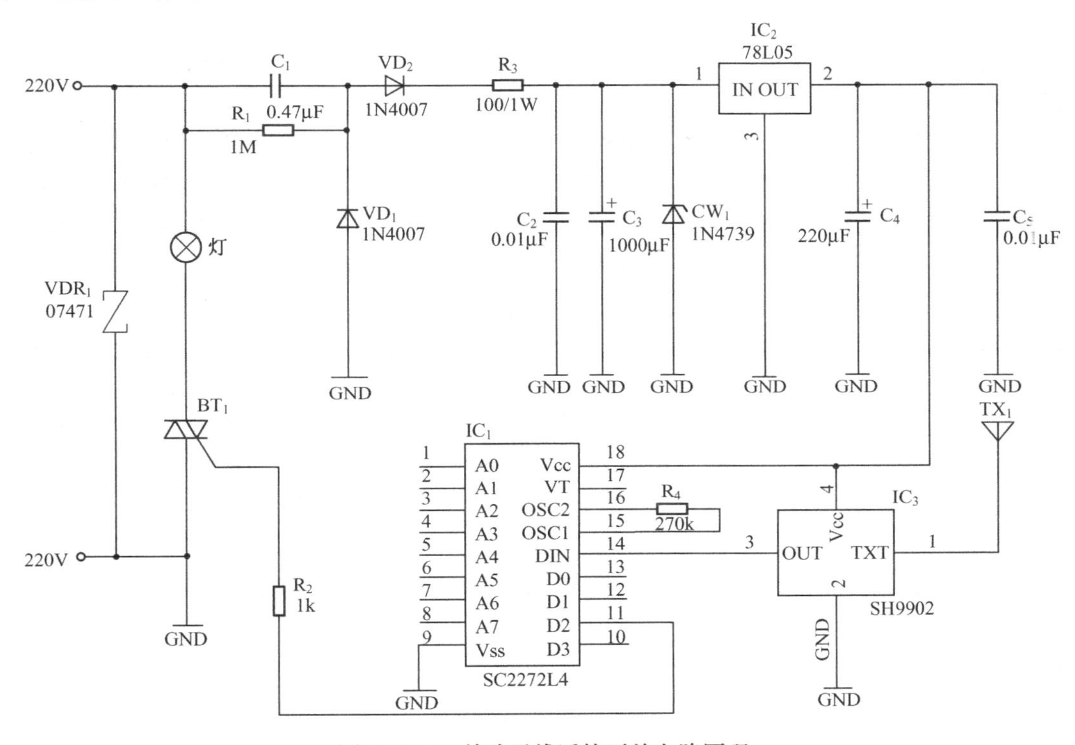

图 5.21.1　单路无线遥控开关电路原理

根据电路原理图，设计的 PCB 板图如图 5.21.2 所示。平时，IC_1的 11 脚输出低电平，

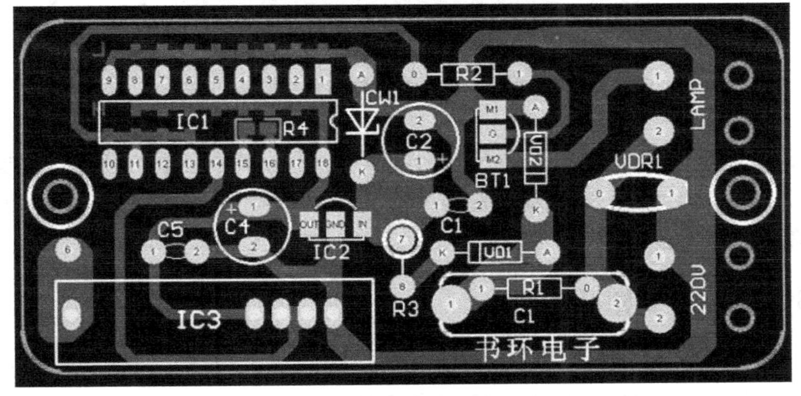

图 5.21.2　单路无线遥控开关印制电路板图

双向晶闸管关断，当接收模块 SH9902 收到遥控器发射的无线电编码信号后，就会在其输出端输出一串控制数据码，该编码信息经专用解码集成电路 IC_1解码后，在数据输出端输出相应的控制数据，数据信息为有效时 D_2输出高电平，高电平经 R_2输入到双向晶闸管的控制极，使其导通，从而点亮电灯；当无线接收部分收到的数据信息为 D_2数据、为 0 时，由于双向晶闸管控制端失去控制电压而使其关断，从而达到遥控控制电灯的目的。

5.21.2 制作与调试

无线遥控开关制作比较简单，所有元器件参数都经过测试，读者只要按提供的元件参数安装便可完成。在制作中，先将阻容元件等焊上，然后焊上集成电路插座，最后焊上无线接收模块 SH9902。

78L05 先不焊，有条件的读者可用外接 5V 直流电源对无线接收部分进行调试。插上 IC_1，将负极接于电路中的地，+5V 接于 78L05 的输出端，用万用表直流电压挡测量 IC_1第 14 脚电压，当按动遥控器时，每按一次，14 脚电压应有明显的变化，否则就说明无线接收模块没有正常工作，可查看接收模块有无插反等。如正常，再测 IC_1第 17 脚对地电压，按住遥控器时，这个脚的电压应为高电平输出，否则检查 IC_1有无插反、R_4是否焊接可靠等。最后测 11 脚电压，当按一下关按钮时，这个脚的电压应为 0，按一下开按钮时应为高电平。

将电源线接在接线端子上，万用表负端接地，正表笔接 78L05 的输入端，查看电压是否为 9V 左右。由于电路采用交流 220V 直接供电，因此制作时须特别注意安全，所有线路板上的导电部分都不要用手去碰，否则容易发生触电事故。有条件的最好通过 1∶1 的隔离变压器进行调试。

经过以上两步工作后，如各项指标都正常，焊上 78L05，将整块线路板装于外壳中，然后装上固定螺钉，一款遥控开关就制作完成了，制作好的电路板实物如图 5.21.3 所示。

图 5.21.3　焊接完成的单路无线遥控开关

图 5.21.3 中制板时限流电阻 R_3标识成“RT”，请制作时注意，且为直立安装，便于散热，在对 2272 解码芯片的振荡电阻的安装上，为了节省空间，我们设计成贴片型安装，直接安装于线路板的焊接面上。

5.21.3 遥控开关密码设置

为防止在同一区域内安装几套遥控开关时出现相互间的干扰，需设置密码。为此在发射与接收器上均设计了密码设置焊接点，只需将两者相对应就可以配对使用。在图 5.21.4（a）

中，密码设置成：A1 接高电平，A3 接地，其余各脚均悬空。与此相对应的发射器的密码设置如图 5.21.4（b）所示，从中可以看到，发射器的密码设置也为：A1 接高电平，A3 接地，其余各脚均悬空。这样，发射器与接收器就配对了，只有密码设置一样的遥控器才能对灯进行遥控，其他密码的遥控器将无法操作，有效地解决了多套系统相互干扰的问题。

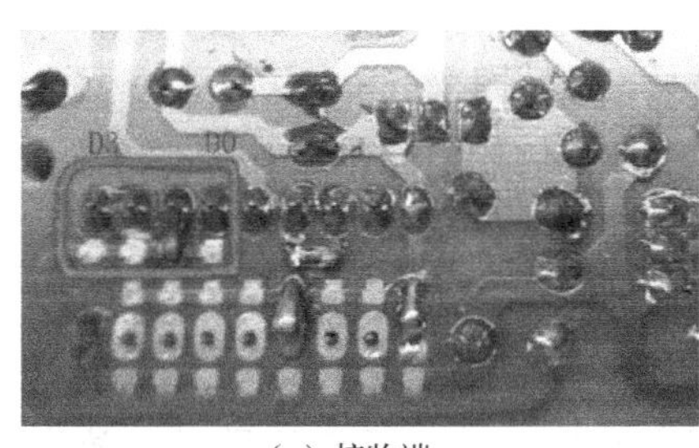

（a）接收端

（b）发射端

图 5.21.4　单路无线遥控开关密码设置

第 6 章　声光控制电路制作实例

传感器技术的进步，特别是近年光学传感器的成本下降，使得声光控制电路在日常生活中的应用越来越广泛，本章介绍多种不同类型声光控制电路的工作原理及制作方法。

6.1　实例 45：基于 555 的简易电子琴

电子琴是利用半导体集成电路产生不同频率的音乐，对乐音信号进行放大，通过扬声器产生音响的电子乐器。通常情况下，电子琴的发音音量可以自由调节，音域较宽，和声丰富。本节介绍一款适合初学者实验制作的简易电子琴。

6.1.1　工作原理

555 定时器是一种多用途的单片中规模集成电路。该电路使用灵活、方便，只需外接少量的阻容元件就可以构成单稳、多谐和施密特触发器。因而在波形的产生与变换、测量与控制、家用电器和电子玩具等许多领域中都得到了广泛的应用。目前生产的定时器有双极型和 CMOS 两种类型，其型号分别有 NE555（或 5G555）和 C7555 等多种。通常，双极型产品型号最后的三位数码都是 555，CMOS 产品型号的最后四位数码都是 7555，它们的结构、工作原理以及外部引脚排列基本相同。若一个芯片电路集成 2 个或 4 个模块，则分别命名为 556 和 558。一般双极型定时器具有较大的驱动能力，而 CMOS 定时电路具有低功耗、输入阻抗高等优点。

555 定时器构成的多谐振荡器如图 6.6.1 所示。

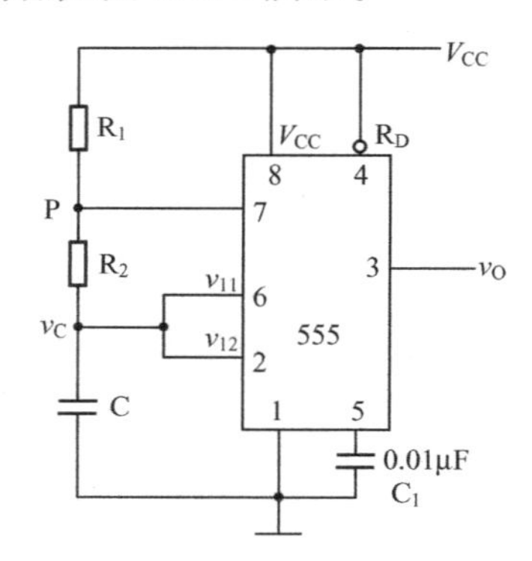

图 6.1.1　555 定时器构成的多谐振荡器

电路振荡频率 $f=\frac{1}{T}\approx\frac{1.43}{(R_1+2R_2)C}$，改变电阻、电容值将使电路振荡频率发生改变。

基于 555 的简易电子琴电路原理如图 6.1.2 所示，555 定时器组成多谐振荡器，它的振荡频率可以通过改变振荡电路中 RC 元件的数值进行改变。按下不同琴键即改变 RC 值，能发出 C 调的八个基本音阶。

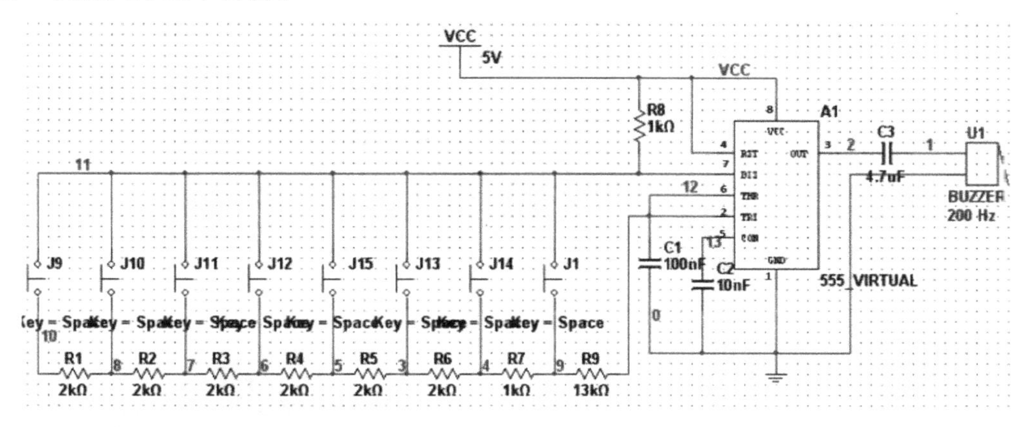

图 6.1.2　555 定时器构成的简易电子琴

6.1.2　元器件选择与制作

已知八个基本音阶在 C 调时所对应的频率如表 6.1.1 所示。由此根据电路振荡频率计算公式能够计算出对应的电阻值，元器件选择如表 6.1.2 所示。

表 6.1.1　八个基本音阶在 C 调时所对应的频率

C 调	1	2	3	4	5	6	7	i
f/Hz	264	297	330	352	396	440	495	528

555 简易电子琴在点阵板上的焊接布线如图 6.1.3 所示，焊接好的 555 简易电子琴如图 6.1.4 所示。焊接完成通电用示波器观察输出波形，微调电路中的电阻值能够改变音色质量。也可选用如图 6.1.5 所示的琴键开关，使用起来更有手感。

表 6.1.2　555 简易电子琴元器件清单

名　称	型　号	数　量
电阻	2k	6
电阻	1k	2
电阻	13k	1
电容	0.01μF	1
电容	0.1μF	1
电容	4.7μF	1
按键		8
集成电路	NE555	1
蜂鸣器	200Hz	1

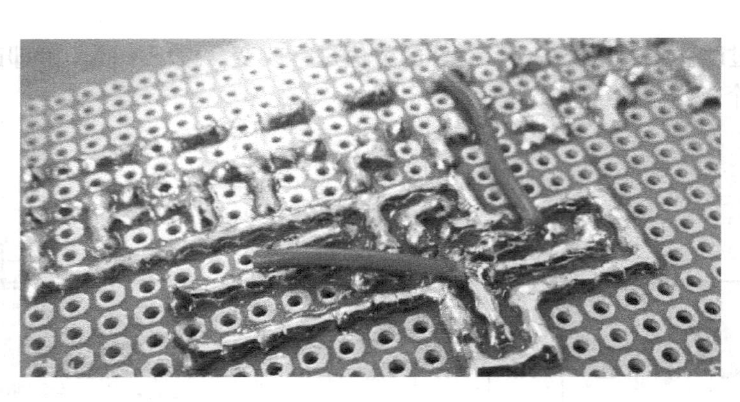

图 6.1.3　555 定时器构成的简易电子琴连线

图 6.1.4　焊接完成的 555 简易电子琴

图 6.1.5　使用琴键开关的 555 简易电子琴

6.2　实例 46：电子转盘游戏器 

转盘是青少年喜爱的一种中彩娱乐玩具。用电子元器件制作的游戏转盘更富有乐趣。它由 10 个发光二极管排列成一个圆圈，接通电源后，发光二极管逐个点亮，好像旋转一样，按下按钮，发光位置最后被固定下来，若能停在预定的小灯位置上，游戏器就会发出“嘀”的响声，表示中彩。

6.2.1　工作原理

电子转盘游戏器原理如图 6.2.1 所示，它主要由 A_1（CD4011）和 A_2（CD4017）两块集成电路组成。

A_1的一部分即与非门 I、II 组成超低频振荡器，调节电位器 RP 可改变其振荡频率，振荡脉冲由 4 脚输出，送入十进制计数、译码器集成电路 A_2的时钟脉冲输入端（14 脚）即 CP 端进行计数，使 A_2的输出端 Q_0 ～ Q_9依次出现高电平，LED_1 ～ LED_{10}也就依次被点亮，形成光点旋转的视觉效应。当按下按钮 SB 时，电位器 R_P的直流通路被切断，但由于电容 C_1的接入，其两端电压不能突变，振荡不会马上停止，光点仍旋转。当 C_1电荷充满后，振荡停止，光点就停留在某一位置，不再旋转。A_1的另一部分即与非门 III、IV 组成一个音频振荡器，其振荡与否取决于输入端8脚的电位高低，当A_2的3脚即Q_0端输出高电平时，LED_1被点亮，音频振荡器也随之振荡，压电陶瓷片B发出“嘀”的响声。显然，电路设置C_1的目的是按下SB后，光点仍有“惯性”再旋转一会儿，以增加游戏的乐趣和难度。

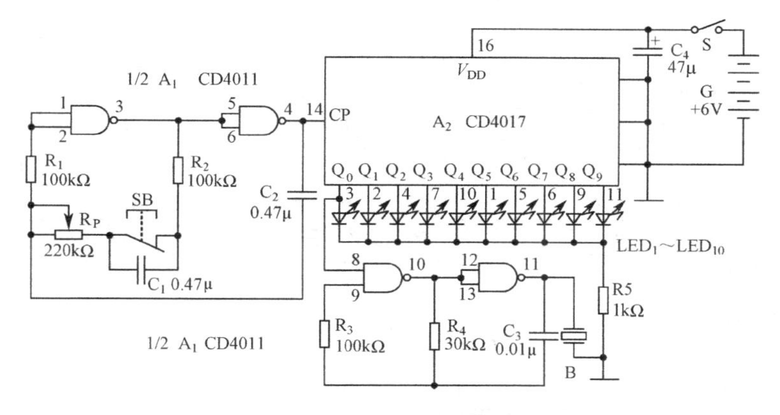

图6.2.1　电子转盘游戏器原理图

6.2.2　元器件选择

A_1用一块2输入端四与非门CD4011集成电路，A_2为十进制计数、译码器CD4017集成电路。

LED_1～LED_{10}为10个ϕ5mm圆形发光二极管，其中接在A_2 3脚的发光管最好采用黄色的，其余9个采用红色的。

R_1～R_5用RTX-1/8W型碳膜电阻器。C_1～C_3采用CT1型瓷介电容器，C_4采用CD11-10V型电解电容器。B用FT-27、HTD27A-1型等压电陶瓷片。S是1×1小型拨动式电源开关，SB为小型常闭按键开关。G用4节5号电池。R_P用WH-5型小型电位器。

6.2.3　制作和使用

图6.2.2是电子转盘游戏器的印制电路板，印制板尺寸为98mm×68mm。除电池和开关外，其他电子元器件都装焊在此印制板上。机壳宜用薄木板或有机玻璃板制作，在面板相应位置开10个ϕ5mm的小圆孔，以便让发光二极管从里面伸出。在LED_1旁标注100分，在LED_2～LED_{10}旁可随意标注10分、20分、30分等。

本电路只要装配正确，不用调试通电就能正常工作。游戏时，合上电源开关S，光点就会旋转起来，调节电位器R_P，可以改变光点的旋转速度。光点转到LED_1时，即黄色发光管亮时，游戏器会发出短暂的“嘀”响声。游戏者根据光点转动情况进行判断，然后按下按钮SB不放，这时由于电容C_1的充电，光点仍要转动几圈才停在某一发光管上。若停在LED_1上，则黄色发光管点亮，表示得100分，游戏器还会发出“嘀”的响声祝贺。

此游戏器可供几人轮流玩耍，以得分高为优胜。游戏时，可随时调节电位器R_P，改变光点的旋转速度。调整电阻R_4的阻值，可改变压电陶瓷片B的发声音调高低。增减电容C_1的容量，可以改变按下SB后光点继续旋转的时间，读者可根据需要调整。

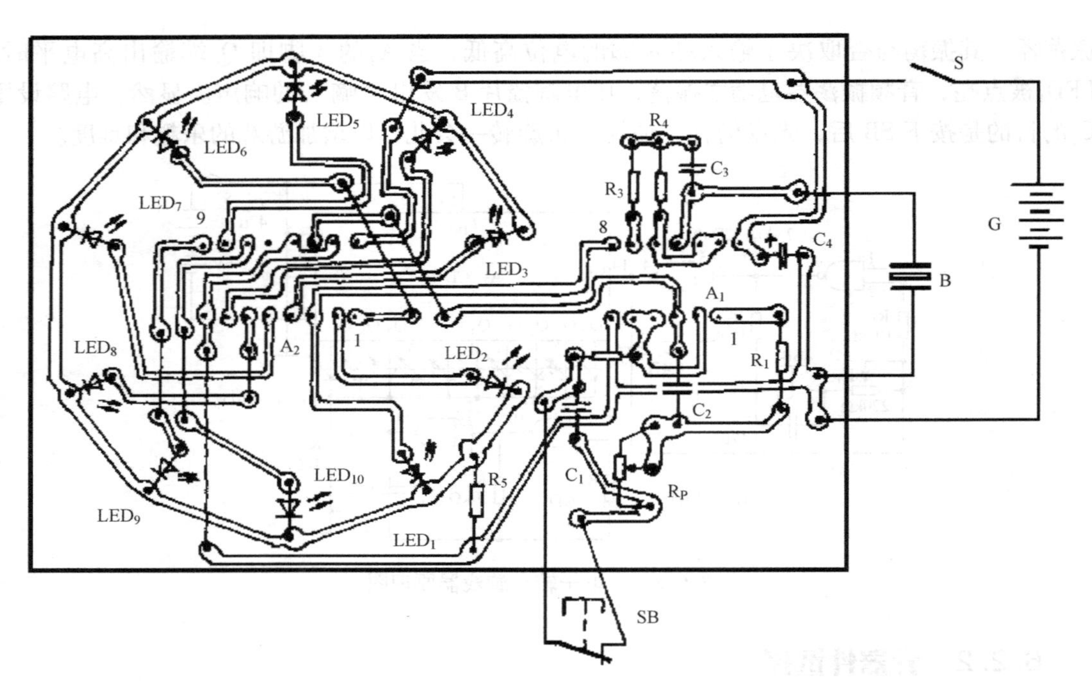

图 6.2.2　电子转盘游戏器印制电路板

6.3　实例 47：声光音乐门铃

门铃是现代家庭中用来向主人通报来客的小装置。这里介绍的电子声光音乐门铃采用专用的音乐集成电路，再配少量的分立元件组成。只要按动一下按钮，它就能自动奏出一支乐曲或发出各种不同的模拟音响来；同时，装在机壳面板上的发光二极管还会随乐曲节奏闪闪发光，起到装饰和光显示功能。

6.3.1　工作原理

声光音乐门铃的电路如图 6.3.1 所示，它的核心元件是一片有 ROM 记忆功能的音乐集成电路 A。ROM 是英文缩写词，中文意思是“只读存储器”，也就是说存储器内容已经固定，只能把内容“读”出来。音乐集成电路 A 内存储什么曲子，完全由 ROM 的内容决定。

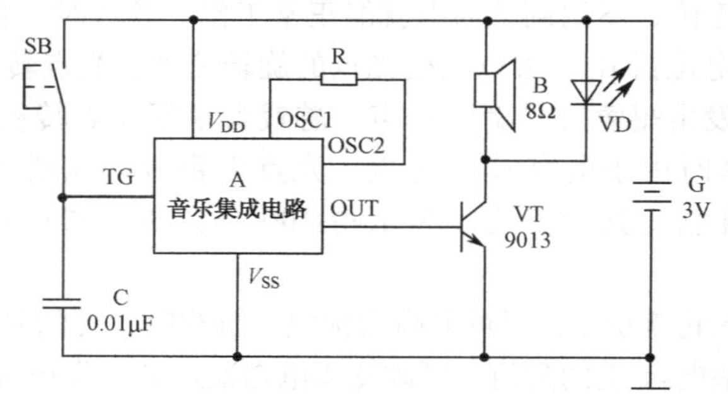

图 6.3.1　声光音乐门铃电路

音乐集成电路A实际上是一种大规模CMOS（互补对称金属氧化物半导体集成电路的英文缩写）电路，它内部线路很复杂，这里不作专门介绍，读者只要弄清楚它的外接引脚功能及用法就可以了。在图6.4中，V_{DD}和V_{SS}分别是音乐集成电路A的外接电源正、负极引脚。OSC1、OSC2是音乐集成电路A的内部振荡器外接振荡电阻器引脚，个别需外接RC振荡元件，此时外接的电阻器或电容器便可作为乐曲演奏速度及音调调整元件。也有的音乐集成电路A将振荡元件全部集成在芯片内部，不需要外接元器件，这时振荡频率就无法在外部调节。TG是音乐集成电路A的触发端，一般采用高电平（直接与V_{DD}相连）或正脉冲（通过按钮开关SB接V_{DD}）触发均可。OUT是音乐集成电路A的乐曲信号输出端。一般的音乐集成电路A需外接一只晶体三极管VT做功率放大后推动扬声器B发声，但也有一些音乐集成电路A输出功率较大，可以直接推动扬声器放音。

声光音乐门铃的工作过程如下：每按动一下按钮开关SB，音乐集成电路A的触发端TG便获得正脉冲触发信号，音乐集成电路A工作，其输出端OUT输出一遍内储的音乐电信号，经三极管VT进行功率放大后，驱动扬声器B发出优美动听的乐曲声；与此同时，并接在B两端的发光二极管VD也会随乐曲节奏闪闪发光。

在电路中，C是交流旁路电容器，它的作用是防止音乐集成电路A受杂波感应误触发。因为音乐集成电路A的TG脚输入阻抗很高，当按钮开关SB的引线较长时，特别是引线与室内220V交流电源线靠得较近时，每开关一次电灯或家用电器就会造成集成电路误触发，使门铃自鸣一次。有了电容器C就能有效消除这种外部干扰，使门铃稳定、可靠地工作。实际中，C也可用一只300～510Ω的1/8W碳膜电阻器来代替；也可将C直接跨接在音乐集成电路A的V_{DD}与TG引脚（接SB的位置）之间。

6.3.2 元器件选择

制作声光音乐门铃的关键元件是音乐集成电路A。目前，音乐集成电路的品种繁多，按其内储乐曲数量可分为单曲、多曲和具有各种模拟音响等多种。其封装形式有塑料双列直插式和单列直插式；还有用环氧树脂将芯片直接封装在一块小印制板上的，俗称黑胶封装基板，也称软包封门铃芯片。下面介绍几种用最常见的音乐集成电路芯片制作声光门铃的接线图。

图6.3.2所示是用CW9300或KD-9300系列音乐集成电路芯片制作声光门铃的接线图。这两种系列集成电路芯片均内储世界名曲一首，其外部引脚排列和功能都一样，只是每种系列按内储乐曲不同划分成许多型号。目前，CW9300或KD-9300系列集成芯片内储乐曲共有31种，可供用户选择使用。R是音乐集成电路A的外接振荡电阻器，其取值范围一般为47～82kΩ。R阻值小，乐曲演奏速度快；R阻值大，乐曲节奏慢。该电路每按动一次按钮开关SB，扬声器B就会自动鸣奏一支长为15～20s的世界名曲。

图6.3.3所示是用KD-150或HFC1500系列音乐集成电路芯片制作声光门铃的接线图。这类系列芯片主要内储有国内流行歌曲或世界名曲，还包含了“叮—咚”双音模拟声（KD-153H型）等，品种繁多，可满足不同爱好者的需求。该系列音乐集成电路A将外接振荡电阻集成在芯片内部，省去了外接电阻器的麻烦，使制作更简单。

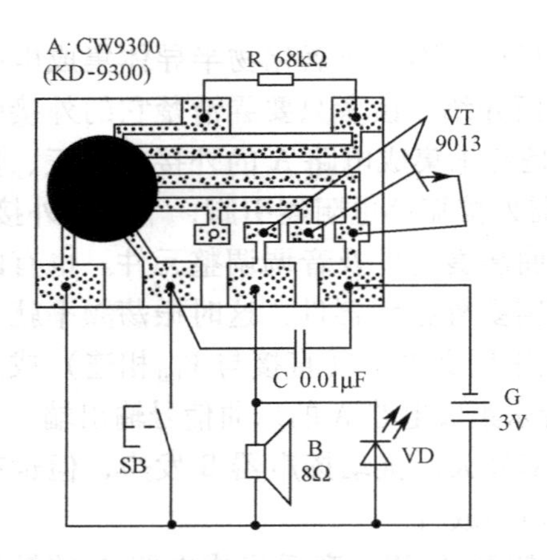

图 6.3.2 用 CW9300 或 KD-9300 系列音乐集成电路芯片制作的声光门铃接线图

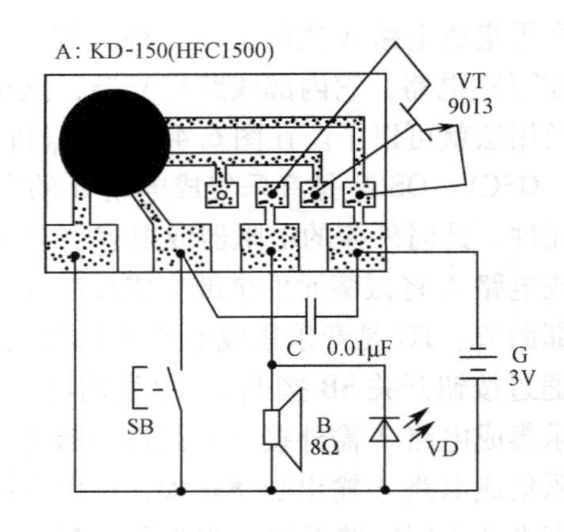

图 6.3.3 用 KD-150 或 HFC1500 系列音乐集成电路芯片制作的声光门铃接线图

图 6.3.4 所示是用 HY-100 系列音乐集成电路芯片制作声光门铃的接线图。该系列芯片已集成了功率放大器，故不必再外接功率三极管，这给安装和使用带来不少方便。此门铃每按动一下按钮开关 SB，扬声器 B 即能奏出一支 20s 左右的乐曲。

图 6.3.5 所示是用 HY-101 系列音乐集成电路芯片制作声光门铃的接线图。HY-101 是在 HY-100 系列基础上派生出来的另一种音乐集成电路，它与 HY-100 一样具有驱动能力强等特点，不用外接三极管就能直接推动扬声器 B 发声和发光二极管 VD 闪亮。它和 HY-100 不同的地方是内储容量较小，因此发声时间较短。前面介绍的几种音乐门铃，每触发一次，奏乐时间一般都在 15 ～ 20s，这在有些场合（如居住单元楼房的家庭）显得过分冗长。此时采用 HY-101 集成电路非常合适，它触发一次，奏乐时间约为 5s。

图 6.3.6 所示是用 ML-03 系列集成电路芯片制作多曲声光音乐门铃的接线图。ML-03 内储 12 首世界名曲主旋律，每接动一次按钮开关 SB，扬声器 B 就播放一首乐曲；12 首乐曲受触发依次播完后，再按 SB，又重新从头开始播第一首乐曲。这种门铃曲调变化多样，给人以新鲜感。R 和 C_2 分别是音乐集成电路 A 的外接振荡电阻器与电容器，适当改变它们的参数，可调整乐曲演奏速度及音调。与 ML-03 功能及印制电路板引脚一样的多曲音乐集成电路还有 CW2850、KD-482 等型号，它们可以直接进行替换。

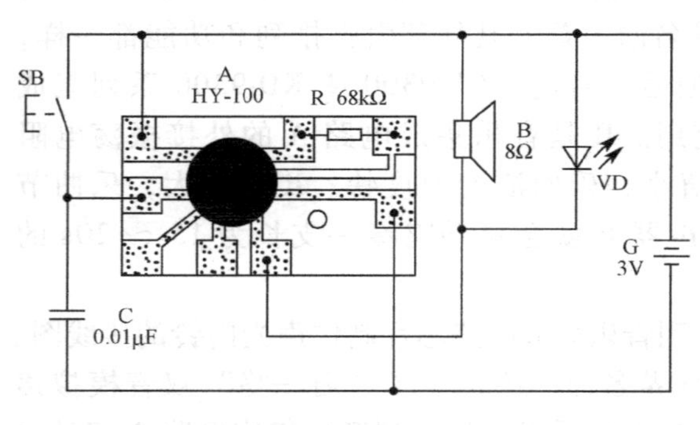

图 6.3.4 用 HY-100 系列音乐集成电路芯片制作的声光门铃接线图

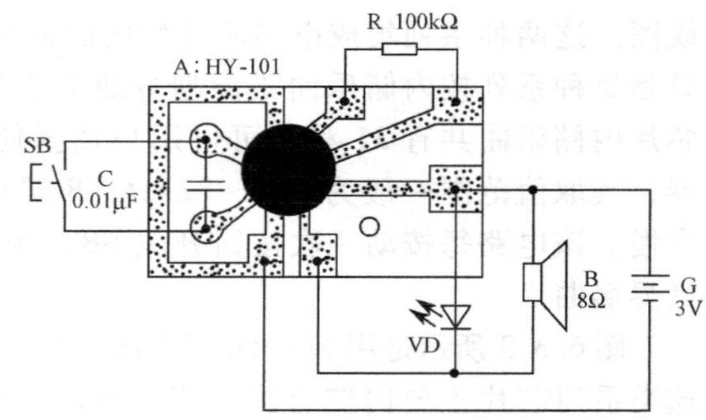

图 6.3.5 用 HY-101 系列音乐集成电路芯片制作的声光门铃接线图

在以上各电路中，晶体管 VT 最好采用集电极耗散功率大于 300mW 的硅 NPN 型中功率三极管，如 9013、8050、3DG12、3DK4 和 3DX201 等，要求电流放大系数 $\beta>100$。VD 最好选用 ϕ5mm 的红色发光二极管。电阻器均用 RTX-1/8W 型小型碳膜电阻器。电容器均用 CT1 型瓷介电容器。B 用 8Ω、0.25W 小口径动圈式扬声器。SB 用市售门铃专用按钮开关。G 用两节 5 号干电池串联（须配带塑料电池架）而成，电压为 3V。

图 6.3.7 是一种会说话的“叮咚”门铃电路，电路主要采用一块 XD353 型语音集成电路，该电路芯片内储一句“叮咚：您好！请开门”的标准女声，音色效果极佳。XD353 集成电路使用工作电压为 2 ～ 5V，静态耗电极小仅为 0.5 ～ 1μA，芯片的特殊优点是它具有防误触发、防乱按功能，每按一次 SB，“叮吟：您好！请开门”只播放一次，长时间按住 SB 不放不会连续播出。

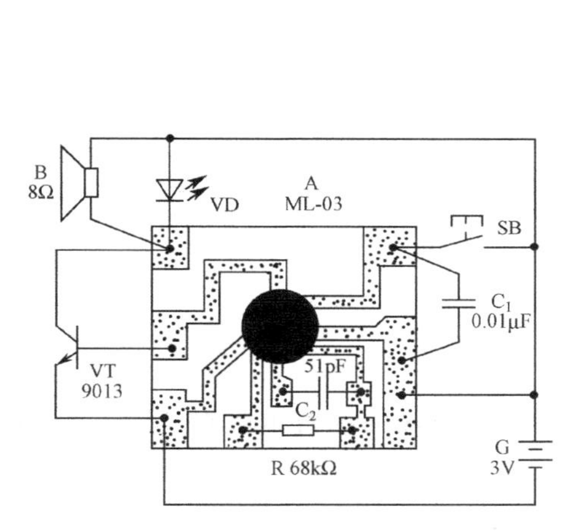

图 6.3.6　用 ML-03 系列音乐集成电路芯片制作的多曲声光音乐门铃接线图

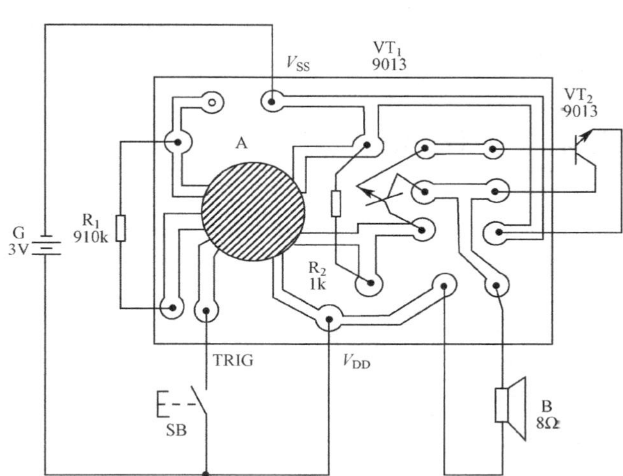

图 6.3.7　会说话的“叮咚”门铃电路图

R_1是芯片内部振荡器的外接振荡电阻，增减其阻值大小，会改变播出语音的音调高低。R_2是输出端 O/P 的负载电阻，同时它又能消除电路可能产生的寄生振荡。VT_1、VT_2组成复合管功放电路，用来放大 XD353 输出的语音信号。

VT_1、VT_2可采用 8050、9013 型等硅 NPN 三极管，β 值要求大于 100。

R_1、R_2可用 RTX-1/8W 型碳膜电阻器，它们均插焊在芯片印制板相应的焊孔上。B 为 YD57-2 型 8Ω 小型电动扬声器。

6.3.3　制作与使用

除按钮开关 SB 外，其余元器件以集成电路 A 的芯片为基板、以扬声器 B 和电池架为固定支架，全部焊装在一个大小合适的自制木盒（也可用市售漂亮的香皂盒代替）内。小盒内安装扬声器的位置事先要钻些小孔，以便扬声器对外良好放音；小盒面板合适位置处要开一个 ϕ5mm 的小孔，以便伸出发光二极管 VD 的发光帽。对于按钮引线较短且远离照明电路导线的楼房居民来讲，门铃电路中 0.01μF 的旁路电容器也可省去不用。

焊接时要特别注意的是，因为音乐集成电路 A 均系 CMOS 电路，所以电烙铁外壳必须要有良好的接地，也可拔去电烙铁的电源插头利用电烙铁余热焊接，这样就可避免音乐集成电路 A 被外界感应电场击穿而造成永久性损坏！焊接所用的电烙铁功率不宜超过 30W，并且在电路板上停留的时间应尽可能短，一般每个焊点时间勿超过 2s。助焊剂请勿使用焊油或焊膏，若确有需要，用后一定要将焊油擦干净。

此门铃的一大优点是不用调试就能正常工作。由于静态时电路耗电仅为 0.1 ～ 1μA，工作时电流一般小于 150mA，故用电很节省，两节新的 5 号干电池一般可用半年至一年时间。

实际使用时，将门铃小盒挂在室内墙壁或门扇背面，按钮开关则通过双股软塑电线引至房门外，在门框的适当位置（一般距地面 1.5 ～ 1.7m）处固定。这样，当客人来访按动门口的按钮开关时，室内门铃便会发出优美动听的乐曲声和闪光，通报主人：有客人来了，快去开门。

6.4 实例48：音乐盒

查看元件数据手册，UMC 公司生产专用的电子琴 IC，其中的 UM3511 共有 15 支曲子，用它制作音乐盒十分简单。

6.4.1 工作原理

UM3511A 的主要特性数据示于表 6.4.1 中，参考电路只摘取有关音乐盒的部分。另外，这个电路可配 16 键，作为小型电子琴。

表 6.4.1 标准琴键电路数据手册

元 件	推 荐 值
C_1	47μF
R_1	750～800kΩ
R_2	1kΩ
TR_1	NPN
SW_1	钮子开关
SW_2	按钮开关
SW_3	钮子开关
SP	8Ω、0.2W 扬声器

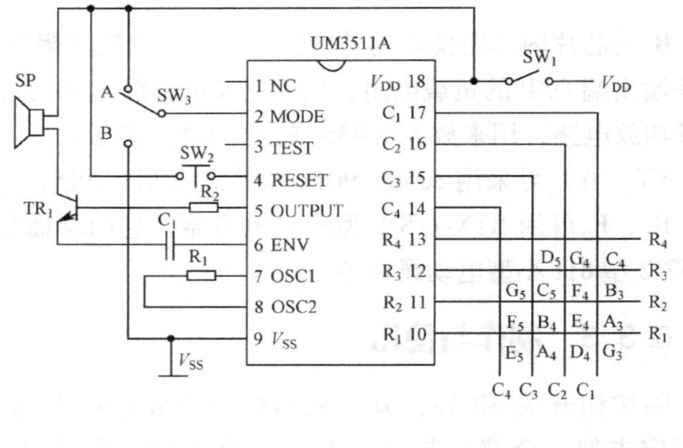

电路原理非常简单，图 6.4.1 是本机电路原理图。乐曲的速度由接在 7、8 脚的电阻决定，阻值一般为 750 ～ 800kΩ。选曲则由 R 组和 C 组的状态组合决定。引脚 2（方式）接 V_{CC}，就成了音乐盒。

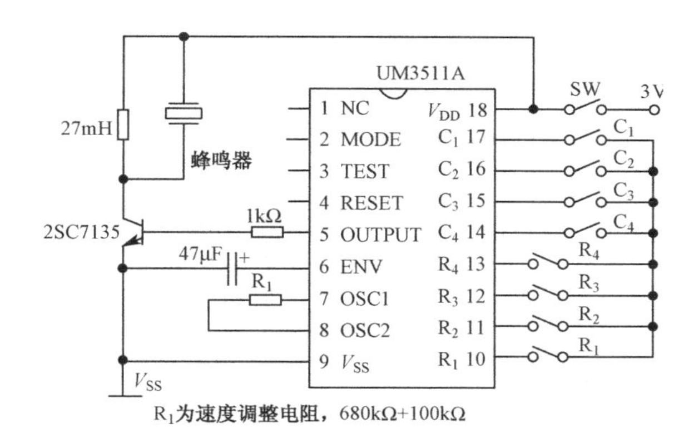

图 6.4.1　音乐盒电路原理图

选曲由小型开关设定，电源开关接通时，进行反复演奏。由于在蜂鸣器上并入 27mH 的小型电感，声音要大一些。若把传感器开关装在外部代替电源开关，可用做门铃。除此之外，还可以有各种用法。

6.4.2　元件准备和制作

首先要准备的是集成块 UM3511A 和 8 位琴键式开关，其他元件可按图 6.4.1 所示选取，全部电阻为 1/4W。然后，参考原尺寸印制电路板图制作印制电路板（见图 6.4.2）。若要安装外部输入开关，请和电源开关并联。焊接 IC 的引脚时应特别小心，不要把锡淌到相邻的引脚上。因元件较少，可在较短的时间内完成。

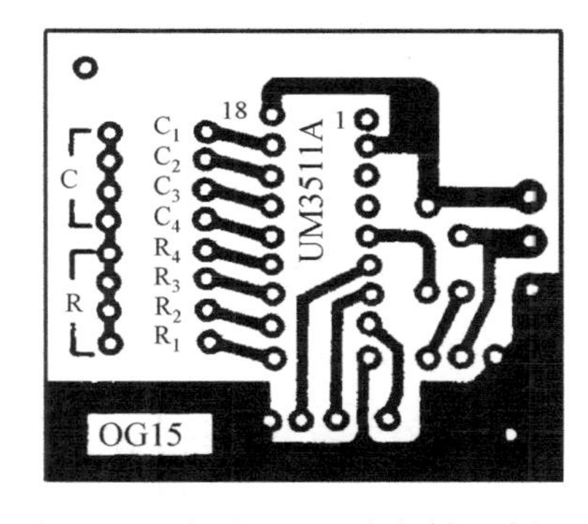

图 6.4.2　音乐盒原尺寸印制电路板图

全部焊完后，认真检查接线，装入电池，就能让蜂鸣器响起各种乐曲。

6.5　实例 49：矩阵循环显示器

16 个 LED 按 4×4 矩阵方式连接，循环显示，十分有趣。在制作此游戏玩具时，可学到许多数字电路的知识。该矩阵循环显示器是日本第七次电子工作竞赛指定制作作品之一。

6.5.1　工作原理

图 6.5.1 是矩阵循环显示电路原理图，它和大家熟悉的普通循环显示不同，采用图 6.5.2 所示的矩阵显示方式。

MC14555B 依据 A、B 的输入状态，Q_0～Q_3 中任一个被选中，即输出高电平；而 MC14556B 依据 A、B 的输入状态，$/Q_0$～$/Q_3$ 中任一个被选中，即输出低电平。这样，接在被选中的高电平和低电平之间的 LED 就会发光。

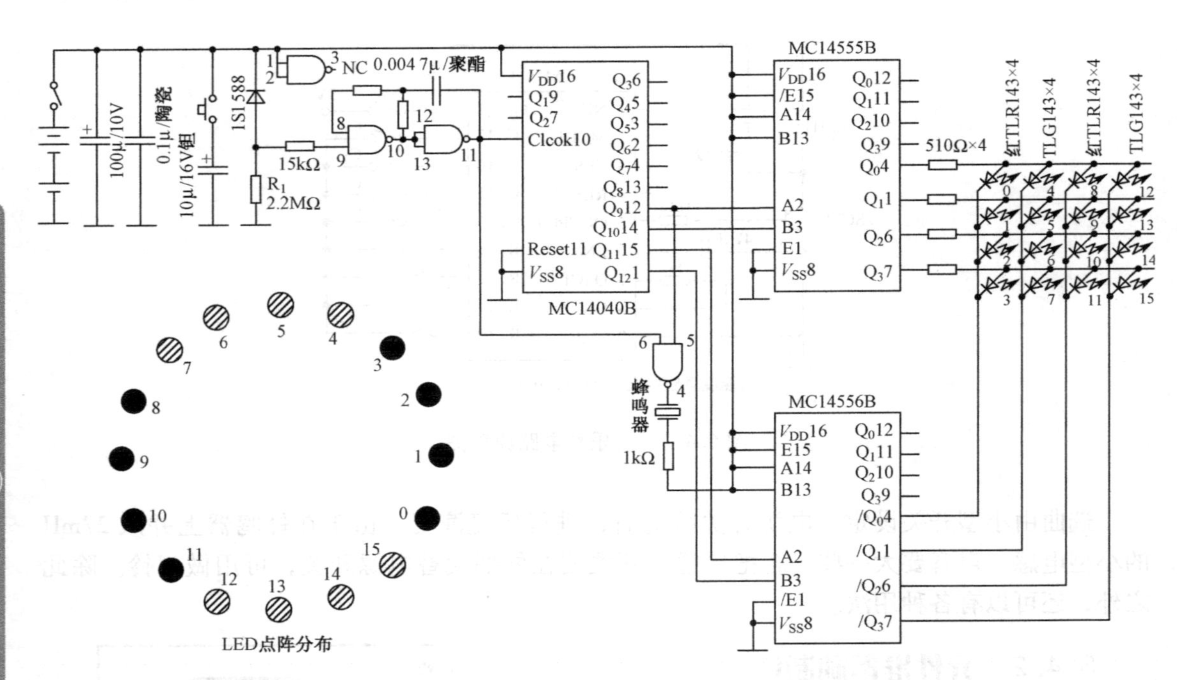

图 6.5.1　矩阵循环显示电路原理图

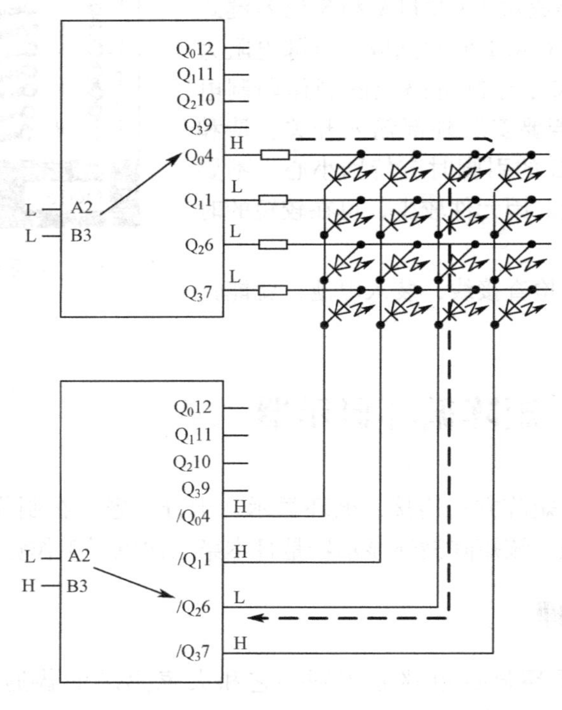

图 6.5.2　矩阵显示方式

从 Q_0～Q_3 到/Q_0～/Q_3 合计共 8 个输出端子，可以控制 16 只 LED 的亮暗，用较少的端子即可控制较多的 LED，这是在计算机中常采用的电路技术。利用 MC14011UB 构成循环显示所必需的振荡电路。有了这个 IC，按动游戏启动开关，LED 立即进行循环显示，当手离开启动开关，显示就变成一下一下的慢动作。这是由于10μF 钽电容缓慢放电所致。振荡电路的输出和计数器 IC 的输出通过“与非门”组合，使蜂鸣器发出蜂鸣声。

6.5.2 元器件选择

MC14011UB 的作用是定时和改变蜂鸣器声音的频率，应使用指定型号产品。其他 IC 可用同类型号的，能买到哪种就用哪种。LED 选电流小、亮度高的品种。图 6.5.1 中使用红色和绿色的，也可加上一些其他颜色，形状不同的 LED 效果还会好一些，可按各人的爱好选择。开关应选与印制电路板图吻合的指定品种 MS402。显示器的上下固定板用一块厚为 2mm、长宽为 200mm × 100mm 的聚乙烯板（一分为二）。若没有图 6.5.1 所示的钽电容，可用普通的电解电容代替。

6.5.3 制作与调试

按图 6.5.3 制作印制电路板，然后按图示尺寸在聚乙烯板上钻孔。钻完孔后，用锉刀修整四角，再用中性清洗剂冲洗。为防止静电，不能有灰尘，一定要洗干净。连线从基板上的元件引出。电解电容器卧式安装，其他元件高度限制在 8mm 以内。应注意 LED 的极性，最后装开关等元件。

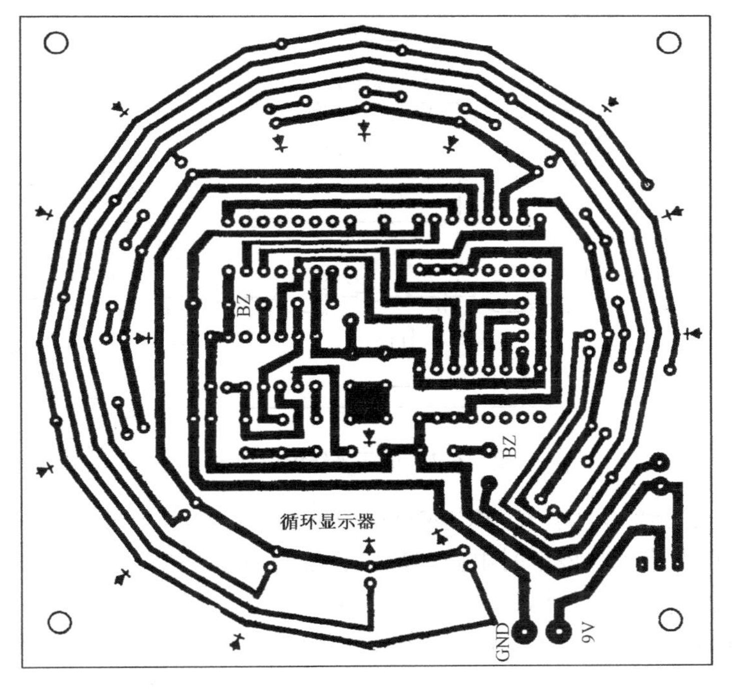

图 6.5.3 矩阵显示原尺寸印制电路板

利用垫柱把基板和面板组装在一起即可，装入新电池试试。接通电源开关，按游戏启动开关，在蜂鸣器发出声音的同时，LED 的亮暗变化开始旋转。手离开开关，在一短时间内，蜂鸣器声音变低，LED 的亮暗变化速度减慢。最后蜂鸣器声音消失，LED 亮暗变化停止。

6.6 实例50：电子光线枪

本节介绍能发出枪声和命中声的光线枪的制作。花一点工夫，把它和玩具战车组合在一起，将会非常有趣。

6.6.1 电路原理

图6.6.1是电子光线枪原理图。光线枪的电路很简单，在发射开关接通的一瞬间，220μF电容器上充的电荷对2.2V聚光小灯泡放电，突然发出很亮的光。电容器的充电电压为9V，瞬间放电不会烧坏小灯泡，目的是短暂地按9V电压发光。

本制作的重点在光靶电路部分。发射光线时，通过馈线给光靶电路传送发射信号。若感知光线的传感器——光敏三极管受到光线的照射，光敏三极管的集电极和发射极间就有电流流过，集电极电压降低。

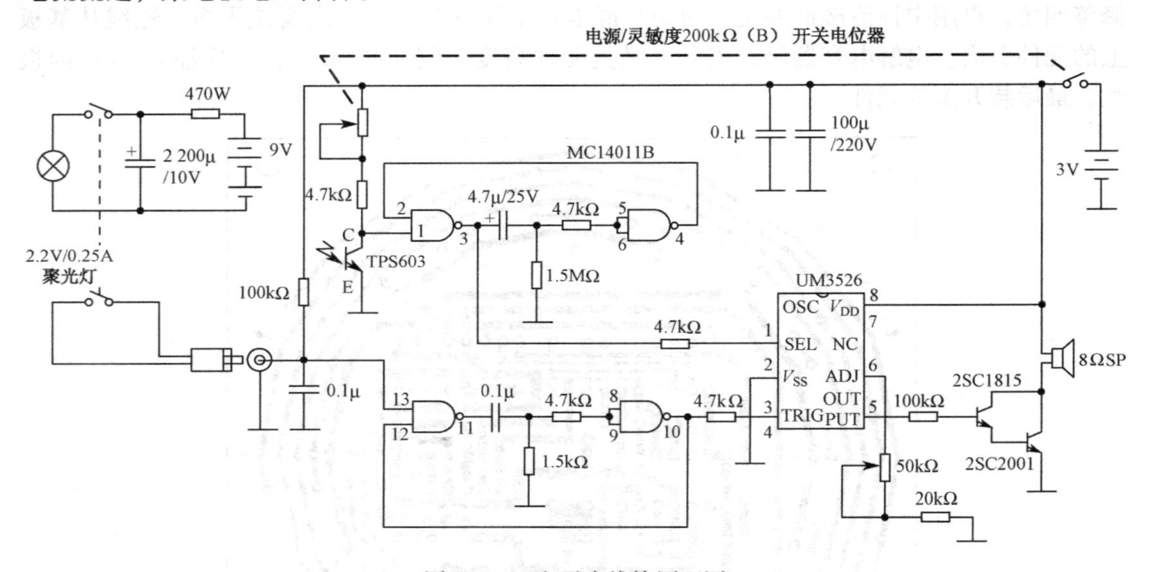

图6.6.1 电子光线枪原理图

集电极电压比后续的数字IC MC14011B的翻转电压（判断输入是高或是低的电压）低，后面的定时电路启动，该定时电路的输出使通过振荡发出枪战声音的UM3526的2脚为低电平，枪声转换成击中目标后剧烈的爆炸声"咚咚……"。

若光线没有命中靶子，UM3526的2脚为高电平，振荡的电子声音变成"嘭……嘭"的枪声。连续的枪声，不时有命中的爆炸声，气氛十分激烈，电子火药味很浓。

6.6.2 元件准备

光敏三极管选用东芝TPS603，MC10011B可用其他厂家的同型号产品。枪和靶之间是用插头座连接还是直接焊牢可自选。屏蔽线选用又细又软的，长3～5m即可。4.7μF的电解电容器必须选用质量好的新品。

6极的返回型钮子开关应选手离开后返回中央（OFF）的型号，靶盒可用透明塑料制作。

6.6.3 制作

首先，按照图6.6.2所示制作印制电路板，然后加工机壳上的孔，连线直接从基板上的元件引出。请注意，光敏三极管中心粗一些的引线是集电极。

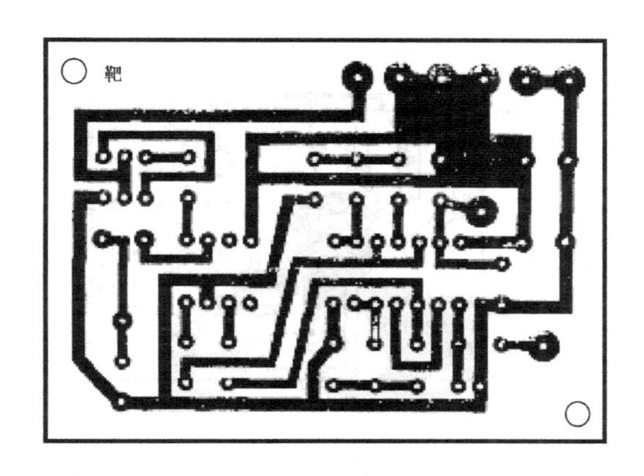

图6.6.2 电子光线枪印制电路板

光靶电路完成后再装配光线枪，全部完成测试完好后，瞄准1m左右的靶子，扣动扳机是否有“咚咚——”的声音，如果没有，请旋动灵敏度旋钮。若调整得当，在有日光灯照明的室内，枪离靶3m远也会获得良好的效果。

若光线枪的两种声音混在一起，故障原因可能是扳机开关的接点接触不良，可将MC14011B的13脚上的0.1μF电容增大到0.47μF左右。

6.7 实例51：天亮报晓电子鸟

这里介绍一种既会鸣叫又会说话的天亮报晓电子鸟。清晨，当天亮时，它会自动轮流发出阵阵悦耳的鸟叫声和“懒虫起床”的语音声，催促主人快快起床；主人起床后制止电子鸟继续报晓时，它又会发出一句亲切友好的“早上好”问候语，实用而有趣。

6.7.1 工作原理

天亮报晓电子鸟的电路原理如图6.7.1所示。它主要采用了模拟鸟叫声和专用语音集成电路A，所产生的鸟鸣声十分逼真。R_1是A的外接振荡电阻器，其阻值大小影响报晓声的速度和音调，典型取值为240kΩ。R_L是光敏电阻器，它对A起光触发作用。

天亮时，R_L受光线照射，其内阻仅为几千欧，A的触发端TG通过它从电源正极获得高电平信号，A受触发工作，其输出端OUT反复轮流输出模拟鸟叫声和“懒虫起床”语音声电信号，经三极管VT进行功率放大后，推动扬声器B不停地发出报晓声，与此同时，发光二极管VD_1、VD_2还会发出和声音同步的闪光。

当人为地用遮光罩罩住R_L时，R_L失去光线照射，其内阻增至1MΩ以上，A的TG端失去高电平触发信号，正在发出的声音立即中止，与此同时，A 的 TG 端受到高电乎下降沿的触发，使得 A 从 OUT 端输出一遍内储的“早上好”语音电信号，经 VT 进行功率放大后，推动 B 向主人发出问候语。随后，电路自动停止工作。

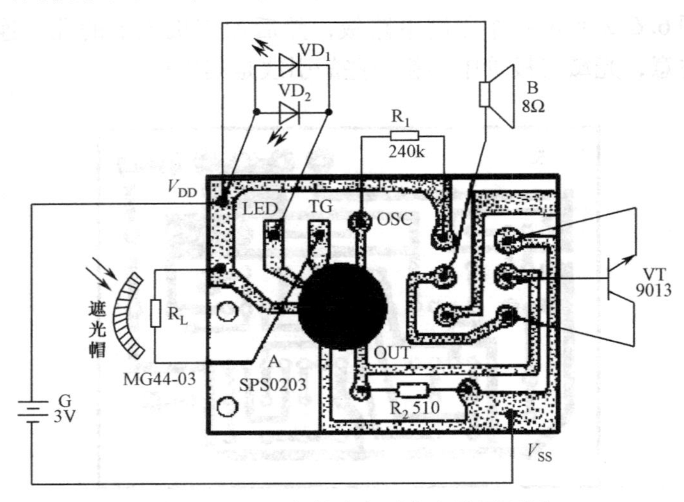

图 6.7.1　天亮报晓电子鸟电路原理图

6.7.2　元器件选择

A 选用 SPS0203 模拟鸟叫声和专用语音声集成电路，它采用软包封装形式制作在一块尺寸为 26mm×18mm 的小印制板上，并给出外围元器件焊接孔，使用很方便。SPS0203 的主要参数为：典型工作电压 3V，触发电流 $<40\mu A$，音频输出电流 $\geqslant 3mA$，闪光输出电流 $\geqslant 6mA$，静态总电流 $<1\mu A$，工作温度范围为 $-10\sim60$℃。

VT 用 9013 或 3DX201、3DGl2 硅 NPN 中功率三极管，要求 $\beta>100$。VD_1、VD_2 均用 ϕ3mm 高亮度发光二极管，颜色按各人喜好自选。

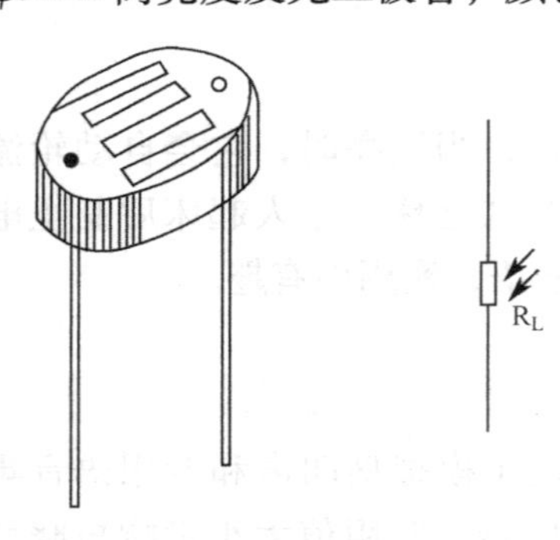

图 6.7.2　塑料树脂封装光敏电阻器外形及符号

R_L 宜选用 MG44-03 塑料树脂封装光敏电阻器，它的外形及符号表示如图 6.7.2 所示。

这种光敏电阻器的管芯由陶瓷基片构成，其上涂有硫化镉多晶体（经烧结制成）。由于管芯怕潮湿，故在其表面涂上了一层防潮树脂。该封装结构的光敏电阻器因为不带外壳，所以称为非密封型结构光敏电阻器，它的受光面就是其顶部有曲线花纹的端面。R_L 也可用其他亮阻小于 5kΩ、暗阻大于 1MΩ 的普通光敏电阻器来代替。

R_1、R_2 均用 RTX-1/8W 碳膜电阻器，B 用 ϕ29mm×9mm、8Ω、0.1W 超薄微型动圈式扬声器，以减小体积，方便安装。G 用 2 节 5 号电池串联（配专用电池架）而成。

6.7.3　制作与调试

由于报晓电子鸟的电路仅用了 9 个元器件，故焊装简单，不必再另外设计制作电路板，而将所有元器件按图 6.7.1 所示焊接在 A 芯片上即可。

焊接时须特别注意的是：因为所用模拟鸟叫声和专用语音声集成电路 A 系典型的大规模 CMOS 电路，所以电烙铁外壳必须良好地接地，也可拔去电烙铁的电源插头，利用电烙铁余热快速焊接，这样就可避免集成电路被交流感应电压击穿而造成永久性损坏；焊接的电烙铁要用功率小于 30W 的，每个焊接点时间勿超过 2s，助焊剂宜用普通松香，不能用焊油或焊膏。这些基本要求一定要记牢，它几乎适合本书所有的集成电路。

图 6.7.3 所示为该天亮报晓电子鸟的外形图。

图 6.7.3　天亮报晓电子鸟外形图

除了发光二极管 VD_1、VD_2外，其余电路均装入一个体积合适的扁圆形小塑料盒（可用家中护肤霜空盒、市售扁圆形香皂盒等）内。在盒面板适当位置开孔固定光敏电阻器 R_L，并为扬声器 B 开出释音孔。电路盒上面还要固定一只小鸟造型的工艺品或儿童塑料玩具，并将 VD_1、VD_2分别嵌入小鸟的双眼内（若不便安装，可省掉 VD_1、VD_2不用），起装饰美化作用。为了避免白天装上电池后 B 发声不止，还需用废旧钢笔管套制作一个尺寸约为 ϕ12mm × 12mm 的遮光罩，把它罩在 R_L上面。

使用时，将天亮报晓电子鸟放在易接收到外界自然光线照射的地方（如窗台上），睡觉前取掉遮光罩。第二天清晨，R_L感受到一定强度的光线后，电路即被触发工作，电子鸟就会报晓不休，并且两眼闪闪发光。待主人起床后用遮光罩罩住 R_L，电子鸟则发出一遍“早上好”的问候语，便停止工作。

使用中如果发现电路容易产生自激振荡，可通过在集成电路 A 的电源端与“地”之间跨接一只 47 ～ 100μF 的电解电容器（正极接 V_{DD}、负极接 V_{SS}）来加以排除。

该装置平时耗电甚微，实测静态总电流 <4μA。每换一次电池，可工作半年以上时间。它的光触发灵敏度是比较高的，天刚放亮就工作，因此不论是晴天还是阴天，其工作状况几乎是一样的。

6.8　实例 52：电子硬币

抛硬币是人们常用的一种随机决策方法。电子硬币采用红、绿两种颜色来模拟硬币的正、反两面，使用时也是将电子硬币轻轻一抛再观其结果，它会带来另一番情趣，如图 6.8.1 所示。

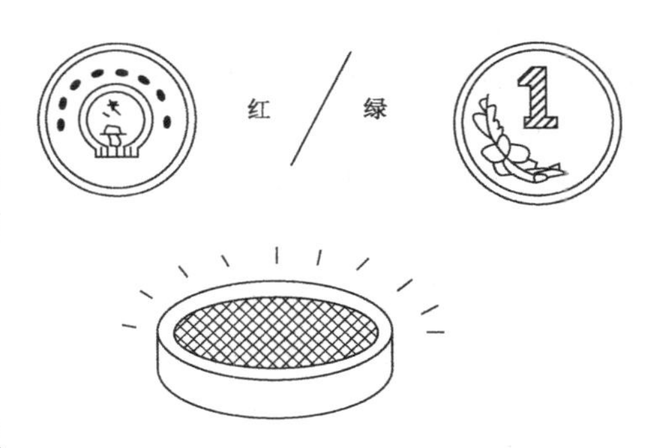

图 6.8.1　电子硬币外观图

6.8.1　电路原理

电子硬币电路原理如图 6.8.2 所示，包括三大部分：与非门 D_1、D_2等构成自激多谐振荡器，用以产生时钟脉冲；与非门 D_3和 D 触发器 D_4等构成随机控制电路，使后续的显示电路实现随机显示；晶体管 VT_1、VT_2及发光二极管 VD_1～VD_4等组成驱动显示电路。VT_1、VT_2分别接成射极跟随器，既具有电流放大作用，又可以缓冲负载对 D 触发器 D_4的影响。R_4是发光二极管共用的限流电阻。

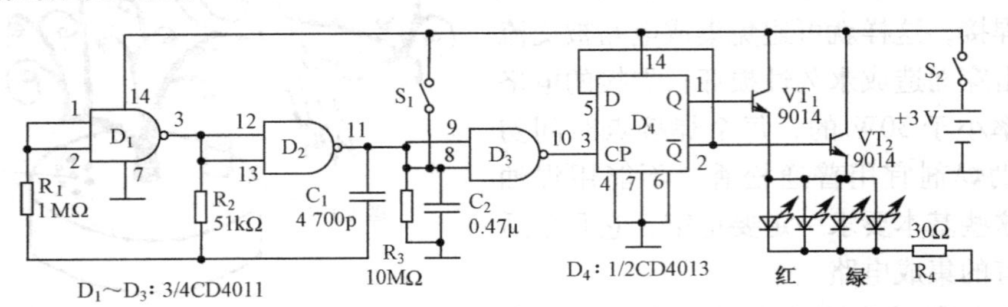

图 6.8.2　电子硬币电路原理图

与非门 D_1、D_2均接成非门，它们与 R_1、R_2、C_1一起构成自激多谐振荡器，振荡频率约为1.9kHz，为整个电路提供方波时钟脉冲。

随机控制电路由 D 触发器 D_4和与非门 D_3等组成。D_4接成双稳态电路，CP 端每输入一个时钟脉冲，输出状态便翻转一次，其两个输出端 Q 和$\overline{Q}$输出状态互为反相。时钟脉冲受 D_3控制，D_3的控制端（图 6.8.2 中 D_3的下面一个输入端）接有 C_2、R_3，并通过 S_1接电源正极。S_1是常开式振动开关，受振动时瞬间接通给 C_2充满电，使 D_3控制端为 1，时钟脉冲通过 D_3作用于 D_4；随着 C_2经 R_3放电，数秒后，当 C_2上电压降至 D_3触发电压 V_T以下时，D_3因控制端为 0 而关断，D_4因无时钟脉冲而随机地处于某一状态（Q = 1 或$\overline{Q}$=1）并通过 VT_1或 VT_2驱动发光二极管发出红色或绿色的光。

6.8.2　制作与调试

第一，取单面覆铜板一块，裁剪成直径为 60mm 的圆形，并按图 6.8.3 所示腐蚀成型，制作印制电路板。

第二，制作振动开关，先制作定接点：取薄铜片一小片，按图 6.8.4（a）所示形状和尺寸裁剪成型，并将左右两端折弯 90°。再制作振动臂：从弹性很好的薄铜皮上剪取宽为 2mm、长约 26mm 的一条，按图 6.8.4（b）所示尺寸折弯成型，并在左端头部灌满焊锡，形成一个重锤。振动开关在印制电路板上的位置如图 6.8.4（c）所示，先将定接点插入安装孔并从铜箔面焊牢，再将振动臂的右端插入安装孔并焊牢。振动臂头部的重锤应正好在定接点的上方，间距 1mm 左右。将印制电路板轻轻一掷，重锤应能准确击打在定接点上。

第三，制作电池卡子。本制作中采用一枚 CR2025 型号的 3V 纽扣形锂电池，按其尺寸用弹性薄铜片制成电池卡子并焊牢在电路板上。

第四，制作显示板。用厚度为 3mm 的透明有机玻璃板制作一个直径为 60mm 的圆片，并将其上、下、左、右各裁去 4mm。将该圆片上、下、左、右被裁去 4mm 后的直边在细砂纸上磨平，并用牙膏进一步抛光，务必达到像有机玻璃表面一样光洁。最后用铁笔或刀尖等在该有机玻璃片的一面刻划出网格。

第五，改造发光二极管。VD_1～VD_4采用直径为 3mm 的高亮度发光二极管，其中 VD_1、

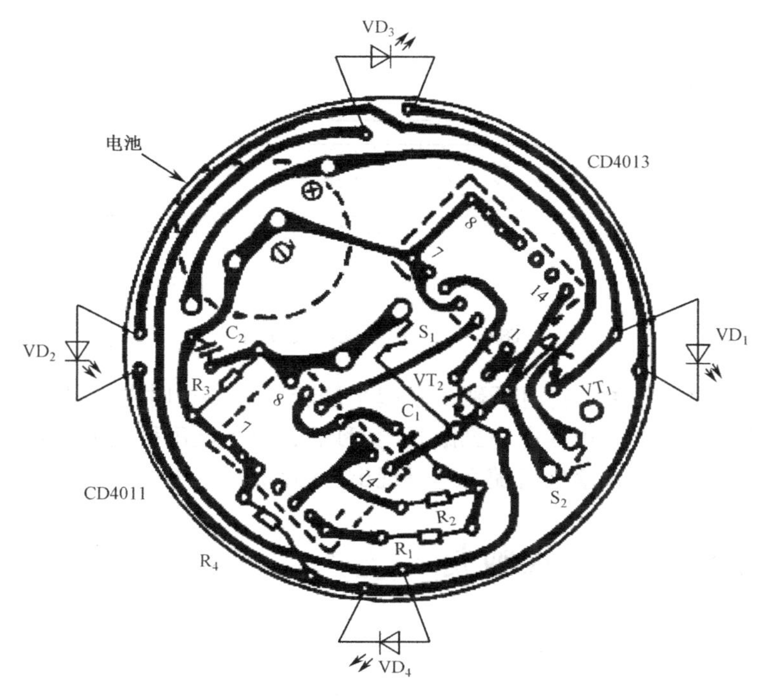

图 6.8.3　电子硬币印制电路板

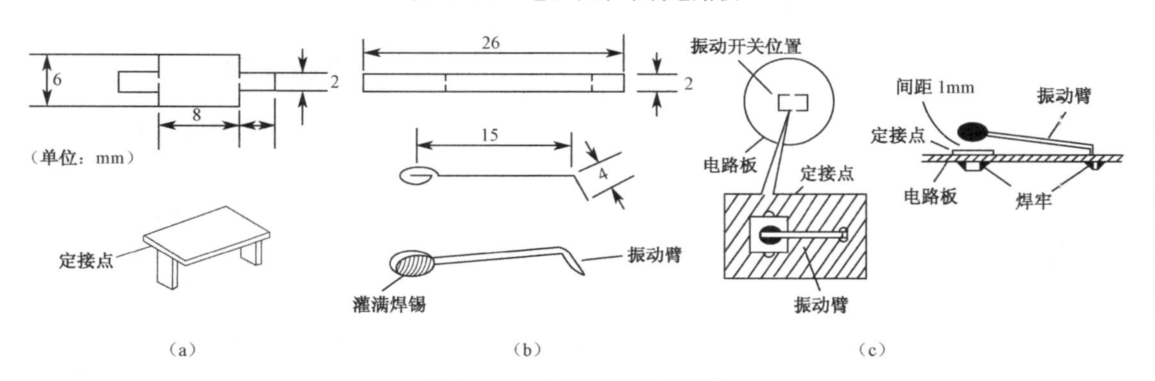

图 6.8.4　电子硬币振动开关

VD_2为红色，VD_3、VD_4为绿色。为便于安装，需将其顶端半球状部分截去。

第六，总装。将元器件焊入印制电路板相应位置，安装高度必须符合以下要求：发光二极管顶端距电路板表面的高度为 8mm；电源开关 S_2的开关柄顶端高度为 11mm，而其开关体的高度不得超过 8mm；其余元器件的高度均应为 5mm，并保持平整。在其上面放一层白纸，将显示板放在白纸上面，4 个直边的中间对着 4 个发光二极管，发光二极管的发光点应正对着显示板侧面，如图 6.8.5 所示。

第七，制作外壳。选择一个内部直径为 60mm、高 12mm 的塑料扁圆盒，将盒盖上面开挖出一个直径 46mm 的大孔，在大孔旁边对应电源开关的地方开一个长方形的小孔，以便开关柄从中伸出来。外壳做好后，将一枚 CR2025 纽扣电池正极朝上推入印制电路板上的电池卡子当中，然后将装配好的包括印制电路板和显示板的机心放入外壳中，盖上上盖，并使电源开关柄从小长方孔中露出，一个电子硬币便制作完成了。

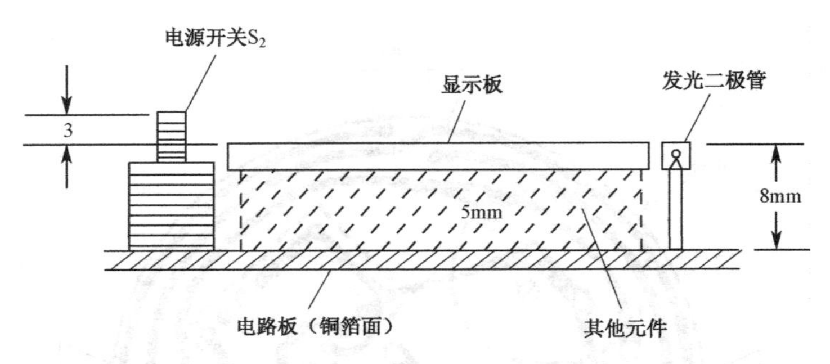

图 6.8.5 电子硬币安装图

使用时，打开电源开关，将电子硬币拿起来轻轻一掷，这时电子硬币呈现出类似于橙色的颜色（相当于抛出的硬币在空中翻滚）。数秒后，电子硬币稳定地、随机地呈现出红色或绿色（相当于抛出的硬币落地后随机地呈现出一面）。

6.9 实例53：电子灭蚊灯

电子灭蚊比传统的灭蚊方法更加环保、安全、方便，再加上灭蚊效果良好，越来越受到人们的欢迎。它是利用紫外光灯管发出的紫外线引诱蚊虫，当蚊虫触及圆形的高压电网时，电极被短接，蚊虫被击毙。下面剖析一种线路简单、成本低且容易制作的电击灭蚊器。

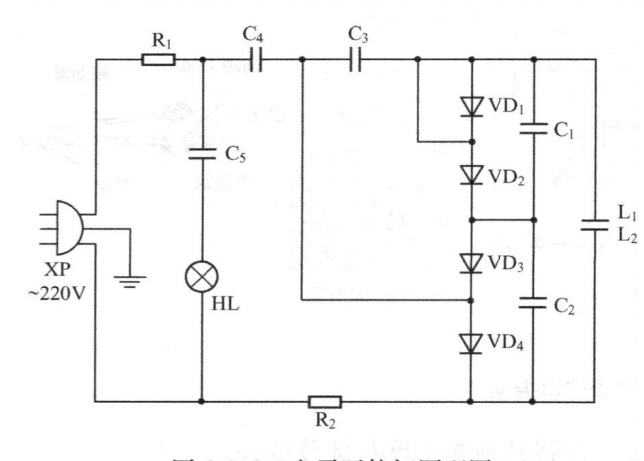

图 6.9.1 电子灭蚊灯原理图

6.9.1 电路原理

电子灭蚊灯电路原理如图 6.9.1 所示，由紫外线灯管和 4 倍压整流电路组成。当接通 220V 交流电源时，二极管 VD_1、VD_2、VD_3、VD_4 和电容 C_1、C_2、C_3、C_4组成的 4 倍压整流电路产生直流高电压。此时紫外灯管 HL 随 220V 电源接通而点亮，其波长约为 250mm，利用蚊虫的趋光效应来引诱蚊虫。当蚊虫扑向紫外灯管 HL 时，内于灯网布满高压，因而蚊虫受到电击后达到灭蚊效果。

本电路 4 倍压整流可产生约 800V 的高电压，尽管电压较高，电流却很小，而且在电路中接入了两只限流电阻，可以保证人身的电气安全。

6.9.2 元器件选择

HL 选用 3 ～ 5W 的紫外灯管。R_1、R_2 选用 1/2W 20kΩRJ 电阻。VD_1 ～ VD_4 选用 1N4007。C_1 ～ C_4选用 0.47μF 的涤纶电容器，耐压≥630V。电容器 C_5对灯管有限流作用，能够延长灯管的使用寿命，但对灯管的亮度会有影响，因此 C_5的电容值可根据实际情况选择，一般取 0.033 ～ 0.047μF/630V 为宜。

6.9.3 制作与调试

本电路的印制电路板及接线如图 6.9.2 所示，注意铁丝网要罩在紫外线灯外。高压电网是由 0.5 ～0.9mm 的铁丝在塑料骨架上隔离绕制而成，两根铁丝端点 L_1、L_2之间不能发生短路，否则会击穿而烧坏电路。两线之间的距离不宜太宽或太窄，太宽不能有效地触及蚊虫，太窄又易使铁丝变形而出现短路，一般为 2 ～3.5mm 较适宜。

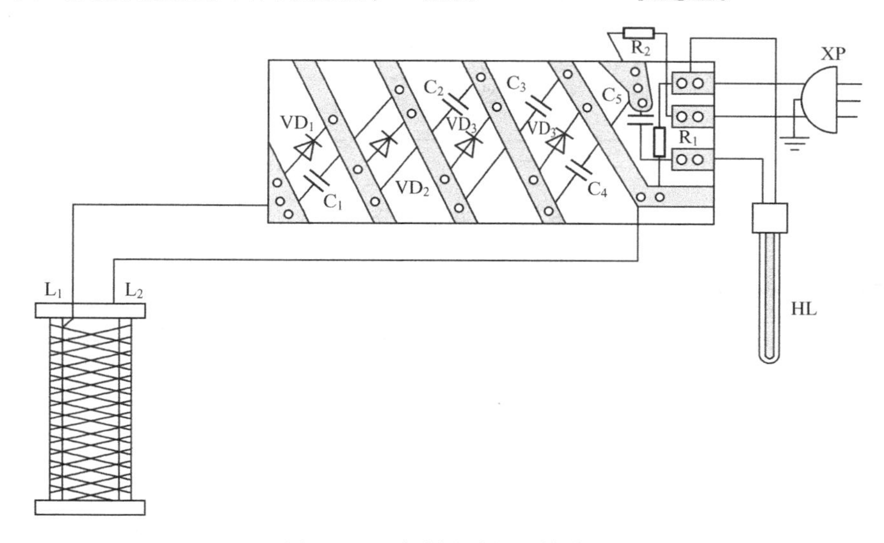

图 6.9.2　印制电路板及接线图

使用时注意以下几点：

（1）灭蚊灯管点亮后，室内不宜有其他光源，否则会影响灭蚊效果。

（2）灭蚊灯应放在儿童触摸不到的地方，工作时，千万不要随意触及电网铁丝。

（3）在拔下电源插头时，人手不宜即刻触及电网铁丝，由于电路内的电荷尚未泄放完，有可能电击人手（最好待 2min 后再碰触）。

（4）本装置由于未采用隔离方式，因此有带电现象，可用数字万用表加以判别。用数字万用表交流 200V 挡，将黑表笔拔出，红表笔插入 V/Ω 插孔中，此时用红表笔探头搭在设备的金属外壳上，如果显示值为零，表明被测电子设备外壳有漏电现象，可用此方法检测家用电器（如电冰箱、微波炉、洗衣机等）是否有漏电情况。

6.10 实例 54：心形彩灯控制电路

本节介绍一种基于数字电路的简单作品，无须编程，无须进行电路设计，只需两块芯片即可，适合初学者制作，其本质就是用数字芯片 CD4017 构成流水灯，显示方式可根据自己的喜好、创意选择。

6.10.1 电路原理

电路由电源模块、LED 彩灯流水驱动、7 段数码管显示驱动三部分组成，下面分别介绍其工作原理。

1）电源模块

电源部分的原理如图 6.10.1 所示。CD4017 工作电压较高，加之彩灯使用环境是在室内，所以考虑使用交流电源。3 ～ 5W 的小型变压器即足够，要求变压器次级输出为 7 ～ 8V，这样经整流滤波后可得到系统需要的 9 ～ 10V 直流电压。

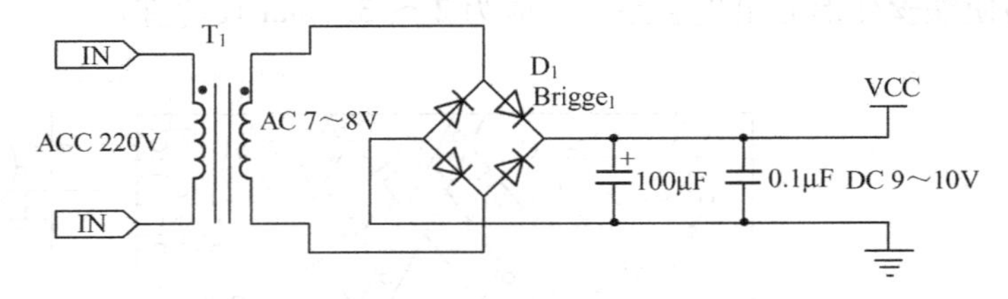

图 6.10.1　电源部分原理图

2）LED 彩灯流水驱动

心形中间部分 LED 产生流动效果，通过 NE555 和 CD4017 组合电路完成，其工作原理如图 6.10.2 所示。其中 NE555 组成振荡电路，CD4017 则是计数电路。

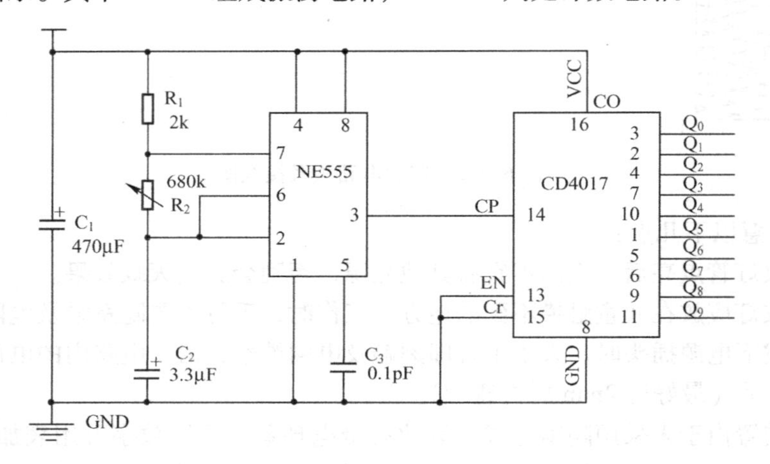

图 6.10.2　LED 彩灯流水驱动原理图

振荡电路由 NE555 和 C_2、C_3、R_1、R_2等组成，其中 C_2为延时充电电容，C_3为抗干扰隔离电容，R_1、R_2为延时充电电阻，而 R_2为放电电阻。通电后，因电容 C_2两端电压不能突变，NE555 2 脚的电压为低电平，NE555 的内部触发器被置位，NE555 3 脚输出高电平。同时，由于电源经电阻 R_1和 R_2向 C_2充电，使 NE555 6 脚和 2 脚的电压不断提高，当电位上升到 VCC 的 2/3 时，NE555 的内部触发器复位，NE555 3 脚的输出电压翻转为低电平。同时 NE555 内部的放电管导通，即 NE555 7 脚通过内部的放电管和 1 脚相通，C_2上储存的电荷就通过 R_2、NE555 的 7 脚放电，使 NE555 6 脚和 2 脚的电压不断下降，当电位降低到 VCC 的 1/3 时，NE555 的内部触发器置位。同时 NE555 内部的放电管截止，NE555 的 7 脚被悬空，电源又通过 R_1、R_2向 C_2充电，使 6 脚和 2 脚的电压不断提高……如此，周而复始，形成振荡。输出端的高电平维持时间取决于电容 C_2的充电时间常数，输出端的低电平维持时间取决于电容 C_2的放电时间常数。由于 $R_2 \geqslant R_1$，故可认为 $f_{放} \approx f_{充}$，目的是减小彩灯熄亮交替的时间间隔的差异。

译码计数功能由 CD4017 实现，当复位端 C_r加上高电平和正脉冲时，CD4017 输出端 Q_0为高电平，其余 9 个输出端 Q_1～Q_9均为低电平。时钟输出端 CP 对输入时钟脉冲的上升沿计数，EN 则对时钟脉冲的下降沿计数。Q_0～Q_9这 10 个输出端的输出状态分别与输入的时钟个数相对应。如从 0 开始计数，则输入到第 1 个时钟脉冲时，Q_1就变成高电平，输入第 2 个时钟脉冲时，Q_2变成高电平……直到输入第 10 个时钟脉冲时，Q_0变为高电平。同时，进位端 C_0输出一个进位脉冲，作为下一级计数的时钟信号。C_r为复位端，也为清零端。当 C_r输入高电平时，电路复位，即输出端 Q_0为高电平，Q_1～Q_9为低电平。如此反复，只要 NE555 的 3 脚送来的二进制信号不消失，CD4017 将二进制信号转换为十进制信号的计码工作就会反复进行下去。

由此可见，调节可变电阻 R_2便可改变振荡电路的频率，反映在 CD4017 输出端则是心形灯流动速率的变化。

彩灯心形由 30 颗 LED 组成，但是 CD4017 只有 10 组输出，所以把心形的顶部 5 颗 LED 和底部 5 颗 LED 独立开来，其余还有 20 颗 LED 则两两并联后由 CD4017 驱动，形成流水灯效果，Q_0～Q_9直接接到 CD4017 的对应端（两只高亮 LED 并联后工作电流在 20mA 以下，完全不必接三极管扩流驱动），如图 6. 10. 3 所示。

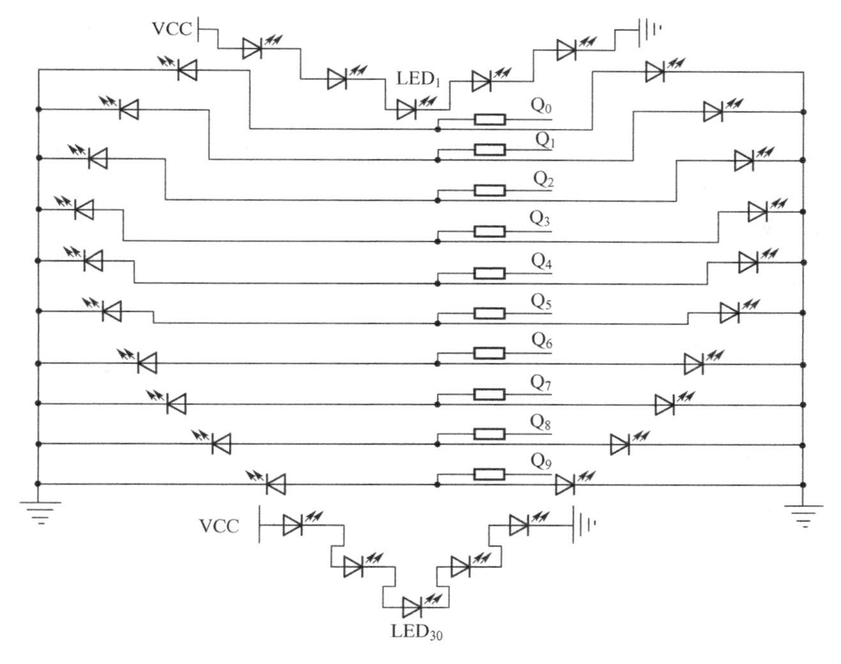

图 6. 10. 3　心形 LED 彩灯布局原理图

图 6. 10. 3 中 VCC 接电源模块 9 ～ 10V 输出，电阻均为 680Ω，LED_1、LED_{30}为多色自闪高亮 LED，其他为普通 LED，颜色可根据自身喜好选择排列。顶部和底部独立出来的两路 LED，电路完全相同，将 5 颗 LED 串联后直接接在电源上。使得电路中总有两颗 LED 在闪，发出七彩光，同时因为它们在闪的过程中自身压降总在忽高忽低的交替变化，使得分别所处的两条 LED 通路上的其他 4 颗 LED 的分压也发生变化，导致支路中的其他 4 颗 LED

会呈现亮度高低起伏的效果，恰到好处地陪衬了两颗闪烁的LED。

3）7段数码管显示驱动

在心形彩灯的中间，用数码管显示“LOVE”字样，对初学者来说需要哪些笔画亮就将其通电是最直接的方法，其他笔画则悬空（数码管选用共阴极类型），电路连接如图6.10.4所示。

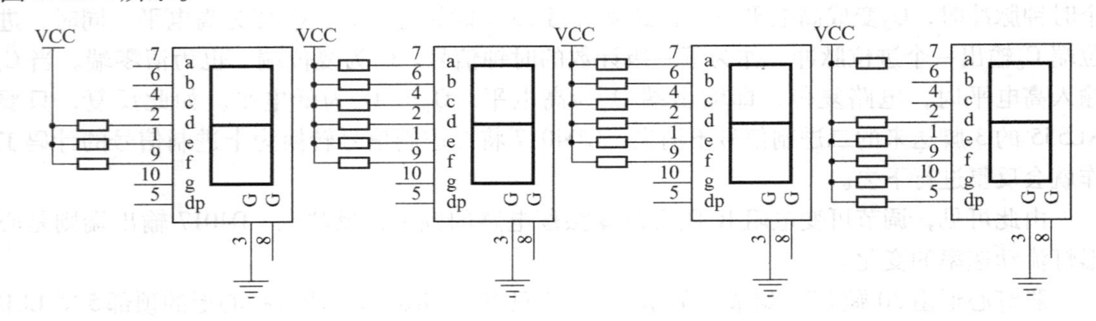

图6.10.4　7段数码管显示驱动原理图

6.10.2　元器件选择与制作

心形彩灯电路选用常规普通元件，在电子元件市场很容易得到，具体包括：杜邦线若干，点阵板2块，电位器2个，470μF电容1个，整流二极管4个，220V转7V变压器1个，104电容若干，稳压块LM7809 1个，散热片1块，各色发光二极管LED若干，100μF电容1个，2kΩ电阻1个，680Ω电阻若干，共阴极数码管4个，定时器NE555 1片，计数器/脉冲分配器CD4017 1片，芯片底座2个。发光二极管型号不限，最好选用工作电压低、导通电流小而发光效率高的高灵敏发光管。

制作完成的心形彩灯如图6.10.5所示。

图6.10.5　心形彩灯实物图

6.11　实例55：红外遥控密码锁 

红外遥控密码锁是一种新颖有趣的电子锁，它的“钥匙”实际上是一个微型红外密码发射器，使用者可以在门外数米处用密码遥控打开房门。这种锁保密性强、工作可靠，且电路简单，制作容易。本电路还可以用在其他用密码遥控的装置上。

6.11.1 工作原理

图 6.11.1 所示为发射电路。它分为三个部分：密码编码电路、限时按键电路、红外调制发射电路。

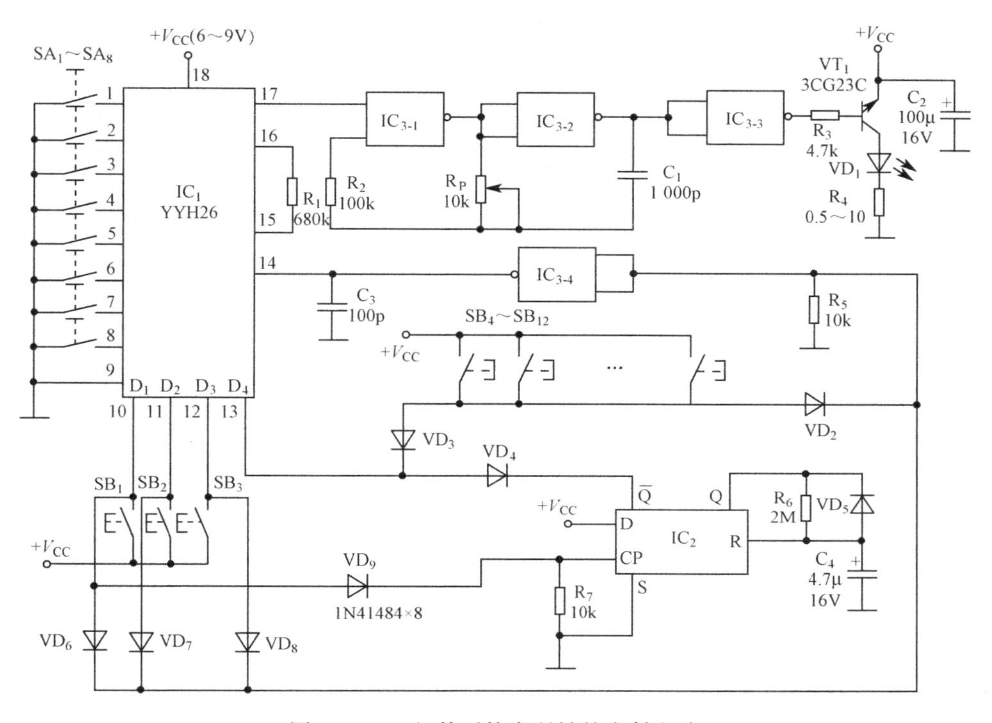

图 6.11.1　红外遥控密码锁的发射电路

密码编码集成电路 YYH26 的 1 ～ 8 脚为地址编码，SB_1～SB_3 可按顺序按键输入设定的数字码进入 D_1～D_3，D_4 设定为错误码输入，当错误按动 SB_4～SB_{12} 键中的任何一键，接收机会清零复位封锁、开锁电路工作。可以看出，只有用与接收机地址编码相同的发射机，并且在 12 个按键上以正确次序按其中三个键时，才能打开门锁。

IC_2 为双 D 型触发器，主要功能是限时按键，即当正确按入第一键后，电流经 R_6 向 C_4 充电。IC_2 限定使用者在 5s 内必须完成正确按动另两个数字键，才能使电子锁开锁，否则 5s 后高电平使 R 清零，电路自动封锁。

IC_3 的三个非门构成了 38kHz 脉冲振荡器。电位器 R_P 为调整频率用，保证接收机能正确接收到开锁信号。三极管 VT_1 是红外发射放大管，它集电极上的红外发射二极管 VD_1 获得被调制的功率信号。

图 6.11.2 所示为红外密码锁的解码开锁电路。它由红外接收电路、解码电路和开锁电路构成。红外接收是由专用集成电路 KA2184 完成的。集成块内部有 38kHz 解调电路。7 脚输出数字编码串信号，经三极管 VT_2 放大后送入 IC_5 的 10 脚。YYH27 为解调集成电路，它的地址码是由 1 ～9 脚连线配置决定的，它应与 YYH26 的地址码相对应，否则就不能输出数据信号。

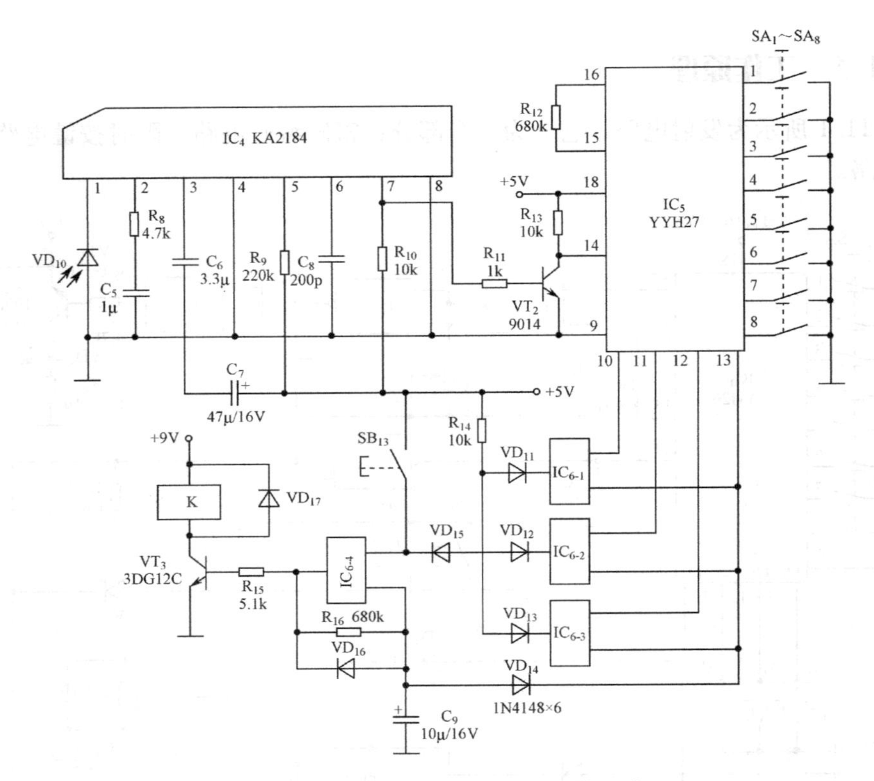

图 6. 11. 2　红外密码锁的解码开锁电路

6. 11. 2　元器件选择

本电路采用的编解码电路 YYH26 和 YYH27 为双列直插 16 脚。另外几块数字电路的型号为：IC_2，CD4013；IC_3，CD4011；IC_4，CD4043。红外发射、接收由匹配对专用二极管 VD_1 和 VD_{10} 来完成，型号为 PH302 和 PE303A。继电器 K 可选用 9V 小型灵敏度较高的一种，如 4098 或 4099 型超小型中功率继电器。电磁锁舌可以用通用电磁阀改制，要求锁舌行程为 1cm。SB 键盘可选用计算器压电橡胶改制。其他元件数值根据图 6. 11. 1 和图 6. 11. 2 选用。发射电路的电源可选用 6V 或 9V 层叠电池。

6. 11. 3　制作与使用

如图 6. 11. 3 和图 6. 11. 4 所示为红外遥控密码锁发射和接收开锁印制电路板，除了电磁锁舌，其他元件均安装在该电路板上。

整个红外密码锁的工作过程是：首先正确按下 SB_1 键，触发限时按键单稳态电路翻转，同时发出首位数码，紧接其后短时间按顺序按动 SB_2、SB_3 键，完成密码输入。此后 IC_1 发出数码串信号来调制 38kHz 信号，由红外管发出开锁信息。若按错键，D_4 的数据端高电平发出封锁信号。若红外接收管正确接收信号，该信号经解调放大后输入给解码集成电路，只要地址码相应正确，数据端便发出数据信号，三个触发器分别将其锁存，再经与门后触发 5s 开锁单稳电路，使继电器通电吸合启动电磁锁舌，5s 后自动还原。SB_{13} 是手动开锁键，作为门内开锁用。

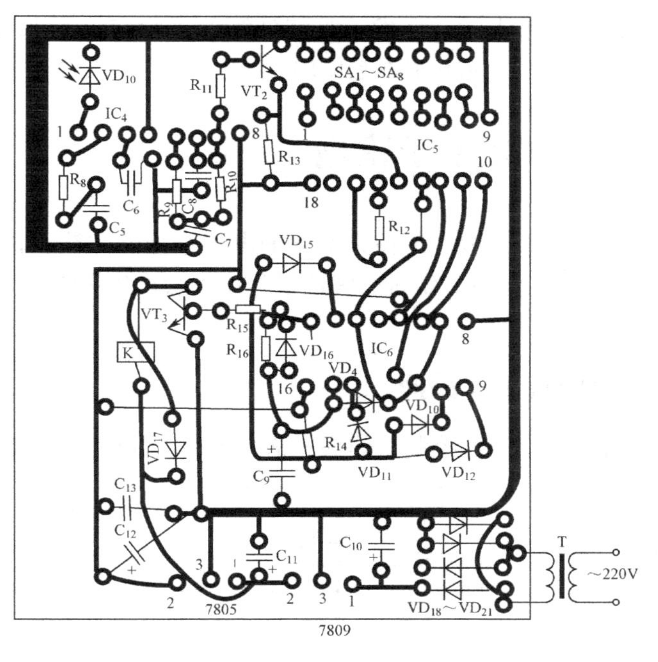

图 6. 11. 3　红外密码锁发射部分印制电路板

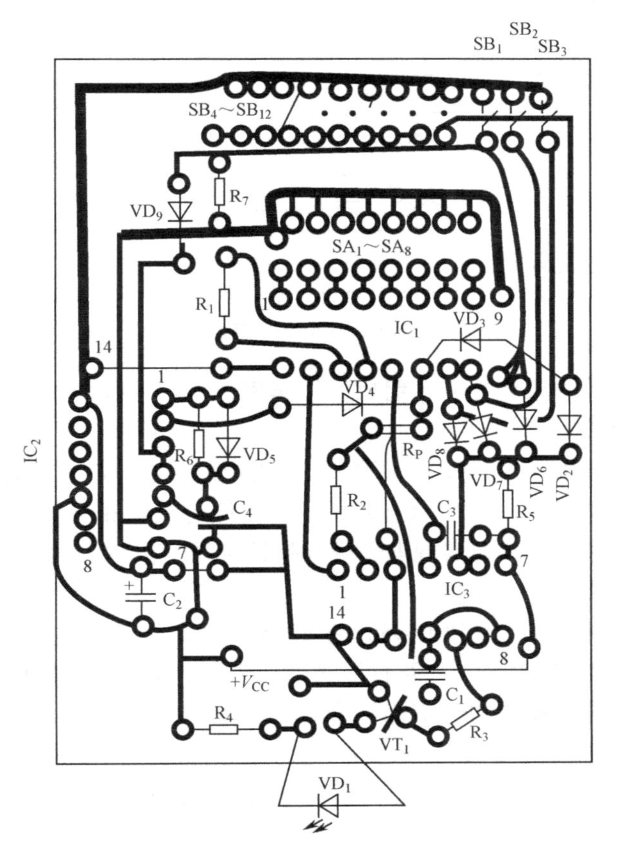

图 6. 11. 4　红外密码锁接收部分印制电路板

第6章

为防止误动作，减小外来干扰，在发、收红外管的“窗口”前加红色滤色片，这样，只有红外光起作用，其他频率的光基本不起作用。

6.12 实例56：声光电子鞭炮

本节为读者介绍制作无烟无纸、不污染空气的电子鞭炮的方法，该电子鞭炮在室内外均可“燃放”，而且在生产、储运、销售、鸣放过程中不会产生爆炸伤人事故，是一种安全环保的产品。

6.12.1 电路组成及工作原理

该产品电路由电源开关、温度控制、炸头三部分组成，如图 6.12.1 所示。

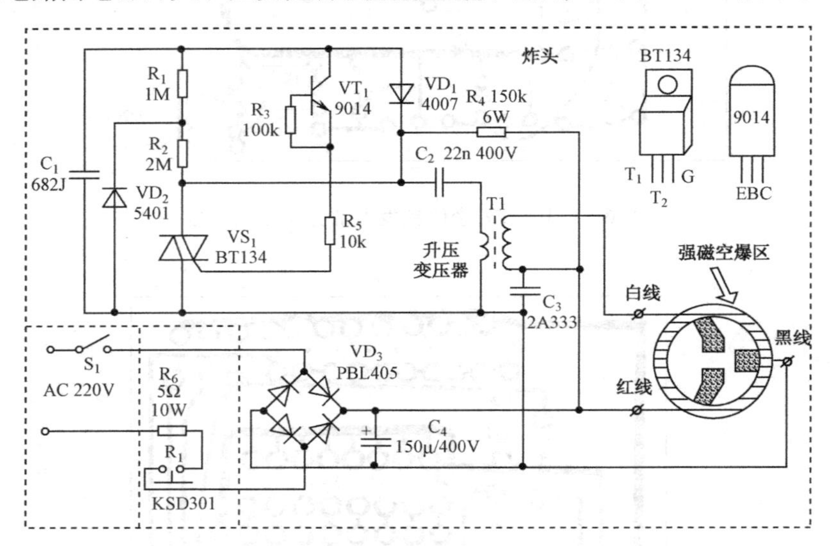

图 6.12.1 声光电子鞭炮原理图

电源开关部分主要由床头开关 S_1 组成，用来控制 220V 交流电源的通断，从而实现电子鞭炮的“燃放”控制。

温度控制部分主要由温控开关 KSD301 和水泥电阻 R_6 组成，而且这两个元器件相互紧贴安装，电子鞭炮在“燃放”工作状态时，两个元件的热量相互传递、共同升温，以便更快达到温控开关的动作点，从而实现电子鞭炮超长时间“燃放”时的保护性断开功能。

炸头电路是电子鞭炮的核心结构，主要由整流、滤波、脉冲发生器、脉冲升压、强磁空爆机构组成。其中桥堆 VD_3（PBL405）将 220V 交流电进行整流，送给电容 C_4 进行滤波，从而得到 300V 左右的直流电压，一路直接送到炸头中的强磁空爆机构，另一路送给炸头中的脉冲发生器，以便产生幅度和频率都符合要求的电子脉冲。其中，脉冲发生器主要由电阻 R_4、R_1、R_2、R_3、R_5、电容 C_1、三极管 VT_1、双向晶闸管 VS_1 等元件组成。从表面上来看，VT_1 是 NPN 型三极管，由于无法得到基极电流，一直处于截止状态。

实质上，这个脉冲发生器主要利用三极管的负阻特性构成弛张振荡器，三极管 VT_1 工作在负阻区（如图 6.12.2 中的 *BC* 区），发射极会产生一种如图 6.12.3 所示的脉冲信号波形（频率为 1 ～ 10Hz），该脉冲信号通过电阻 R_5 作用于双向晶闸管 VS_1 的控制极，从而使其两个阳极之间周期性导通和断开。

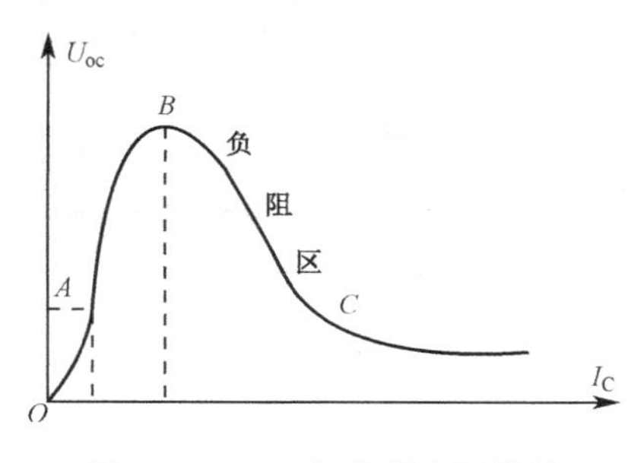

图 6. 12. 2　三极管的负阻特性

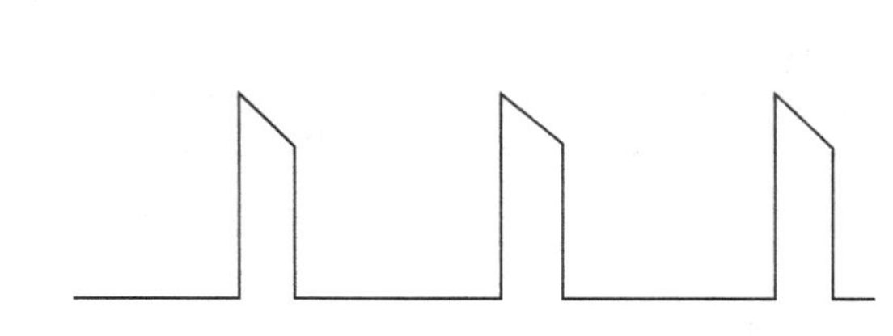

图 6. 12. 3　三极管的射极输出脉冲波形

脉冲升压电路主要由双向晶闸管 VS_1 和升压变压器 T_1 组成，该部分电路及其等效电路如图 6. 12. 4 所示。从图中可见，当双向晶闸管 VS_1 关断时，+300V 电源通过 R_4 对电容 C_2 和升压变压器 T_1 的低压线圈支路进行储能充电；当 VS_1 导通时，电容 C_2 将通过双向晶闸管和 T_1 的低压线圈回路进行放电。这种周期性充放电变化的电流会使升压变压器的次级高压线圈感应出很高的脉动电压（500 ～ 1 000V），这个脉动电压与 +300V 的直流电叠加后送至炸头中的强磁空爆机构，最终引起空气剧烈电离，从而产生声光俱现的“燃放”鞭炮的实际效果。爆炸头采用耐压耐高温陶瓷材料制成。

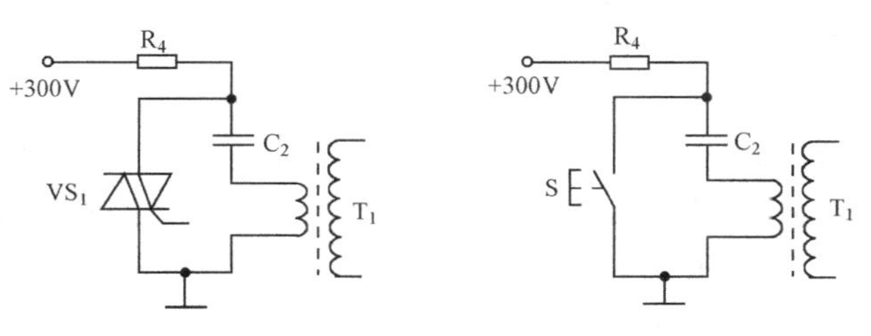

图 6. 12. 4　脉冲升压电路等效电路图

6. 12. 2　元器件选择

元器件选择如表 6. 12. 1 所示。

表 6. 12. 1　声光电子鞭炮元器件表

元　件	型　号	元　件	型　号
R_1	1MΩ	C_1	682J
R_2	2MΩ	C_2	22nF/400V
R_3	100kΩ	C_3	2A333
R_4	150kΩ/6W	C_4	150μF/400V
R_5	10kΩ	VD_1	4007
R_6	5Ω/10W（水泥电阻）	VD_2	5401
R_t	KSD301	T_1	升压变压器
VT_1	9014	VD_3	PBL405
VS_1	BT134	S_1	床头开关

6. 12. 3　制作与调试

首先制作电子鞭炮的核心结构—— 炸头电路。炸头电路的 PCB 图如图 6. 12. 5 所示。

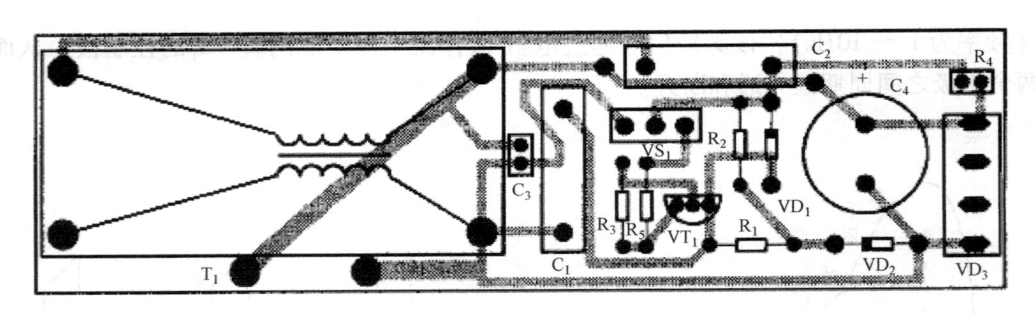

图 6.12.5 声光电子鞭炮炸头电路的 PCB 图

元器件选择要正确，无损坏，电路板制作工艺应良好，把所有电子元件正确焊接后装入炸头包装盒内，并用导线与炸头中的强磁空爆机构相应的接线柱相连，完成一个炸头的装配。

升压变压器的低压侧线圈采用直径为 0.25mm 的漆包线在直径为 8mm 的铁氧体材料棒上绕 20 匝左右，高压侧线圈采用直径为 0.1mm 的漆包线在内径为 11mm、外径为 22mm 的空心支架上绕 1 000 匝左右，然后将低压线圈装入高压线圈中，即完成升压变压器的装配。

温控开关 KSD301 和水泥电阻 R_6应该紧密贴装在一起，以便于两者之间热量的有效传递。

装成串的电子鞭炮的形状类似传统鞭炮，但其中的炸头数量一般是成对配置的，炸头数量越多，“燃放”效果越逼真。

该电子鞭炮只要接入 220V 交流电源，按下床头开关，即可实现对电子鞭炮的“燃放”控制。根据设定的保护方式，只要电子鞭炮连续“燃放”时间超过 8min 即会自动停止“燃放”，直到炸头冷却一段时间后才能再次“燃放”。

如果在电子鞭炮的“燃放”控制、声光规律的自然性、产品微型化处理等方面进行创新研究，电子鞭炮在性能上甚至能超过传统的鞭炮，具有更好的声光效果，而且电子鞭炮完全是一种电子产品，是一种经济、环保、安全的新型产品。

6.13 实例 57：红外线捕鼠器

红外线捕鼠器主要由低功耗光电检测电路和声光报警电路组成。

6.13.1 工作原理

图 6.13.1 所示为红外线捕鼠器电路原理图。

光电检测电路由集成锁相环 IC_1及其外围元件组成。工作时 IC_1内部 VCO 的振荡信号由 5 脚输出，经 VT_1放大后推动红外发射管 VD_1发出红外光脉冲。在老鼠未进入捕鼠箱内窃食反射镜附近的诱饵时，反射镜未被遮挡，VD_1发出的红外光脉冲经反射镜反射后被光敏三极管 VT_2接收，经 VT_3放大后送至 IC_1输入端 3 脚，因该信号与 VCO 振荡频率相同，故 IC_1的 8 脚输出低电平。此时，由 CMOS 施密特触发器 IC_{2a}、IC_{2b}等组成的可控振荡器停振，声光报警电路不工作。IC_{2c}输出高电平，IC_{2d}输出低电平，VT_4截止，电磁铁 L 无磁性，箱门上的永久磁铁与 L 的铁芯相吸，故箱门不会落下。当老鼠进入捕鼠箱内窃食时，反射镜被遮挡，VT_2接收不到红外光信号，IC_1的 3 脚无信号输入，其 8 脚变为高电平。此时 IC_{2d}输出也变为

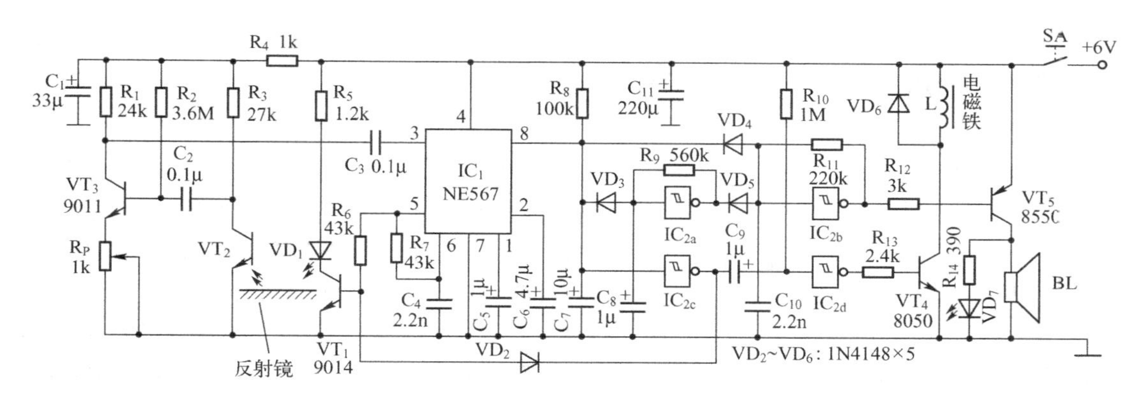

图 6.13.1　红外线捕鼠器电路原理图

高电平，使 VT_4导通，L 得电，其铁芯产生一个与永久磁铁极性相同的磁场，因“同性相斥”，箱门上的永久磁铁受到排斥，使箱门自动落下，圈鼠于箱内。与此同时，由 IC_{2a}、IC_{2b}等组成的可控振荡器起振，声光报警电路开始工作，VD_7发出闪烁光，BL 发出响亮的报警声。由于在 IC_{2c}输出低电平时 VD_2导通，VT_1截止，红外发射电路停止工作，故 IC_1的 8 脚一直为高电平，声光报警电路一直工作，直至关断电源。图 6.13.1 中 R_{10}、C_9可将耗电较大的 L 通电时间限制在 1s 左右（此时间足可使箱门落下），约 1s 后，C_9充满电，IC_{2d}输出低电平，L 失电，减小了电能的消耗。

6.13.2　元件选择与制作

VT_1选用 9014，要求 $\beta \geqslant 200$；VT_2用圆形光敏三极管，并在其外面套一个黑色塑料管，只让其顶部受光，以提高抗干扰能力；VT_3用 9011，要求 β 在 110 左右；VT_4、VT_5分别用 8050 和 8550，要求两管 $\beta \geqslant 250$。VD_1用圆形红外发射管。BL 用 0.5W/16Ω 的超薄型扬声器。电磁铁 L 可用废旧的继电器改制，其线圈圈数无要求，只要通电后所产生的磁场能使箱门落下即可，电源用四节 5 号镍镉电池。其他元器件无特殊要求。

红外线捕鼠器印制电路板如图 6.13.2 所示。

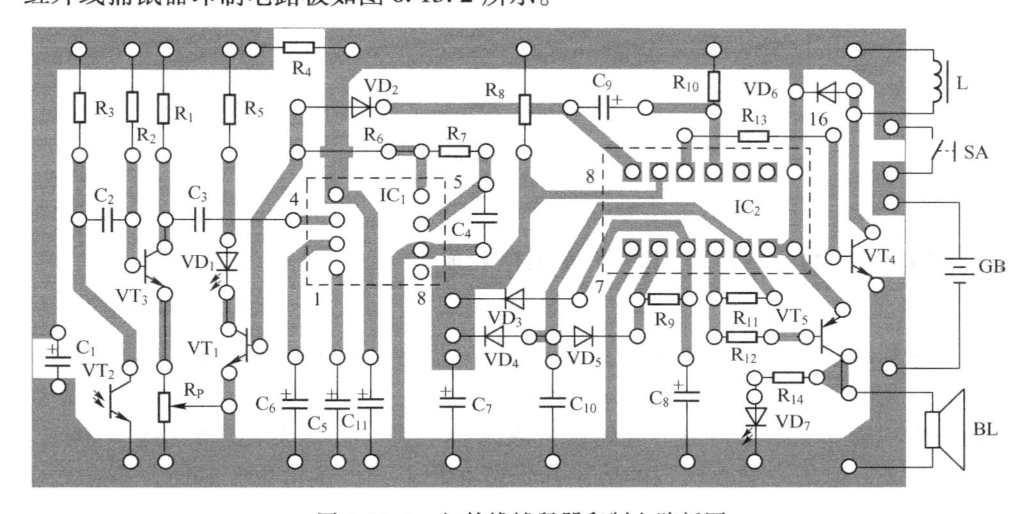

图 6.13.2　红外线捕鼠器印制电路板图

6.14 实例58：声光警笛电路 

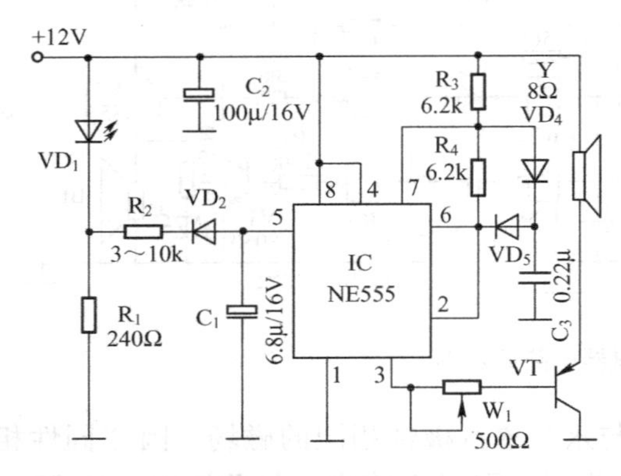

图 6. 14. 1　10W 声光警笛电路原理图

如图 6. 14. 1 所示是一个 10W 声光警笛电路。该电路能够产生高强度警报声，可以作为防盗警笛。当电源被报警系统接通后，VD_1 闪烁发光，同时在 R_1 电阻上输出脉冲方波，经过 R_2、VD_2、C_1 网络后得到三角波，IC 是个 555 时基电路，组成压控振荡器。R_3、R_4 与 C_3 是定时元件。在三角波控制下，输出的变音调信号经 VT 放大，推动扬声器，其输出功率接近 10W。调整 R_1 可以改变 C_1 上的三角波幅度，调整 W_1 可以改变音量。

图 6. 14. 2 所示是 10W 声光警笛电路印制电路板。元器件参数选择如图 6. 14. 1 所示，在当地电子元器件市场均可找到，没有特殊要求。

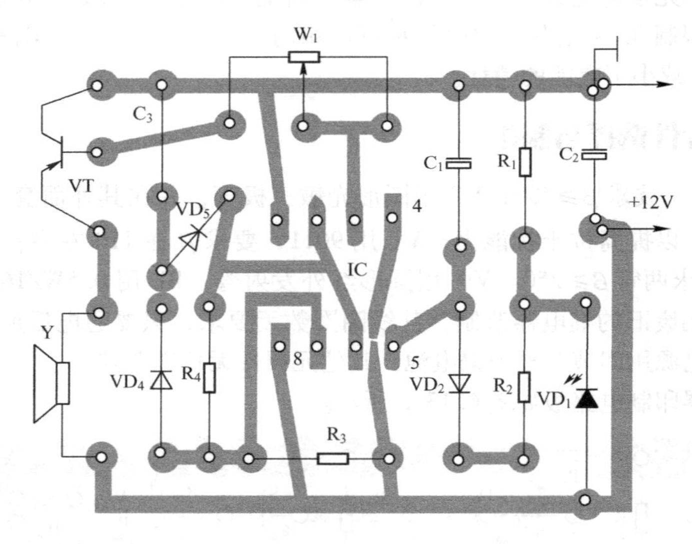

图 6. 14. 2　10W 声光警笛印制电路板

6.15 实例59：多功能声光电子靶 

本节介绍利用数字电路、双 D 触发器、晶体三极管、二极管和一些必要的阻容元件制作的多功能声光电子靶。当用电光枪对准 5m 远的模拟老鹰的电子靶射击时，只要射中靶心，即会发出“嘟——”的声音，鹰的两只眼睛会一闪一闪地发光。数秒后，声音消失，眼睛也不闪亮了，但击中靶心次数的数字却保留在靶上，再次击中靶心时，声、光会重复出现一次，击中靶心的次数会累计显示出来。

6.15.1 工作原理

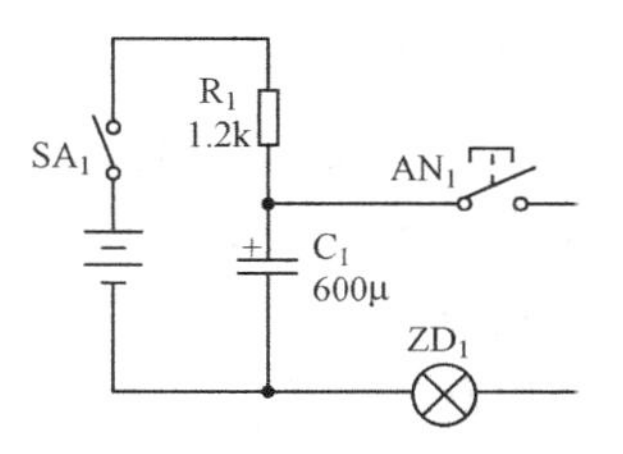

图 6.15.1 电光枪原理图

电光枪原理如图 6.15.1 所示。在接通电源后（接通 SA_1），由 9V 电源对 C_1 充电，约 3s 后若按下扳机 AN_1，C_1 通过 ZD_1 放电，使其瞬时点亮，完成将光发射出去的任务。光被光电管 VT_1 接收后，VT_1 导通（如图 6.15.2 所示，此图为多功能声光电子靶原理图）。使 VT_2、VT_3 两管导通，*a* 点由“1”（本节讲的“1”电平为 3V，下同）变为“0”（本节讲的“0”电平为地电平，下同），这个跳变信号经 F_1、F_2 整形后送给 C_2、R_4、R_5 组成的微分电路，经微分后触发由 F_3、F_4 等组成的单稳电路。此单稳电路在无触发情况下，F_4 输出为“1”电平，F_3 输出为“0”电平，*b* 点的跳变信号经微分后触发 F_3，F_3 输出由“0”变为“1”，并向 C_3 充电（充电时间由 C_3、R_6 的时间常数决定）。在 C_3 充电的这段时间里，F_4 输出为“0”状态，这是单稳的暂态期间。C_3 充电完毕之后，F_4 又恢复至“1”状态，经反馈后，F_3 又恢复到原始状态，单稳暂态结束。

这个单稳有两个作用：第一，平时 *c* 点为“1”电平，*d* 点为“0”电平，单稳被触发后，*d* 点由“0”跳变为“1”电平。这个跳变使双 D 触发器组成的电子计数器计一个数。电子计数器由两块 T077 双 D 触发器组成 8421 码计数器，每位计数器“Q”端带一个灯电路，在灯前用透明材料分别写上“8”、“4”、“2”、“1”。枪击中靶的次数即会被计入并显示出来。AN_2 为计数器清零开关。第二，单稳的另一个作用是控制发声及闪光电路。在单稳暂态这段时间里，*e* 点为“1”电平，F_7、F_9 门被打开，两个多谐振荡器振荡，单稳延迟结束后，*e* 点又为“0”电平，F_7、F_9 两个门又封锁。

发声电路由 C_4、C_5、R_{11}、R_{12}、F_7、F_8 组成一个受控多谐振荡器。*e* 点为“0”电平，*f* 点也为“0”电平，VT_8 截止，喇叭无声。这时 F_7 输出也为“1”电平，电路给 C_5 充电，C_4 放电。*e* 点变化后，F_7 输出跳变为“0”，这时 C_5 放电，C_4 充电，此时电路不受控。上述充放电过程交替进行，形成振荡。振荡频率由 C_4、C_5、R_{11}、R_{12} 的值决定。振荡器在声频范围内振荡，其输出经 R_{13} 输出，由 VT_8 放大后，推动喇叭发出声音。闪光电路：*e* 点为“0”电平时，F_9 被封锁，*g* 为“1”电平，经 F_{11}、F_{12} 输出为“0”电平，VT_9、VT_{10} 截止，ZD_6、ZD_7 不发光。当 *e* 点为“1”电平时，该振荡器振荡，*g* 点交替为“0”或“1”电平，振荡频率可调为每秒 2 次，这样，VT_9、VT_{10} 每秒导通 2 次，ZD_6、ZD_7 每秒闪光 2 次。调整 C_6、C_7、R_{14}、R_{15} 的值，可改变 ZD_6、ZD_7 的闪光频率。

6.15.2 元器件选择

三极管除 VT_{11} 选用 2CK 外，其余均选用 3DG 型管子，所有管子的 $\beta > 50$；光电晶体管 VT_1 选用 3DU 型。F 门均选用 T065 集成电路，双 D 触发器选用 T077。电解电容器耐压值为 6V 或 10V。ZD_1 选用 2V 的小灯泡，其余选用 4.5 ～ 6V 的灯泡。AN_1、AN_2 选用 KWX 型微动开关或用 AN_4 型小型按钮开关。枪可用单个电池，以减小体积；靶电路选用 4 节 1 号电池。

6.15.3 制作与调试

枪 ZD_1灯射出的光要求是平行的光，才会有理想的效果。为了取得这种效果，可采用两种方法，即采用凹面镜或凸面镜来聚焦。采用凹面镜可用小型手电筒中的凹面镜来改装，也可用直径为 1.5cm、焦距在 4 ～ 8cm 范围内的透镜，还可用市面上销售的带有小凸镜的自聚光式电珠。

靶电路的制作：按图 6.15.2 所示，将所有元件焊装在一块印制电路板上。其中光电管 VT_1若位置不合适，可固定于合适的位置后，将引线焊在印制电路底板上。印制板在焊装之前应该用导线连接。靶的计数器 ZD_2 ～ ZD_5灯前面可用玻璃或其他透明材料写上“8”、“4”、“2”、“1”（阴字效果更佳）。在 AN_1上可垫小块衬垫物，以免枪机直接撞击 AN_1而缩短其使用寿命。

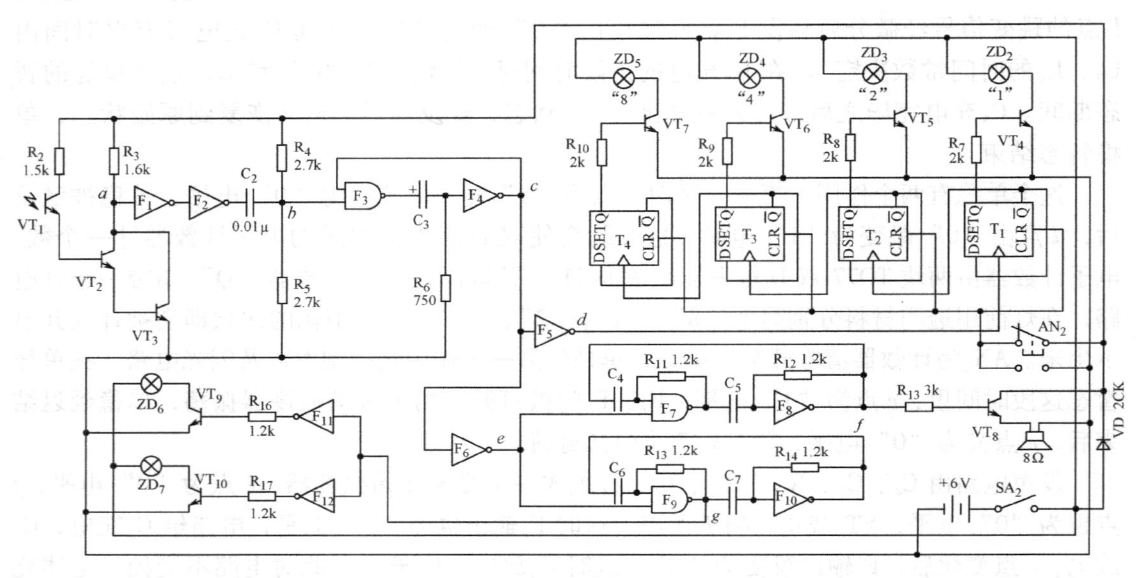

图 6.15.2 多功能声光电子靶原理图

在焊装检查无误后即可进行调试。C_2微分电容可选用数千皮法至 0.1μF。单稳在 750Ω，C_3在 4 320μF 时，可延迟 5s；每减少 500μF，延迟可减少 1s。若 R_6选用较大，则电容可小些，可根据实际情况试定，条件是此电阻阻值不能破坏 F_4输出为“1”电平。

在单独调试多谐振荡器时，可将其控制端断开并加上“1”电平，只要元件无质量问题，焊接无误，通电后即会起振。当 R_{11}、R_{12}、R_{14}、R_{15}都是 1.2kΩ，$C_4 = C_5 = 0.32\mu F$ 时，频率 $f = 2.5kHz$；$C_4 = C_5 = 0.45\mu F$ 时，$f = 1.67kHz$；$C_4 = C_5 = 0.76\mu F$ 时，$f = 1.1kHz$。要使声音悦耳，f 要取 2kHz 以下。振荡闪光器在 $C_6 = C_7 = 100\mu F$ 时，每秒约闪 3 次；$C_6 = C_7 = 320\mu F$ 时，每秒约闪 2 次；$C_6 = C_7 = 420\mu F$ 时，每秒约闪 1 次。

ZD_2 ～ ZD_5显示灯电路，可在 VT_4 ～ VT_7基极电阻 R_7 ～ R_{12}前交替加上“1”电平或“0”电平，此时 ZD_2 ～ ZD_5应一亮一灭。如果哪一只灯不亮不灭，则可检查对应三极管或灯是否损坏或焊接不好。

经过上述调试后，连通线路，断开 a 点，人为给 a 点“1”与“0”电平信号，靶电路应能正常工作。再检查一下 VT_1、VT_2、VT_3，即可将枪、靶联合起来进行校正。这种校正可在黑暗中进行，以便看清光束。先将光点射在墙上，待调好焦点后，再试靶。修正准星、标尺，使标尺、准星、光点圆圈的下沿成一直线。然后即可试枪、靶的各种效果。为了减小外来光线对靶的光电管干扰，可做一只小圆筒将光电管套起来。如果射击距离不够远，可在 VT_1 前加一个凸透镜，其焦点对准 VT_1，这样可将距离增长 2～3m。三极管 VT_{11} 是为了保护集成电路作降压用。

调试完毕即可将印制板装在模拟猫头鹰内，光电管装在猫头鹰胸部，灯泡 ZD_6、ZD_7 分别装在猫头鹰的两只眼里，扬声器紧贴在猫头鹰腹部安装，并开有若干个透声孔。整个装置如图 6.15.3 所示。

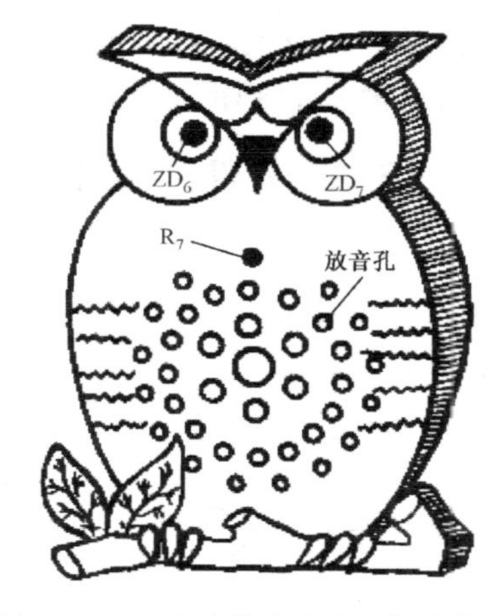

图 6.15.3　多功能声光电子靶实物图

6.16　实例 60：声光显示靶

射击是青少年喜爱的体育运动，这里介绍的声光显示靶可供气枪或玩具枪射击游戏用。当靶心被子弹击中时，它会发出悦耳动听的“嘟哩、嘟哩”双音声，同时两个发光管还会发出阵阵闪光。约 10s 后，声光显示自动停止，靶子又可供第二次射击用。

6.16.1　工作原理

声光显示靶的电路如图 6.16.1 所示。电路核心器件是一块四声闪光集成芯片 HFC9561A，平时由于触发端 RPT 即 3 脚悬空，HFC9561A 处于静止状态，扬声器 BL 静默。同时 HFC9561A 内部双稳态触发器 Q 端即 2 脚输出高电平，因此发光二极管 LED_1、LED_2 不发光。当靶心被击中时，C_1 两端被瞬时短路，HFC9561A 的 3 脚获得正脉冲被触发，HFC9561A 开始工作。由于第一选声端 SEL_1 即 4 脚接电源负端 VSS，故扬声器 BL 发出悦耳动听的“嘟哩”双音声，同时 HFC9561A 内部双稳态触发器不断进行翻转，HFC9561A 的 2 脚交替输出高、低电平，故发光二极管 LED_1、LED_2 发出阵阵闪光。约 10s 后，HFC9561A

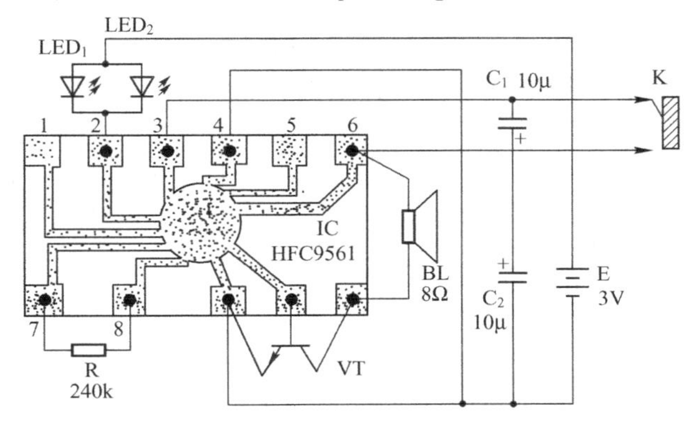

图 6.16.1　声光显示靶电路原理图

第6章

恢复静默态，声光显示停止。改变电容器 C_1的值，可调整靶标每次被击中时声光显示的时长。若取消 C_1，靶标每次被击中时声光显示时间仅 5s，显得太短促。

6.16.2 元件选择与制作

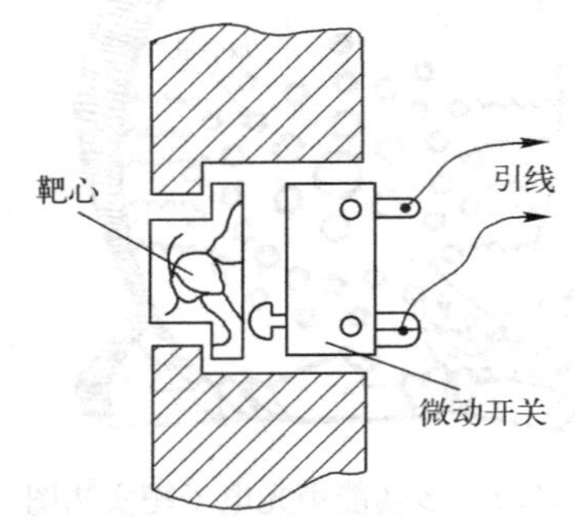

图 6.16.2 靶心开关结构图

IC 选用四声闪光集成电路 HFC9561A；VT 选用 9013 型硅 NPN 三极管，$\beta \geq 100$，LED_1、LED_2可视个人喜好选用不同颜色的发光二极管，C_1、C_2选用 CD11-6.3V 型电解电容器，R 为 RTX 型 1/8W 碳膜电阻器，BL 为 8Ω、2～3 英寸动圈式电动扬声器。

靶心开关 S 需要自制，参见图 6.16.2。靶心可用硬杂木制作，当靶心被击中时，靶心后退，微动开关动作，C_1被短路，电路触发工作。由于微动开关内部弹簧作用，击中后瞬间复位，又可供第二次射击使用。

此电路只要元器件性能良好，接线正确，不必作任何调试，就能正常工作。

6.17 实例 61：振动开关控制的夜钓上饵灯

夜钓时，上饵灯是不可缺少的。但目前的上饵灯开关控制往往是用扳动、按压、插拔等方式，上饵时去开灯，上完饵、抛完竿又去关灯，以节省电池电量。一旦遇到上饵频率高的时候，手忙脚乱，十分麻烦。如何改善这样的频繁开关上饵灯的操作？本节介绍一种由振动（声控）开关控制的夜钓上饵灯。

6.17.1 工作原理

电路原理如图 6.17.1 所示。电路核心是由 555 定时器构成的单稳态触发器，当电路无触发信号时，v_1保持高电平，电路工作在稳定状态，即输出端引脚 $3v_O$保持低电平，发光二

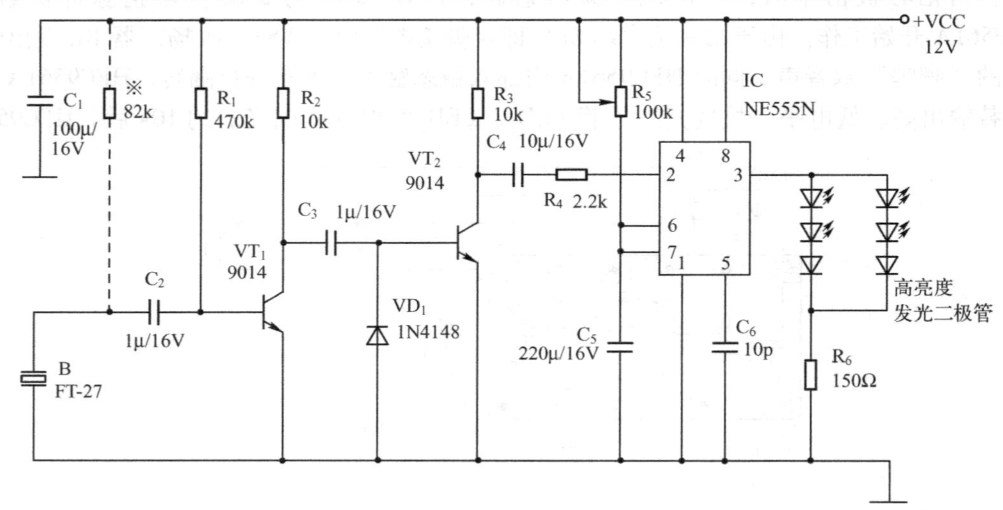

图 6.17.1 振动开关控制的夜钓上饵灯电路原理图

极管不亮，555 内放电三极管 T 饱和导通，引脚 7 “接地”，电容 C_5的电压 v_C为 0。当有声振动经传感器及两级三极管驱动放大之后的信号使得 v_I下降沿到达时，555 触发输入端（2 脚）由高电平跳变为低电平，电路被触发，引脚 3v_O由低电平跳变为高电平，电路由稳态转入暂稳态，发光二极管点亮。在暂稳态期间，555 内放电三极管 T 截止，V_{CC}经 R 向 C 充电。其充电回路为 V_{CC}→R→C→地，时间常数 $\tau_1 = R_5C_5$，电容 C_5的电压 v_C由 0 开始增大，在电容 C_5的电压 v_C上升到阈值电压 $2/3V_{CC}$之前，电路保持暂稳态不变。当 v_C上升至阈值电压 $2/3V_{CC}$时，引脚 3 输出电压 v_O由高电平跳变为低电平，555 内放电三极管 T 由截止转为饱和导通，引脚 7 “接地”，电容 C 经放电三极管对地迅速放电，电压 v_C由 $2/3V_{CC}$迅速降至 0（放电三极管的饱和压降），电路由暂稳态重新转入稳态，发光二极管熄灭。

发光二极管点亮时间由电容 C_5的充电时间决定，其值为：

$$t_W = R_5C_5\ln\frac{v_C(\infty)-v_C(0^+)}{v_C(\infty)-v_C(t_W)} = R_5C_5\ln\frac{V_{CC}-0}{V_{CC}-\frac{2}{3}V_{CC}} = R_5C_5\ln 3 = 1.1R_5C_5$$

可见发光二极管点亮时间仅决定于定时元件 R_5、C_5的取值，与输入触发信号和电源电压无关，调节图中 R_5的取值，即可调节发光二极管的点亮时间。

6.17.2 元器件选择

元器件具体参数如图 6.17.1 所示，其中集成 IC 为 NE555N 时基电路，驱动三极管选 S9014，1/8W 或 1/4W 碳膜电阻器若干，电解电容耐压不小于 16V，开关二极管选 1N4148，振动传感器用 FB-27 陶瓷压电蜂鸣片替代，敷铜板 1 块，热宿管若干，电源线 1 根。发光二极管选用两组装饰用的高亮度 LED 排灯，其工作电压为 12V，工作电流为 40 ～ 60mA。

6.17.3 制作与使用

找一只废旧耳机，卸下附在耳机上面的话筒杆（里面有两根可以扳弯的铁丝，可以起支撑灯头的作用），如图 6.17.2 所示。

将两组高亮度 LED 排灯用双面胶粘合在一起，如图 6.17.3 所示。

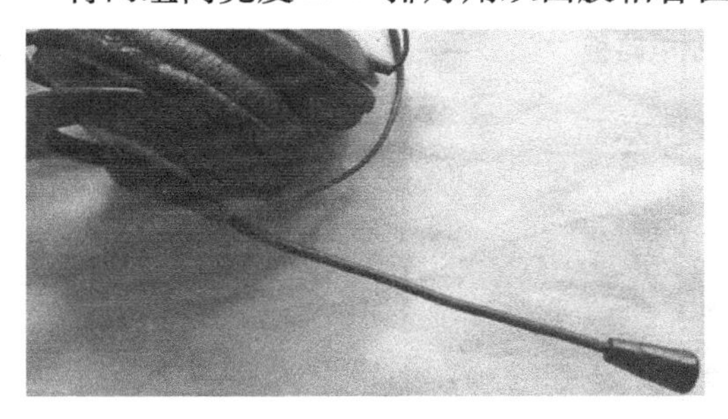

图 6.17.2　废旧耳机上的话筒杆

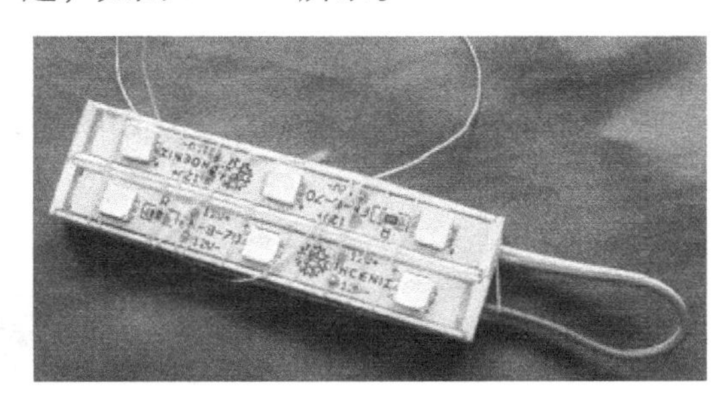

图 6.17.3　两组高亮度 LED 排灯用双面胶粘合在一起

拆开话筒、去掉驻极体，将话筒杆用双面胶粘在 LED 排灯上，留出连线，如图 6.17.4 所示。

将票夹热合在一块小塑料板上，找一个合适的塑料盒，将陶瓷压电蜂鸣片粘在塑料盒盒盖上，在塑料盒体背后，设置固定支撑杆的压板，如图 6.17.5 所示。

图 6. 17. 4　高亮度 LED 排灯与话筒杆连接

根据塑料盒的大小，准备一块印制电路敷铜板，如图 6. 17. 6 所示。

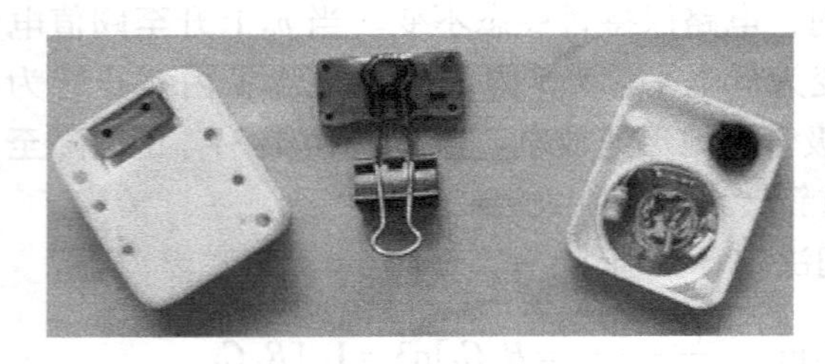

图 6. 17. 5　陶瓷压电蜂鸣片振动传感器制作

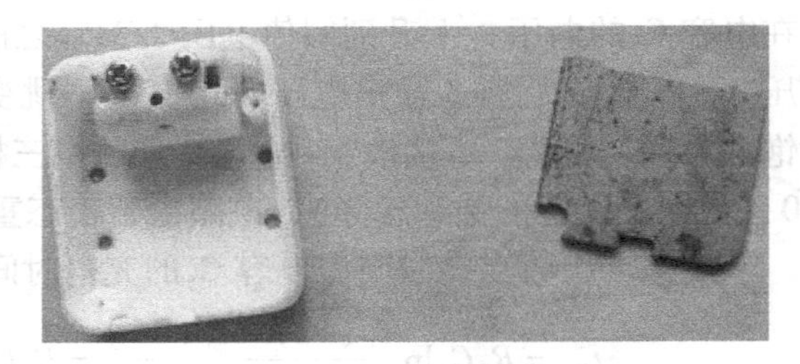

图 6. 17. 6　覆铜板准备

根据电路原理图、元件体积及实验成功的电路连接，设计印制电路板，如图 6. 17. 7 所示。

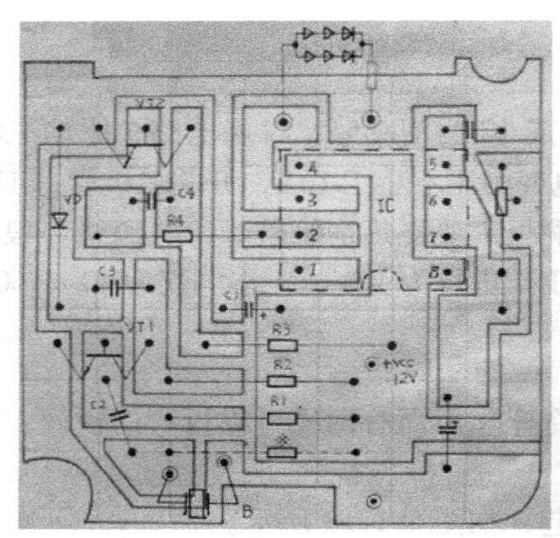

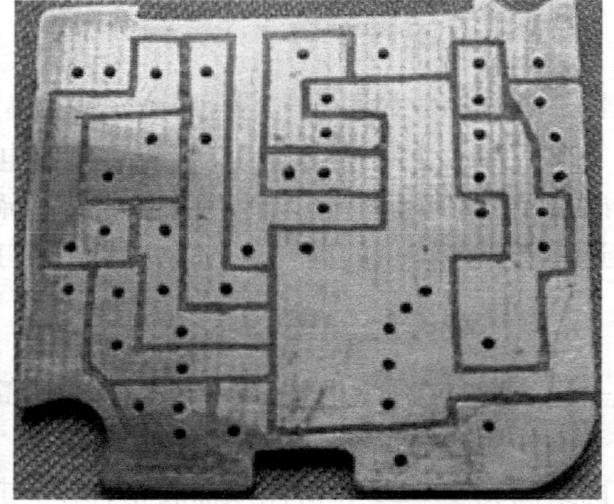

图 6. 17. 7　印制电路板

焊上所有电子元件后的控制模块如图 6. 17. 8 所示。

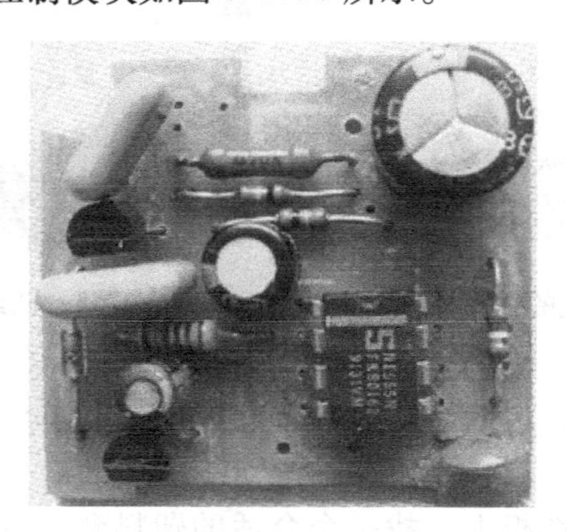

图 6. 17. 8　焊接完成的夜钓上饵灯控制模块

给 LED 饰灯套上热缩管并热缩，开出灯孔，涂上防护漆，制作完成的夜钓上饵灯如图 6. 17. 9 所示。

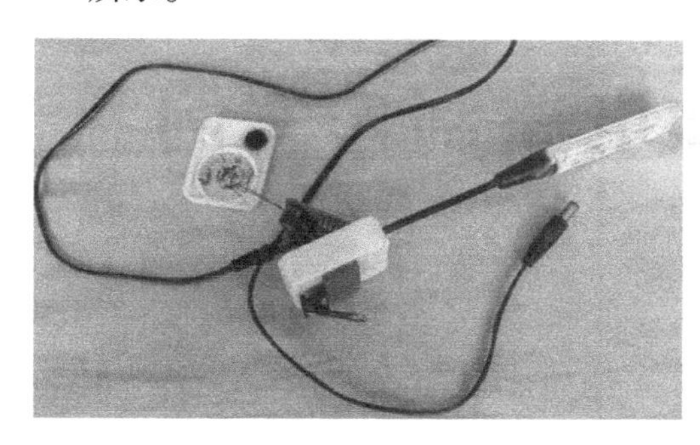
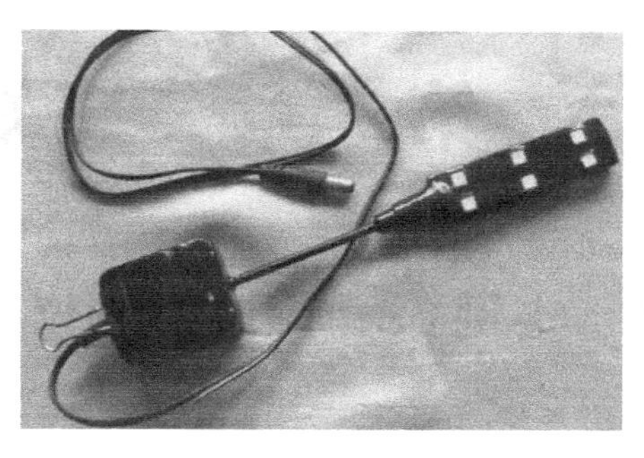

图 6. 17. 9　制作完成的夜钓上饵灯

照明时间的长短可根据需要通过调整 R_5、C_5的取值改变，R_5、C_5取值减小，照明时间变短；R_5、C_5取值增大，照明时间延长。

为了避免聊天说话、在钓箱上的磨蹭、遛鱼时的起立坐下等声音和响动引起不必要的开灯，振动开关并不需要太高的灵敏度，因此增加隔离电阻 R_4，通过调节其阻值来调整可以减小灵敏度；也可在 C_2、C_3电容后面增加稍大阻值的隔离电阻，使灵敏度减小。通过调整，使灵敏度适合自己的需要即可。图中参数照明时间设计为 25s ± 3s。使用时，接上 9 ～ 14V 的电源，将夜钓上饵灯夹在饵盆边上。敲击灯头、灯杆、灯座或饵盆，夜钓上饵灯便点亮。如果使用驻极体话筒做传感器，应接上驻极体话筒的供电电阻 R *。调整其阻值，也可调整灵敏度。使用时，一声“开灯”、“上饵”、“亮”……灯就亮了，而且很方便。

第 7 章　感知电路制作实例

7.1　实例 62：湿度检测仪 

7.1.1　电路组成

湿度检测仪电路简单易制，如图 7.1.1 所示，由采样电路、同相放大器、电压比较器、报警指示电路、电源指示五部分组成。R_2与湿敏电阻 R_P（自制）构成湿度检测采样电路，U_1A、R_3、R_4组成同相放大器，U_1B、R_5、R_6、R_7、W_1组成电压比较器，R_8、R_9、Q_1、蜂鸣器、LED_2组成报警指示电路，LED_1、R_1为电源指示，V_{CC}由 2 节 5 号电池提供 3V 电源。

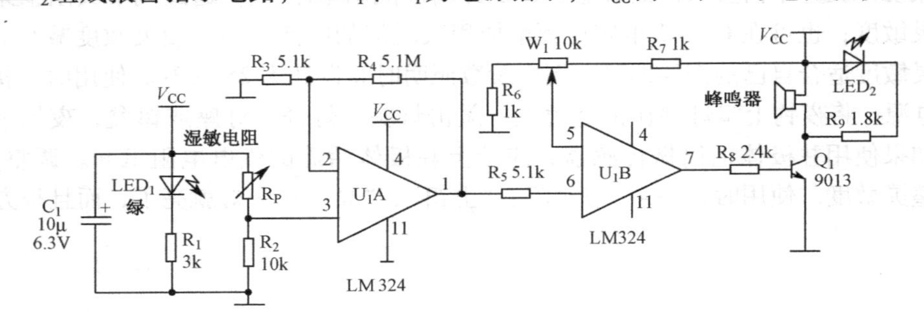

图 7.1.1　湿度检测仪电路

7.1.2　工作原理

LM324 接成单电源工作方式，湿敏电阻 R_P将湿度转换成电信号送入 U_1的 3 脚进行同相放大 1 001 倍，放大后的信号由 U_1的 1 脚输出，通过 R_5送入 U_1的 5 脚进行电压比较，U_1的 7 脚输出报警信号，由 Q_1推动报警指示。当 U_1的 5 脚电位高于 6 脚时，7 脚输出高电平、Q_1导通、蜂鸣器声响报警，LED_2报警指示；否则 7 脚输出低电平，不报警。调节 W_1的值可调整 6 脚电位，即调整湿度报警阈值。

7.1.3　湿敏电阻 R_P的制作

在 8mm×10mm 的电路印制板上腐蚀出两条紧密音叉型细铜线，并引出两极 1、2（如图 7.1.2 所示），则两极间电阻随湿度变化而变化，能很好地满足定性分析的需要，且制作简便、成本低廉。

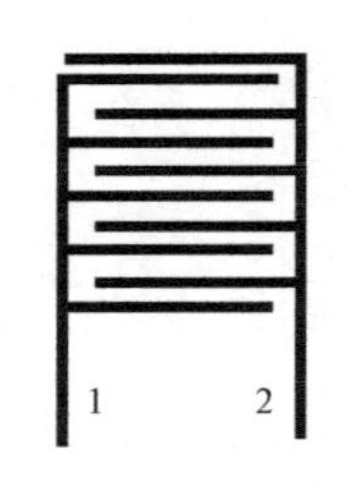

图 7.1.2　自制湿敏电阻

用该电路作为仓库的湿度报警器，常年使用效果很好，成本在 3 元左右。将该电路稍作修改即可为数显湿度指示器提供输入，为自动除湿机提供启动信号，等等。

湿度检测报警仪印制电路板如图 7. 1. 3 所示。

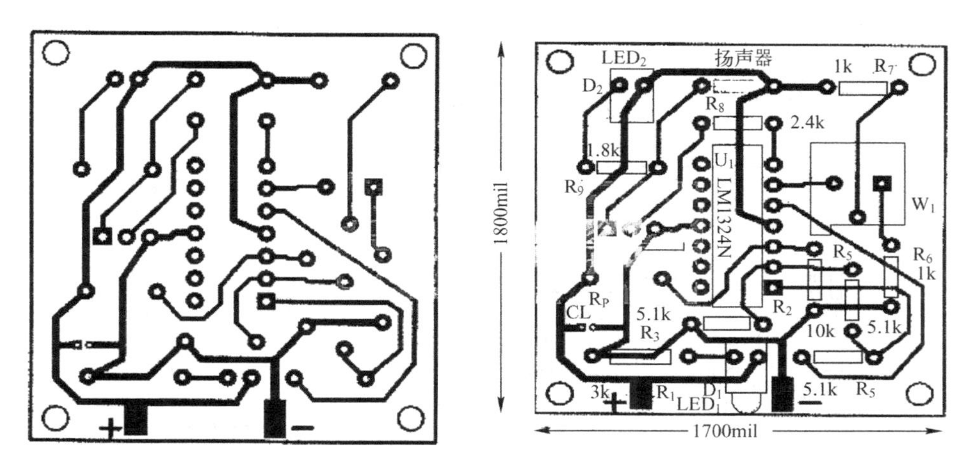

图 7. 1. 3　湿度检测报警仪印制电路板

7. 2　实例 63：模拟电子蜡烛电路设计与制作 

模拟电子蜡烛具有“火柴点火，风吹火熄”的仿真性，设计原形来源于现实生活情节——蜡烛的使用。电路改造后可用于生日晚会。

7. 2. 1　电路工作原理

（1）本电路利用双 D 触发器 4013 中的一个 D 触发器，接成 R-S 触发器形式。接通电源后，R_7、C_3组成的微分电路产生一个高电平微分脉冲加到 IC_1的 1RD 端，强制电路复位，1Q 端输出低电平，送到三极管 V_4的基极，也为低电平，V_4截止，发光二极管 D_1不发光。

（2）当用打火机烧热敏电阻 R_2后（烧的时间不能太长，否则容易烧坏热敏电阻），R_2的阻值突然变小，呈现低电阻状态，三极管 V_1导通，产生的高电平脉冲送到 4013 的 1SD 端，使 1Q 端翻转变为高电平，送到三极管 V_4的基极，也为高电平，V_4导通，发光二极管 D_1发光。这一过程相当于用火柴点亮蜡烛，此时即使打火机离开热敏电阻 R_2后，也不会使电路状态发生改变，发光二极管 D_1维持发光。

（3）当用嘴吹驻极体话筒 M_1时，驻极体话筒 M_1输出的音频信号经过 C_2送到 V_2的基极，触发 V_2导通。因 R_5的阻值比较大，故 V_2的集电极电位降得很低，PNP 型三极管 V_3的基极电位也就很低，从而 V_3导通，高电平脉冲送到触发器 1RD 端。触发器复位，1Q 端由高电平变为低电平，V_4截止，发光二极管 D_1熄灭，实现“风吹火熄”的仿真效果。

电路原理如图 7. 2. 1 所示。

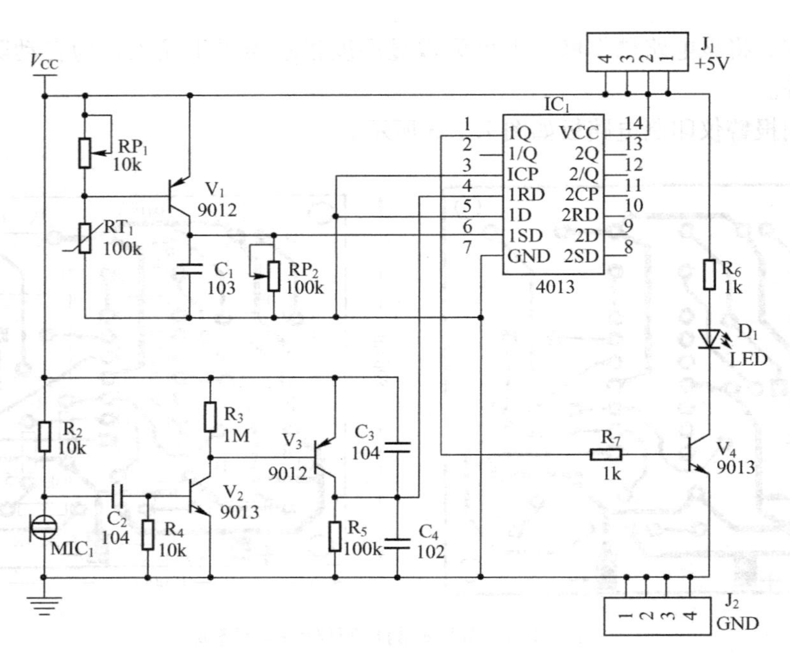

图 7.2.1　模拟电子蜡烛电路原理图

7.2.2　元器件选择

图 7.2.1 中，选用元器件如表 7.2.1 所示，其实物如图 7.2.2 所示。

表 7.2.1　模拟电子蜡烛元器件清单

序　　号	名　　称	代　　号	规　　格	数　　量
1	电阻	R_1、R_2	10k	2
2	电阻	R_3	1M	1
3	电阻	R_4	100k	1
4	电阻	R_5、R_6	1k	2
5	热敏电阻	RT_1	100k	1
6	电位器	RP_1	10k（103）	1
7	电位器	RP_2	100k（104）	1
8	瓷片电容	C_4	（0.001μF）102	1
9	瓷片电容	C_1	（0.01μF）103	1
10	瓷片电容	C_2、C_3	（0.01μF）104	2
11	驻极体话筒	MIC_1	7 * 9mm	1
12	发光二极管	LED_1	3mm	1
13	三极管	VT_1、VT_3	9012	2
14	三极管	VT_2、VT_4	9013	2
15	双 D 触发器	U_1	CD4013	1
16	IC 座		DIP14P	1
17	单排针	J_1、J_2	1 * 4PIN 2.54mm	2
18	万能板		7 * 9cm	1
19	拖焊专用铜导线		0.5 铜导线	2
20	拖焊专用焊锡		凯纳 0.8，芯内带松香	2
21	焊接专用图纸	高清原理图	A4	1

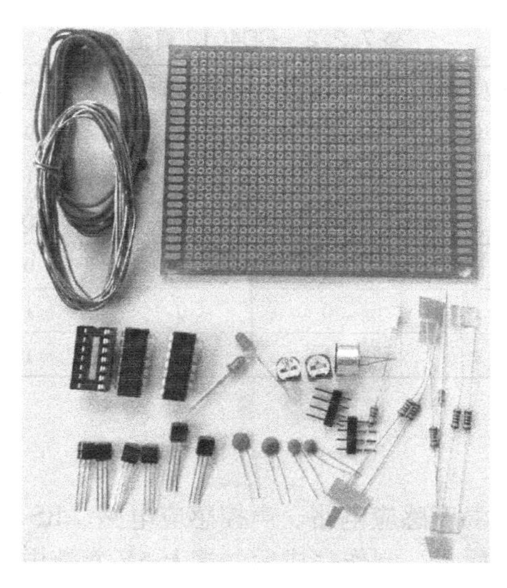

图 7.2.2　模拟电子蜡烛元器件选用

1）温度传感器（热敏电阻）

热敏电阻器是敏感元件的一类，按照温度系数不同分为正温度系数热敏电阻器（PTC）和负温度系数热敏电阻器（NTC）。热敏电阻器的典型特点是对温度敏感，不同的温度下表现出不同的电阻值。正温度系数热敏电阻器（PTC）在温度越高时电阻值越大，负温度系数热敏电阻器（NTC）在温度越高时电阻值越小，它们同属于半导体器件。

本制作采用负温度系数热敏电阻器（NTC），常温下的电阻值大概 100kΩ。检测时，用万用表欧姆挡（一般为 $R\times10$k 挡）直接测试，实际测试的值在 80 ～ 100kΩ 之间，当用打火机点燃后，电阻值急速下降到 10kΩ 以下。

2）驻极体话筒

驻极体话筒具有体积小、结构简单、电声性能好、价格低的特点，广泛用于盒式录音机、无线话筒及声控等电路中，属于最常用的电容话筒。由于输入和输出阻抗很高，所以要在这种话筒外壳内设置一个场效应管作为阻抗转换器，为此驻极体电容式话筒在工作时需要直流工作电压。

将模拟式万用表拨至 $R\times100$ 挡，两表笔分别接话筒两电极（注意不能错接到话筒的接地极），待万用表显示一定读数后，用嘴对准话筒轻轻吹气（吹气速度慢而均匀），边吹气边观察表针的摆动幅度。吹气瞬间表针摆动幅度越大，话筒灵敏度就越高，送话、录音效果就越好。若摆动幅度不大（微动）或根本不摆动，说明此话筒性能差，不宜使用。

3）双 D 触发器 4013

CD4013 是一款双 D 触发器，由两个相同的、相互独立的数据型触发器构成。每个触发器有独立的数据、置位、复位、时钟输入和 Q 及/Q 输出，此器件可用作移位寄存器，且通过将 Q 输出连接到数据输入，可用作计数器和触发器。在时钟上升沿触发时，加在 D 输入端的逻辑电平传送到 Q 输出端。置位和复位与时钟无关，而分别由置位或复位线上的高电平完成。CD4013 真值表如表 7.2.2 所示。

表 7.2.2　CD4013 真值表

1CP（3 脚）	1D（5 脚）	1RD（4 脚）	1SD（6 脚）	1Q（1 脚）	1/Q（2 脚）
↑	0	0	0	0	1
↑	1	0	0	1	0
↓	x	0	0	Q	Q
x	x	1	0	0	1
x	x	0	1	1	0
x	x	1	1	1	1

7.2.3　制作与调试

模拟电子蜡烛电路按照温度感应电路、声控感应电路、RS 触发电路、LED 显示电路的顺序制作安装，如图 7.2.3 所示。制作完成后，接上 5V 直流电压，用打火机打火烧热敏电路，LED 灯亮，过 1min 后，用嘴吹话筒，LED 灯灭。

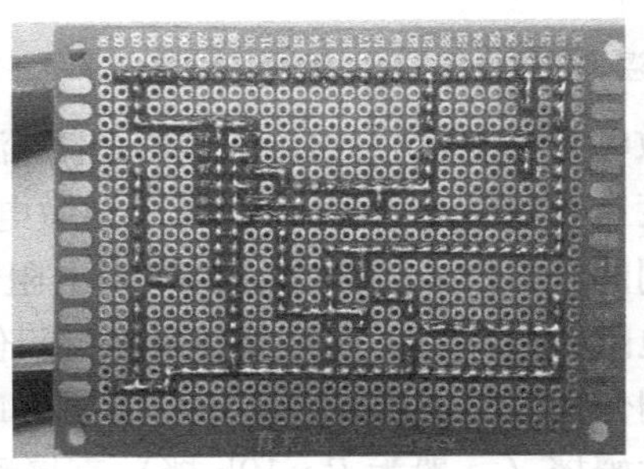

图 7.2.3　模拟电子蜡烛元件布局及走线

如果制作没有成功，请从下面几个方面进行检修与调试。

（1）观察法：检查每个元件是否安装正确，特别是双 D 触发器 4013、驻极体话筒等是否安装正确，三极管 9012、9013 的三个引脚 E、B、C 是否正确等，发光二极管的正、负极性是否正确。

（2）电阻法：根据原理图检查线路是否正常连通，可用万用表检测每条线路是否导通。电子初学者，焊接的线路多有虚焊、漏焊、假焊等情况，电路易出现搭建错误，所以首先检查每条线路是否焊接好，也就是电气性能是否保证。

（3）电阻法：检测每处 GND 和电源负极接头是否连通；检测每处 VCC 和电源接头是否连通。

（4）电压法：①测试三极管 V_1 的基极电压，然后用打火机烧一下，看看电压是否由高到低变化。如果电压一直没有变化，三极管损坏的可能性比较大。②测试驻极体话筒正极的电压，用嘴吹驻极体话筒时，电压会下降 1V 左右。如果电压没有变化，驻极体话筒的正、负极性接反的可能性较大。③测试三极管 V_2 的基极电压，用嘴吹驻极体话筒时，电压会发生改变，产生负电压。如果电压一直没有变化，三极管损坏的可能性比较大。④测试三极管 V_3 的基极电压，用嘴吹驻极体话筒时，电压会发生零点几的下降。如果电压一直没有变化，三极管损坏的可能性比较大。⑤测试三极管 V_3 的集电极电压，用嘴吹驻极体话筒时，会产生一个高电平脉冲。如果没有高电平脉冲，可以检测本电路的电源部分是否接好。⑥测试4013的6脚电压，当用打火机烧一下时，会产生一个高电平脉冲，1脚会输出高电平。⑦等4013的6脚电压下降到低电平时，再测试4013的4脚电压，当用嘴吹驻极体话筒时，会产生一个高电平脉冲，1脚会输出低电平（由高变低）。

经过以上步骤的检查、检测后，基本上可以排除故障，可以实现“火柴点火，风吹火熄”的仿真性。

7.3 实例64：桥式亮度计

桥式亮度计电路如图7.3.1所示，图中光电管PC_1、R_1、R_2和R_3构成电桥，运算放大器741的差分输入端接在电桥两臂中点。

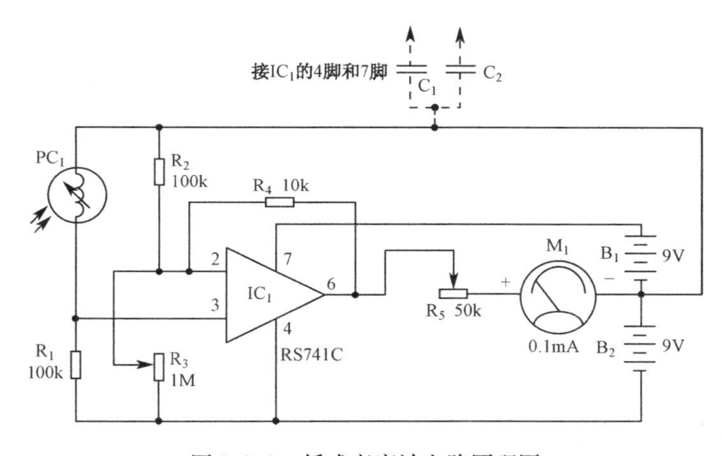

图7.3.1 桥式亮度计电路原理图

光电管不受光时，电桥两臂平衡，741的输出端为零电位。光电管受光后，电桥失去平衡，741输出端电位与亮度成正比，表头指示出相应的亮度值。

电桥平衡调整步骤：首先把光电管遮盖住，调节电位器R_5到最大值，再调节R_3让表头指示为零；然后减小R_5值，使表头指针偏离零值，再调节R_3让表头指示为零。反复上述过程，可以获得最大灵敏度。

虚线所示的0.1/4μF电容接IC_1的4脚和7脚，作为退耦电容。

7.4 实例65：双限值温度自动控制器

现在很多家庭或小的单位，都使用小型常压锅炉供暖。这种锅炉的热水循环是水泵强行循环，当锅炉里的水温达到85℃左右后，才人工启动水泵，让热水开始循环，进行热交换；随着循环水温慢慢下降，当下降到50℃左右时，再人工停止水泵循环，继续烧锅炉，待水温再次升到85℃就再进行循环。烧锅炉人员必须时时刻刻检测锅炉温度，然后决定是否启动和停止水泵。而这样一来，锅炉里的水就不能烧开，否则整个供暖系统里就有一定的压力，就会把暖气片的一些垫子冲坏，以致漏水。由于疏忽，锅炉里的水经常会被烧开。针对这种情况，设计制作双限温度控制装置。

7.4.1 电路原理

双限值温度自动控制电路原理如图 7.4.1 所示。通过 RP_1 设定温度的下限值（如 50℃），通过 RP_2 设定温度的上限值（如 85℃），当锅炉温度达到 85℃时，循环水泵就自动接通电源开始使水循环。随着循环，水温下降到 50℃时，电路自动停止循环水泵的供电，停止水循环。然后重复，达到利用两个限值自动控制水循环的目的。

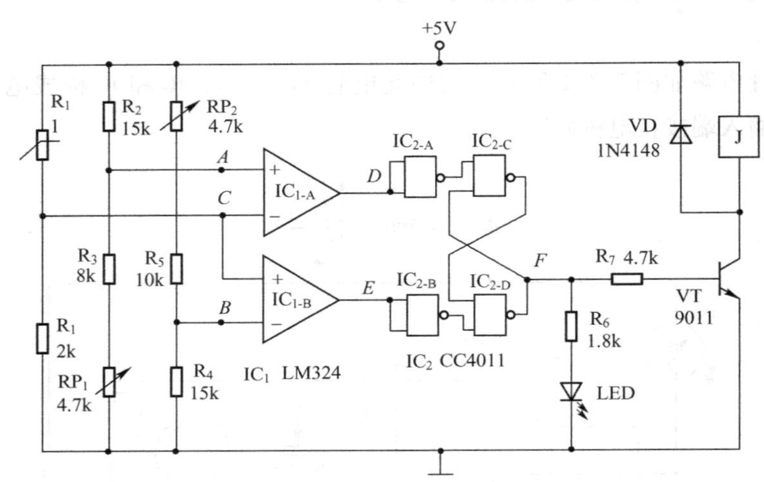

图 7.4.1 双限值温度自动控制器电路原理图

7.4.2 元件选择与制作

IC_1是四运放 LM324；IC_2是 CC4011，它是四二输入与非门。其中的 IC_{2-C}和 IC_{2-D}组成一个基本 RS 触发器，低电平有效。即 IC_{2-B}的输出为低电平时，*F* 点就为高电平，VT 导通，继电器工作，通过交流接触器 KM 接通循环水泵的电源，水开始循环；IC_{2-A}的输出为低电平时，*F* 点为低电平，VT 截止，停止循环。IC_{2-A}和 IC_{2-B}都工作在非线性区，进行电压比较，当 $U_+ > U_-$时，运放输出（*D* 或 *F* 点）为高电平，否则为低电平。R_t使用的是玻封 NTC 型负温度系数热敏电阻（常温下 5k 的）。图中 *C* 点的电位随 R_t即锅炉的温度而变化。锅炉温度越高，R_t值越小，U_C就越大，经实际实验测得，锅炉温度从 45℃变到 90℃时，U_C从 1.58V 变到 3.01V。*A* 点的电位，即下限值，由 R_2、R_3和 RP_1的分压设定，通过 RP_1可以使 U_A的电位在 1.74 ～2.29V 范围内设定。*B* 点的电位，即上限值 U_B可以在 2.53 ～3.00V 之间设定。随着温度变化，当 $U_C > U_B$时，*E* 点为高电平，则 *F* 点也为高电平。然后，由于 RS 触发器的作用（保持），只有 $U_C < U_A$，*D* 点为高电平后，*F* 点才变为低电平。

此电路还可以用于其他很多双限值控制的场合，如水位控制、行程控制，大家可以举一反三灵活运用。印制电路板如图 7.4.2 所示。

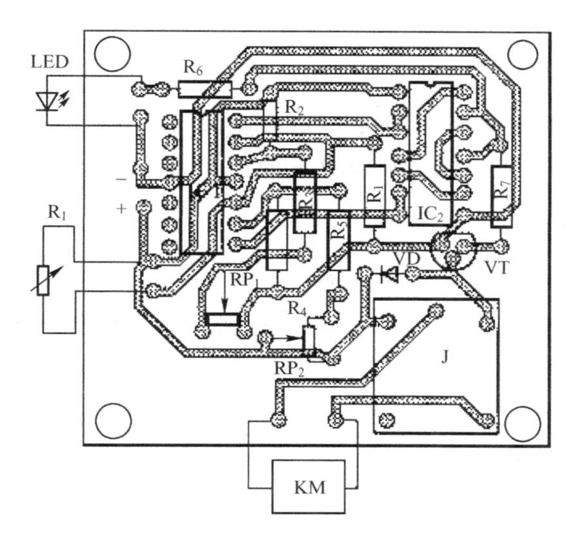

图 7.4.2 双限值温度自动控制器印制电路板

7.5 实例66：电子浇水器 

花盆里的花木只有保持一定的水分，才能健康地生长。但人们往往由于忙碌，忘了往花盆里浇水而造成花木干枯死亡。这里介绍一个电子装置，可以探测花盆里的土壤干湿情况，然后自动控制浇水。

7.5.1 电路原理

图7.5.1所示是电子浇水器示意图，其原理如图7.5.2所示，电路主要由BG_1、BG_2、R、RW、C和继电器J组成。A与B两个探针分别插在花盆土壤适当深处，当土壤干燥时，两个三极管会驱动经改装的继电器做出相应动作，让可乐瓶进气管的孔打开，出水管的水就会缓慢地流出，浇灌到花盆里。当花木根部有足够湿度后，继电器自动还原，堵住进气管，瓶里的水自动停止流出。

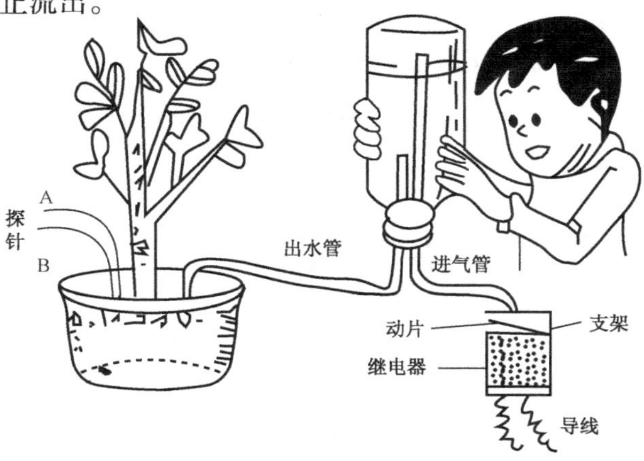

图 7.5.1 电子浇水器示意图

第7章

7.5.2 元器件选择

9013 三极管 2 只，1μF 电容器 1 只，24kΩ 电阻 1 只，5kΩ 左右可变电阻器 1 只，6V 继电器 1 只，大可乐瓶 1 只。内径为 $\phi 2\times 300$（mm）的塑料硬管 2 根，相应内径的软管 2 根。

7.5.3 制作方法

（1）按电路要求，把所有的元件焊接在图 7.5.2 所示的印制电路板上。在电路连接无误的情况下通电测试：把 A、B 两个电极分开，继电器会作出相应的动作，说明电路基本正确。

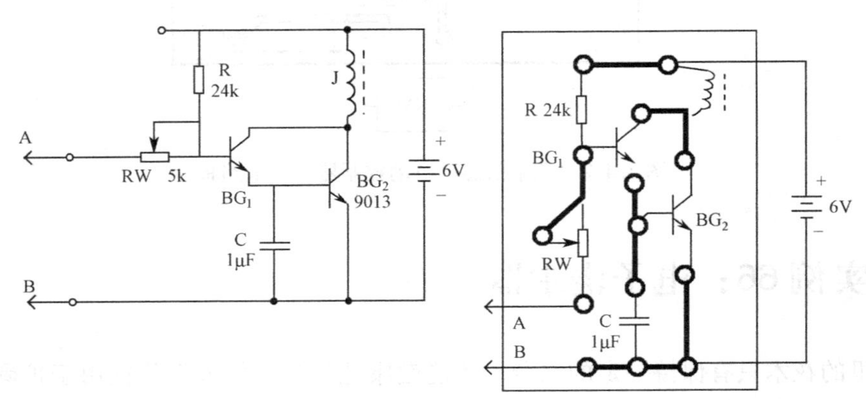

图 7.5.2 电子浇水器电路原理图及印制电路图

（2）把继电器盖打开，取一片小铜片焊在继电器动片上，贴一块大小可封住进气管的橡胶片。

（3）取一长一短塑料管两根，插在可乐瓶盖内（见示意图），并用热胶封住使其不漏气和水。

（4）取 ϕ2mm 软管套在硬管上，一根作浇水管，安置在花盆里，另一根作进气管，与继电器动片组合。做一个支架固定进气管，并使继电器动片动作灵敏，能自如地释放和堵住进气孔。

（5）干湿探针用两根 1mm 铜芯的塑套硬线做成，在线端剥出 20mm 裸头，插在花盆土壤深处。可乐瓶灌水，盖上盖子并倒置，吊在高于花盆的地方。

（6）按照花卉对土壤的干湿要求，调整可变电阻器阻值，使继电器做出相应动作，达到自动浇水的目的。

7.6 实例 67：温度报警器 

温度是一个十分重要的物理量，对它的测量与控制有非常重要的意义。随着现代工农业技术的发展及人们对生活环境要求的提高，人们也迫切需要检测与控制温度。

现代社会随着安全化程度的日益提高，机房——作为现代化的枢纽，其安全工作已成为重中之重，机房内一旦发生故障，将导致整个系统的瘫痪，造成巨大的损失和社会影响。

造成高温火灾的原因有：电气线路短路、过载、接触电阻过大等引发高温或火灾；静电产生高温或火灾；雷电等强电侵入导致高温或火灾；最主要的是机房内计算机、空调等用电设备长时间通电工作，导致设备老化，空调发生故障，而不能降温；因此机房内所属的电子产品发热快，在短时间内机房温度升高超出设备正常温度，导致系统瘫痪或产生火灾，这时超温报警系统就要发挥应有的功能。

7.6.1 电路原理

本节介绍一种采用热敏电阻作为敏感元件的温度报警器，由金属探头所接触的温度通过传感器到达开关，如果温度超过预定值，此时的开关即开启，连接报警器发出报警声，这时发声的报警装置可以通过改变一些元器件的接法而发出不同的声音。为了增加实用效果，特添加由共阳极双色发光管组成的指示电路。电路不报警时为绿灯，报警时为红绿灯交替。

利用热敏电阻器和音乐集成电路制作一个温度报警器，也可以演示自动控制电路的工作原理。电路的触发端接在热敏电阻器和微调电阻器的中间，当环境温度升高时，热敏电阻器的阻值减小，电路的触发端电压升高，触发音乐集成电路工作。调节微调电阻器的阻值，可以改变电路报警时的温度。

该温度报警器的主电路由负温度系数热敏电阻 NTC、测温电阻、可调温度电位器、低频振荡器和音频振荡器四部分组成，工作原理如图 7.6.1 所示。

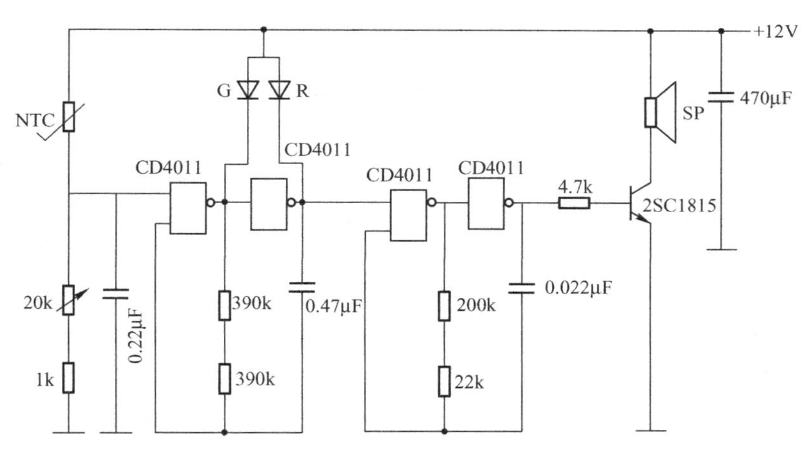

图 7.6.1　温度报警器电路原理图

由电位器设定好温度值，当温度升高时，测温电阻 NTC 的电阻值降低，达到 CD4011 输入的高电平阈值，导致低频振荡器工作，调制音频振荡器，通过三极管放大，由报警装置发出报警声。

7.6.2 元件选择

R_t选用测温型 MF53-1 负温度系数热敏电阻，在 25℃下，其标称阻值为 2 890Ω ±2%。IC_1为 NE555 时基集成电路，IC_2为四声音响集成电路 KD9561，IC_4是 LM386 型功率放大集成块。R_P选用小型实芯电位器，G 为 6V 叠层干电池，也可用 6V 整流电源。B 选用阻抗为

8Ω、功率为0.25W的小型电动扬声器。其余元件均可按图示参数选用，无特殊要求。

7.6.3 制作与调试

图7.6.2所示为温度报警器的印制电路板。

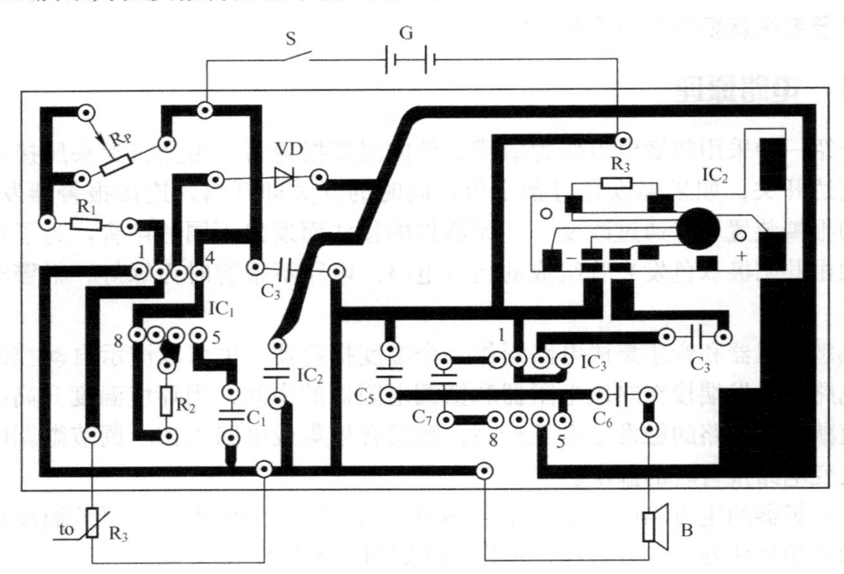

图7.6.2 温度报警器印制电路板

各元件焊接完毕，须检查有无漏焊、虚焊以及由于焊锡流淌造成的元件短路。虚焊较难发现，可用镊子夹住元件引脚轻轻拉动，如发现摇动应立即补焊。为保证焊点牢固、接触良好与美观，不存在虚焊、假焊，应在焊接前用刀、断锯条或砂纸刮去或打光引脚引线上的油污、氧化膜或漆，直至露出光亮干净的表面，之后涂上松香溶液，其上搪一层锡。焊接时应掌握好温度及时间，焊接时间一般为3～5s。若焊接时间过短，则焊锡未与焊件充分浸熔而易产生虚焊、假焊；时间过长，则将烫坏印制板的铜箔或元件。电烙铁温度过低，焊点表面粗糙、无光泽、呈豆腐渣状。焊接时，烙铁头应同时紧贴引脚或引线头及印制板上的焊盘铜箔，当焊点温度升至焊锡熔点时，焊锡熔化即自动流到引线与铜箔间，形成锥状光滑焊点，之后迅速移开烙铁。焊锡未完全凝固时，不能移动或摇动被焊元器件。焊锡可事前熔在烙铁头上，也可在烙铁贴在焊点加热时将其送入。这一阶段的调试是调试的第一部分，即断电调试，步骤如下：

（1）短路检测，系统电路焊接完成后，必须进行短路检测。检测方法简单，选用合适的万用表欧姆挡，用红、黑表笔接电路板的+5V电源的正、负极，如果存在充放电现象（即电阻指示从大到小、再到大或从小到大），最后电阻稳定在一个适当的位置，则基本可排除系统短路现象。如果无充放电现象或电阻值稳定在很小的值，则说明系统可能存在短路故障，不能通电实验，必须对系统进行仔细的排查，直至解决故障。

（2）原理正确性确认。不同的电路有不同的工作原理，因此必须针对具体电路进行具体分析。

本设计的硬件电路原理设计在前面电路设计中已得到验证，为正确。

上面检查无误后，进入第二部分的调试即通电调试，由电路原理可知，IC_1的触发端2脚电位的高低由温度传感器R_t、电位器R_p和电阻R_1组成的串联分压电路决定。调节R_p的阻值可在一定温度下使IC_1翻转，达到温度报警的目的。R_t的标称值为3kΩ，当温度在50℃时，其阻值约为950Ω，100℃时为240Ω左右。若检测液体则需要自制测温探头。方法是先把R_t封装在一节长100mm、直径为20mm的铜管内，用环氧树脂胶将两端封固。用时，将温度探头插入液体，本电路选用警车声作为报警信号。KD9561所发出的模拟声取决于选声端SEL_1和SEL_2的连接方式，例如，SEL_1和SEL_2均断开时为警车声，SEL_1接负电压时为救护车声，SEL_2接正电压时为机枪声。整个电路板装入一个硬塑料小壳中便可投入正常使用。

7.7 实例68：光控自动窗帘

光控自动窗帘的电路原理图如图7.7.1所示。该电路适宜家庭制作、使用。

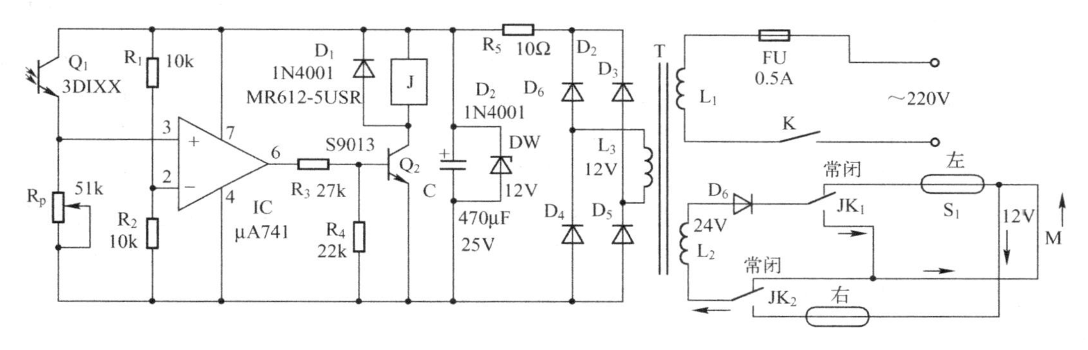

图7.7.1 光控自动窗帘电路原理图

7.7.1 电路原理

早晨亮度达到一定值时（起控值可人为设定），光敏三极管受光照后内阻减小，运算放大器lC（μA741）正相输入端3脚电平高于反相输入端2脚电平，输出端6脚输出高电平，此高电平经R_3使控制管Q_2导通，继电器J吸合，常开触点闭合。

由D_6整流后的直流电经继电器的JK_1常开触点（此时已闭合）→直流电机M→窗帘右侧干簧管开关S_2（常闭型）→继电器的另一组JK_2常开触点（此时已闭合）→变压器L_2绕组形成回路（如虚线箭头所示），直流电动机得电顺时针旋转。通过电动机减速装置后使固定在滑杆左侧第一个滑环上的传动绳索向右平行移动（传动绳索是缠绕在减速轮上的，故减速轮旋转时，窗帘滑杆上的传动绳索将作平行运动），窗帘被徐徐拉开。当窗帘被完全拉到右侧后，固定在滑杆最右侧滑环上的强力小磁铁将被推进到几乎接触到固定在右侧定滑轮旁的干簧管开关S_2的位置，于是S_2断开，电动机停转，窗帘打开过程结束。在夜晚来临后，因无光照（或光照很弱），光敏三极管Q_1内阻增大，电压比较器IC正相输入端3脚电平低于反相输入端2脚电平。于是输出端6脚输出低电平，控制管Q_2截止，继电器J释放，常闭触点闭合。由于在窗帘拉开过程中，滑杆左侧的第一个滑环（该滑环上也同样固定有强力小磁铁）已离开固定在左侧定滑轮旁的干簧管开关S_1所在位置，所以S_1闭合，为关闭窗帘作准备。从图 7.7.1 可知，由 D_6整流后的直流电经继电器 JK_1常闭触点→干簧管开关 S_1→直流电动机 M→继电器另一组 JK_2常闭触点→变压器 L_2绕组形成回路，电动机得电逆时针旋转。传动绳索将牵引滑杆上左边第一个滑环向左作平行运动，窗帘向左展开，窗户被窗帘徐徐遮挡。当窗帘完全展开后，固定在滑杆左侧第一个滑环上的强力小磁铁将逐渐接近固定在左侧定滑轮旁干簧管开关 S_1的所在位置。随着传动绳索向左继续平动，整块窗帘也向左平动，固定在滑杆最右侧滑环上的强力小磁铁也被拉离干簧管开关 S_2的位置，使 S_2重新闭合，为第二天拉开窗帘作准备。当强力小磁铁到达干簧管开关 S_1的位置，导致 S_1断开，电动机停转，窗帘关闭过程结束。

7.7.2　元件选择与制作

图 7.7.1 中除光敏三极管 Q_1、干簧管 S_1、S_2及电动机 M 外所有元件都安装在一块控制电路板上（印板图见图 7.7.2），并将控制电路板固定在窗户左上方。光敏三极管可用任何型号的 3DU 型，若手头有光敏电阻，也可用光敏电阻代替。光敏元件可用细导线引出固定在窗外。R_p为亮度起控调整电阻，待调试好后换成固定电阻。继电器 J 笔者采用的是日本 NEC 公司生产的超小型双刀双掷高灵敏度继电器 MR612-5USR/DC 12V，触点电流为 2A。如果买不到这种继电器也可用国产的 JRX-13F/DC 12V，电源变压器 T 的功率应不小于 20VA（大于电动机功率），干簧管开关 S_1、S_2要选用高灵敏度常闭型的。电动机采用直流 12V 电动机，功率要满足可顺利拉动窗帘运动（电动机功率可选 20W）。减速装置是利用交流步进电动机的减速装置进行改造的。如果读者没有减速装置可供改造，可直接用大收录机电动机传动机芯（只是体积较大）进行改造（在收带轮上面加工合适宽度的凹槽，以便缠绕 3 ～4 圈传动绳）。电源开关 K 采用小型拨动钮子开关，如果采用插头与电源连接，则开关 K 也可省去，其他元件见图 7.7.1 中所注。

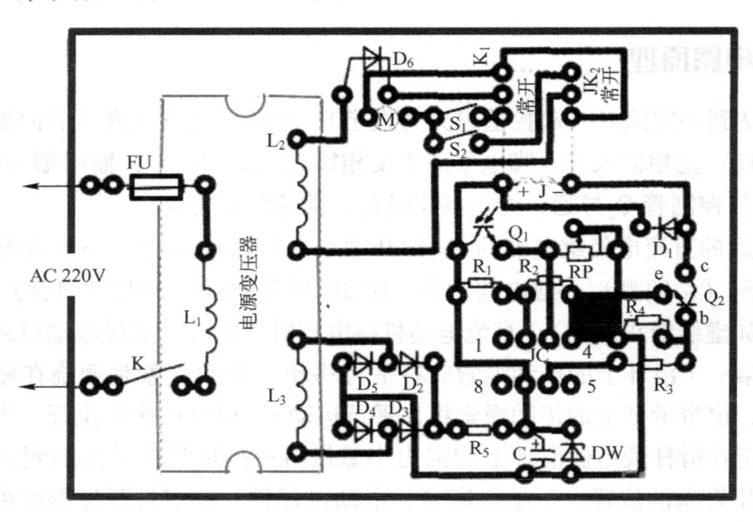

图 7.7.2　光控自动窗帘印制电路板

整个装置示意图如图 7.7.3 所示。在图中，滑杆上第一个和最后一个滑环应采用铁质的，其目的是为了方便固定永久磁铁。且右边定滑轮过来的传动绳要穿过（除第一个）所有滑环后固定在第一个滑环上（从左边定滑轮过来的传动绳也要固定在第一个滑环上，即传动绳的头、尾都要固定在第一个滑环上）。并要注意右边最后一个滑环与右边干簧管开关 S_2 的距离，要确保窗帘完全展开将窗户遮挡后，最后一个滑环离开右边干簧管开关 S_2 时使 S_2 能复位闭合，接近左边干簧管开关时使 S_1 能断开。

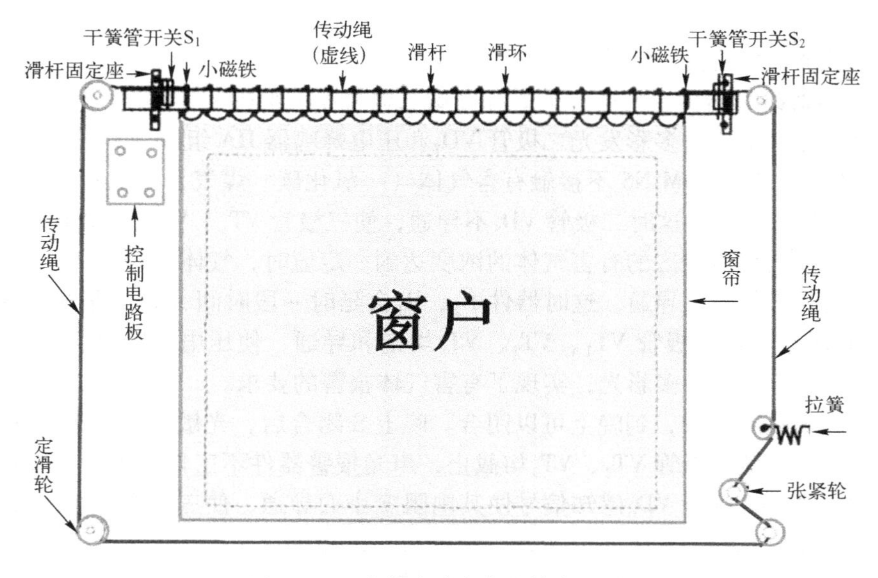

图 7.7.3　光控自动窗帘整体布局图

7.8　实例69：有害气体泄漏报警器

7.8.1　电路结构与特点

该有害气体泄漏报警器由电源电路、有害气体检测电路、防盗报警器件、天亮“小闹钟”器件和声光报警器件组成，如图 7.8.1 所示。

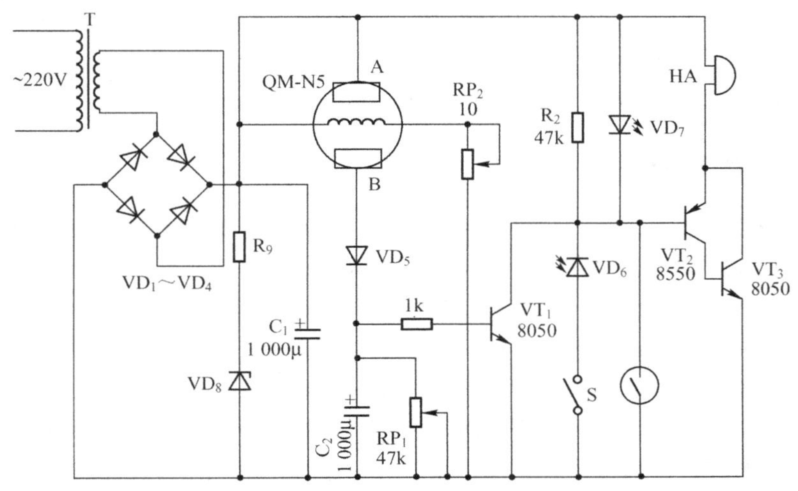

图 7.8.1　有害气体泄漏报警器电路原理图

电源电路由电源变压器 T、整流二极管 VD_1～VD_4、滤波电容器 C_1和稳压二极管 VD_8组成。

有害气体检测电路由气体传感器 QM-N5、可调电阻 RP_1、RP_2、二极管 VD_5等器件组成。

防盗报警器件主要由干簧管和小磁铁组成。

天亮“小闹钟”器件主要由开关 S 和光敏二极管 VD_6组成。

声光报警器件主要由多彩发光二极管 VD_7和压电蜂鸣器 HA 组成。

平时，气敏传感器 QM-N5 不接触有害气体（一氧化碳、煤气、液化石油气等），其 A、B 两极间的电阻值很大，这时二极管 VD_5不导通，使三极管 VT_1、VT_2、VT_3均截止，声光报警器件不工作。当被监控区的有害气体的浓度达到一定值时，气体传感器 A、B 两极间的阻值将变小，使二极管 VD_5导通，这时器件 E_2、R_1会延时一段时间（延时很短，主要是预防误报警），延时结束后三极管 VT_1、VT_2、VT_3均饱和导通，使压电蜂鸣器 HA 发出报警声，多彩发光二极管 VD_7发出多彩光，实现了有害气体报警的要求。

白天开关 S 是断开的，到晚上可以闭合。晚上 S 闭合后，光敏二极管 VD_6接收不到光，这时 VD_6不导通，使三极管 VT_2、VT_3均截止，声光报警器件不工作。当天变亮或光线达到一定要求时。光敏二极管 VD_6感知信号使其内阻变小而导通，使三极管 VT_2、VT_3均饱和导通，声光报警器件发音、发光实现天亮“小闹钟”的目的。

干簧管只有配合小磁铁才能工作，即小磁铁靠近干簧管时干簧管触头就断开，反之则闭合。平时干簧管和小磁铁是在一起的，即干簧管触头是断开的（无盗贼时），三极管 VT_2、VT_3均截止，声光报警器件不工作。当盗窃者把干簧管处隐蔽的小磁铁移动时，干簧管触头闭合，使三极管 VT_2、VT_3均饱和导通，声光报警器件发音、发光实现防盗报警的目的。

7.8.2 元器件选择

气敏传感器选用 QM-N5 型气敏器件；VT_1、VT_3均选用 S8050 硅 NPN 型晶体管，VT_2选用 S8550 硅 PNP 型晶体管；RP_1、RP_2选用自锁式有机实心电位器；VD_1～VD_5选用 lN4007 的整流二极管；C_1、C_2选用耐压值为 15V 的电解电容；R_1～R_3均选用 1/4W 的碳膜电阻或金属膜电阻；压电蜂鸣器 HA 选用 HY-3015A，电压为 3 ～ 24V；VD_6选用一般的光敏二极管；VD_7选用多彩发光二极管；T 选用 220/6V、5W 的电源变压器。

7.8.3 制作与调试

印制电路板安装焊接之后，如图 7.8.2 所示。图中 A、B 两个端点接变压器 T 的次级，多彩发光二极管 VD_7可以并接在压电蜂鸣器 HA 两端。

因为气敏传感器 QM-N5 的加热丝工作电压为 5V，电路板焊好通电时，要调节电位器 RP_2使气敏传感器的加热丝两端电压为 5V。调节电位器 RP_1的阻值，可以调节有害气体报警电路的灵敏度。调试时，先接通电源，预热 10min 后，用打火机的出气口对准气敏传感器，边轻轻按压打火机（打火机出气，但不要使打火机出火），边缓缓微调电位器 RP_1的阻值，使压电蜂鸣器 HA 刚好发出报警声。停止送气，压电蜂鸣器 HA 应停止报警。几分钟后再用同样的气体送气，检查报警器是否能迅速动作报警。反复几次，提高报警的灵敏度，使其

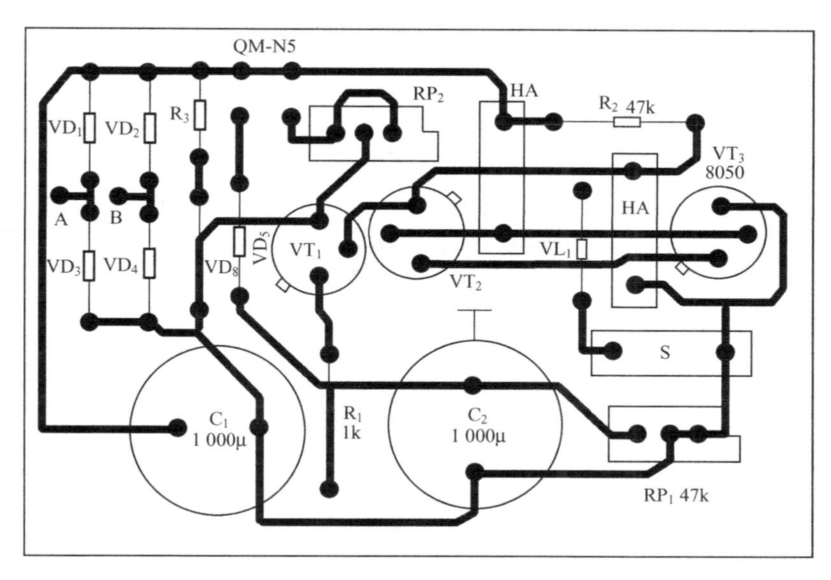

图 7.8.2　有害气体泄漏报警器印制电路板

能可靠地工作。调试完毕后，将电位器 RP 轴柄上的紧固螺母拧紧即可。

气敏元件的安装，应根据需要监视的可燃性气体的比重来确定安装位置的高度。若使用一般煤气，可将气敏元件装在高处通风口处；若使用石油液化气，则应将气敏元件装在低处，这样可以提高报警灵敏度。煤气泄漏报警器使用一段时间以后，会发现灵敏度有所下降，不能按规定的可燃性气体浓度实现报警，其原因主要是在气敏探头的防爆网罩上。由于时间较长后网罩上积满了污垢和灰尘，从而堵住了气敏探头的通气孔，致使气敏元件不能像初期使用那样灵敏。因此，不要将气敏元件安装在油烟、灰尘较重的地方，并且要定期清除气敏元件网罩上的油垢和灰尘。使用一段时间后，还要进行灵敏度试验，重新进行校准，可防止报警器失效。

7.9　实例 70：酒精探测仪

7.9.1　工作原理

本探测仪采用酒精气体敏感元件作为探头，由一块集成电路对信号进行比较放大，并驱动一排发光二极管按信号电压高低依次显示。对刚饮过酒的人，只要向探头吹一口气，探测仪就能显示出酒精气体的浓度高低。若把探头靠近酒瓶口，它也能轻而易举地识别出瓶内盛的是白酒还是黄酒，能相对地区分出酒精含量的高低。酒精探测仪的电路原理如图 7.9.1 所示。

该电路采用干电池供电，并经三端稳压器 IC_1 稳压，输出稳定的 5V 电压作为气敏传感器 MQ-3 和集成电路 IC_2 的共同电源，同时也作为 10 个共阳极发光二极管的电源。因此，外部电路相当简单。

气敏传感器的输出信号送至 IC_2 的输入端（5 脚），通过比较放大，驱动发光二极管依

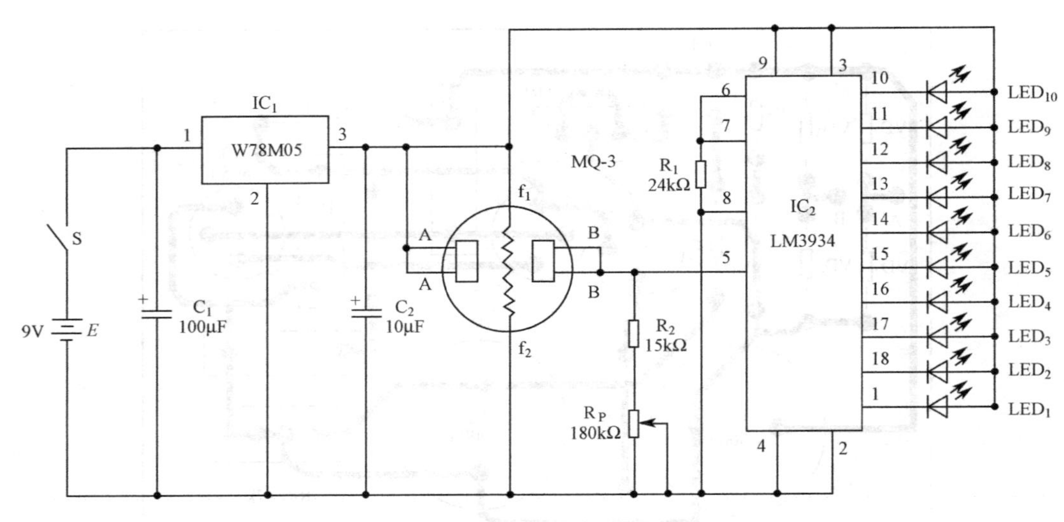

图 7.9.1　酒精探测仪电路原理图

次发光。10 个发光二极管按 IC_2的引脚（10 ～ 18、1）次序排成一条，对输入电压作线性 10 级显示。输入灵敏度可以通过电位器 R_P调节，即对“地”电阻调小时灵敏度下降；反之，灵敏度增加。IC_2的 6 脚与 7 脚互为短接，且串联电阻 R_1接地。改变 R_1的阻值可以调整发光二极管的显示亮度，当阻值增加时亮度减弱，反之亮度增强。IC_2的 2 脚、4 脚、8 脚均接地，3 脚、9 脚接电源 +5V（集成稳压器 IC_1的输出端）。分别并联在 IC_1输入与输出端的电容 C_1、C_2防止杂波干扰，使 IC_1输出的直流电压保持平稳。

发光二极管集成驱动器 LM3914 的结构如图 7.9.2 所示。其内部的缓冲放大器最大限度地提高了该集成电路的输入电阻（5 脚），电压输入信号经过缓冲器（增益为零）同时送到 10 个电压比较器的反相（-）输入端，10 个电压比较器的同相（+）输入端分别接到 10 个等值电阻（1kΩ）串联回路的 10 个分压端。因为与串联回路相接的内部参考电压为

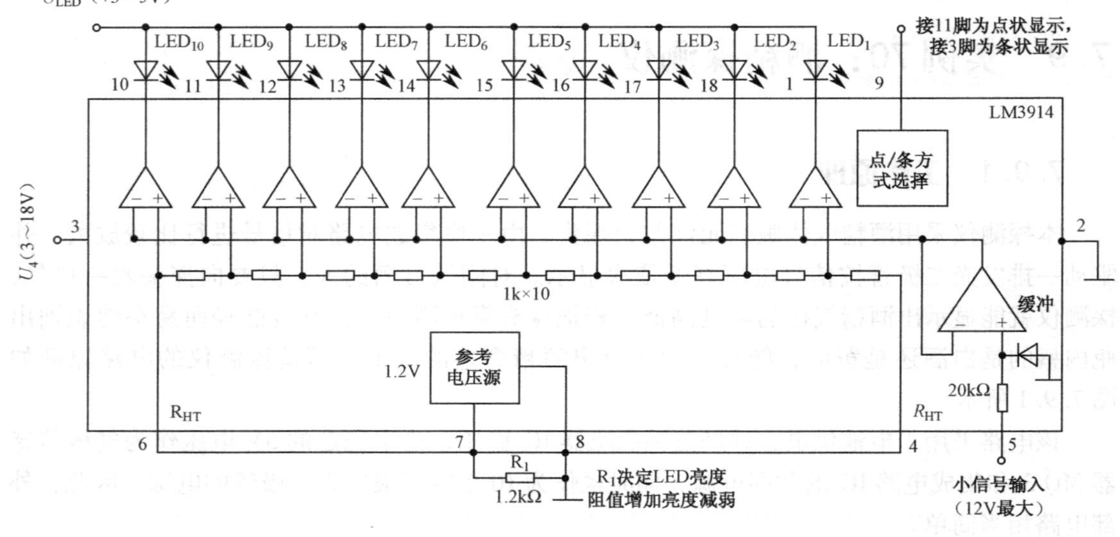

图 7.9.2　发光二极管集成驱动器 LM3914 结构图

1.2V，所以相邻分压端之间的电压差为 1.2V ÷ 10 = 0.12V。为了驱动 LED_1 发光，集成电路 LM3914 的 1 脚输出应为低电平，因此要求电压比较器反相（−）端的输入电压≥0.12V。同理，要使 LED_2 发光，反相端输入电压应大于 0.12 × 2 = 0.24V；要使 LED_{10} 发光，反相端输入电压应大于 0.12 × 10 = 1.2V。

IC_2 的 9 脚为点/条方式选择端，当 9 脚与 11 脚相接时为点状显示；当 9 脚与 3 脚相接时为条状显示。本设计电路中采用的是条状显示方式。

7.9.2 元器件选择

该电路所选用的元器件如表 7.9.1 所示。

表 7.9.1 酒精检测仪电路元器件

序号	名称	型号	数量
1	酒精气敏传感器	MQ-3	1
2	集成稳压器	W78M05	1
3	红色发光 LED	φ3mm 或 φ5mm	10
4	发光 LED 集成驱动器	LM3914	1
5	碳膜电阻（金属膜）	2.4kΩ，±5%，1/8W	1
		15kΩ，±5%，1/8W	1
6	电位器	WS-2-0.25W	1
7	电解电容器	100μF，16V	1
		10μF，16V	1
8	按钮开关		1
9	DC 插座	外径 φ5.5mm，内径 φ2mm	1
10	实验电路板	ICB-88	1
11	电池及电池盒	搭扣型电池 5 号 6 节	1 组
12	其他	尼龙被覆导线及金属线	各 1m

酒精气敏传感器采用国产的 MQ-3 型，它属于 MQ 系列气敏元件的一种（杭州科纳电子有限公司生产）。IC_1 采用三端固定输出集成稳压器 W78M05 或 W7805，它们的额定最大输出电流不同，但静态电流均为 8mA。IC_2 用 LM3914 型发光二极管集成驱动器。

LED_1 ～ LED_{10} 用 φ3mm 或 φ5mm 红色发光二极管，根据实际需要也可采用 5 个绿色、5 个红色的显示方式。C_1、C_2 用普通电解电容器，如 CD11-16V。R_1 用 1/8W 金属膜电阻。R_P 采用半锁紧型的小型有机实芯电位器，如 WS-2-0.25W。G 用 6 节 5 号干电池串联，也可用输出整流电压为 9V 的桥式整流电源代替，但此时应将 C_1 的容量增至 450 ～ 1 000μF 为宜。S 用小型拨动式或按钮式开关，触点额定电流大于 0.2A。

7.9.3 制作与调试

探测仪印制电路板如图 7.9.3 所示，电路板尺寸为 70mm × 50mm。只要事先经过检查，元器件性能均良好，焊接印制电路板时操作正确，无虚焊、假焊、错焊，不烫坏元器件，则电路焊接完成后无须进行调整就可正常工作。气敏传感器 MQ-3 一般适宜在温度不超过 50℃、相对湿度低于 95% 的环境下使用。另外，氧气浓度也会影响探头的灵敏度。

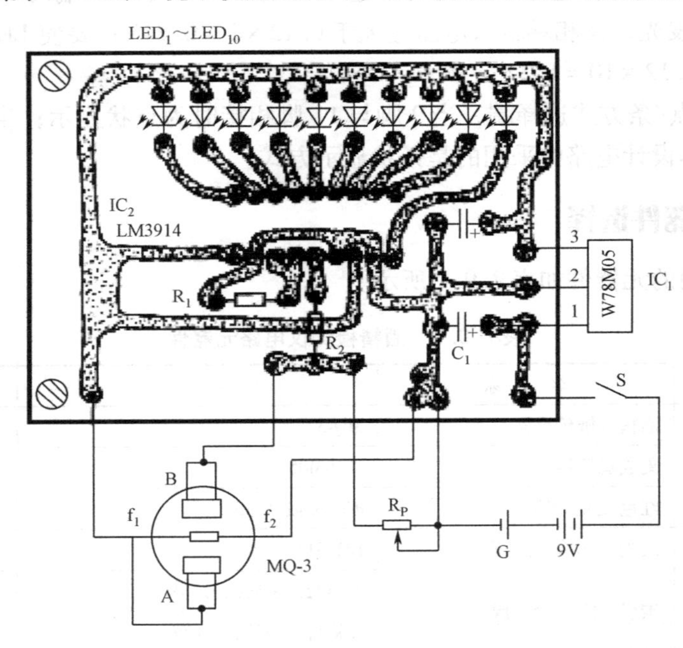

图 7.9.3　酒精探测仪印制电路板

试验探测仪时，应事先准备一只口径约 40mm、高约 70mm 的有盖小瓶，瓶内盛放一小块浸过酒精的药棉，平时盖紧瓶盖不让酒精气体外逸。试验时调节 R_P 至最大值，然后打开瓶盖，逐渐靠近已经预热的 MQ-3 探头，可以看到安装在探测仪上的 10 个发光二极管 LED_1～LED_{10} 依次点亮。因为从瓶口附近至瓶内存有不同浓度的酒精气体，越接近药棉处，酒精气体浓度越高。调节电位器 R_P 的阻值可以调整探测仪的灵敏度，R_P 阻值较小时灵敏度较低，反之，阻值较大时灵敏度较高。在业余条件下，可先将 R_P 阻值调至较大使用。若有条件，最好送标准检测部门校准并将 R_P 锁住。

在业余条件下可以这样进行：取容量大于 1 000mL 的饮料空瓶 5 只，洗净后注满水，用量筒测定每只瓶的实际容量并作记录，然后倒去水擦干瓶子内壁后将其一一编号备用。取含量 97% 的乙醇与空气按体积比为 0.1∶100、0.2∶100、0.3∶100、0.4∶100、0.5∶：100，在 20℃的环境中分别与 5 只瓶中的空气充分混合（瓶口盖紧不漏气），就成为酒精气体样本。

先将探测仪在无酒气环境中预热 5 ～10min 后，LED_1～LED_{10} 应均不发光，否则需适当调节 R_P；然后将探头 MQ-3 伸入 0.5% 酒精气体中，调节 R_P 使 LED_1～LED_5 发光，其余不发光，调好后锁定 R_P；再将探头重新置于无酒气环境中，LED 应全部熄灭，之后将探头伸入 0.2% 酒精气体中，只有 LED_1 和 LED_2 发光，说明工作正常。

7.10　实例 71：晶体管超声喷泉雾化盆景

该晶体管超声波除供观赏外，还有医疗保健作用，它能调节室内温度、净化空气。

7.10.1 工作原理

超声喷泉是以超声波的定向压强使水面隆起，并在隆起的水面周围产生雾气。

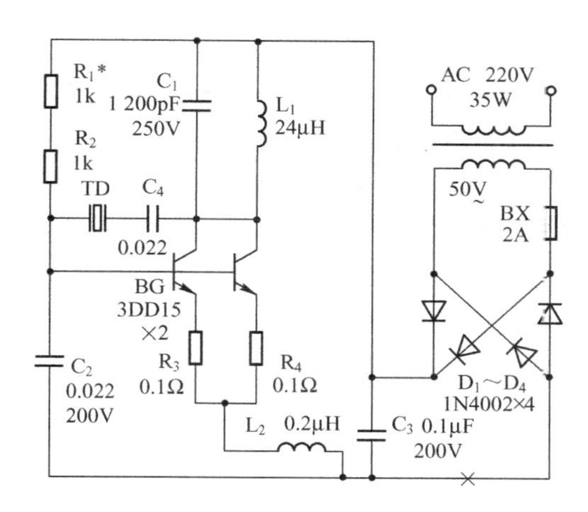

图 7.10.1 晶体管超声喷泉雾化盆景电路原理图

如图 7.10.1 所示，电路核心是一个大功率的高频振荡器，采用电容三点式振荡电路，电路的振荡频率是压电换能振子 TD 的固有频率 1.3MHz。L_1和C_1组成的谐振回路在这里不决定振荡频率，而是决定振荡幅度，它的谐振频率比电路的振荡频率约低 0.6MHz，L_2和C_2的谐振频率大于电路的振荡频率。之所以用两个谐振回路，是为了使电路的振荡频率更纯。为使振荡器在大功率下稳定工作，采用了两管并联使用。R_1、R_2是偏置电阻，调整R_1使振荡器输出适中。R_3、R_4用来平衡两管。

7.10.2 元件选择与制作

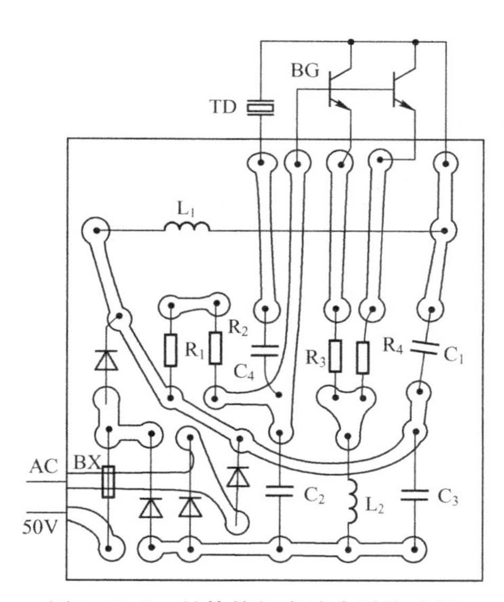

图 7.10.2 晶体管超声喷泉雾化盆景印制电路板

C_1用云母电容器，C_2用损耗小且温度系数小的高频瓷介电容。三极管要求功率为 50W，反向工作电压大于 200V，可选 3DD15D 等，两管β值尽量一致，每管配用 300mm × 300mm × 4mm 的散热片。R_3、R_4用线绕电阻拆下来的ϕ0.1mm 电阻丝取 10mm 长就行，如两管的β值一致，此电阻也可不用。R_1、R_2功率大于 1W。L_1用长 65mm、外径 20mm 的塑料圆管做骨架，在上面用ϕ0.74mm 漆包线绕 70 匝。L_2不用管架，用ϕ0.8mm 漆包线在直径 8mm 的圆棒上绕 6.5 匝，脱下圆棒使线圈伸长至 10mm 即可。电源变压器功率大于 35W。印制电路板如图 7.10.2 所示。

组装好后进行调试，将喷水头固定在盆底，水深 80mm 左右为宜，水要干净。再用 1 只 3kΩ 电位器代替R_1接入电路，先把电位器旋至阻值最大处。在电路原理图的“×”处串入电流表，接通电源，慢慢减小阻值，观察电流表和水喷起情况，直至水柱最高及雾量最大，而电流最小（约 0.65A），用相同阻值电阻代替电位器即可。

7.11 实例 72：光电接近开关

光电接近开关的应用场合越来越广，本节介绍一种成本低廉的光电接近开关制作方法。它只需 5V 电压供电（输出为 TTL 电平），最大探测距离为 20cm 以上（这个距离与红外管

的发射功率和被探测材料的表面性质有关），而且探测距离还可以调节。

7.11.1 工作原理

自制的光电接近开关电路原理图如图 7.11.1 所示，图中的元件参数如表 7.11.1 所示。由 555 构成多谐振荡器，从 3 脚输出 38kHz 的方波信号。经 VT_1驱动红外发射管 VD_2向外发射频率为 38kHz 的红外调制信号。之所以选用 38kHz 的红外调制信号，是由于选用的红外接收头 U_1的频率响应为 38kHz（U_1型号 AT138B 的“38”表示响应频率大小，其外观和引脚如图 7.11.1 右图所示）。当有障碍物靠近时，红外线反射回来被 U_1接收，当接收到的红外信号足够强时输出（OUT）为低电平，否则为高电平。如果用 5V 供电，输出（OUT）为 TTL 电平可直接与微处理器相接。

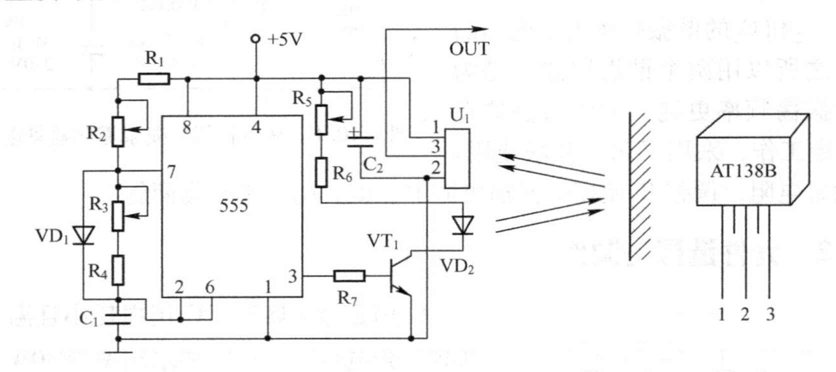

图 7.11.1 光电接近开关电路原理图

表 7.11.1 光电接近开关元器件选择

名　称	型号规格	名　称	型号规格
R_1	1kΩ	C_1	0.01μF
R_2	1kΩ（微调电阻）	C_2	100μF/16V
R_3	1kΩ（微调电阻）	VD_1	普通二极管
R_4	1kΩ	VD_2	普通红外发射管
R_5	1kΩ（微调电阻）	VT_1	9014
R_6	100Ω	U_1	AT138B（或同类产品）
R_7	2.2kΩ（微调电阻）	IC	555

7.11.2 制作与调试

红外发射管的发射功率可通过改变 R_5的阻值进行调节，发射管的发射电流大小决定了探测距离的大小。如果不需要调节探测距离的大小，R_5、R_6可用一个固定阻值的电阻代替。

多谐振荡器的振荡频率计算公式为：

$$t_1 \approx 0.7(R_1 + R_2) \times C_1 \quad (7\text{-}11\text{-}1)$$

$$t_2 \approx 0.7(R_3 + R_4) \times C_1 \quad (7\text{-}11\text{-}2)$$

$$f = \frac{1}{t_1 + t_2} \quad (7\text{-}11\text{-}3)$$

调试时使输出波形的占空比尽量为1:1，经过试验发现只要占空比偏离1:1不太多就无所谓，但频率不要偏离38kHz太多，否则探测精度会下降，频率偏离太大时则U_1根本没有响应。经过计算，当R_1、R_3为1kΩ时，R_2、R_4调到880Ω左右（实际有所偏差）即可满足振荡要求。

红外接近开关制作的关键并不在电路，而是在结构上，特别是U_1和VD_2的位置不能随便放置。把该红外接近开关做成探头状，整个电路板安装在一根塑料管内，并引出三根导线：电源、地、输出（OUT）。U_1、VD_2放置在塑料管的前端，并用不透光的塑料片把U_1、VD_2隔开，为了防止VD_2向旁边漏射出红外线可用黑色电胶布在VD_2的周围绕一两圈，只让红外线从VD_2的前方发出（电路板、隔光塑料片、U_1、VD_2可用硅胶进行固定），其结构如图7.11.2所示。

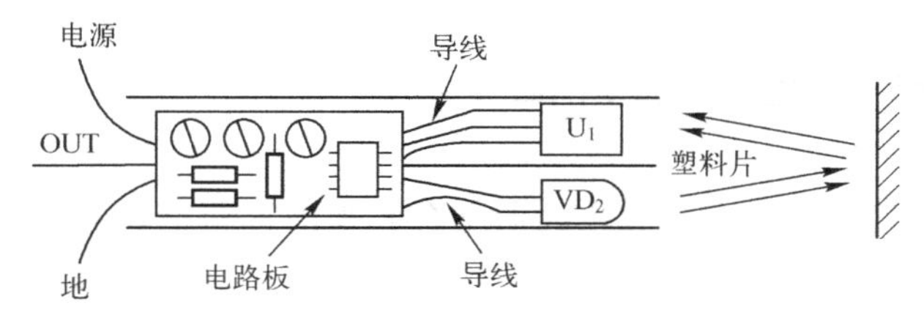

图7.11.2　光电接近开关结构布局图

该电路只要焊接无误，结构安排得当，不需要太多的调试（只要把多谐振荡器的振荡频率调到38kHz即可），一试就能成功。制作结果表明：该红外接近开关不仅能探测到接近探头一定距离的物体，还能识别出颜色的深浅（浅颜色的物体由于反光性较强其触发距离较远），而且所使用的元件都是市面上极易买到的，AT138B是红外接收头，若买不到可用同类产品（如HM383）代替。

7.12　实例73：近程探测电路

图7.12.1所示电路是超声近程探测电路的应用实例，超声波自控淋浴开关电路。电路由超声波收发电路、锁相电路及控制执行电路等组成。核心是锁相电路，它由LM567等组成。对输入的外来信号和本身振荡信号的频率进行比较，当输入到LM567 3脚的外来信号频率和本身振荡信号的频率相同时，8脚输出电平由高变低，同时，利用锁相电路本身的振荡信号为超声波发送电路提供信号源。

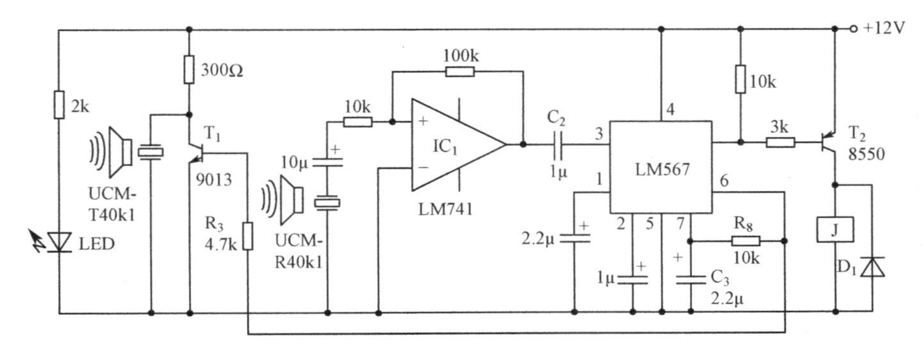

图7.12.1　超声波自控淋浴开关电路原理图

第7章

电路的振荡频率$f_0=\frac{1}{1.1}\cdot R_8\cdot C_5$，本电路为40kHz。

超声波发送电路由T_1等构成，由锁相电路LM567的6脚输出的振荡信号经R_3加到T_1基极进行放大，推动超声波发送器UCM-T40K1发出超声波信号。超声波接收电路由IC_1等构成。平时，超声波接收器UCM-R40K1接收不到UCM-T40K1发出的超声波信号，LM567的8脚输出为高电平，T_2截止，继电器J处于释放状态，电磁阀关闭，淋浴器无水喷出。当有人站在淋浴器下时，UCM-T40Kl发出的超声波经人体反射后，被UCM-R40Kl接收并转为相应的电压信号，经IC_1放大后通过C_2耦合到LM567的3脚，由于该信号的频率与锁相电路本身产生的振荡信号的频率完全相同，故8脚输出低电平，此时，T_2处于导通状态，继电器J吸合，电磁阀得电打开，淋浴器有水喷出。

7.13 实例74：远程拾音器

远程拾音器是把传声器与高灵敏放大器结合起来的远程拾音装置，能检测到那些人类不易接近的野生动物的微弱声音。

当人们为寻找野生动物而在野外跋涉时，通常携带望远镜，也许还有摄影机等光学装置。近来人们对野生动物的声音的兴趣日增，现在许多动物爱好者郊游时除带望远镜、摄像机外，都带录音机帮助收听。

本文所述的设备是一种单纯的音频装置，该装置将微弱的声音放大至人耳能清晰听到。这种音频装置实际上可视为一台极为灵敏的助听器。

该装置的信号输出馈送到一副立体声耳机中。但不能用扬声器，否则会产生声频反馈而形成啸叫声。即使使用耳机，为避免声回授，可能要将放大倍数加以适当抑制。如下面所述，即使采用耳机也宜选用内耳式小型耳机。

7.13.1 方框图

从整机结构看，全部装置由一个话筒、一副耳机和一个放大器组成，如图7.13.1所示。

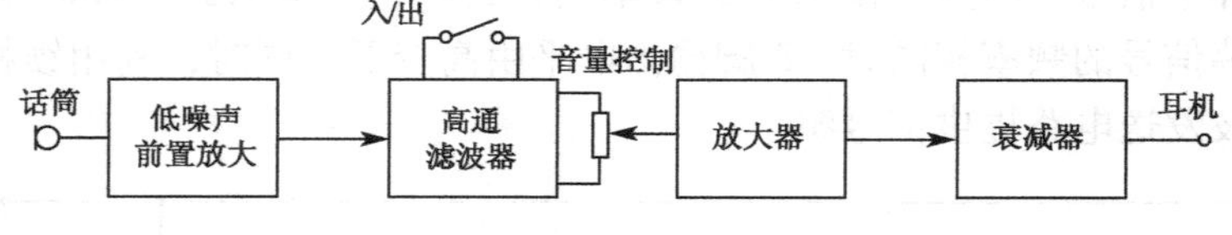

图7.13.1　远程拾音器方框图

话筒将一微弱的声音信号送至前置放大器。最重要的是这一阶段的噪声要很低，因为输入电压为微伏级而不是毫伏级，即使有一点噪声也会导致在背景中产生“丝丝”声，干扰由耳机接收的大多数很小的声音。因此前置放大器级宜采用低噪放大器。

高通滤波器包括在前置放大器级的输出部分，若为提高低频声音，该滤波器可以关掉。自然界的绝大多数声音，除风声和雷声外频率都是相当高的。尤其是鸟叫声具有很强的高频成分，其中包括超声频而低音很少。在大多数情况下，缺少低音响应在收听效果上将不会有不良作用。

加入高通滤波器，对降低背景的“丝丝”声帮助不大，但可以使装置滤掉一些不希望有的噪声。这些噪声主要是装置使用时出现的不可避免的振动引起的极低频噪声。即使很轻地碰触话筒，也会在耳机中产生很响的铿锵声和沉闷的金属声。

7.13.2 高增益放大器

为使该装置的功能尽量发挥，需要有很高的总增益，为此要用两级放大。装置的输出经衰减器传送到耳机。使用衰减器的目的是限制装置的输出信号以达到良好的收听效果。该装置能对很小的声音做出响应，而且因强噪声乃至平均强度的声音可能使本装置超载，这将导致耳机里的信号很响。

最初设计中采用自动输出音量调节以避免输出过大，但实践证明在该电路中采用简单的限制方法似乎更好。声音很强将导致输出失真，但这些声音不是设计本装置用以查找的那种声音。采用简单限制方法的一个优点是当强声产生时，装置仍能工作在满灵敏度而且不需要恢复时间（若采用自动增益控制系统恢复过程就不可避免）。

7.13.3 电路原理

本装置的电路原理如图 7.13.2 所示。该电路中的话筒使用驻极体话筒，这种类型的话筒实际上是一个话筒加上一个内装的场效应晶体管前置放大器，并按图 7.13.3 所示的电路连接。场效应晶体管作为一个简单的跟随缓冲级工作。

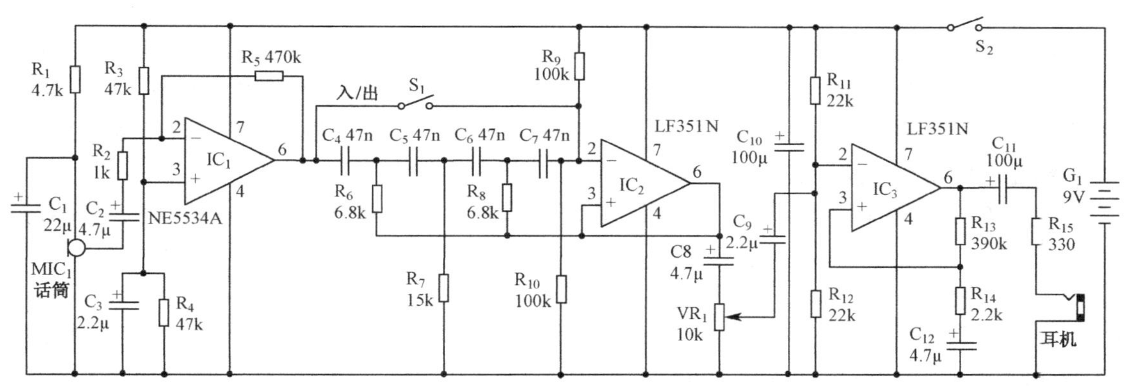

图 7.13.2 远程拾音器电路原理图

基本的驻极体话筒有很高的输出阻抗，但经场效应晶体管前置放大器后给出的是一个低输出阻抗。

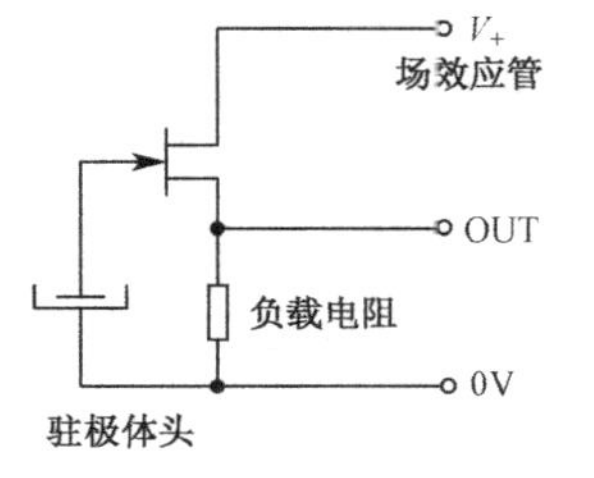

图 7.13.3 驻极体话筒

如果采用没有内部负载电阻的驻极体话筒，则应在电容器 C_2 的负极端和地线之间接入一个阻值为 47kΩ 左右的电阻。

话筒采用单向式的而不宜用无定向的。若用广角“宽域”式单向话筒，则意味着不必十分精确地对准声源，但也意味着装置往往可能受不需要的声音干扰。若用单向锐定向话筒会给出较好结果，但为拾取所需的声音必须更精确地将装置对准目标。

前置放大器是一个基于低噪声放大器 IC_1 的倒相电路。这是一个 NE5534A 集成电路，该级的输入阻抗为 1kΩ，电压增益为 470 倍左右。

对于 IC_1，电路也可用类似 741C 或 LF351N 的器件工作，但噪声较大。噪声增大将降低装置的灵敏度。尽管 NE5534A 比较贵，但在该运用中还是相当合算的。

IC_2作为高通滤波器的缓冲级。该滤波器是一个每倍频程有 24dB 阻尼率的常规有源四阶滤波器。换言之，在截止频率以下，输入频率的 1/2 分频将使电路的增益减小为 1/16。

7.13.4 截止频率

截止频率必须是若干因素综合考虑的折中。截止频率低，可增强低音响应，但也会引入低频“铿锵声”；截止频率过高可消除不希望有的噪声，但对于音频质量会有不能令人满意的结果。采用图 7.13.2 中的给定值得出约为 300Hz 的截止频率，在实践中该值似乎是最佳值。该截止频率与电容器 C_4～C_7所用的值成反比，并且如果认为其他的截止点更好，可以很方便地改变 C_4～C_7的值。

电容器 C_8将 IC_2的输出耦合到音量控制器 VR_1。信号由此耦合到一个以 IC_3为基本器件的同相放大器，其电压增益约为 180。电容器 C_{10}将 IC_3的输出经阻尼电阻 R_{15}耦合到耳机插座。耳机应是中等阻抗型的，左右两耳机串联。

电阻 R_{15}的阻值可根据具体情况作些改变。如果需要，该电阻值可以定得较高以降低最大音量，或定得较低以使最大音量较高。

该电路的电流仅为 7 ～ 8mA，一个 PP3 的 9V 电池作为电源完全满足要求。

7.13.5 制作

电阻和电容的固定很简单，但电阻 R_4和 R_{15}应竖直装配以便将这两个电阻固定在可利用的空间内。安装电解电容器时要注意极性。电容 C_4～C_7若装配得贴近电路板，则这些电容应是印制电路装配类型的，要有 7.5mm 的引线空间。虽然集成电路不要求抗静电保护，但仍然建议将集成电路装在 8 引脚集成电路双排直插插座内。

本装置可用任何中阻抗耳机。然而，内耳式耳机是最佳选择，因为这些耳机大大避免了音响反馈问题。一般的微型耳机也可以使用，但装置可用的最大增益可能因反馈问题而受到一些限制。

要使本装置有效地工作，应恰当地调节音量控制 VR_1。如果背景噪声很大（如风使树叶摇动的声音等），则宜将音量调低些。

请注意，如果背景噪声很大则不能简单有效地使用该装置。在无风的日子远离道路使用比在有风天用于市中心小公园效果更好。若在话筒前面附加一个管筒可使该装置的方向性更好，但这要小心行事。若简单地在话筒上方粘贴一个金属片或塑料管可能会产生奇特的方向响应。与其说塑料管为话筒屏蔽掉野外的声音，不如说其很容易起到膜片的延伸作用，在更大的方向范围上拾音。为使该塑料管增加方向性，应用柔软的泡沫材料或某些具有很好吸音特性的相近的材料敷设于管内。为获得所需要的效果，这可以做得很巧妙，因为这是一个很有意思的试验领域。

7.14 实例 75：对射式红外线电子栅栏报警器

红外线电子栅栏报警器已经被广泛应用于各类安保场合，它具备结构简单、造价低廉、

可靠性好等优点。本节介绍一款简单、实用的对射式红外线电子栅栏报警器的设计制作方法。

7.14.1 工作原理

该电子栅栏报警器主要分为发射机和接收机两部分。发射机主要负责红外线的发射，接收机主要负责红外线的接收、判断、警报触发。在使用中，发射机和接收机拉开一定距离安装，且发射管与接收头垂直对正，当发射机开机后，即形成一束红外线栅栏。当有人穿越栅栏时，会瞬间阻断红外线，警报装置立即启动报警，达到防盗窃、防入侵等目的。电路原理如图 7.14.1 所示。

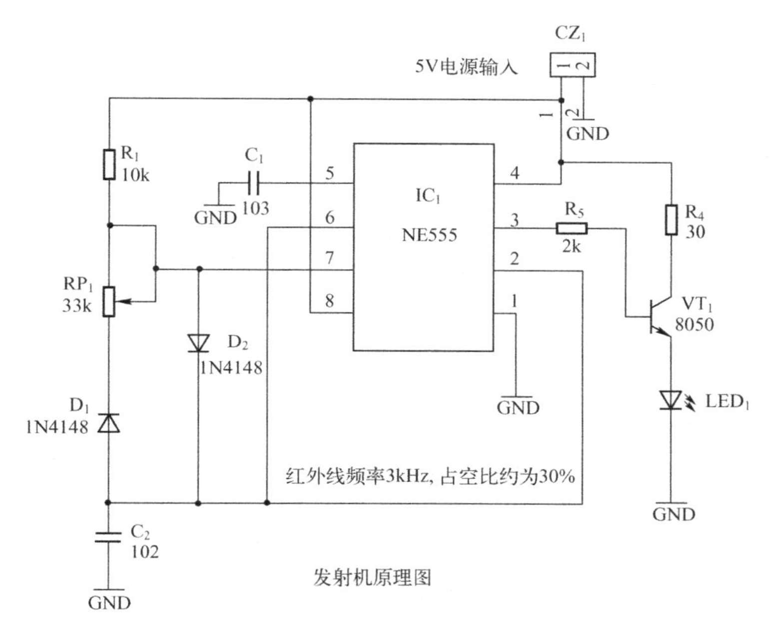

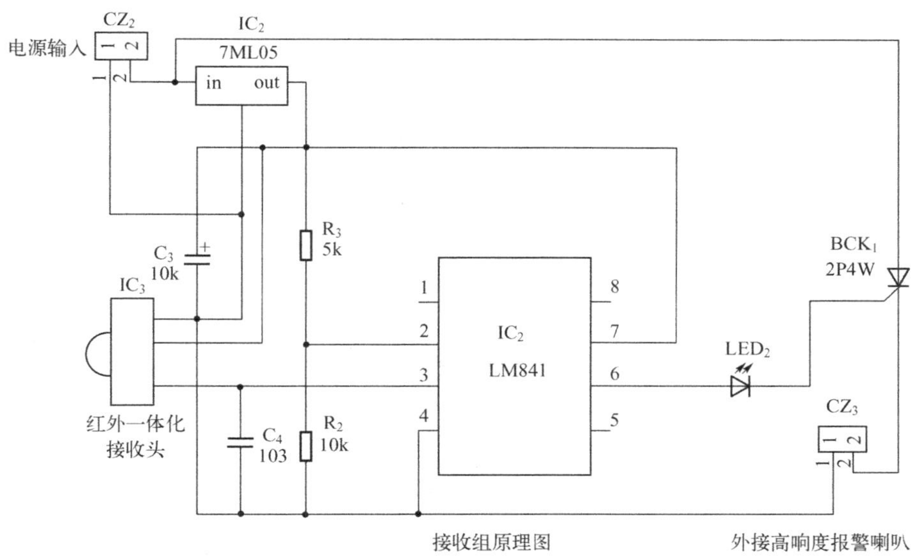

图 7.14.1　对射式红外线电子栅栏报警器电路原理图

发射机部分主要是 NE555 与外围元件构成的频率为 38kHz、占空比约为 30% 的振荡器，振荡信号经 3 脚输出加载至 VT_1 基极，由 VT_1 驱动红外线发光二极管 LED_1。接收部分主要由一体化红外线接收头和一枚单运放组成，运放接成比较器的形式。红外接收头 IC_3 接收到正确信号时，输出脚为低电平，IC_4 正向输入端（3 脚）电位低于反向输出端（2 脚），比较器输出端（6 脚）输出低电平。一旦有人阻断红外线，则接收头 IC_3 无信号输入，输出端立即变为高电平（约 4.91V），比较器翻转，IC_4 输出高电平，通过 LED_2 触发 BCR，给外接高响度报警喇叭提供电源，达到报警的目的。LED_2 在此充当触发管并起到触发指示的作用。只要切断并复位报警喇叭的电源后，红外线电子栅栏报警器就能进入新一轮的警戒状态。

7.14.2 元器件选择与制作

该电子栅栏报警器均由易购元件组成。IC_1 选用 NE555、HA17555 等通用 555 型号均可。LED_1 选用 ϕ5mm 的红外线发射管。C_2 建议选择稳定性相对较好的电容，如高频瓷介电容（CC）、CBB 等。RP_1 建议选用精密微调电阻。IC_3 选用一体化红外线接收头，型号为 HRM380017，其余通用代用型号也同样适合，引脚排列如图 7.14.2 所示。

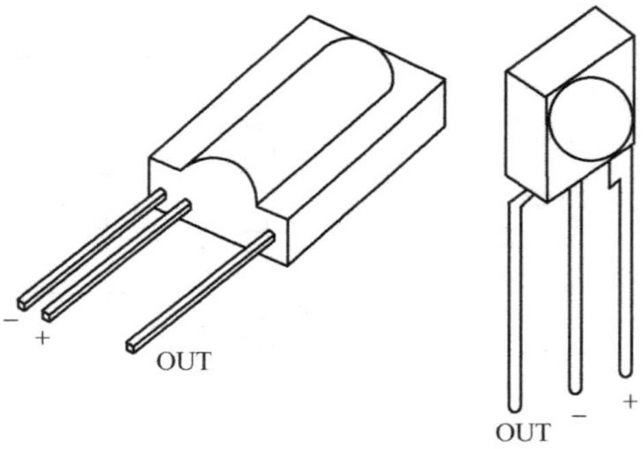

图 7.14.2 HRM380017 一体化红外线接收头引脚排列

IC_4 选用 LM741 等型号单运放，LED_2 选用高亮度的红色发光二极管。BCR 选用 2A 左右的晶闸管。其余元件没有特殊要求，按图示标注选取即可。CZ_3 为外接报警器预留插孔，外接报警器可以另购高响度的报警喇叭，也可以接一盏灯，作为警示。电路印制电路板布局如图 7.14.3 所示。

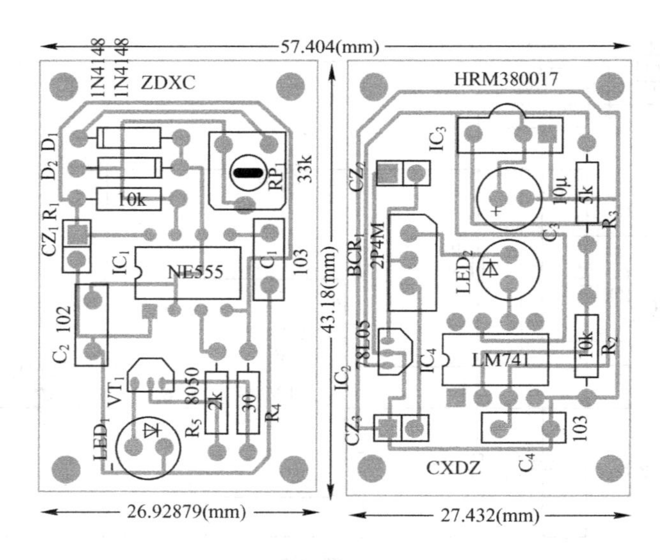

图 7.14.3 对射式红外线电子栅栏报警器印制电路板元器件布局

为方便业余条件下热转印制作，布线全部采用0.5mm宽度，发射与接收部分可等PCB腐蚀完毕后再裁剪开，自制电子栅栏报警器印制电路板如图7.14.4所示。

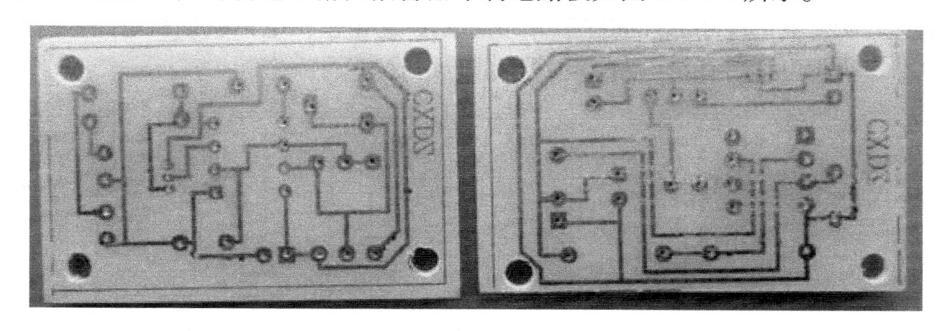

图7.14.4　对射式红外线电子栅栏报警器印制电路板

7.14.3　调试与注意事项

该电子栅栏报警器元件装好无误后，需要作基本调整。

首先要调整的是发射机频率。红外线接收头对38kHz左右的红外线敏感，发射机发射频率必须为38kHz。由于元件的误差，导致555的定时电阻和电容实际数值与计算数据会有稍许差异，最好借助频率计（数字表的频率挡就够用）或者示波器来调试，将发射机发射频率调整到38kHz，如图7.14.1标注数据取值，当RP_1调整到20.5kΩ时，输出频率恰好符合要求（经验数据，仅供参考）。

其次要调整的是IC_4的零漂移电压。在电路设计合理且没有外部调整电压的情况下，IC_4输出有零点几至近两伏的零漂电压，只要零漂电压不超过发光二极管的发光门限电压，就无须调整。具体调整方法是：接通发射和接收机电源，将发射管近距离正对接收头，此时LED_2应该为熄灭状态。如果有微亮，说明IC_4零漂移电压过大，可以通过调换压降更大的发光二极管，比如白色、蓝色的来解决问题。若问题依旧，多半是IC_4性能太差，需要换芯片。或者干脆外接调整电路来调节零点电压，但电路变得复杂，不符合“简洁”的宗旨。

电源部分可以采用蓄电池和交流电复合供电方式。接收机电源电压根据报警喇叭的电压选取，超过6V即可。

电路调整好后，将发射机和接收机分开安装在需要警戒的窗口或者阳台两侧墙壁，接通电源后，人为阻断红外线，LED_2点亮，BCR被触发导通，报警器能正常报警，说明电路进入正常工作状态。该电子栅栏报警器调整好后，警戒距离可达3m，具备一定的实用价值。如需增加距离，可以在发射机侧加装透镜聚光，并增加发光管数量。

7.15　实例76：电话远程听音器

本节介绍一种利用电话线路听取家里动静的远程监听装置，由于本监听器独立工作，可以隐蔽存放，故更具有实用性。有了该监听器，上班或外出时，如对家中安全情况不放心，只要拨通家里的电话，就可以听到家里的响动，随时了解家里的情况。

7.15.1 工作原理

电话远程听音器的电路原理如图 7.15.1 所示，它由模拟电话机摘机电路、音频信号拾取放大电路、模拟电话机挂机电路、电源等部分组成。

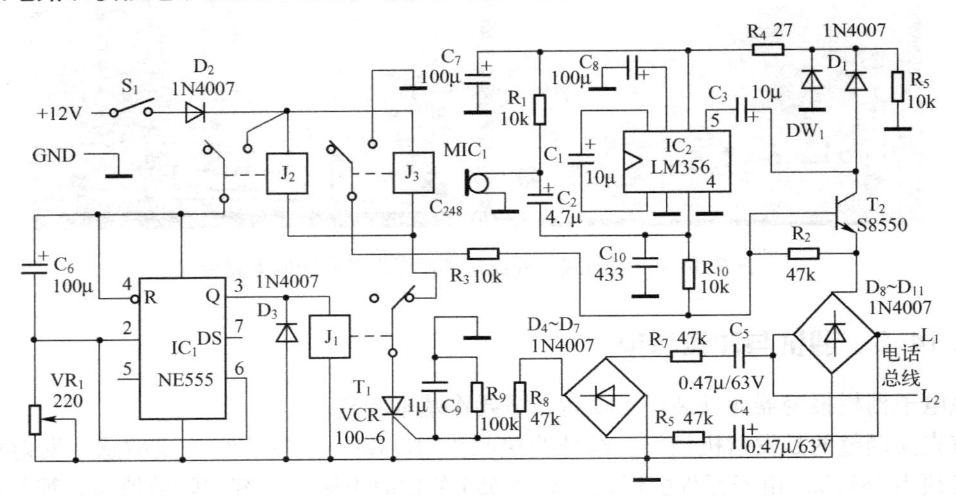

图 7.15.1　电话远程听音器电路原理图

1）模拟摘机电路

模拟摘机电路由 C_4、R_6、C_5、R_7、D_4～D_7、D_8～D_{11}、T_2、T_1、J_3等元件组成，C_4、R_6、C_5、R_7、D_4～D_7为振铃信号检测电路；D_8～D_{11}完成电源极性变换，T_2、T_1、J_3组成电子开关。平时，晶闸管 T_1控制极无电压，呈关断状态，继电器 J_3常开触点断开，PNP 三极管 T_2因基极为高电平而截止，监听器模拟在挂机状态。当有电话打入时，振铃信号经 C_4、R_6、C_5、R_7耦合、D_4～D_7整流，通过 R_8加在 T_1的控制极上，T_1导通，继电器 J_3常开触点闭合，T_2因基极被拉至低电平而导通，音频电路得电工作，模拟摘机得以实现。T_1控制极到地的 C_9、R_9是为防止晶闸管误触发而设的阻容网络；D_2可防止外接电源极性接反起保护作用。

2）音频信号拾取放大电路

音频信号拾取放大电路由麦克风 MIC_1、音频功率放大集成电路 IC_2及外围元件构成。当模拟摘机成功时，电话局线电压经 T_2、D_1、DW_1、R_4为本部分电路供电，R_1为麦克风 MIC_1提供直流偏置。家中如有异常响声，声音信号由 MIC_1拾取完成声/电转换，经 C_2耦合到 IC_2的 3 脚，进入 IC_2内部进行信号功率放大，放大后的信号从 IC_2的 5 脚输出，经 C_3、导通的 T_2、D_8～D_{11}叠加到电话外线，异地的电话里就能听到响声。

3）模拟挂机电路

模拟挂机电路部分由 NE555 时基电路 IC_1、继电器 J_1、J_2、J_3、晶闸管 T_1等元件构成。当振铃信号使晶闸管 T_1导通、模拟摘机成功时，继电器 J_2常开触点闭合，+12V 电压加至 IC_1的电源端，由 IC_1组成的延时电路得电开始工作。开始时 IC_1的 3 脚输出低电平，继电器 J_1不动作，其常闭触点保持接通状态；经过一段时间后（此时间即为异地监听时间，可以

通过调整 VR_1 来调整该时间的长短），IC_1 的 3 脚输出高电平，继电器 J_1 吸合，其常闭触点断开，迫使晶闸管 T_1 关断，继电器 J_2、J_3 释放，T_2 截止，模拟挂机完成。

4）电源

电源可使用干电池或 12V 外接直流变换器，由于静态耗电极小（用万用表几乎测不到电流），用 8 节 5 号干电池可以使用 10 个月以上。

7.15.2 元器件选择与制作

麦克风 MIC_1 可用收录机中的小型内置话筒；晶闸管用小型 TO-92 封装单向晶闸管，如 MCR100-6、MCR100-8 等；继电器用 12V 双触点继电器，如 943-IC-12DS、D963-IC-12D、R6-112-I、RU-SS-112D、JRZ-12D、RAS-1210 等型号。DW_1 用 0.5W 以上的 5～6V 稳压管，其余元件如图 7.15.1 所示。

将制作好的听音器 L_1、L_2 端接电话机外线，V 端外接 +12V 电源，平时开关 S_1 断开，监听器不工作。当家里无人时，将开关 S_1 闭合，监听器处于准备工作状态。

印制电路板如图 7.15.2 所示。

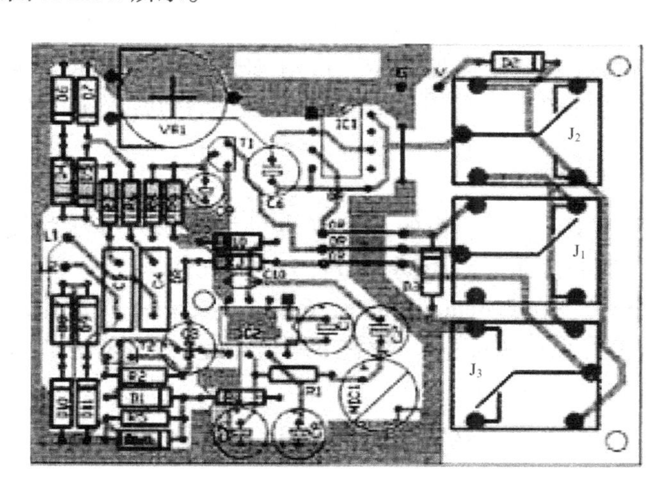

图 7.15.2 电话远程听音器印制电路板

7.16 实例 77：输液控制声光电路

患者输液时需要有人在跟前护理，特别是在夜间，当无专人护理时，药液输完了或别的原因会引起医疗事故。

7.16.1 工作原理

图 7.16.1 所示的输液控制声光报警器，可及时提醒护理人员采取有效的措施。

电路的工作原理是利用输液药水的重量作用于一根拉簧上，拉簧在不同重量牵引下将产生不同的位移，从而控制报警器触点的离合。

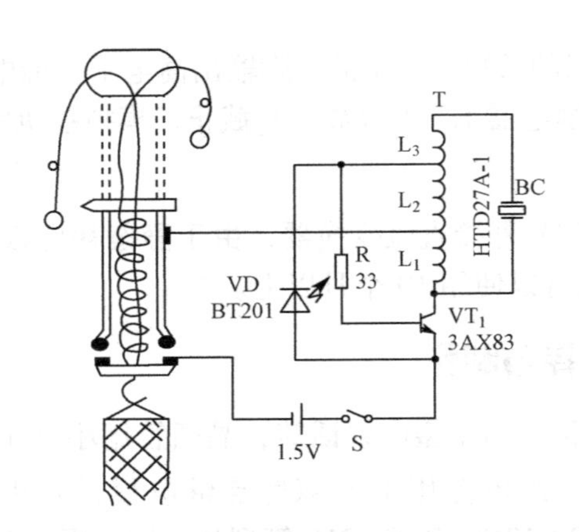

图 7.16.1　输液控制声光报警器电路原理图

7.16.2　元器件选择

VT_1选用 3AX83，如果用 3AX81 需要加散热片。蜂鸣器 BC 选用 ϕ27mm 的压电陶瓷片，为了增大音量，必须在 HTD 上加装一只助声腔，灯光指示 VD 选用一只 ϕ5mm 红色发光二极管，变压器 T 可用收音机的变压器改制。L_1用 ϕ0.31mm 高强度漆包线绕 40 匝，L_2用 ϕ0.20mm 高强度漆包线绕 80 匝，L_3用 ϕ0.20mm 高强度漆包线绕 450 匝。

7.16.3　制作与调试

拉簧可用一根坏的自行车车锁内的拉簧（也可用类似的其他弹簧），静态长度约为 3.3cm，在不同重量下其长度距离各不同，如表 7.16.1 所示。用一根 8cm 长、内径为 1cm 的空心金属管作拉簧外壳。在 5.4cm、5.8cm、6.7cm 等处打一对通孔，用来穿一个圆钉固定拉簧上端（可根据要求多打几对孔）。拉簧下端顶部用一个圆形敷铜板呈平面固定好，但要和拉簧绝缘。

表 7.16.1　拉簧在不同质量下的位移

质量（kg/cm）	拉簧长度（cm）	残留液质量（kg/cm）
0	3.30	0
0.35	5.00	空瓶质量
0.40	5.40	0.05
0.475	5.80	0.125
0.6	6.70	0.25
0.85	8.70	0.50

铜面向上作为下触点，上触点就用拉簧外壳兼用。输液瓶即吊在此圆板下面，再用一根尼龙绳固定在拉簧下端，穿过外壳。患者若需呼叫医护人员，可自己随时拉动绳索，报警器即工作，而不影响输液。正常工作时，一旦输液降到所定的位置即报警，使用很方便。根据输液瓶质量，可以改变弹簧上端的固定位置来调整。

7.17 实例78：地震声光报警器

地震是一种可怕的自然灾害，它经常发生在夜晚，使人难以预防。现介绍一种地震声光报警器，其特点是：当发生地震时，它不仅能发出惊人的响声，同时电灯自动亮，有助于人们迅速转移，尽快脱离危险地带。该地震声光报警器线路简单，灵敏度高，制作容易，成本低廉，且声音响亮，平时不耗电，地震波过后能自动停止报警。

7.17.1 工作原理

地震声光报警器的电路原理如图7.17.1所示。地震探测开关SQ和单向晶闸管VS、电阻器R_1等组成电子开关，集成电路A和晶体三极管VT_1、VT_2、扬声器B等组成模拟警笛声音响电路，H为照明小电珠。

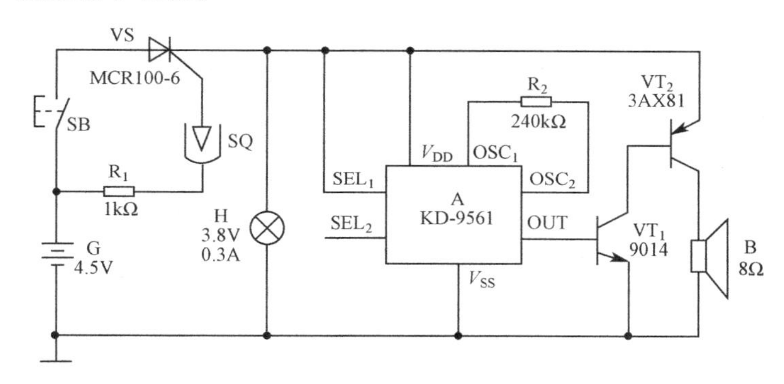

图7.17.1 地震声光报警器电路原理图

当发生4级以上的地震时，探测开关SQ会随着大地的晃动而接通。此时4.5V电池经R_1和SQ触发单向晶闸管VS使其导通。VS一旦导通便会保持此状态，使小电珠H通电发光；同时集成电路A也通电工作，其输出端输出内存模拟警笛声电信号，经三极管VT_1、VT_2构成的直接耦合功率放大器放大后，推动扬声器B发出响亮的警报声。

电路中，R_2是集成电路A的外接振荡电阻器，改变其阻值可以调节警报声的速率。SB是警报信号解除按钮开关。

7.17.2 元器件选择

A选用KD-9561型四声模拟声集成电路。该集成电路采用软包封形式，芯片尺寸为32.5mm×10mm，外形参见图7.17.2左边。其中SEL_1和SEL_2是两个选声端，当SEL_1接V_{DD}、SEL_2悬空时，A输出警笛声；当SEL_1接V_{SS}、SEL_2也接V_{SS}时，为救护车声；当SEL_1悬空，而SEL_2分别接V_{DD}或V_{SS}时，将分别发出机枪声和消防车声。在图7.17.1所示电路中选用的是警笛声。读者也可以选择其他3种声音中的任何一种，只需改变SEL_1和SEL_2的接法即可。

VS选用普通MCR100-6或BT169、2N6565型小型塑封单向晶闸管。VT_1用9014或3DG8型硅NPN小功率三极管，要求电流放大系数$\beta>50$；VT_2用3AX81型锗PNP中功率三极管，要求$\beta>30$。

R_1、R_2均用RTX-1/8W型小型碳膜电阻器。H用市售手电筒专用的3.8V、0.3A小电珠。B用8Ω、0.25W小口径动圈式扬声器。SB用小型自复位常闭按钮开关，也可用一般的单刀单掷开关来代替。G用3节5号干电池串联（配套塑料电池架）而成，电压为4.5V。

7.17.3 制作与使用

图7.17.2所示是地震声光报警器的印制电路板接线图。印制电路板用刀刻法制作，实际尺寸约为34mm×40mm；印制电路板上不必打孔，元器件直接焊在铜箔面上即可。集成电路A通过4根硬导线与自制印制电路板对接起来。焊接时应特别注意：电烙铁外壳一定要良好接地，以免交流感应电压击穿集成电路A内部的CMOS电路。

图7.17.3所示是地震声光报警器的外形图。其中地震探测支架要求具有足够的灵敏度。探测开关的金属重锤可用建筑工匠吊垂线用的电镀金属吊线锤，金属环用ϕ2mm的镀锌铁丝弯制。金属重锤与金属环间的距离通过升降金属重锤的方法来调节，一般调整在1.5～2.5mm为宜。间距越小，报警灵敏度越高。另外，为了保证足够的报警灵敏度，金属重锤支架的高度不应小于1m。

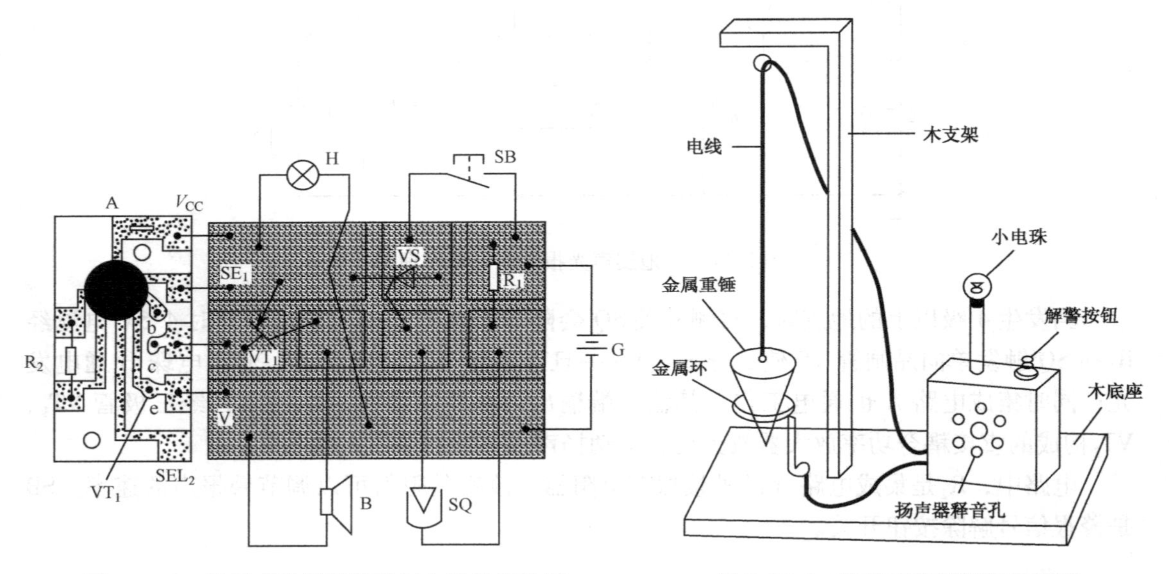

图7.17.2 地震声光报警器印制电路板接线图　　图7.17.3 地震声光报警器外形图

使用时，将报警器安放在卧室内不易受外界其他振动或刮风等干扰的地方，接好电池，电路即进入监测地震状态，此时电路几乎不耗电。如果人为造成电路误触发，只要按动一下解警按钮，即可解除声光报警信号。

7.18 实例79：非接触式液位报警器

常用液位报警器大多采用接触式，即把报警器用的传感器直接放入液体中。然而这种金属传感器一般不适用于强酸或强碱溶液的液位报警。为了解决腐蚀性液体中的液位报警问题，本节介绍如图 7.18.1 所示的非接触式液位报警器。

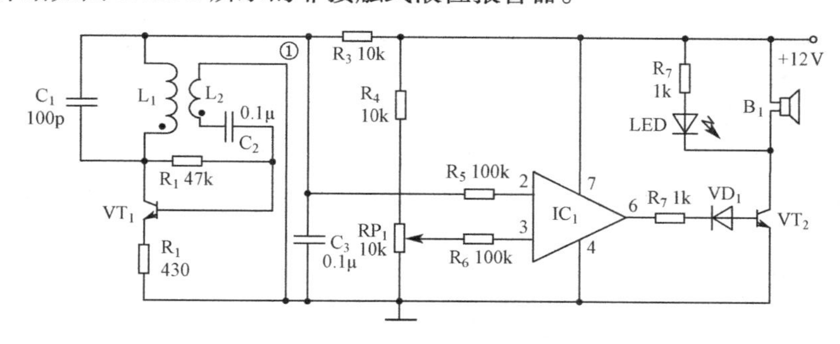

图 7.18.1　非接触式液位报警器电路原理图

7.18.1　工作原理

该报警器分为液位传感器和信号处理器两部分。R_1～R_3、C_1～C_3、VT 及 L_1、L_2构成液位传感器电路，其余部分为信号处理器。

液位传感器实际上是一个振荡频率约为 1MHz 的电感反馈高频振荡器，主振线圈 L_1及反馈线圈 L_2均通过支架套在溶液管子外边，溶液表面放置一个含有一段铁丝的浮子。当管中液位较低时，浮子远离线圈 L_1、L_2，高频振荡器处于正常振荡状态，①点电位较高。如果管中液位升高至浮子进入线圈 L_1、L_2内时，由于浮子中铁丝加大了线圈中的损耗，迫使高频振荡器停振，VT_1由振荡器状态变为放大状态，于是①点电位明显下降。①点电位的变化使得比较器 IC_1的输出由低电平变为高电平，该电平经过电阻 R_7及稳压二极管 VD_1使三极管 VT_2由截止变为饱和导通，于是发光二极管 LED 和蜂鸣器 B_1发出声光报警信号。

7.18.2　主要元件规格及参数

C_1为高频瓷片电容器，C_2、C_3为独石电容器。三极管 VT_1、VT_2均为 8050 型硅管，其 β 值应在 100～150 之间。

VD_1为 6.2V/0.5W 硅稳压二极管，B_1为工作电压在 6～12V 的断续声、压电陶瓷蜂鸣器，比较器 IC_1采用 TL061。

传感器制作时，首先将 R_1、R_2、C_1～C_3及 VT_1用立式焊在一个如图 7.18.2 所示的环形印制板上。线圈 L_1用 ϕ0.1mm 漆包线在内径为 10mm 的圆柱形变压器骨架上密绕 30 匝，其外用同样的漆包线绕 1 匝作为 L_2。然后将焊好的印制板用胶粘在骨架的一端，焊接面朝外。再把 L_1及 L_2端部焊在印制板相应位置上。为了减少传感器和信号处理器之间的连线，作为传感器部分的电阻器 R_3安装在信号处理器的印制板上。

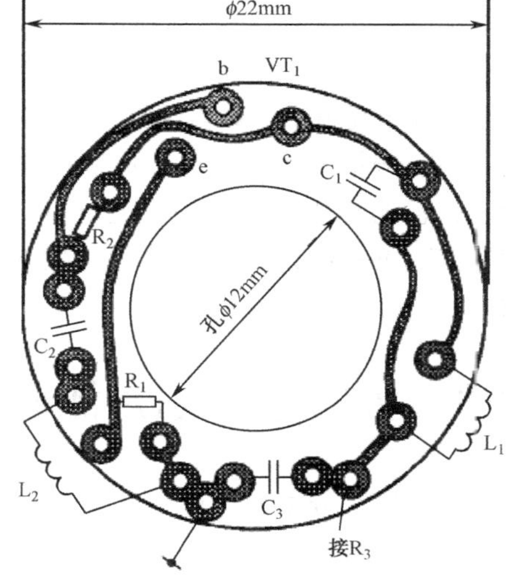

图 7.18.2　非接触式液位报警器印制电路板

浮子的制作方法是：截取6mm长、直径为1.5mm的普通铁丝，将其置于8mm长、直径为4mm的聚乙烯软管内，然后用电烙铁将聚乙烯管两端密封。

电路调试分两步进行。首先调试传感器电路，方法是改变R_2电阻值，使得L_1线圈骨架中空载时①点电位为7V左右，而将ϕ1.5mm的铁丝插入L_1线圈骨架中时①点电位低于3V。然后调节电位器RP_1，将比较器IC_1同相输入端电位调至5V。

调试完毕后，用环氧树脂将传感器上的元件部分全部包封起来即可投入使用。

7.19 实例80：简易逻辑笔

在检修微机、仪器仪表的数字电路时，常需判断其逻辑状态。常用的CMOS电路，其低电平近似等于V_{SS}（电源电压负端），高电平近似等于V_{DD}（电源电压正端），一般不超过18V。根据上述参数设计简易逻辑笔，其原理如图7.19.1所示。

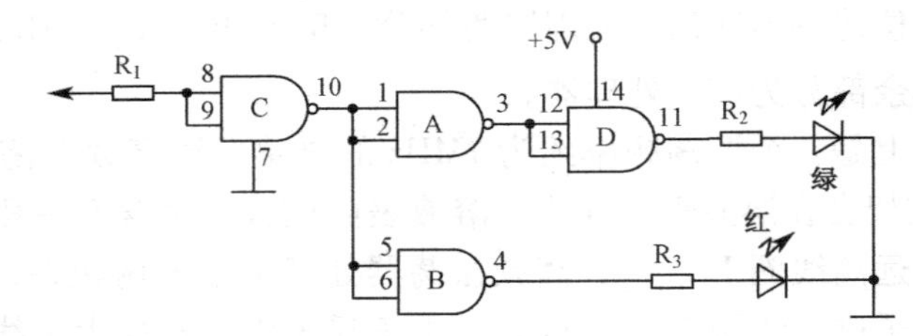

图7.19.1 简易逻辑笔原理图

7.19.1 元器件选择

R_1为100kΩ，R_2、R_3均为510Ω；LED为红绿发光二极管；CD4011为数字集成电路。

7.19.2 工作原理

当供电电压为5V，输入为低电平，$U_{sr} \leqslant 3.8V$（实测）时，经C、A二次反相为低电平，D输出高电平，则绿LED发光。当输入为高电平，$U_{sr} > 3.8V$时，经C一次反相为低电平，B输出高电平，则红LED发光。不同的集成块在不同的供电电压下其输入转折电压不同。当被测量为几赫兹至十几赫兹的脉冲电压时，红绿LED交替发光频率较高，由于视觉惰性，感觉两个LED同时发光。

制作时可将该仪器做成笔形，发光管放在头部，以便于观察，电源可取自待测设备。若用集成块插座，该仪器可同时检测CD4011的好坏。

7.20 实例81：超声测距仪

本节介绍一款不使用单片机的超声波测距仪的设计与制作，其基本原理是通过测量超声波从发射到反射的时间差来判断其与被测物的距离。本制作的测量范围为0.35～10m，其原理如图7.20.1所示。

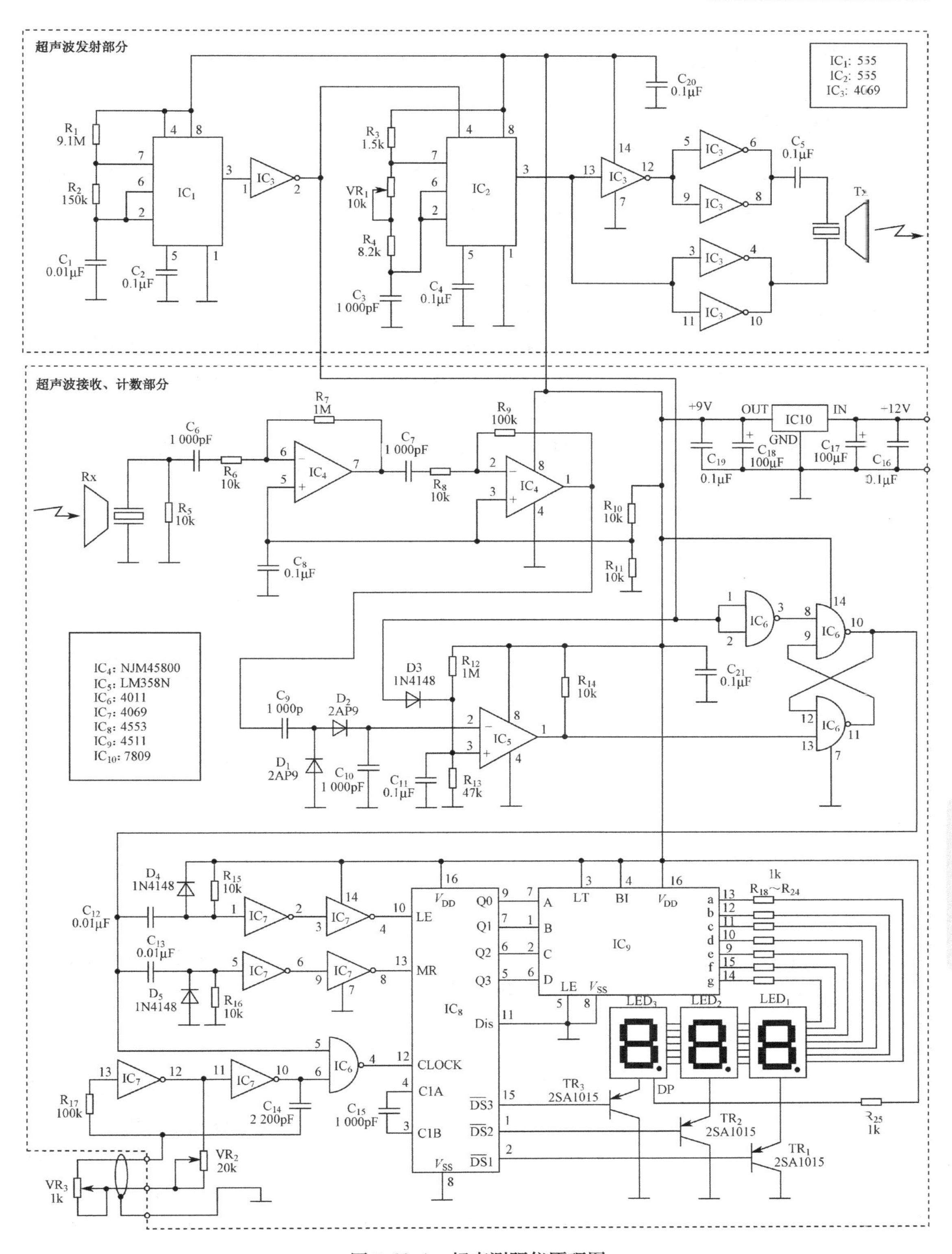

图 7. 20. 1　超声测距仪原理图

7.20.1 工作原理

1. 发射电路

由 IC_1（NE555）组成超声波检测脉冲信号发生器，如图 7.20.2 所示，其工作周期计算如下，其中 $R_A=9.1\text{M}\Omega$，$R_B=150\text{k}\Omega$，$C=0.01\mu\text{F}$。

$T_L=0.69\times R_B\times C=0.69\times150\times10^3\times0.01\times10^{-6}=1\times10^{-3}=1\text{ms}$

$T_H=0.69\times(R_A+R_B)\times C=0.69\times9250\times10^3\times0.01\times10^{-6}=64\times10^{-3}=64\text{ms}$

由于所选元器件本身的误差，实际值会略有差异。

由 IC_2（NE555）组成频率约为 40kHz、占空比为 50% 的超声波载波信号发生器，如图 7.20.3 所示，其中 $R_A=1.5\text{k}\Omega$，$R_B=15\text{k}\Omega$，$C=1\,000\text{pF}$，其工作周期计算如下。

$T_L=0.69\times R_B\times C=0.69\times15\times10^3\times1\,000\times10^{-12}=10.35\times10^{-6}=1\mu\text{s}$

$T_H=0.69\times(R_A+R_B)\times C=0.69\times16.5\times10^3\times1\,000\times10^{-12}=11.39\times10^{-6}=11\mu\text{s}$

$$f=\frac{1}{T_L+T_H}=\frac{1}{(10.35+11.39)\times10^{-6}}=45.998\text{kHz}$$

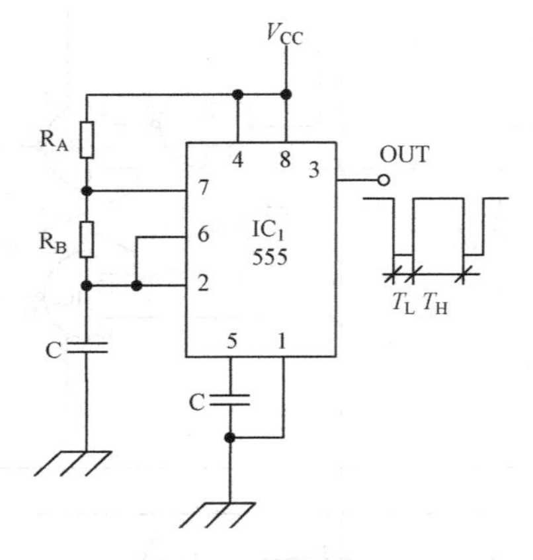

图 7.20.2 超声波检测信号发生器

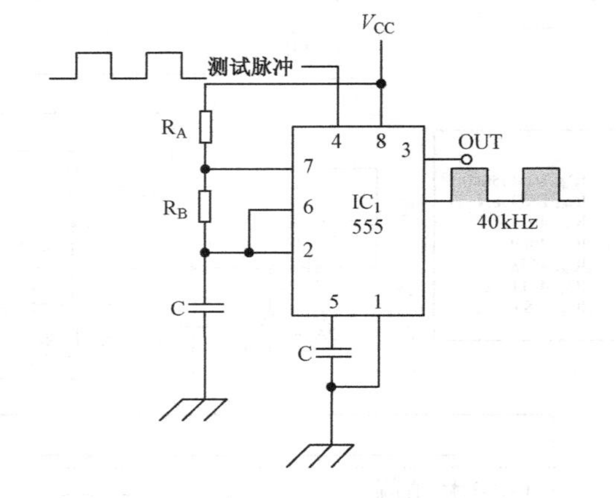

图 7.20.3 超声波载波信号发生器

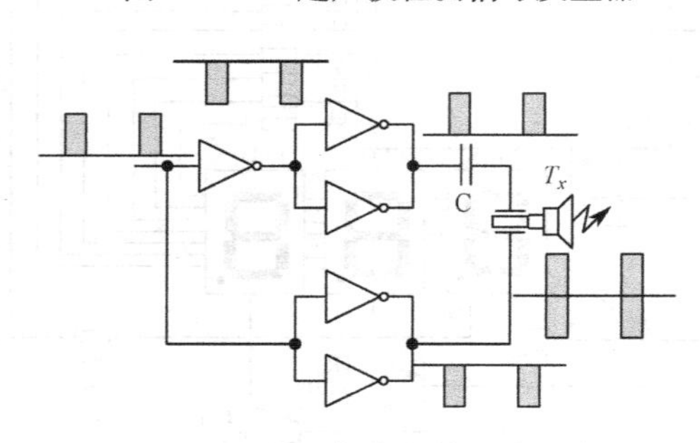

图 7.20.4 超声波发射驱动电路

由 IC_3（CD4069）和超声波发射头构成驱动、输出部分，如图 7.20.4 所示。

2. 接收电路

由超声波接收头和 IC_4（NJM4580D 或 LM833）完成超声波信号的检测及放大，如图 7.20.5 所示。由于一般的运算放大器需正、负对称电源，而该设计电源采用 +9V 单电源供电，为保证其可靠工作，采用 R_{10} 和 R_{11} 进行分压，此时在 IC_4 的同相端有 4.5V 的中点电压，这样可以保证放大的交流信号的质量，不至于产生信号失真。反射回来的超声波信号经 IC_4 的第 1 级被放大 100 倍（40dB），再被第 2 级放大 10 倍（20dB）后，进入由 C_9、D_1、D_2、C_{10} 组成的倍压检波电路，取出反射回来的检测脉冲信号送至 IC_5 进行处理。

这里由 IC_5、IC_6、IC_7、IC_8、IC_9 组成信号比较、测量、计数和显示电路，即比较和测量发出的检测脉冲和该脉冲被反射回来的时间差。它是超声波测距仪电路的核心，下面分析其工作原理。由 R_a、R_b、IC_5 组成信号比较器，如图 7.20.6 所示。

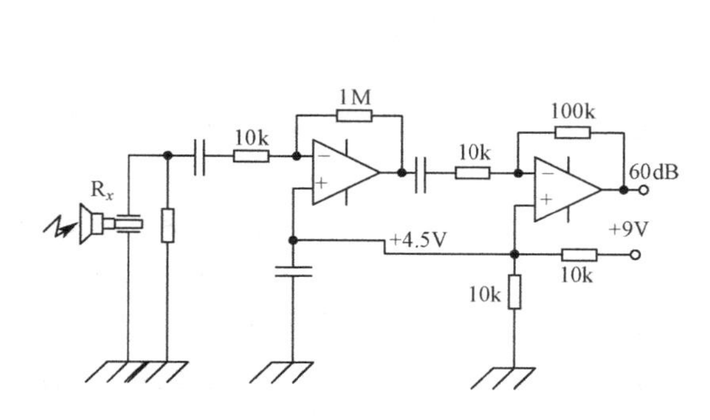

图 7.20.5　超声波信号的检测及放大

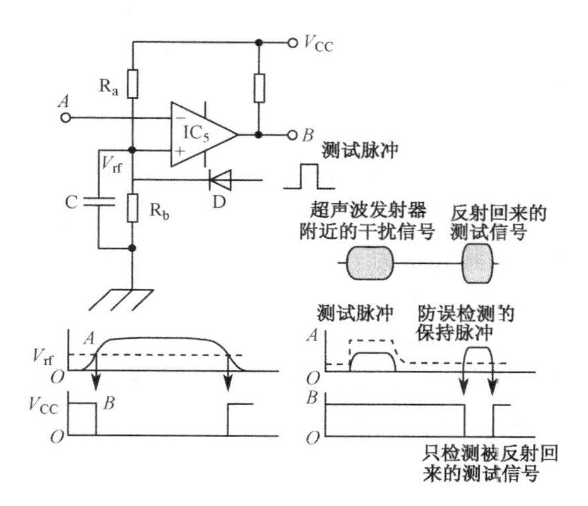

图 7.20.6　由 R_a、R_b、IC_5 组成信号比较器

其中 $V_{rf}=V_{CC}\times R_b/(R_a+R_b)=0.4V$。所以当 A 点（IC_5 的反相端）过来的脉冲信号电压高于 0.4V 时，B 点电压将由高电平“1”到低电平“0”。同时注意到在 IC_5 的同相端接有电容 C 和二极管 D，这是用来防止误检测而设置的。在实际测量时，在测距仪的周围会有部分发出的超声波直接进入接收头而形成误检测。为避免这种情况发生，这里用 D 直接引入检测脉冲来适当提高 IC_5 比较器的门限转换电压，并且这个电压由 C 保持一段时间，这样在超声波发射器发出检测脉冲时，由于 D 的作用使 IC_5 的门限转换电压也随之被提高，并且由于 C 的放电保持作用，可防止由于检测脉冲自身的干扰而形成的误检测。由以上可知，当测量距离小到一定程度时，由于 D 及 C 的防误检测作用，其近距离测量会受到影响。图示参数最小测量距离在 40cm 左右。减小 C 的容量，在环境温度为 20℃时可做到最短测量距离为 30cm，此时其放电时间为 1.75ms。

这里由 IC_6 组成 R-S 触发器时间测量电路，如图 7.20.7 所示。可以看出，在发出检测脉冲时（A 端为高电平），D 端输出高电平，当收到反射回来的检测脉冲时，C 端由高变低，此时 D 端变为低电平，故输出端 D 的高电平时间即为测试脉冲往返的时间。

计数和显示电路由 IC_6、IC_7、IC_8、IC_9 组成。IC_7 组成计数电路脉冲发生器，其原理如图 7.20.8 所示。因为 G_1 的输入电流很小，所以 A 点电平和 A' 相当。任意假设一个时刻，A 点为低电平，则 B 点为高电平，D 点为低电平，A' 点为低电平。B 点通过 R_t 向电容 C_t 充电。一段时间后，A' 点电平因充电而升高，A 点电平也升高，当 A 点电平到达阈值时，引起电路正反馈，电路状态发生翻转，变为 A 点为高电平，B 点为低电平，D 点为高电平，A' 点为高电平。之后开始相反的过程，并且不断循环，从而在 D 端输出方波。R_s 是补偿电阻，用于改善由电源电压变化而引起的振荡频率不稳。如果 R_s 和 R_t 的阻值可以相比拟，则振荡周期 $T=(1.4\sim2.2)R_tC_t$。

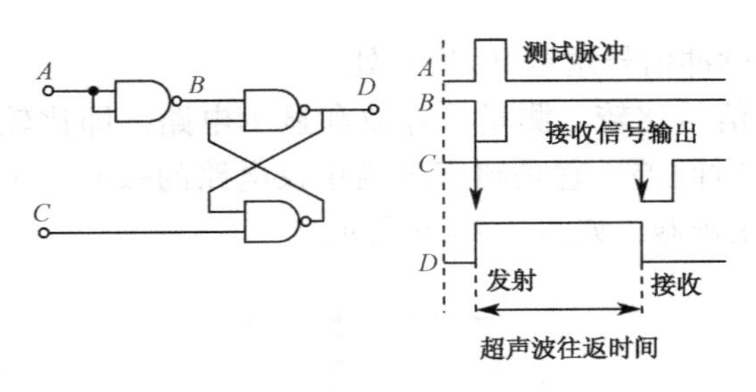

图 7.20.7　R-S 触发器时间测量电路

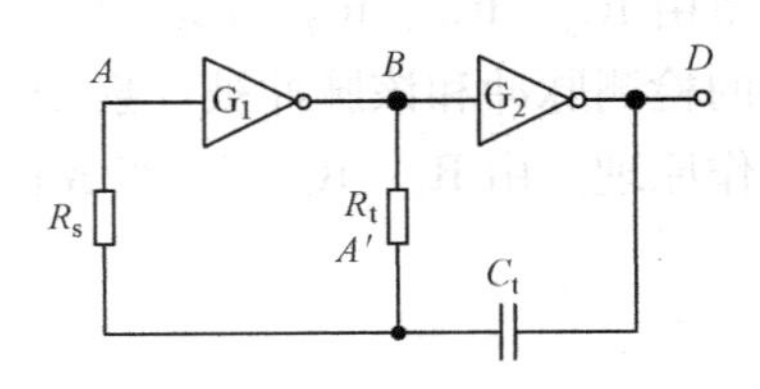

图 7.20.8　计数电路脉冲发生器

图 7.20.8 所示电路频率设计在 17.2kHz 左右，这个频率是依据声波在环境温度为 20℃时的传播速度为 343.5m/s 确定的。我们知道在不同的环境温度下，声波的传播速度会有所改变，其关系为 $v=331.5+0.6t$，其中 v 的单位为 m/s，t 为环境温度，单位为℃。有关计算举例说明如下。

测量距离为 lm 的物体时，声波的往返时间为：2m/343.5 = 5.82ms，计数器显示应为 100，即 1m。此时计数电路脉冲发生器的频率 $f=100/(5.82\times10^{-3})=17.18\text{kHz}$。如电容 C（即 C_{14}）为 2 200pF，电阻 $R=VR_2+VR_3=1/(2.2\times C\times f)=1/(2.2\times2\,200\times10^{-12}\times17.18\times10^3)=12\text{k}\Omega$。由于在不同的环境温度下，声波的传播速度会不同，为适应不同环境温度下测量的需要，要求电阻 R 具有一定的调节范围，这里用 VR_2、VR_3进行调节，其中 VR_2为粗调电阻，VR_3为精调电阻。同样可以算出在不同温度下的计数脉冲频率值，如温度为 46.5℃时，$f=17.97\text{kHz}$，电阻值为 11.5kΩ；环境温度为 −1.5℃时，$f=16.53\text{kHz}$，电阻值为 12.5kΩ。

超声波温度、速度的对应关系如表 7.20.1 所示。实际上，在不同的环境温度下，只要测试标准距离为 1m，调节计数电路脉冲发生器的频率（VR_2和 VR_3），使其显示为 100 即可。

表 7.20.1　超声波温度、速度对应关系

温　度（℃）	速　度（m/s）
−10	325.5
0	331.5
10	337.5
20	343.5
30	349.5
40	355.5
50	361.5

这里简单介绍一下计数器的清零及数据锁存过程，如图 7.20.9 所示。A 点波形即表现测试脉冲往返的时间。当 A 点电位由低变高时，由于 C_1 电压不能突变，故 B 点会产生一个复位脉冲信号使计数器清零，同时 IC_6内的有关与非门被打开，IC_8开始通过 CLOCK 引脚计数；同样，当 A 点电位由高变低时，由于 C_2电压不能突变，故 C 点会产生一个锁存脉冲信号使计数器数据被锁存，同时 IC_6的有关与非门被关闭，IC_8停止计数，完成计数过程。

C_{15}用于控制显示部分的刷新频率，当 C_{15}为 1 000pF 时，刷新频率为 1 100Hz。由 IC_9、LED_1～LED_3、TR_1～TR_3组成显示电路，如图 7.20.10 所示。

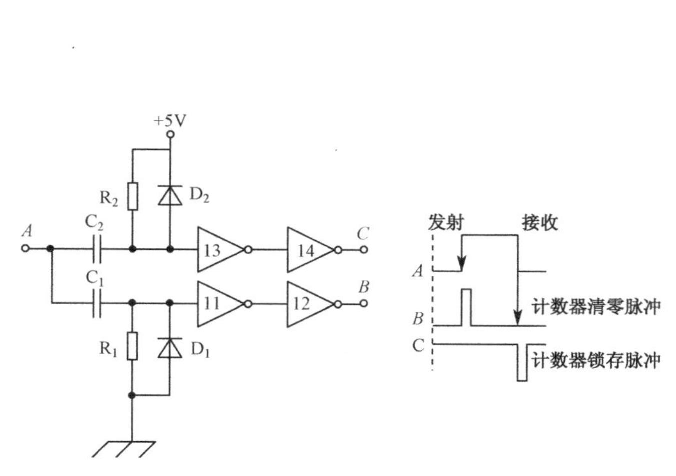

图 7.20.9　计数器清零及数据锁存过程

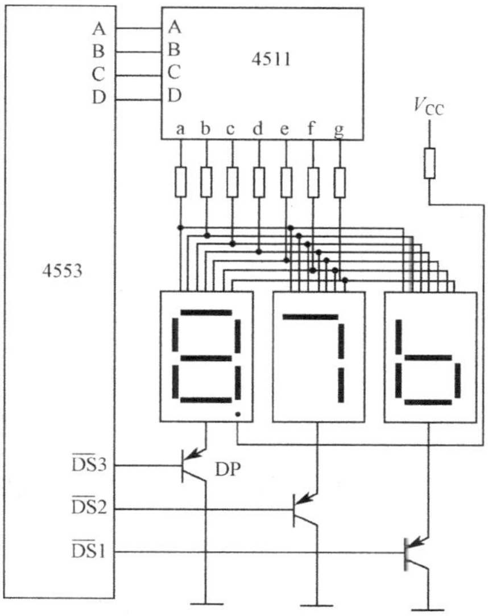

图 7.20.10　显示电路

7.20.2　元器件选择

本制作采用的超声波发射头型号为 T40-16，接收头型号为 R40-16，如图 7.20.11 所示，其中“T”、“R”分别表示发射和接收，参数和外形如表 7.20.2 所示。

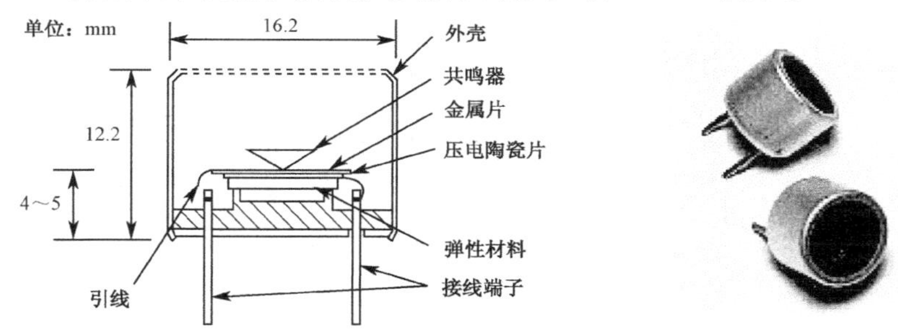

图 7.20.11　T40-16、R40-16 的结构和外形尺寸

表 7.20.2　T40-16、R40-16 的参数和外形尺寸

主要指标		量值
中心频率		40kHz
声压		<115dB
灵敏度		< −64dB
尺寸	直径	16.2mm
	高	12.2mm
	间距	10.0mm

7.20.3　制作与调试

选定关键元器件后参照图 7.20.1 所示选择所需元器件，几款核心 IC 的引脚功能如图 7.20.12 所示。

第7章

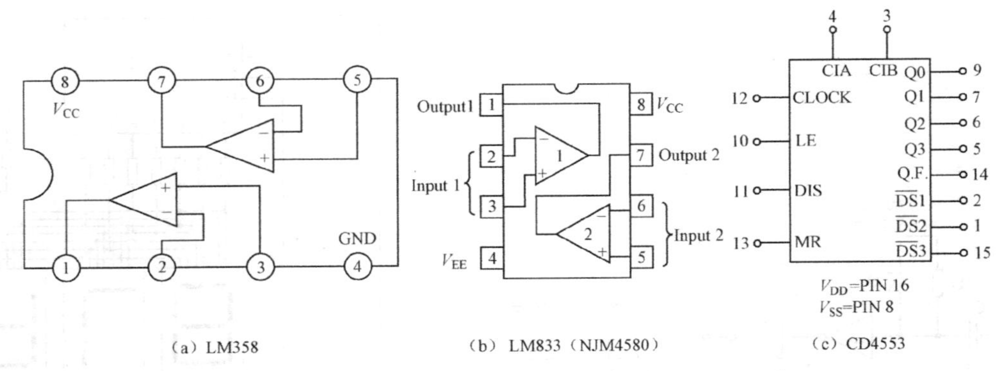

（a）LM358　　（b）LM833（NJM4580）　　（c）CD4553

图 7.20.12　核心 IC 引脚图

该超声测距仪的印制电路板如图 7.20.13 所示。

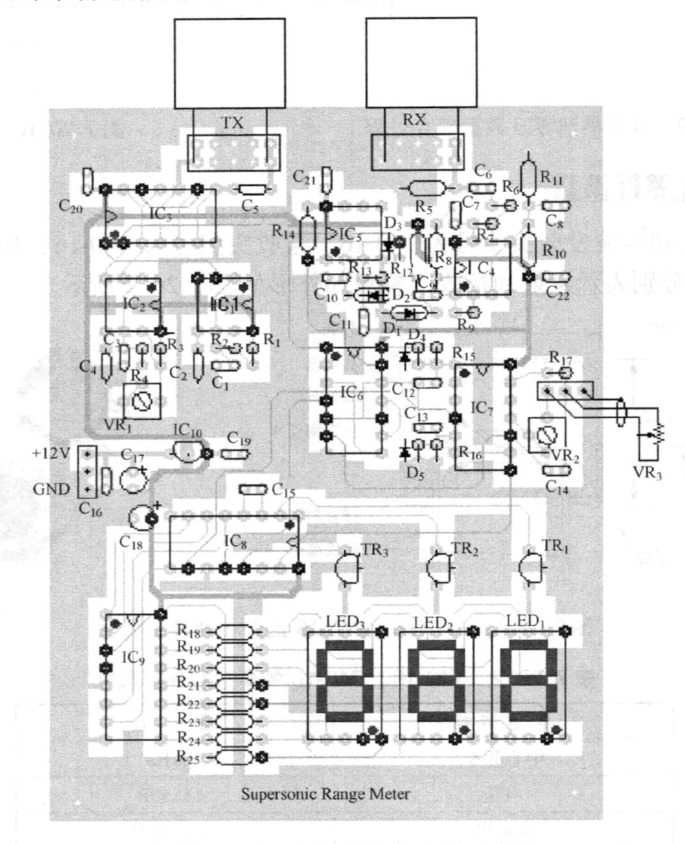

图 7.20.13　超声测距仪印制电路板

1. 发射/接收电路调试

把 IC_1 从插座上拔下，并短接 IC_1 插座的 1 脚和 3 脚，这时 IC2 的 4 脚应为高电平，并会持续发出高频载波信号，频率约为 40kHz，此时可用示波器监测 IC_4 的 1 脚信号。让超声波探头朝向墙壁，使发出的超声波返回而被接收器检测到，同时用示波器检测 IC_4 的 1 脚信号，慢慢调节 VR_1，使 IC_4 的 1 脚输出信号最大。断开 IC_1 插座的 1 脚和 3 脚短接线并插上

IC_1，此时再用示波器监视 IC_4的 1 脚信号，应能看到超声波脉冲串，如图 7.20.14 所示。

2. 误检测电路调试

通常该部分电路不需要调试，但如果发现测量几米外的物体，电路始终显示为 0.40，则表明该仪器受到自身发出的检测脉冲干扰。这时需检查或稍微增加 C_{11} 的容量，图 7.20.15 所示为几个关键点的测试波形。

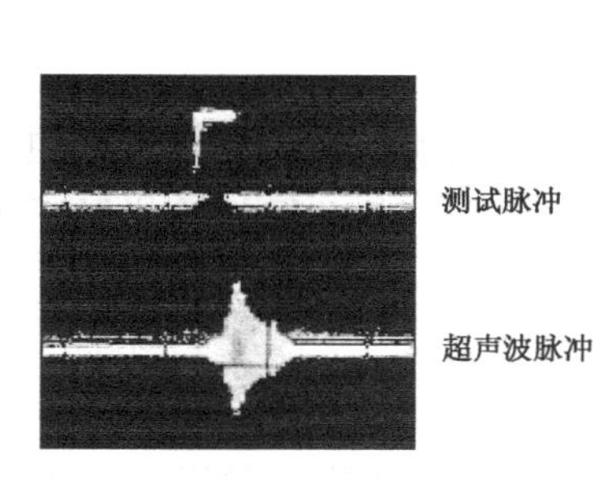

图 7.20.14　测试脉冲与超声波脉冲

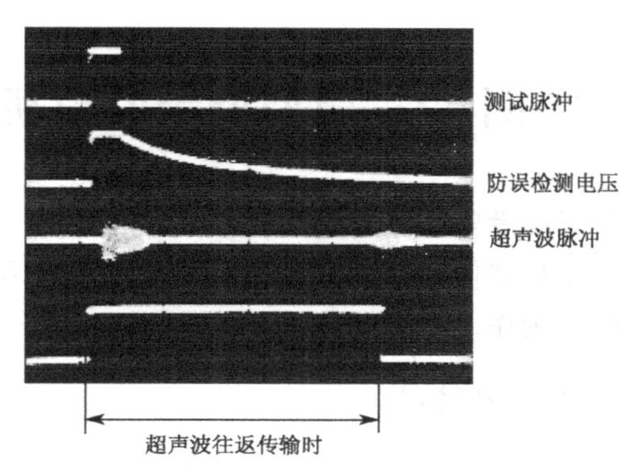

图 7.20.15　电路调试波形

说明：第 1 条线为 IC_6第 1 脚波形，第 2 条线为 IC_5第 3 脚波形，第 3 条线为 IC_4第 1 脚波形，第 4 条线为 IC_6第 10 脚波形。

3. 调节计数电路脉冲频率

将电路板垂直于距离墙面 1m 处，调节 VR_3在中间位置，再调节 VR_2使显示为 1.00，当环境温度改变时，一般需再次调节 VR_2，校准测距仪。

4. 关于短距离测量

当将测距仪逐渐靠近被测物体时，最终读数显示在 34cm 左右。这是由于防误检测电路的保护作用，该电路 C_{11}取值为 0.1μF，将最小测试距离限制为 34cm 左右。若要进一步缩短测试距离，必须让发出的测试脉冲宽度更窄，同时减小防误检测电路 C_{11}的容量。但由于超声波发射器的输出功率有限，如果缩短测试脉冲时间，意味着减小了测试脉冲的输出功率，在测试距离增加时，会使反射回来的信号很弱，造成仪器在长距离测量时受到影响。

5. 关于长距离测量

长距离测量由于各种因素的影响会困难一些，在测量时必须注意如下几点：

（1）被测目标必须垂直于超声波测距仪；

（2）被测目标表面必须平坦；

（3）测量时在超声波测距仪周围没有其他可反射超声波的物体。

由于发射功率有限，测距仪无法测量 10m 外的物体。

器件安装调试通过的超声测距仪如图 7.20.16 所示。

图 7.20.16　器件安装调试通过的超声测距仪

第 8 章 信号源及高频电路制作实例

8.1 实例 82：微型调频发射机

这种调频发射机是普通元件发射机的微缩版，体积小、功能强。为了减小体积，必须使用表面安装器件和双面印制电路板。元件被尽可能地压缩在一起，但仍然能保证频率调谐电容便于操作。

8.1.1 组装结构

微型调频发射机原理图如图 8.1.1 所示。元件可以按任何顺序装在 PCB 上。但首先要认清唯一的 EC24 电感器，它看起来很像一个 1/2W 的电阻，要安放在板上标有“L”的位置。驻极体话筒金属外壳上的引脚要接到电路的负极（即电路的“地”），在话筒和电路板的这一点都标有“－”。然后再覆盖其他元件。

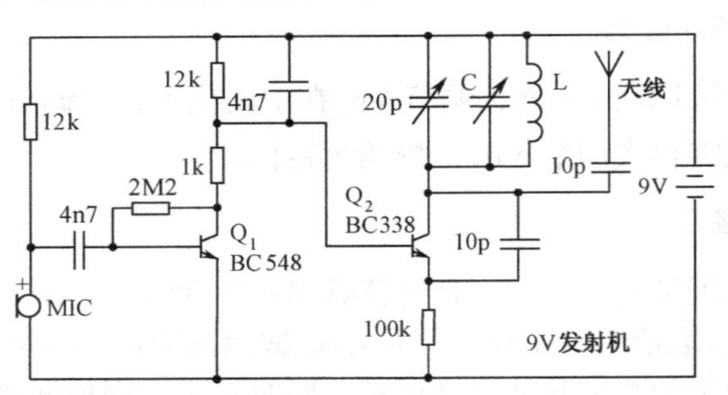

图 8.1.1 微型调频发射机原理图

电池扣的红导线焊到焊盘“V＋”上，黑导线焊到“－”或地线上。接上和拿下电池相当于接通和断开电源开关。当然，也可以另加一个电源开关。

接上一段长度为半波长或 1/4 波长的架空天线到天线端。在发射频率为 100MHz 时，天线长度约为 150mm 和 75mm。

8.1.2 电路说明

此电路本质上是一个工作于 100MHz 的音频（RF）振荡器。由驻极体话筒拾取音频信号，送给以 Q_1 为核心组成的音频放大器。此晶体管的集电极输出信号送到 Q_2 的基极。在这里通过改变晶体管的结电容调制振荡电路（由电感器和调谐电容组成）产生的谐振信号频率。结电容是加在晶体管基极上的电位差的函数，振荡电路被连接为电感耦合三点式振荡器。

驻极体话筒：驻极体是一种永久带电的介质，是通过将金属陶瓷加热后放入磁场中，再慢慢冷却获得的。驻极体与永磁体对于静电是等效物。在驻极体话筒中，一片驻极体作为平板电容的一部分形成话筒，声压使平板电容的一个极板振动而改变其电容量。驻极体电容接到一个场效应管（FET）放大器上形成话筒。这种驻极体话筒体积很小，有极好的灵敏度和很宽的响应频带，并且非常便宜。

第一级放大器：这是一个标准的半偏压共发射极放大器。4.7nF 电容用于隔离话筒与晶体管基极的直流电压，仅允许交流信号通过。

振荡电路：每个发射机都需要一个振荡器以产生音频载波。储能（LC）电路晶体管 BC338 及 10pF 反馈电容构成本电路的振荡器，不需要外部输入信号来维持振荡。反馈信号使晶体管的基极－发射极电流按 LC 电路的谐振频率变化，从而引起发射极－集电极电流以同频率变化。此信号馈送给天线作为音频载波信号发射。天线上的 10pF 耦合电容用于防止天线电容对 LC 电路的影响。

储能（TANK）这一词来源于 LC 电路存储振荡能量的能力。在纯 LC（没有电阻）电路中，能量不会丢失（只有电阻元件耗散电能，而电抗元件 C 和 L 仅储存电能，以后再送回系统）。

注意：储能电路仅加上直流电压是不会振荡的，必须提供适当的正反馈。

微型调频发射机印制电路板如图 8.1.2 所示。

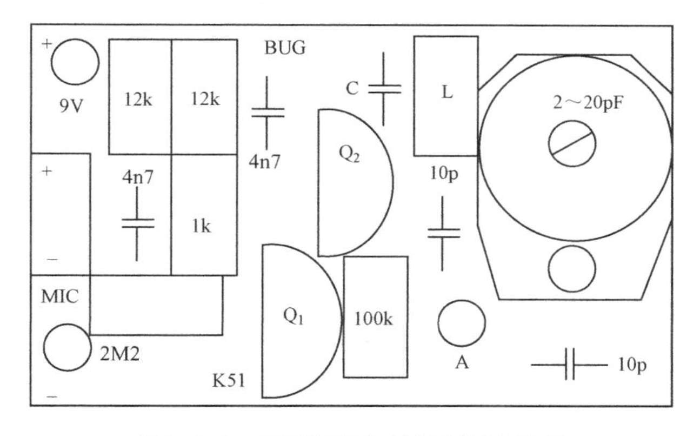

图 8.1.2　微型调频发射机印制电路板

8.1.3　频率校准

用图 8.1.1 所示电路在距离一个调频收音机至少 10 英尺（约 30.48m）处进行校准，如果能在另一个房间里更好。将此电路接近一个声源放置，如电视机、嘀嗒响的钟表或人们的谈话声均可。

接入电池，用小螺丝刀或手指转动调整电容，使之大约覆盖一半。再到调频接收机那里，调整频率到 90 ～ 94kHz。在此频段将能收到本电路发出的语音信号。

注意：校准时不能用手拿着发射机，因为你自己身体的电容足以改变振荡器的频率。

电路工作不正常怎么办?

焊接质量不良是电路工作不正常最常见的原因。首先仔细检查所有焊接点，接着检查 PCB 上的所有元件是否在正确的位置。然后用万用表检查各元件的电压，特别是两个晶体管的基极、发射极和集电极。检查下列发射极和集电极电压是否正确：548 管约为 2V，338 管约为 5V。

如果接收机上各个频段都能听到振荡声或“噗、噗”声，可能是由于话筒的负载电阻太小，引起了系统振荡，增大此电阻到 22kΩ 或 47kΩ 即可解决问题。

8.2 实例83：小型太阳能收音机

太阳能是取之不尽、用之不竭的能源。将太阳能（或其他光能）直接转换为电能的器件称为太阳能电池。随着人们节能和环保意识的不断增强，太阳能电池正以能源丰富、无污染、寿命长、使用维护简便和性能可靠等优点，越来越受到人们的喜爱。

自制一台太阳能电池供电的小型中波调幅收音机，白天在阳光下，晚上在灯光下，都可以用它来收听新闻广播、学习外语。通过制作，还可以掌握和了解有关太阳能电池的知识，拓宽视野，为将来人类进一步开发和利用太阳能打下基础。

8.2.1 工作原理

小型太阳能收音机的电路如图 8.2.1 所示。它采用一只微型收音机专用集成电路 A 做高频放大和检波，后面用两只三极管 VT_1、VT_2作为低频放大和射极输出，最后推动 8Ω 低阻耳机放音。

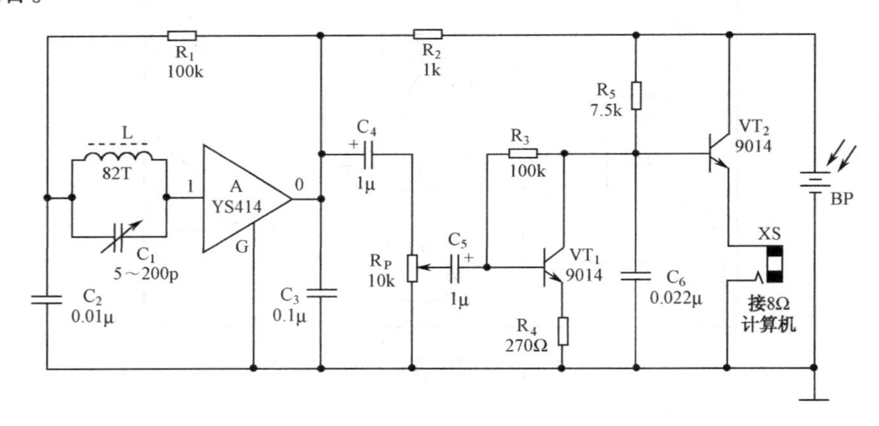

图 8.2.1　小型太阳能收音机电路原理图

A（型号为 YS414）是一种直接放大检波式收音机专用集成电路，它采用 TO-92 型塑封包装，其包装形式与普通 9014 型塑封小功率晶体三极管完全相同，外形和引脚排列如图 8.2.2（a）所示。各引脚功能如下：G 脚为公共接地端，I 脚为输入端，O 脚为输出端。YS414 型集成电路内部由 9 只三极管、16 只电阻器和 4 个电容器组成，功能包括一级高阻输入缓冲、三级高频放大和一级检波，其内部电路框图如图 8.2.2（b）所示。YS414 集成电路具有输入阻抗高、增益大、耗电省、外围元件少、电路无须调试等特点，非常适合用于制作微型简易收音机。

当有太阳强光（或灯光）照射到太阳能电池板 BP 上时，BP 表面即发生光伏效应，其两端输出一定功率的电能，供收音机电路工作。磁性天线 L 和可变电容器 C_1组成调谐回路，这是一个并联谐振电路，调节 C_1 可改变谐振频率，起到选择所要接收电台信号的作用。磁性天线 L 采用中波专用磁棒，具有较高的灵敏度，可不用外接天线，并且在接收电台时有一定的方向性。由于 A 具有极高的输入阻抗，所以调谐回路可直接接在 A 的输入端 I 和通过 C_2 入地，而不必像大多数收音机那样经次级线圈耦合输入。被送入 A 的电台信号经 A 内部电路进行多级高频放大和检波后，从其 O 脚输出音频电信号。R_1 是 A 的输入级偏流电阻器，它通过 A 的输出负载电阻器 R_2 接 BP 正极，可同时使 A 具有自动增益（AGC）控制能力。如果收音机接收到的信号较强，A 的工作电流就会增加，在 R_2 上的电压降也随之增加，使得 A 的工作电压下降，内部电路增益也下降，导致 A 输出信号减小，这样就完成了自动增益控制作用。R_2 偏大时，AGC 控制作用太强，会使电路增益明显降低；R_2 偏小时，AGC 控制作用太弱，会使电路产生自激啸叫声。C_3 为高频旁路电容器，它能滤除检波信号中所包含的不需要的高频成分；C_3 选取合适的容量，不仅可获得良好的音质，而且还可获得较佳的自动增益控制特性。

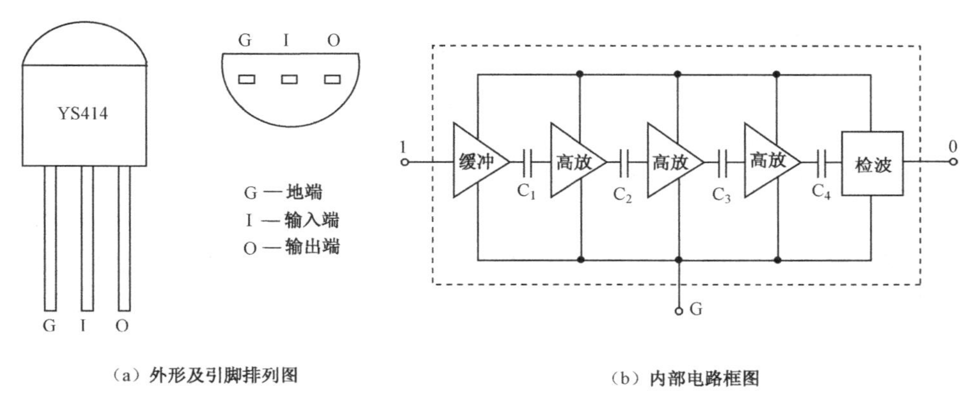

图 8.2.2　直接放大检波式收音机专用集成电路

由 A 的 O 脚输出的音频信号，通过耦合电容器 C_4 送到电位器 R_P 进行音量调节，然后再通过耦合电容器 C_5 送到由 VT_1、VT_2 构成的低频放大电路进行功率放大，最后推动 8Ω 耳机放音。VT_1 构成前置放大器，它对音频信号进行电压放大；VT_2 构成射极跟随器，将插孔 XS 内所接 8Ω 耳机的阻抗变换为 VT_2 的电流放大系数 β 倍（即 $\beta \times 8\Omega$），以解决 VT_1 所输出的高阻抗不能够与 8Ω 耳机直接相匹配的问题；射极跟随器同时具有电流放大作用，可使耳机声音更为响亮。R_3 是 VT_1 的直流偏置电阻器，由于 VT_2 的基极直接与 VT_1 的集电极相连，所以调节 R_3 的阻值可同时调整 VT_1 和 VT_2 的工作点；R_4 为 VT_1 的发射极电流负反馈电阻器，其作用是进一步稳定 VT_1 和 VT_2 的工作点。

8.2.2　元器件选择

BP 采用尺寸约为 35mm × 10mm、开路电压大于等于 2V、短路电流大于等于 8mA 的成品太阳能电池板。这种太阳能电池板采用单晶硅片工艺制作而成，光电转换效率稳定，已被广泛应用于计算器等弱电流电器中。太阳能电池板的功率输出能力与其面积大小密切相关，面积越大，在相同光照条件下的输出功率也越大。太阳能电池板的优劣主要由开路电压和短路电流这两项指标来衡量。业余测试方法是：将太阳能电池板放在太阳光直射的环境下，用万用表测出两端输出电压，即可认为是开路电压；再将万用表直接跨接在太阳能电池板两端测出输出电流，即认为是短路电流。

如果一时购买不到太阳能电池板，可用三块尺寸为 10mm × 5mm、开路电压为 0.5 ～ 0.6V、短路电流大于等于 9mA 的 2CR32 型硅光电池串联后代替。这种硅光电池的外形如图 8.2.3 所示，它的受光面呈蓝黑色，上面有几条银白色的栅线，引出两根导线作为电池正极；背光面呈银白色（镀锡），引出两根导线作为电池负极。

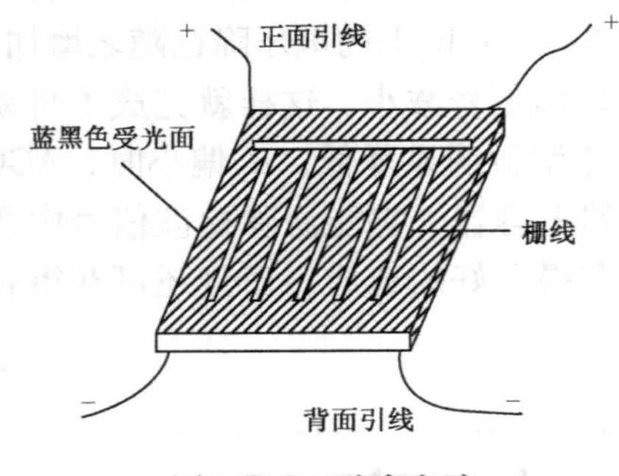

图 8.2.3　硅光电池

A 采用 YS414 型微型收音机专用集成电路，其主要特点为：工作电压低，在 1.3 ～ 1.5V 就能满足正常工作；耗电小，无信号时工作电流仅为 0.4mA 左右；工作频带宽，可达 150 ～ 3 000kHz；放大能力强，功率增益可达 72dB，自动增益控制范围可达 20dB。YS414 内部电路和功能完全相同但生产厂家不同的这类集成电路还有 D7642、TA7642、CTC7642、YS7642、BS414、MK-484、2N414 等，它们都可以直接互换使用。

晶体管 VT_1、VT_2 均用 9014 或 3DG8 型硅 NPN 小功率低噪三极管，要求 VT_1 的电流放大系数 β 值在 40 ～ 150 之间、VT_2 的 β 值在 20 ～ 60 之间。

磁性天线 L 需自己绕制，具体方法为：用 ϕ0.15mm 单股高强度漆包线，在 ϕ5mm × 35mm 的中波磁棒上单层密绕 82 圈。绕制时注意，为使线圈不散脱，应用快干胶（或白蜡）将起始处和结束处粘固住。为调试方便，在绕制前最好用卡纸做一个线圈骨架，使做成的线圈能在磁棒上左右移动。

C_1 选用 5 ～ 200pF 超小型密封可变电容器；C_2、C_3 和 C_6 均用 CT1 型瓷介电容器；C_4、C_5 均用 CD11-10 型电解电容器。R_1 ～ R_5 全部采用 RTX-1/8W 型碳膜电阻器；R_P 选用 WH15-1A 型不带开关的小型合成碳膜电位器。XS 选用 CKX2-3.5 型（ϕ3.5mm 口径）耳塞式耳机常用的两芯插孔，耳机采用带有 CSX2-3.5 型（ϕ3.5mm）两芯插头的 8Ω 低阻耳机。

8.2.3　制作与使用

图 8.2.4 所示为该收音机的印制电路板接线图。印制电路板用单面敷铜板加工而成，实际尺寸约为 75mm × 35mm。

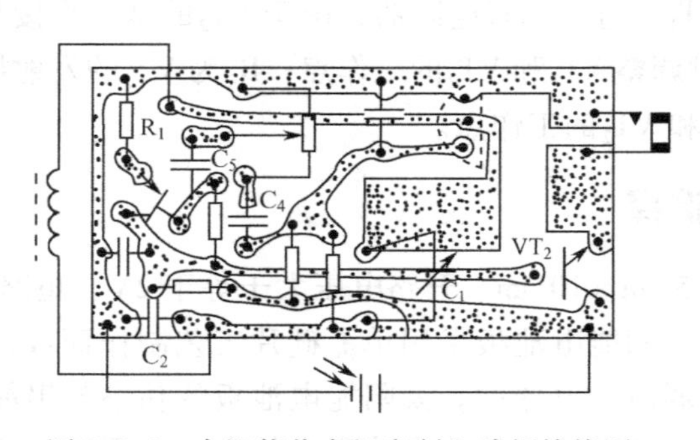

图 8.2.4　太阳能收音机印制电路板接线图

本机的调试十分简单：在太阳能电池板 BP 接受阳光良好、8Ω 低阻耳机插入 XS 的条件下，通过调整 R_3阻值，使整机总电流在 4mA 左右即可；接下来，旋动 C_1旋钮就能收听到电台的播音。一般情况下，只要按照图 8.3 的要求选择元器件，并且保证焊接无误，不需要任何调试便可满意工作。由于集成电路 A 的增益很大，当电路板上元器件排列位置不当时，就有可能产生自激啸叫声。如果出现自激现象，可通过适当调整元器件的排列位置或用增大 R_2阻值的办法来加以排除。

如果发现收音机接收频率范围不能覆盖中波 535 ～1 605kHz 波段，只要移动磁性天线线圈在磁棒上所处的位置，便可得到校正；如果不能奏效，可通过适当增减 L 的匝数来进行调整。调整时，可用一台成品收音机做参考。调整结束，用白蜡或玻璃胶将线圈封固即可。具体调整方法为：如果按顺时针方向在将 C_1旋钮基本旋到头时，接收不到高频端（1 605kHz）附近的电台信号，可将磁性天线线圈尽量移往磁棒的端头，必要时可以适当减少其匝数；如果按逆时针方向在将 C_1旋钮基本旋到头时，接收不到低频端（535kHz）附近的电台信号，可将磁性天线线圈尽量移往磁棒的中间位置，必要时可以适当增加其匝数。

太阳能收音机的外观如图 8.2.5 所示。机壳可用塑料板自制，也可利用现有的塑料小盒，其大小以正好能放下电路板为宜。在机壳前侧面开出 C_1的调谐旋钮孔，在机壳后侧面开出 R_P的音量调节旋钮孔；在机壳右侧面开出耳机插孔 XS 的安装孔（ϕ6mm），并安装好 XS。将太阳能电池板 BP 固定在机壳顶上，其背面的“＋”、“－”极引线穿过机壳上所开的小孔，与壳内电路板相连接。如果 BP 采用三块 2CR32 型硅光电池串联供电，应在硅光电池上盖一块薄薄的无色透明有机玻璃，以免使用时损坏硅光电池。但是要注意，有机玻璃板的透明度一定要良好，否则将会影响光电池的转换效率。

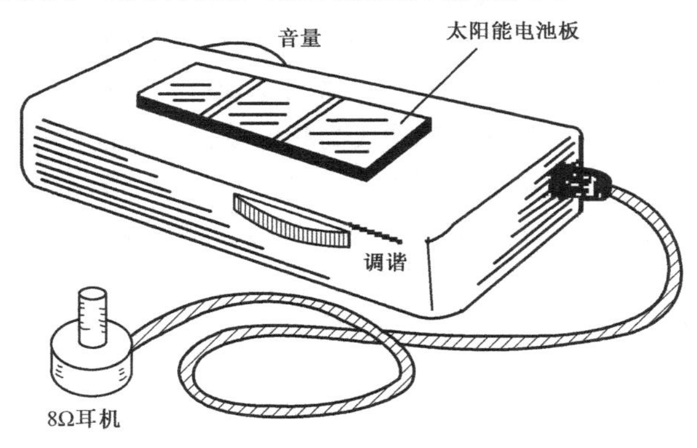

图 8.2.5　太阳能收音机外观图

由于本机采用了专用集成电路，所以它不但体积小巧、制作容易，而且灵敏度高、选择性好，收听效果理想。当收听语言广播时，会感到声音纯正；在收听音乐节目时，会感到高低音层次清楚，节奏感较强。若能使用一副头戴式立体声耳机（左、右耳机并联）收听，则音色效果会更佳。

8.3　实例 84：无线话筒 

本节介绍一款适合初学者制作的调频无线话筒，具有电路简洁、制作调试简便、传播距离较远、信号保真度较好等特点。通过本制作读者可掌握高频电路的制作方法，以及自制电感器和电容器等的制作技巧。

8.3.1 电路工作原理

图 8.3.1 为调频无线话筒电路原理图，图 8.3.2 为框图。

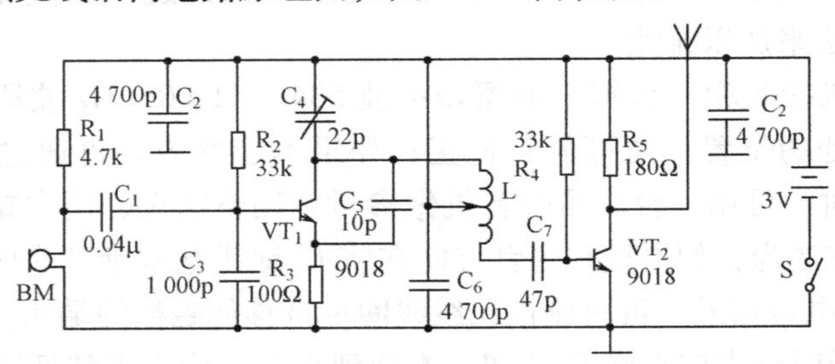

图 8.3.1 调频无线话筒电路原理图

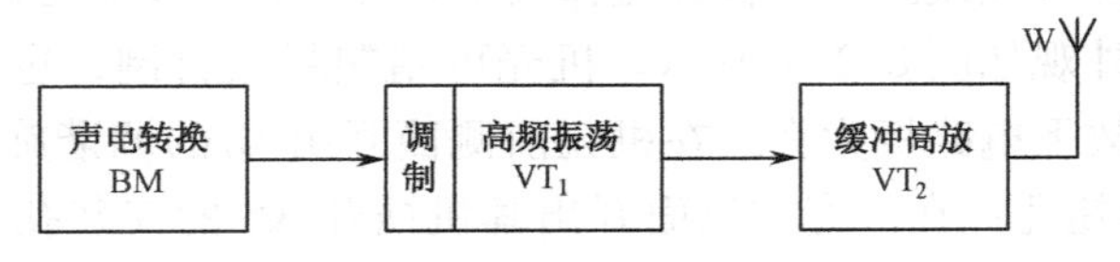

图 8.3.2 调频无线话筒框图

整个电路包括声音拾取和声电转换电路、高频振荡和调制电路、缓冲高放电路等部分。声电转换电路将声音信号转换成电信号，用以调制高频振荡信号，被声音信号调制后的调频信号，经缓冲高频放大后，由天线辐射出去。由于增加了一级缓冲高放，所以发射频率非常稳定，即使用手触摸天线，也不会使发射频率偏移。发射频率可在 88z ～ 108MHz 范围内调节，用普通的调频收音机接收时，有效距离可达 30 ～ 50m。

电路工作原理：超高频晶体管 VT_1 等构成高频振荡器，振荡频率由 L、C_4、C_5 及 VT_1 的结电容决定。驻极体话筒 BM 输出的音频信号，经 C_1 耦合至 VT_1 基极，使其 c-b 结电容随之变化，从而实现调频。改变 C_4，即可改变其中心频率（在 88 ～ 108MHz 范围内选择）。超高频晶体管 VT_2 等构成高频缓冲放大器，VT_1 输出的调频信号，通过 C_7 耦合至 VT_2 基极，经 VT_2 放大后从天线 W 辐射出去。VT_2 同时隔离了天线负载对高频振荡器（VT_1）的影响，使振荡频率更加稳定。

8.3.2 元器件选择

BM 选用驻极体话筒，驻极体话筒内部含有一个放大用的场效应管，因此拾音灵敏度较高，输出音频信号较大。驻极体话筒有防尘网的一面是受话面。话筒底部有两个接点：与金属外壳相连的是负接点，使用中应接地或接电源，四周悬空的是正接点，接信号端。VT_1、VT_2 选用高频晶体管 9018。天线可用一节 20cm 左右的软导线。电感 L 需自制，微调电容 C_4 也可自制。

自制电感器的方法如图 8.3.3 所示，用直径为 0.5mm 的裸铜丝（镀银线更好），在一根直径约为 4.5mm 的圆棒上密绕 11 圈，然后抽去圆棒，成为一个空心线圈，并将其均匀拉长至 14mm。在空心线圈的第 8 圈处焊出一个抽头引出端，将空心线圈分为 8 圈与 3 圈两部分。

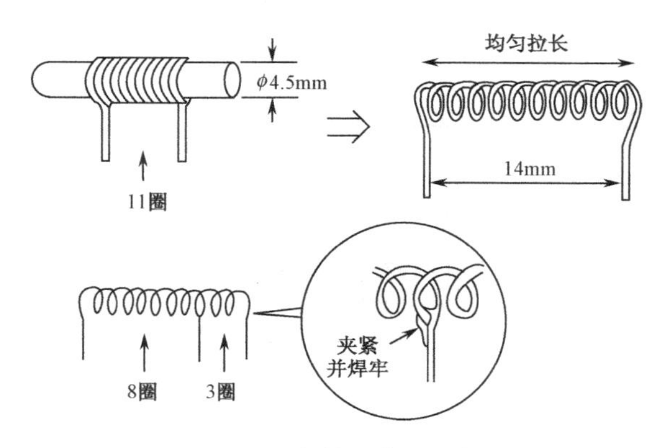

图 8.3.3　自制电感器的方法

微调电容器可用弹性铜片和敷铜板自制。如图 8.3.4 所示，用一小块敷铜板刻制成包含定片和动片连接端的电路板，用弹性良好的薄铜片剪成图示形状的动片，用塑料绝缘薄膜剪成绝缘片，绝缘片的长宽均应稍大于动片。在电路板、动片、绝缘片上按图示位置钻出两个小孔。将绝缘片、动片依次放在电路板上，用空心铜铆钉穿过右侧的小孔将动片铆固在电路板上，并使动片左侧向上稍稍翘起。绝缘片垫在动、定片之间，应保证动、定片不会相碰。再用一枚螺钉穿过左侧的小孔，拧紧螺帽。将动片右侧焊牢在电路板右侧的动片连接端上，微调电容器便做好了，其外形如图 8.3.5 所示。旋动螺钉即可调节电容量，旋紧螺钉时容量增大，旋松螺钉时容量减小。

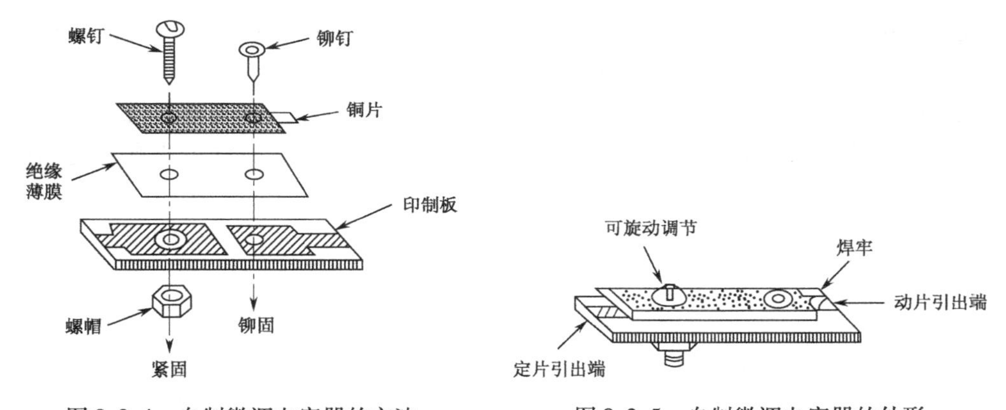

图 8.3.4　自制微调电容器的方法　　图 8.3.5　自制微调电容器的外形

8.3.3　制作与调试

用尺寸为 20mm × 65mm 的单面敷铜板制作电路板，并钻好元器件安装孔。

各元器件在电路板上的位置如图 8.3.6 所示，按图将晶体管 VT_1、VT_2，电阻 R_1 ~ R_5，电容 C_1 ~ C_3、C_5 ~ C_7，微调电容 C_4，自制电感 L 等元器件，从元件面插入电路板，并从铜箔面将其焊牢。晶体管和电容器的引脚应适当剪短，电阻应采用卧式安装，以降低安装高度。安装焊接电感 L 时，应注意保持其长短和形状不变，以免电感量误差过大。

驻极体话筒 BM、电源开关 S、电池盒等用软导线与电路板连接。注意驻极体话筒和电池盒的两个引出端均有正、负之分，负极应接地，安装焊接时不要弄错。

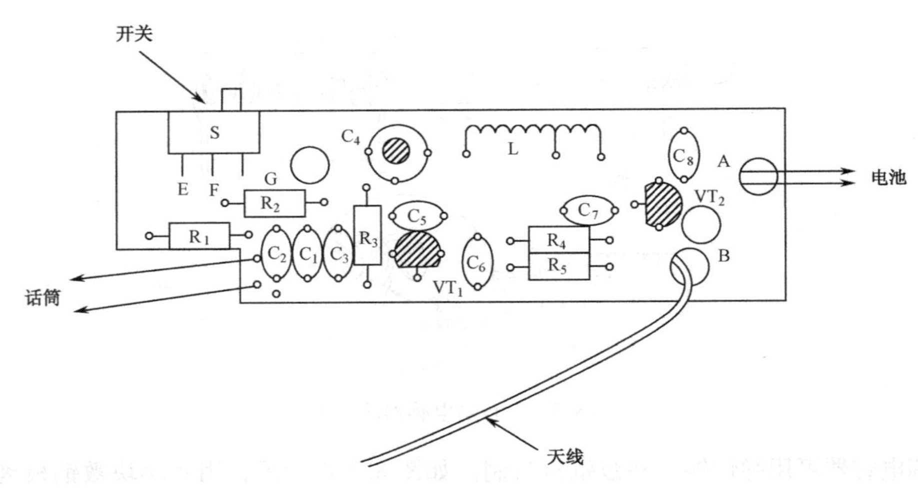

图 8.3.6　各元器件在电路板上的位置

无线话筒外壳可用一个小长塑料圆筒制成，如图 8.3.7 所示，将塑料圆筒头尾倒置，筒底朝上作为头部，盒盖朝下作为尾部。在塑料圆筒上开一个长方形开关孔，在盒底盖中间开一个小孔以便引出天线，再配一个球状网罩。

焊接组装完成后首先检测电路是否起振。关断电源开关，将万用表置于“直流 10mA”挡，两表笔接到电源开关两端（10mA 电流表串入电路），测量电路工作电流。用金属物品将电感 L 短路，电流应有所增大，说明电路已起振。

接着打开电源开关，对着无线话筒讲话，同时用无感螺丝刀调节微调电容器 C_4，使得调频收音机能在指定的频率上清晰地收到讲话声，调试工作结束。

无线话筒内部结构如图 8.3.8 所示。将驻极体话筒固定在塑料圆筒头部，电源开关固定在塑料圆筒上的长方形小孔处，电路板和电池盒依次放入，天线穿过小孔后将盒底盖旋上，无线话筒就可以使用了。

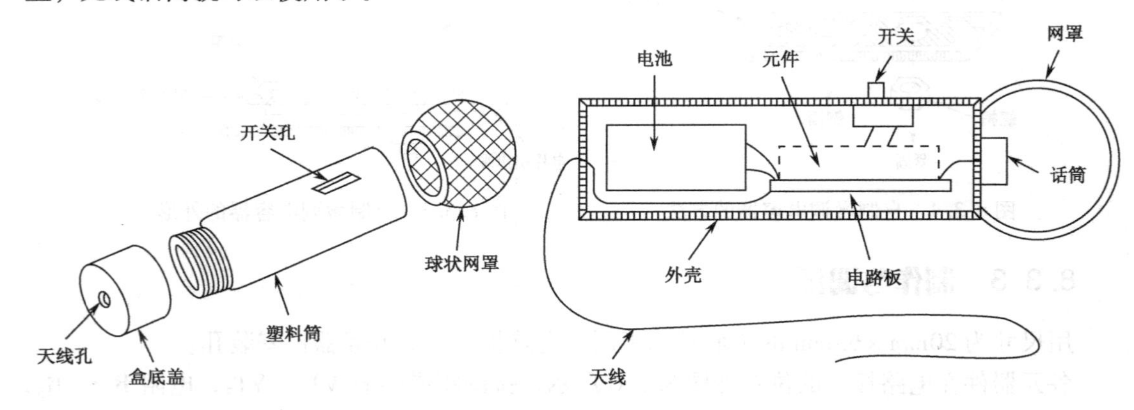

图 8.3.7　无线话筒外壳　　　　图 8.3.8　无线话筒内部结构

8.4　实例 85：60s 多段语音录放芯片 APR9600

对于自然的语音，人们想了很多办法来留存它们，这样可以重复播放出来。这种保留

原声的媒介曾有磁带、唱片等。目前，我们可以采用数码电子技术去完成语音信号的存储和还原，这样一类经过存储而还原播放的语言、声音称为数码语音，或语音 IC。

8.4.1 APR9600 芯片介绍

APR9600 语音录放芯片，是继美国 ISD 公司以后采用模拟存储技术的又一款音质好、噪声低、不怕断电、可反复录放的新型语音电路，单片电路可录放 32 ～ 60s，串行控制时可分 256 段以上，并行控制时最大可分 8 段。与 ISD 同类芯片相比，它具有价格便宜、有多种手动控制方式、分段管理方便、多段控制时电路简单、采样速度及录放音时间可调、每个单键均有开始/停止/循环多种功能等特点，同时保留了 ISD2500 芯片的一些特点，都是 DIP28 双列直插塑料封装，在引脚排列上也基本相同。APR9600 语音录放芯片的引脚功能说明如表 8.4.1 所示。

表 8.4.1 APR9600 引脚功能说明

引　　脚	功　　能
1. /M1	第一段控制或连续录放控制（低电平有效）
2. /M2	第二段控制或快进选段控制（低电平有效）
3. /M3	第三段控制（低电平有效）
4. /M4	第四段控制（低电平有效）
5. /M5	第五段控制（低电平有效）
6. /M6	第六段控制（低电平有效）
7. OSCR	振荡电阻
8. /M7	第七段控制及片溢出指示（低电平有效）
9. /M8	第八段控制（低电平有效）及操作模式选项
10. /BUSY	忙信号输出（工作时出 0，平时为 1）
11. BE	键声选择（接 1 为有键声，0 则无）
12. VSSD	数字电路电源地
13. VSSA	模拟电路电源地
14. SP +	外接喇叭正端
15. SP -	外接喇叭负端
16. VCCA	模拟电路正电源
17. MICIN	话筒输入端
18. MICREF	话筒输入基准端
19. AGC	自动增益控制端
20. ANA-IN	线路输入端
21. ANA-OUT	线路输出端（话筒放大器输出端）
22. STROBE	工作期间闪烁指示灯输出端（低电平有效）
23. CE	复位/停止键或启动/停止键（高电平有效）
24. MSEL1	模式设置端
25. MSEL2	模式设置端
26. EXTCLK	外接振荡频率端（用内部时钟时接地）
27. /RE	录放选择端（0 为录音、1 为放音）
28. VCCD	数字电路正电源

在 APR9600 芯片的内部，录音时外部音频信号可以通过话筒输入和线路输入方式进入，话筒可采用普通的驻极体话筒，在芯片内话筒放大器（Pre-Amp）中自带自动增益调节（AGC），可由外接阻容件设定响应速度和增益范围。如果信号幅度在 100mV 左右即可直接进入线路输入端，音频信号由内部滤波器、采样电路处理后以模拟量方式存入专用快闪存储器 FLASHRAM 中。由于 FLASHRAM 是非易失器件，断电等因素不会使存储的语音丢失。放音时芯片内读逻辑电路从 FLASHRAM 中取出信号，经过一个低通滤波器送到功率放大器中，然后直接推动外部的喇叭放音。厂家要求外接喇叭为 16Ω，实际试验用 8 ～16Ω 均可，输出功率约为 12.2mW（16Ω）。

APR9600 有多种控制模式，总的来说分为串行控制和并行控制两种，由芯片 MSEL1（24 脚）、MSEL2（25 脚）、/M8（9 脚）的设置来实现。模块上有一个 4 位的跳线开关，它是用来设置各种工作模式的，戴上跳线帽后为“0”，不戴跳线帽为“1”。

第 1 位是 RE 录放选择端，进行录音时戴上跳线帽，放音时不戴跳线帽。

第 2 位是 M8 工作模式选择端，戴上跳线帽为“0”，不戴跳线帽为“1”。

第 3 位是 MSEL2 工作模式选择端，戴上跳线帽为“0”，不戴跳线帽为“1”。

第 4 位是 MSEL1 工作模式选择端，戴上跳线帽为“0”，不戴跳线帽为“1”。

APR9600 的工作模式设置功能表如表 8.4.2 所示。

表 8.4.2 APR9600 工作模式设置功能表

MSEL1（24 脚）	MSEL2（25 脚）	/M8（9 脚）	有效键/M1～/M8 为段控制键 CE 多为停止、复位键	功能（以 60s 计）
0	1	0/1	/M1、/M2、CE	并行控制，分 2 段，每段最大为 30s
1	0	0/1	/M1、/M2、/M3、/M4、CE	并行控制，分 4 段，每段最大为 15s
1	1	1	/M1～/M8、CE	并行控制，分 8 段，每段最大为 7.5s
1	1	0	CE	单键控制，单段 7.5s 循环。CE 为启动/停止键
0	0	1	/M1、CE	串行顺序控制，可分一至任意多段
0	0	0	/M1、/M2、CE	串行选段控制，/M2 为选段快进键（录音时/M8 =1 时可录一至任意多段，/M8 =0 时只能录两段）

注：（1）RE =0（置低电平）为录音状态；RE =1（置高电平）为放音状态。
（2）/M1～/M8 键在有效段控放音时，按一下键即开始放音一段，放音期间再按一下即停止；若按键不放即循环放音
（3）/M1～/M8 键在有效段控录音时，按住不放为录音，松键即停止。

APR9600 的每种操作模式都有对应的有效键，而且同一个键在不同操作模式下可能有不同的功能。因此在芯片设计、使用前用户应详尽了解芯片的各种操作模式，选择最合适自己的方式设计，电路也会变得非常简单。

1）并行控制模式

在 ISD 芯片中要实现某键对某段的多段并行控制是十分复杂的，一般需要大量的二极管译码阵或单片机来辅助实现，另外在分段录音时也存在很多困难。而在 APR9600 芯片中却十分简单，每段都有对应的键控制，按哪一键就录、放哪一段，而且可以方便地对任意一段重新录音不影响其他段、对任意一段循环放音等。只是每段录音的最大时间是等分的，而且最多只能分 8 段。

下面以并行 8 段为例说明。

并行 8 段控制需要将全功能应用电路板上拨码开关的第 2、3、4 开关全部向下拨，模式设置好后准备录音，将拨码开关的第 1 位置向上拨，压住/M1 听“嘀”一声，即开始录音第一段，松键时又听到“嘀”一声即录音停止。/M2 ～/M8 分别录其他 7 段。录音时可以不按顺序，先录任意一段，不满意可重新录音。每段的最大时间为 7.5s（以全片 60s 录音计），录满时会“嘀嘀”响两声，当然实际每段录音可以长短不一。将拨码开关的第 1 位置向下拨是放音状态，按一下/M1 即放音第一段，放音期间再按一下/M1 即停止放音，如果压住/M1 键不放即循环放音第一段直到松键。/M2 ～/M8 均分别控制第 2 ～ 8 段。CE 键为停止键，放音期间按一下它也能停止放音。

2）串行控制模式

串行控制方式用到的键要少得多，它仅需要一两个键来控制所有的语音段录放，而且段数可以足够多，每段也没有时间限制。只是在选段上没有并行控制模式方便。将全功能应用电路板上的第 2 位跳线帽拔掉，第 3 位、第 4 位跳线帽戴上，将第 1 位戴上进入录音模式，按住/M1，“嘀”的一声开始录第一段，松键“嘀”的一声即停止。再按住/M1 即录第二段，如此出现“嘀嘀”声表示芯片溢出。实际测试能录到 44s，如果加大振荡电阻还能延长时间。

在放音时（/RE =1）有两种状态，/M8 置 1 为串行顺序控制方式，按一下/M1 即放音第一段，再按一下放第二段，如此顺序逐段放音，到最后一段结束时停止放音，必须按一下 CE 键复位，然后再按/M1 键就可以又从第一段放音。这种方式下的段不可选择，只能按录音的顺序播放，适合走马灯、流程控制等电路使用；/M8 置 0 为串行选段控制方式，按一下/M1 只能放音第一段，再按还是放音第一段。这时的/M2 有效成为快进选段键，每按一下/M2 即向后移动一段，例如，现在按了三下/M2，再按/M1 就放音第四段，因此可以实现选段放音。按/CE 键复位为第一段。

对于 APR9600 芯片的其他几种控制方式，用户可根据需要自行实验设计。

APR9600 芯片的工作电压为 3.5 ～ 5V，静态电流为 1μA，工作电流为 25mA。其外接振荡电阻与采样率、语音频带、录放时间的关系见表 8.4.3，该电阻可以根据用户需要的时间和音质效果进行调节。

APR9600 芯片振荡电阻与录音时间之间的关系如表 8.4.3 所示。

表 8.4.3　振荡电阻与录音时间的关系

振荡电阻（7 脚 OSCR）	采样频率	录放音频带	录放音时间
44kΩ	4.2kHz	2.1kHz	60s
38kΩ	6.4kHz	3.2kHz	40s
24kΩ	8.0kHz	4.0kHz	32s

8.4.2　电路原理及制作

APR9600 芯片组成的 60s 多段语音录放电路如图 8.4.1 所示。

60s 多段语音录放电路制作结果如图 8.4.2 所示，大小为 53mm×48mm×12mm，板上左上角为复位按钮，采用直径为57mm的大喇叭，音质好，音量大。右下角的滤波电容为电源输入端，因为板上设计有78L05稳压芯片，所以要求按电源极性接入7～20V直流电压供电。

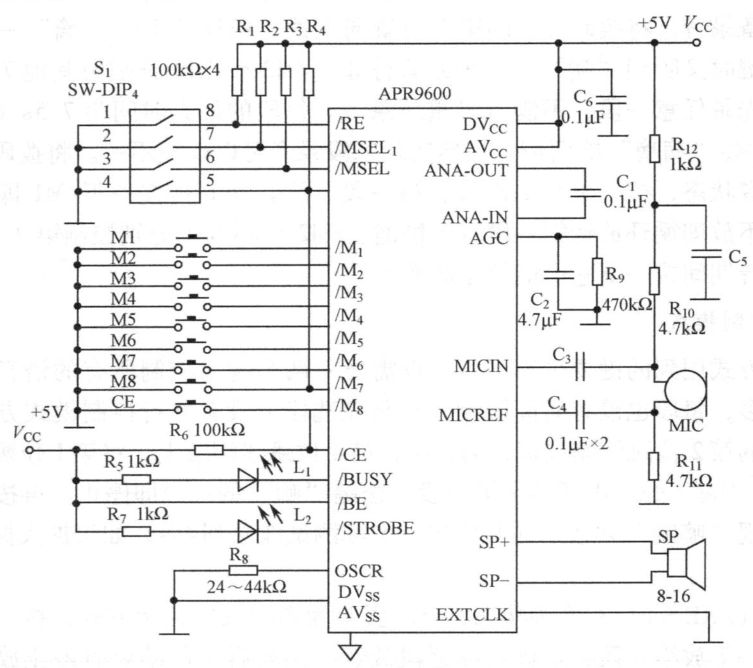

图8.4.1　60s多段语音录放电路原理图

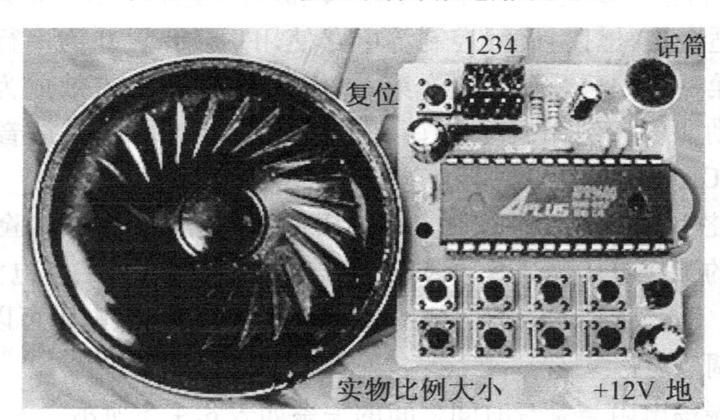

图8.4.2　60s多段语音录放电路制作结果

当制作完成发现无法播放声音时，请先检查板上的78L05稳压器是否能输出5V直流电压，当电压超过6V时芯片会停止工作，如果电压不符应检查电源是否正常，电源极性是否弄错，最好不要使用干扰大的开关电源，这会影响音质和产生一些莫名其妙的故障，或者直接用3节5号电池串联跳过78L05给APR9600供电。其次应检查喇叭是否损坏，喇叭正常的直流电阻在8Ω左右，容易发生开路故障，损坏的喇叭只有换新的无法维修。

如果发现录制的语音有较大的杂音，请在录音时手不要接触电路，以免引入交流噪声。

如果发现播放出来的音质很差、有破音，请检查 C_2（4.7μF）是否接反，如果发现播放出来的声音特别小，请检查话筒的外壳是否和4.7kΩ的电阻引脚短路，还有录音时不要正对话筒，应该在话筒的侧前方距离话筒5cm左右录音。

8.5 实例86：电话自动录音、应答、留言装置

电话是当今社会人们传达信息的重要工具，它给人们的事业与生活带来了方便。现在市场上出售的高、中档电话机，绝大部分都没有自动录音、留言等功能。如果你的电话机增加了以上的功能，就如同有了一位“电话值班员”。

本节介绍利用现有的录音机、少量成本，制作一个价廉、实用、方便的自动录音、应答、留言装置，性能比市售的五六百元的录音电话机毫不逊色，且留言时间还比市售留言电话机的留言时间要长出许多倍（留言电话机一般只能有30s左右的留言时间）。

此装置分为两部分：一部分为自动控制录音部分，即拿起电话就可录音，挂上电话就停止录音（录音机处于录音状态），不需用手频繁地按录音键，而且电话内容可以完整保留，很适合用于咨询电话录音；另一部分是应答留言部分，当家中无人或用户有事不想接或无法接电话时，电话振铃响过六次后，此装置便模拟电话自动摘机，接通语音电路，放出语音电路中的“您好，主人不在，请简短留言”。然后有25min左右的时间让对方留言。如果想听对方留言，可把装置上的开关S_1拨到录音机挡，这时录音机电源接通，倒带后，就可以听录下的电话内容了。如果此装置正处在留言状态，而对方又没有挂机，用户又想和对方说话，这时按一下开关S_2就能与对方通话了。

8.5.1 工作原理

该装置的电路原理如图8.5.1所示。

1）自动录音部分

电话线经R_3、R_4的分压通过C_3输入到录音机的话筒接口，通过功率开关集成电路TWH8751来完成自动控制。TWH8751具有选通功能，当选通脚（2脚）为高电平时，输出级（4脚）截止，不管输入IN脚（1脚）的电平如何，只有当2脚处于低电乎时，加于输入脚的高、低电平才能有效地控制输出级第4脚的导通与截止。电话挂机时，电话线上的电压一般为48V左右。经桥式整流和分压电阻R_2、R_1后到TWH8751的第2脚，此时2脚为高电平，输出级第4脚截止；当电话摘机时，电话线上的电压一般降为6V左右（所用的万用表为MF91B），此时2脚为低电平，输出级4脚导通，接通录音机电源，使录音机工作。挂机后2脚又为高电平，输出级4脚截止，录音机停止工作。

2）应答、留言部分

当没有外线电话时，晶闸管VS_1截止，继电器KR_2无电流不工作，当外线有电话打进来时，振铃电压可达到90V左右。通过VD_{17}、RP_1向电容C_4充电，R_5是电容C_4的放电电阻，振铃响一次，C_4就充进一部分电，通过R_5又放出一部分电，充进去的电荷大于放出来的电荷，当振铃响过数次后。电容C_4的电压达到稳压二极管VD_{18}的击穿电压，稳压二极管导通，触发晶闸管VS_1导通，电流通过继电器KR_2模拟自然摘机，继电器KR_2通电工作接通语音电路的电源，语音电路56027放出“您好，主人不在，请简短留言”的录音，在继电器KR_2接通语言电路的同时也接通了k_{r2}-2和k_{r2}-3。电流通过电阻R_6、RP_2向电容C_5充电，电

容 C_5的电压逐渐上升，当电压上升到稳压二极管 VD_{21}的击穿电压时，VD_{21}导通，触发晶闸管 VS_2使其导通，继电器 KR_2应无电流而停止工作，回到原始状态。这样就完成了应答、留言的过程。

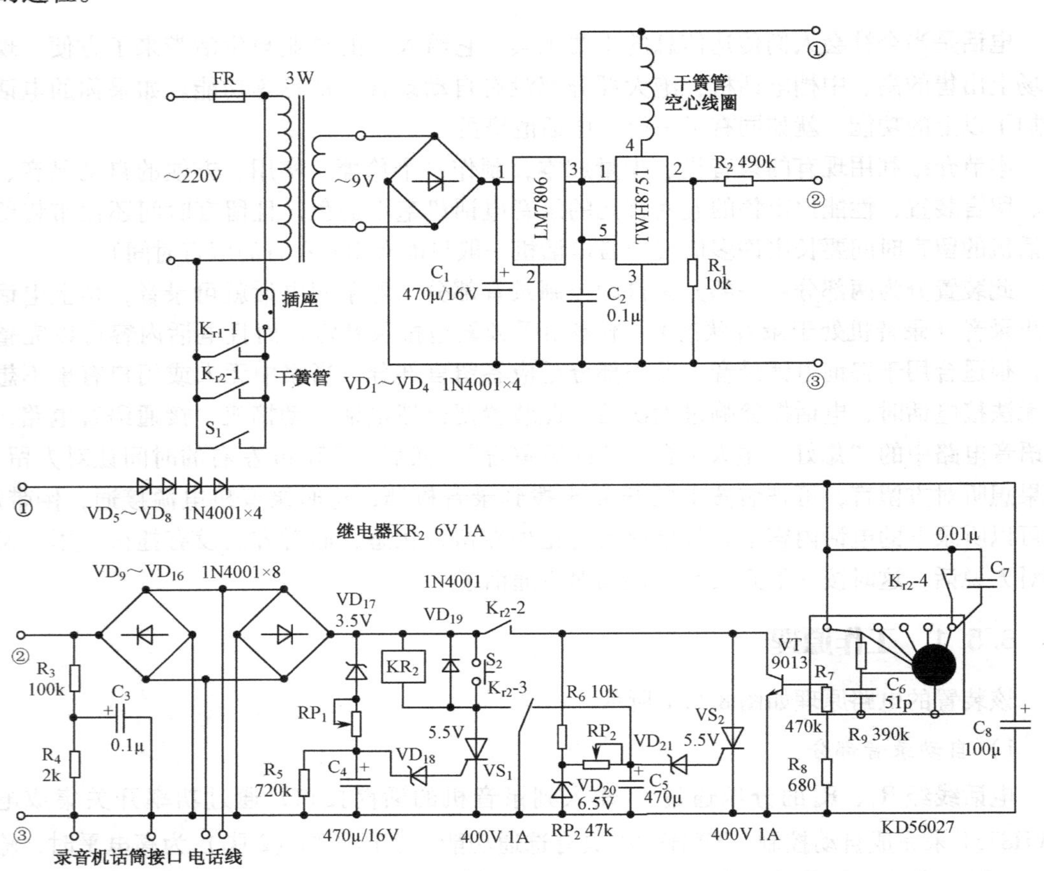

图 8.5.1　电话自动录音、应答、留言装置电路原理

8.5.2　元件选择与制作

电源变压器可用 2 ～ 3W 输出为 9V 的变压器；VD_1 ～ VD_8、VD_{19}可用 1N4001，VD_9～VD_{16}可用 1N4004；稳压二极管可用 1/2W 的；单向晶闸管 VS_1、VS_2可用 MCR100-60A 的，可能选用微触发晶闸管效果会更好；语音电路选用浙江晶龙电子有限公司销售的语音电路 56027；KR_1选用干簧管和空心线圈，也可用 3A/6V 的继电器，但拨号时继电器的噪声较大，KR_2可选用北京大地牌 JRXB-1、$R = 500\Omega$ 电流型继电器；VT 可选用 8050、9013、9014 等，电阻可用 1/8W 的碳膜电阻器。

R_2可用 200kΩ 电阻串联 220kΩ 电位器接在电路上作为调整电位器，使流过 R_2的电流最小，且拿起和挂上电话机又能控制录音机电源通断。RP_1可用来调整电话振铃次数，RP_2调整留言时间的长短。

如果从录音机中直接引出电源（6V 或 9V），就可省去变压器和 LM7806 稳压集成块；如果录音机电源是 9V，要加一个电阻使电压降到 6V 左右，因为开关集成电路 TWH8751 的工作标准电压为6.8V。

语音电路56027购回后若声音听不清，可调整语言片上的电阻R_{11}，使声音清晰为止。焊接时最好拔下电源插头，以防止静电损坏语音集成电路。

此外，一定要注意，电话线的负极要与插口的负极相接。

装置上的开关S_1、S_2，S_1打开时为应答器工作，合上为接通录音机；S_2在应答工作时按下可终止留言，接通电话与对方交谈（如果对方还没有放下电话机）。

8.6 实例87：电源线载波呼叫装置

8.6.1 电路结构与特点

利用电力线路载波传输语音、遥控、报警等信号，具有方便、实用、通信距离远等优点。图8.6.1所示电路简单、成本低、工作可靠，可在同一电力变压器供电区域内使用。

发射机电路如图8.6.1（a）所示。它将输入的调制信号送至集成电路U_1输入端，并进行放大，然后由晶体管V_1、T_1等组成的电容三点式振荡电路进行调制，其振荡频率约为200kHz。调幅信号经耦合电容C_7、C_8馈送到电力线路中。

接收机电路如图8.6.1（b）所示。电力线路中的载波中频信号被耦合电容C_1、C_2及中周变压器T_2构成的谐振回路所接收，通过二极管V_3检波成语音音频或遥控脉冲信号，再经场效应管V_4放大后由集成电路U_2放大输出。调整电容C_3，可以改变接收的谐振频率。仔细调整C_3和T_2，可使接收机输出幅度最大。

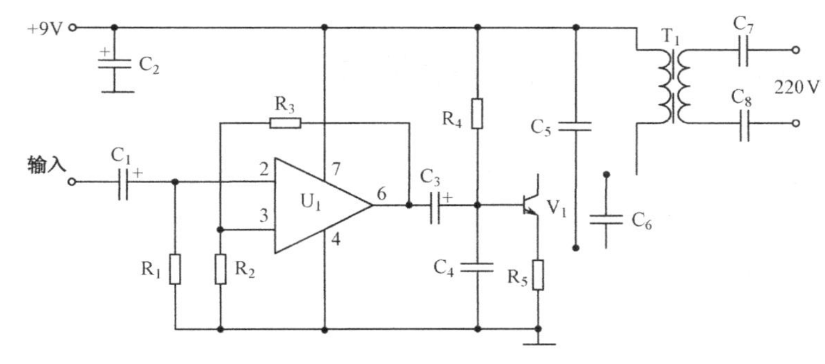

（a）发射机电路

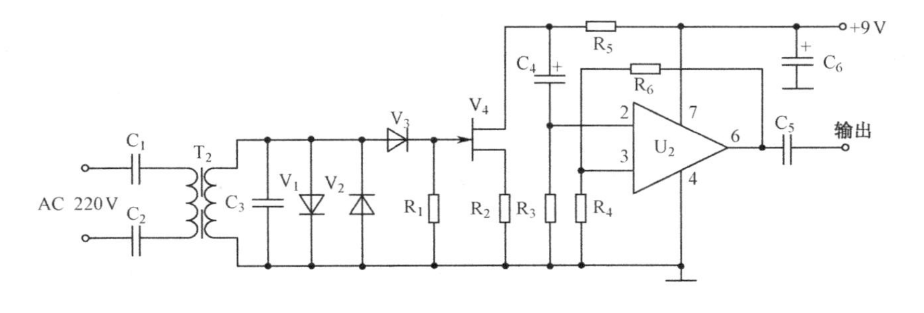

（b）接收机电路

图8.6.1 电源线载波呼叫装置电路原理

8.6.2 元器件选择

在图 8.6.1（a）所示电路中，U_1选用 μA741 或 LM324 等单运放集成电路，V_1选用 S9018 高频三极管，$\beta \geqslant 100$；T_1选用收音机中周变压器；C_2选用 100μF，C_1、C_3选用 10μF，均为 CD11-16V 电解电容器；C_4选用 0.01μF，C_5选用 1 000pF，C_6选用 100pF，均为瓷介电容器；C_7、C_8选用 0.01μF/630V 耐压高性能电容器；R_1、R_2选用 10kΩ，R_3选用 100kΩ，R_4选用 12kΩ，R_5选用 470Ω，均为 RTX-1/4W 电阻器。

在图 8.6.1（b）所示电路中，U_2选用 μA741 单运放集成电路，V_1、V_2、V_3选用 1N4001 硅二极管，V_4选用 3DJ 或其他场效应管；R_1选用 100kΩ，R_2选用 1.5kΩ，R_3、R_4、R_5选用 10kΩ，R_6选用 110kΩ，均为 RTX-1/4W 碳膜电阻器；C_1、C_2选用 0.01μF/630V 耐压电容器；C_3选用 1 000pF 瓷介电容器；C_4、C_5选用 1μF，C_6选用 100μF，均为 CD11-16V 电解电容器；T_2选用收音机中周变压器。

8.6.3 制作与调试

按图 8.6.1 所示的电路结构与元器件实际尺寸设计合适的印制电路板，考虑到载波通信电路不是单纯的发送与接收，而是由一个完整的系统组成，因此电路板的设计可将其他电路一并考虑进去。由于该电路要与 220V 高压相连，所以除选用耐压高的电力耦合电容外，调试时电路板中的“地”、“电源”等勿与 220V 相碰。这种电路必须是发送方与接收方在同一个电力变压器回路中，若超出了这个区域将不能使用。调试时可先发送，并在接收方仔细调整 T_2磁芯，使 U_2输出最大。

8.7 实例 88：电子音乐门铃对讲双用机

采用一块音频功率集成电路 LA4140 组装一个实用的电子音乐门铃对讲双用机，不仅造价低、制作容易，而且装配后不需要调试即可使用。

8.7.1 工作原理

本电路实际上是一个音频放大器，如图 8.7.1 所示。平时，对讲机的开关 SA 拨向“OFF”的位置，此时整机不耗电。当门外来客按下呼叫按钮 SB_2时，三极管 VT 导通，集成电路 IC_2振荡工作，IC_1的 3 脚输出门铃信号送至 IC_1的 2 脚，经放大后其 6 脚输出放大信号，给扬声器 BL_1发出“叮咚”叫门声（若按下 SB_1，扬声器 BL_2也同样会发出“叮咚”的门铃声）。主人将开关 SA 拨向“ON”的位置，客人就可以对着扬声器 BL_2讲话了。主人答话时，将对讲机按键开关 SB_1按住，双方的语音各自由扬声器 BL_1、BL_2代替话筒转变为电信号，由 IC_1的 2 脚输入，使集成电路 IC_1进行放大，然后由 6 脚送到对方扬声器，将放大的电信号还原成声音。

电路中，R_P为对讲机电路电平增益调节电位器。发光二极管 VD_1的工作电源，当开关 SA 置于“OFF”挡时，由二极管 VD_2回路提供；当开关 SA 置于“ON”挡时，则由电源 GB 直接提供。VD_2为隔离二极管，C_8为隔直电容。

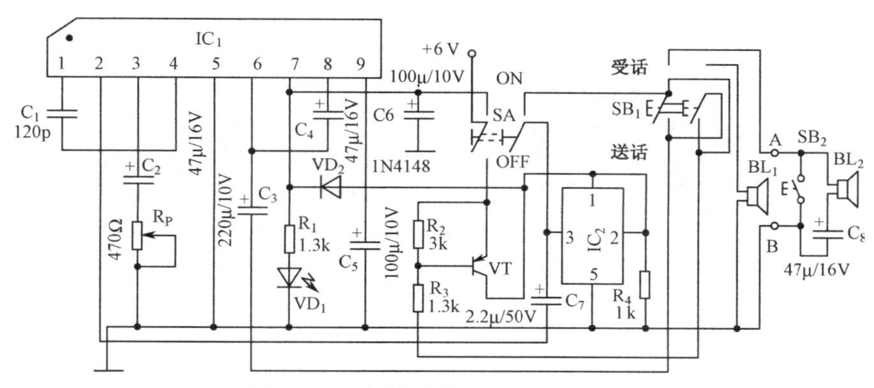

图 8.7.1　门铃对讲双用机电路原理

8.7.2　元器件选择

三极管 VT：9012，$\beta \geqslant 100$。音频功率集成电路 IC_1：为单列 9 脚直插塑封集成块，其型号为 LA4140，功率为 0.5W。门铃集成电路 IC_2：为软包装集成块，其型号为 KD-153H。发光二极管 VD_1：型号不限，若亮度过亮或较暗，可适当调节限流电阻 R_1 以满足适中的亮度。扬声器 BL_1、BL_2：YD58-2、0.5W、8Ω 动圈式扬声器。按键开关 SB_1：AN4。SB_2：为减小体积最好自制。拨动开关 SA：用双刀双掷拨动开关，如 SBB 型。

8.7.3　制作与使用

门铃对讲双用机的印制电路板如图 8.7.2 所示，其尺寸大小为 50mm×40mm。门铃对讲双用机的外形如图 8.7.3 所示。

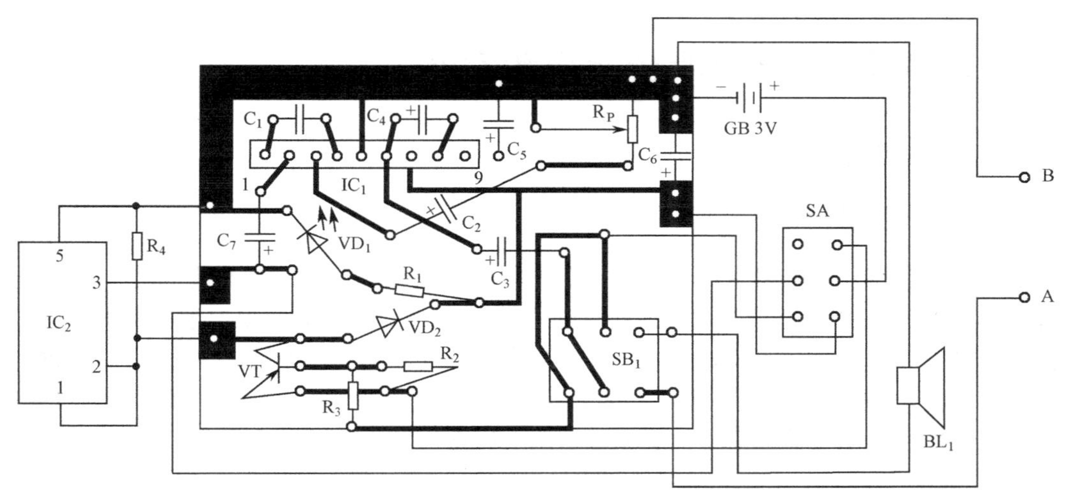

图 8.7.2　门铃对讲双用机印制电路板

LA4140 的引脚功能：1 脚为补偿，2 脚为信号输入，3 脚为反馈，4 脚为补偿，5 脚为地，6 脚为信号输出，7 脚为电源 V_{CC}，8 脚为自举，9 脚为去耦。

LA4140 有如下电路特点：

（1）在 $V_{CC}=6V$、$R_L=8\Omega$、THD = 10% 时，输出功率可达 0.5W；

（2）无信号时电流很小；

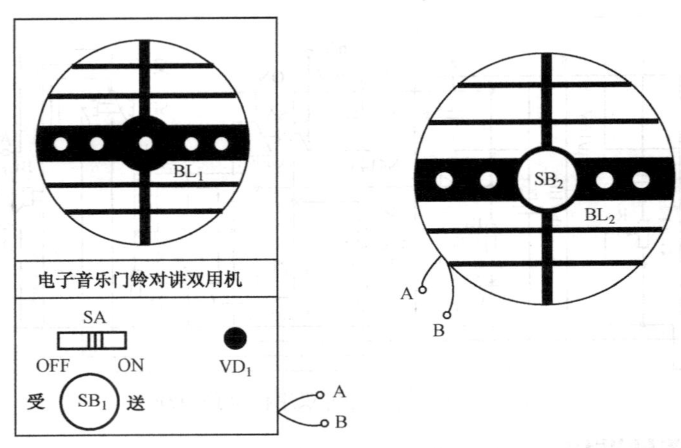

图 8.7.3　门铃对讲双用机外形

（3）工作电源电压范围宽，$V_{CC}=3.5\sim12V$；

（4）推荐工作条件为 $V_{CC}=6V$、$R_L=8\Omega$；

（5）采用9引线单列直插封装，可以使整机小型化，并且不带散热片。

如图 8.7.1 所示，电容 C_2的容量决定于启动时间和最低截止频率f_L及反馈电阻 R_P。电容 C_1用于调整高频响应，起相位补偿和抑制自激振荡作用。电容 C_3为防止自激振荡，应具有良好的热稳定和高频性能。电容 C_8用于纹波旁路和退耦，容量过大将影响启动时间；过小则影响去耦作用，若作用不当可能引起自激振荡。R_P为反馈电阻，决定放大增益，$A_V=20\log\frac{15\,000}{R_P(\Omega)}$dB；又决定 C_2的容量，$C_2=\frac{1}{2\pi f_L}\cdot R_P$。

8.8　实例89：电视伴音无线转发器

本节介绍一款电视伴音无线转发器的制作。

8.8.1　电路原理

该电视伴音转发器电路原理如图 8.8.1 所示。它只需在无线话筒的基础上，将声电转换部分（话筒）去掉，把彩电的音频信号输入振荡电路，中间加上预加重电路即可。电视音频信号经 CK、C_1、W、C_2和由 R_2、C_3等组成的预加重电路，加至高频振荡电路进行调制，变成 88 ～ 108MHz 的调制信号，然后经 C_5由天线 TX 发射出去，用调频收音机接收，戴上耳机就能接收电视伴音信号，避免影响他人休息。

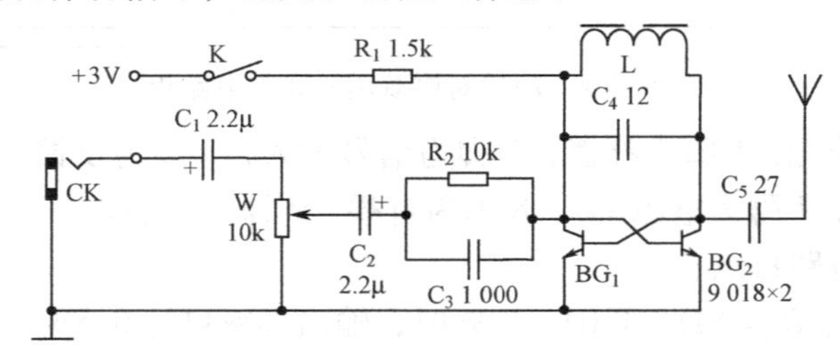

图 8.8.1　电视伴音转发器电路原理

8.8.2 元器件选择

应尽量选用小型的元器件，W 选用卧式可调电位器，以便调整；三极管需配对，选用 β >100；线圈用 ϕ0.6mm 的漆包线在圆珠笔芯上绕 6 匝而成；采用现成的万能线路板；电视机和线路板之间的连线是一根 60cm 长的屏蔽线，一端接莲花插头，另一端接 3.5mm 的普通插头；天线用 50cm 长的软导线。

8.8.3 制作与调试

选用一块 5.1cm×3.3cm 的万能板，按电阻、电容、线圈、三极管的顺序小心安装焊接，检查无误后通电试机，调节电阻 R_1 使整机电流为 1 ～ 2mA；打开收音机，调节线圈 L，使收音机收到信号；连上屏蔽线，打开电视机，调节电位器 W，使伴音效果最佳。找一个报废的 6.5cm×6.5cm 的小夜灯外壳，将电池盒、线路板、插座等安装在内部。

因不必考虑人体感应的影响，故首选双管多谐振荡电路，其原因如下。

（1）电路简洁，元件少。

（2）调试方便，易于成功。一只电阻调整机电流，一只线圈调频率，一只电位器调伴音效果，不像倍频电路需要借助场强仪。

（3）发射效率高，耗电小。同样的发射距离，单管电路的耗电量要大得多。

（4）谐波少，调试过程中不会受谐波的迷惑和困扰。

8.9 实例 90：微型调幅收音机

这里介绍一种单片集成电路 CIC7642 装置的调幅收音机。该机具有灵敏度高、稳定性好、外观新颖、使用方便、省电实用等优点，特别适合于青少年收听广播或学习外语。

8.9.1 技术参数

- 频率范围：中波 525 ～ 1 605kHz。
- 静态电流：2 ～ 4mA。
- 电源电压：1.5V DC（用 5 号电池一节）。
- 输出电压：配 75Ω 耳机时，最大输出达 300mV。
- 体积：80mm×45mm×15mm。
- 质量：35g（不包括电池）。

8.9.2 电路工作原理

图 8.9.1 为本机电路原理图，图 8.9.2 为方框图。由 C_2 和 L 组成调谐电路，由 CIC7642 集成芯片完成高频放大和检波，由 BG_1 完成前置低频放大，由 BG_2 完成功率放大。

广播电台发出的无线电波，经收音机的磁性天线接收后，至 L 和 C_2 组成的调谐回路，改变电容 C_2 可选择某一电台的频率信号，然后输入至集电极 CIC7642 的 2 脚进行多级放大。图 8.9.3 为本机印制电路板，表 8.9.1 为微型调幅收音机元器件材料清单。

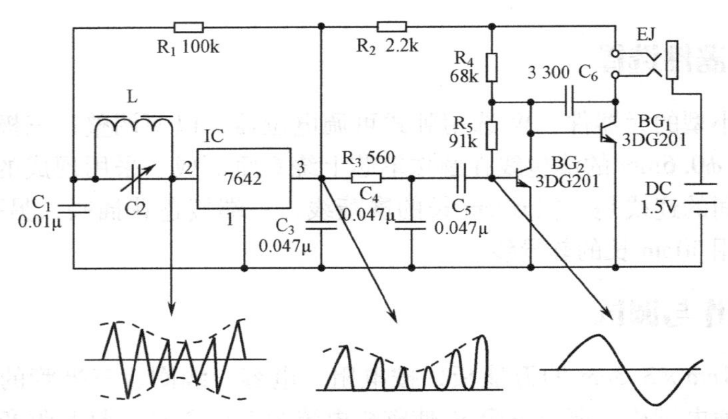

图 8.9.1　微型调幅收音机原理图

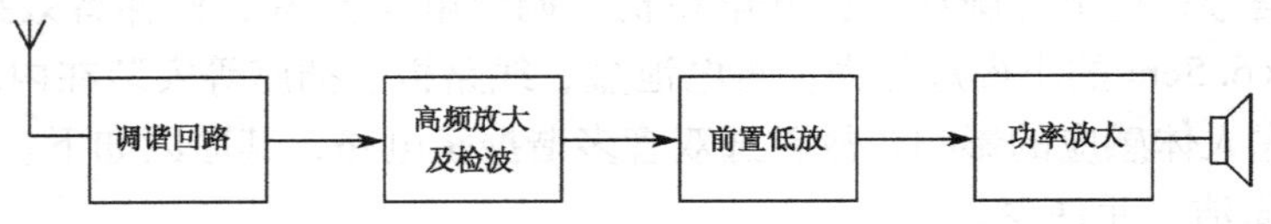

图 8.9.2　微型调幅收音机方框图

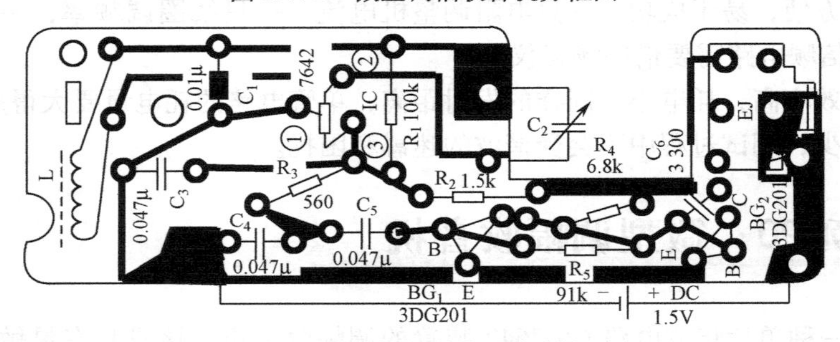

图 8.9.3　微型调幅收音机印制电路板

表 8.9.1　微型调幅收音机元器件清单

序　号	名　称	数　量
1	塑件（包括前后盖，钮）	1 付
2	正负电池触片	1 付
3	印制电路板	1 块
4	螺钉 T2 ×4	2 只
5	单连 CBM106	1 只
6	三脚插座 ϕ3. 5mm	1 只
7	耳机 ϕ3. 5 32～75Ω	1 只
8	磁棒和线圈 3mm ×8mm ×39mm	1 付
9	R_3 470～560Ω	1 只
10	R_2 2. 2～3. 9kΩ	1 只
11	R_4 6. 8～7. 5kΩ	1 只
12	R_5 82～91kΩ	1 只
13	R_1 100kΩ	1 只
14	C_6 2 200～4 700pF	1 只
15	C_1 0. 01F	1 只
16	C_3、C_4、C_5 0. 02～0. 04F	各 1 只
17	CIC7642	1 只
18	BG_1、BG_2 3DG201（蓝）	2 只

图 8.9.4 是 CIC7642 的外形，它很像普通塑壳封装的晶体三极管，而实际上，它的内部共有五级电路。第一级用来与前面的调谐回路完成阻抗匹配，中间的三级是高频放大器，第五级是三极管检波器，所以当 IC 调谐回路接收到某一电台的高频调幅波信号，从集成块 2 脚送入后，由 3 脚输出的就是经过检波后的电台播送的音频信号，见图 8.9.1 的各点波形。然后再经过 R_3、C_3、C_2组成的滤波电路，由耦合电容 C_5送至 BG_1的基极，进行前置低频放大，再由 BG_2组成功率放大后，送至耳机 EJ 发出声音。

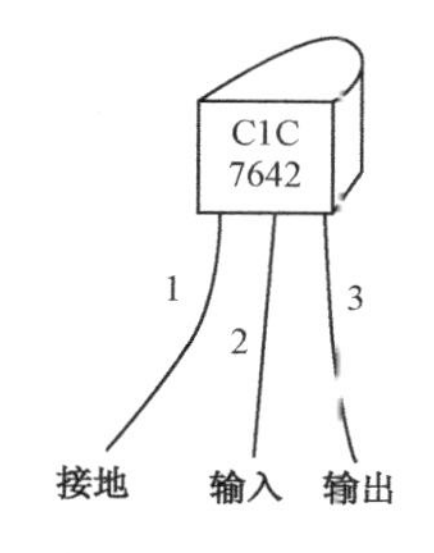

图 8.9.4　CIC7642 的外形

8.9.3　元件功能

电容 C_1为接收到的电台信号提供高频通路；R_3、C_3、C_4的作用是滤去检波后杂散的高频成分，R_1是为 CIC7642 提供工作电流的电阻，使之在正常范围之内；R_2为检波负载电阻及自动增益电阻。由于 CIC7642 内部具有三级高频放大器，放大倍数高达 1 000 倍以上，所以本机接收微弱信号的能力（即灵敏度）较强。

在后面两级的低放中，R_4为 BG_1的负载电阻，R_5为 BG_1的电压并联负反馈电阻，C_6为 BG_2的负反馈电容，它能改善功放级的高频特性。

8.10　实例 91：音频信号发生器

音频信号发生器是测量放大器的输入/输出阻抗和放大电路的特性时不可缺少的测量仪器。这里介绍一款制作容易、元器件易购买、成功率高的音频信号发生器。该发生器的频率选择不是连续式的，而是点式的。设计电路时，在增加频率点数目的同时，还应注意尽量减小各频率点输出电平的变动，让各频率点的输出电平基本一致。这是一款便于使用、具有实用价值的测量仪器。音频信号发生器的电路大多数采用维恩电桥方式，由于这种电路方式必须使用特殊的元件，所以此处在设计电路时没有采用。这里的振荡电路是将称为状态变量（StV）电路的有源滤波器做逆向应用。StV 振荡器的特点是用运算放大器组成的积分电路和减法电路进行频率的选择，不需要使用调谐电路。

积分是借助于能衰减高频成分的低通滤波器来实现的，减法电路是一个差分电路，放大的信号是两个输入信号的差值。振荡的必备条件是在放大器的输出端与输入端之间形成正反馈。另外，如果用频率特性平坦的全频信号减去相位相同、呈高频衰减特性的低通信号，就可以获得呈低频衰减特性的高通信号。

8.10.1　电路基本组成

图 8.10.1 是简化的电路图。从减法器 A_1到积分器 A_3，三个电路的放大器全都是反相放大器，所以积分器 A_2的输出信号与 A_1反相输入端的输入信号是同相的，A_3的输出信号则与 A_1反相输入端的输入信号是反相的。

在图 8.10.1 中，从 A_2的输出端引向 A_1的输入端的反馈电路有两条，一条是经电阻 R_3到达 A_1的反相输入端，另一条是经 R_5和 R_4组成的分压器分压后到达 A_1的同相输入端。

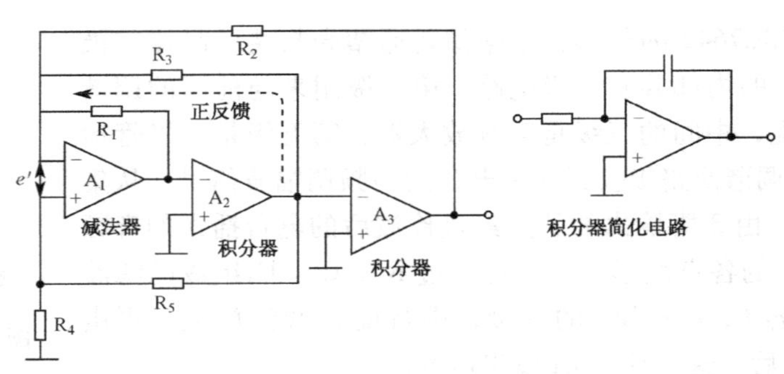

图 8.10.1　音频信号发生器电路组成

减法器 A_1实际上是一个差动放大器，被放大的信号是两个输入端之间的电位差 e'。A_1的两路输入信号都来自于 A_2的输出信号，是同一个信号，所以两路输入不存在相位差。如果反相输入端的信号电平大于同相输入端，则 e'增大，接下来 A_2的输出电平也随之增大。这一过程与正反馈是一样的，通过 R_3的阻值，使反相与同相输入端的电平保持适当的比例，就可以把这样的电路作为振荡电路使用。当 $R_1=R_2$时，该比例可用下式计算：

$$\frac{R_1\times(R_4+R_5)}{2R_4}>R_3 \tag{8.10.1}$$

8.10.2　振荡电路的起振过程

该电路的最初振荡是由电源开关闭合时电源的脉冲噪声触发的，然后用频率选择电路选出特定频率形成正反馈，并维持持续的振荡输出。如果不进行振幅控制，输出幅度会一直增大下去，直到受电源电压制约达到饱和为止，其输出波形离正弦波相去甚远，所以必须加以控制。最有效的方法是当振幅超过一个电平时，让放大器的增益自动与振幅增加成反比地下降，即采用自动增益控制（AGC）电路。但这样的电路调整起来很微妙，不适合初学者制作。

这里选用另一种改善波形的方法，在积分器 A_2的负反馈电路中接入图 8.10.2 所示的由桥式检波电路和稳压二极管（Z_D）组成的开关电路，这是一种对波形损伤小且可控制增益（振幅）的电路。其工作原理是在检波输出的峰值电压 e_P超过 Z_D的稳压电压时，a、b 两点导通，A_2的负反馈电路被接通，A_2的增益和振幅开始受到控制。

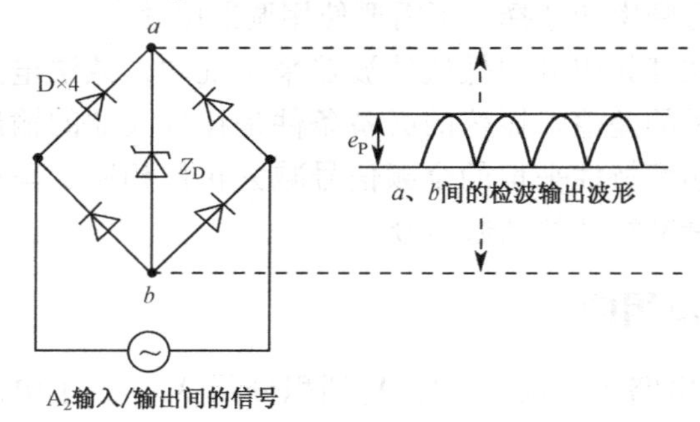

图 8.10.2　接在积分器 A_2负反馈电路中的桥式检波器和稳压二极管组合电路

当然，在 e_P小于 Z_D的稳压电压 V_Z期间，由于负反馈电路并未接通（a、b 间开路），所以波形的损伤情况要比前面提到的因饱和限制输出振幅的情况小很多。另外，由于 A_2是一个截止频率与振荡频率相同的积分器，高频成分被衰减，所以 A_3的输出波形失真应该只有

A_2输出波形失真的1/3。

8.10.3 信号发生器电路

图8.10.3是低频信号发生器除去电源部分的电路。图8.10.1中用于调整振荡的电阻R_3在图8.10.3中分成固定和可调两个部分，它们的总阻值由前面的公式（8.10.1）决定，可调部分所占的比例决定了可调整的范围。需要注意的是，必须用可旋转10圈以上的精密电位器。

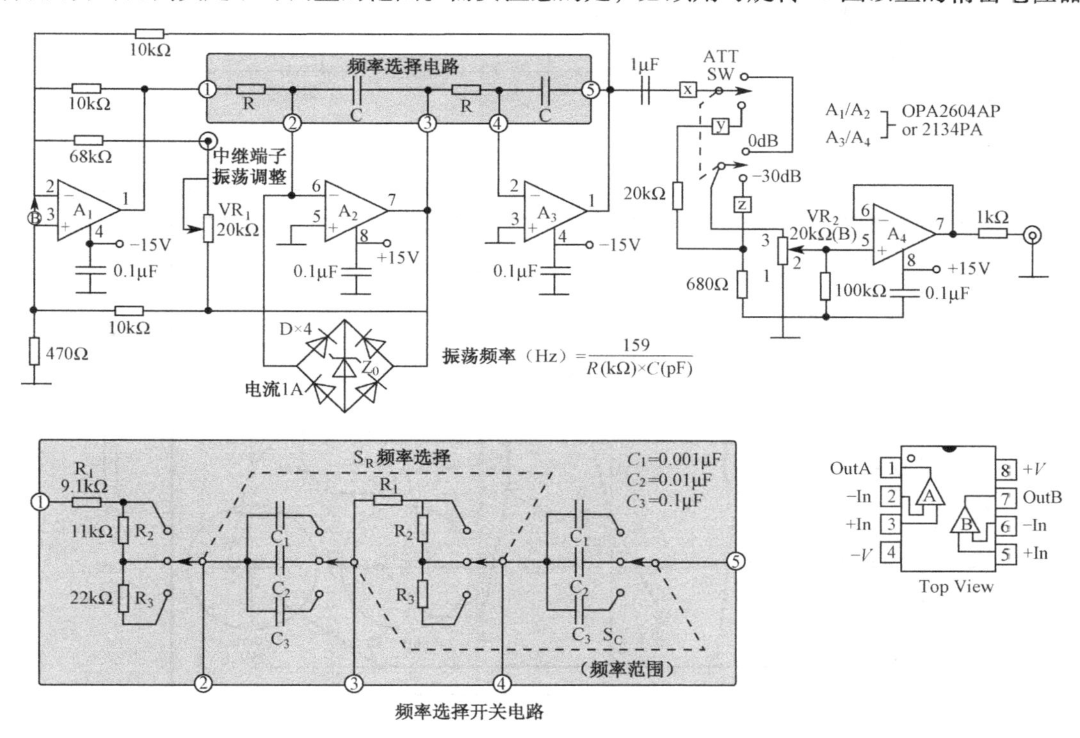

图8.10.3 StV音频信号发生器的电路（电源部分除外）

为了调节信号发生器的输出电平，在A_3之后设计了一个衰减量可在0～-30dB之间切换的衰减电路，用ATT开关切换衰减量，在衰减量切换电路之后是一个可进行精细调整的10圈旋转型电位器，便于连续准确地调整输出信号的幅度，最后送入输出用的增益为1的放大器A_4，它是一个电压跟随器。A_4的输出端串有1个1kΩ的电阻，一是防止连接的电缆的分布电容对输出信号造成不良影响，二是可以使音频信号发生器的输出阻抗为准确的1kΩ。桥式检波电路所用的二极管要求正向导通电压低、响应速度快，用同型号肖特基势垒二极管组成，稳压二极管稳压电压为7V。该低频信号发生器的最大输出电压为便于使用的4.9V($7\text{V}/\sqrt{2}$)。信号发生器的输出频率由频率选择电路通过切换两组开关、改变接入积分电路的电阻和电容的值来实现。在图8.10.3所示电路中，所使用的全部固定电阻和频率选择电路使用的电容的误差均要求为1%级。与电源有关的0.1μF的电容只需一般产品就行。

8.10.4 制作

该音频信号发生器的电源和主电路都用万能印制电路来制作。图8.10.4是电源电路图和焊接完成后的印制电路板的示意图。

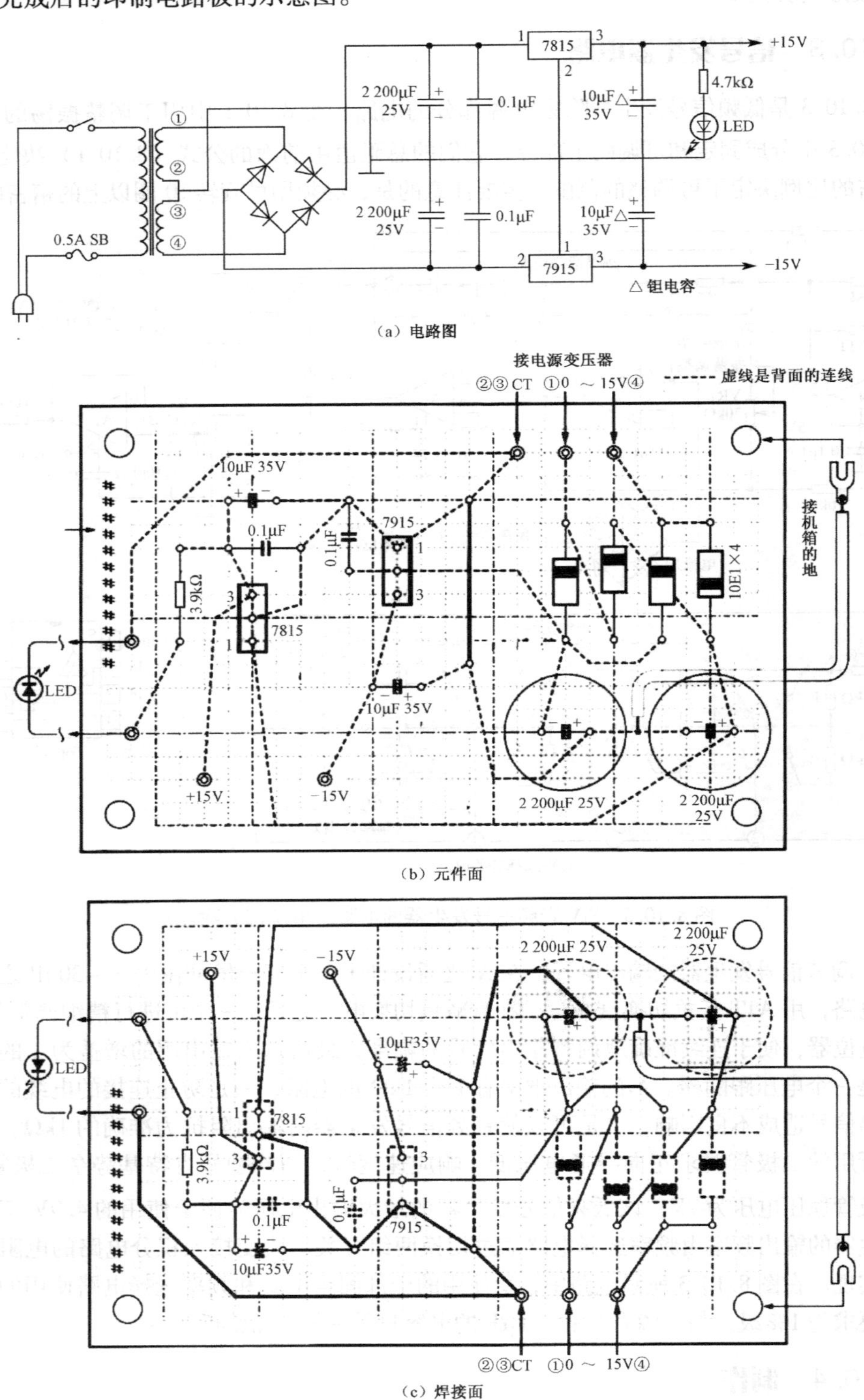

（a）电路图

（b）元件面

（c）焊接面

图 8.10.4　电源电路和印制电路板

图 8. 10. 5 是主电路焊接完成后的印制电路板示意图。

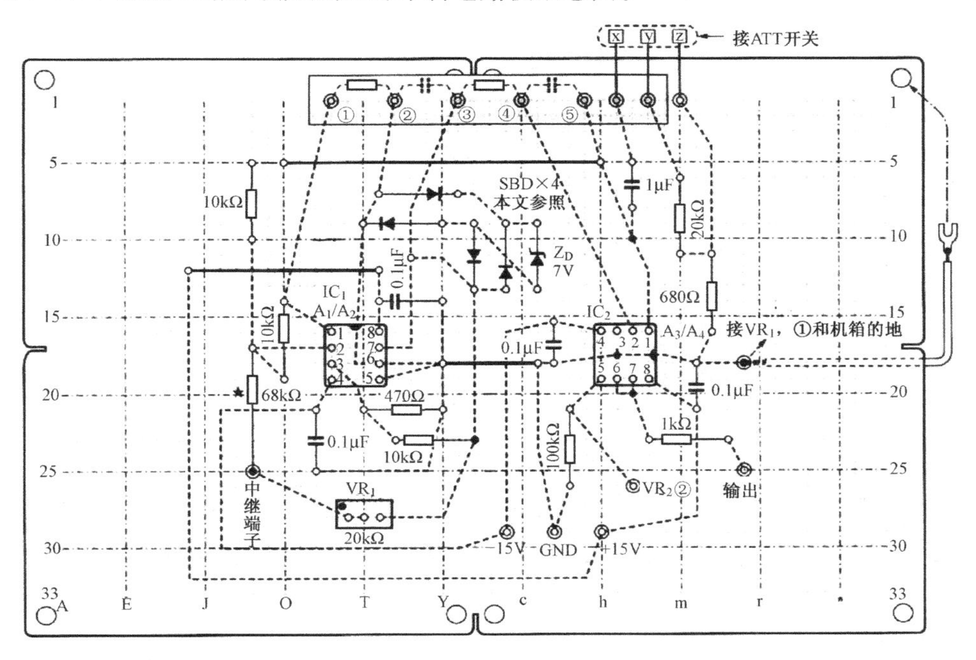

（a）元件面

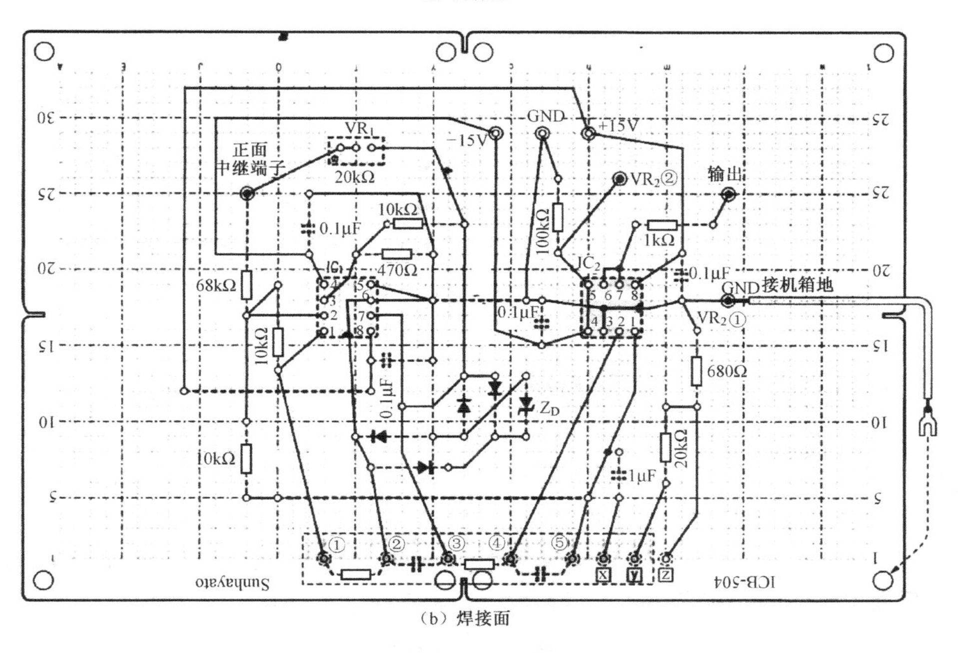

（b）焊接面

图 8. 10. 5　主电路焊接完成后的印制电路板

运放可选用型号为 OPA2604 或 OPA2134 的双运放，需满足下列条件：① 能在增益为 1 的工作状态下稳定地工作；② FET 输入，输入阻抗高；③ 转换速率在 15V 以上。

图 8. 10. 6 是用于切换电阻的切换开关的连线示意图，在内部布线时不必使用屏蔽线。电源变压器选用次级绕组带中心抽头 30V/0. 1A 的变压器，或者拥有两组 15V/0. 1A 次级绕

组的变压器。电源电路三端稳压器输出端所接的钽电容极性的辨认方法如图 8.10.7 所示。

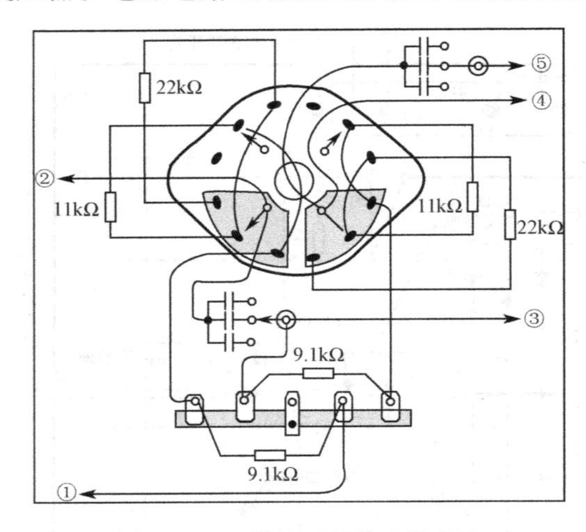

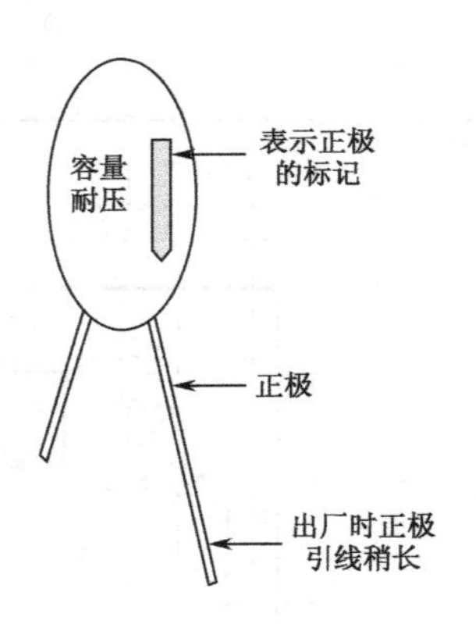

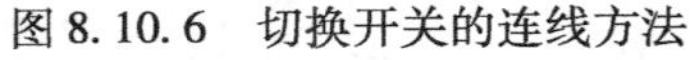

图 8.10.6　切换开关的连线方法　　　　图 8.10.7　钽电容的极性表示

在图 8.10.4 所示电源电路中，变压器单个次级绕组的输出电压最高不能超过 16V，如果电压大于 17V 达到 20V 左右，滤波用的电解电容的耐压应为 35V，如果电路板上的安装空间不够，可将滤波电容减小至 1 000μF。

图 8.10.8 是制作完成的音频信号发生器实物。

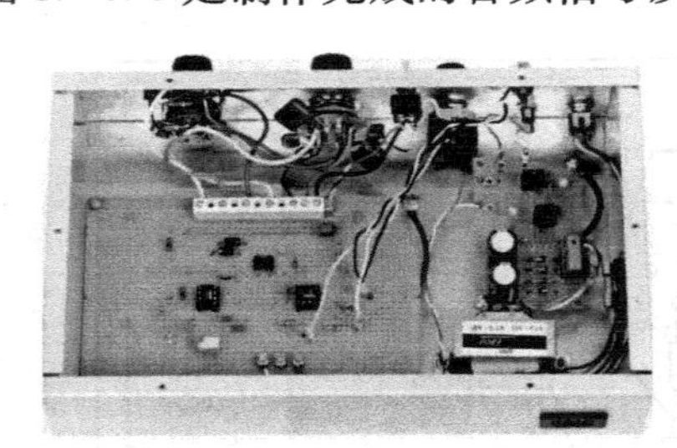

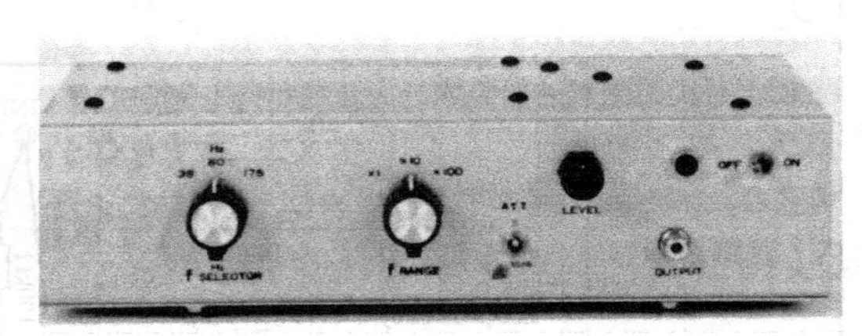

图 8.10.8　音频信号发生器实物图

8.10.5　调整、性能及使用方法

首先将图 8.10.5 中标注有黑色圆点的中继端子处的 68kΩ 电阻的一端焊开，将正反馈电路切断，让电路处于不会出现自激振荡的工作状态。然后将两个双运放插入插座。接下来将 VR_1 调到 13kΩ，之后即可接通电源。此时电路不会振荡，电路中①、③、⑤点和输出端对地的直流电压如果在±2mV 以下，就说明运放工作正常。关断电源，将 68kΩ 电阻焊回去接通正反馈电路。此时接通电源，电路发生正常振荡的概率在 99% 左右。

接通电源后，如果减小正反馈量（调大 VR_1 阻值）使振荡处于临界振荡的状态，输出信号的失真率可降至 0.2% 以下。但这样做会增加接通电源后最低振荡频率 38Hz 不振荡的危险性。只是如果不将振荡电路的工作状态调至临界状态，输出信号的失真会稍大，在 0.25% ～ 0.32% 之间。

另外，将振荡电路调整至临界振荡状态，振荡频率设为 38Hz 以外的其他频率，待接通电源起振后再将振荡频率改成 38Hz 就不会出现不振荡的问题，所以为了降低输出信号的失真率推荐采用这种方法。

图 8. 10. 9 是该音频信号发生器振荡频率的分布情况，从 38Hz ～ 17. 5kHz 一共有 9 个频率点，基本上覆盖了可听频率范围。

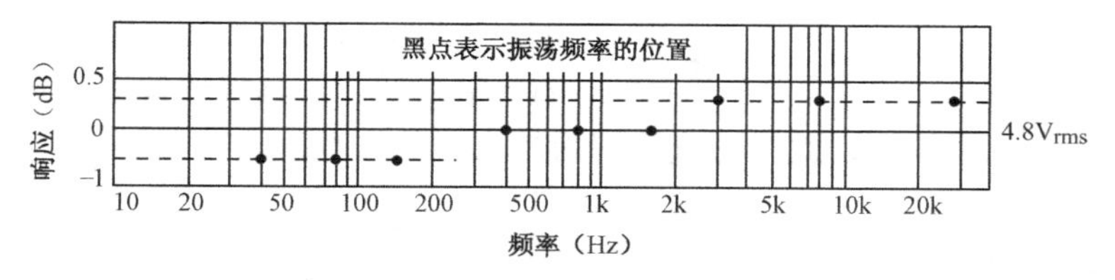

图 8. 10. 9　振荡频率点的分布

但在对 LP 用的均衡器进行测量时，发生器的输出电平过高，为了解决这一问题可以如图 8. 10. 10 所示那样在衰减电路中增加一个开关和一个 22Ω 的电阻，将衰减量从 30dB 增加到 60dB。

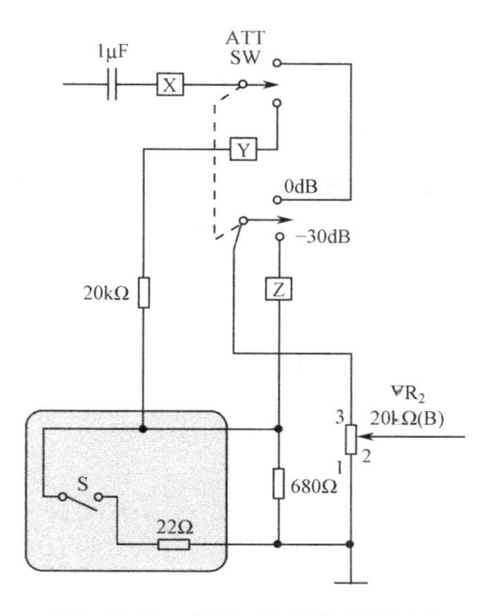

图 8. 10. 10　测量 LP 用均衡器时在衰减电路中增加的电阻

38Hz 是多数音箱能够重放的频率下限，17. 5kHz 是普通人勉强能听到的频率。另外，1 750Hz 和 3 800Hz 与大多数二分频音箱的分频点很接近，是容易察觉重放声音异样的频率。

该发生器的失真率最大不超过 0. 3%，所以按理说不能用来测量失真率在 0. 3% 以下的放大器的失真，但可以根据失真仪的读数推算出失真率的近似值。表 8. 10. 1 是测量放大器的失真率时，失真仪上的该数与被测放大器实际失真率之间的对应关系。测量放大器的失真率时，系统的组成如图 8. 10. 11 所示，此时将放大器输入信号的失真率视为 0. 3%，用失真仪测得的放大器输出信号的失真率为 D_m（%）。根据失真仪上的读数 D_m（%）从表 8. 10 1 中就可以知道此时失真率的近似值 D_{amp}（%）。在该测量系统中忽略了失真仪的残留失真，被测放大器的失真（未作 A 校正）在最小被测电压的 1/100 以下，测量信号的波形为正弦波。

表 8. 10. 1　测量失真率时的有效测量范围

读　　数	被测放大器失真率
D_m（%）	D_{amp}（%）
0. 3	≈0
0. 42	0. 3
0. 48	0. 36
0. 54	0. 45
0. 65	0. 6
0. 8	0. 75
1	0. 9
1. 2	≈1. 2

第 8 章

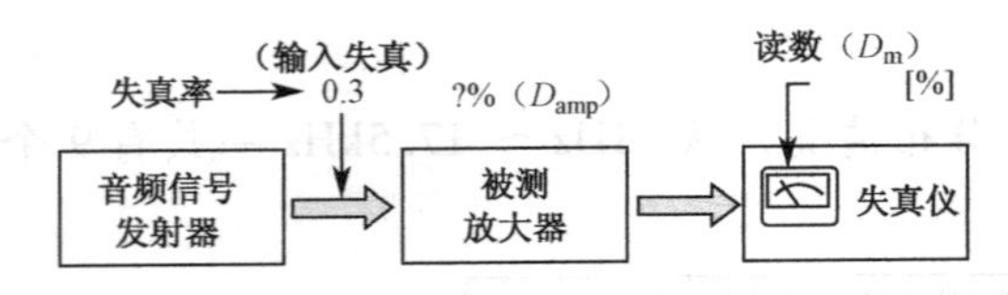

图 8.10.11　测量失真率的系统组成

因此，当失真仪的读数从0.42%（输入失真的1.4倍）至0.8%（输入失真的2.7倍）时，可以从表8.10.1中推算出放大器的失真率。当失真仪的读数超过输入失真率（0.3%）的3倍之后，失真仪的读数和放大器失真率的差异就越来越小，几乎相同，此时可直接视为放大器的失真率。

8.11　实例92：电视信号发生器

8.11.1　工作原理

电视信号发生器原理如图8.11.1所示。V_1、C_1、C_2和L_1组成共基极高频振荡器，产生195MHz的载频信号。V_1、V_2组成多谐振荡器，产生300Hz的低频信号，波形为对称方波。低频信号经C_5对载频信号进行调制，最后由天线向外发射。射极输出器V_4取出另一路低频信号，由插座JK输出，可作为检修其他音频电路用，或作为报务训练的信号源。按图8.11.1中元件数据，用0.5m拉杆天线，在10m范围内，电视机在9频道上能收到五条黑白相间的横条信号，同时还能听到300Hz的音频声。此信号发生器可用来检修电视机的场扫描和伴音电路。

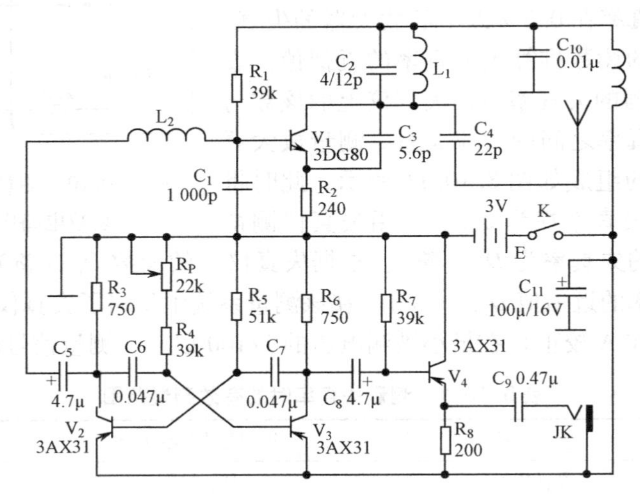

图 8.11.1　电视信号发生器原理图

8.11.2　元件选择与制作

L_1用ϕ0.5mm漆包线绕成内径为8mm的空心线圈，间绕9匝拉长至12mm，L_2和L_3用ϕ0.21mm漆包线在1W、100kΩ的电阻上密绕50匝。V_1选用f_T大于700MHz、β大于60的小功率高频管；V_2、V_3和V_4用一般的PNP型小功率锗管，β值大于30，V_2和V_3要配对使用。

8.11.3 调试

全机调试分三步进行。第一步先调 R_1和 R_7，使 R_2和 R_5两端电压都在 0.6 ～ C.8V 之间，将 C_2短路，R_2两端电压会上升，用耳机插在 JK 上能听到 300Hz 的音频声，说明电路工作基本正常。第二步在 2m 距离处用电视机在 9 频道上接收，若收不到信号可调 C_2，收到的信号如果不稳定，调 R_P使信号为五黑六白的等距横条，图像若上下翻滚，则调电视机场同步，同时扬声器会发出“嘟”的长音。第三步将电视机距离拉开，用无感改锥微调 C_2或改变 L_1的间距，使信号最强时即可。

8.12 实例 93：多波形信号发生器

8.12.1 ICL8038 介绍

ICL8038 是可同时输出三角波、方波和正弦波的单片集成压控波形发生器，其内部方框图如图 8.12.1 所示。

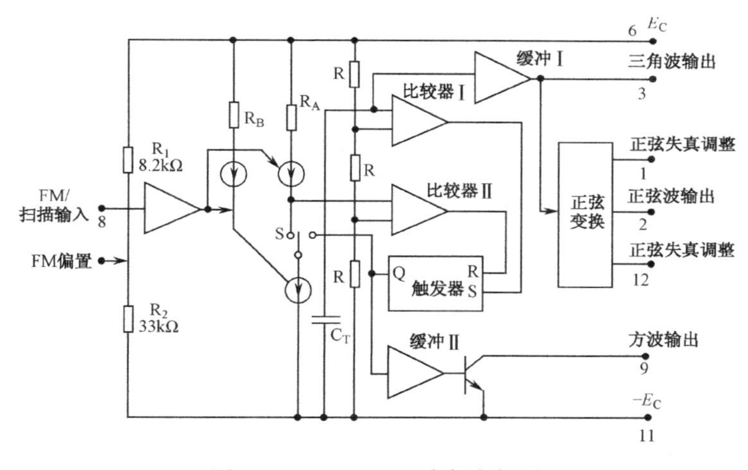

图 8.12.1 ICL8038 内部方框图

ICL8038 由两个电流源、两个电压比较器、一个触发器、一个方波输出缓冲器（缓冲Ⅱ）、一个三角波输出缓冲器（缓冲Ⅰ）和一个正弦波变换电路组成。外接定时电容器 C_T的充放电受可控电流源 I_{01}和 I_{02}控制，当触发器输出 $Q=0$ 时，开关 S 断开，电流源对 C_T充电，充电电流使 C_T两端电压上升，当该电压上升到比较器 I 的门限电平（设定为电源电压 E_C的 2/3）时，触发器置位，$Q=1$，开关 S 接通，电流源 I_{01}对 C_T反充电；I_{02}的大小由外接电阻 R_B以“镜像电流源”的方式间接决定，调节 R_B使 $I_{02}=I_{01}$时，C_T的反向充电电流也等于 I_{01}，与正向充电电流一样，反向充电过程中，C_T上的电压线性下降，当降至比较器Ⅱ的门限电平（设定为电源电压 E_C的 1/3）时，触发器复位，$Q=0$。如此周而复始，在 C_T上形成一个线性三角波电压。该电压经缓冲器 I 后在 3 端输出，触发器 Q 端的方波电压经缓冲放大器Ⅱ的 9 端输出，对称三角波经二极管网络组成的正弦波变换电路后，从 2 端输出正弦波，输出波形的频率范围为0.01Hz～300kHz，频率由外接的定时电容按下式决定：

$$f=\frac{3}{5}\frac{1}{R_A C_T\left[1+\frac{R_B}{(2R_A-R_B)}\right]} \quad (8.12.1)$$

若$R_A=R_B=R_T$，则$f=0.3/R_T C_T$。若两个定时电阻合并成一个，则频率为：$f=0.15/R_T C_T$。

改变两个外接电阻的阻值比，方波的占空比可在2%～98%之间变化，此时，3端输出非对称的三角波或近似的锯齿波。

8.12.2 多波形发生器原理

多波形发生器的电路原理如图8.12.2所示。

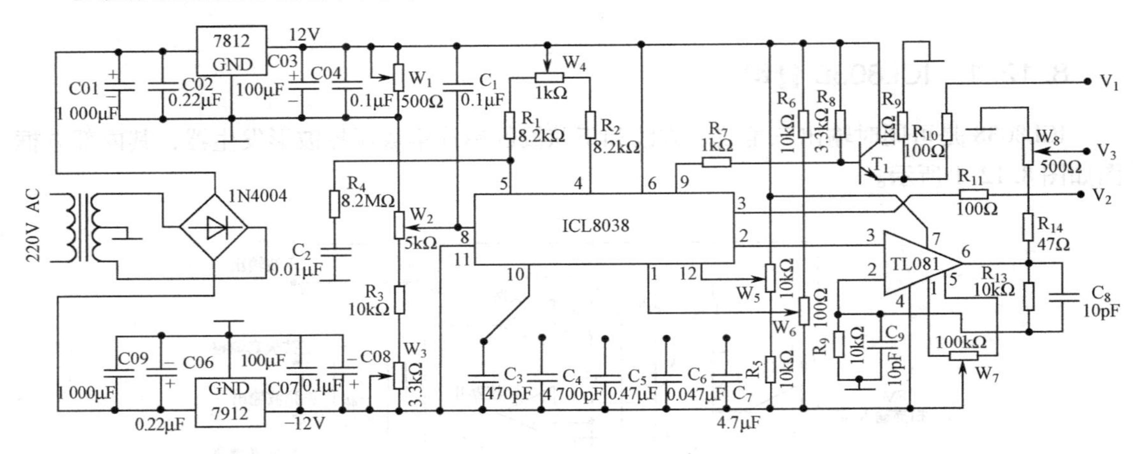

图8.12.2 由ICL8038构成的多波形发生器的电路原理

电源电路由变压器B_2、整流管D_1～D_4、电容C_1～C_8及三端稳压器MC7812和MC7912组成，可提供±12V电源电压。

单片函数发生器ICL8038可同时输出方波、三角波及正弦波，使用时只需外接少量电阻、电容元件。R_1、R_2为方波输出占空比调节电阻，阻值为8.2kΩ，W_4用来对R_1、R_2阻值进行微调；W_1、W_2、W_3及R_3组成分压网络，调节W_2，改变ICL8038的8脚输入电压，可改变输出波形的频率；C_3～C_7为外接定时电容，改变开关K_1的位置，可获得5个频段的输出信号；为了减小正弦波的失真度，ICL8038采用两套微调网络W_5和W_6，分别微调1脚和12脚电位。

输出驱动电路由R_7～R_{14}、W_7、W_8、T_1及TL081组成。ICL8038的9脚输出方波电压经R_7加到T_1基极，在T_1的发射极可得到5V方波输出电压，R_{10}为输出短路保护电阻，ICL8038的3脚输出幅值为±3V的三角波经R_{11}后直接输出，ICL8038的2脚输出的正弦波经TL081组成的同相放大器放大后，由V_3端输出，改变W_8的触点位置，可获得幅值为0～5V的正弦波信号。

8.12.3 电路调试

为了减小TL081输入失调电压的影响，在TL081的1脚和5脚接有调零电位器W_7，在

3 脚无输入的情况下，TL081 的输出电压应调为 0。

方波占空比由 ICL8038 的 4 脚和 5 脚外接电阻 R_1和 R_2决定，当 $R_1=R_2$时，占空比为 50%，电阻阻值的离散性由 W_4微调。

用开关 K_1改变外接定时电容可获得 1Hz ～ 100kHz 频率的输出，K_1处于不同的位置，可获得 1 ～ 10Hz、10 ～ 100Hz、100Hz ～ 1kHz、1 ～ 10kHz、10 ～ 100kHz 五段输出。将 K_1拨至固定位置，若与 C_7相接，W_2滑动端调至最上端，改变 W_1使输出信号频率为 10Hz；然后将 W_2滑动端调至最下端，改变 W_3使输出信号频率为 1Hz，多次调节后，改变 W_2输出信号频率就可在 1 ～ 10Hz 范围内连续调整。

输出正弦波失真度由 R_5、R_6、W_5、W_6组成的网络来调节，用示波器观察 U_1的 2 脚输出，调节 W_5或 W_6，使输出正弦波失真最小。

第9章　单片机应用电路制作实例

9.1　单片机应用电子系统设计

用微处理器构成的各类应用系统已深入到各个应用领域。下面介绍如何用微处理器（单片机）构成应用系统和系统硬件、软件设计方法等内容。

9.1.1　单片机应用电子系统的组成

单片机应用系统是指微处理器用于工业测量控制功能所必备的硬件结构系统，它包括微处理器及其扩展电路、过程输入/输出通道、人机会话和接口电路等，如图9.1.1所示。

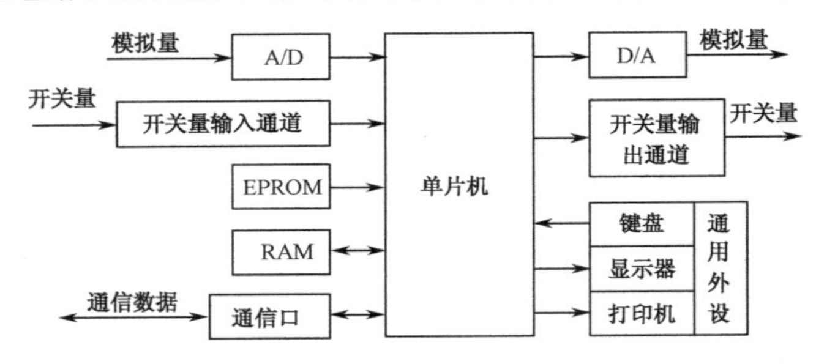

图9.1.1　单片机应用电子系统的组成

单片机及其扩展电路用于存储程序、数据并进行一系列运算处理。当微处理器内部组成不能满足系统要求时，还有外部扩展程序存储器、数据存储器及I/O等。

过程输入/输出通道包括模拟量输入/输出通道和开关量输入/输出通道两大部分。对模拟量信号的采集，需要经过模拟量输入通道的A/D转换器转换成数字信号，再通过接口送入微处理器进行加工处理、分析运算等。其结果通过模拟量输出通道的D/A转换器转换为模拟量的输出控制，通常为伺服驱动控制。开关量输入/输出通道用来输入/输出开关量信号。

人机对话部分负责操作者与系统之间的联系，通常由键盘、显示器、打印机等通过接口与单片机相连接。

通信接口实现系统与外界的数据交换，通常用串行标准接口RS-232C，随着技术的发展，通用串行总线USB接口和以太网络接口的应用也逐渐普及。

9.1.2　单片机应用系统基本设计思想

单片机应用系统的实现是一个复杂的过程，正确的设计指导思想是成功的保证。

1）转变设计观念

单片机应用系统的设计，从总体上来看，设计任务可分为硬件设计和软件设计，这两者相互结合，不可分离。随着技术的发展，各种功能强大的芯片不断出现，硬件电路的设计变得越来越简单，在整个单片机应用系统的设计任务中占的比例逐渐减小，设计任务的重点转移到软件上。软件设计比较复杂，程序编写的方法较多，要达到最佳设计，必须进行优化，仔细推敲、合理安排，利用程序设计技巧，使编写的程序功能可靠、占内存空间小、执行时间短、调试排错方便。这就要求设计人员把设计思想从以往的以硬件设计为主转向以软件设计为主。

设计思想转变为以软件设计为主不等于轻视硬件设计。相反，硬件设计的方案要周密论证、具体电路要仔细推敲、印制电路板的绘制要一丝不苟，硬件设计的改动往往意味着设计周期的重新开始，造成时间和资金的浪费，延误设计任务的进程。

2）基本设计思想

单片机应用系统的基本设计思想是“模块化设计”。它是依据系统功能和技术经济指标要求，自顶向下地按系统功能层次把硬件和软件分成若干个相对独立的功能模块，分别进行设计和调试，待各个软、硬件模块调试成功后，再按系统要求进行模块的连接和调试。

通常把硬件分成主机、过程通道、人机对话、通信接口和电源等几个模块。硬件连接的一般方法是以主机模块为核心，通过地址总线、数据总线和控制总线连接其他功能模块。

软件设计分成监控程序（包括初始化键盘、显示、时钟、中断管理和自诊断等）、中断服务程序及各种测量和控制算法等功能模块。软件模块的连接一般是通过监控程序调用各个功能模块或采用中断的方法实时执行相应的服务模块来实现的。

模块化设计的优点是：无论硬件还是软件，每个功能模块都是相对独立的，能够独立地进行设计、研制、调试和修改，从而使复杂的工作得以简化。

9.1.3 单片机应用系统的开发过程

单片机应用系统的开发大体可分为3个阶段：确定任务的总体设计；硬件、软件研制；调试及性能测定，如图9.1.2所示。

1. 确定任务，完成总体设计

1）确定设计任务和系统功能指标，编写设计任务书

在单片机应用系统开发的前期阶段，首先必须认真细致地调查研究，深入了解用户各个方面的技术要求，了解国内外相似课题的技术水平，进行系统分析，摸清软件、硬件设计的技术难点等。然后确定课题所要完成的任务和应具备的功能，以及要达到的技术指标。综合考虑各种因素提出设计的初步方案，编写设计任务书。

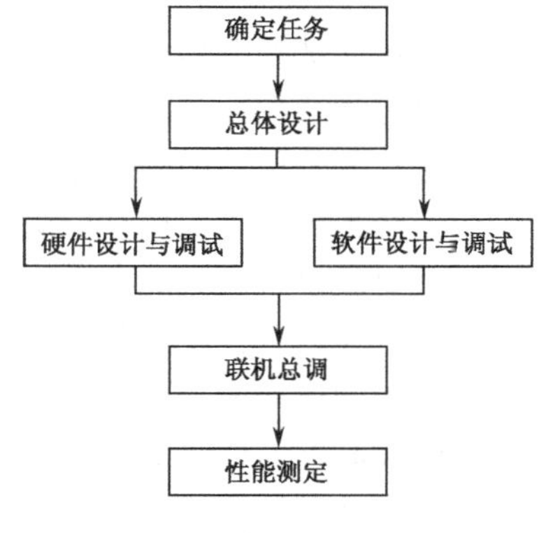

图9.1.2 单片机应用系统的开发过程

设计任务书是将来项目验收的依据，是项目设计开发的依据，是研制人员对软件、硬件设计的基本技术要求。因此，设计任务书的编写必须尽可能详细、合理，明确说明整个系统最终达到的技术指标。一般情况下，技术指标达到某一限度后，想再提高一点点也是不容易的，所以填写具体的指标数字时要特别慎重。

设计任务书不但要明确系统设计任务，还要对系统规模做出规定，如主机机型、分机机型、配备哪些外围设备等，这是硬件设计、预估成本的依据。同时还应详尽说明系统的操作规范，这是软件设计的基础，操作规范要尊重操作者和用户的意见。

2）总体设计

拟订总体设计方案一般要通过认真调研、论证，最后定稿，以避免方案上的疏忽造成软件、硬件设计产生较大的返工，延误项目开发进程。总体方案的关键性计算难点应设专题深入讨论。例如，传感器的选择，传感器常常是测试系统中的关键环节，一个设计合理的测控系统，往往会因传感器精度、非线性温漂等指标限制，造成系统达不到指标要求。

总体设计要选择确定系统硬件的类型和数量，绘出系统硬件的总框图。其中主机电路是系统硬件的核心，要依据系统功能的复杂程度、性能指标、精度要求，选定一种性能价格比合适的单片机型号，同时根据需要选定外围扩展芯片、人机接口电路及配置外部设备。

输入/输出通道是系统硬件的重要组成部分，总体设计要根据信号参数、功能指标要求合理选择通道数量、通道的结构、抗干扰措施、驱动能力等，确定输入/输出通道所需的硬件类型和数量。硬件电路各种类型的选择一般都要进行综合比较，这些比较和选择必须是在局部试验的基础之上。

总体设计还应完成软件设计任务分析，绘出系统软件的总框图。设计人员还应反复权衡哪些功能由硬件完成，哪些任务由软件完成，对软件、硬件比例做出合理安排。

总体设计一旦确定，系统的大致规模、软件的基本框架就确定了。然后就可以将系统设计任务按功能模块分解成若干课题，拟订出详细的工作计划，使后面的软件、硬件设计同时并行展开。

2. 硬件、软件设计与调试

1）硬件设计

总体设计之后，就进入正式研制阶段。为使硬件设计尽可能合理，应注意下列原则。

- 尽可能选择典型电路，采用硬件移植技术，力求硬件标准化、模块化。
- 尽可能选择功能强的新型芯片取代若干普通芯片，以简化硬件电路，同时随着新型芯片的价格不断降低，硬件系统成本也可能有所下降。
- 系统扩展与配置应充分满足应用系统的功能要求，并留有余地，以备将来系统维护及更新换代。
- 尽可能以软代硬。软、硬件具有可换性，硬件多了不但会增加成本而且会使系统出故障的概率增加。以软代硬的实质是以时间代替空间，可见这种代替是以降低系统的实时性为代价的。同时，考虑以软代硬的原则，应以不影响系统的性能为前提。
- 可靠性及抗干扰设计。为确保系统长期可靠运行，硬件设计必须采取相应的可靠性及抗干扰措施，它包括芯片、器件选择、去耦滤波、合理布线、通道隔离等。
- 必须考虑驱动能力。单片机各 I/O 端口的负载能力有限，外部扩展应不超过其总负载能力的70%，如果扩展芯片较多，可能造成负载过重，系统工作不可靠。此时，应考虑设置线路驱动器。
- 硬件系统中的相关器件性能必须匹配。考虑速度匹配时，在不影响系统总性能的前提下单片机的时钟频率选择低一些为好，这样可降低对存储器等相关器件的速度要求，提高系统的可靠性。当选择 CMOS 芯片单片机构成低功耗系统时，系统中其他芯片都应考虑选择低功耗。

➢ 监测电路的设计。系统运行中出现故障，应能及时报警，这就要求系统具有自诊断功能，必须为系统设计有关监测电路。

➢ 结构工艺设计。结构工艺设计是单片机应用系统设计的重要内容，可以单独列为硬件设计、软件设计之外的第 3 项设计内容，这里把它放在硬件设计中来研究。结构工艺设计包括系统设备的造型、壳体结构、外形尺寸、面板布局、模块固定连接方式、印制电路板、配线和插接件等，要求尽量做到标准化、规范化、模块化。一般以单片机为核心的产品，其单片机系统都是内装式、嵌入式，与设备本身有机地融为一体，这类产品都要求结构紧凑、美观大方，人机界面友好，便于操作、安装、调试及维修。

为提高硬件设计质量，加快研制速度，通常在设计印制电路板时，考虑开辟一小片机动布线区。在机动布线区中，可以插入若干片集成电路插座，并有金属化孔，但无布线。当样机研制中发现硬件电路有明显不足需要增加若干元器件时，可在机动布线区中临时拉线来完成，从而避免大返工。

2）软件设计

单片机应用系统的设计以软件设计为重点，软件设计的工作量比较大。首先将软件总框图中的各功能模块具体化，逐级画出详细框图，作为软件设计的依据。

编程可采用汇编语言或各种高级语言。对于规模不大的软件多采用汇编语言编写，而较复杂的软件，且运算任务较重时，可考虑采用高级语言编程。C51、C96 交叉编译软件是近年来较为流行的一种软件开发工具，它采用 C 语言编写源程序。

软件设计应当尽可能采用结构化设计和模块化编程的方法，这有利于查错、调试和增删程序。为提高可靠性，应实施软件抗干扰措施，编程必须进行优化，仔细推敲、合理安排，利用各种程序设计技巧，设计出结构清晰、便于调试和移植、占内存空间小、执行时间短的应用程序。

3）硬件、软件调试

➢ 单片机开发系统。单片机应用系统硬件、软件研制与调试，由于单片机系统本身不具备自开发能力，所以必须借助于开发工具——单片机开发系统，通过它可以方便地进行编程、汇编、调试、运行、仿真等操作。

单片机开发系统性能的优劣直接影响应用系统的设计水平和研制的工作效率。目前使用较多的是“通用型开发系统”，由通用微机系统、在线仿真器、EPROM 及 EEPROM 读/写器等部分组成，如图 9.1.3 所示。另外，还有“简易型开发系统”、“软件模拟开发系统”、“专用开发系统”等。

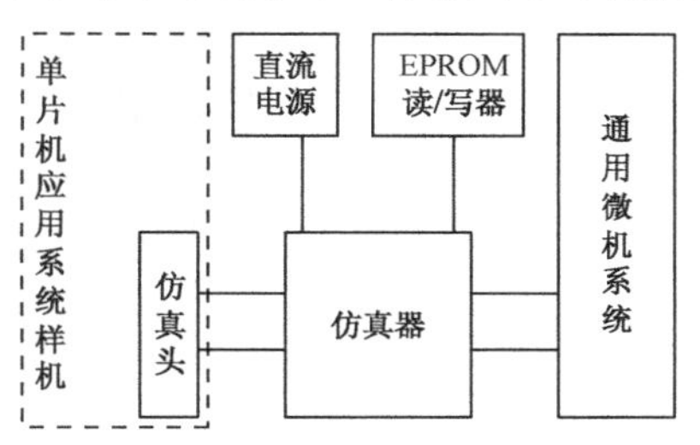

图 9.1.3　单片机开发系统示意图

➢ 硬件调试和软件调试。硬件调试分两步进行。

（1）硬件电路检查。硬件电路检查是在单片机开发系统之外进行的，可用万用表、逻辑笔等常规工具，检查电路制作是否正确无误，核对元器件规格、型号，检查芯片间连线是否正确，是否有短路、虚焊等故障，对电源系统更应仔细检查，以防电源短路或出现极性错误。

（2）硬件诊断调试。硬件诊断调试是在单片机开发系统上进行的，用单片机开发系统的仿真头代替应用系统的单片机，再编制一些调试程序，即可迅速排除故障，完成硬件的诊断调试。

硬件电路运行是否正常，还可通过测定一些重要的波形来确定。例如，可检查单片机及扩展器件的几个控制信号的波形与硬件手册所规定的指标是否相符，断定其工作正常与否。

3. 系统总调、性能测定

系统样机装配好之后，还必须进行联机总调，排除应用系统样机中的软件、硬件故障。在总调阶段必须进行系统性能指标测试，以确定是否满足设计要求，写出性能测试报告。系统样机联机总调、测试工作正常之后便可投入现场试用。

最后一项重要工作是编制设计文件，这不仅是单片机应用系统开发工作的总结，而且是系统使用、维修、更新的重要技术资料文件。设计文件内容应包括：设计任务和功能描述；设计方案论证；性能测试和现场使用报告；使用操作说明；硬件资料，包括硬件逻辑图、电路原理图、元件布置和接线图、接插件引脚图和印制电路板图等；软件资料，包括软件框图和说明、标号和子程序名称清单、参量定义清单、存储单元和输入/输出口地址分配表及程序清单。

随着技术的进步，单片机应用系统开发可采用系统可编程技术，即采用JTAG接口完成系统软件设计和调试，仅仅需要一根下载线和一台通用PC及相关软件。

9.2 实例94：Atmel 89系列Flash单片机编程器

学习单片机最有用的恐怕是编程器和仿真机，一台商品化的编程器至少要几百元，仿真机价格更高，往往让初学者难以选择。这里介绍的一款国外电子网站推出的廉价51编程器，能够读写最常用的12种51单片机，自己动手装配一台，既能锻炼自己的动手能力，又能廉价地装备一台多用编程器，无论是学习单片机或业余时间搞开发，都是一个非常好的选择。该编程器硬件使用标准的TTL系列器件而没有使用特殊元件。它连接在计算机的并行端口，对PC的并口没有特殊要求，所以配置很低的计算机也能用这个编程器。Atmel Flash系列单片机是当前最流行的单片机，易于擦写，不像OTP芯片容易造成浪费。特别是89系列单片机与大家熟悉的Intel 51系列单片机完全兼容，其实物如图9.2.1所示。

图9.2.1　Atmel 89系列Flash单片机编程器

9.2.1 支持器件

该编程器支持以下 Atmel 单片机：AT89C51，AT89C52，AT89C55，AT89S51，AT89S52，AT89S53，AT89C51RC，AT89C55WD，AT89S8252，AT89C1051U，AT89C2051，AT89C4051。

注意：20 脚的单片机需要一个简单的适配器，如图 9.2.2 所示。

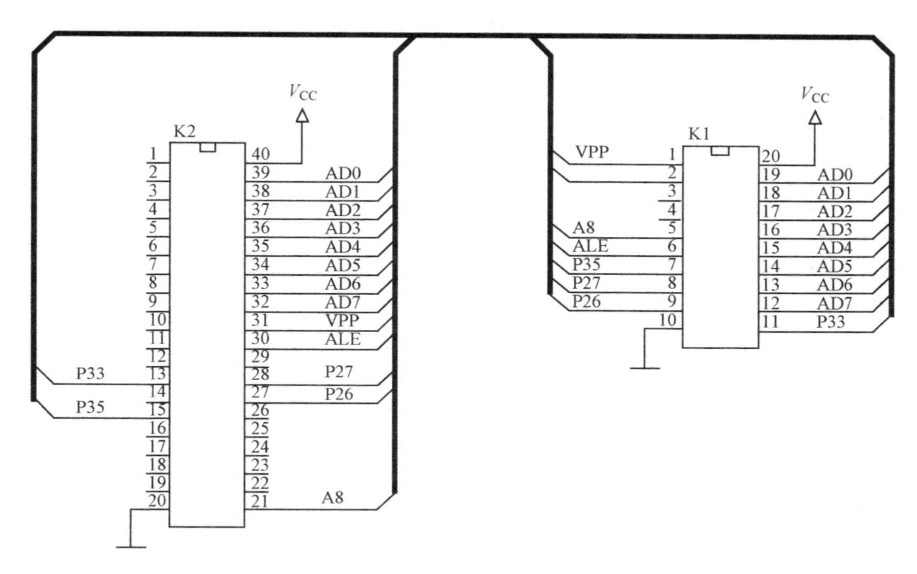

图 9.2.2 适配器电路原理图

9.2.2 硬件组成与调试

图 9.2.3 显示了这个 Flash 编程器的电路原理，编程器和标准的计算机并口连接。电路图中的 U_2用于控制计算机和控制器之间的数据流，U_4锁存低位地址字节，U_5锁存高位地址字节，U_3用于产生控制信号给被编程的单片机。U_1用于产生编程脉冲给单片机。当 U_7提供编程电压给控制器时，电源部分用 U_8产生逻辑 5V 供给。U_6用于产生 5V 或 6.5V V_{DD}电源电压给单片机。

为了调整 P_1、P_2和 P_3，用一个数字万用表按以下步骤进行。

（1）调整 P_1，用测试夹临时连接 T_1基极到地，然后调整 P_1，在稳压器 U_6上获得 6.5V 输出。

（2）调整 P_2，在稳压器 U_7上获得 13.1V 输出，确信晶体管 T_1是不工作的或用测试夹临时连接 T_5基极到地。

（3）用测试夹临时短路晶体管 T_5集电极到地。

（4）调整 P_3，在稳压器 U_7上获得 12.1V 输出。

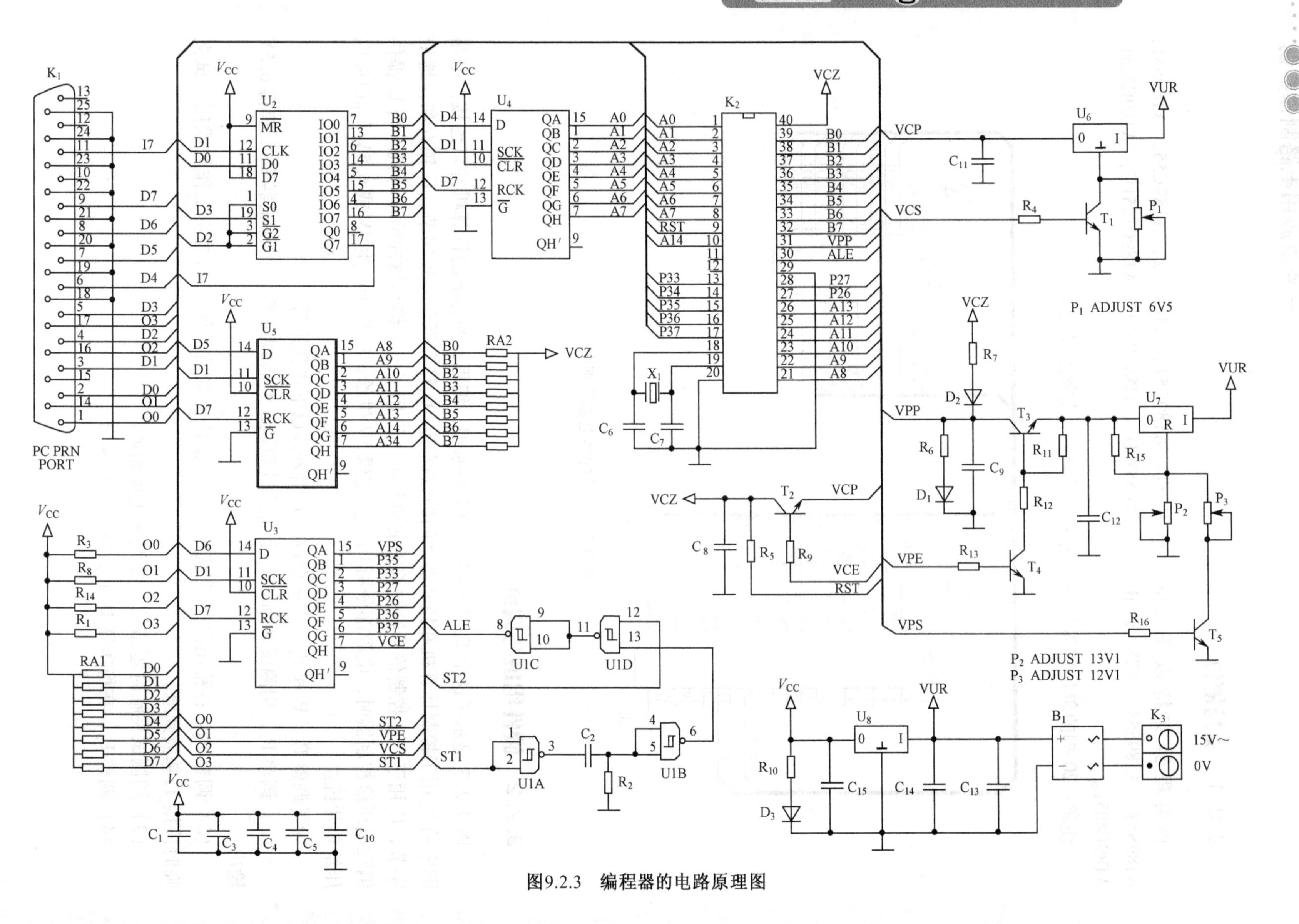

图9.2.3　编程器的电路原理图

9.2.3 印制电路板制作

双面 PCB 图和元件布局图如图 9.2.4 和图 9.2.5 所示，尺寸为 15.8cm×7.6cm。图 9.2.6 是适配器的 PCB 图。运行 COPY *.PRN PRN/B 将能打印这些 PCB 文件到透明胶片或硫酸纸上，然后用双面感光敷铜板制作电路板，具体方法可以参考《无线电》杂志的相关内容。

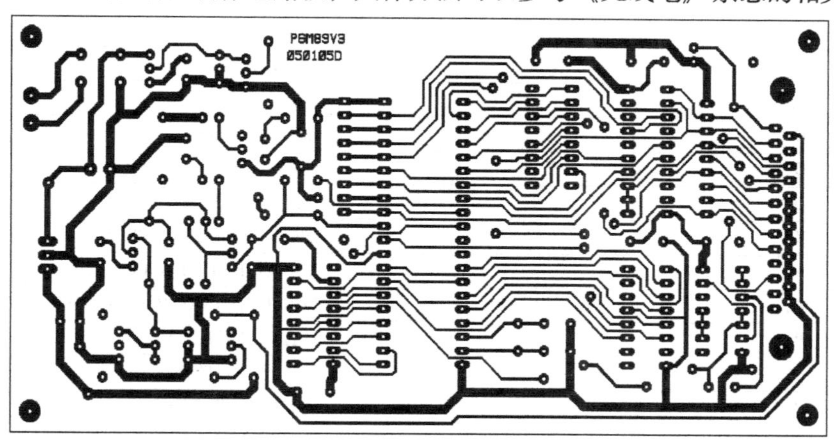

图 9.2.4　编程器电路板背面 PCB 图

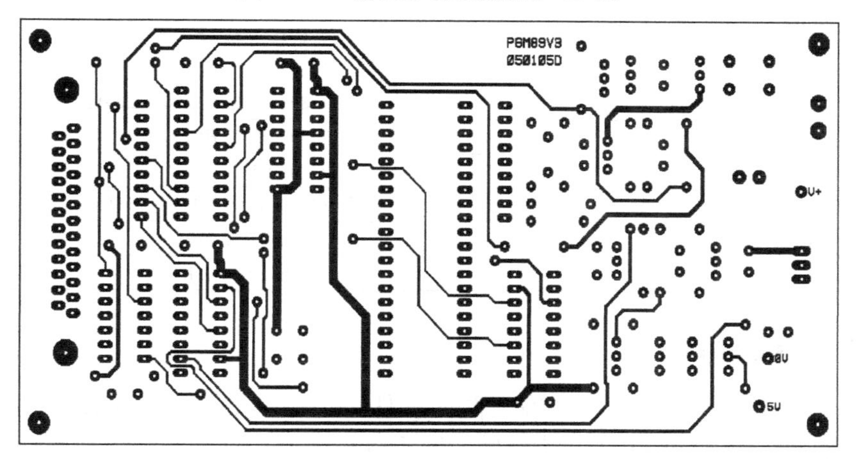

图 9.2.5　编程器元件布局图

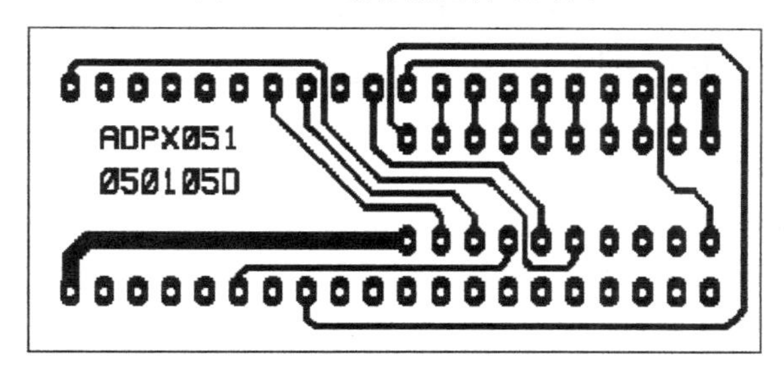

图 9.2.6　适配器的 PCB 图

9.2.4 元器件选择

Atmel 89 系列 Flash 编程器元器件清单如表 9.2.1 所示。

表 9.2.1 编程器元器件清单

序号	名称	型号规格	数量
1	B_1	BRIDGE 100V1A	1
2	C_1、C_3、C_4、C_5、C_8、C_{10}	100nF	6
3	C_2	100pF	1
4	C_7、C_6	33pF	2
5	C_{11}、C_{12}、C_{14}、C_{15}	10μF 25V	4
6	C_{13}	1 000μF 25V	1
7	C_9	2. 2nF	1
8	D_1	LED RED3mm	1
9	D_2	1N4148	1
10	D_3	LED GREEN3mm	1
11	K_1	DB25-R/A PCB TYPE PLUG	1
12	K_2	ZIF SOCKET 40 WAY	1
13	K_3	PCB TERMINAL BLOCK 2 WAY	1
14	P_1	1kΩ MULTITURN	1
15	P_2	5kΩ MULTITURN	1
16	P_3	50kΩ MULTITURN	1
17	R_{A1}、R_{A2}	RESISTOR ARRAY 4. 7kΩ×8	2
18	R_1、R_3、R_4、R_8、R_{11}、R_{12}、R_{13}、R_{14}、R_{16}	4. 7kΩ	9
19	R_2	6. 8kΩ	1
20	R_7、R_5	1kΩ	2
21	R_6/R_9/R_{10}/R_{15}	1. 8kΩ/2. 7kΩ/680Ω/220Ω	各1
22	U_1/U_2	74HC132/74HC299	各1
23	U_3、U_4、U_5	74HC595	3
24	U_6/U_7/U_8	LM78L05/LM317LZ/LM7805	各1
25	T_1、T_4、T_5/T_3、T_2	2N3904/2N3906	3/2
26	X_1	CRYSTAL 6. 0MHz	1

9.2.5 编程软件

PGM89 V3. EXE 可执行文件是编程器的软件。这是一个 Windows 程序，能够运行在 Win9X/WinNT/Win2K/WinXP 下。为帮助大家更容易地使用这个编程器，磁动力工作室已将软件全部汉化。窗口界面如图 9. 2. 7 所示，其特点如下：

- ➢ 读或写 Intel Hex 格式文件；
- ➢ 读芯片信息；
- ➢ 清除、填充和编辑程序缓冲区；
- ➢ 有程序缓冲区校验；
- ➢ 再次装入当前 HEX 文件；
- ➢ 显示数据校验和；
- ➢ 编程选择 Lock Bits & ISP fuse；
- ➢ 并口连接 LPT1、LPT2 或 LPT3。

编程器在 Win9X 下无须驱动，在 WinNT/Win2K/WinXP 下需要安装 I/O 端口驱动程序，具体方法可参考驱动程序包中的 readme 文件，这里不再详细介绍。

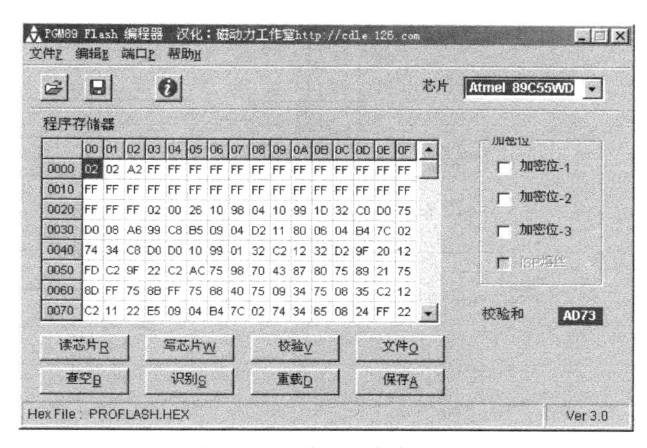

图 9.2.7 编程器软件界面

PGM89 V3 软件使用非常简单，和一般的编程器软件差别不大。当鼠标在按钮上停留时，会显示相应的功能说明。下面以烧写最常用的 89C51 为例说明其使用方法。假设要写入的文件是“proflash.hex”。首先连接编程器主板到计算机并口，然后连接电源。编程器绿色指示灯亮，将 89C51 插入 ZIF 插座，锁紧手柄。之后启动编程器软件，用鼠标单击右边的“芯片”下拉框，选择好芯片类型，这里选“89C51”。在“文件”菜单中选择“打开 Hex 文件”，找到“proflash.hex”文件，单击“打开”按钮。窗口中显示文件内容，右下角显示校验和。单击“写芯片”按钮，编程器红色指示灯亮，烧写完毕，红色指示灯熄灭，写入之前会自动擦除芯片内容，写入完毕会自动校验。如果需要加密，可以选择加密级别。其他芯片烧写过程与此类似，像 20 脚的 89C2051 需要一个简单的适配器。

为了确保安全地插拔编程器 ZIF 插座上的单片机，当红色 LED D_1 熄灭时，才能在 ZIF 插座插拔单片机。还要注意该软件没有提供擦除命令，因为这个功能在编程前预先自动执行。如果需要先擦除单片机可以用“编辑”菜单的“清除缓冲区”命令，然后编程这个单片机，这将擦除单片机中的数据。

9.3 实例 95：利用 51 单片机实现彩灯控制

为掌握和熟悉 AT89S52 四个 I/O 口的应用及对 I/O 一般的控制方法，了解 4094 芯片的 8 位串行输入转为 8 位并行输出的工作方式，利用 AT89S52 四个 I/O 口实现 40 个 LED 控制和用 $P_{3.1}$、$P_{3.2}$、$P_{1.0}$及 4094 实现串口控制 8 个彩灯。通过完成这一包括电路设计和程序开发的完整过程，了解开发一套单片机应用系统的全过程，为今后的设计打下基础。

9.3.1 硬件分析

AT89S52 共有 4 个 I/O 口，只能控制 32 个彩灯，为达到控制 48 个 LED 的目的，在实现过程中将要控制的彩灯分为 4 圈，电路板制成圆形，中点放置一个彩灯由 $P_{0.0}$控制。第一圈由 8 个彩灯组成，由 P_0口控制；第二圈由 8 个彩灯组成，由 P_1口控制；第三圈由 16 个彩灯组成，其中 8 个彩灯由 P_2口控制，另外 8 个彩灯由 $P_{3.0}$、$P_{3.1}$和 $P_{1.0}$控制的 4094 芯片组成的电路控制，这两组彩灯交错排列，分别由两个程序控制，各不影响；第四圈由 16 个彩灯组成，由 P_3口控制，每个口控制两个彩灯。电路原理如图 9.3.1 和图 9.3.2 所示。

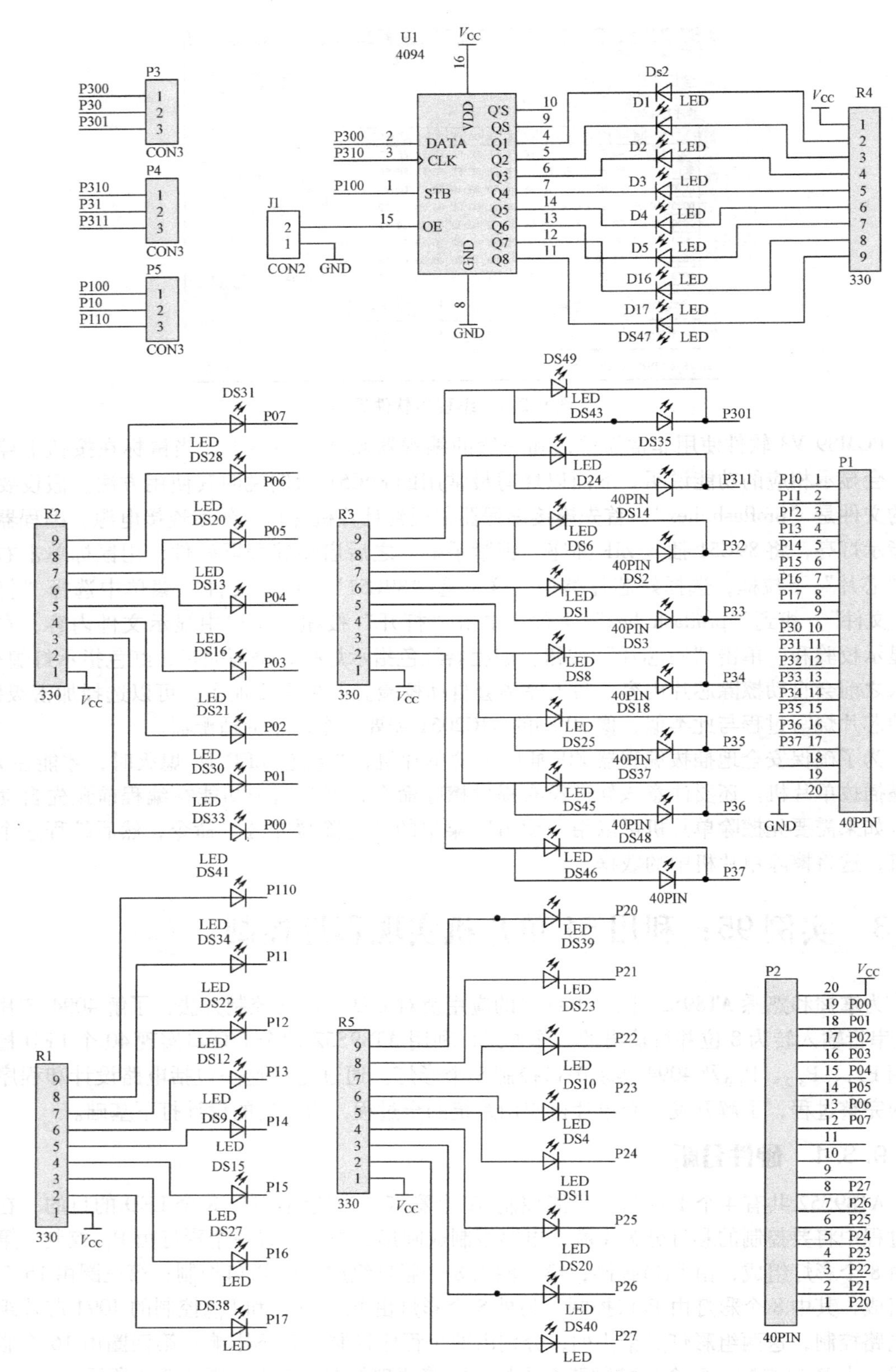

图 9.3.1　51 单片机串并口控制彩灯连接原理图

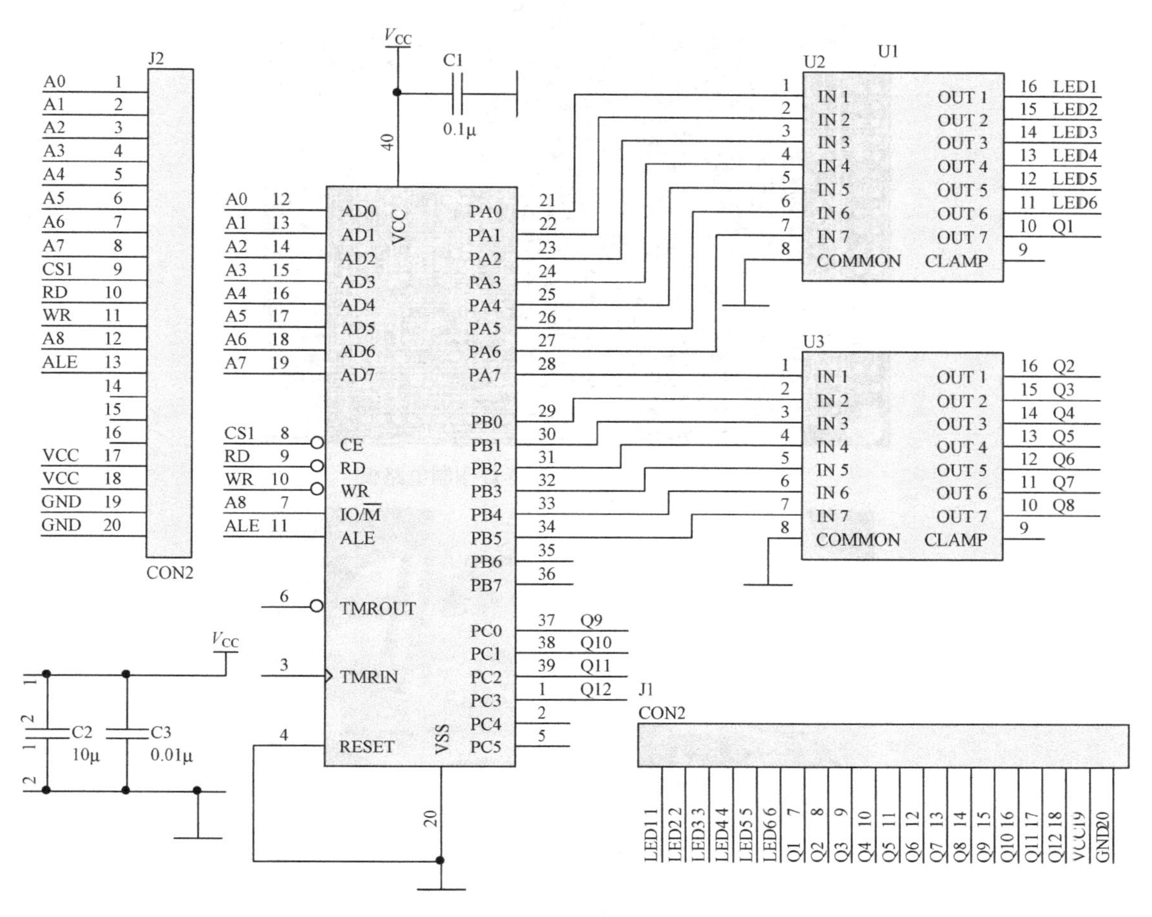

图 9.3.2　51 单片机最小系统原理图

在并口控制彩灯的实现中，由于芯片 AT89S52 的供电能力有限，所以在单片机控制的彩灯处各加入上拉电阻，以防供能不足而导致的电路设计缺陷。

在串口控制彩灯的实现中，$P_{3.0}$为数据输入口，$P_{3.1}$为时钟输入口，驱动 $P_{3.0}$口的数据到 4094 芯片。4094 为串口数据输入转换为 8 位并口数据输出。$P_{1.0}$为 4094 串口输入转变为数据输出的使能控制，当 $P_{1.0}$为高电平时 4094 串口输入变为并口输出，$P_{1.0}$为低电平时 4094 输出的数据不变。同样，4094 控制的彩灯也各加入上拉电阻。

由于 AT89S52 四个 I/O 每个串口都有对彩灯的控制，同时 $P_{3.0}$、$P_{3.1}$、$P_{1.0}$又对串口 8 个彩灯进行控制，$P_{3.0}$、$P_{3.1}$、$P_{1.0}$在实现功能控制中有冲突，所以在这次彩灯设计中采用个跳线功能（相当于一个二路开关功能）。当开关打到一端时 $P_{3.0}$、$P_{3.1}$、$P_{1.0}$控制并口彩灯，而当开关打到另一端时 $P_{3.0}$、$P_{3.1}$、$P_{1.0}$控制串口彩灯，所以实现过程中采取的是两个主程序以实现其功能。

图 9.3.3 和图 9.3.4 为该系统印制电路板和实物图。

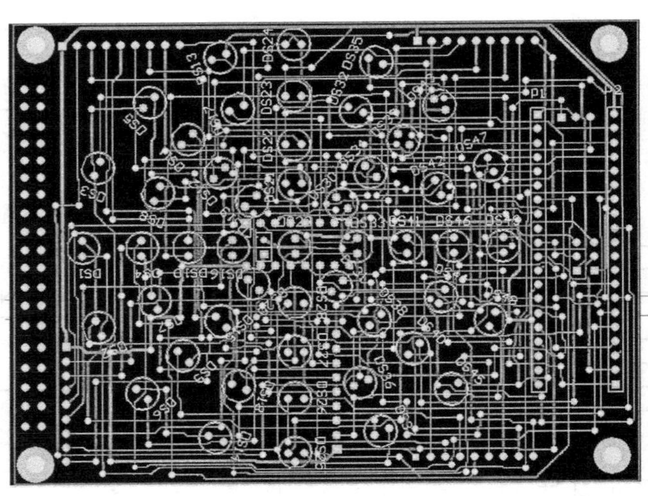

图 9.3.3　51 单片机控制彩灯印制电路板

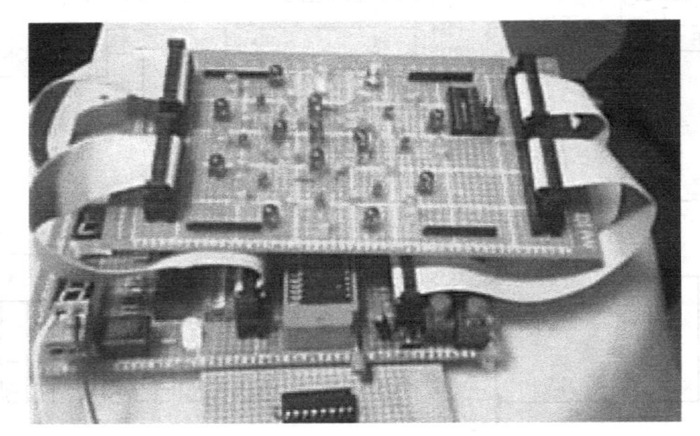

图 9.3.4　51 单片机控制彩灯实物图

9.3.2　程序清单

彩灯并口程序如下。

```
//********************包含的头文件**************
#include <reg52.h>
#include <intrins.h>
//******************变量定义*****************
#define DELAY_TIME 550
unsigned char change,change1,change2;
unsigned char i,j;
sbit P10 = P1^0;
sbit P32 = P3^2;
sbit P33 = P3^3;
sbit P34 = P3^4;
sbit P35 = P3^5;
sbit P36 = P3^6;
//*********************函数声明****************
void de_lay(void);
```

```
void lig_rotate1(void);
void lig_rotate0(void);
void lig_circle(void);
void lig_jump(void);
void lig_circle_light(void);
void lig_all_put_out(void);
void Delay_us(int time);
void Delay_ms(int time);
//****************** 主程序开始 *******************
void main()
{
  while(1)
  {
       lig_all_put_out();              //熄灭所有的小灯
       Delay_ms(200);                  //延时约 200ms
       lig_rotate0();                  //小灯闪烁效果
       lig_rotate1();
       for(j=0;j<5;j++)
           lig_circle();
       for(j=0;j<4;j++)
           lig_jump();
       for(j=0;j<4;j++)
       {
           lig_circle_light();
           lig_all_put_out();
       }
  }
}
//********** 使彩灯由 P1.1～P3.7 依次点亮 ************************
void lig_rotate0(void)
{
  change=0xff;
  for(i=0;i<=7;i++)
  {
       change>>=1;
       P0=change;
       Delay_ms(DELAY_TIME);
  }
  change=0xff;
  for(i=0;i<=7;i++)
  {
       change>>=1;
       P1=change;
       Delay_ms(DELAY_TIME);
  }
```

```
    change = 0xff;
    for(i = 0;i <= 7;i ++ )
    {
        change >>= 1;
        P2 = change;
        Delay_ms(DELAY_TIME);
    }
    change = 0xff;
    for(i = 0;i <= 7;i ++ )
    {
        change >>= 1;
        P3 = change;
        Delay_ms(DELAY_TIME);
    }
}
//********************** 使彩灯由 P1.7～P3.1 依次熄灭 ************
void lig_rotate1(void)
{
    change = 0x00;
    for(i = 0;i <= 7;i ++ )
    {
        change >>= 1;
        change += 0x80;
        P3 = change;
        Delay_ms(DELAY_TIME);
    }
    change = 0x00;
    for(i = 0;i <= 7;i ++ )
    {
        change >>= 1;
        change += 0x80;
        P2 = change;
        Delay_ms(DELAY_TIME);
    }
    change = 0x00;
    for(i = 0;i <= 7;i ++ )
    {
        change >>= 1;
        change += 0x80;
        P1 = change;
        Delay_ms(DELAY_TIME);
    }
    change = 0x00;
    for(i = 0;i <= 7;i ++ )
    {
        change >>= 1;
        change += 0x80;
        P0 = change;
        Delay_ms(DELAY_TIME);
```

```
    }
}
//************************使所有的灯从内圈至外圈点亮**************
void lig_circle(void)
{
   change1 = 0xaa;
   change2 = 0x55;
   P0 = 0x00;
   Delay_ms(DELAY_TIME);
   P0 = 0xff;
   P1 = 0x00;
   Delay_ms(DELAY_TIME);
   P1 = 0xff;
   P2 = 0x00;
   Delay_ms(DELAY_TIME);
   P2 = 0xff;
   P3 = 0x00;
   Delay_ms(DELAY_TIME);
   P3 = 0xff;
}
//************************彩灯间隔点亮*************************
void lig_jump(void)
{
   P1 = P3 = 0xaa;
   P2 = P0 = 0x55;
   Delay_ms(900);
   P1 = P3 = 0x55;
   P2 = P0 = 0xaa;
   Delay_ms(900);
}
//************************内圈亮至外圈*************************
void lig_circle_light(void)
{
     P0 = 0x00;
  Delay_ms(DELAY_TIME);
  P1 = 0x00;
  Delay_ms(DELAY_TIME);
  P2 = 0x00;
  Delay_ms(DELAY_TIME);
  P3 = 0x00;
  Delay_ms(DELAY_TIME);
}
//************************熄灭所有的灯*************************
void lig_all_put_out(void)
{
```

```
    P1 = P2 = P3 = P0 = 0xff;
}
//************************** μs 时间延时 **************************
void Delay_us(int time)
{
    while(time--) _nop_();
}
//************************** ms 时间延时 **************************
void Delay_ms(int time)
{
    while(time--) Delay_us(30);
}
```

彩灯串口程序如下。

```
//************************ 包含的头文件 ******************
#include <reg52.h>
#include <intrins.h>
//************************ 宏定义 *************************
#define uchar unsigned char
#define DELAY_TIME 600
//************************ 函数声明 **********************
void Effect1(void);              //小灯渐亮
void Effect2(void);              //小灯渐灭
void Effect3(uchar n);           //小灯间隔亮与灭
void Effect4(void);              //小灯混合效果
void lig_put_out(void);          //熄灭所有的灯
void Init_Programme(void);       //程序的初始化
void Delay_us(int time);         //延时 μs
void Delay_ms(int time);         //延时 ms
//************************ 变量声明 **********************
uchar change,change1,change2;
sbit P10 = P1^0;
uchar i,j;
//************************ 主函数 ***********************
void main()
{
    Init_Programme();            //初始化
    while(1)                     //实现彩灯闪烁效果
    {
    Effect1();
    Effect2();
    Effect3(5);
    Effect4();
    }
}
//************************** 小灯渐亮 ******************
void Effect1(void)
{
```

```
    change = 0xff;
    for(i = 0;i <= 7;i ++ )
    {
        change <<= 1;
        SBUF = change;
        TI = 0;
        while( ! TI);
        P10 = 1;
        P10 = 0;
        Delay_ms(DELAY_TIME);
    }
    lig_put_out();
}
//************************小灯渐灭********************
void Effect2(void)
{
    change = 0x00;
    for(i = 0;i <= 7;i ++ )
    {
        change >>= 1;
        change += 0x80;
        SBUF = change;
        TI = 0;
        while( ! TI);
        P10 = 1;
        P10 = 0;
        Delay_ms(DELAY_TIME);
    }
    lig_put_out();
}
//************************小灯间隔亮与灭*****************
void Effect3(uchar n)
{
    change = 0x55;
    change1 = 0xaa;
    for(i = 0;i < n;i ++ )
    {
            SBUF = change;
            TI = 0;
            while( ! TI);
            P10 = 1;
            P10 = 0;
            Delay_ms(DELAY_TIME);
            SBUF = change1;
```

```
            TI = 0;
            while(!TI);
            P10 = 1;
            P10 = 0;
            Delay_ms(DELAY_TIME);
    }
    lig_put_out();
}
//************************小灯的混合效果******************
void Effect4(void)
{
    int time = 1000;
    change = change1 = change2 = 0xfe;
    for(i = 0;i <= 55;i ++)
    {
            SBUF = change;
            TI = 0;
            while(!TI);
            P10 = 1;
            P10 = 0;
            change1 <<= 1;
            change2 >>= 7;
            change = change1 | change2;
            change1 = change2 = change;
            time -= 15;
            Delay_ms(time);
    }
    change = 0xfe;
    change1 = 0xff;
    for(i = 0;i <= 7;i ++)
    {
            for(j = 0;j < 5;j ++)
            {
                    SBUF = change;
                    TI = 0;
                    while(!TI);
                    P10 = 1;
                    P10 = 0;
                    Delay_ms(400);
                    SBUF = change1;
                    TI = 0;
                    while(!TI);
                    P10 = 1;
                    P10 = 0;
                    Delay_ms(400);
            }
            change <<= 1;
    }
    Effect3(5);
}
```

```
//************************** 程序的初始化 **************************
void Init_Programme(void)
{
  SCON = 0x00;
  ES = 0;
  P10 = 0;
  SBUF = 0xff;
  TI = 0;
  while(!TI);
  P10 = 1;
  P10 = 0;
}
//************************** 熄灭所有的灯 **************************
void lig_put_out(void)
{
    SBUF = 0xff;
    TI = 0;
    while(!TI);
    P10 = 1;
    P10 = 0;
}
//************************** μs 时间延时 **************************
void Delay_us(int time)
{
    while(time--) _nop_();
}
//************************** ms 时间延时 **************************
void Delay_ms(int time)
{
    while(time--) Delay_us(30);
}
```

9.4 实例 96：遥控定时开关

本节介绍一款由单片机 AT89C51 编程实现的遥控开关，这款遥控开关主要用于控制家用电器，它具有遥控开启和关闭多种家用电器并有显示状态的功能。现以控制家用电器中的电风扇为例，介绍遥控开关的制作过程和工作原理。

9.4.1 设计要求

设计制作一个家用电器的遥控开关，有关技术指标和要求如下。

（1）能遥控开、关家用小电器，如电风扇、电视机、饮水机等。

（2）能显示遥控状态，如控制风扇时能显示风速的挡位。

（3）能够设定电器开启时间的长短，如将风扇开启的时间设为 30min，30min 到后立即切断风扇电源。

9.4.2 系统硬件设计

本系统采用单片机 AT89C51 作为设计的核心元件，利用红外线遥控发射、接收的工作原理及单片机外部中断的原理制作一款遥控开关，系统组成框图如图 9.4.1 所示。

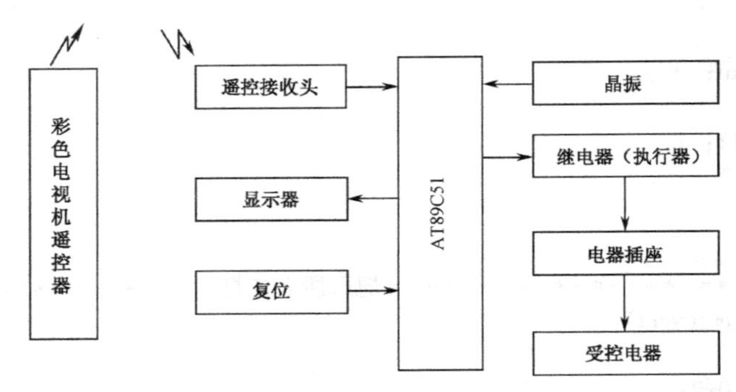

图 9.4.1 遥控定时开关系统组成框图

遥控开关是在通用红外遥控系统的基础上加以改进实现的，其实质就是将红外遥控接收部分采用单片机 AT89C51 来控制。即当一体化红外接收器接收到红外遥控信号后，将光信号转变成电信号，经放大、解调、滤波后，将原编码信号送入单片机 AT89C51 中进行信号识别、解码，然后进行相应的处理，达到控制电器的目的。

红外遥控开关的电路原理如图 9.4.2 所示。

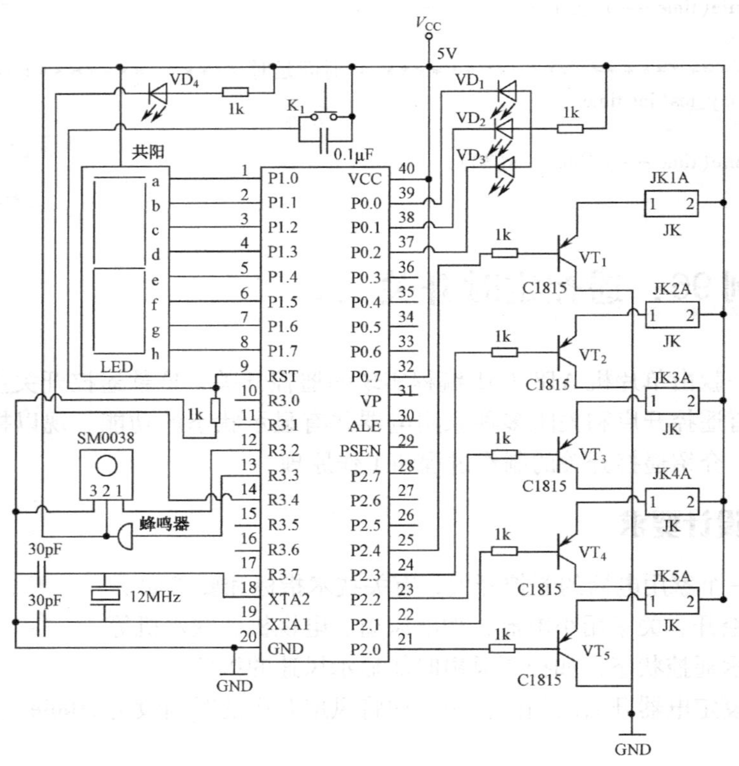

图 9.4.2 遥控定时开关电路原理图

9.4.3 红外线遥控发射器

红外线遥控发射器包含键盘、指令编码器和红外发光二极管 LED 等部分。当按下键盘的不同按键时，通过编码器产生与之相应的特定的二进制脉冲码信号。将此二进制脉冲码信号先调制在 38kHz 的载波上，经过放大后，激发红外发光二极管 LED 转变成以波长 940nm 的红外光传播出去。现以普通彩色电视机遥控器（采用 M50462AP 芯片）为例来说明其遥控发射过程，图 9.4.3 所示为彩色电视机遥控发射器电路图。

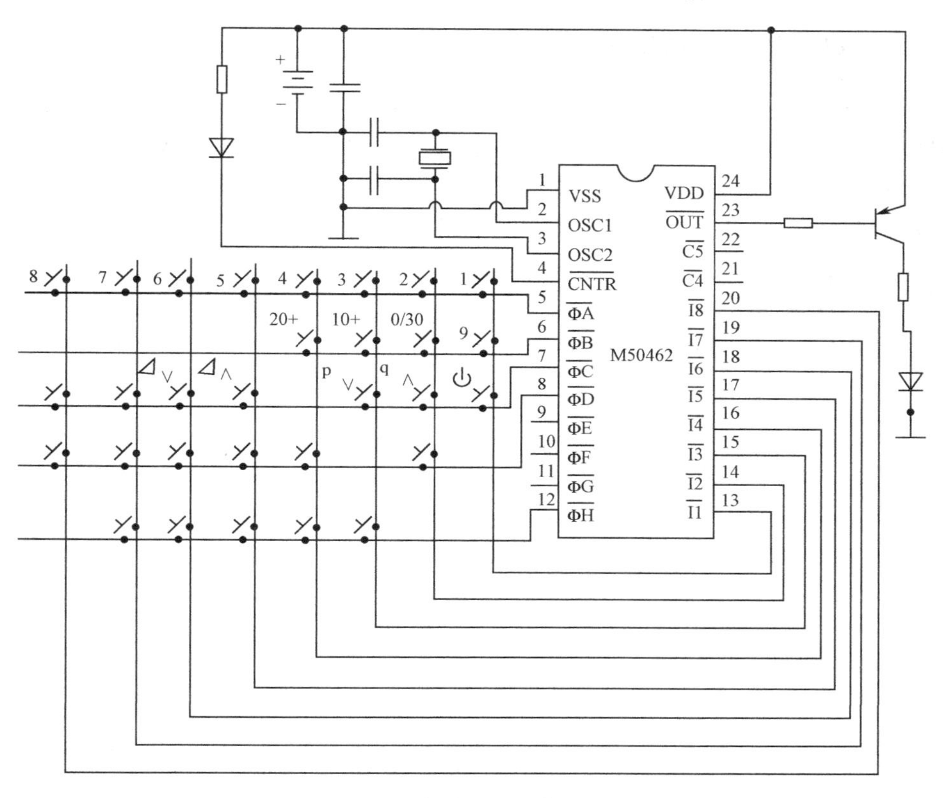

图 9.4.3 红外线遥控发射器原理图

M50462AP 内部振荡电路与 2、3 脚外接的陶瓷谐振器或 LC 网络电路组成振荡器，产生频率为 455kHz 的振荡信号，由时钟电路进行 12 分频得到 38kHz 的载波信号。一路送至定时信号发生器，以形成时钟脉冲，使整个系统按照统一的时序进行工作；另一路送至码元调制器控制指令的载波。控制指令码对 38kHz 载波进行脉冲幅度调制以降低平均发射功率，经脉冲调幅后的指令码被送至红外激励管 VT 基极。5、6、7、8 和 12 脚为键位扫描信号输出线，与 13 ～ 20 脚键位扫描信号输入线组成键盘矩阵，以产生各种键功能信号。

工作时，5、6、7、8 和 12 脚输出时序不同的键扫描脉冲，经过键盘矩阵适当选通后会送到 13 ～ 20 脚。M50462AP 则根据 13 ～ 20 脚接收到的不同的键选信号进行编码和码值变换，得到遥控指令的功能码，结合 21、22 脚输入的用户码转换信号，产生 16 位的数据码。这些数据码经脉冲调制器进行调制处理后，产生 38kHz 的调制载波脉冲信号，再经缓冲器由 23 脚输出。

M50462AP的23脚外接元件组成红外线驱动放大发射电路，它主要是由驱动管和红外发射二极管组成的。当23脚有指令码信号输出时，该信号经驱动管VT放大后，加至红外发射二极管VD_1上，遥控指令则以红外线的形式发射出去。

由遥控发射器发射出的16位二进制遥控指令是由前8位的用户码和后8位的数据（功能）码组成的。用户码是一种固定的特殊代码，用于表示不同产品之间遥控信号的区别，以免接收机在接收遥控指令过程中发生误动作。而数据（功能）码则是不同遥控功能的代码，不同的数据表示不同的遥控功能。16位遥控指令码均采用脉冲位置调制方式编码。

9.4.4 红外线遥控接收器

遥控接收器由红外线接收器、微处理器、接口电路（控制电路）等部分组成。光电二极管将接收的红外线信号转变成电信号，经检波放大，滤除38kHz的载波信号，恢复原来的指令脉冲，然后送入微处理器进行识别解码，解译出遥控信号的内容，并根据控制功能输出相应的控制信号，送往接口电路（控制电路）做相应的处理。

9.4.5 软件设计

红外遥控定时开关的软件流程如图9.4.4所示。

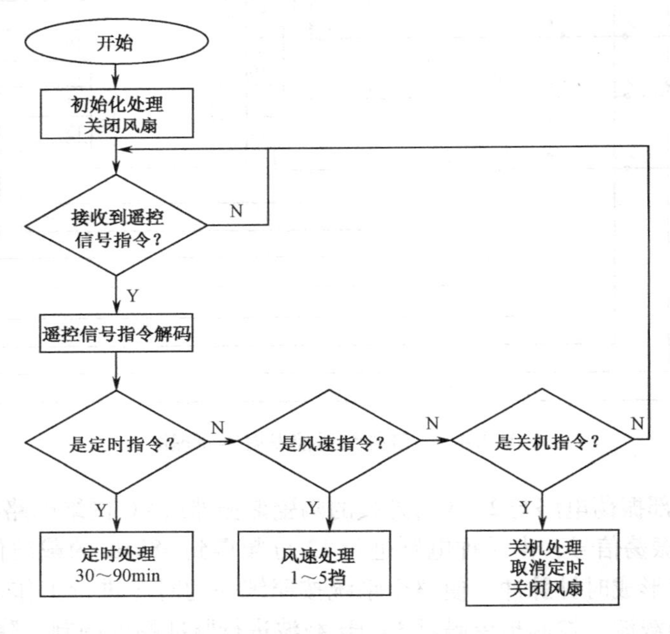

图9.4.4 红外遥控定时开关的软件流程

软件源程序清单如下。

```
ORG 0000H
LJMP KKP
ORG 0003H
LJMPLOOP
```

```
KKP:    MOV P2,#0FFH
        SETB EA
        SETB EX0
        SETB IT0
        MOV 50H,#00H
        MOV 51H,#00H
        MOV R1,#0aH
RP:     CPI P3.5
        LCALL D3S
        DJNZ R1,RP
        CLR P3.5
LP2:    MOV A,50H
        CJNE A,#00H,LP
        SJMP JP2
RP2:    MOV R1,#08H
RP1:    CLR P3.3
        CLR P3.5
        LCALL D3S
        SETB P3.3
        SETB P3.5
        LCALL D3S
        LCALL D3S
        DJNZ R1,RP1
        MOV P2,#0FFH
        MOV 50H,#00H
        MOV P1,#0FFH
        MOV P0,#0FFH
        CLR P.5
        SJMP lP2
LOOP:   CLR EX0
        MOV R0,#30H
        MOV R3,#00H
        LCALL IRIN
        SETB EX0
        RETI
IRIN:   JNB P3.2,ILL2
        RET
ILL2:   JB P3.2,IRIN
        LCALL DEL
        JB P3.2,IRIN
ILL:    JB P3.2,L5
        SJMPILL
l5:     MOV R2,#00H
L1:     lCALL DEL
        JNB P3.2,L3
        INC R2
```

第9章

```
        CJNE R2,#1DH,L1
        RET
L3:     MOV A,#13
        CLR C
        SUBB A,R2
        MOV A,@R0
        RRC A
        MOV @R0,A
        INC R3
        CJNE R3,#8,ILL
        MOV R3,#00H
        INC RO
ILL1:   JB P3.2,I51
        SJMP ILL1
I51:    MOV R2,#00H
L11:    LCALLDEL
        JNB P3.2,L31
        INC R2
        CJNE R2,#1DH,L11
KP:     RET
L31:    MOV A,#13
        CLR C
        SUBB A,R2
        MOV A,@R0
        RRC A
        MOV @RO,A
        INC R3
        CJNE R3,#8,ILL1
        MOV A,30H
        CJNE A,#47H,KP
        CLR P3.3
        LCALL D3S
        SETB P3.3
        MOV A.31H
        CJNE A,#00H,KP1
        MOV P2,#0FEH
        MOV P1,#0F9H
        SETB P3.5
        LCALL D3S
        RET
KP1:    CJNE A,#08H,KP2
        MOV P2,#0FDH
        MOV P1,#0A4H
        SETB P3.5
        LCALL D3S
        RET
```

```
KP2:    CJNE A,#10H,KP3
        MOV P2,#0FBH
        MOV P1,#0B0H
        SETB P3.5
        lCALL D3S
        RET
KP3:    CJNE A,#18H,KP4
        MOV P2,#0f7H
        MOV P1,#99H
        SETB P3.5
        LCALL D3S
        RET
KP4:    CJNE A,#20H,KP5
        MOV P2,#0EFH
        MOV P1,#92H
        SETB P3.5
        lCALL D3S
        RET
KP5:    CJNE A,#22H,KP6
        MOV A,51H
        CJNE A,#01H,OP6
        MOV P0,#0FDH
        MOV 50H,#30
        MOV 51H,#02H
        lCALL D3S
        RET
OP6:    JC OP7
        CJNE A,#02H,OP8
        MOV P0,&0FBH
        MOV 50H,#45
        MOV 51H,#03H
        lCALL D3S
        RET
OP7:    MOV P0,#0FEH
        MOV 50H,#15
        MOV 51H,#01H
        lCALL D3S
        RET
OP8:    CJNE A,#03H,OP9
        MOV P0,#0FAH
        MOV 50H,#60
        MOV 51H,#04H
        lCALL D3S
        RET
OP9:    CJNE A,#04H,OP10
        MOV P0,#0f8H
```

```
          MOV 50H,#90
          MOV 51H,#05H
          lCALL D3S
          RET
OP10:     MOV P0,#0FFH
          MOV 50H,#01H
          MOV 51H,#00H
          lCALL D3S
          RET
KP6:      CJNE A,#02H,KP8
          MOV P1,#0FFH
          MOV P2,#0FFH
          CLR P3.5
          MOV P0,#0FFH
          MOV 50H,#01H
          MOV 51H,#00H
          lCALL D3S
          RET
KP8:      RET
DEL:      MOV R5,#01H
DELAY1:   MOV R6,#02H
E1:       MOV R7,#11H
E2:       DJNZ R7,E2
          DJNZ R6,E1
          DJNZ R5,DELAT1
          RET
D3S:      MOV R4,#01H
TP14:     MOV R6,#0FFH
TP12:     MOV R5,#0FFH
TP11:     NOP
          NOP
          DJNZ R5,TP11
          DJNZ R6,TP12
          DJNZ R4,TP14
          RET
D60S:     MOV R4,#0C0H
QP3:      MOV R6,#0ECH
QP2:      MOV R5,#0FDH
QP1:      NOP
          NOP
          NOP
          DJNZ R5,QP1
          DJNZ R6,QP2
          DJNZ R4,QP3
          RET
```

9.5 实例97：摇摆LED时钟 

目前的市场上正在流行一种时尚商品——摇摆LED时钟，非常新颖独特，其实质就是一个流水灯，本节详细介绍单片机控制的摇摆LED时钟制作。

9.5.1 整体方案

本制作是根据视觉暂留原理，让一排8只LED作往复运动，在空中呈现8个字符的显示屏，可显示数字或英文字符。开机后先显示“Welcome!”欢迎字符，如图9.5.1所示，然后进入时钟显示状态。显示屏同时显示“时”、“分”、“秒”信息，用“:”分隔，如图9.5.2所示。

图9.5.1 开机画面

图9.5.2 运行状态

显示分“正常运行”、“调分”和“调时”三种状态。当处于调整状态时，调整的项会闪现，以便识别。为此，设置三个调整按键，一个为“状态键”，一个为“加法键”，一个为“减法键”，如图9.5.3所示。

摇棒的动力部分采用从废旧硬盘上拆下的音圈电机，如图9.5.4所示，驱动采用直流电动机驱动方式。

结构方面，将音圈电机直接安装在万用板上，在万用板的四周用4根螺柱与一块透明有机板结合成一体，构成支撑摇棒底座，如图9.5.5和图9.5.6所示。

图9.5.3 按键的设置

图9.5.4 音圈电机组件

图 9.5.5　万用板与有机板构成底座

图 9.5.6　底座侧面

9.5.2　制作要点

主控制板结构布局如图 9.5.7 所示。

如图 9.5.8 所示，将 LED 两脚跨接在电路板两端进行焊接，使 LED 紧密排列在一起。

图 9.5.7　主控制板结构布局

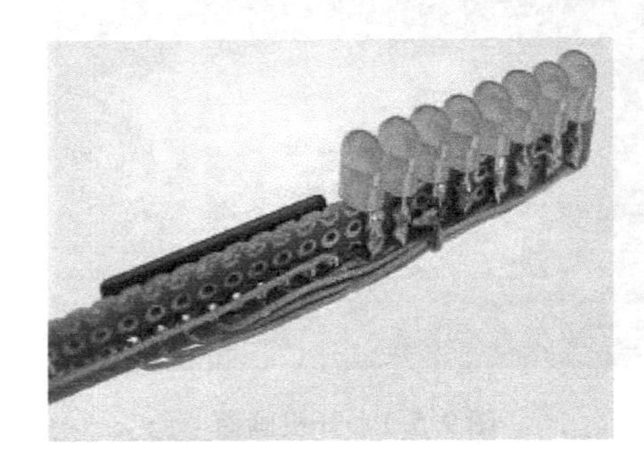

图 9.5.8　摇棒上的 LED

摇棒上的 LED 与主板上的信号用柔性排线连接，音圈电机供电占 2 位，LED 信号传输占 9 位，所以至少需要 11 位的排线，如图 9.5.9 所示。

为保持摇棒的平衡，在摇棒接近旋转轴的两端加装两只拉簧，这两只拉簧的规格尽量保持一致，弹性强弱要适中，最好多找几种规格的试试，如图 9.5.9 和图 9.5.10 所示。

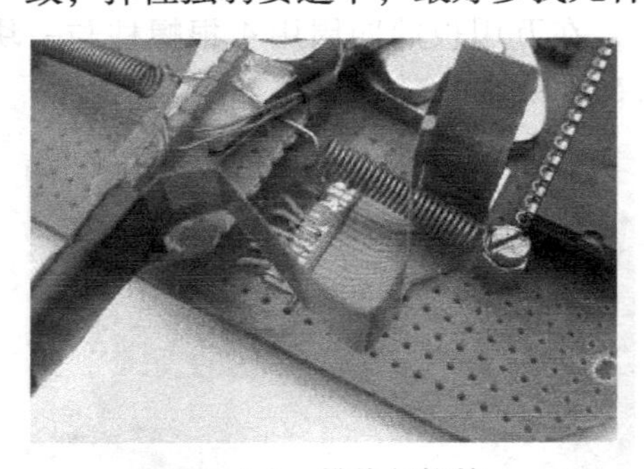

图 9.5.9　排线与拉簧

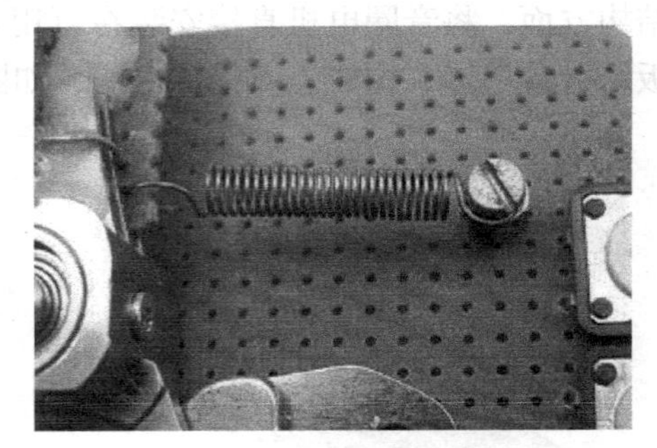

图 9.5.10　拉簧

采用驱动直流电动机正、反转的方式，驱动音圈电机来回摆动。让电机正、反转的方法很多，最典型的是 H 桥电路驱动，H 桥电路原理如图 9.5.11 所示，常见的是用三极管代替图中的开关。

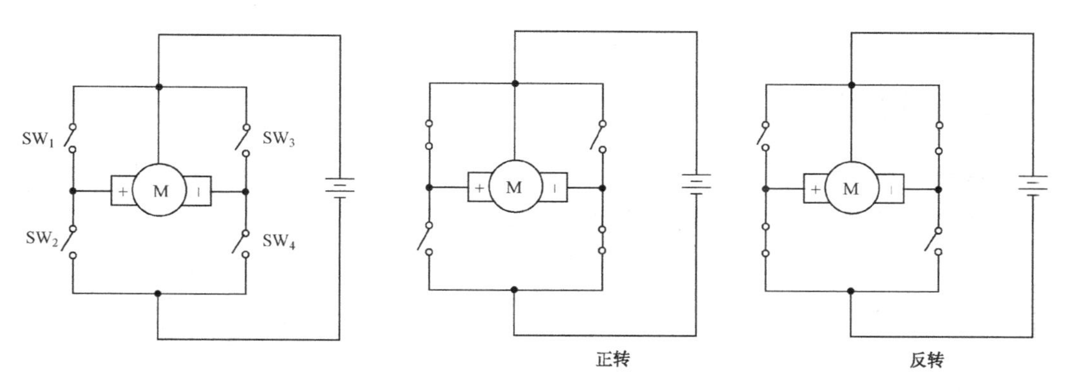

图 9.5.11　H 桥电路驱动原理

为了简化电路，最好采用 H 桥功能的集成电路。这种 IC 很多，如 TA7257、TA8429H、L6203 等，本节选用三菱公司的 M54544AL，如图 9.5.12 所示，其各引脚定义如图 9.5.13 所示。

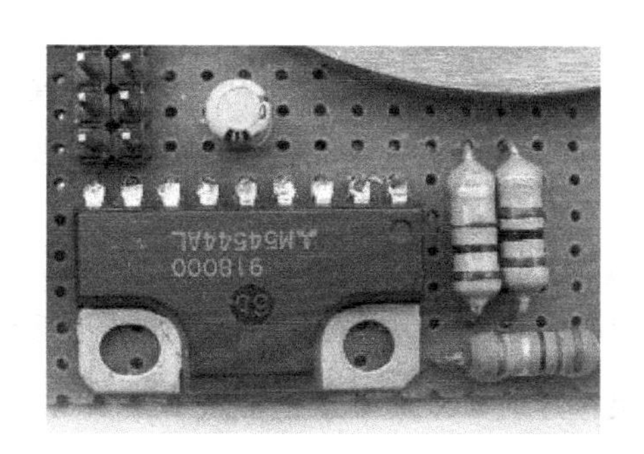

图 9.5.12　电机驱动 IC M54544AL

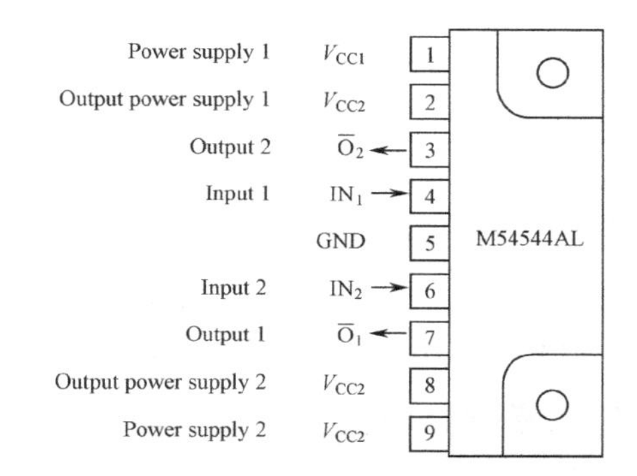

图 9.5.13　M54544AL 引脚定义

摇摆 LED 时钟电路原理图如图 9.5.14 所示。

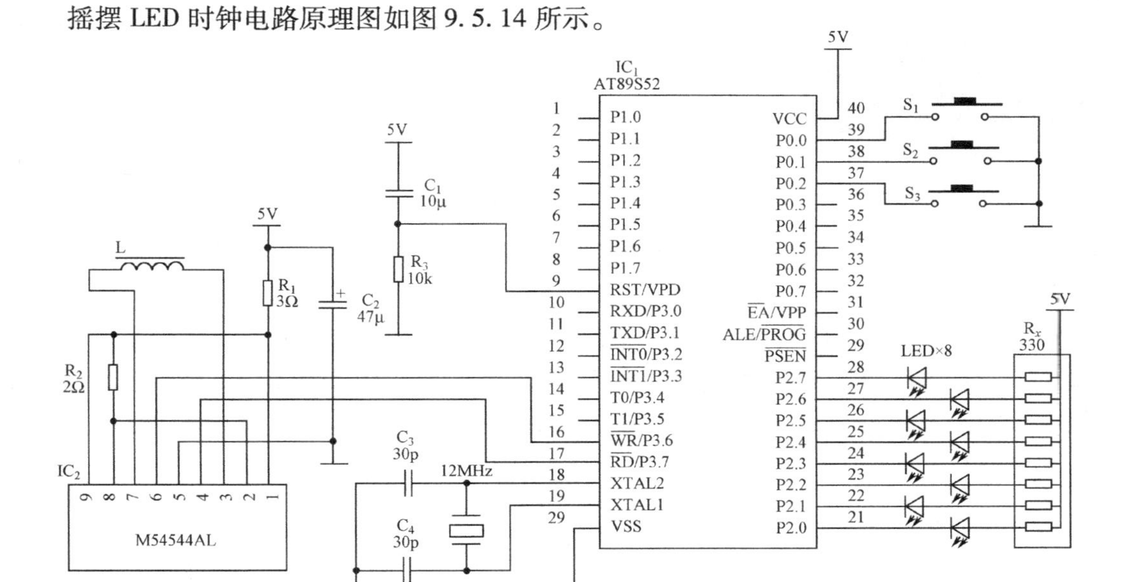

图 9.5.14　摇摆 LED 时钟电路原理图

摇摆LED时钟制作完成图如图9.5.15所示。

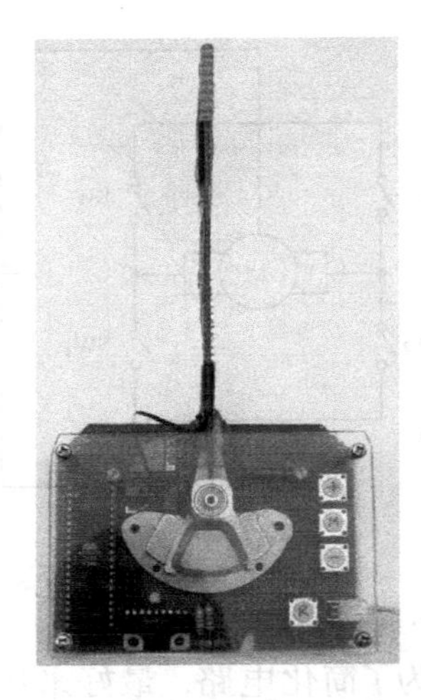

图9.5.15　摇摆LED时钟制作完成图

9.5.3　软件设计

1）摇棒的启动

为了使摇棒从静止状态过渡到正常运行状态，在正式显示前加一个启动程序。其实质就是逐渐加快驱动的频率，一直到摇棒正常摆动为止，具体通过下面的代码实现。

```
do {
mm ++ ;
Delay(120 + mm);
put1 =~put1 ; put2 =~put2;
} while(mm <60);
Delay(20);          //根据实际情况确定延时值
```

2）秒闪现的实现

数字或字符的闪现是通过变量Ms和数组w[ ]实现的，如需要8位字符中的第4位闪现，则w[3]=1。这是通过全局变量Ms在void timer0（void）函数中每隔一秒改变一次状态（0或1），打开或关闭显示。

```
if(Ms * w[ii -3] ==1) P2 =0xff; else P2 =~ASCIIDOC[v[ii] *6 +jj];              //正向显示
if(Ms * w[10 - ii] ==1) P2 =0xff; else P2 =~ASCIIDOC[v[13 - ii] *6 +5 - jj];   //反向显示
```

图9.5.16　调整前的显示

3）调整显示效果

调试中发现，显示屏上的字符并不是一样宽的，如图9.5.16所示。仔细分析是由于摇棒在运动中一直受力，而且所受的力是随时变化的。为方便精确调整显示，特别制作了一个显示中断表Tr[ ]，改变显示LED的时间段，协调显示效果。

4）按键去抖程序

按键的去抖采用软件编程实现，其方法是当检测到按键的接口出现低电平后，隔一段时间再检测，若还是低电平，则认为有效，否则无效。具体的程序是通过函数unsigned char ChKey（bit Key）完成的。

5）显示同步

由于没有位置传感器，显示同步完全靠时钟中断来确定。这样就有一个问题：音圈电机的驱动信号在什么时刻改变显示才能保持在中间，并能保证正反显示能很好地重合？经实际观察，音圈电机的驱动信号在显示中部，要根据具体情况细调，由程序中的变量Ta调试确定。

完整的C51程序代码如下。

```
#include <reg52. h>
/ * 硬件端口定义 * /
sbit set0 = P0^1;
sbit set1 = P0^0;
```

```
sbit set2 = P0^2;
sbit put1 = P3^6;
sbit put2 = P3^7;
/*时钟用数组*/
unsigned char BUFFER[] = {0,0,0,0};
unsigned char maxnum[] = {59,23};
/*显示数组*/
unsigned int v[14];
unsigned int w[8];
/*显示中断表*/
int code Tr[] = {
2000,2000,2000,2000,2000,2000,
2000,2000,2000,2000,2000,2000,
2000,2000,2000,2000,2000,2000,
2550,2500,2450,2400,2350,2300,
2250,2200,2150,2100,2050,2000,
1950,1900,1850,1800,1750,1700,
1650,1600,1550,1500,1450,1400,
1400,1450,1500,1550,1600,1650,
1700,1750,1800,1850,1900,1950,
2000,2050,2100,2150,2200,2250,
2300,2350,2400,2450,2500,2550,
2000,2000,2000,2000,2000,2000,
2000,2000,2000,2000,2000,2000,
2000,2000,2000,2000,2000,2000,
};
/*字符字模*/
unsigned char code ASCIIDOC[] = //ASCII
{
0x7C,0x8A,0x92,0xA2,0x7C,0x00, // -0-00
0x00,0x42,0xFE,0x02,0x00,0x00, // -1-01
0x46,0x8A,0x92,0x92,0x62,0x00, // -2-02
0x84,0x82,0x92,0xB2,0xCC,0x00, // -3-03
0x18,0x28,0x48,0xFE,0x08,0x00, // -4-04
0xE4,0xA2,0xA2,0xA2,0x9C,0x00, // -5-05
0x3C,0x52,0x92,0x92,0x8C,0x00, // -6-06
0x80,0x8E,0x90,0xA0,0xC0,0x00, // -7-07
0x6C,0x92,0x92,0x92,0x6C,0x00, // -8-08
0x62,0x92,0x92,0x94,0x78,0x00, // -9-09
0x00,0x00,0x00,0x00,0x00,0x00, // --10
0x00,0x00,0xFA,0x00,0x00,0x00, // -!-11
0x04,0x08,0x10,0x20,0x40,0x00, // -/-12
0x00,0x6C,0x6C,0x00,0x00,0x00, // -:-13
0x3E,0x48,0x88,0x48,0x3E,0x00, // -A-14
```

```
0xFE,0x92,0x92,0x92,0x6C,0x00, // - B - 15
0x7C,0x82,0x82,0x82,0x44,0x00, // - C - 16
0xFE,0x82,0x82,0x82,0x7C,0x00, // - D - 17
0xFE,0x92,0x92,0x92,0x82,0x00, // - E - 18
0xFE,0x90,0x90,0x90,0x80,0x00, // - F - 19
0x7C,0x82,0x8A,0x8A,0x4E,0x00, // - G - 20
0xFE,0x10,0x10,0x10,0xFE,0x00, // - H - 21
0x00,0x82,0xFE,0x82,0x00,0x00, // - I - 22
0x04,0x02,0x82,0xFC,0x80,0x00, // - J - 23
0xFE,0x10,0x28,0x44,0x82,0x00, // - K - 24
0xFE,0x02,0x02,0x02,0x02,0x00, // - L - 25
0xFE,0x40,0x30,0x40,0xFE,0x00, // - M - 26
0xFE,0x20,0x10,0x08,0xFE,0x00, // - N - 27
0x7C,0x82,0x82,0x82,0x7C,0x00, // - O - 28
0xFE,0x90,0x90,0x90,0x60,0x00, // - P - 29
0x7C,0x82,0x8A,0x84,0x7A,0x00, // - Q - 30
0xFE,0x90,0x98,0x94,0x62,0x00, // - R - 31
0x64,0x92,0x92,0x92,0x4C,0x00, // - S - 32
0x80,0x80,0xFE,0x80,0x80,0x00, // - T - 33
0xFC,0x02,0x02,0x02,0xFC,0x00, // - U - 34
0xF8,0x04,0x02,0x04,0xF8,0x00, // - V - 35
0xFE,0x04,0x18,0x04,0xFE,0x00, // - W - 36
0xC6,0x28,0x10,0x28,0xC6,0x00, // - X - 37
0xC0,0x20,0x1E,0x20,0xC0,0x00, // - Y - 38
0x86,0x8A,0x92,0xA2,0xC2,0x00, // - Z - 39
0x24,0x2A,0x2A,0x1C,0x02,0x00, // - a - 40
0xFE,0x14,0x22,0x22,0x1C,0x00, // - b - 41
0x1C,0x22,0x22,0x22,0x10,0x00, // - c - 42
0x1C,0x22,0x22,0x14,0xFE,0x00, // - d - 43
0x1C,0x2A,0x2A,0x2A,0x10,0x00, // - e - 44
0x10,0x7E,0x90,0x90,0x40,0x00, // - f - 45
0x19,0x25,0x25,0x25,0x1E,0x00, // - g - 46
0xFE,0x10,0x20,0x20,0x1E,0x00, // - h - 47
0x00,0x00,0x9E,0x00,0x00,0x00, // - i - 48
0x00,0x01,0x11,0x9E,0x00,0x00, // - j - 49
0xFE,0x08,0x14,0x22,0x02,0x00, // - k - 50
0x00,0x82,0xFE,0x02,0x00,0x00, // - l - 51
0x1E,0x20,0x1E,0x20,0x1E,0x00, // - m - 52
0x20,0x1E,0x20,0x20,0x1E,0x00, // - n - 53
0x1C,0x22,0x22,0x22,0x1C,0x00, // - o - 54
0x3F,0x24,0x24,0x24,0x18,0x00, // - p - 55
0x18,0x24,0x24,0x24,0x3F,0x00, // - q - 56
0x20,0x1E,0x20,0x20,0x10,0x00, // - r - 57
0x12,0x2A,0x2A,0x2A,0x24,0x00, // - s - 58
```

```
0x20,0xFC,0x22,0x22,0x24,0x00, // -t-59
0x3C,0x02,0x02,0x3C,0x02,0x00, // -u-60
0x38,0x04,0x02,0x04,0x38,0x00, // -v-61
0x3C,0x02,0x3C,0x02,0x3C,0x00, // -w-62
0x22,0x14,0x08,0x14,0x22,0x00, // -x-63
0x39,0x05,0x05,0x09,0x3E,0x00, // -y-64
0x22,0x26,0x2A,0x32,0x22,0x00, // -z-65
};
unsigned int Ti;
unsigned char ii,jj,mm, ff ,TZ ,Ms ,Ta;
/*延时程序*/
void Delay(unsigned int msec)
{
unsigned int x,y;
for(x=0; x<=msec;x++)
{
for(y=0;y<=110;y++);
}
}
/*键盘去抖处理函数*/
unsigned char ChKey(bit Key)
{
if(Key==0){
Delay(100);
if(Key==0) return(1);
}
}
/*定时中断1处理（时钟）函数*/
void timer0(void) interrupt 1 using 1
{
TH0 = -(50000/256);
TL0 = -(50000%256);
TR0 =1;
BUFFER[0] =BUFFER[0] +1;
}
/*定时中断2处理（LED驱动和音圈驱动）函数*/
void timer1(void) interrupt 3 using 1
{
TH1 =Ti/256; TL1 =Ti%256;
if((ii*6+jj) ==Ta) {put1 =~put1;put2 =~put2;};                    //音圈电机驱动输出
if(ff==1){
if(Ms*w[ii-3] ==1) P2 =0xff; else P2 =~ASCIIDOC[v[ii]*6+jj]; //正向显示
}
else {
```

```
if(Ms * w[10 - ii] ==1) P2 =0xff; else P2 =~ASCIIDOC[v[13 - ii] * 6 +5 - jj]; //反向显示
}
jj ++ ;
if(jj >5) {ii ++ ; jj =0;}
if(ii >13) {ii =0;ff = ! ff;}
Ti = -Tr[ii * 6 + jj]; //读显示中断表
}
/ * 主程序 * /
void main(void)
{
//变量初始化
Ms =0;
ff =0;
Ta =46;                    //正反显示一致性调整，取值范围为 42～50，根据实际确定
put1 =0;put2 =1;
//中断初始化
TMOD =0x11;
TH0 = -5000/256; TL0 = -5000%256;
TR0 =1;ET0 =1;
TH1 = -2000/256; TL1 = -2000%256;
TR1 =1;ET1 =1;
//14 个字符中前 3 个和后 3 个不显示（不用）
v[0] =10;
v[1] =10;
v[2] =10;
v[11] =10;
v[12] =10;
v[13] =10;
/ * 摇摆棒初始启动 * /
do {
mm ++ ;
Delay(120 + mm);
put1 =~put1; put2 =~put2;
}while(mm <60);
Delay(20);
/ * 启动显示 * /
ii =0;jj =0;
EA =1;
/ * 正式运行 * /
for(;;){
v[3] =36;v[4] =44;v[5] =51;v[6] =42;v[7] =54;v[8] =52;v[9] =44;v[10] =11; //显示欢迎
Delay(6000);
v[3] =10;v[4] =10;v[5] =10;v[6] =10;v[7] =10;v[8] =10;v[9] =10;v[10] =10; //关闭显示
Delay(600);
```

```
v[3]=0;v[4]=0;v[5]=13;v[6]=0;v[7]=0;v[8]=13;v[9]=0;v[10]=0;  //显示时钟初始状态
/*进入时钟状态*/
while(1){
//时钟处理
if (BUFFER[0]>21){                            //进位到秒
BUFFER[0]=0; BUFFER[1]=BUFFER[1]+1;
Ms=!Ms;
if (BUFFER[1]==60){                           //进位到分
BUFFER[1]=0;BUFFER[2]=BUFFER[2]+1;
if (BUFFER[2]==60){
BUFFER[2]=0;BUFFER[3]=BUFFER[3]+1;//进位到时
if (BUFFER[3]==24) BUFFER[3]=0;
}
}
}
//将显示内容送显示缓冲区
v[9]=BUFFER[1]/10;
v[10]=BUFFER[1]-v[9]*10;
v[6]=BUFFER[2]/10;
v[7]=BUFFER[2]-v[6]*10;
v[3]=BUFFER[3]/10;
v[4]=BUFFER[3]-v[3]*10;
//键盘处理
if(ChKey(set0)==1){                            //模式键
Ms=1;                                          //秒闪开
if(TZ<2) TZ++; else TZ=0;                      //三种状态循环转换
switch(TZ){
case 0:w[0]=0;w[1]=0;w[2]=0;w[3]=0;w[4]=0;w[5]=0;w[6]=0;w[7]=0;break;
case 1:w[0]=0;w[1]=0;w[2]=0;w[3]=1;w[4]=1;w[5]=0;w[6]=0;w[7]=0;break;
case 2:w[0]=1;w[1]=1;w[2]=0;w[3]=0;w[4]=0;w[5]=0;w[6]=0;w[7]=0;break;
}
Ms=0;                                          //秒闪关
};
Delay(80);
if(ChKey(set1)==1){ if(BUFFER[TZ+1]<maxnum[TZ-1]) BUFFER[TZ+1]++; else
BUFFER[TZ+1]=0;Delay(300);};
//键盘"+"
if(ChKey(set2)==1){ if(BUFFER[TZ+1]>0) BUFFER[TZ+1]--; else
BUFFER[TZ+1]=maxnum[TZ-1];Delay(300);};
//键盘"-"
Delay(80);
}
}
}
```

第9章

9.5.4 调试方法

机械部分的调整主要是两只拉簧，要尽量保证两边受力一致，让摇棒静态时保持在竖直状态。

软件部分，先将 void timer1 (void) 函数中的“Ti = - Tr[ii * 6 + jj];”这段程序删除，试着让 Ti 取一个常数值（大约-2 000）看显示效果（摇棒摆动的幅度），一直到满意为止。这时正反显示可能没有重合，接着试 Ta 的取值，范围在 42 ～ 50 之间，使正反显示重合为止。最后一步就是调整显示的不均匀性，将“Ti = - Tr[ii * 6 + jj];”这段程序恢复回来，试着改变 Tr[ ]表中数组元素的值，并保证表中元素的平均值为开始 Ti 取得的值，直到显示的每个字符宽度一致为止。

9.6 实例98：激光竖琴

9.6.1 概述

该激光竖琴用 3 个木块构成，并用螺钉和热熔胶固定成接近竖琴的形状。首先在上面的木块上安装 5 个 3.0V 激光管，并用热熔胶固定在下面的木块上。用 0.8mm 的钻头钻孔，并安装对应的 5 个光敏电阻，即组成基本的基座。然后在合适的地方放置 5 号电池盒，也用热熔胶固定。根据电路原理图，连接对应的引线和插座，以方便后期的连接和升级。最后再与电路板底座连接。总体组成如图 9.6.1 所示，图中展示为 5 弦作品。

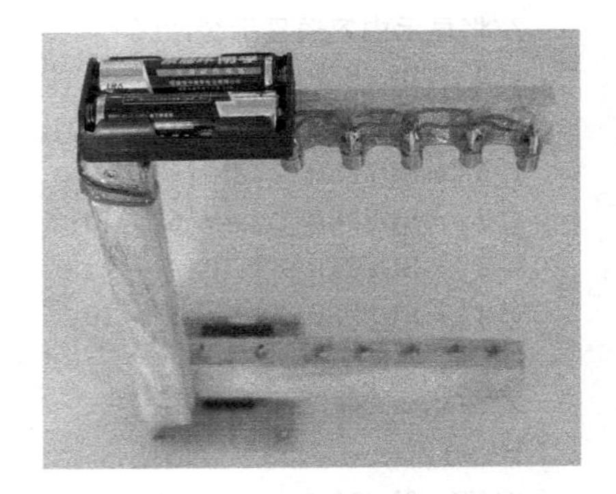

图 9.6.1　激光竖琴总体组成

9.6.2 元器件选择

竖琴的控制可采用单片机实现，最经济实惠的为 AT89C2051 单片机，当然也可以选择 ATMEGA8、AT89S51 等更高档次的单片机。

元器件清单如表 9.6.1 所示，实物如图 9.6.2所示。

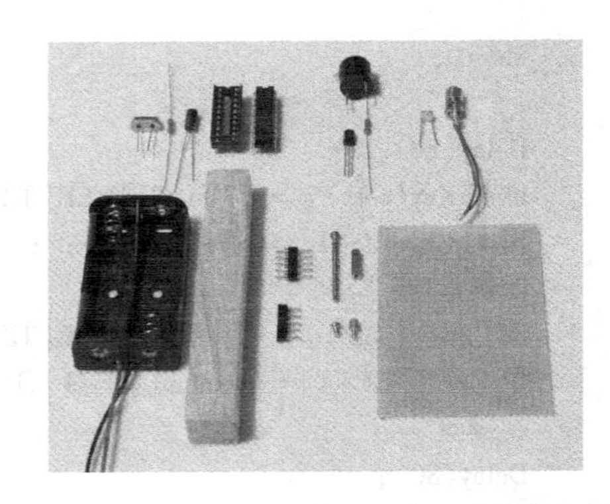

图 9.6.2　采用 AT89C2051 时的元器件实物

9.6.3 电路原理

使用 AT89C2051 时的电路原理如图 9.6.3 所示，采用 AVR M8 单片机的电路原理如图 9.6.4所示。

表 9.6.1 采用 AT89C2051 时的元器件清单

编 号	零件名称	数 量
1	12MHz 晶振	1
2	10kΩ 电阻	6
3	10μF 电容	1
4	20 针插座	1
5	AT89C2051	1
6	无源蜂鸣器	1
7	8550PNP 三极管	1
8	1kΩ 电阻	1
9	光敏电阻	5
10	3V 激光管	5
11	电池盒	1
12	木块	3
13	插针、插座	若干
14	铜座、螺钉	若干
15	洞洞板	1

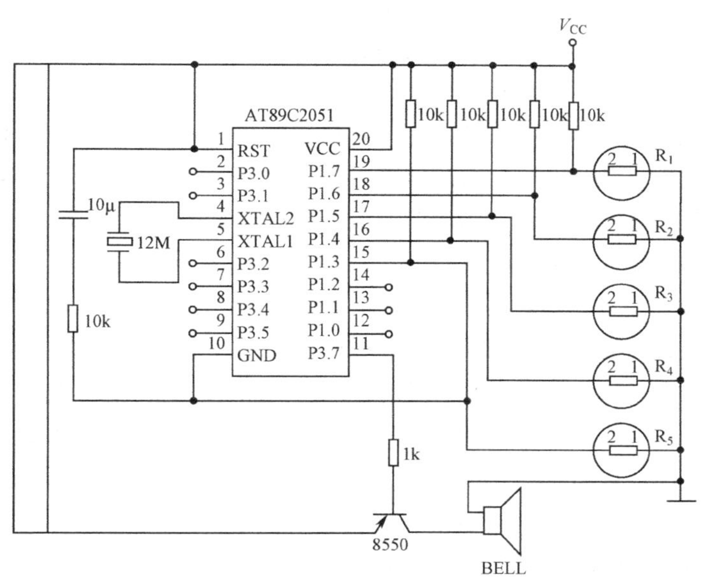

图 9.6.3 采用 AT89C2051 时的电路原理图

光敏电阻在室内光线下的阻值约为 20kΩ。当受到激光管照射时，它的电阻将小于 1kΩ。因此用 10kΩ 的电阻和光敏电阻串联，进行分压。当有激光照射时，单片机读取光敏电阻的电压（3/11，约 0.27V），此时它的逻辑电平为 0；当无激光照射时，单片机读取光

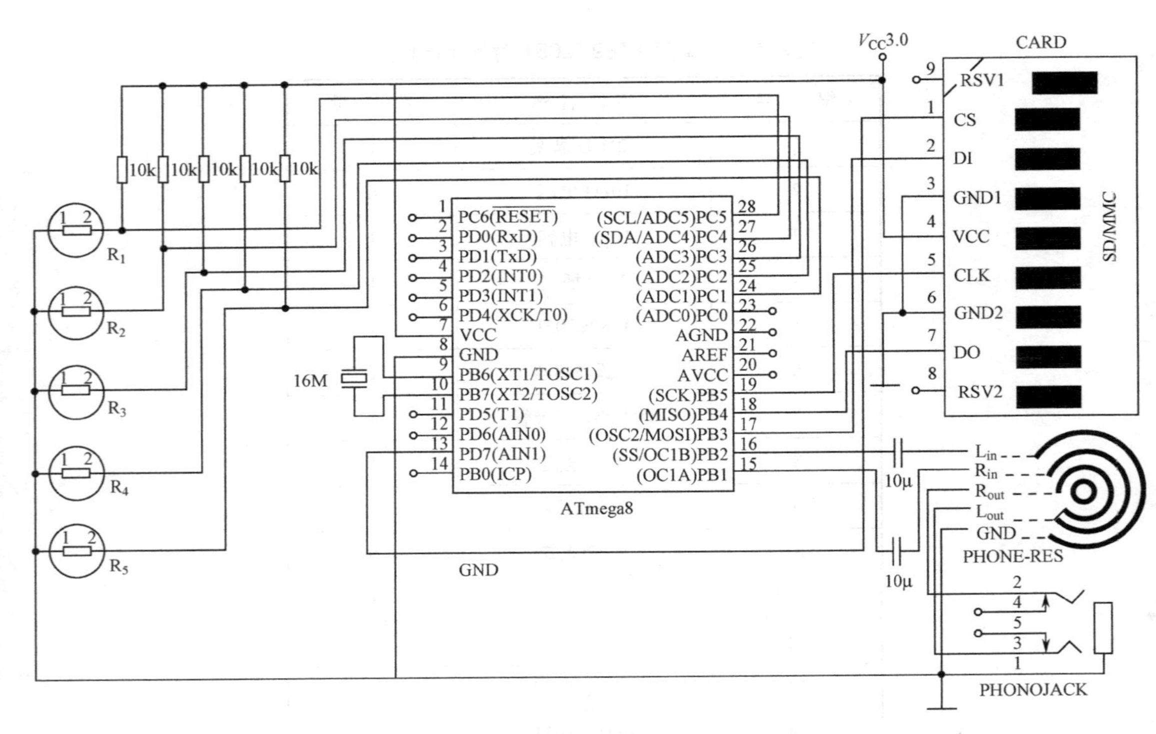

图 9.6.4　采用 AVR M8 单片机的电路原理图

敏电阻的电压，约（3/30）×20 = 2V，这时它的逻辑电平为 1。

这样，当我们遮挡激光的光线时，就能在电路中产生开关的效果。音符是如何产生的呢？人耳能听到的声音频率为 20Hz ～ 20kHz，竖琴音符频率当然也在这个范围。只是，不同的音符有着自己固定的频率。通过 51 单片机自带的 16 位定时器就可以产生上述音频。例如，竖琴的标准音 la 为 440Hz，通过计算可知它的半周期为 1 136μs。这样，只要在半周期时跳变引脚电平，就可以产生 440Hz 的方波。再经过电声转换元件（蜂鸣器），就可以产生标准音 la，其他音符也是这样产生的。

采用 AT89C2051 单片机时，在 P3.7 引脚上连接发声元件，即无源蜂鸣器。通过三极管放大电流，使音乐更响亮。其余部分是 51 单片机的最小系统。电路的电源用两节 5 号电池。但是这个音符没有音色啊！为此，可对 51 单片机做的发声底座进行改进，用 M8 单片机重新设计发声底座。使用新设计的 M8 单片机电路，可以将音色文件放到 SD 卡中，大家根据自己的喜好放入喜欢的音符，如钢琴、二胡、吉他等。不过，音符需要自己用计算机事先录制，并保存为 8 位的 WAV 文件，文件名为 D、R、M、F、S、L、X。程序会判断哪根激光被阻挡，播放相应的音符文件。声音通过 M8 单片机的 OC1A、OC1B 产生。只要把音频输出的 OCR1A、OCR1B 和音响或耳机连接，就能听到响亮的音符了。

9.6.4 制作与软件设计

本制作焊接非常简单，根据原理图使用绝缘套线，连接对应的引脚即可。采用 51 单片机及 AVR 单片机制作的激光竖琴控制底板分别如图 9.6.5 和图 9.6.6 所示。

图 9.6.5　采用 51 单片机的控制底板

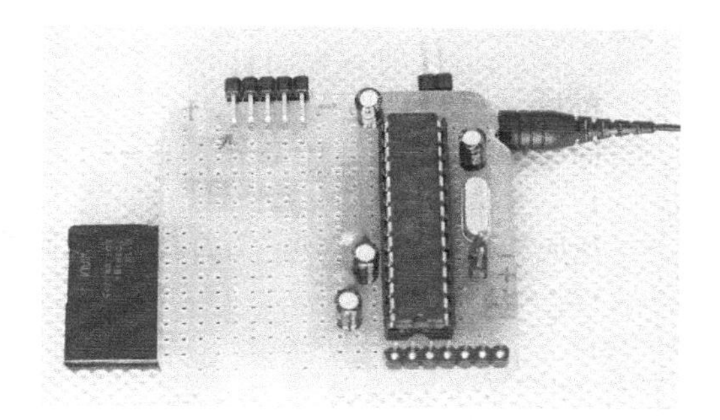

图 9.6.6　采用 AVR M8 的控制底板

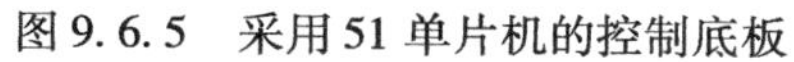

竖琴演示软件清单如下。

```
#include   <reg51.h>
#define uchar unsigned char
#define uint unsigned int
//数码管,共阳
uchar code DSY_Table[] = {
  0xc0,0xf9,0xa4,0xb0,0x99,0x92,0x82,0xf8,0x80,
  0x90,0x88,0x83,0xc6,0xa1,0x86,0x8e,0xbf};
//音符对应的延时
uint code Tone_Delay_Table[] = {
  64021,64103,64260,64400,64524,64580,64684,64777,
  64820,64898,64968,65030,65058,65110,65157,65178};
sbit BEEP = P3^0;
uchar KeyNo;
//生日快乐歌的音符频率表,不同的频率用延时值来表示
uchar code
SONG_TONE[] = {212,212,190,212,159,169,212,212,190,212,142,159,212,212,106,126,
159,169,190,119,119,126,159,142,159,0};
uchar code
SONG_LONG[] = {9,3,12,12,12,24,9,3,12,12,12,24,9,3,12,12,12,12,12,9,3,12,12,12,24,
0};
///////delay ------
void DelayMS(uint x)
{
  uchar i;
  while(x--)for(i=0;i<120;i++);
}
void PlayMusic()
{
  uint i=0,j,k;
  while(SONG_LONG[i]!=0||SONG_TONE[i]!=0)
  {
  for(j=0;j<SONG_LONG[i]*20;j++)
```

第9章

```
    {
    BEEP =~BEEP;
    for(k =0;k <SONG_TONE[i]/3;k ++);
    }
    DelayMS(80);      //每个音符之间的时间间隔
    i ++;
    }
}
void Keys_SCAN()
{
    uchar k,t,key_state;
//P1 =0xff;
    while(1)
    {
    t = P1;
      if(t! =0xff)
    {
    DelayMS(10);
    if(t! = P1) continue;
    key_state =~t;
    k =0;
    while(key_state! =0)
    {
    k ++;
    key_state >>=1;
    }
    KeyNo = k;
    }
    return;               //return 语句的加法很重要
    }
      //return;
      //KeyNo = k;
}
void play_Tone() interrupt 1
{
    TH0 = Tone_Delay_Table[KeyNo]/256;
    TL0 = Tone_Delay_Table[KeyNo]%256;
      BEEP =~BEEP;
}
//////MAIN/////////////////
void main()
{
    P0 =0xbf;
      PlayMusic();
```

```
        DelayMS(1000);
        DelayMS(1000);
        TMOD = 0x01;
        IE = 0x82;
        while(1)
        {
            P1 = 0xff;
        if(P1! = 0xff)
        {
          Keys_SCAN();
          P0 = DSY_Table[KeyNo];
          TR0 = 1;
        }
        else
        {
        TR0 = 0;
        }
          DelayMS(2);
        }
    }
```

9.7 实例99：数控直流电流源

9.7.1 任务要求

设计并制作数控直流电流源，输入交流 200 ～ 240V，50Hz；输出直流电压≤10V。其原理示意如图 9.7.1 所示。

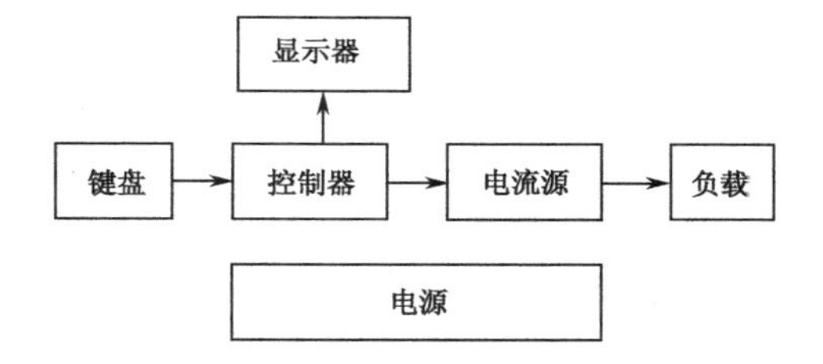

图 9.7.1 数控直流电流源示意图

1. 基本要求

（1）输出电流范围：200 ～ 2 000mA。

（2）可设置并显示输出电流给定值，要求输出电流与给定值偏差的绝对值≤给定值的 1% +10mA。

（3）具有“ + ”、“−”步进调整功能，步进≤10mA。

（4）改变负载电阻，输出电压在 10V 以内变化时，要求输出电流变化的绝对值≤输出电流值的 1% +10mA。

（5）纹波电流≤2mA。

（6）自制电源。

2. 发挥部分

（1）输出电流范围为 20 ～ 2 000mA，步进 1mA。

（2）设计、制作测量并显示输出电流的装置（可同时或交替显示电流的给定值和实测值），测量误差的绝对值≤测量值的0.1% +3个字。

（3）改变负载电阻，输出电压在10V以内变化时，要求输出电流变化的绝对值≤输出电流值的0.1% +1mA。

（4）纹波电流≤0.2mA。

9.7.2 恒流源的工作原理

按照调整方式的不同，恒流源可分为直接调整型恒流源、间接调整型恒流源、开关调整型恒流源和组合调整型恒流源等；按照所采用的调整元件不同，恒流源可分为电真空器件恒流源、双极型晶体管恒流源、场效应器件恒流源和集成电路恒流源。

反馈型恒流源是通过负反馈作用，使加到比较放大器两个输入端的电压相等，从而保持输出电流的恒定。由于这种电路依靠与负载串联的调整管内阻的变化来补偿输出电流的变化，故又称它为串联调整型恒流源或补偿型恒流源。常用的串联调整型稳流电源原理框图如图9.7.2所示。

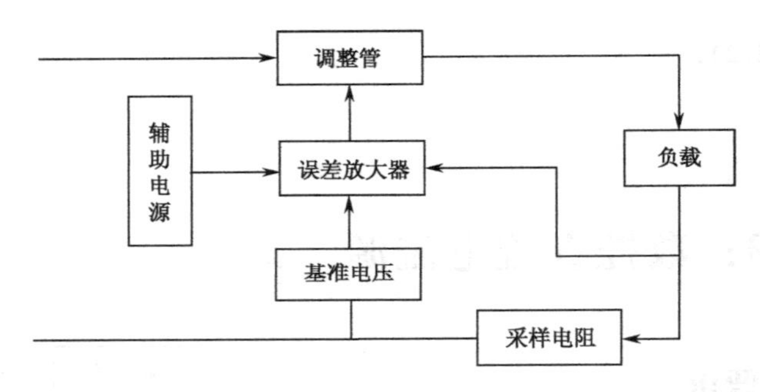

图9.7.2　串联调整型稳流电源原理框图

反馈型恒流源电路包括调整管、采样电阻、基准电压、误差放大器和辅助电源等主要环节。误差放大器的一个输入端是基准电压 U_S，另一个输入端是负载电流 I_0 在采样电阻 R_S 上的电压降 I_0R_S，若误差放大器的两个输入电压暂时不等，其差值被放大之后加到调整管的基-射极之间，改变该管的内阻，从而改变 I_0 在 R_S 两端的压降，一直到比较放大器的两个输入电压值差等于零，于是 $I_0R_S = U_S$，即

$$I_0 = \frac{U_S}{R_S} \tag{9.7.1}$$

由此可见，反馈型恒流源的输出电流仅由基准电压 U_S 和采样电阻 R_S 决定，而与输入电压 U_i 和负载电阻 R_L 的变化无关。

反馈型恒流源与串联调整型稳压电源在电路结构和调整原理上是十分相似的。因此，可将稳压电源的单元电路和分析方法沿用到恒流源电路中。但它们也有根本的区别：在采样方式上，稳压电源是电压采样，采样电阻与负载并联；恒流源则是电流采样，采样电阻与负载串联。负载变化时，稳压电源的输出电压不变，其内阻很小；而恒流源负载变化时，输出电压也随之变化，但输出电流不变，因而有很大的内阻。由于这些差别，所以恒流源有它自己的特点。在反馈型恒流源电路中，工作电流全部通过调整管，在要求工作电流很大时，推动调整管的基极电流也比较大，但因放大管一般工作在小电流状态，不能直接推动调整管工作，所以大电流恒流源必须采用复合调整管。

数控恒流源是将基准电压用数字电路来实现，具体是用D/A转换器代替，并受单片机等微处理器控制。由数控电路输出不同的数字量，转换成不同的基准电压，从而调节输出电流值，实现对电流源的数控机制。

9.7.3 方案比较和论证

1. 恒定电流源模块方案

方案一：采用开关电源的恒流源

采用开关电源的恒流源电路如图9.7.3所示。图中C_1、C_2为滤波电容，K是开关器件，D是续流二极管，L是扼流圈，PWM是脉宽调制电路，Kp是电流反馈电路，R_0是电流取样电阻。通过精选元器件和采用合理的结构设计，可以使电路的分布参数得到有效控制。

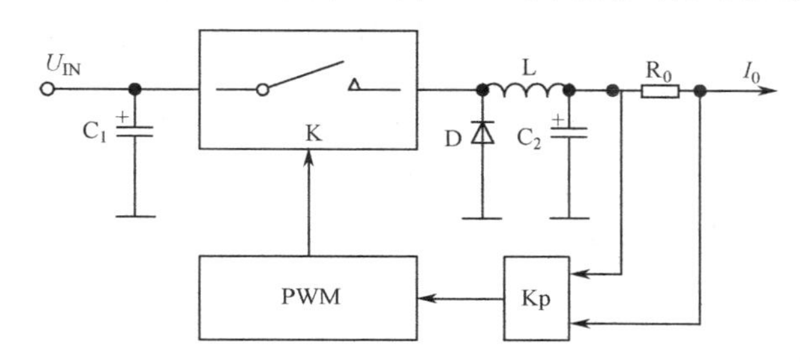

图9.7.3 采用开关电源的恒流源电路

采用开关电源的开关恒流源主要优点是：开关电源的功率器件工作在开关状态，功率损耗小，效率高。与之相配套的散热器体积大大减小，同时脉冲变压器体积比工频变压器小了很多。但开关电源的控制电路结构复杂，输出纹波较大，调试困难，在有限的时间内实现比较困难。

方案二：采用集成稳压器构成的开关恒流源

图9.7.4所示是采用三端集成稳压器构成的开关恒流源。当设定电阻R一定时，电路给负载R_0提供一恒定电流；当R发生变化时，由IC的输入－输出压差进行自动补偿而使负载电流保持不变。

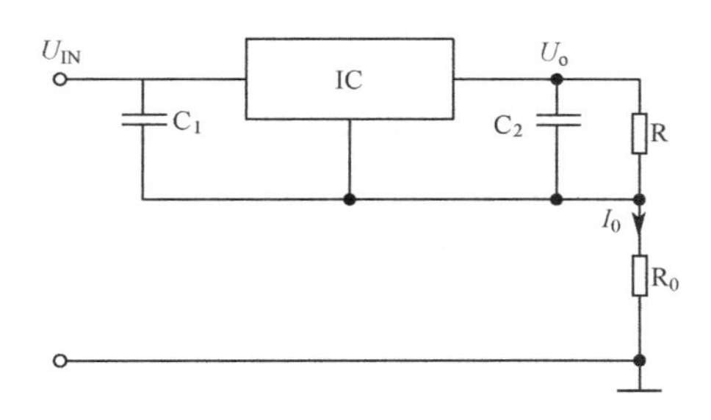

图9.7.4 采用三端集成稳压器构成的开关恒流源电路

一般的三端稳压集成块稳压效果较好，但难以达到2A以上的大电流输出，为了满足本题需要可以采用多块稳压集成块并联的方式来扩流。这种电路理论上输出电流能力为各块集成块输出最大电流的和。要达到比较好的稳压效果，要求并联的各稳压块参数尽量接近。在应用中发现，当电流接近理论值时，稳压效果急剧变差，这是由于器件的不一致性所造成的。因此，要取得好的稳压效果，理论输出最大电流值要大于所需电流值，这必然造成器件的浪费，且器件的选择必须使参数尽量接近。该方案的优点是：结构简单，可靠性高，但难以实现数控步进功能。

方案三：采用集成运放的线性恒流源

该方案恒流源电路由N沟道的MOSFET、高精度运算放大器、采样电阻等组成。利用功率MOSFET的恒流特性，再加上电流反馈电路，使得该电路的精度很高。该电流源电路可以结合单片机构成数控电流源。通过键盘预置电流值，单片机输出相应的数字信号给D/A转换器，D/A转换器输出的模拟信号送到运算放大器，控制主电路电流大小。实际输出的电流再通过采样电阻采样变成电压信号，A/D转换后将信号反馈到单片机中。单片机将反馈信号与预置值比较，根据两者间的差值调整输出信号大小。这样就形成了反馈调节，提高了输出电流的精度。本方案可实现题目要求，当负载在一定范围内变化时具有良好的稳定性，而且精度较高。

由于该题要求输出最大电流达2A，输出最大电压达到10V，且纹波电流要求很小，因此对电源的要求比较高，尤其体现在电源的功率和纹波电压的要求上。基于上述方案比较和题目的要求，采用方案三。

2. 数控模块方案

方案一：采用FPGA作为系统的控制模块

FPGA（Field Program Gate Array）可以实现复杂的逻辑功能，规模大，稳定性强，易于调试和进行功能扩展。FPGA采用并行输入/输出方式，处理速度快，适合作为大规模实时系统的核心。但由于FPGA集成度高，成本偏高，且因其引脚较多，加大了硬件设计和实物制作的难度。

方案二：采用AT89S51作为控制模块核心

该方案中，单片机最小系统简单，容易制作PCB，算术功能强，软件编程灵活、可以通过ISP方式将程序快速下载到芯片，方便地实现程序的更新，自由度大，较好地发挥了C语言的灵活性，可用编程实现各种算法和逻辑控制，同时具有功耗低、体积小、技术成熟和成本低等优点。

基于以上分析，选择方案二，利用AT89S51单片机将电流步进值或设定值通过换算由D/A转换，驱动恒流源电路实现电流输出。输出电流经处理电路做A/D转换反馈到单片机系统，通过补偿算法调整电流的输出，以此提高输出的精度和稳定性。

3. 基准电压输出部分

这部分将数控部分送来的控制字转换成稳定电流输出，电路主要由D/A转换、反馈调整等几部分组成。电流输出范围为20～2 000mA，步长为1mA，共有1 980种状态。而D/A转换部分输出的电压作为稳压输出电路的参考电压。

方案一：采用 10 位 DAC 进行 D/A 转换，这样转换的精度能达到：

$$2\times V_{\mathrm{REFN}}\frac{1}{2^{10}}=2\times\frac{1}{1\ 024}\times 2\ 000\approx 3.9>1$$

精度达不到本系统的要求。

方案二：采用 12 位 D/A 转换，转换精度为：

$$2\times V_{\mathrm{REFN}}\frac{1}{2^{12}}=2\times\frac{1}{4\ 096}\times 2\ 000\approx 0.98\leqslant 1$$

所以 12 位的 D/A 转换能满足本系统的精度要求，步进能达到 1mA。根据对比，选用方案二来实现对电路电流的控制。

4. 电流取样电阻

测量电流一般采用的方法是测量电流流经电阻两端的电压进行间接计算得到。因此在产生电流或测量电流值时，取样电阻的选择非常重要。

方案一：采用普通电阻

在电流比较小的情况下，普通的 1/4W 或 1/8W 电阻可以被用作电流测量，但是本题需要测量的是电流源的输出电流，最大需要达到 2A。即使是比较小的电阻，如 1Ω 电阻，通过 2A 电流时功率也已经达到 4W，大大超过普通电阻的额定功率，电阻将被烧断。因此在本系统中，测量电流的取样电阻不能使用普通电阻。

方案二：采用大功率电阻

为了满足流过大电流的要求，可以采用大功率电阻，如 1Ω/10W 的电阻，通过 2A 电流时一定不会被烧断。但是此时流过的大电流将会使电阻大量发热，导致电阻温度急剧上升。一般的大功率电阻在温度很高时将产生比较严重的阻值温度漂移。在产生电流的情况下，由于电压值与实际的电流值并非一一对应，会产生错误的电流；测量电流也会随着阻值的温度漂移而产生严重的变化，将产生很大的测量误差。因此用于这种情况下的取样电阻也不能使用温度漂移严重的普通大功率电阻。

方案三：采用康锰铜电阻丝

康锰铜电阻丝是电流测量中常用的取样电阻，其特点在于温度漂移量非常小，温度系数约为 5ppm/℃。经过测试，在 1Ω 的康锰铜电阻丝上通过约 2A 电流，由于产生的热量引起的升温，只会引起 0.02Ω 左右的阻值变化，对电流的稳定起了很重要的作用。另一方面，1Ω 的康锰铜电阻丝约长 1m，由于和外界接触面积大，即使通过大电流也能很快地散热，进一步减小温度漂移带来的影响。

在恒流的设计中，取样电阻的选取十分重要，要求噪声低、温度特性好，所以最好选择低温度系数的高精度采样电阻。鉴于上面的分析，本设计采用方案三。另一方面，由于采样电阻与负载串联时流过采样电阻的电流通常比较大，因而温度也会随之上升，可以通过减小电流密度和增加散热面积来避免因温度过高导致采样电阻阻值发生变化，防止采样电阻过热损坏。

5. 显示模块

方案一：采用 LED 数码管显示

根据题目要求，如果需要同时显示给定值和测量值，需显示的内容较多，要使用多个数码管动态显示，电路会变得较为复杂。

方案二：采用LCD液晶显示器显示

采用128×64点阵LCD液晶显示，可视面积大，画面效果好，抗干扰能力强，调用方便简单，而且可以节省软件中断资源。其缺点在于显示内容要存储字模信息，需要一定的存储空间。

综上所述，选择方案二。

6. 键盘模块

方案一：采用独立式按键电路，每个按键单独占有一个I/O接口线，每个I/O口的工作状态互不影响，此类键盘采用端口直接扫描方式。其缺点为当按键较多时占用单片机的I/O口数目较多。

方案二：采用标准4×4键盘，此类键盘采用矩阵式行列扫描方式，优点是当按键较多时可降低占用单片机I/O口的数目，而且可以做到直接输入电流值而不必步进。

题目要求可进行电流给定值的设置和步进调整，需要的按键比较多。综合考虑两种方案及题目要求，采用方案二。

7. 总体方案

经过方案比较与论证，最终确定系统的组成框图如图9.7.5所示。本系统由单片机AT89S51、D/A转换器LTC2622、A/D转换器LTC2622、数码管显示LCD、OP07集成放大电路、大功率构成的复合管电路组成。

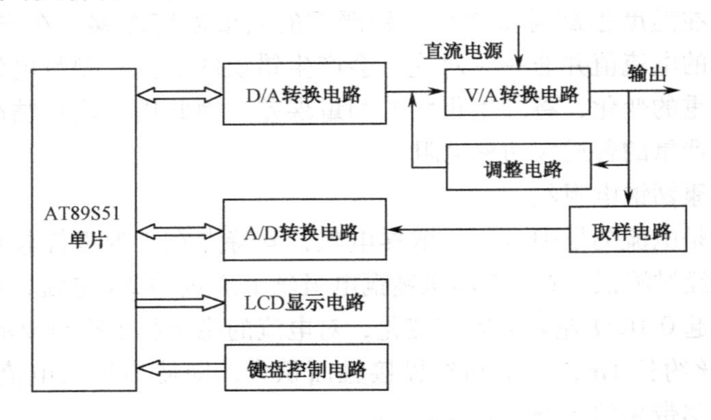

图9.7.5　系统组成框图

9.7.4　系统硬件设计

1. 恒定电流源电路设计

根据上述设计要求，实现电流调节范围为20～2 000mA（输出直流电压≤10V），并顾及器件极限功耗的局限，电流源采用复合达林顿管的功率放大器和OP07型相结合的方案，间接控制电流大小，其主回路电路见图9.7.6中的压控恒流源电路模块。

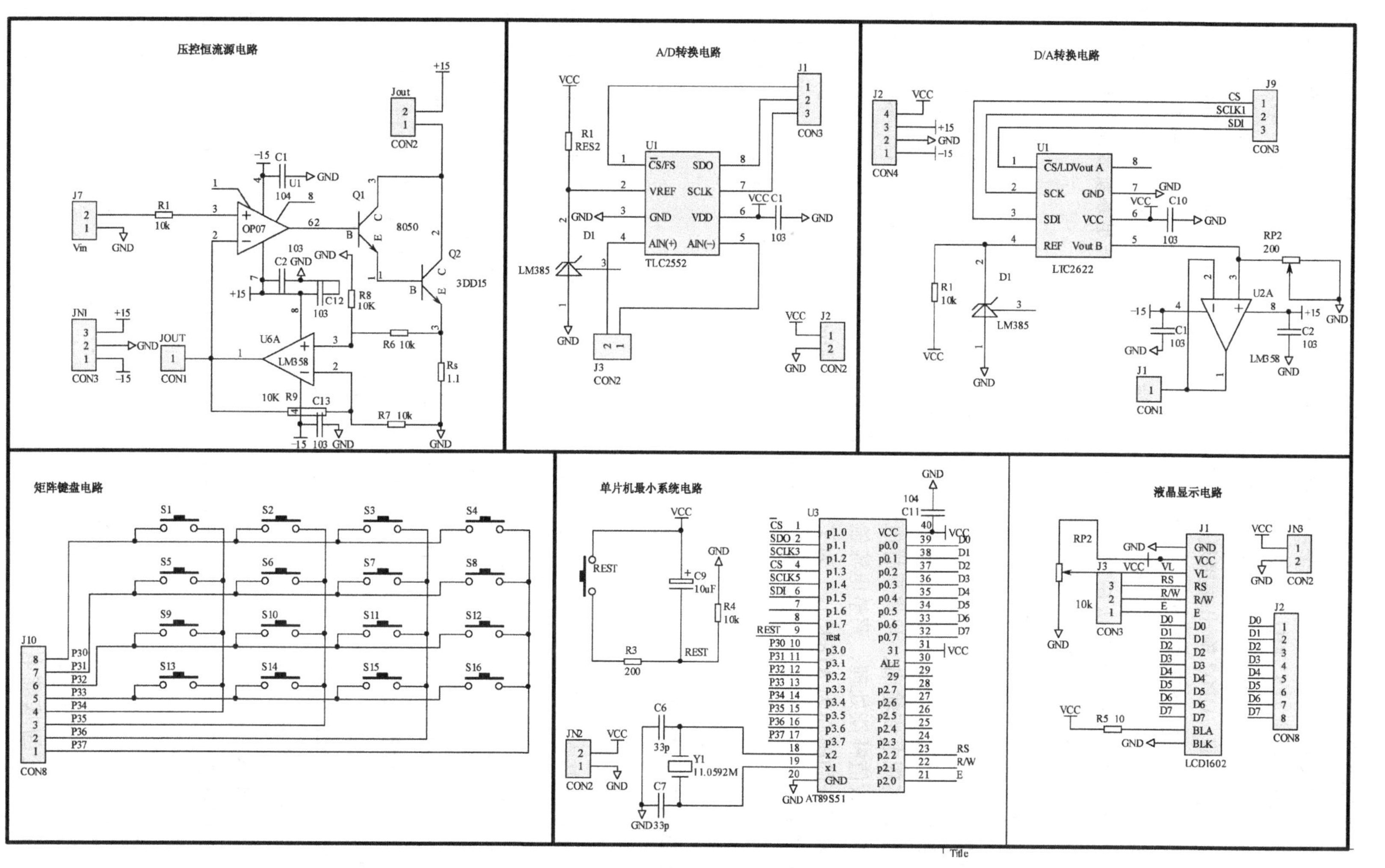

图9.7.6 数控电流源原理图

图中负载端的最高电压值（10V）决定了负载的最大电阻值（5Ω），它又决定了电流源工作电源的最低电压值及所用功率器件的极限电压参数。后级 R_S 为采样电阻器，选用大功率水泥电阻，阻值为5.00Ω。R_L 为负载电位器（0～5Ω），选用大功率滑线变阻器。由此可知负载电流 $I_L \approx V_{IN}/R_S$，与 R_L 无关。当 V_{IN} 恒定不变时，改变采样电阻 R_S 的阻值大小，可改变 I_L 的恒定值。OP07 输出端接复合管的基极，由于基极的电流很小，电流极限和功耗极限都满足。同时复合管能满足5A 大电流的要求，电流调整率小且稳定。由于输出电流调整采用步进方式，其电流调整率≤1%，即 1mA（输出直流电压≤10V）的指标，经计算，12 位 D/A 转换器的转换精度达6.104mV（基准电压选2.5V），满足系统要求的精度。采用 LTC2622 型 12 位 D/A 转换器作为电流输出控制的转换核心。

2. 单片机最小系统设计

本设计电流源通过键盘模块输入给定的电流值或步进调整信号传送给单片机，单片机在接收到信号后进行处理运算，并显示给定的电流值，然后经 D/A 转换以输出电压，驱动恒流源电路实现电流输出，并将采样电阻上的电压经过 A/D 转换输入单片机系统，通过补偿算法进行数值补偿处理，调整电流输出，并驱动显示器显示当前的电流值。

最小系统的核心为 AT89S51，为了方便单片机引脚的使用，将单片机的引脚用接口引出，电路见图9.46 中的单片机最小系统电路模块。P_2 口和 $P_{0.0}$～$P_{0.7}$ 是 LED 段选接口；P_1 口作为 A/D 与 D/A 转换接口，其中 $P_{1.3}$～$P_{1.5}$ 是 D/A 转换器的接口，$P_{1.0}$～$P_{1.2}$ 是 A/D 转换器的接口；P_3 为键盘接口。

3. D/A 和 A/D 电路设计

1）D/A 转换器

根据设计基本要求，电流的输出范围为20～2 000mA，将最高输出电流2 000mA 转换为二进制数，表示为 $(11111010000)_2$。要满足步进为1mA 的要求，至少需选用11 位的 D/A 转换器。LTC2622 是带有缓冲基准输入（高阻抗）的双路12 位电压输出 DAC，是较好的选择。其理想输出电压 $V_{OUT} = (k/2^N)\ V_{REF}$（$k$ 为二进制 DAC 输入代码的十进制等效值，N 为位数，V_{REF} 是 REF 上的电压）。LTC2622 有两个输出端口 A 和 B，且它们可以同步刷新。此外，该器件还包含上电复位功能。通过3 线串行总线可对 LTC2622 实现控制，采用单5V 电源供电。在快速、慢速模式下功耗分别为 8mW 和 3mW，输入数据的刷新率可达1.21MHz。LTC2622 与单片机的连接见图9.7.6 中的 D/A 转换部分。

2）A/D 转换器

A/D 转换器选用带信号调理、1mW 功耗、双通道12 位 A/D 转换器 TLC2552。其串行数据接口包括5 个：片选输入口，串行施密特逻辑输入时钟 SCLK，数据输入口 AIN，转换数据输出口 DOUT，指示数据准备就绪的状态信号输出口。

在电路中，TLC2552 与单片机 $P_{1.0}$～$P_{1.2}$ 口相接，通过编程模拟 TLC2552 的通信时序实现对 TLC2552 的操作，然后通过程序查询该引脚是否为低电平，从而实现对 TLC2552 中寄存器数据的读取。TLC2552 与单片机的连接见图9.7.6 中的 A/D 转换部分。

一个高精度的基准电压是获得一个稳定电流的重要条件。本设计的基准电压源由

TLV5618 D/A 转换器提供。而 D/A 转换器需要高精度的基准电压，选择 MC1403，其具有很好的温度稳定性和长期稳定性，并且可以在很大电压、电流和温度范围内工作，可以通过小电流分压器对其分压，从而得到不同的基准电压值。

D/A 转换部分送出的电压控制字转换成稳定电流输出。电流输出范围为 20 ～2 000mA，步长为 1mA，共有 1 980 种状态。本设计选用的 12 位 D/A 具有 4 096 种状态，能满足题目要求。设计中用两个电压控制字代表 1mA，当电压控制字从 0，2，4，…，到 4 000 时，对应输出电流为 0mA，1mA，2mA，…，到 2 000mA。

4. 键盘电路设计

键盘为 4×4 矩阵键盘，可以实现 0 ～9 数字输入，以及“+”、“−”、“设置”、“撤销”、“确认”等功能，电路见图 9.7.6 中的矩阵键盘电路。用 AT89S51 的并行口 P_3 接 4×4 矩阵键盘，以 $P_{3.0}$～$P_{3.3}$ 作为输入线，$P_{3.4}$～$P_{3.7}$ 作为输出线。矩阵键盘每个按键均有行值和列值，行值和列值的组合就是识别这个按键的编码。矩阵的行线和列线分别通过两个并行接口和 CPU 通信。每个按键的状态同样需要变成数字量“0”和“1”，开关的一端（列线）通过电阻接 V_{CC}，而接地是通过程序输出数字“0”实现的。键盘处理程序的任务是：确定有无键按下，判断哪一个键按下，键的功能是什么；还要消除按键在闭合或断开时的抖动。两个并行接口中，一个输出扫描码，使按键逐行动态接地，另一个输入按键状态，由行扫描值和回馈信号共同形成键编码而识别按键，通过软件查表，查出该键的功能。

9.7.5 软件设计

系统软件的任务主要有 A/D 转换、D/A 转换、步进加减、键盘扫描、液晶显示、语音报警等功能。程序通过键盘可以实现对 D/A 输出电压的预置，以及对负载两端电流大小的测量，从而通过键盘控制来实现对电路中电流的控制及实际电流的显示。主程序流程图如图 9.7.7所示。源程序清单附后。

系统加电后，主程序首先完成系统初始化，其中包括 I/O 口、中断系统、定时/计数器等工作状态的设置，系统变量赋初值等工作；完成系统初始化后打开中断；随之进入键盘扫描程序。键盘扫描获取键值后根据键值完成设定预置电流值、步进加减，并通过 LCD 显示输出电流值及系统是否正常工作的信号。

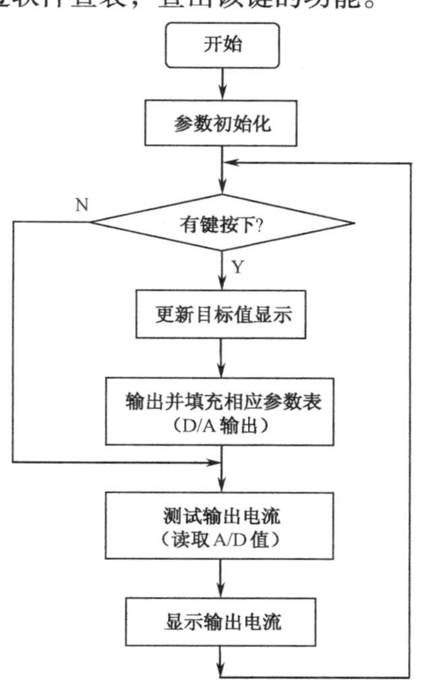

图 9.7.7　主程序流程图

9.7.6 系统组装

整个系统总共由以下几个模块组成：单片机控制板、显示模块、键盘控制模块、变压器、整流及双级运放调整模块，其中显示数码管与键盘装在机箱面板上。由于有较大功率的变压器及整流模块，故在安装时要充分考虑到散热通风。机箱控制面板如图 9.7.8 所示。

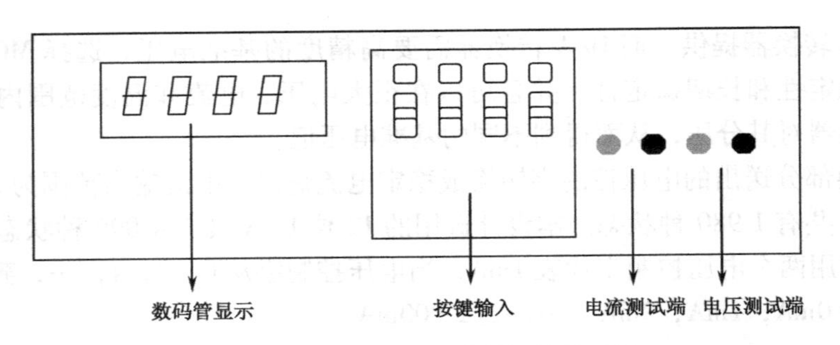

图 9.7.8　数控电流源控制机箱前面板

键盘面板中 0 ～ 9 键为给定值输入键，RESET 键为复位键，CE 为测试键，UP、DOWN 分别是步进电流递增、递减键，ENTER 键为确认键，CANCEL 键为取消键。打开电流显示 0000，从键盘输入给定值，LCD 显示输入，按下 ENTER 键将输入给定值转换成相应数据送至 D/A 输出电流，按 CANCEL 键取消输入，等待重新输入。按 CE 键，将测试表笔搭在测试端子上，测试电流并显示结果。UP 键按下，显示加 1，输出相应的电流，同样，按下 DOWN 键步进减小输出电流。按下 RESET 键系统复位。

9.7.7　测试调试与误差分析

1. 指标参数

（1）输出电流范围为 0 ～ 2 050mA，步进为 1mA，功能比发挥部分功能更优越。

（2）具有测试与显示输出电流的数字显示表，测量误差的绝对值≤测量值的 0.1% +3 个字，达到发挥部分要求。

（3）改变负载电阻，输出电压在 10V 以内变化时，要求输出电流变化的绝对值≤输出电流值的 0.1% +1mA。

（4）纹波电流达到规定要求，小于 0.2mA。

2. 测试仪表

为了确定系统与题目要求的符合程度，对系统中的关键部分进行实际测试，使用仪器设备如表 9.7.1 所示。

表 9.7.1　测试使用的仪器设备

序　号	名称、型号、规格	数　量	备　注
1	低频毫伏表	1	测试纹波
2	电流表 Agilent 34401A	1	精度 6 位半
3	电压表 FLEX 2290	1	分辨率 1mV
4	滑线变阻器 BX 7 – 24	1	可变负载电阻
5	V – 212 20MHz 示波器	1	观察电源输出纹波电压

3. 指标测试

指标测试见表 9.7.2 ～表 9.7.4。

表 9.7.2 不同负载时的测试数据

设定值（mA）	负载（Ω）	实测值（mA）	纹波电压（mV）	纹波电流（mA）	绝对误差（mA）	相对误差
20	1	20	—	—	—	—
	3	20	—	—	—	—
	5	20	2	0.4	0	0.00
200	1	198	—	—	—	0.01
	3	198	—	—	—	0.01
	5	198	2	0.4	2	0.01
400	1	395	—	—	—	0.008
	3	395	—	—	—	0.008
	5	395	2	0.4	5	0.008
600	1	595	—	—	—	0.008
	3	595	—	—	—	0.008
	5	595	3	0.6	5	0.008
800	1	795	—	—	—	0.006
	3	795	—	—	—	0.006
	5	795	3	0.6	5	0.006
1 000	1	995	—	—	—	0.005
	3	995	—	—	—	0.005
	5	995	3	0.6	5	0.005
1 500	1	1 500	—	—	—	0
	3	1 500	—	—	—	0
	5	1 500	3	0.6	0	0
2 000	1	2 000	—	—	—	0
	3	2 000	—	—	—	0
	5	2 000	2	0.4	0	0

表 9.7.3 10mA 步进电流时的测试数据

设定值（mA）	实测值（mA）	绝对误差（mA）	相对误差
20	19.5	0.5	0.026
30	29.0	1.0	0.034
40	39.5	0.5	0.013
50	49.5	0.5	0.010
60	59.5	0.5	0.008
70	70.0	0.0	0.000
80	79.5	0.5	0.006
90	89.0	1.0	0.011
100	99.5	0.5	0.005

表 9.7.4　1mA 步进电流时的测试数据

设定值（mA）	实测值（mA）	绝对误差（mA）	相对误差
20	20.0	0.0	0.00
21	21.0	0.0	0.00
22	22.4	0.4	0.018
23	23.6	0.6	0.025
24	24.8	0.8	0.032
25	26.0	1.0	0.038
26	26.5	0.5	0.019
27	27.5	0.5	0.018
28	29	1.0	0.034
29	30	1.0	0.033
30	30.5	0.5	0.016

4. 系统误差分析

测试结果表明，在软、硬件结合下，数控直流电流源能达到性能指标。以 89S51 单片机为控制核心，通过闭环控制、PID 算法，利用 12 位高速数模转换芯片 LTC2622 输出步距调整信号作用于外围电流源电路。实现了给定电流目标值预置、步进电流为 1mA、输出电流可直观数字显示。电流源输出电压小于 10V，在改变电阻时电流变化符合要求，纹波电流小于 2mA，并利用 12 位模数转换芯片 TLC2552 实现了电流精确测试与闭环反馈调整。

系统误差主要有以下几个方面。

（1）LTC2622 的量化误差。LTC2622 为 12 位 D/A 转换器，5V 满量程量化误差为 ±(1/2) LMBS = ±(1/2)×(1/4 096)×5V≈±0.6mV。

（2）基准电压温漂引入的误差，市电电压波动是电源产生波动的主要原因。A/D、D/A 转换器的基准电压稳定性要求高，普通电源使其工作稳定性不高，产生电流波动。当基准电压变化时 12 位 D/A、A/D 转换器在实际应用中不能达到理论的分辨率，致使误差积累，影响明显。

（3）采样电阻的温度特性也是产生误差的因素。采用分流器取代采样电阻进行采样，可以消除温度变化引起的误差。

（4）其他误差。

5. 设计中应考虑的一些问题

本系统以 AT89S51 单片机控制与调整主电路的输出电流，并通过液晶显示电流值，完成数控恒流源的制作，实现了输出电流可调，步进加、减功能，很好地满足了基本要求和较好地完成了发挥部分的要求。为了进一步提高精度、减小纹波，还需要考虑如下问题。

1）系统保护

当系统工作不正常导致输出电流过大时，若无保护功能，将造成严重后果。因此，在硬件方面，选取带有过流、过热、短路保护功能的集成线性稳压电路 LM78H15K；在软件方面，当键盘设定电流超过2 010mA或A/D转换器采样得到的电流值超过2 000mA时，控制系统输出的控制信号会切换为0，则主电路输出的电流也相应为0，同时液晶屏显示“系统工作不正常”。

2）系统抗干扰设计

系统工作于较强的电磁辐射环境中，容易受到各种干扰的影响，轻则使电流输出不稳定，纹波电流增加，严重时会导致整个系统工作不正常。因此，本系统从硬件和软件两方面采取抗干扰的措施，以保证系统的可靠运行。

硬件方面，主电路和控制电路的电源由两个独立的变压器供电，消除了主电路对控制电路的电源干扰。在220V电源进线端设置电源滤波器，消除电网上的各类高频干扰，防止电网电压突变对系统造成冲击。在运算放大器的输入端加设滤波电容，对抑制纹波电流起到至关重要的作用。合理布置接地系统中的数字地与模拟地，避免数字信号对模拟信号的干扰。

系统的抗干扰不可能完全依靠硬件来解决，也需要采取相应的软件措施，软件抗干扰成本低、见效快，有事半功倍的效果。为了防止发生误中断，只有在量程选择完毕并导通V/A转换电路后才开定时器T0、T1。主程序一经运行，首先进行初始化，单片机系统的各种功能、端口、方式、状态等均在初始化进程中设定好。系统中采用看门狗技术，若程序出现死循环或跑飞现象，单片机内部的看门狗将使单片机复位，将单片机重新拉回有序的工作状态。对A/D的转换结果采用数字滤波技术，保证控制系统的稳定。实验表明，在闭环调整中引入PID控制算法能很好地改善系统性能。

3）温度补偿

采样电阻在大电流、大功率的工作状态下发热是避免不了的。电阻的阻值会随着温度的变化而变化，因此会对恒流源的温度稳定性有所影响。需要进行温度补偿，可采用数字化的温度传感器DS18B20测量采样电阻上的温度值，从而实现对恒流源的温度补偿。

另外，对温度的补偿控制也有利于减小运算放大器的零点漂移引起的误差。

主要源程序清单如下。

```
#include <reg51.h>
#include <intrins.h>
typedef unsigned char uchar;
typedef unsigned int uint;
/************************************
段码
************************************/
uchar code Table[10] = {
0xc0,0xf9,0xa4,0xb0,0x99,
0x92,0x82,0xf8,0x80,0x90};
/************************************
位码
************************************/
uchar code Select[8] = {
0x7f,0xbf,0xdf,0xef,
```

第9章

```
0xf7,0xfb,0xfd,0xfe};

uchar A_Table[37] = {
20,23,27,34,38,42,44,48,52,56,
60,65,70,75,77,79,82,85,88,95,
97,100,104,108,110,115,117,120,
122,125,128,131,134,136,140,138,143};
/****************************************
AD_SPI 控制位
****************************************/
sbit AD_CS = P1^2;
sbit AD_SDO = P1^0;
sbit AD_SCLK = P1^1;
/****************************************
DA_SPI 控制位
****************************************/
sbit DA_CS = P1^3;
sbit DA_SCK = P1^4;
sbit DA_SDI = P1^5;
/****************************************
键值
****************************************/
#define S1 0xe7
#define S2 0xd7
#define S3 0xb7
#define S4 0x77
#define S5 0xeb
#define S6 0xdb
#define S7 0xbb
#define S8 0x7b
#define S9 0xed
#define S10 0xdd
#define S11 0xbd
#define S12 0x7d
#define S13 0xee
#define S14 0xde
#define S15 0xbe
#define S16 0x7e

bit flag;
uchar kk;
double k = 0, A = 1000;                //设定电流大小
uint Temp2 = 1000, AD_Value;           //输入电流量转化为输入 DA 的值，AD_Value 表示电流暂存
float Add, Buf[1];//Buf[2];
```

```
/************************************
系统初始化
************************************/
void SysInit(void)
{
EA = 1;
TMOD = 0x01;
TH0 = 0xf8;//2ms
TL0 = 0xd7;
ET0 = 1;
TR0 = 1;
kk = 3;
}
/************************************
写 TLC2552    AD
************************************/
void Read_TLC2552_1(void)
{
uchar i;
uint AIN0,AIN1;
/************************************
复位 TLC2552
************************************/
AD_CS = 1;
for(i = 0;i < 4;i ++)//Reset TLC2552
{
AD_SCLK = 0;
_nop_();
AD_SCLK = 1;
_nop_();
}
AD_CS = 0;
for(i = 0;i < 6;i ++)
{
AD_SCLK = 0;
_nop_();
AD_SCLK = 1;
_nop_();
}
AD_CS = 1;
for(i = 0;i < 4;i ++)
{
AD_SCLK = 0;
_nop_();
AD_SCLK = 1;
_nop_();
```

```
}
AD_CS = 0;
/**********************************
0 通道选择
**********************************/
for(i = 0;i < 49;i ++ )
{
AD_SCLK = 0;
_nop_();
AD_SCLK = 1;
_nop_();
}
AD_CS = 1;
for(i = 0;i < 4;i ++ )
{
AD_SCLK = 0;
_nop_();
AD_SCLK = 1;
_nop_();
}
AD_CS = 0;
AIN0 = 0;
AD_SDO = 1;
for(i = 0;i < 16;i ++ )
{
AD_SCLK = 1;
_nop_();
AD_SCLK = 0;
_nop_();
AIN0 <<= 1;
if(AD_SDO == 1)
AIN0| = 1;
}
/**********************************
1 通道选择
**********************************/
for(i = 0;i < 28;i ++ )
{
AD_SCLK = 1;
_nop_();
AD_SCLK = 0;
_nop_();
}
AD_CS = 1;
```

```
for(i=0;i<4;i++)
{
AD_SCLK=0;
_nop_();
AD_SCLK=1;
_nop_();
}
AD_CS=0;
AIN1=0;
AD_SDO=1;
for(i=0;i<16;i++)
{
AD_SCLK=1;
_nop_();
AD_SCLK=0;
_nop_();
AIN1<<=1;
if(AD_SDO==1)
AIN1|=1;
}
Buf[0]=AIN0>>4;
//Buf[1]=AIN1>>4;
}
/***********************************
写 LTC2622        DA
***********************************/
void Write_LTC2622(uint Data)
{
uchar i,Temp;
DA_CS=1;
DA_SCK=0;
DA_SDI=1;
_nop_();
_nop_();
DA_CS=0;
Temp=0x21;
for(i=0;i<8;i++)
{
if((Temp&0x80)==0x80)
DA_SDI=1;
else
DA_SDI=0;
DA_SCK=1;
_nop_();
```

```
DA_SCK = 0;
_nop_();
Temp <<= 1;
}
Data <<= 4;
for(i = 0;i < 16;i ++)
{
if((Data&0x8000) == 0x8000)
DA_SDI = 1;
else
DA_SDI = 0;
DA_SCK = 1;
_nop_();
DA_SCK = 0;
_nop_();
Data <<= 1;
}
_nop_();
_nop_();
DA_CS = 1;
DA_SCK = 0;
}
/************************************
延时函数
************************************/
void Delay(uint z)
{
uint x,y;
for(x = z;x > 0;x --)
for(y = 124;y > 0;y --);
}
/************************************
键盘扫描函数
************************************/
uchar Keyscan(void)
{
uchar Key1,Key2,tt,temp;
P3 = 0xf0;
if((P3&0xf0) == 0xf0)
return(0xff);
Delay(10);
if((P3&0xf0) == 0xf0)
return(0xff);
Key1 = P3&0xf0;
```

```
P3 = 0x0f;
if((P3&0x0f) == = 0x0f)
return(0xff);
Delay(10);
if((P3&0x0f) == = 0x0f)
return(0xff);
Key2 = P3&0x0f;
while((P3&0x0f)! = 0x0f);
tt = Key1 | Key2;
switch(tt)
{
/************************************
数字键 0～9
************************************/
case S1:temp = 1;break;
case S2:temp = 2;break;
case S3:temp = 3;break;
case S4:temp = 4;break;
case S5:temp = 5;break;
case S6:temp = 6;break;
case S7:temp = 7;break;
case S8:temp = 8;break;
case S9:temp = 9;break;
case S10:temp = 0;break;
/************************************
功能键
************************************/
case S11:temp = 11;break;
case S12:temp = 12;break;
case S13:temp = 13;break;
case S14:temp = 14;break;
case S15:temp = 15;break;
case S16:temp = 16;break;
}
return(temp);
}
/************************************
键盘设定函数
************************************/
void Keyset(void)
{
uchar s;
s = Keyscan();
if(s < 11)
```

```
{
kk ++ ;
if(kk ==4)
{
kk =0;
Temp2 =0;
}
Temp2 = Temp2 * 10;
Temp2 = Temp2 + s;
}
switch(s)
{
case 11:            //步进 1mA +
Temp2 = Temp2 + 1;
if(Temp2 >2500)
Temp2 =0;
A = Temp2;
break;
case 12:            //步进 10mA +
Temp2 = Temp2 + 10;
if(Temp2 >2500)
Temp2 =0;
A = Temp2;
break;
case 13:
break;
case 14:            //确定键
kk =3;
A = Temp2;
break;
case 15:            //步进 1mA -
Temp2 = Temp2 - 1;
if(Temp2 <0)
k =2500;
A = Temp2;
break;
case 16:            //步进 10mA -
Temp2 = Temp2 - 10;
if(Temp2 <0)
k =2500;
A = Temp2;
break;
default:
break;
```

```
    }
}
/*************************************
显示函数
*************************************/
void Display(void)
{
static uchar num;
uint Temp;
Temp = Temp2;
P2 = 0xff;
switch(num)
{
case 0:
P0 = Table[Temp/1000];
break;
case 1:
P0 = Table[Temp%1000/100];
break;
case 2:
P0 = Table[Temp%100/10];
break;
case 3:
P0 = Table[Temp%10];
break;
case 4:
P0 = Table[AD_Value/1000];
break;
case 5:
P0 = Table[AD_Value%1000/100];
break;
case 6:
P0 = Table[AD_Value%100/10];
break;
case 7:
P0 = Table[AD_Value%10];
break;
default:
break;
}
P2 = Select[num];
num++;
num% =8;
}
```

```
void Adjust(void)
{
uchar i;
uint Temp; //电流量暂存区
/***        <20mA          *************/
if(A<10)
Add=5;
else if(A<21)
Add=9;
/***        20~30mA        ***********/
else if(A<31)
{
for(i=0;i<10;i++)
{
Temp=20+i;
if(A<Temp)
{
Add=0.18*i+9;
break;
}
}
}
/***        31~75mA        *************/
else if(A<76)
{
for(i=0;i<45;i++)
{
Temp=30+i;
if(A<Temp)
{
Add=0.085*i+9;
break;
}
}
}
/***        76~150mA       ***********/
else if(A<151)//
{
for(i=0;i<75;i++)
{
Temp=75+i;
if(A<Temp)
{
Add=0.0667*i+11;
break;
}
```

```
}
}
/***    151～2 000mA      ************/
else
{
for(i=0;i<37;i++)
{
Temp=210+i*50;
if(A<Temp)
{
Add=A_Table[i];
break;
}
}
}
}

void main(void)
{
SysInit();
while(1)
{
Keyset();

Write_LTC2622(k);
k=(A*4095)/2500+Add;
Adjust();
}
}
/***********************************
中断用于显示函数
************************************/
void Timer0(void) interrupt 1
{
static uint i;
TH0=0xf8;        //2ms
TL0=0xd7;
i++;
if(i==500)
{
i=0;
Read_TLC2552_1();
AD_Value=2500*(Buf[0]-128)/4095;
}
Display();
}
```

9.8 实例100：四旋翼无人飞行器设计与制作

9.8.1 概述

四旋翼无人飞行器是一种能够垂直起降、多旋翼式的飞行器，在总体布局上属于非共轴式碟形飞行器，与常规旋翼式飞行器相比，因其四只旋翼可相互抵消反扭力矩的优点，而不需要专门的反扭矩桨从而使其结构更为紧凑，能够产生更大的升力。同时又因其具有灵活性高、要求的飞行空间小、能源利用率高、隐蔽性强以及安全性能高等优势，特别适合在近地面环境（如室内、城区和丛林等）中执行监视、侦查等任务，在军事（电子战）和民用（通信、气象、灾害监测）方面都有很大的应用前景。

本节介绍一种以瑞萨（Renesas）RL78/G13 系列单片机为核心的四旋翼无人飞行器设计思路及制作方法。

9.8.2 总体设计

1. 四旋翼无人飞行器飞行平台

四旋翼飞行器按照四只旋翼和机架布置的方式其飞行控制平台（机架）可以分为十字模式和 X 模式。X 模式比十字模式灵活，但是对于姿态测量和控制的算法编程来说，十字模式较 X 模式简单，更容易实现。X 模式通过同时控制两对旋翼转速的大小来实现飞行控制及姿态的调整，而十字模式只要同时控制一对旋翼的转速就能实现相应的飞行动作。十字模式容易操作，飞行平稳，综合考虑采用十字模式。

2. 四旋翼无人飞行器的结构及控制原理

四旋翼无人飞行器主控制器通过调节四个电动机的转速使四个旋翼间出现特定的转速差从而实现飞行器的各种动作。由于四旋翼无人飞行器是通过增大或减小四只旋翼的转速达到四个方向升力的变化进而控制飞行器的飞行姿态和位置的稳定，相对于传统的直升机少去了舵机调节平衡、控制方向，并且不用改变螺旋桨的桨距角，因而使得四旋翼无人飞行器更容易控制。但是四旋翼无人飞行器有六个状态输出，即是一种六自由度的飞行器，而它却只有四个输入，是一个欠驱动系统。也正是由于这个原因，使得四旋翼无人飞行器非常适合在静态及准静态的条件下飞行。

四旋翼无人飞行器飞行控制系统由飞行控制器、各类测量传感器装置、驱动电机、被控对象（飞行器机体）等部分组成，如图 9.8.1 所示。传感器用来测量四旋翼无人飞行器的飞行姿态信息，如俯仰角、倾斜角、偏航角等，这些信息经过控制器处理后转换成为能够被控制系统识别和处理的有效、有用信息，飞行控制器依据飞行器姿态检测传感器反馈回来的飞行姿态信息及预先设定的飞行状态进行计算、处理及控制，然后通过输出 PWM 信号来控制电动机的转速，进而调节或改变飞行姿态。

四旋翼无人飞行器在螺旋桨 1 和螺旋桨 3 顺时针旋转的同时，螺旋桨 2 和螺旋桨 4 逆时针旋转，当飞行器平衡飞行时四个电动机产生的反扭矩力大小相等、方向两两相反，进而两两相互抵消，不需要专门的舵机来抵消反扭矩力。四旋翼无人飞行器有六个自由度（分

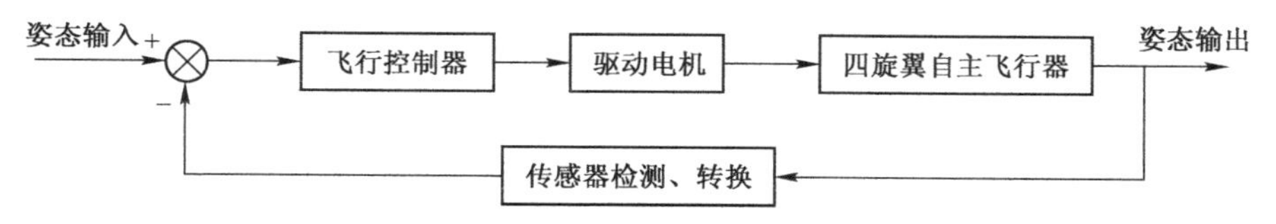

图 9.8.1　四旋翼无人飞行器控制系统

别为沿 3 个轴做平移和旋转动作)，这六个自由度中的任意一个自由度的控制和调节都可以通过联合调节四个电动机的转速进而改变四个螺旋桨的转速来实现。

四旋翼无人飞行器的基本运动包括：①垂直运动；②前后运动；③俯仰运动；④滚转运动；⑤偏航运动；⑥侧向运动。在图 9.8.2 中，电动机 1 和电动机 3 做顺时针旋转，电动机 2 和电动机 4 做逆时针旋转，设飞行器沿 X 轴正方向运动为向前运动，箭头向上表示电动机转速增大，箭头向下表示电动机转速减小。

图 9.8.2（a）表示垂直运动：在图中两对电动机转动方向相反，可以相互抵消旋转产生的反扭矩力，若同时提高四个电动机的转速使得旋翼的升力同时增大，当升力足以克服整机的重力时，四旋翼无人飞行器便会离开地面垂直上升；反之，同时降低四个电动机的转速使旋翼的升力减小，四旋翼无人飞行器就会竖直下降，直到降落到地面，从而实现沿 Z 轴进行上下飞行的垂直运动。而当外界扰动很小或为零，四旋翼无人飞行器的四只旋翼产生的升力等于其自身重力时，飞行器便会保持一定高度不变，实现悬停。

图 9.8.2（b）表示前后运动：欲使四旋翼无人飞行器能够在水平面上前后、左右运动，必须对飞行器施加一个水平的力。图中电动机 3 的转速增大，电动机 1 的转速减小，电动机 2、4 的转速保持不变。为了使四旋翼无人飞行器不因旋翼转速的改变致使飞行器受力不均而导致不平衡，要求电动机 1 和电动机 3 的转速改变量大小相等，只有这样才能使旋翼 1 和旋翼 3 产生的反扭矩力抵消。这样四旋翼无人飞行器 X 轴稍微倾斜（旋翼 1 高度稍微低于旋翼 3），旋翼 1、3 产生的升力便会产生一个指向 X 轴正方向的分力，使飞行器向 X 轴正方向运动实现前进。向后飞行与向前飞行正好相反。

图 9.8.2（c）表示俯仰运动：在图中增加电动机 1 的转速使旋翼提供的升力增大，相应地减小电动机 3 的转速使旋翼的升力减小同样的大小，同时保持其他两个电动机的转速不变，只有这样才能保持产生的反扭矩力相互抵消进而保持飞行器的平衡。由于旋翼 1 的升力增大、旋翼 3 的升力减小，产生的飞行器上下不平衡的分力使飞行器绕 Y 轴旋转（方向如图 9.8.2 中所示）；同理，电动机 1 转速减小、电动机 3 的转速增大，飞行器便绕着 Y 轴向另一个方向旋转，实现俯仰运动。

图 9.8.2（d）表示滚转运动：与俯仰运动的原理相同，在图中相应改变电动机 2、4 的转速而保持电动机 1、3 的转速不变，则可以使飞行器绕 X 轴旋转，从而实现四旋翼无人飞行器的滚转运动。

图 9.8.2（e）表示偏航运动：四旋翼无人飞行器的偏航运动可以通过四只旋翼之间产生的反扭矩力来实现。一般情况下四旋翼无人飞行器为抵消产生的反扭矩力使两对转向相反的电动机的转速相同，为了利用反扭矩力，使电动机 1、3 的转速增大，电动机 2、4 的转速减小，此时旋翼 1、3 产生的对飞行器的反扭矩力大于旋翼 2、4 产生的反扭矩力，于是飞行器便在大的反扭矩力的作用下绕 Z 轴转动，其转向与电动机 1、3 的转向相反。

图 9.8.2（f）表示侧向运动：因为四旋翼无人飞行器的结构完全对称，所以侧向运动的原理与前后运动的原理完全一样。

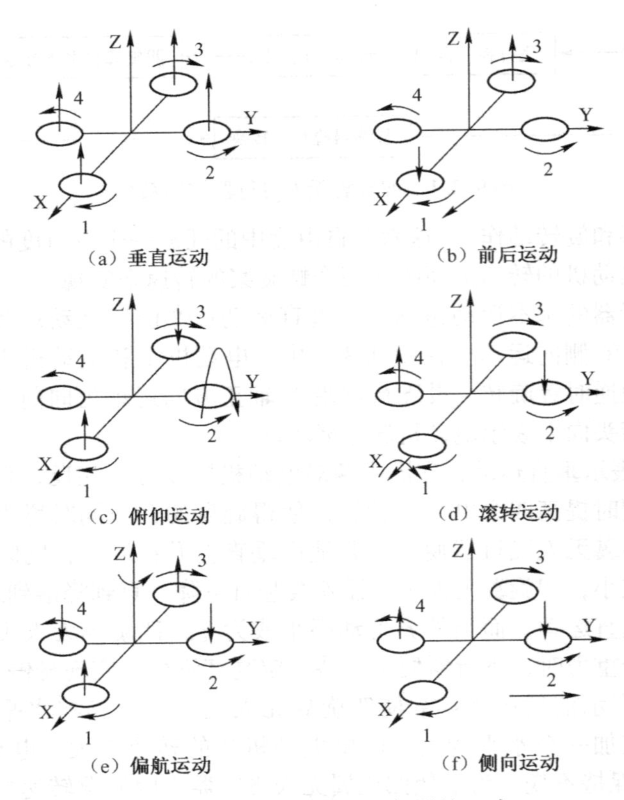

图 9.8.2 四旋翼无人飞行器的运动

9.8.3 硬件设计

1. 系统组成及工作原理

四旋翼无人飞行器硬件系统分为微控制系统模块、飞行姿态检测模块、电动机驱动模块、超声波测距模块、红外避障模块、电源模块。其中，微控制系统模块采用 RL78/G13 系列单片机 R5F100LEA 作为主控芯片，该控制器是一款功能强大的 16 位处理器，具有运算速度快、片上资源丰富等优点，非常适用于处理较复杂的任务。飞行姿态检测模块采用 MPU6050 芯片，此芯片集成了 3 轴 MEMS 陀螺仪、3 轴 MEMS 加速度计，并通过三个 16 位的 ADC 将其测量到的模拟量转化为可输出且能够被单片机直接处理的数字量，从而减轻了单片机的工作量。电动机驱动模块利用单片机输出 PWM 波通过电子调速器驱动四个电动机，并且通过调节 PWM 的占空比实现电动机的调速。超声波测距模块利用超声波的反射特性来测距离，从而控制飞行器的高度。红外避障模块采用红外光电开关，当检测到障碍物时通过中断使处理器响应，从而实现避障。电源模块采用 7.4V 的锂电池供电。系统原理框图如图 9.8.3 所示。

2. 微控制系统模块

微控制系统模块是飞行控制系统的核心处理器，主要负责采集传感器检测到的姿态角速率（俯仰角速率、横滚角速率和偏航角速率）、三轴线加速度和航向信息并实时解算、处理；根据检测到的飞行姿态信息，结合预定要求的控制方案，计算输出控制量控制电动机转速改变，进而保持或改变飞行状态。

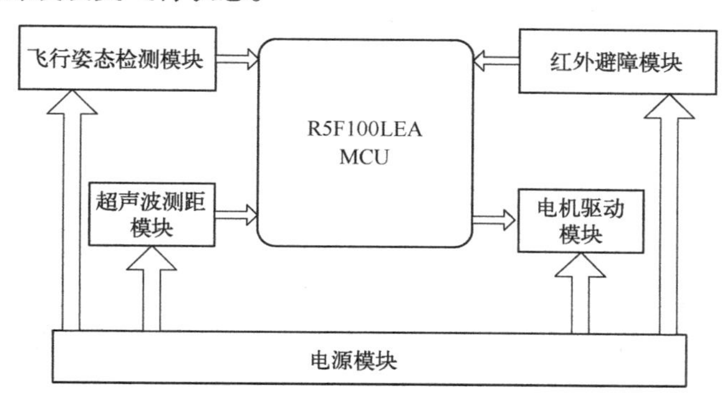

图 9.8.3　系统硬件原理框图

四旋翼无人飞行器算法复杂且要求较高的处理速度，以便能及时处理飞行偏差、调节自身平衡，所以普通的单片机如 51 系列达不到要求。因此选用瑞萨公司生产的 RL78/G13 系列单片机 R5F100LEA，该芯片是功能强大的 16 位处理器，自带 10 位 12ch 的 ADC、强大的定时器，具有非常丰富的片上资源，能输出多通道独立占空比的 PWM 波，拥有高性能的外围设备，采用引脚复用方式，既节省了引脚资源又拓展了功能，而且具有超低功耗，支持 CSI 2ch、UART、I^2C 2ch 串口通信，而且不需要 EEPROM。能方便地对电动机进行控制，可以进行浮点型运算。另外，还有精密的比较器，很大的 RAM 和 ROM，能存储比较大的程序段。该控制器采用 64 引脚 LQFP 封装，单片机最小系统电路及引脚图如图 9.8.4 所示。

3. 飞行姿态检测模块

1）传感器选择

本设计选用陀螺仪和加速度传感器来检测飞行姿态（自身倾斜）。陀螺仪的输出不受飞行器震荡影响，输出比较精确，由于输出角速度需要经过积分才能得到角度，因此测量误差也会通过积分不断地积累，最终使得小误差积累成较大的误差，从而影响飞行器的可靠控制，并且陀螺仪只能感知飞行器姿态的改变，然后通过控制器阻止这种改变从而获得平衡，它只能测量位置改变量而不能实现绝对定位；加速度传感器通过测量重力加速度并运用三轴间的加速度关系进而测量出倾斜角度，但是在飞行器飞行过程中电动机转动、飞行器震动都会使测量到的加速度不是重力加速度而是合外力加速度，从而使测量误差增大。综合考虑陀螺仪和加速度传感器的优缺点决定采用两者结合，形成互补，相互矫正。考虑到将陀螺仪和加速度传感器更紧密地结合在一起进而尽可能减小误差，本设计采用集陀螺仪和加速度传感器于一体的 MPU6050 模块。

MPU6050 是全球率先融合 6 轴运动处理的组件，整合了 3 轴陀螺仪、3 轴加速器，相较于多组件方案，消除了当陀螺仪与加速器组合时产生的轴间差问题。MPU6050 的角速度全格感测范围为 ±250、±500、±1000 与 ±2000°/s（dps），可准确追踪快速与慢速动作，并且，用户可通过程序控制的加速器全格感测范围为 ±2、±4、±8 与 ±16g，采用 I^2C 传输，含内建的温度感测器以及在运作环境中仅有 ±1% 变动的振荡器。其中，陀螺仪和加速

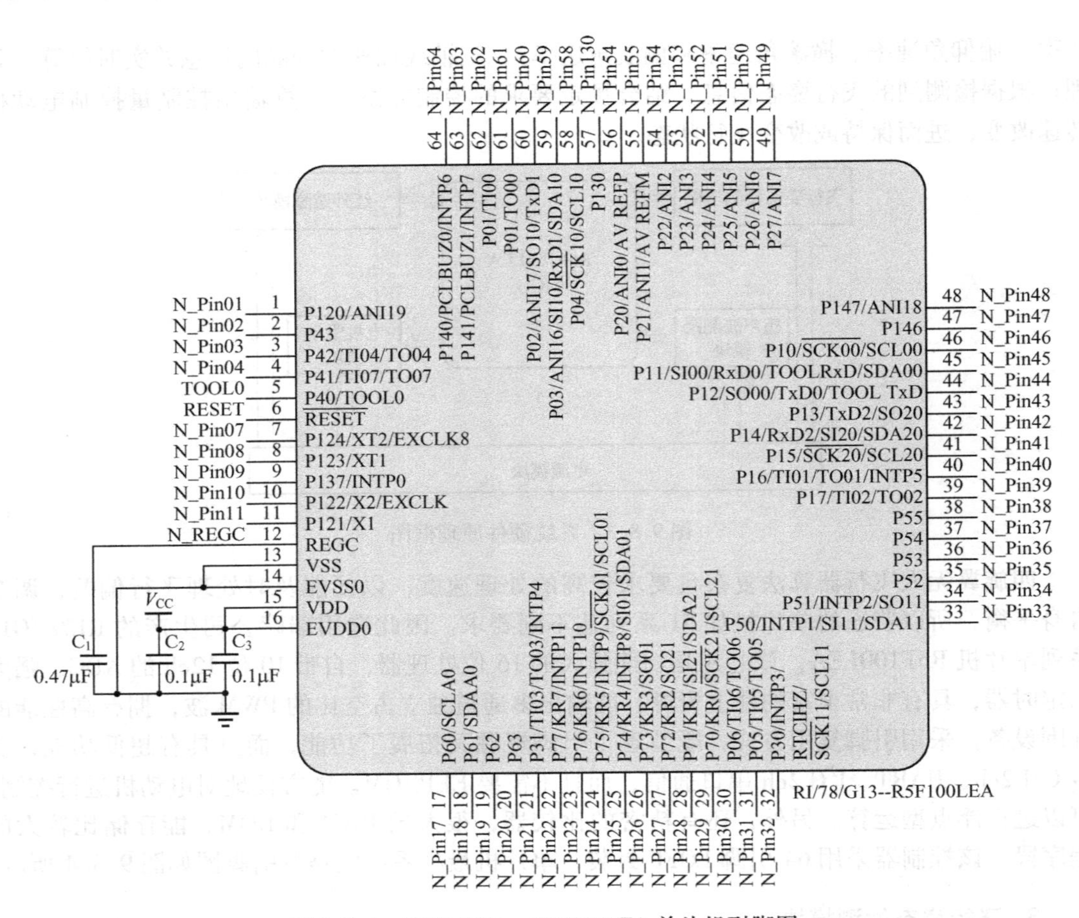

图 9.8.4　RL78/G13 – R5F100LEA 单片机引脚图

度传感器分别用了三个 16 位的 ADC，将测量的模拟量转化为单片机能直接处理的数字量。其引脚图、模型图和电路图分别如图 9.8.5 和图 9.8.6 所示。

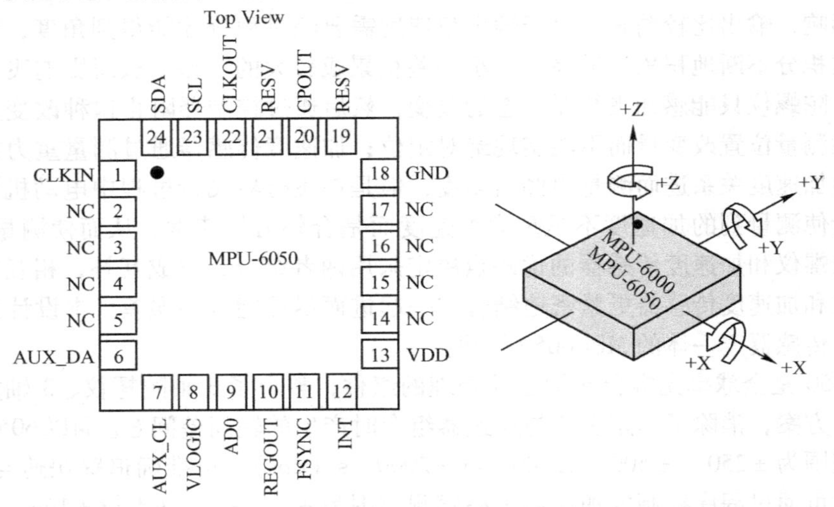

图 9.8.5　MPU6050 引脚图及模型图

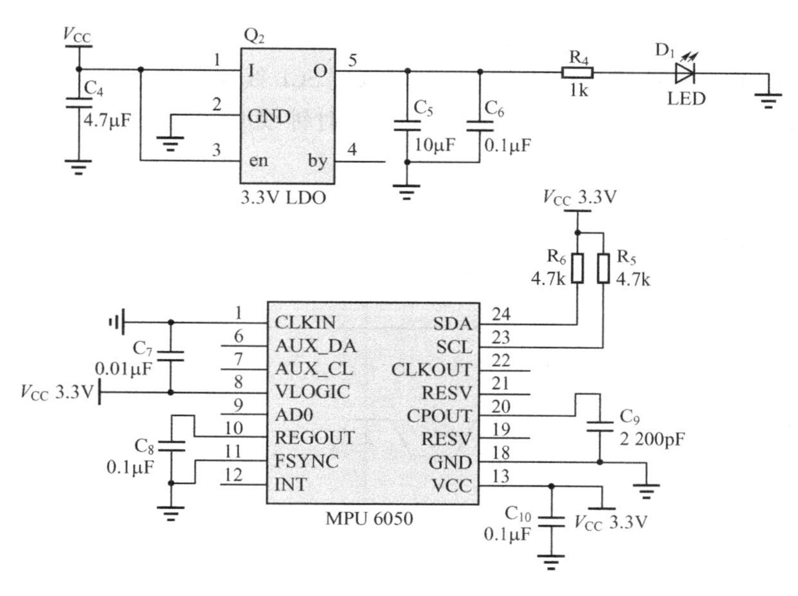

图 9.8.6　MPU6050 模块电路图

2）MPU6050 与主机的通信

MPU6050 通过 I²C（Inter Integrated Circuit）与主机通信。I²C 总线包括一条串行数据线 SDA（Serial Data Line）和一条串行时钟线 SCL（Serial Clock Line）。每个连接到总线的 IC 器件都可以通过唯一的地址和一直存在的主机/从机关系软件设定地址，主机也可以作为主机发送器和主机接收器。I²C 总线串行的 8 位双向传输数据位率在标准模式下可达到 100Kbps，而在快速模式下可以达到 400Kbps，高速模式下可达 3.4Mbps。I²C 总线片上的滤波器可以滤去总线数据线 SDA 上可能出现的毛刺，能更好地保证数据完整，连接到同一总线上的 IC 数量仅受到总线的最大电容 400pF 的限制。当 MPU6050 与微处理器连接时，MPU6050 作为从设备，微处理器作为主设备。其从地址为 7 位字长 b110110X，最低有效位 X 由 A0 引脚的逻辑电平决定，本设计 A0 接地，所以设备地址为 b1101100。当时钟线 SCL 为高电平时，数据线 SDA 由高到低时的下降沿，为传输开始标志（S）。直到主设备发出结束信号（P），否则总线状态一直处于忙状态。结束标志（P）规定为：当时钟线 SCL 为高电平时，数据线 SDA 由低到高时的上升沿。开始、停止条件如图 9.8.7 所示。

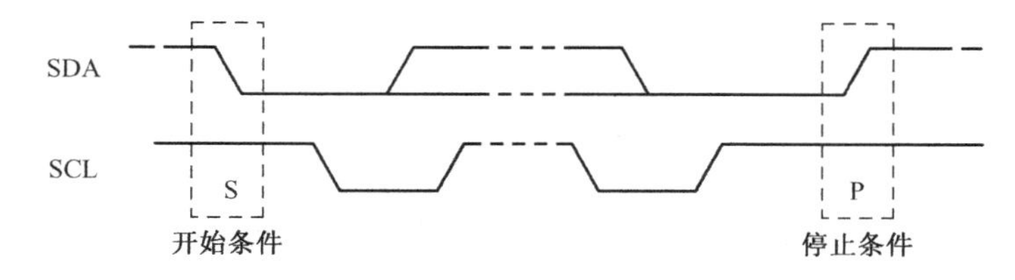

图 9.8.7　开始、停止条件

3）数据格式/应答

I²C 总线的传输数据字节为 8b 长度，对每次传送的总字节数量没有限制。但是对每一次传输必须伴有一个应答（ACK）信号，其时钟信号由处理器提供，而真正的应答信号则由 MPU6050 发出，在时钟为高时，通过拉低并保持 SDA 线上的值来实现。

如果从设备 MPU6050 处于忙状态时，它可以使 SCL 线保持在低电平，这会强制使处理器进入等待状态。当 MPU6050 空闲后，同时释放时钟线时，原来的数据传输才会继续进行，如图 9.8.8 所示。

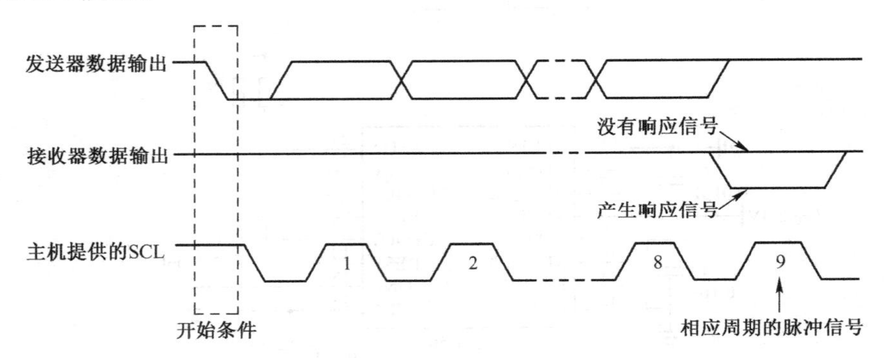

图 9.8.8　MPU6050 与主机握手方式

4）通信

开始标志（S）发出后处理器会传送出一个 7 位的从地址，并在后面跟着一个第 8 位，该位被称为 Read/Write 位。R/W 位表示处理器是需要接收 MPU6050 的数据还是向其写数据。之后，处理器释放 SDA 线，等待 MPU6050 的应答信号（ACK）。应答信号每一字节的传输都要跟随一个应答位，应答产生时，MPU6050 将 SDA 线拉低并在 SDA 为高电平时保持为低。数据传输总是以停止标志（P）终止，然后释放通信线路。但是处理器也可以产生重复的开始信号去操作其他的 I^2C 设备，而不发出停止标志。由此可知：除了开始和结束标志，所有的 SDA 信号的变化都要在 SCL 时钟线为低电平时进行。MPU6050 与主机数据传输时序图如图 9.8.9 所示。

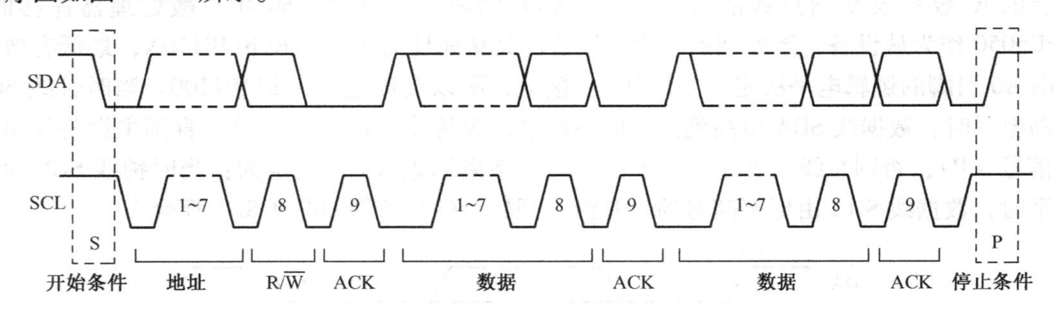

图 9.8.9　MPU6050 与主机数据传输时序图

如果要对 MPU6050 寄存器进行写操作，处理器除了发出开始标志（S）和地址位，还要加一个 R/W 读写位，0 为写，1 为读。在第 9 个时钟周期（高电平）时，MPU6050 产生一个应答信号。然后处理器开始发送寄存器地址，接到 MPU6050 的应答后开始传送寄存器数据，之后仍需要有应答信号，以此类推。

如果要读取 MPU6050 寄存器的值，首先要由处理器产生开始信号（S），然后再发送 MPU6050 的地址位和一个写数据位，最后发送寄存器地址，只有这样才能开始读寄存器。

接着，收到应答信号后，处理器先发一个开始信号，然后再发送 MPU6050 地址位和一个读数据位。之后，作为从设备的 MPU6050 产生应答信号并开始发送其寄存器中的数据。通信以处理器产生的拒绝应答信号（NACK）和结束标志（P）为标志结束。拒绝应答信号（NACK）的产生定义为 SDA 线上的数据在第 9 个时钟周期中一直为高。

4. 电动机驱动模块

电动机为四旋翼无人飞行器提供动力，通过控制电动机转速进而改变旋翼转速从而实现飞行器的各种飞行运动。从成本考虑本设计采用直流有刷电动机。直流电动机在使用时需要在电动机的两个接线端上加载上电压，电压的高低直接影响电动机的转速：

$$n = \frac{U - IR}{C_e \phi} \tag{9.8.1}$$

式中：U 为加载在电动机两端的直流电压；I 为直流电动机的工作电流；R 为直流电动机线圈的等效内阻；$C_e = pN/60a$，为常数，与电动机本身的结构参数有关；ϕ 为每极总磁通。式中参数能够改变的就只有加载在直流电动机两端的直流电压。常见的电动机电压调节的方法有两种：数模转换器输出法和 PWM 输出法。由于数模转换器大多是电流输出型，需要外接运放才能将其转换成电压，另外由于运放输出电流有限，如果直接连接到直流电动机会造成直流电动机的转矩过小和运放过热的现象，对电动机调速不利，所以采用 PWM 输出法。

PWM 输出法由单片机的 I/O 口作为 PWM 的输出端，通过输出信号控制大功率晶体管的开启和关闭，以控制电动机的运转和停止。当 PWM 的频率足够高时，由于电动机的绕组是感性负载，具有储能的作用，对 PWM 输出的高低电平起到了平波的作用，在电动机的两端可以得到近似直流的电压值，因此 PWM 的占空比越高，电动机获得的直流电压越高；反之，PWM 的占空比越低，电动机获得的直流电压也会越低。本设计采用 HOBBYWING－20A 有刷电子调速器来驱动电动机，该有刷电子调速器兼容锂电池和镍镉或镍氢两类电池，通过其上面的跳帽可以选择电池类型，拥有 BEC 输出，其能够将高电压的直流电转换为 5V/1A 的直流电，能直接给其他模块供电，从而省去了电压转换模块、简化了电路，并且减小了飞行器的负载，而且具有低电压、过温、油门信号丢失保护功能。图 9.8.10 所示为电子调速器的实物图。

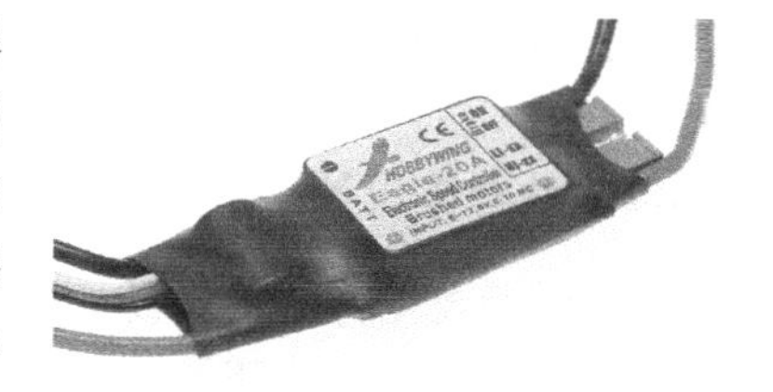

图 9.8.10　电子调速器

5. 超声波测距模块

本设计要求飞行器近地飞行，且控制飞行一定的高度，由于超声波到达物体表面能反射并被接收器检测到，而且能应用于恶劣的环境，因此决定采用超声波来测距。采用集发射和接收于一体的 HC－SR04 超声波测距传感器，该模块性能稳定，测度距离精确，盲区只有 2cm，测量距离为 2 ～ 450cm，非常适合近地飞行测距。采用 I/O 触发测距，只要向 trig（控制端）输入不少于 10μs 的高电平信号，模块就开始工作：自动发送 8 个 40kHz 的方波，自动检测是否有信号返回，若有信号返回就在 echo（接收端）输出一高电平，而高电平持续的时间就是超声波从发射到返回的时间，从而很容易得到与目标之间的距离。

6. 红外避障模块

四旋翼无人飞行器避障要求检测到障碍物时，使飞行器减速然后通过偏航运动实现转弯从而避开障碍。本设计选用集发射和接收于一体的红外避障传感器 E18 – D50NK，发射光经过调制后发出，接收头对反射光进行解调输入，有效地避免了外界可见光的干扰。前端通过使用透镜，使得能够检测到 80cm 之外的障碍物，但由于红外光的特性，对于不同颜色的物体，能检测的最大距离也不同：白色物体检测得最远，黑色物体检测得最近。该传感器有三根引线：红色接高电平 VCC（5V），绿色接地，黄色为数据输出线。当传感器检测到障碍物时，会通过黄色数据输出线输出低电平，将此线接在单片机的外部中断触发端口就能触发中断，进而进入中断服务子程序完成避障的功能。

7. 电源模块

电源模块为四旋翼无人飞行器提供动力，为各个模块提供电源，尤其是电动机驱动模块，必须具有较高的电压和电流，同时由于四旋翼无人飞行器的载重有限，所以电源系统应该尽可能轻，能量密度尽可能大，以便减轻飞行器的负载。因此本设计采用能量密度高的 2S 锂电池供电，其电压为 7.4V，足以提供驱动电动机的电压和电流。电子调速器可以直接从 2S 锂电池获取电源，而单片机和其他的传感器可以通过电子调速器的 BEC 输出来获取 5V 的电源。

将微控制系统、MPU6050 姿态检测模块、超声波模块和红外避障模块进行整合，使之成为飞行控制模块，如图 9.8.11 所示。

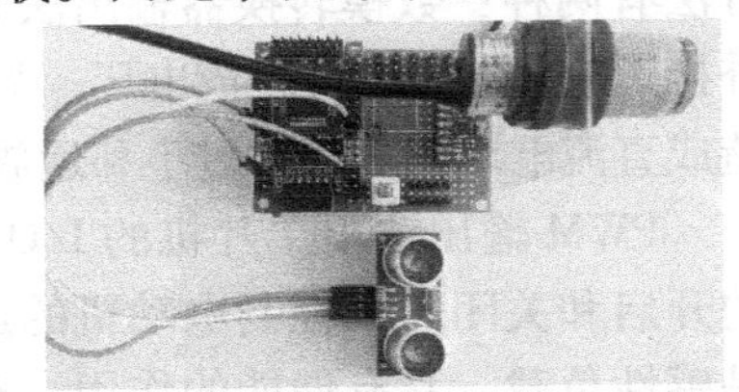

图 9.8.11 飞行控制模块

9.8.4 软件设计

1. 软件总体设计

四旋翼无人飞行器软件设计的总体目标是通过核心处理器初始化各个模块并协调各个模块正常工作，从而使四旋翼无人飞行器能够按照既定的方案稳定飞行。但是由于四旋翼无人飞行器是六自由度、四输入的欠驱动系统，所以被控量之间存在耦合关系，因此所设计的飞行控制算法必须能够通过控制四个被控量来对六个量进行稳定、有效的控制。本设计首先通过 3 轴陀螺仪和 3 轴加速度传感器测量出 3 轴角速率和 3 轴加速度，然后通过倾斜角度与三轴角速率和三轴加速度的关系得到陀螺仪测量的倾斜度和加速度测量的倾斜度，由于两者都存在较大的误差，所以再将陀螺仪和加速度测量的角度进行卡尔曼滤波及融合，进而得到较精确的倾斜角度即飞行器的姿态，最后应用控制理论中的 PID 控制算法将飞行器的姿态变化（倾斜角度变化）转化为控制器输出 PWM 波的占空比的变化，从而控制相应的电动机加速或减速，实现飞行器平衡的保持和各种姿态变换、运动。

主程序先进行各模块的初始化，检测、记录传感器的偏移量，控制初始化，然后启动电动机并加速使飞行器垂直升高，当超声波传感器检测到飞行器升高到 3m 时执行既定的任务（前进、旋转等），否则电动机继续加速，飞行器继续升高。任务完成后减速降落，其中红外避障、姿态检测及调整都在此过程中进行。程序主流程图如图 9.8.12 所示。

飞行姿态检测及解算通过定时器中断每隔0.5s进行一次检测和调整：进入中断后先保护现场，然后对加速度传感器和陀螺仪的测量值进行平均值滤波，之后再通过滤波后的测量值解算出各个轴的倾斜角，再经过卡尔曼滤波将各个相应轴的倾角进行融合，以便滤掉加速度传感器和陀螺仪各自的偏差而得到更加精确的倾角值，然后再通过数字PID算法将设置值（倾角为0）与实际值作差，根据偏差来算出倾斜轴相应两个电动机减小倾斜角应该输入的PWM的占空比，流程如图9.8.13所示。

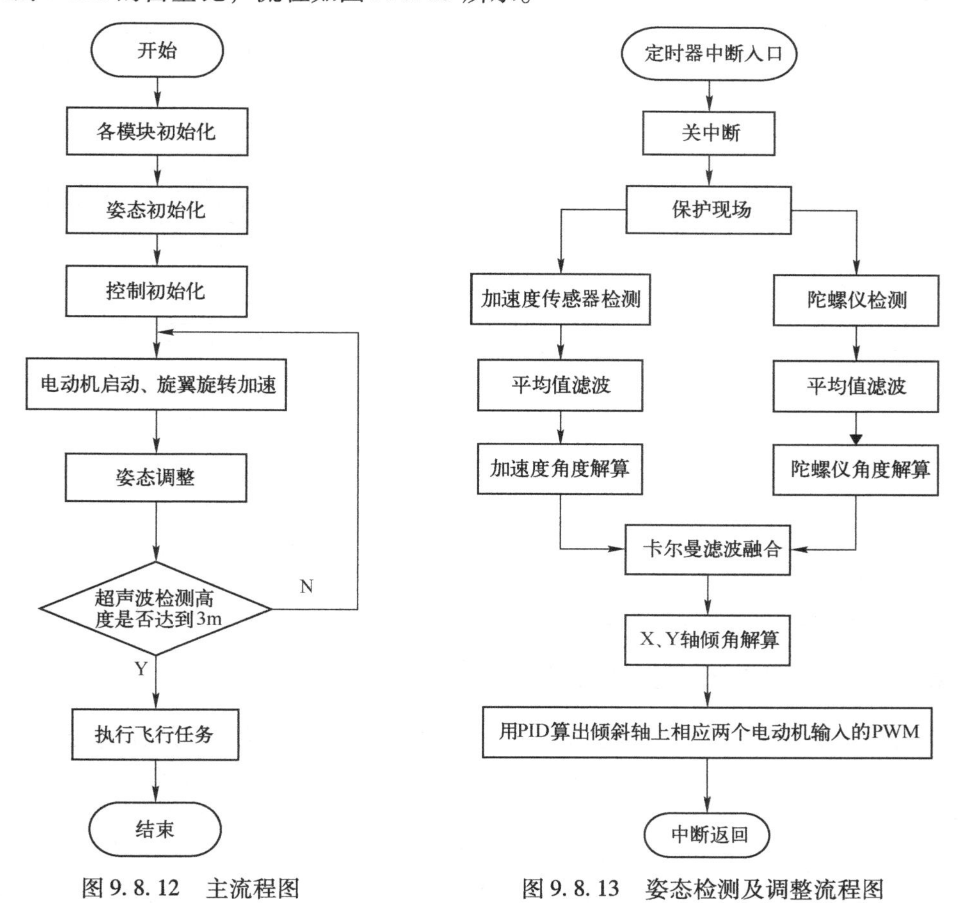

图9.8.12　主流程图　　图9.8.13　姿态检测及调整流程图

四旋翼无人飞行器高度的测量是通过超声波收发进行的，超声波发出时单片机的定时器开始计时，当收到超声波时停止计时，通过定时器计时时间和超声波传输速度即可测出飞行高度。流程如图9.8.14所示。

红外避障通过红外收发装置检测障碍物，若检测到障碍物则该模块输出口输出低电平。该输出口接在单片机的外部中断触发口，当检测到障碍物时，中断触发进入中断服务子程序，该程序通过控制器输出控制信号增大飞行器前面电动机的转速，减小后面电动机的转速，从而实现后退避障，然后再通过偏航运动实现飞行方向的改变，流程如图9.8.15所示。

2. 软件开发平台

瑞萨（Renesas）单片机软件开发环境、程序编辑、编译、仿真运行的软件为CubeSuite +，程序下载、烧写软件为Renesas Flash Programmer。采用单片机配套的仿真器RL78 EZ Emulator，首先将仿真器连接到计算机，并安装驱动。

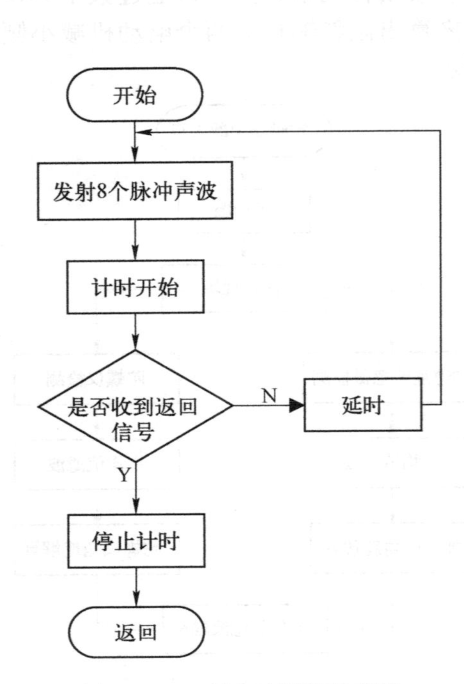

图 9.8.14　超声波测距流程图

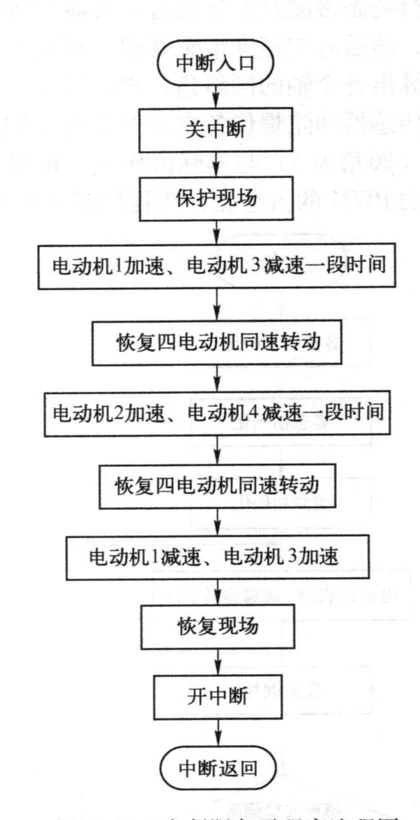

图9.8.15　中断服务子程序流程图

9.8.5　飞行姿态解算算法及程序

虽然陀螺仪动态性能良好，能够提供瞬间的动态角度变化且不受加速度变化、振动的影响，但是由于受其本身固有的特点及积分过程的影响，存在严重的累积漂移误差，不适合长时间单独工作；加速度传感器表态响应很好，能够准确提供表态的倾斜角度，但受动态加速度、振动的影响较大，不适合跟踪动态物体的运动。为了克服两者的缺点，决定采用滤波、融合的方法来融合陀螺仪和加速度传感器的输出信号，补偿陀螺仪的漂移误差、累积误差和加速度传感器的动态误差，使两者能够相互校正，避免各自的缺点，发挥优点，使测量得到一个更优的倾角近似值，促进姿态测量更加准确。

1. 加速度传感器测量数据解算

加速度传感器通过测量各个轴上重力加速度的分量的大小，然后再利用重力加速度的分解及各轴与参考面轴的夹角关系来实现倾角测量。测量原理示意如图 9.8.16 所示。

根据图 9.8.16 可通过基本三角函数证明，可以利用下列三个等式计算倾角：

$$\theta = \tan^{-1}\left(\frac{A_{XOUT}}{\sqrt{A_{YOUT}^2 + A_{ZOUT}^2}}\right) \tag{9.8.2}$$

$$\psi = \tan^{-1}\left(\frac{A_{YOUT}}{\sqrt{A_{XOUT}^2 + A_{ZOUT}^2}}\right) \tag{9.8.3}$$

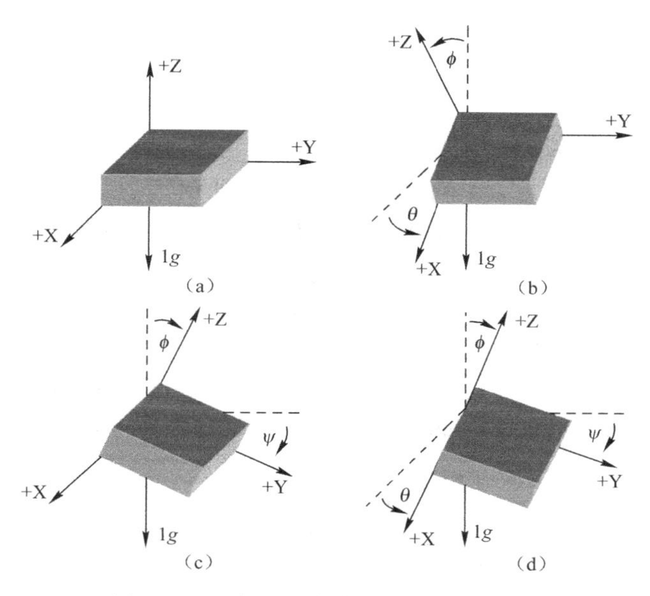

图 9.8.16　加速度传感器测量原理示意图

$$\phi = \tan^{-1}\left(\frac{A_{\mathrm{ZOUT}}}{\sqrt{A_{\mathrm{XOUT}}^2 + A_{\mathrm{YOUT}}^2}}\right) \tag{9.8.4}$$

式中，θ 为 X 轴与水平面的夹角；ψ 为 Y 轴与水平面的夹角；ϕ 为 Z 轴与竖直方向的夹角。

2. 陀螺仪测量数据解算

陀螺仪直接输出值是相对灵敏轴（陀螺仪自身的虚拟轴）的角速率，角速率对时间积分便可得到围绕灵敏轴旋转过的角度值。由于系统单片机每隔一段很短的时间采样一次，所以通过累加的方法来近似实现积分的功能，从而计算转过的角度值。但由于温度变化、摩擦力、不稳定力矩等因素的影响，陀螺仪会产生漂移误差。而无论多么小的常值漂移误差通过积分都会得到无限大的角度误差，因此需要减小该误差。

3. 卡尔曼滤波与平均值滤波

本设计采用卡尔曼滤波及平均值滤波对 MPU6050 传感器输出的数据进行滤波，融合，进而得到误差较小的姿态信息。

假设一个离散控制过程系统可以用一个线性随机微分方程来描述：

$$X(k) = AX(k-1) + BU(k) + W(k) \tag{9.8.5}$$

系统的测量值为：

$$Z(k) = HX(k) + V(k) \tag{9.8.6}$$

式中，$X(k)$是 k 时刻系统的状态，$U(k)$是 k 时刻加在系统上的控制量；A、B 是系统固有的参数，对于多模型系统而言，它们为矩阵；$Z(k)$是 k 时刻的测量值，H 是测量系统的参数，对于多测量系统，H 为矩阵；$W(k)$ 和 $V(k)$ 分别表示系统过程和系统测量的噪声。假设噪声为高斯白噪声且不随系统状态变化而变化，则它们的协方差分别是 Q、R。对于满足以上条件的过程，卡尔曼滤波是最优的处理器。

首先要利用系统过程模型来预测下一状态：

$$X(k,k-1)=AX(k-1,k-1)+BU(k) \tag{9.8.7}$$

式中，$X(k,k-1)$是通过上一状态预测的结果，$X(k-1,k-1)$是上一状态最优的结果，$U(k)$为现在状态的控制量。

对应于$X(k-1,k-1)$的协方差为：

$$P(k,k-1)=AP(k-1,k-1)A^T+Q \tag{9.8.8}$$

式中，$P(k,k-1)$是$X(k,k-1)$对应的协方差，$P(k-1,k-1)$是$X(k-1,k-1)$对应的协方差，A^T表示A的转置矩阵，Q是系统过程的协方差。

以上是对系统的预测，然后收集对系统现在状态的测量值，通过融合预测值和测量值就可以得到现在状态(k)的最优估计值$X(k,k)$：

$$X(k,k)=X(k,k-1)+K_g(k)[Z(k)-HX(k,k-1)] \tag{9.8.9}$$

式中，K_g为卡尔曼增益（Kalman Gain）：

$$K_g=\frac{P(k,k-1)H^T}{HP(k,k-1)H^T+R} \tag{9.8.10}$$

为了让卡尔曼滤波器不断地运行下去，还要更新k状态下$X(k,k)$的协方差：

$$P(k,k)=(I-K_g(k)H)P(k,k-1) \tag{9.8.11}$$

式中，I为单位阵，对于单模型单测量系统而言$I=1$。当系统进入$k+1$（下一状态）状态时，$P(k,k)$就变为此时的$P(k-1,k-1)$。如此，就可以自回归地运算下去，实现最优化估计。

平均值滤波通过求n个值的平均值，将平均值作为测量值，这样使测量值更接近实际值，能够减小随机误差，减弱外界干扰对控制过程的影响。

9.8.6 PID 控制算法

在控制对象的精确数学模型难以建立且系统参数经常变化的实际过程控制中，经常采用PID控制。并且由于PID控制算法结构简单，对误差和扰动模型的建立具有稳定性且容易操作，当不完全了解一个系统和被控对象或不能通过有效的测量手段来获得参数时，更适合用PID控制。PID控制系统的原理图如图9.8.17所示，其中$r(t)$为系统给定值，$c(t)$为实际输出，$u(t)$为控制量。

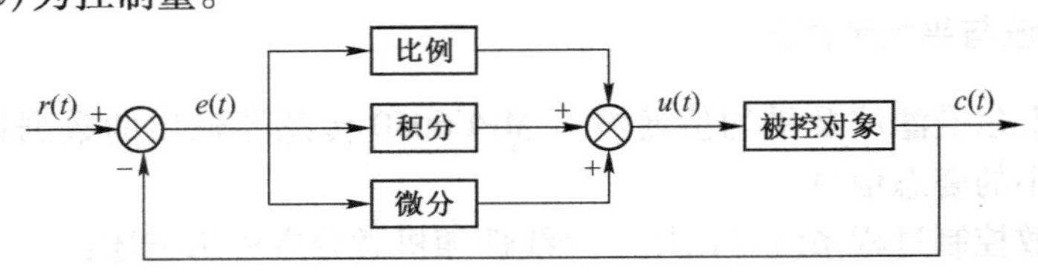

图9.8.17　模拟PID控制系统原理图

图中所示模拟PID控制器的控制式为：

$$u(t)=K_P\left[e(t)+\frac{1}{T_I}\int_0^t e(t)\,dt+T_D\frac{de(t)}{dt}\right] \tag{9.8.12}$$

式中，$e(t)=r(t)-c(t)$——系统偏差；K_P——比例系数；T_I——积分时间常数；T_D——微分时间常数。

在计算机控制系统中，PID控制规律必须采用数值逼近的方法近似积分。当采样周期很短时，用求和代替积分、用后向差分代替微分，使模拟PID离散化为差分方程以便易于用数字的方法处理。

为了便于计算机或单片机实现 PID 控制，把模拟 PID 控制器的控制式（9.8.12）转换为差分方程形式，并得到数字 PID 位置控制式为：

$$u(k) = K_P\left[e(k) + \frac{T}{T_I}\sum_{i=0}^{k} e(i) + T_D\frac{e(k) - e(k-1)}{T}\right] \tag{9.8.13}$$

式中表示的 PID 控制算法提供了执行机构的位置 $u(k)$，所以被称为数字 PID 位置型控制算法。因为需要累加偏差 $e(i)$ 过程要占用处理器很多的存储单元，故位置型控制算式不便于编写程序。

由式（9.8.13）易得 $u(k-1)$ 的表达式：

$$u(k-1) = K_P\left[e(k-1) + \frac{T}{T_I}\sum_{i=0}^{k-1} e(i) + T_D\frac{e(k-1) - e(k-2)}{T}\right] \tag{9.8.14}$$

用 $u(k)$ 减去 $u(k-1)$ 即得到数字 PID 增量型控制算式：

$$\begin{aligned}\Delta u(k) &= u(k) - u(k-1)\\ &= K_P[e(k) - e(k-1)] + K_I e(k) + K_D[e(k) - 2e(k-1) + e(k-2)]\end{aligned} \tag{9.8.15}$$

式中，K_P——比例系数；$K_I = K_P\dfrac{T}{T_I}$——积分系数；$K_I = K_P\dfrac{T_D}{T}$——微分系数。

为了便于编程，可整理如下：

$$\Delta u(k) = q_0 e(k) + q_1 e(k-1) + q_2 e(k-2) \tag{9.8.16}$$

式中，$q_0 = K_P\left(1 + \dfrac{T}{T_I} + \dfrac{T_D}{T}\right)$；$q_1 = -K_P\left(1 + \dfrac{2T_D}{T}\right)$；$q_2 = K_P\dfrac{T_D}{T}$。

本设计由于通过加速度传感器和陀螺仪测量飞行器的倾斜角度，将倾斜角度与预设的角度作差作为控制的输入，调节相应电动机的转速——增速或减速，从而减小或消除倾斜角度差达到调节飞行器平衡的目的，因此采用数字 PID 增量控制算法。

9.8.7 四旋翼无人飞行器系统制作与调试

1. 电子调速器对电动机控制的调试

单片机首先输入周期为 20ms、高电平为 1ms（占空比为 5%）的 PWM 信号来初始化电子调速器，初始化之后再输入每周期高电平为 1 ～ 2ms（占空比 5% ～ 10%）、周期为 20ms 的 PWM 来驱动电动机转动。电动机的转速与占空比成正比，占空比越大电动机转速越高。之后再通过调节单片机输出 PWM 的占空比来实现电动机的启动、加速、减速、停止等功能。

此次调试通过单片机给电子调速器输入 PWM 开始计时，电子调速器发出“嘀、嘀”的声音，等到电子调速器发出“嘀——”之后就不发声时，停止计时。此时所计的时间即为初始化时长 T。本设计采用的电子调速器的初始化时间大概为 3.05s。

2. MPU6050 传感器测量调试

MPU6050 通过 I^2C 总线与单片机通信，由于条件有限，本测试通过面包板连接单片机与 MPU6050，将传感器输出的测量原始数据通过单片机在 LCD1602 上显示，以了解和验证 MPU6050 的工作方式、输出数据的格式及探索准确处理输出值的方法。

经过测试发现陀螺仪输出值在静止时有偏移，但是可以通过将测量的数据减去偏移量而得到相对准确的测量值。加速度传感器在每个轴竖直时的输出值经转换小于90°（理论上为90°），可以通过将输出值乘以一个系数来校正。

图9.8.18所示为MPU6050水平静止时检测到的数据，由图中可以清楚地看到加速度传感器和陀螺仪都有一定的偏移，需要校正：将加速度传感器输出值转换为角度时乘以1.3（测试出的校正值），陀螺仪的输出值加上4，就能得到准确的测量值了。

3. 超声波测距调试

通过面包板连接单片机与超声波模块，实现当测到距离大于1m时通过单片机使LCD1602显示预定的信息的功能。测试目的是检测超声波传感器是否正常工作及工作的精度是否达到要求。

4. 红外避障调试

根据光电开关的工作原理设计本次调试：由于光电开关检测到距离为20cm左右的障碍物时在输出口输出低电平，因此，将其输出口接在单片机的外部中断触发口上，当检测到障碍物时，使连接到单片机上的LCD显示预设的内容。以此来检测红外避障模块能否正常工作。

红外避障模块没有检测到障碍物时没有输出，如图9.8.19所示；当检测到障碍物时输出低电平触发单片机的中断，从而实现相应的避障动作。

图9.8.18　MPU6050水平静止时的测试数据

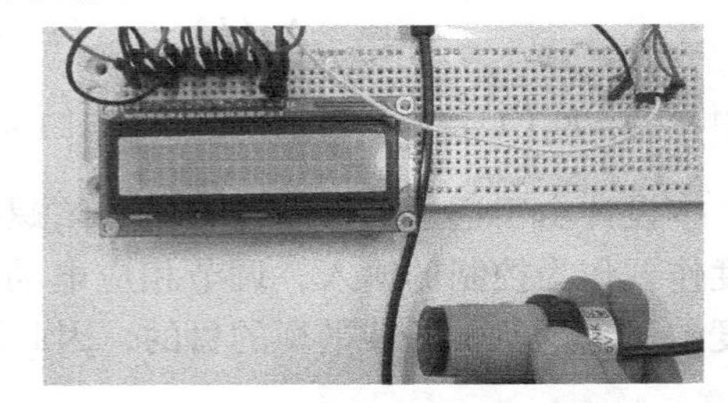

图9.8.19　红外避障模块没有检测到障碍物

5. 四旋翼无人飞行器整体调试

经过上述各个模块的调试及调整，使各个模块能够正常工作，现将各个模块进行整合，验证能否协调工作。飞行器单旋翼转动及四旋翼同时转动调试情况如图9.8.20所示。

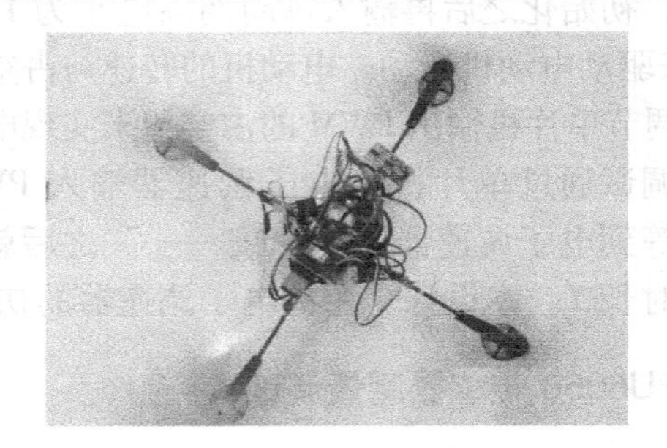

图9.8.20　飞行器单旋翼转动及四旋翼同时转动

图9.8.21是四旋翼无人飞行器控制电路原理图。

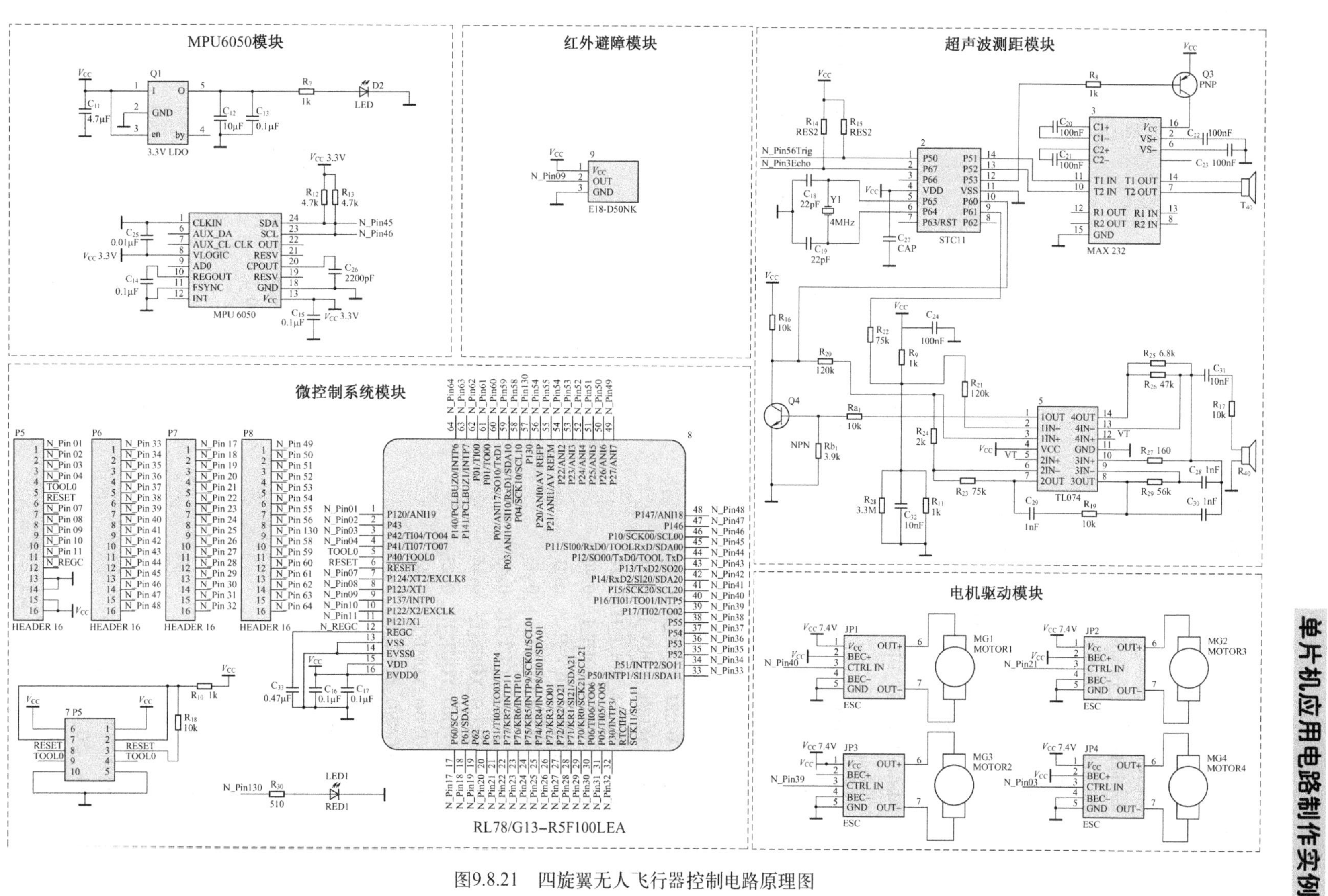

图9.8.21 四旋翼无人飞行器控制电路原理图

附录A 四旋翼无人飞行器源程序代码

```
#include "r_cg_macrodriver.h"
#include "r_cg_cgc.h"
#include "r_cg_port.h"
#include "r_cg_intc.h"
#include "r_cg_timer.h"
/ * Start user code for include. Do not edit comment generated here * /
/ * End user code. Do not edit comment generated here * /
#include "r_cg_userdefine.h"
#define uchar unsigned char
#define uint unsigned int
#define SMPLRT_DIV      0x19        //陀螺仪采样率，典型值：0x07（125Hz）
#define CONFIG          0x1A        //低通滤波频率，典型值：0x06（5Hz）
#define GYRO_CONFIG     0x1B        //陀螺仪自检及测量范围，典型值：0x18（不自检，
2000deg/s
#define ACCEL_CONFIG    0x1C        //加速计自检、测量范围及高通滤波频率，典型值：
0x01（不自检，2G，5Hz）
#define ACCEL_XOUT_H  0x3B
#define ACCEL_XOUT_L  0x3C
#define ACCEL_YOUT_H  0x3D
#define ACCEL_YOUT_L  0x3E
#define ACCEL_ZOUT_H  0x3F
#define ACCEL_ZOUT_L  0x40
#define TEMP_OUT_H    0x41
#define TEMP_OUT_L    0x42
#define GYRO_XOUT_H   0x43
#define GYRO_XOUT_L   0x44
#define GYRO_YOUT_H   0x45
#define GYRO_YOUT_L   0x46
#define GYRO_ZOUT_H   0x47
#define GYRO_ZOUT_L   0x48
#define PWR_MGMT_1    0x6B          //电源管理，典型值：0x00（正常启用）
#define WHO_AM_I      0x75          //IIC 地址寄存器（默认数值 0x68，只读）
#define SlaveAddress  0xD0          //IIC 写入时的地址字节数据，+1 为读取
void  InitMPU6050();                //初始化 MPU6050
void  Delay5us();
void go_ahead();
void go_right();
void go_back();
void go_left();
void  I2C_Start();
void  I2C_Stop();
void  I2C_SendACK(bit ack);
```

```
bit    I2C_RecvACK();
void   I2C_SendByte(uchar dat);
uchar  I2C_RecvByte();
void   I2C_ReadPage();
void   I2C_WritePage();
uchar Single_ReadI2C(uchar REG_Address);                          //读取 I²C 数据
void   Single_WriteI2C(uchar REG_Address,uchar REG_data);  //向 I²C 写入数据
int    GetData(uchar REG_Address);
void   aver_filter(int ax,int ay,int az,int gx,int gy,int gz);
void Kalman_Filter(float angle_m,float gyro_m);
void delay_us(int k);
void delay_ms(int n);
void AHRS(void);
void convert_angle(void);
#define SCLP1.0;                              //IIC 时钟引脚定义
#define SDA P1.1;                             //IIC 数据引脚定义
int    MPU6050_FIFO[6][11];
int ax,ay,az,gx,gy,gz;
static const float Q_angle =0.001, Q_gyro =0.003, R_angle =0.5, dt =0.3;  //dt 的取值为 kalman 滤波器采样时间
static float Pk[2][2] = { {1, 0 }, {0, 1 }};
static float Pdot[4] = {0,0,0,0};
static const char C_0 =1;
static float q_bias, angle_err, PCt_0, PCt_1, E, K_0, K_1, t_0, t_1;
float Kp =0.1;
float Ki =0.0005;
#define halfT 0.25;
float ex,ey,ez,vx,vy,vz;
float q0 =1,q1 =0,q2 =0,q3 =0;
float T11,T12,T23,T33,T13;
float exInt =0, eyInt =0, ezInt =0;              //scaled integral error
float imu_euler_x,imu_euler_y,imu_euler_z,norm;
uchar KP,KI,KD;
int e1,e2,e3,uk =0,duk;
/* End user code. Do not edit comment generated here */
void R_MAIN_UserInit(void);
void main(void)
{    R_MAIN_UserInit();
     /* Start user code. Do not edit comment generated here */
     P13.0 =1;             //LED 亮显示开始工作
     InitMPU6050();    //初始化 MPU6050
     R_TAU0_Channel0_Start();      //开 Channel0 多通道 PWM 输出初始化电子调速器
     R_TAU0_Channel5_Start();      //开 Channel5 为超声波计时
     R_TAU0_Channel6_Start();      //开 Channel6, 设置飞行姿态检测周期为 0.5s
```

```
        PWM1 = 0xC80;
        PWM2 = 0xC80;
        PWM3 = 0xC80;
        PWM4 = 0xC80;
      while (1U)
        { P0.1 = 1;
        delay_us(20);
        P0.1 = 0;                  //给超声波传感器 20μs 的高脉冲使其工作
        R_TAU0_Channel5_Start();//开启检测超声波返回高电平的长度的定时器，以测量计算高度
        TDR01 = PWM1;              //飞行器垂直起飞
        TDR02 = PWM2;
        TDR03 = PWM3;
        TDR04 = PWM4;
        }
  work:void go_ahead();
        delay_ms(5000);
        PWM1 = 0xC80;
        PWM2 = 0xC80;
        PWM3 = 0xC80;
        PWM4 = 0xC80;
        void go_right();
        delay_ms(5000);
        PWM1 = 0xC80;
        PWM2 = 0xC80;
        PWM3 = 0xC80;
        PWM4 = 0xC80;
        void go_back();
        delay_ms(5000);
        PWM1 = 0xC80;
        PWM2 = 0xC80;
        PWM3 = 0xC80;
        PWM4 = 0xC80;
        void go_left();
        delay_ms(5000);
        TDR01 = 0xAF0;
        TDR02 = 0xAF0;
        TDR03 = 0xAF0;
        TDR04 = 0xAF0;
        delay_ms(4500);
        TDR01 = 0x7D0;
        TDR02 = 0x7D0;
        TDR03 = 0x7D0;
        TDR04 = 0x7D0;
        }
```

```
        while (1U)
        {
            ;
        }
    }
    void R_MAIN_UserInit(void)
    {/ * Start user code. Do notedit comment generated here * /
        EI();
        / * End user code. Do not edit comment generated here * /
    }
    / * Start user code for adding. Do not edit comment generated here * /
    void go_ahead()
    {PWM1 -=0x010;   //电动机1减速，电动机3加速，飞行器前进
     PWM3 +=0x010;
     TDR01 = PWM1;
     TDR02 = PWM2;
     TDR03 = PWM3;
     TDR04 = PWM4;
    }
    void go_right()
    {PWM2 +=0x010;   //电动机4加速，电动机2减速，飞行器向右转
     PWM4 -=0x010;
     TDR01 = PWM1;
     TDR02 = PWM2;
     TDR03 = PWM3;
     TDR04 = PWM4;
    }
    void go_back()
    {PWM1 +=0x010;   //电动机1加速，电动机3减速，飞行器向后飞行
     PWM3 -=0x010;
     TDR01 = PWM1;
     TDR02 = PWM2;
     TDR03 = PWM3;
     TDR04 = PWM4;
    }
    void go_left()
    {PWM2 -=0x010;   //电动机2减速，电动机4加速，飞行器向左转
     PWM4 +=0x010;
     TDR01 = PWM1;
     TDR02 = PWM2;
     TDR03 = PWM3;
     TDR04 = PWM4;
    }
    void I2C_Start()
```

第9章

```
{   SDA = 1;                          //拉高数据线
    SCL = 1;                          //拉高时钟线
    delay_us(5);                      //延时
    SDA = 0;                          //产生下降沿
    delay_us(5);                      //延时
    SCL = 0;                          //拉低时钟线
}
void I2C_Stop()
{   SDA = 0;                          //拉低数据线
    SCL = 1;                          //拉高时钟线
    delay_us(5);                      //延时
    SDA = 1;                          //产生上升沿
    delay_us(5);                      //延时
}
void I2C_SendACK(bit ack)
{   SDA = ack;                        //写应答信号
    SCL = 1;                          //拉高时钟线
    delay_us(5);                      //延时
    SCL = 0;                          //拉低时钟线
    delay_us(5);                      //延时
}
bit I2C_RecvACK()
{   SCL = 1;                          //拉高时钟线
    delay_us(5);                      //延时
    CY = SDA;                         //读应答信号
    SCL = 0;                          //拉低时钟线
    delay_us(5);                      //延时
    return CY;
}
void I2C_SendByte(uchar dat)
{   uchar i;
    for (i = 0; i < 8; i ++)          //8 位计数器
    {   dat <<= 1;                    //移出数据的最高位
        SDA = CY;                     //送数据口
        SCL = 1;                      //拉高时钟线
        delay_us(5);                  //延时
        SCL = 0;                      //拉低时钟线
        delay_us(5);                  //延时
        }
    I2C_RecvACK();
    }
uchar I2C_RecvByte()
{   uchar i;
    uchar dat = 0;
    SDA = 1;                          //使能内部上拉，准备读取数据
```

```
        for (i=0; i<8; i++)                    //8位计数器
        {   dat <<=1;
            SCL=1;                             //拉高时钟线
            delay_us(5);                       //延时
            dat |=SDA;                         //读数据
            SCL=0;                             //拉低时钟线
            delay_us(5);                       //延时
        }
        return dat;
}
void Single_WriteI2C(uchar REG_Address,uchar REG_data)
{   I2C_Start();                               //起始信号
    I2C_SendByte(SlaveAddress);                //发送设备地址+写信号
    I2C_SendByte(REG_Address);                 //内部寄存器地址
    I2C_SendByte(REG_data);                    //内部寄存器数据
    I2C_Stop();                                //发送停止信号
}
uchar Single_ReadI2C(uchar REG_Address)
{       uchar REG_data;
    I2C_Start();                               //起始信号
    I2C_SendByte(SlaveAddress);                //发送设备地址+写信号
    I2C_SendByte(REG_Address);                 //发送存储单元地址,从0开始
    I2C_Start();                               //起始信号
    I2C_SendByte(SlaveAddress+1);              //发送设备地址+读信号
    REG_data=I2C_RecvByte();                   //读出寄存器数据
    I2C_SendACK(1);                            //接收应答信号
    I2C_Stop();                                //停止信号
    return REG_data;
}
void InitMPU6050()
{       Single_WriteI2C(PWR_MGMT_1, 0x00);     //解除休眠状态
    Single_WriteI2C(SMPLRT_DIV, 0x07);
    Single_WriteI2C(CONFIG, 0x06);
    Single_WriteI2C(GYRO_CONFIG, 0x18);
    Single_WriteI2C(ACCEL_CONFIG, 0x01);
}
int GetData(uchar REG_Address)
{       char H,L;
    H=Single_ReadI2C(REG_Address);
    L=Single_ReadI2C(REG_Address+1);
    return (H<<8)+L;                           //合成数据
}
void   aver_filter(int ax,int ay,int az,int gx,int gy,int gz)
{unsigned char i ;
```

第9章

```
int sum =0;
for(i =1;i <10;i ++)
{MPU6050_FIFO[0][i -1] = MPU6050_FIFO[0][i];
MPU6050_FIFO[1][i -1] = MPU6050_FIFO[1][i];
MPU6050_FIFO[2][i -1] = MPU6050_FIFO[2][i];
MPU6050_FIFO[3][i -1] = MPU6050_FIFO[3][i];
MPU6050_FIFO[4][i -1] = MPU6050_FIFO[4][i];
MPU6050_FIFO[5][i -1] = MPU6050_FIFO[5][i];}
MPU6050_FIFO[0][9] = ax;            //将新的数据放置到数据的最后面
MPU6050_FIFO[1][9] = ay;
MPU6050_FIFO[2][9] = az;
MPU6050_FIFO[3][9] = gx;
MPU6050_FIFO[4][9] = gy;
MPU6050_FIFO[5][9] = gz;
sum =0;
for(i =0;i <10;i ++)                //求当前数组的和,再取平均值
{sum += MPU6050_FIFO[0][i];         //计算 10 个 ax 值的和 (第 0 行前 10 列和)}
MPU6050_FIFO[0][10] = sum/10;       //将平均值放在第 0 行第 10 列
sum =0;
for(i =0;i <10;i ++)
{sum += MPU6050_FIFO[1][i];         //计算 10 个 ay 值的和 (第 1 行前 10 列和)}
MPU6050_FIFO[1][10] = sum/10;       //将平均值放在第 1 行第 10 列
sum =0;
for(i =0;i <10;i ++)
{sum += MPU6050_FIFO[2][i];         //计算 10 个 az 值的和 (第 2 行前 10 列和)}
MPU6050_FIFO[2][10] = sum/10;       //将平均值放在第 2 行第 10 列
sum =0;
for(i =0;i <10;i ++)
{sum += MPU6050_FIFO[3][i];         //计算 10 个 gx 值的和 (第 3 行前 10 列和)}
MPU6050_FIFO[3][10] = sum/10;       //将平均值放在第 3 行第 10 列
sum =0;
for(i =0;i <10;i ++)
{sum += MPU6050_FIFO[4][i];         //计算 10 个 gy 值的和 (第 4 行前 10 列和)}
MPU6050_FIFO[4][10] = sum/10;       //将平均值放在第 4 行第 10 列
sum =0;
for(i =0;i <10;i ++)
{sum += MPU6050_FIFO[5][i];         //计算 10 个 gz 值的和 (第 5 行前 10 列和)}
MPU6050_FIFO[5][10] = sum/10;       //将平均值放在第 5 行第 10 列}
void Kalman_Filter(float angle_m,float gyro_m)
{       angle += (gyro_m - q_bias) * dt;
        Pdot[0] = Q_angle - Pk[0][1] - Pk[1][0];
        Pdot[1] = - Pk[1][1];
        Pdot[2] = - Pk[1][1];
        Pdot[3] = Q_gyro;
```

```
            Pk[0][0] += Pdot[0] * dt;
            Pk[0][1] += Pdot[1] * dt;
            Pk[1][0] += Pdot[2] * dt;
            Pk[1][1] += Pdot[3] * dt;
            angle_err = angle_m - angle;
            PCt_0 = C_0 * Pk[0][0];
            PCt_1 = C_0 * Pk[1][0];
            E = R_angle + C_0 * PCt_0;
            K_0 = PCt_0/E;
            K_1 = PCt_1/E;
            t_0 = PCt_0;
            t_1 = C_0 * Pk[0][1];
            Pk[0][0] -= K_0 * t_0;
            Pk[0][1] -= K_0 * t_1;
            Pk[1][0] -= K_1 * t_0;
            Pk[1][1] -= K_1 * t_1;
            angle += K_0 * angle_err;
            q_bias += K_1 * angle_err;
            angle_dot = gyro_m - q_bias;
}
void AHRS(void)
{           float q0q0 = q0 * q0;
            float q0q1 = q0 * q1;
            float q0q2 = q0 * q2;
            float q0q3 = q0 * q3;
            float q1q1 = q1 * q1;
            float q1q2 = q1 * q2;
            float q1q3 = q1 * q3;
            float q2q2 = q2 * q2;
            float q2q3 = q2 * q3;
            float q3q3 = q3 * q3;
            vx = 2 * (q1q3 - q0q2);
            vy = 2 * (q0q1 + q2q3);
            vz = q0q0 - q1q1 - q2q2 + q3q3;
            ex = (ay * vz - az * vy) ;
            ey = (az * vx - ax * vz) ;
            ez = (ax * vy - ay * vx) ;
            exInt = exInt + ex * Ki;
            eyInt = eyInt + ey * Ki;
            ezInt = ezInt + ez * Ki;
            gx = gx + Kp * ex + exInt;              //调整陀螺仪测量
            gy = gy + Kp * ey + eyInt;
            gz = gz + Kp * ez + ezInt;
}
```

```
void convert_angle(void)                //角度转换
{        if(T33 >0)
          {if(T23 >0)
             {imu_euler_x = imu_euler_x;}
             else
             {imu_euler_x = imu_euler_x;}
          }
          else
          {if(imu_euler_x <0)
             {imu_euler_x = imu_euler_x +180;}
             else
        {imu_euler_x = imu_euler_x -180;}
          }
               if(T12 >0)
          {imu_euler_z = imu_euler_z;}
          else
          {if(T11 <0)
             {imu_euler_z = imu_euler_z +360;}
             else
             {imu_euler_z = imu_euler_z +360;}
          }
}
void delay_us(int k)
{for(;k >0;K --);}
void delay_ms(int n)
{int i;
for(;n >0;n --)
{for(i =32;i >0;i --)
   ;}
}
#pragma interrupt INTTM00 r_tau0_channel0_interrupt
#pragma interrupt INTTM01 r_tau0_channel1_interrupt
#pragma interrupt INTTM02 r_tau0_channel2_interrupt
#pragma interrupt INTTM03 r_tau0_channel3_interrupt
#pragma interrupt INTTM04 r_tau0_channel4_interrupt
#pragma interrupt INTTM05 r_tau0_channel5_interrupt
#pragma interrupt INTTM06 r_tau0_channel6_interrupt
#include "r_cg_macrodriver.h"
#include "r_cg_timer.h"
#include "r_cg_userdefine.h"
volatile uint32_t g_tau0_ch5_width =0U;
__interrupt static void r_tau0_channel5_interrupt(void)
{if ((TSR05 & _0001_TAU_OVERFLOW_OCCURS) ==1U)   /* overflow occurs */
     {g_tau0_ch5_width = (uint32_t)(TDR05 +1U) +0x10000U;}
```

```
        else
        {g_tau0_ch5_width = (uint32_t)(TDR05 + 1U);}
        /* Start user code. Do not edit comment generated here */
        hight = 0.172 * ((TDR05 + 1) + 10000 * TSR05) * (float)(1.0/32);
        if(hight >= 3000)
        {goto work;}
        /* End user code. Do not edit comment generated here */
}
__interrupt static void r_tau0_channel6_interrupt(void)
{           GetData(uchar REG_Address);
        aver_filter(int ax,int ay,int az,int gx,int gy,int gz);
        AHRS(void);
            q0 = q0 + (-q1 * gx - q2 * gy - q3 * gz) * halfT;
            q1 = q1 + (q0 * gx + q2 * gz - q3 * gy) * halfT;
            q2 = q2 + (q0 * gy - q1 * gz + q3 * gx) * halfT;
            q3 = q3 + (q0 * gz + q1 * gy - q2 * gx) * halfT;
            norm = sqrt(q0 * q0 + q1 * q1 + q2 * q2 + q3 * q3);
            q0 = q0 / norm;
            q1 = q1 / norm;
            q2 = q2 / norm;
            q3 = q3 / norm;
            T11 = q0 * q0 + q1 * q1 - q2 * q2 - q3 * q3;
            T12 = 2 * (q1 * q2 + q0 * q3);
            T23 = 2 * (q2 * q3 + q0 * q1);
            T33 = q0 * q0 + q3 * q3 - q1 * q1 - q2 * q2;
            T13 = 2 * (q1 * q3 - q0 * q2);
            imu_euler_x = atan2(T23,T33) * 180/3.14;          //横滚角
            imu_euler_y = -asin(T13) * 180/3.14;              //俯仰角
            imu_euler_z = atan2(T12,T11) * 180/3.14;          //偏航角
        void convert_angle();
        if(imu_euler_x > 0)
        {e1 = 0 - imu_euler_x;
         e1 = -e1;
        duk = (KP * (e1 - e2) + KI * e1 + KD * (e1 - 2 * e2 + e3))/10;
         if(duk > 0xFA0)
         {duk = 0xFA0;}
         if(duk < 0)
         {duk = 0;}
         PWM1 -= duk;
         PWM3 += duk;}
        if(imu_euler_x < 0)
        {e1 = 0 - imu_euler_x;
        duk = (KP * (e1 - e2) + KI * e1 + KD * (e1 - 2 * e2 + e3))/10;
         if(duk > 0xFA0)
```

```
        {duk = 0xFA0;}
        if(duk < 0)
        {duk = 0;}
        PWM1 += duk;
        PWM3 -= duk;}
    if(imu_euler_y > 0)
    {e1 = 0 - imu_euler_y;
    e1 = - e1;
    duk = (KP * (e1 - e2) + KI * e1 + KD * (e1 - 2 * e2 + e3))/10;
        if(duk > 0xFA0)
        {duk = 0xFA0;}
        if(duk < 0)
        {duk = 0;}
        PWM2 -= duk;
        PWM3 += duk;}
    if(imu_euler_y < 0)
    {e1 = 0 - imu_euler_y;
    duk = (KP * (e1 - e2) + KI * e1 + KD * (e1 - 2 * e2 + e3))/10;
        if(duk > 0xFA0)
        {duk = 0xFA0;}
        if(duk < 0)
        {duk = 0;}
        PWM2 += duk;
        PWM4 -= duk;}
  }
#pragma interrupt INTP0 r_intc0_interrupt
#include "r_cg_macrodriver. h"
#include "r_cg_intc. h"
#include "r_cg_userdefine. h"
__interrupt static void r_intc0_interrupt(void)
{       go_back();
    delay_ms(1000);
    go_right();
    delay_ms(1000);
}
```

参 考 文 献

[1] 张金，周生，等. 电子工艺实践教程. 北京：电子工业出版社，2016.
[2] 张金，胡晓棠，周生，等. 电子系统设计实战. 北京：电子工业出版社，2011.
[3] 吴桂秀. 电子小制作入门. 杭州：浙江科学技术出版社，2002.
[4] 门宏. 精选电子制作图解66例. 北京：人民邮电出版社，2001.
[5] 王俊峰，等. 电子制作的经验与技巧. 北京：机械工业出版社，2007.
[6] 陈有卿，等. 实用新颖电子器具制作精选. 北京：人民邮电出版社，2002.
[7] 陈尔绍，等. 实用声光控制电子装置制作精选200例. 北京：人民邮电出版社，1995.
[8] 温新宜. 精选实用电子制作集锦. 北京：电子工业出版社，1996.
[9] 孙余凯，等. 电子产品制作技术与技能实训教程. 北京：电子工业出版社，2006.
[10] 范国君. 国外趣味电子制作精选. 成都：电子科技大学出版社，1994.
[11] 陈尔绍，等. 家用电子电路精选. 北京：电子工业出版社，1996.
[12] 杨邦文. 新型实用电路制作200例. 北京：人民邮电出版社，1996.
[13] 李胜. 防过充－欠充充电器定时插座. 电子制作，2009. Vol (l2) P12－16.
[14] 福林. 智能型应急电源. 家电科技，1992. Vol (4)：P12＋34－35.
[15] 金斗焕，王少军. 采用MAX038制作的函数信号发生器. 电子元器件应用，2006.
[16] 张卫. 电视信号发生器. 电子制作，1995. Vol (03) P13.
[17] 陈立定. 由ICL8038制作的多波形信号发生器. 国外电子元器件，1999 Vol 337－38.
[18] 赵刚. 实用的声控开关. 电子制作，1996. Vol (08) P28－29.
[19] 赵阳. 声光控制延时开关电路的设计与制作. 电子制作，2007. Vol (10) P16－17.
[20] 刘赟跃. 四旋翼自主飞行器设计. 陕西：榆林学院，能源工程学士学位论文，2014.
[21] 于晓平. 循环开关定时器. 家用电器，1998. Vol (12) P37.
[22] 李诗海. 简易无线电子琴. 电子制作，2003. Vol (04) P49.
[23] 兰雄荣. 音色纯正的实用电子钢琴. 家庭电子，1995. Vol (07) P8.
[24] 龙安国. 电子鞭炮的设计与制作. 无线电，2007. Vol (07) P20－21.
[25] 杨清德，杨国仕. 用LM8569制作数字钟. 家庭电子，2005. Vol (04) P31.
[26] 高吉祥. 基本技能训练与单元电路设计. 北京：电子工业出版社，2007.
[27] 任致程. 电子趣味制作精选. 北京：兵器工业出版社，1996.
[28] 电子制作实验室，http://www.xie－gang.com/，2011.
[29] 孙梅生，等. 电子技术基础课程设计. 北京：高等教育出版社，1989.
[30] 刘俊，楚君，王玲. 一种基于UC3844的多路输出电源设计. 电子工程师，2007. Vol 33 (9) 48－52.
[31] 曾翔. 车载笔记本电源适配器的设计. 通信电源技术，2010. Vol 27 (4) 49－51.
[32] 陈森锦. 音阶声控开关. 电子制作. 2002，Vol (2) 21－24.
[33] 余晋. 音频信号发生器的制作. 实用影音技术，2010，Vol (10) 68－74.
[34] 张彬杰. 世博会归来的制作——激光竖琴. 无线电，2010，Vol (11) 86－87.
[35] 无线遥控开关制作. 东芝单片机学习网，http://www.picavr.com/news/2008－06/6682.htm，2008.
[36] 周正华. 电子制作网，http://www.dzdiy.com/html/200905/18/led－clock.htm，2011.
[37] 中国电子DIY. http://www.ndiy.cn，2016.
[38] 极客迷，http://www.geekfans.com/，2016.
[39] 科创论坛，https://bbs.kechuang.org/，2016.
[40] 电子发烧友论坛，http://bbs.elecfans.com/，2016.

反侵权盗版声明